住房和城乡建设部"十四五"规划教材

高等学校土木工程专业创新型人才培养系列教材

现代土木工程材料

莫立武　王　俊　主　编

吴　凯　方　园　孙小鸾　副主编

中国建筑工业出版社

图书在版编目（CIP）数据

现代土木工程材料/莫立武，王俊主编. —北京：
中国建筑工业出版社，2021.2
住房和城乡建设部"十四五"规划教材　高等学校土
木工程专业创新型人才培养系列教材
ISBN 978-7-112-25877-2

Ⅰ.①现…　Ⅱ.①莫…　②王…　Ⅲ.①土木工程-建
筑材料-高等学校-教材　Ⅳ.①TU5

中国版本图书馆 CIP 数据核字（2021）第 026440 号

本书结合我国基础设施建设发展现状，参考了最新的规范、标准和国内外学者最新的
研究成果，系统介绍了现代土木工程材料的组成、结构、性能及其作用机理、应用技术和
新进展，层次清晰、结构合理、内容全面。本书主要内容包括：土木工程材料的基本原
理、组成、结构、特性、主要品种、选用原则与应用技术以及各种土木工程材料的前沿进
展。本书介绍的材料种类包括胶凝材料、混凝土材料、金属材料、竹木材料、复合材料、
建筑功能材料和特种工程材料。本书既可用作土木工程、材料科学与工程和建筑学等专业
本科生教材或参考书，也可供研究生和有关技术人员使用参考。

为了更好地支持教学，我社向采用本书作为教材的教师提供课件，有需要者可与出版
社联系，索取方式如下：建工书院 http://edu.cabplink.com，邮箱 jckj@cabp.com.cn，
电话（010）58337285。

＊　　　＊　　　＊

责任编辑：仕　帅　吉万旺　王　跃
责任校对：芦欣甜

住房和城乡建设部"十四五"规划教材
高等学校土木工程专业创新型人才培养系列教材
现代土木工程材料
莫立武　王　俊　主　编
吴　凯　方　园　孙小鸾　副主编
＊
中国建筑工业出版社出版、发行（北京海淀三里河路 9 号）
各地新华书店、建筑书店经销
霸州市顺浩图文科技发展有限公司制版
北京建筑工业印刷厂印刷
＊
开本：787 毫米×1092 毫米　1/16　印张：26¼　字数：657 千字
2021 年 9 月第一版　　2021 年 9 月第一次印刷
定价：**68.00** 元（赠教师课件）
ISBN 978-7-112-25877-2
（37077）

序

    土木工程是支撑人类社会发展的重要基础，也是关系国计民生的重要行业。土木工程领域的研究成果和技术进步直接服务于我国民用建筑及重大基础设施的建设和安全服役。当前，我国经济已由高速增长阶段转向高质量发展阶段，作为国民经济支柱产业的建筑业将继续保持高速发展，特别是大规模基础设施建设还将在一定时间内持续蓬勃发展。随着全面建设社会主义现代化国家新征程的开启，建筑业也将迈入新的发展阶段，面临着新挑战。

    土木工程建设离不开材料。在建设高质量、高水平的现代化人居建筑和基础设施，满足我国经济社会不断发展和人民生活水平不断提高的今天，需要不断开拓、改善空间环境，这对现代土木工程建设及材料提出新的要求。在这种背景下，迫切需要加强人才队伍建设，不断优化人才结构，培养大量既精通工程又熟悉材料、既有丰富理论知识又有扎实实践能力的新型复合型人才。

    由莫立武教授和王俊教授主编的《现代土木工程材料》，全书共 8 章，包括绪论、胶凝材料、混凝土材料、金属材料、竹木材料、复合材料、建筑功能材料和特种工程材料，内容系统全面。该书以材料在现代土木工程中的应用为背景，充分体现土木工程专业的特色；以适应社会实际需要为宗旨，注重理论与实践相结合，力求教材内容新颖实用，突出教学重点，深入浅出；围绕工程生产实际，紧扣当前行业需求；理论知识体系完整，引用大量实例，反映材料前沿进展。该书结构层次清晰、内容新颖充实、图文并茂、语言通顺，各章节设置了本章要点及学习目标、本章小结、思考与练习题，激发学生的学习兴趣，增强趣味性。

    该书可满足土建类各专业的高等教育及行业从业人员的参考需要，将为促进土建行业的教育发展和人才培养做出贡献。

中国工程院院士

南京，2021 年 2 月 2 日

前　言

我国基础设施建设规模世界第一，建设高质量、高水平的现代化基础设施和人居建筑是满足我国经济社会不断发展和人民生活水平不断提高的必然需求。土木工程材料是高铁、机场、水利水电设施、港口、隧道等基础设施和房屋建筑的基础材料，其性能关乎工程建设质量、使用功能和服役寿命。在科技日新月异的今天，随着人类不断开拓、改善生存空间环境，现代工程建设越来越多地面临新的挑战，也对土木工程材料提出新的要求。学习土木工程材料的组成、结构、性能及其作用原理，掌握土木工程材料应用技术，特别是了解现代土木工程材料的新进展是保证现代建设工程质量、使用功能和寿命的重要基础。为此，我们根据《高等学校土木工程本科指导性专业规范》要求编写了本书，同时在此基础上增加了近年来土木工程领域最新的材料研究成果和应用实例，内容适合于高等学校土木工程专业，以及材料科学与工程、建筑学、建筑工程管理等专业本科生和研究生用书，还可作为建筑、建材等部门的科研、设计、施工、生产、管理人员的参考用书。

本书主要介绍了土木工程材料的基本原理、组成、结构、特性、主要品种、选用原则与应用技术等，特别介绍各种土木工程材料的前沿进展。材料种类主要包括胶凝材料、混凝土材料、金属材料、竹木材料、复合材料、建筑功能材料和特种工程材料等。全书引用了当前最新的标准规范，每章附有思考题，供学习参考。

本书由南京工业大学莫立武、王俊主编，同济大学吴凯、南京工业大学方园和孙小鸾副主编。第 1 章、第 2 章和第 7 章由莫立武编写，第 3 章由吴凯编写，第 4 章和第 8 章由王俊编写，第 5 章由孙小鸾编写，第 6 章由方园编写。

本书编写得到了南京工业大学刘朋、曾彬、刘恒娟、包峰玲的大力支持，谨致以衷心感谢。由于编者学识水平有限，书中难免有疏漏之处，敬请广大读者批评指正。

目　录

第1章 绪 论

本章要点及学习目标

　　本章要点：
　　（1）土木工程材料概念；（2）土木工程材料简史；（3）土木工程材料分类；（4）现代土木工程材料的发展趋势；（5）本课程的目的和方法。
　　学习目标：
　　（1）理解土木工程材料的定义概念；（2）了解土木工程材料的发展历程；（3）掌握土木工程材料的种类和标准；（4）了解现代土木工程材料的发展趋势。

1.1 土木工程材料概念

　　材料是构成各种土木工程构筑物的物质基础，是决定工程质量、使用性能、服役寿命和建设成本的关键因素。任何土木工程建筑物都是由各种材料组成，这些材料总称为土木工程材料。在土木建筑工程的总造价中，土木工程材料的费用占 40%～60%。不同土木工程材料的物理力学性能、生产和使用成本以及破坏劣化机制各不相同，正确选择和合理使用土木工程材料对建筑物（或构筑物）的安全性、适用性、经济性和耐久性有着直接的影响。

　　一般来说，优良的土木工程材料必须具备足够的强度，能够安全地承受设计荷载；自身的重量以轻为宜，以减少下部结构和地基的负荷；具有与使用环境相适应的耐久性，以便减少维修费用；用于装饰的材料，应能美化房屋并产生一定的艺术效果；用于特殊部位的材料，例如，屋面材料要能隔热、防水；楼板和内墙材料要能隔声等。除此以外，土木工程材料还应尽可能保证低能耗、低物耗及环境友好。只有系统掌握土木工程材料的性能及适用范围，才能恰当地应用土木工程材料。

1.2 土木工程材料简史

　　材料科学和材料本身都是随着社会生产力和科技水平的提高而逐渐发展的。自古以来，我国劳动者在土木工程材料的生产和使用方面曾经取得了许多巨大成就。在上古时期，人类居于天然山洞或树巢中，随后逐步学会直接从自然界中获取天然材料用作土木工程材料，如黏土、石材、木材等。距今 10000～6000 年前，人类进入了新石器时代，人类学会了打造石刀、石斧等简单的工具并开始定居下来，这一时期的房屋多为半地穴式，所使用的材料多为木、竹、苇、草、泥等，墙体多为木骨抹泥，有的还用火烤得极为坚实，屋顶多为茅草或草泥。

木材是永恒的建筑材料，人类用树枝来建造房屋始于公元前 9000 多年，建造原木房屋最早的历史是在公元前 900 年时的农舍，建于公元 682 年的日本法林寺是世界现存最早的木建筑。中国古代由于木材资源相对丰富，木结构建造技术曾在世界建筑史上独树一帜，木结构在中国古代寺庙、皇家宫殿和居民建筑中大量应用。

随着人类生产工具的进步，取材能力增强，人们开始使用天然石材建造房屋、纪念性构筑物，例如，公元前 2500 年前后建造的埃及金字塔、神庙，公元前 400～公元前 500 年建造的古希腊雅典卫城，公元 80～200 年间兴建的罗马古城等；在中国古代，石材不仅用来建造传统建筑物，还用于修筑桥梁，如建于隋炀帝大业年间（公元 605～618 年）的世界上最古老的石拱桥——坐落于河北省赵县的赵州桥。

土是人类最早使用的天然胶凝材料，从中东到埃及地区最早大约在公元前 800 年就开始使用日晒土坯砖（黏土加水成泥，成型后用太阳晒干）修建构筑物，古埃及人采用尼罗河的泥浆砌筑未经煅烧的土坯砖，为增加强度和减少收缩，在泥浆中还掺入砂子和草。

烧土制品是人类最早加工制作的人工建筑材料，使人类建造房屋的能力和水平跃上了新台阶。我国从西周时期（公元前 1066～前 711 年）开始出现的烧结黏土砖瓦，到秦汉时期已经成为最主要的房建材料，因此有"秦砖汉瓦"之说。

18～19 世纪，资本主义兴起，促进了工商业及交通运输业的蓬勃发展，原有的土木工程材料已不能与此相适应，在其他科学技术飞速发展的推动下，土木工程材料进入了一个新的发展阶段，钢材、水泥、混凝土及其他材料相继问世，为现代土木工程建筑奠定了基础。

进入 20 世纪后，由于社会生产力突飞猛进，以及材料科学与工程的形成和发展，土木工程材料不仅性能和质量不断改善，而且品种不断增加，以有机材料为主的化学建材异军突起，一些具有特殊功能的新型土木工程材料，如绝热材料、吸声隔声材料、各种装饰材料、耐热防火材料、防水抗渗材料以及耐磨、耐腐蚀、防爆、防辐射材料和其他环保材料等应运而生。

改革开放以来，凭借经济的发展和城市化脚步的加快，我国的土木工程开始了新一轮的发展并取得举世瞩目的辉煌成就。当前，我国交通、水利、能源、通信等基础设施和构筑物的建设规模和速度位居世界第一，创造了举世瞩目的"中国速度"和"中国模式"，为国民经济持续健康发展打下坚实基础。高速铁路、特大桥隧、离岸深水港、巨型河口航道整治、大型机场、水工大坝、油气工程、核电工程等重大基础设施逐渐迈入世界先进或领先行列。例如，在桥梁工程发面，我国在宽阔的长江、黄河、珠江上相继建设起了多座跨江大桥以及多座跨海大桥。港珠澳大桥、苏通大桥等一批桥梁工程建设为世界之最。海底隧道工程也加快了发展的步伐。粤、港、澳海底隧道也正在建设之中。在水利建设方面，全国兴建大中小水库 8.6 万座，水库总蓄水量 4580 亿 m^3，建设和整修大江大河堤防 25 万 km。我国建成了小湾水电站、白鹤滩水电站、溪洛渡水电站等一批世界级水利水电工程，特别是现已建成并投入使用的三峡水电站总装机容量达 1820 万 kW，超过了伊泰普水电站而跃居世界第一。在高速铁路建设方面，我国"四纵四横"高铁网已经提前建成运营，"八纵八横"高铁网正在不断延展。长三角、珠三角、京津冀三大城市群高铁已连片成网，东部、中部、西部和东北四大板块实现高铁互联互通，不仅极大方便了旅客出行，而且打开了广大人民群众美好旅行生活的新空间，受到越来越多人们的青睐，正在改变中国人的出行方式，助推中国经济社会持续健康发展。我国城市发展也进入了崭新阶段，城市的数量、规模和人口数量都有了飞速的发展。

为不断满足社会经济发展以及人民生活水平发展的需求，需要建设更多现代化的土木工程。然而，一方面现代土木工程的发展面临资源能源紧缺、环境负荷重、部分工程自然条件严苛的严峻挑战，另一方面现代土木工程也面临更快、更好的建设以及更高、更大、更深的空间拓展需求。为此，要确保现代工程的建设质量和使用功能，更好地服务人类活动，促进人类社会可持续发展和人与自然的和谐共生，更需要开发和应用更高性能、更绿色的现代土木工程材料，以肩负起人类可持续发展的重任。

1.3 土木工程材料分类

1.3.1 土木工程材料的主要分类

1. 按化学组成分类

通常可分为有机材料、无机材料及复合材料三类，具体见表1-1。

材料分类

表 1-1

分类			实例
无机材料	金属材料	黑色金属	钢、铁及其合金、合金钢、不锈钢等
		有色金属	铝、铜、铝合金等
	非金属材料	天然石材	砂、石及石材制品等
		烧土制品	黏土砖、瓦、陶瓷制品等
		胶凝材料及制品	石灰、石膏及其制品，水泥及混凝土制品，人造石材等
		玻璃	普通平板玻璃、特种玻璃等
		无机纤维材料	玻璃纤维、矿物棉等
有机材料	植物材料		木材、竹材、植物纤维及制品等
	沥青材料		煤沥青、石油沥青及其制品等
	合成高分子材料		塑料、涂料、胶粘剂、合成橡胶、土工合成材料等
复合材料	有机与无机非金属材料复合		聚合物混凝土、玻璃纤维增强塑料等
	金属与无机非金属材料复合		钢筋混凝土、钢纤维混凝土等
	金属与有机材料复合		PVC钢板，有机涂层铝合金板等

2. 按使用功能分类

根据材料的使用功能，可分为承重结构材料、非承重结构材料及功能材料。

① 承重结构材料：主要指梁、板、柱、基础、承重墙体和其他主要起承受荷载作用的材料。材料的力学性能和变形性能是土木工程对结构材料所要求的主要技术性能，这些性能的优劣决定了工程结构的安全性与使用可靠性。

② 非承重结构材料：主要包括框架结构的填充墙、内隔墙和其他围护材料。

③ 功能材料：主要有防水材料、防火材料、装饰材料、保温隔热材料、吸声（隔声）

材料、采光材料、防腐材料等。这些功能材料的选择与使用是否科学合理，往往决定了工程使用的可靠性、适用性以及美观性等。

3. 按使用部位分类

按照使用部位区分，常用的土木工程材料主要有：建筑结构材料、桥梁结构材料、水工结构材料、路面结构材料、建筑墙体材料、表面装饰与防护材料、屋面或地下防水材料等。土木工程的不同部位，各自的技术指标要求可能不同，对所使用材料的主要性能要求就会有所差别。

1.3.2　土木工程材料的标准

作为有关生产、设计应用管理和研究机构应共同遵循的依据，几乎所有的土木工程材料均由专门机构制定并颁布相应的技术标准，为确保土木工程材料的质量，保证现代化生产和科学管理，必须对材料产品的各项技术制定统一的执行标准。这些标准一般包括：产品规格、分类、技术要求、检验方法、验收规则、标志运输和贮存注意事项等方面内容。

土木工程材料的标准是企业生产的产品质量是否合格的技术依据，也是供需双方对产品质量进行验收的依据。通过产品标准化就能按标准合理地选用材料，从而使设计、施工也相应标准化，同时可加快施工进度、降低造价。

1. 标准的类别

世界各国对土木工程材料的标准化都非常重视，均有自己的国家标准，如美国的ASTM标准、德国的DIN标准、英国的BS标准、日本的JIS标准等。另外，还有在世界范围统一使用的ISO国际标准。目前，我国常用的标准主要有国家级、行业（或部）级、地方级和企业级4类。

1) 国家标准

国家标准有强制性标准（代号GB）和推荐性标准（代号GB/T）。强制性标准是全国必须执行的技术指导文件，产品的技术指标都不得低于标准中规定的要求。推荐性标准又称为非强制性标准或自愿标准，是指生产、交换、使用等方面，自愿采用的一类标准。

2) 行业标准

它是各行业（或主管部门）为了规范本行业的产品质量而制定的技术标准，也是全国性的指导文件，是由主管生产部门发布的，如建材行业标准（代号JC）、建工行业标准（代号JG）、冶金行业标准（代号YB）、交通行业标准（代号JT）等。

3) 地方标准

地方标准为地方主管部门发布的地方性技术指导文件（代号DB），适于在该地区使用，且所定的技术要求应高于类似（或相关）产品的国家标准。

4) 企业标准

企业标准是由企业制定发布的指导本企业生产的技术文件（代号QB），仅适用于本企业。凡没有制定国家标准、部级标准的产品均应制定企业标准。而企业标准所定的技术要求应高于类似（或相关）产品的国家标准。

2. 标准的表示方法

标准的一般表示方法是由标准名称、部门代号、标准编号和颁布年份等组成。例如2007 年制定的国家强制性 175 号硅酸盐水泥及普通硅酸盐水泥的标准为:《通用硅酸盐水泥》GB 175—2007;2011 年制定的国家推荐性 14685 号建筑用卵石、碎石标准为:《建筑用卵石碎石》GB/T 14685—2011。又如住房和城乡建设部 2011 年制定的 55 号行业标准为:《普通混凝土配合比设计规程》JGJ 55—2011。

1.4　现代土木工程材料的发展趋势

现代土木工程建设的新环境、新标准和新功能对土木工程材料的性能提出了新的要求,为现代土木工程材料的发展指明了方向。

1. 高性能化

研制轻质、高强、高耐久性、高抗震性、高保温性、高吸声性、优异装饰性及优异防水性的材料,实现结构-功能(智能)一体化,对提高建筑物的安全性、适用性、艺术性、经济性及使用寿命等有着非常重要的作用。例如,现今钢筋混凝土结构材料自重大(每立方米重约 2500kg),限制了建筑物向高层、大跨度方向进一步发展。通过减轻材料自重,及尽量减轻结构物自重,可提高经济效益。目前,世界各国都在大力发展高强混凝土、加气混凝土、轻骨料混凝土、空心砖、石膏板等材料,以适应土木工程发展的需要。

2. 智能化

所谓智能化材料,是指材料本身具有自感知、自调节、自清洁、自修复,实现构筑物自我监控的功能,以及可重复利用性。土木工程材料向智能化方向发展,是人类社会向智能化发展过程中降低成本的需要。

3. 复合与多功能化

利用复合技术生产多功能材料、特殊性能材料及高性能材料,这对提高建筑物的使用功能、经济性及加快施工速度等有着十分重要的作用。

4. 生产工业化

工业化生产主要是指应用先进施工技术,改造或淘汰陈旧设备,采用工业化生产技术,使产品规范化、系列化。

5. 节能与绿色化

随着我国墙体材料革新和建筑节能力度的逐步加大,建筑保温、防水、装饰装修标准的提高及居住条件的改善,对土木工程材料的需求不仅仅是数量的增加,更重要的是产品质量与档次的提高及产品的换代更新。随着人们生活水平和文化素质的提高,以及自我保护意识的增强,人们对材料功能的要求日益提高,要求材料不但要有良好的使用功能,还要求材料无毒、对人体健康无害、对环境不会产生不良影响,即所谓的绿色建材。

6. 严酷环境空间利用化

现代中国人口越来越多,人口密度越来越大,导致楼层越来越高、建筑拥挤。开发严酷环境如超深海洋、严寒高原等空间可以缓解此类问题,这些都建立在土木工程材料在严酷环境下能正常使用的基础之上。

1.5　本课程的目的和方法

本课程为土木工程及相关专业的一门技术基础课。通过学习，可获得土木工程材料的技术性能和应用方面的基本知识，以根据不同工程条件合理选择和正确使用材料，为后续课程的学习打下必要的基础。

本教材涉及胶凝材料、混凝土材料、金属材料、竹木材料、纤维增强复合材料、功能建筑材料和特种工程材料等土木工程材料。由于这些材料的组成和用途不同，各章节之间有些关联性强，有些则关联性弱，要注意各类材料的学习侧重点。

学习本课程要善于归纳总结，理顺课程的知识脉络，抓住贯穿本课程的教学主线，即材料的组成、结构、性能与应用之间的关系。从材料的组成、结构来分析材料的性质，从材料的技术性质来探讨材料的合理应用，而且要以材料的性能和合理应用作为学习的重点。

本章小结

随着人类社会的发展，土木工程建设标准、质量和功能上出现了新变化，工程施工环境也有明显区别，这就对土木工程材料提出了新的要求。本章主要阐述了土木工程材料的定义、分类、标准体系以及土木工程材料的发展简史，分析了现代土木工程材料面临的挑战以及发展趋势。此外，本章还提出了本书学习目的及其方法方面的建议。

思考与练习题

1-1　简述土木工程材料的定义。

1-2　简述土木工程材料的分类以及标准体系。

1-3　分析现代土木工程材料发展趋势。

第 2 章 胶 凝 材 料

本章要点及学习目标

本章要点：

(1) 胶凝材料种类、组成、结构和性能；(2) 胶凝材料的制备；(3) 胶凝材料的应用。

学习目标：

(1) 掌握各类胶凝材料的组成、结构和性能；(2) 熟悉胶凝材料的制备工艺方法及其应用技术；(3) 了解胶凝材料可持续发展方向。

2.1 石膏

石膏是一种以硫酸钙（$CaSO_4$）为主要化学成分的气硬性胶凝材料，在建筑材料中占有重要地位。石膏材料及其制品具有优良的性能，例如质轻、耐火、隔声、绝热等。

天然石膏是生产石膏的主要原料，主要为二水石膏（$CaSO_4 \cdot 2H_2O$）和硬石膏。我国石膏资源丰富，已探明的天然石膏的储量为 4.715×10^{10} t，居世界之首。人类发现和利用石膏的历史悠久，2000 年前建造的中国长沙马王堆古墓，就是采用熟石膏作为胶结材料砌筑而成的。法国巴黎附近盛产石膏，从 7 世纪起到中世纪末期，熟石膏曾广泛用于建筑物的砌筑和墙体抹面，因而熟石膏粉又称巴黎粉。如今，石膏已不仅仅是水泥工业配套的原料，石膏制品还是我国新型墙体材料的主导产品。

除天然原料外，含有 $CaSO_4 \cdot 2H_2O$、$CaSO_4$ 的一些化工副产品及工业固体废弃物，又称化工石膏，也可用作生产石膏的原料。当前，随着环境保护力度的加大，有大量工业副产石膏如磷石膏、脱硫石膏等亟须处理利用。例如，每年磷石膏的排放量约达 2×10^7 t，化肥副产石膏已达到 4×10^7 t，为促进生态平衡、保护环境、节约资源，综合利用这些工业副产石膏已势在必行。

2.1.1 天然石膏

自然界中石膏以两种稳定形态存在：①天然无水石膏，又称为硬石膏，化学式为 $CaSO_4$。其晶体致密，质地较硬，只可用于生产无水石膏水泥，即明矾石膨胀水泥；②含有 2 个分子结晶水的天然二水石膏，又称为软石膏、石膏或生石膏，化学式为 $CaSO_4 \cdot 2H_2O$，这是生产石膏的主要原料。

二水石膏，属单斜晶系，其晶体结构如图 2-1 所示。Ca^{2+} 与 $[SO_4]^{2-}$ 四面体联结，构成双层结构，H_2O 分子则分布于双层结构之间。

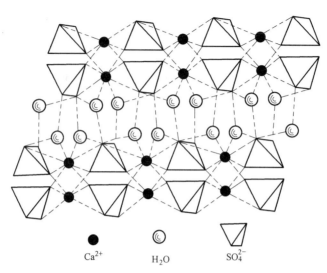

图 2-1　二水石膏的晶体结构

天然二水石膏呈白色或无色透明，莫氏硬度为 $1.2\sim2.0$，密度 ρ 为 $2.2\sim2.4\mathrm{g/cm^3}$。常温下在水中的溶解度（以 $CaSO_4$ 计）为 $2.05\mathrm{g/L}$。

按照物理性质可将二水石膏分为五类：无色透明、有时略带浅色、呈玻璃光泽者，为透明石膏；纤维状集合体并呈丝绢光泽者，为纤维石膏；细粒块状、白色透明者，为雪花石膏；致密块状、光泽较暗淡者，为普通石膏；不纯净、有黏土混入、杂质较多且呈土状者，为土石膏。

国家标准《石膏化学分析方法》GB/T 5484—2012 规定了石膏的质量检验方法，其基本指标是其中 $CaSO_4\cdot2H_2O$ 和 $CaSO_4$ 的含量（质量分数，%）。评价石膏质量的方法主要分为半分析法和全分析法。其中，石膏的半分析法，也称石膏的基本分析，是指其主要成分的分析，即结晶水、CaO 和 SO_3 含量的测定。当石膏原料用作水泥缓凝剂时，其质量评价指标是其中 $CaSO_4\cdot2H_2O$ 和 $CaSO_4$ 的含量（质量分数，%）。其分析可按国家标准《石膏化学分析方法》GB/T 5484—2012 进行。当石膏原料用于生产建筑石膏时，可按国家标准《建筑石膏》GB/T 9776—2008 进行标准稠度、凝结时间及抗压强度的测定。石膏的全分析法主要测定石膏的结晶水、附着水、CaO、SO_3、SiO、Al_2O_3、Fe_2O_3、MgO 等含量。

2.1.2　工业副产石膏

1. 脱硫石膏

脱硫石膏，又称为排烟脱硫石膏、硫石膏或 FGD（Flue Gas Desulphurization Gypsum）石膏，是对火力发电站、钢铁厂、冶炼厂等燃烧含硫燃料（煤、油等）后产生含有大量 SO_2 的烟气进行脱硫净化处理而得到的工业副产石膏。脱硫石膏通常是颗粒细小、品位高的湿态 $CaSO_4\cdot2H_2O$ 晶体，纯度可达 90% 以上。

SO_2 是大气的首要污染物。据世界卫生组织和联合国环境规划署统计，每年由人类活动排放 SO_2 约高达 $2\times10^8\mathrm{t}$，其中主要是含硫燃料燃烧所排。中国火电厂燃煤排放 SO_2

的量约占全国 SO_2 排放总量的 50%，约占工业 SO_2 排放量的 75%。

烟气脱硫是燃煤电厂应用最广泛和最有效的 SO_2 控制技术，按其工艺特点可分为湿法、半干法和干法。其中，湿法脱硫工艺应用最多。在湿法脱硫工艺中最主要的方法是石灰/石灰-石膏法，其工艺主要特点如下：

1）脱硫效率高达 90% 以上；

2）运行稳定；

3）对煤种变化的适应性强；

4）吸收剂资源丰富，价格便宜；

5）脱硫副产品是脱硫石膏，便于利用。

石灰/石灰石-石膏法的脱硫机理与脱硫石膏的形成过程如下：

通过收尘处理后的烟气被导入吸收器中，将石灰或石灰石粉所形成的料浆通过喷淋的方式在吸收器中洗涤烟气，与烟气中的 SO_2 反应而生成亚硫酸钙（$CaSO_3 \cdot 0.5H_2O$），然后通入大量空气强制将亚硫酸钙氧化成二水硫酸钙（$CaSO_4 \cdot 2H_2O$）

石灰-石膏法的反应过程为：

$$CaO + H_2O \rightarrow Ca(OH)_2$$
$$Ca(OH)_2 + SO_2 \rightarrow CaSO_3 \cdot 0.5H_2O + 0.5H_2O$$
$$CaSO_3 \cdot 0.5H_2O + 0.5O_2 + 1.5H_2O \rightarrow CaSO_4 \cdot 2H_2O$$

石灰石-石膏法的反应过程为：

$$CaCO_3 + SO_2 + 0.5H_2O \rightarrow CaSO_3 \cdot 0.5H_2O + CO_2 \uparrow$$
$$CaSO_3 \cdot 0.5H_2O + 0.5O_2 + 1.5H_2O \rightarrow CaSO_4 \cdot 2H_2O$$

从吸收器中出来的石膏悬浮液，通过浓缩器和离心机脱水，形成颗粒细小、品位高、残余含水量为 $5\%\sim15\%$ 的最终产物——脱硫石膏。每吸收 1t SO_2，就产生 2.7t 脱硫石膏。一个 3×10^5 kW 的燃煤火力电厂，其燃煤含硫量即使按 1% 来计算，每年所排出的脱硫石膏的量也为 3×10^4 t。可见，其副产脱硫石膏的量十分巨大。

脱硫石膏具有与天然石膏一样的物理和化学特征，但是，在原始状态、性能和杂质成分上存在差异。经过洗涤和过滤处理的脱硫石膏，是含有 $10\%\sim20\%$ 游离水的潮湿、松散的细小颗粒。当脱硫正常时，其颜色为白色微黄。当因脱硫不稳定而带进较多的煤灰等杂质时，其颜色发黑。

脱硫石膏中的杂质以 $CaCO_3$ 为主，在偏光显微镜下可看出部分 $CaCO_3$ 以石灰石颗粒形态单独存在。这是由于反应过程中部分颗粒未参与反应。因杂质与石膏的易磨性不同，天然石膏经过粉磨后的粗颗粒多为杂质；与天然石膏正好相反，脱硫石膏粉磨后的粗颗粒多为脱硫石膏，细颗粒为杂质。

目前，脱硫石膏主要应用在建筑材料行业中，用于生产熟石膏粉、α-石膏粉、石膏制品、石膏砂浆、水泥添加剂等。

2. 磷石膏

磷石膏，主要化学成分为 CaO、SO_3、SiO_2、Al_2O_3、Fe_2O_3、P_2O_5 和 F，磷石膏是合成洗衣粉、磷肥等生产企业制造磷酸时产生的工业固体废弃物。

磷素肥料主要是由天然磷矿石加工制造。磷矿石的主要组分是氟磷酸钙

$[3Ca_3(PO_4)_2 \cdot CaF_2]$。高浓度磷肥、复合肥料的生产涉及用硫酸从磷矿提取出磷酸溶液，再加工成磷酸铵、重过磷酸钙和复合肥料。

磷灰石或含氟磷灰石$[Ca_5F(PO_4)_3]$与硫酸反应所得的产物之一即为磷石膏。其反应如下：

$$Ca_5F(PO_4)_3 + 5H_2SO_4 + 10H_2O \rightarrow 3H_3PO_4 + 5(CaSO_4 \cdot 2H_2O) + HF$$

磷矿石与硫酸作用后，生成一种泥浆状的混合物，其中含有液体状态的磷酸和固体状态的硫酸钙残渣，再经过滤和洗涤，可将磷酸和硫酸钙分离，所得硫酸钙残渣就是磷石膏，其主要成分是$CaSO_4 \cdot 2H_2O$，含量为$64\%\sim69\%$。此外，还含有磷酸$2\%\sim5\%$，氟约1.5%，还有游离水和不溶性残渣。每生产$1t$磷酸，大约排出$5t$磷石膏。目前，中国磷石膏每年的排放量已超过$5\times10^7 t$。磷石膏除了能代替天然石膏生产硫酸铵及用作农业肥料外，如满足国家标准《磷石膏》GB/T 23456—2009要求时，也可作为水泥的缓凝剂，还可以用于生产石膏胶凝材料及制品。

全世界范围内，仅有15%的磷石膏得到了循环利用，用于建筑材料、农业土壤改良、水泥缓凝剂等，剩余的85%作为工业固体废弃物堆放处理。未经处理的磷石膏堆放不但占用了大量土地，而且对周边的地下水、大气、土壤等造成严重污染。

磷矿石用硫酸分解制取湿法磷酸时，磷矿石中含有Fe、Al、Mg等杂质的化合物大部分可分解，溶于磷酸溶液；少量未分解的磷矿石、氟化合物、酸不溶物、碳化的有机质则与反应所生成的硫酸钙一起沉淀析出。磷酸溶液与硫酸钙沉淀物过滤分离后，滤饼经过洗涤操作，硫酸钙滤饼总会含有少量未洗除的酸液。

杂质有可溶性、不溶性两类。可溶性杂质主要有以下几种：

1）游离磷酸

半水石膏，化学式为$CaSO_4 \cdot 0.5H_2O$。当其用于建筑物时，游离磷酸对结构材料有腐蚀性，可能腐蚀制作石膏预制件所用模型及设备。

2）磷酸一钙、磷酸二钙和氟硅酸盐

磷酸一钙、磷酸二钙和氟硅酸盐，会减慢石膏的凝结速度。

3）钾和钠盐

钾和钠盐，会使干燥的石膏制品表面出现晶花。

不溶性杂质，主要有以下几种：

1）在磷矿石中含有的硅砂、未反应矿物和有机质；

2）磷矿石酸解时与硫酸钙共同结晶的磷酸二钙和其他不溶性磷酸盐、氟化物。

硅砂和未反应矿物对熟石膏的质量影响较小，但是对磷石膏的处理设备有磨损作用。有机质的影响很大，会使产品呈灰色，减慢凝结速度，降低制品强度。共结晶磷酸盐也会减慢凝结速度。因此，利用磷石膏制备建筑材料熟石膏时，首先须净化磷石膏，然后进行石膏的脱水处理。

上述杂质中，氟化物和P_2O_5（未分解的磷矿石和游离磷酸，以P_2O_5表示）是磷石膏的主要杂质，呈较强酸性。其pH值最低为1.9，氟化物含量最高达2.04%，P_2O_5的总含量最高达17.1%，可溶性P_2O_5含量最高达5.7%。这种磷石膏在堆存场地所产生的淋溶水对环境危害很大。

因磷石膏所含杂质影响石膏制品的性能，必须采用水洗以分离杂质及中和游离酸的处理方法进行净化。磷石膏净化的关键：一是经水洗必须获得性能稳定且杂质含量符合相关标准的二水石膏；二是解决水洗过程中所造成的二次污染问题。目前，国外所采用的净化方法主要有水洗、分级和石灰中和等。水洗法可以除去磷石膏中细小的水溶性杂质，例如，游离的磷酸、水溶性磷酸盐和氟等。分级法可以除去磷石膏中细小的不溶性杂质，例如，硅砂、有机物及细小的磷石膏晶体，这些高分散性的杂质会影响建筑石膏的凝结时间。与此同时，黑色的有机质还会影响建筑石膏产品的外观，分级处理对磷、氟的脱除也很有效果。另外，湿筛磷石膏，还可去除大颗粒石英和未反应的杂质，石灰中和法对去除磷石膏中的残留酸特别简便和有效。

若生产磷酸时所用的原料是高品位的精选磷灰石，则所生产的磷石膏的纯度比较高，可只需水洗净化，然后过滤或离心脱水，即可去除 80%～90% 的可溶性杂质，磷石膏的利用率达 97%。

当采用可溶性杂质、不溶物、有机质含量较高的磷矿石制取磷酸时，所生成的磷石膏呈聚合晶状，其净化方法较为复杂。有一种方法是采用三级水力旋离器分离磷石膏料浆，水溶性杂质的去除率可达 95% 以上，磷石膏的利用率为 70%～90%。当磷石膏的粒度特别细小，且水源并不丰富时，可采用浮选法分离杂质。当采用浮选法分离时，有机质的分离程度很高，水溶性杂质的去除率为 85%～90%，石膏的回收率为 90%～96%。净化后的石膏悬浮液，通过真空过滤或离心过滤以尽量降低游离水含量，减少后续干燥工段的热耗。

3. 氟石膏

氟石膏是用萤石（又称氟石、氟石粉或萤石粉）与硫酸制取氢氟酸时所产生的工业固体废弃物。萤石（CaF_2）与硫酸（H_2SO_4）按一定比例配合经加热发生反应，其反应式如下：

$$CaF_2 + H_2SO_4 \rightarrow CaSO_4 + 2HF \uparrow$$

其中，HF 气体经冷凝收集，即为氢氟酸；工业固体废弃物，即为氟石膏。氟石膏的主要化学组成为 II 型无水硫酸钙（II-$CaSO_4$）。工业固体废弃物中残存的硫酸，也可采用石灰中和生成 $CaSO_4$。每生产 1t 氢氟酸约产生 3.6t 无水氟石膏。

新生成的氟石膏在堆放过程中能缓慢水化而生成二水石膏。自然堆放时间为 2 年以上的氟石膏的主要成分为二水石膏，杂质为 CaF_2、硬石膏等。由于氟石膏一般无放射性污染，因此，可直接作为原资源利用。

氟石膏可用于制备装饰石膏板和空心条板，也用作水泥缓凝剂，部分用作生产粉刷石膏和自流平石膏，还可利用无水氟石膏生产实心砖。

4. 其他副产石膏

1）黄石膏

在化工生产中，为中和过多的硫酸而加入含钙物质时，也会形成以石膏为主要成分的工业固体废弃物。例如，在采用苯与硫酸作为原料生产供印染用的氧化剂——染盐 S（又名硝基苯磺酸）时，当反应完成后剩余的硫酸与熟石灰中和而生成石膏，其反应式如下：

$$H_2SO_4 + Ca(OH)_2 \rightarrow CaSO_4 \downarrow + 2H_2O$$

石膏经过滤后与产品分离。这种石膏为中性黄色粉末，因此又称为"黄石膏"，属于无水石膏。但是，因存在大量吸附水和游离水等，所以也有二水石膏成分。若利用白云石粉（$CaCO_3 \cdot MgCO_3$）进行中和，过剩的硫酸可与白云石所含的碳酸钙反应而生成石膏，其反应式如下：

$$H_2SO_4 + CaCO_3 \longrightarrow CaSO_4 + CO_2 \uparrow + H_2O$$

这种石膏为黄白色中性粉末，含有较多的游离水。

2）柠檬酸石膏

柠檬酸石膏是在柠檬酸生产过程中产生的一种工业固体废弃物。每生产 1t 柠檬酸约产生 1.5t 柠檬酸石膏。柠檬酸是由淀粉原料经发酵产生柠檬酸发酵液，然后由碳酸钙中和，再加入硫酸酸解，在提取后所得到的工业固体废弃物，即为柠檬酸石膏。其反应式为：

$$2C_6H_8O_7 \cdot H_2O + 3CaCO_3 \rightarrow Ca_3(C_6H_5O_7)_2 \cdot 4H_2O \downarrow + 3CO_2 \uparrow + H_2O$$
$$Ca_3(C_6H_5O_7)_2 \cdot 4H_2O + 3H_2SO_4 + 2H_2O \rightarrow 2C_6H_8O_7 + 3(CaSO_4 \cdot 2H_2O)$$

柠檬酸工业固体废弃物呈膏状，含水率为 $40\% \sim 50\%$，呈灰白色，其中 $CaSO_4 \cdot 2H_2O$ 含量大于 85%。柠檬酸石膏中的主要杂质，为未反应完全的柠檬酸钙及少量未经提取的柠檬酸。国内的柠檬酸石膏，除少量用于水泥工业、建筑石膏制品及建筑石膏砂浆外，大部分未得到利用，这是因为柠檬酸石膏中的少量柠檬酸和柠檬酸盐，对于建筑石膏而言是极强的缓凝剂，可采用水洗和高温煅烧措施来除掉这些杂质。

3）芒硝石膏

芒硝石膏是由分离芒硝与石膏的共生矿——芒硝石以萃取硫酸钠或由钙芒硝制取芒硝后的工业固体废弃物。我国每年排放芒硝石膏约 3.6×10^6 t，主要用作水泥缓凝剂和制作石膏砌块。

4）盐石膏

盐石膏又称为盐碱皮或硝皮，是制盐工业或盐场海水浓缩过程中产生的副产品。其中，$CaSO_4 \cdot 2H_2O$ 含量大于 95%，每年可收集盐石膏 100 多万吨。一些盐石膏被用于生产石膏空心条板、砖或水泥的调凝剂。

2.1.3　石膏胶凝材料

生石膏或硬石膏在一定工艺制度下煅烧磨细可以制取石膏胶凝材料。不同煅烧条件能生产出不同性质的石膏产品。当加热温度为 $65 \sim 75℃$ 时，$CaSO_4 \cdot 2H_2O$ 开始脱水，至 $107 \sim 170℃$ 时，二水石膏变成型半水石膏；当温度升至 $200 \sim 250℃$ 时，半水石膏继续脱水，成为可溶性硬石膏。这种石膏凝结快，但强度较低；当加热温度高于 $400℃$ 时，石膏完全失去水分，成为不溶性硬石膏，失去凝结硬化能力，也称为死烧石膏；当煅烧温度在 $800℃$ 以上时，由于部分石膏分解出氧化钙（CaO）起催化作用，其产品又重新具有水化硬化性能，而且水化后强度较高，耐磨性较好，称为地板石膏；当温度高于 $1600℃$ 时，$CaSO_4$ 全部分解成 CaO。若将二水石膏在 1.3 个大气压和 $125℃$ 的条件下用蒸压锅蒸炼脱水，就能得到 α 型半水石膏，也称为高强度石膏。

建筑石膏就是将熟石膏或化工石膏加热至 $107 \sim 170℃$，由二水石膏（$CaSO_4 \cdot 2H_2O$）转变成半水石膏，在经磨细而制成。其反应式如下：

$$CaSO_4 \cdot 2H_2O \xrightarrow{107\sim170℃} CaSO_4 \cdot \frac{1}{2}H_2O + 1\frac{1}{2}H_2O$$

石膏与适量的水混合形成可塑的浆体，但很快失去塑性，这个过程称为凝结；以后迅速产生强度，并发展成为坚硬的固体，该过程称为硬化。石膏的凝结硬化是一个连续的溶解、水化、胶化、结晶的过程。以β型半水石膏（即建筑石膏）为例，其水化、凝结硬化示意图见图2-2。

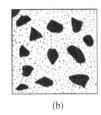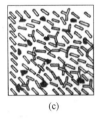

(a)　　　　　　(b)　　　　　　(c)　　　　　　(d)

图2-2　建筑石膏硬化图

（a）溶解；（b）水化；（c）胶化；（d）结晶

图2-2（a）、（b）表示β型半水石膏在布朗运动作用下，石膏颗粒分散在水中，并发生水化反应。常温下β型半水石膏的最大溶解度为8.16g/L，而同温度下石膏的平衡溶解度为2.05g/L，使得水化产物二水石膏在半水石膏的溶液里逐渐达到过饱和状态，使得水化产物不断地析晶，石膏浆体逐渐变稠，形成胶体微粒。其水化反应式如下：

$$\frac{1}{2}CaSO_4 + 1\frac{1}{2}H_2O \xrightarrow{107\sim170℃} CaSO_4 \cdot 2H_2O$$

图2-2（c）表示随着析出晶粒的增多，在局部区域开始有结晶结构网形成。从图中可见，浆体开始具有一定的剪切强度，其值随时间延长快速增长。所谓浆体的剪切强度，就是浆体发生剪切变形时所能承受的最大剪应力。图2-2（d）表示石膏的硬化过程。随着水化反应的不断进行，二水石膏晶体不断生长，相互接触并连生，形成结晶网络结构，石膏浆体逐渐硬化并产生强度。石膏浆体的水化和凝结时间可以通过缓凝或促凝剂来调整。常用的缓凝剂有硼砂、草果酸、柠檬酸、皮胶和蛋白质等。常用的促凝剂有硅氟酸钠、氯化钠、硫酸钠等盐类。

石膏硬化体的强度不高，除与其本身活性矿物及细度有关外，主要与配制石膏浆体时的用水量有关。实际参与石膏水化的用水量并不大，但为了使石膏浆体具有一定的可塑性，往往要增加大量的水。这一部分水从石膏硬化体中蒸发后将留下大量的孔隙，因而石膏制品密实度和强度不高。例如，建筑石膏水化需水量为其自身重量的18.6%，而实际的加水量却为60%～80%。在石膏浆体中掺入外加剂降低其实际用水量，有利于提高石膏制品强度。常用的外加剂有糖蜜、糊精、水解血等。

2.1.4　建筑石膏的特点与应用

1. 凝结硬化快

建筑石膏在加水拌合后，浆体在几分钟内开始凝结，施工成型困难，故在使用时需加入缓凝剂以延缓其初凝时间。一般规定建筑石膏的初凝不小于 6min，终凝不大于 30min，一周左右完全硬化。

2. 凝结硬化时体积微膨胀

石膏浆体在凝结硬化初期会产生微膨胀，膨胀率为 0.5%～1.0%，具有良好的成型性能，石膏制品成型过程中，石膏浆体能挤密模具的每一个空间，成型的制品光滑、细、图案清晰准确，特别适合制作装饰制品。

3. 硬化结构多孔

为使石膏浆体具有可塑性，成型石膏制品时需加大量的水（约 60%～80%），而实际石膏的水化只需石膏质量 18% 左右的水，故有大量的水在石膏浆体硬化后蒸发出来，留下大量开口细小的毛细孔。

4. 轻质、保温、吸声

石膏为白色粉末，密度 2.60～2.75g/cm³，堆积密度 800～1000kg/m³，属于轻质材料。其导热系数小，一般为 0.12～0.20W/(m·K)，是较好的保温材料。由于其孔隙特征是细小开口的毛细孔，对声波的吸收能力强，也是一种良好的吸声材料。

5. 具有一定的调湿性

石膏制品的细小开口的毛细孔对空气中的水汽有一定的吸附能力，当室内空气湿度高于它的湿度时，能吸潮，而当室内空气湿度低于它的湿度时，石膏又能排湿，因此石膏具有调节室内湿度的作用。

6. 防火性能较好

建筑石膏制品的导热系数小，传热慢，且二水石膏受热脱水产生的水蒸气能阻碍火势的蔓延，起到防火作用。

7. 强度低

建筑石膏的强度较低，但强度发展快，2h 的抗压强度可达 3～6MPa，但 7d 的抗压强度仅为 8～12MPa，接近其最终强度。

8. 装饰性和可加工性能好

石膏表面饱满洁白，质感细腻，对光线的反映柔和，制品外观造型线条分明，花色图案丰富、逼真，有很好的装饰性。建筑石膏制品可锯、创、钉、钻，能用螺栓紧固，安装方便，施工快捷，可做成各种各样的立体装饰图案及艺术造型，如各种石膏装饰板和浮雕艺术石膏线角、花角、花饰、灯座、灯圈、立柱、壁炉等。

9. 耐水性差

建筑石膏制品孔隙率大，且二水石膏微溶于水，遇水后强度大大降低，其软化系数只有 0.2～0.3。因此，石膏制品长期受潮，石膏在自重作用下会产生弯曲变形。为了提高石膏制品的耐水性，可以在石膏中掺入适当的防水剂，如有机硅防水剂，或掺入适量的水泥、粉煤灰、磨细粒化高炉矿渣等。

根据《建筑石膏》GB 9776—2008，建筑石膏按强度、细度、凝结时间指标分为优等品、一等品和合格品三个等级，见表 2-1。建筑石膏可用于建筑粉刷、具有隔热保温、吸声、防火特性的石膏板、墙板、地面基层板等。磨细建筑石膏还可用做模型石膏。

建筑石膏的技术指标　　　　　　　　　　表 2-1

等级	细度(0.2mm方孔筛,筛余量)(%)	凝结时间		2h 强度	
		初凝	终凝	抗折强度	抗压强度
3.0				≥3.0	≥6.0
2.0	≤10	≥3	≤30	≥2.0	≥4.0
1.6				≥1.6	≥3.0

2.2　水泥

　　水泥是使用最广泛的建筑材料之一，作为胶凝材料用于制备砂浆、混凝土等，应用于房屋建筑、机场道路、隧道桥梁、水利与水电基础设施、海洋与港口工程等。按照主要化学成分可将水泥分为硅酸盐系水泥、铝酸盐系水泥、硫铝酸盐系水泥、铁铝酸盐系水泥等不同系列，按照其性质和用途可分为通用水泥、专用水泥和特种水泥三大类别。通用硅酸盐水泥的应用最广泛，它是以硅酸盐水泥熟料、适量石膏和混合材料制成的水硬性胶凝材料，包括硅酸盐水泥、普通硅酸盐水泥、矿渣硅酸盐水泥、火山灰硅酸盐水泥、粉煤灰硅酸盐水泥及复合硅酸盐水泥六大品种。专用水泥是用于专门用途的水泥，如道路水泥、大坝水泥、油井水泥等。特种水泥是指具有某种比较突出的特殊性能的水泥，如快硬水泥、膨胀水泥、抗硫酸盐水泥、低热水泥、白色硅酸盐水泥和彩色硅酸盐水泥等。

2.2.1　硅酸盐水泥

1. 硅酸盐水泥的生产

　　生产硅酸盐水泥的原料主要有石灰质原料和黏土质原料两类。石灰质原料主要有石灰石、白墨、石灰质凝灰岩等，提供 CaO。黏土质原料主要有黏土质岩、铁矿石和硅藻土等，提供 SiO_2、Al_2O_3 及少量 Fe_2O_3。原材料从矿山开采出来后进行破碎，分类储存到专用的储仓备用，见图 2-3。如选用的石灰质原料和黏土质原料按一定比例配合后不能满足水泥熟料的化学组成要求时，则还要掺加相应的校正原料，如掺入铁矿粉补充 Fe_2O_3、掺入砂岩补充 SiO_2、掺入煤渣补充 Al_2O_3 等。此外，为了改善煅烧条件，常加入少量的矿化剂（如铜矿渣、重晶石等），以降低熟料烧成温度。

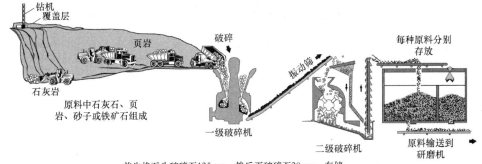

图 2-3　原材料的开采、破碎与分类储存

硅酸盐水泥的生产工艺过程主要概括为"两磨一烧",即把含有以上四种化学成分的原材料按适当比例配合后,在生料磨机中磨细制成水泥生料(图2-4),然后将制得的生料入窑进行煅烧,在高温下反应生成水泥熟料矿物(图2-5),再将水泥熟料与适量石膏、混合材料粉磨成细粉,制成硅酸盐水泥。

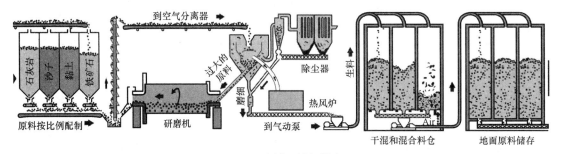

图2-4 生料配料与粉磨

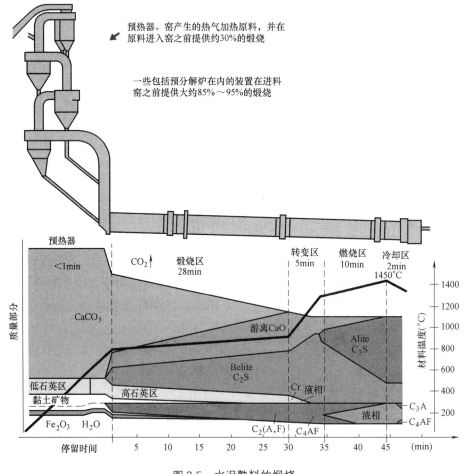

图2-5 水泥熟料的煅烧

2. 硅酸盐水泥熟料的矿物组成

硅酸盐水泥熟料的主要矿物组成及其含量范围见表2-2。硅酸三钙、硅酸二钙、铝酸三钙和铁铝酸四钙为硅酸盐水泥的四大矿物。其中，硅酸三钙和硅酸二钙是最主要矿物成分，统称为硅酸盐矿物，占水泥熟料总量的 75% 左右；铝酸三钙和铁铝酸四钙称为溶剂型矿物，一般占水泥熟料总量的 25% 左右。

硅酸盐水泥的主要熟料矿物组成 表 2-2

名称	矿物成分	简称	含量(质量百分数)
硅酸三钙	$3CaO \cdot SiO_2$	C_3S	37%~60%
硅酸二钙	$2CaO \cdot SiO_2$	C_2S	15%~37%
铝酸三钙	$3CaO \cdot Al_2O_3$	C_3A	7%~15%
铁铝酸四钙	$4CaO \cdot Al_2O_3 \cdot Fe_2O_3$	C_4AF	10%~18%

在反光显微镜下，硅酸盐水泥熟料矿物一般如图 2-6 所示，C_3S 呈多角形，C_2S 呈圆形，表面常有双晶纹，两者均为暗色；C_3A 和 C_4AF 填充在 C_3S 和 C_2S 之间，形状不规则，C_4AF 为亮色，C_3A 呈深色。

(a)

(b)

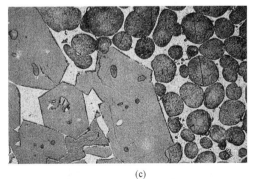

(c)

图 2-6 硅酸盐水泥熟料矿物的微观结构

(a) 熟料光学照片；(b) 熟料中的 C_3S、C_2S 和含铁相；(c) 熟料中的 C_3S、C_2S 和含铁相

除上述主要矿物外，还存在少量的有害成分：

1) 游离氧化钙（f-CaO）。f-CaO 是煅烧过程中残存下来呈游离态的 CaO。f-CaO 含量过高，其水化引起水泥硬化产生异常膨胀、开裂，导致安定性不良。通常熟料中对其含量应严格控制在 1%~2% 以下。

2）游离氧化镁（f-MgO）。f-MgO 是从原料中带入的杂质，以方镁石形式存在，其含量多时，水化引起水泥浆体体积过度膨胀，引起安定性不良。为此，国家标准规定硅酸盐水泥的 MgO 含量一般不得超过 6.0%。

3）硫酸盐（折合成 SO_3 计算）。SO_3 主要是石膏或其他原料所带来的硫酸盐。为调节水泥的凝结时间以满足施工要求，通常在水泥生产中会掺加适量的石膏。但是，当石膏掺入量过高时，使水泥在硬化过程中产生体积不均匀的变化而使其结构破坏。为此，硅酸盐水泥中 SO_3 的含量不得超过 3.5%。

4）含碱矿物（Na_2O 或 K_2O 及其盐类）。水泥中含碱矿物含量较高时，易与骨料中的碱活性组分发生反应，产生膨胀而造成结构破坏。

3. 硅酸盐水泥的水化硬化

水泥加水拌合后就开始了水化反应，拌合物称为可塑的水泥浆体。随着水化的不断进行，水泥浆体逐渐变稠、失去可塑性，开始产生强度时称为水泥的"凝结"。随着水化的进行，水泥浆体的强度持续发展，并逐渐变成坚硬的石状物质——水泥石，这一过程称为水泥的"硬化"。水泥的凝结和硬化与水泥水化的进程以及相应微结构的演化密切相关，受水泥熟料矿物的组成、反应条件及环境等影响。

水泥熟料的四种主要矿物成分中，C_3S 的水化较快，水化热较大，其水化物主要在早期产生，因此 C_3S 早期强度最高，通常是决定水泥强度等级的最主要矿物；C_2S 的水化最慢，水化热最小，其水化主要发生在后期，因此它对水泥早期强度贡献很小，但对后期强度的增长至关重要；C_3A 的水化最快，水化热也最大，其水化主要在早期，对水泥的凝结与早期（3d 以内）的强度影响最大；C_4AF 水化较快，仅次于 C_3A，其水化热中等，抗压强度较低，但抗折强度相对较高。当水泥中 C_4AF 含量增多时，有助于水泥抗折强度的提高。四种矿物水化的特性见表 2-3。

水泥熟料矿物的水化特征　　　　　　　　　　表 2-3

性能	熟料矿物名称			
	C_3S	C_2S	C_3A	C_4AF
凝结硬化速度	快	慢	最快	较快
28d 水化放热量	大	小	最大	中
强度增进率	快	慢	最快	中
耐化学侵蚀性	中	最大	小	大
干缩	中	大	最大	小

水泥熟料矿物水化反应方程式如下：

$$2(3CaO \cdot SiO_2) + 6H_2O \rightarrow 3CaO \cdot 2SiO_2 \cdot 3H_2O + 3Ca(OH)_2$$
$$2(2CaO \cdot SiO_2) + 4H_2O \rightarrow 3CaO \cdot 2SiO_2 \cdot 3H_2O + Ca(OH)_2$$
$$3CaO \cdot Al_2O_3 + 6H_2O \rightarrow 3CaO \cdot Al_2O_3 \cdot 6H_2O$$
$$4CaO \cdot Al_2O_3 \cdot Fe_2O_3 + 7H_2O \rightarrow 3CaO \cdot Al_2O_3 \cdot 6H_2O + CaO \cdot Fe_2O_3 \cdot H_2O$$

C_3S 的主要水化产物是水化硅酸钙（$3CaO \cdot 2SiO_2 \cdot 3H_2O$，简写为 C-S-H）和 $Ca(OH)_2$。C-S-H 几乎不溶于水，呈胶体微粒析出，胶体逐渐硬化后具有较高的强度，生成的 $Ca(OH)_2$ 微溶于水，很快达到饱和并结晶析出。C_2S 的水化反应与 C_3S 相似，水化产物是 C-S-H 和 Ca(OH)$_2$，但反应速度较 C$_3$S 慢，生成物中的 Ca(OH)$_2$ 较少。C$_3$A 与水反应速度极快，生成水化铝酸钙（简写为 C-A-H），继续与石膏发生反应，生成水化硫铝酸钙（3CaO·Al$_2$O$_3$·3CaSO$_4$·31H$_2$O）晶体，也称钙矾石（简称 AFt）。当石膏被完全消耗后，部分 AFt 将转变为单硫型水化硫铝酸钙（3CaO·Al$_2$O$_3$·CaSO$_4$·12H$_2$O，简称 AFm）。C$_4$AF 的水化产物一般认为是水化铝酸钙和水化铁酸钙（简称 C-F-H），C-F-H 是一种凝胶体。综上所述，在充分水化的水泥石中，C-S-H 凝胶约占 70%，Ca(OH)$_2$ 约占 20%，AFt 和 AFm 约占 7%。

图 2-7 描述了水泥水化时微结构的演化过程。水泥与水拌合，水化 10min. 时，C$_3$A 或者 C$_4$AF 与石膏在溶液中发生反应，在熟料矿物表面形成无定形富铝的凝胶，而在溶液以及凝胶边沿也形成了短小的 AFt 晶体；水化约 10h，C$_3$S 水化形成了外部 C-S-H 凝胶产物并与 AFt 晶体形成交错的网络结构，填充于熟料颗粒表面与水化产物壳层之间；水化约 18h 时，C$_3$A 或者 C$_4$AF 发生二次水化反应形成长棒状的 AFt 晶体，同时 C$_3$S 的继续水化，内部 C-S-H 开始在水化产物壳层内壁面形成；水化 1~3d 时，C$_3$A 与 AFt 反应形成 AFm，内部水化产物的形成逐渐密实了矿物表面与水化产物壳层之间区域；水化 14d 时，足够的内部 C-S-H 填充于未水化颗粒与水化产物壳层之间区域，微结构更为致密，外部 C-S-H 形貌更纤维化。

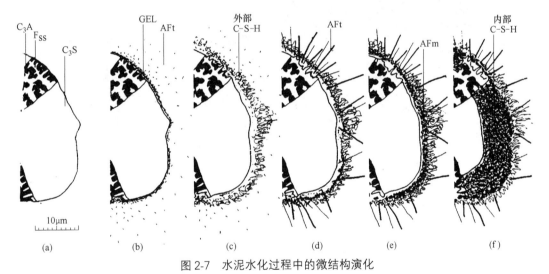

图 2-7　水泥水化过程中的微结构演化

(a) 未水化；(b) 10min；(c) 10h；(d) 18h；(e) 1-3days；(f) 14days

水泥硬化体中的 C-S-H 存在各种形貌，如图 2-8 所示，C-S-H 有球形、无定形、针状等。图 2-9 清楚显示了围绕水泥熟料矿物周边形成的 C-S-H 凝胶。

水泥在水化过程中放热，其在 1d 内的放热过程如图 2-10 所示。水泥水化放热与其水化凝结相对应，分为四个阶段，即初始反应期、诱导期、水化反应加速期和减速期。

1）初始反应期（持续大约 5~10min）

水泥加水拌合，未水化的水泥颗粒分散于水中，形成新鲜水泥浆体。水泥颗粒的水化从其表面开始。水泥加水后，首先石膏迅速溶解于水，C$_3$A 立即发生反应，C$_4$AF 与 C$_3$S 也很快水化，而 C$_2$S 则稍慢。一般在几秒钟或几分钟内，在水泥颗粒周围的液相中，氢氧化钙、石膏、水化硅酸钙、水化铝酸钙、水化硫铝酸钙等的浓度陆续呈饱和或过饱和状

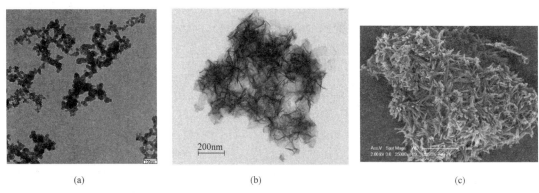

(a)　　　　　　　　　　(b)　　　　　　　　　　(c)

图 2-8　各种结构形貌的 C-S-H 凝胶产物

（a）球状结构 C-S-H 凝胶（TEM 透射电子照片）；（b）无定形结构 C-S-H 凝胶产物（TEM 透射电子照片）；
（c）针状结构 C-S-H 凝胶产物（SEM 二次扫描电子照片）

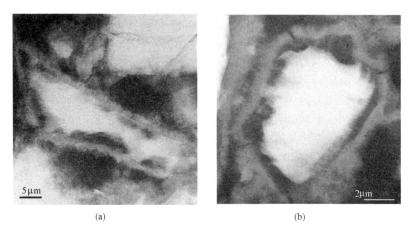

(a)　　　　　　　　　　(b)

图 2-9　硅酸盐水泥水化 12h 和 24h 的 BSE 背散射电子图

（a）12h；（b）24h

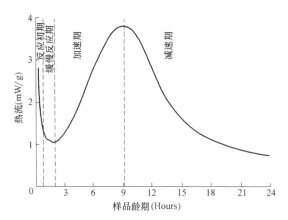

图 2-10　水泥矿物阿利特（C3S）早期水化放热曲线

态，因而先后从液相中析出，包裹在水泥颗粒表面。以上水化产物中，氢氧化钙、水化硫铝酸钙以结晶程度较好的形态析出，水化硅酸钙则是以大小为 10～1000Å 的胶体粒子

（或微晶）形态存在，比表面积很大，相互凝聚形成凝胶，其在水化产物中所占的比例最大。水化初期，由于水化产物不多，水泥颗粒表面被水化物膜层包裹着，彼此还是互相分离着，此时水泥浆具有可塑性。

2）诱导期（持续大约 1h）

随着水化反应在水泥颗粒表面持续进行，包覆在水泥颗粒表面的水化物增多，形成以水化硅酸钙凝胶体为主的产物壳层。壳层逐渐增厚，阻碍了水泥颗粒与水的直接接触，所以水化反应速度减慢，进入诱导期。水泥水化产物壳层不断向外增厚，后续的水化产物 C-S-H 也逐渐填充到水化产物壳层和未水化的水泥熟料颗粒之间。

水泥水化产物壳层的向外增厚，使颗粒之间被水所占的空隙逐渐缩小，包覆在各颗粒表面的水化产物则相互接触、粘接，致使水泥浆体的黏度不断增高，逐渐失去可塑性，此时初凝。

3）水化反应加速期（持续大约 6h）

随着水化加速进行，水泥浆体中水化产物的比例越来越大，各个水泥颗粒周围的水化产物壳层继续增厚，其中的 $Ca(OH)_2$、AFt 等晶体不断长大，相互搭接形成强的结晶接触点，C-S-H 凝胶体的数量不断增多，形成凝聚接触点，将各个水泥颗粒初步连接成网络，使水泥浆逐渐失去流动性和可塑性，即产生终凝。由于水泥颗粒的不断水化，水化产物越来越多，并填充着原来自由水所占据的空间，形成诸多毛细孔。水泥水化越充分，毛细孔径越小。

4）减速、硬化期（持续大约 6h 至几年）

C-S-H 凝胶体填充剩余毛细孔，水泥浆体达到终凝，浆体产生强度进入硬化阶段。$Ca(OH)_2$ 和放射状的 C-S-H 数量增加，同时，水泥胶粒形成的网络结构进一步加强，未水化水泥粒子继续水化，孔隙率开始明显减小，逐步形成具有强度的水泥石。

水泥浆体硬化后，形成坚硬的石状物。构成水泥石的组分包括：晶体胶体、未完全水化的水泥颗粒、游离水分、孔隙（毛细孔、凝胶孔、过渡带）等。一般孔隙越多，未完全水化的水泥颗粒越多，晶体、胶体等胶凝物质越少，则水泥石强度越低。图 2-11 显示了硬化水泥浆体所形成的内部 C-S-H、外部 C-S-H 产物相，以及未水化熟料矿物。图 2-12 是对水泥熟料进行水化热力学模拟获得的水泥熟料水化过程中产物种类及其量的演化过程。

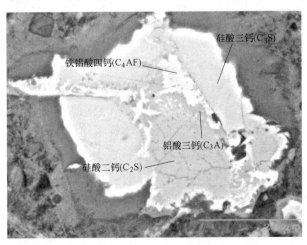

图 2-11　硬化水泥浆体中形成的内部 C-S-H、外部 C-S-H 产物相以及未水化熟料矿物

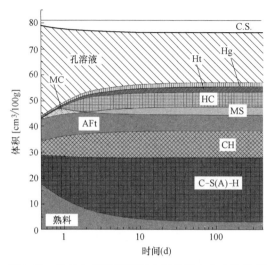

图 2-12　化热力学模拟获得水泥熟料水化产物的量

（AFt：钙矾石，C-S（A）-H：水化硅酸钙/水化铝酸钙，CH：氢氧化钙，Ht：类水滑石，MS：
单硫型水化硫铝酸钙，MC：单碳铝酸盐，HC：半碳铝酸盐，Hg：水榴石，C.S.：化学收缩）

影响硅酸盐水泥凝结硬化的主要因素：

1）熟料的矿物组成。水泥的矿物组成是影响硅酸盐水泥性能的最主要因素。水泥熟料单矿物的水化速度由快到慢的顺序排列为 $C_3A > C_4AF > C_3S > C_2S$。尽管 C_3A 和 C_4AF 水化快，但它们的含量较低。那么，水泥的水化速度主要取决于 C_3S 的含量。提高 C_3S 和 C_3A 含量，能使水泥的凝结硬化加快，提高早期强度。最新的研究表明，水泥主要矿物 C_3S 的晶型对其水化活性以及水泥强度也有重要的影响。

2）水泥细度。水泥颗粒越细，比表面积越大，水化反应更充分，促使凝结硬化速度加快，早期强度提高。但水泥颗粒过细时，会增加磨细的能耗，增加生产成本。此外，若水泥过细，其硬化过程中还会产生较大的体积收缩。根据现行《通用硅酸盐水泥》GB 175—2020，硅酸盐水泥的细度以比表面积表示，不低于 $300m^2/kg$、但不大于 $400m^2/kg$。普通硅酸盐水泥、矿渣硅酸盐水泥、粉煤灰硅酸盐水泥、火山灰硅酸盐水泥和复合硅酸盐水泥的细度以 $45\mu m$ 方孔筛筛余表示，不小于 5%。

3）石膏掺量。如果不加入石膏，熟料中的 C_3A 在 $Ca(OH)_2$ 饱和溶液中进行水化反应：$C_3A + CH + 12H_2O \rightarrow C_4AH_{13}$。

在水泥浆的碱性环境中，C_4AH_{13} 在室温下能稳定存在，其数量增长也较快，这被认为是促使水泥浆体产生瞬凝的主要原因之一。在水泥熟料加入石膏后，则生成难溶的水化硫铝酸钙晶体，减少了溶液中的铝离子，延缓了水泥浆体的凝结速度。

用于水泥中的石膏一般是二水石膏或无水石膏。水泥中石膏掺量必须严格控制，以水泥中 SO_3 含量作为控制标准，国家标准对不同种类的水泥有具体的 SO_3 限量指标。石膏掺量过少，不能合适地调节水泥正常的凝结时间，但掺量过多，则可能导致水泥体积安定性不良。一般石膏掺量占水泥总量的 $3\% \sim 5\%$，由试验确定。

4）养护条件。与大多数化学反应类似，水泥的水化反应随着温度的升高而加快，当温度低于 $5℃$ 时，水化反应大大减慢；当温度低于 $0℃$，水化反应基本停止。同时水泥颗粒表面的水分将结冰，破坏水泥石的结构，以后即使温度回升也难以恢复正常结构。通常，水泥石结构的硬化温度不得低于-5℃。所以在水泥水化初期一定要避免温度过低，寒冷地区冬期施工混凝土，要采取有效的保温措施。

水泥是水硬性胶凝材料，在水化过程中保持潮湿的状态，有利于强度的发展。如果环境过于干燥，浆体中的水分蒸发，将影响水泥的正常水化，甚至还会导致过大的早期收缩而使水泥石产生开裂。

5) 龄期。水泥的水化是一个长期持续的过程，随着龄期的增长，水泥中各熟料矿物水化程度的不断提高，水化产物也不断增加，并填充毛细孔，减少毛细孔隙，从而使水泥石的强度逐渐提高。由于熟料矿物中对强度起决定性作用的 C_3S 在早期强度发展较快，所以水泥在 3～14d 内强度增长较快，28d 后强度增长趋缓。

6) 化学外加剂。为满足施工及某些特殊要求，在实际工程中经常要加入调节水泥凝结时间的外加剂，如缓凝剂、促凝剂等。促凝剂（$CaCl_2$、Na_2SO_4 等）能促进水泥水化、硬化，提高早期强度。相反，缓凝剂（木钙、糖类）则延缓水泥的水化硬化，影响水泥早期强度的发展。

4. 硅酸盐水泥的技术指标

为保证硅酸盐水泥质量，满足工程建设对水泥性能的要求，国家标准《通用硅酸盐水泥》GB 175—2020 对通用硅酸盐水泥的组分要求、密度、细度、碱含量、凝结时间、安定性、强度等各项技术指标做出了严格的规定。依据标准，对各类硅酸盐水泥的组分要求见表 2-4～表 2-6。

硅酸盐水泥的组分要求 表 2-4

品种	代号	组分（质量分数）（%）		
		熟料＋石膏	粒化高炉矿渣	石灰石
硅酸盐水泥	P·Ⅰ	100	—	—
	P·Ⅱ	95～100	0～5	—
				0～5

普通硅酸盐水泥、矿渣硅酸盐水泥、粉煤灰硅酸盐水泥和火山灰质硅酸盐水泥的组分要求 表 2-5

品种	代号	组分（质量分数）（%）				替代组分
		主要组分				
		熟料＋石膏	粒化高炉矿渣	粉煤灰	火山灰质混合材料	
普通硅酸盐水泥	P·O	80～95	5～20[a]			0～5[b]
矿渣硅酸盐水泥	P·S·A	50～80	20～50	—		0～8[c]
	P·S·A	30～50	50～70	—		
粉煤灰硅酸盐水泥	P·F	60～80	—	20～40		—
火山灰质硅酸盐水泥	P·P	60～80	—		20～40	—

注：[a] 本组分材料由符合本标准规定的粒化高炉矿渣、粉煤灰、火山灰质混合材料组成。
　　[b] 本替代组分为符合本标准规定的石灰石、砂岩、窑灰中的一种材料。
　　[c] 本替代组分为符合本标准规定的粉煤灰、火山灰、石灰石、砂岩、窑灰中的一种材料。

复合硅酸盐水泥的组分要求　　　　　　　　　　　表 2-6

品种	代号	组分（质量分数）（%）						替代组分
		主要组分						
		熟料＋石膏	粒化高炉矿渣	粉煤灰	火山灰质混合材料	石灰石	砂岩	
复合硅酸盐水泥	P·C	50～80	20～50[a]					0～8[b]

注：[a] 本组分材料由符合本标准规定的粒化高炉矿渣、粉煤灰、火山灰质混合材料、石灰石和砂岩中的三种（含）以上材料组成。其中石灰石和砂岩总量小于水泥质量的 20%。
　　[b] 本替代组分为符合本标准规定的窑灰。

硅酸盐水泥的化学成分要求见表 2-7，特别对 MgO、SO_3 和氯离子的含量做了限定。为避免水泥因方镁石导致的安定性问题，水泥中 MgO 的含量不超过 6.0%。水泥中的 SO_3 主要来自石膏，过量的 SO_3 会与 C_3A 形成较多的钙矾石，造成体积膨胀，危害水泥石的安定性。除矿渣硅酸盐水泥中 SO_3 的含量不得超过 4.0% 外，其他硅酸盐水泥中 SO_3 含量不超过 3.5%。水泥原材料中的氯离子会对窑尾预热器和窑内煅烧产生影响，造成堵料和窑内结圈等窑内事故，影响设备运转率和水泥熟料质量。另外，氯含量过高，容易导致混凝土中钢筋锈蚀。因此，国家标准中规定水泥中氯离子含量不大于 0.1%。水泥中碱含量按 $Na_2O+0.65K_2O$ 计算。碱含量过高，则骨料中的活性组分易发生碱骨料反应，引起混凝土膨胀破坏。若使用活性骨料时，宜采用低碱水泥。一般而言，水泥中的碱含量不得大于 0.60%。

通用硅酸盐水泥的化学成分要求　　　　　　　　　表 2-7

品种	代号	不溶物（质量分数）	烧失量（质量分数）	三氧化硫（质量分数）	氧化镁（质量分数）	氯离子（质量分数）
硅酸盐水泥	P·Ⅰ	≤0.75	≤3.0	≤3.5	≤6.0	≤0.10[a]
	P·Ⅱ	≤1.5	≤3.5			
普通硅酸盐水泥	P·O	—	≤5.0			
矿渣硅酸盐水泥	P·S·A	—	—	≤4.0	≤6.0	
	P·S·B	—	—			
火山灰质硅酸盐水泥	P·P	—	—	≤3.5	≤6.0	
粉煤灰硅酸盐水泥	P·F	—	—			
复合硅酸盐水泥	P·C	—	—			

注：[a] 当有更低要求时，买卖双方协商确定。

强度是水泥的重要力学性能指标，我国水泥强度依据国家标准《水泥胶砂强度检验方法》GB/T 17671—1999，测定水泥砂浆在 3d 和 28d 龄期的抗折和抗压强度，作为确定水泥强度等级的依据。表 2-8 列出了各通用硅酸盐水泥的强度等级及其相应的 3d、28d 强度值。

通用硅酸盐水泥不同龄期强度要求　　　　　　　　表 2-8

强度等级	抗压强度（MPa）		抗折强度（MPa）	
	3d	28d	3d	28d
32.5	≥12.0	≥32.5	≥3.0	≥5.5
32.5R	≥17.0		≥4.0	

强度等级	抗压强度(MPa)		抗折强度(MPa)	
	3d	28d	3d	28d
42.5	≥17.0	≥42.5	≥4.0	≥6.0
42.5R	≥22.0		≥4.5	
52.5	≥22.0	≥52.5	≥4.5	≥7.0
52.5R	≥27.0		≥5.0	
62.5	≥27.0	≥62.5	≥5.0	≥8.0
62.5R	≥32.0		≥5.5	

5. 水泥石的腐蚀与防止措施

硅酸盐水泥硬化体通常都有较好的耐久性，但若处于含某些腐蚀性介质环境中，则可能发生一系列物理、化学的变化，从而导致水泥石结构的破坏，最终丧失强度。这些腐蚀包括：

1）软水侵蚀（溶出性侵蚀）。硬化的水泥石中含有 $20\%\sim25\%$ 的 $Ca(OH)_2$ 产物。如果水泥石长期处于流动的软水环境下，$Ca(OH)_2$ 将逐渐溶出并被水流带走，使水泥石中的成分溶失，降低水泥石的密实性以及其他性能，这种现象为软水侵蚀或溶出性侵蚀。水泥石中 $Ca(OH)_2$ 成分减少，还有可能引起其他水化物的分解。

2）硫酸盐侵蚀。在海水、湖水、地下水及工业污水中，常含有较多的 SO_4^{2-} 与硬化水泥石中的 $Ca(OH)_2$ 反应生成 $CaSO_4$。$CaSO_4$ 还可与水泥石中水化铝酸钙继续反应，形成高硫型水化硫铝酸钙，也即 AFt，其反应式为：

$$3CaO \cdot Al_2O_3 \cdot 6H_2O + 3(CaSO_4 \cdot 2H_2O) + 20H_2O \longrightarrow 3CaO \cdot Al_2O_3 \cdot 3CaSO_4 \cdot 32H_2O$$

AFt 的形成会导致水泥石的膨胀开裂。AFt 是针状晶体，其危害作用很大，所以被称之为"水泥杆菌"。当水中硫酸盐浓度较高时，硫酸钙还会在孔隙中直接结晶成二水石膏，引起水泥石膨胀破坏。

3）镁盐侵蚀。在海水及地下水中含有的镁盐（如 MgSO4 和 MgCl2），与水泥硬化浆体中的 $Ca(OH)_2$ 发生反应：

$$MgSO_4 + Ca(OH)_2 + 2H_2O \longrightarrow CaSO_4 \cdot 2H_2O + Mg(OH)_2$$
$$MgCl_2 + Ca(OH)_2 \longrightarrow CaCl_2 + Mg(OH)_2$$

生成的 $Mg(OH)_2$ 松软，胶结弱，$CaCl_2$ 易溶于水，$CaSO_4 \cdot 2H_2O$ 还可能引起硫酸盐侵蚀作用。因此，镁盐对水泥石起着镁盐和硫酸盐的双重作用。

4）酸类侵蚀。水泥石属于碱性物质，易受酸的腐蚀。碳酸的侵蚀指溶于环境水中的 CO_2 对水泥石的侵蚀作用，其反应式如下：

$$Ca(OH)_2 + CO_2 + H_2O \longrightarrow CaCO_3 + 2H_2O$$

生成的 $CaCO_3$ 再与含碳酸的水反应生成重碳酸盐，其反应式如下：

$$CaCO_3 + CO_2 + H_2O \longrightarrow Ca(HCO_3)_2$$

上式是可逆反应，如果环境水中碳酸含量较少，则生成较多的 $CaCO_3$，只有少量的 $Ca(HCO_3)_2$ 生成，对水泥石没有侵蚀作用；但是如果环境水中碳酸浓度较高，则大量生

成易溶于水的 $Ca(HCO_3)_2$，则水泥石中的 $Ca(OH)_2$ 大量溶失，导致破坏。除了碳酸之外，其他无机酸和有机酸对水泥石也有侵蚀作用，如盐酸、氢氟酸、硝酸、硫酸、醋酸、蚁酸和乳酸等。

从以上几种腐蚀作用可以看出，水泥石受到腐蚀的内在原因是：①内部成分中存在着易被腐蚀的组分，如 $Ca(OH)_2$ 和水化铝酸钙；②水泥石的结构不密实，存在着很多毛细孔通道、微裂缝等缺陷，侵蚀性介质较易进入水泥石内部；③腐蚀与通道的相互作用。

因此，为了防止水泥石受到腐蚀，宜采用下列措施：

1) 根据环境特点，合理选择水泥品种。可采用水化产物中 $Ca(OH)_2$、水化铝酸钙含量少的水泥品种，例如矿渣水泥、粉煤灰水泥等掺混合材料的水泥，提高对软水等侵蚀的抵抗能力。

2) 提高水泥石的密实度。通过降低水灰比、选择良好级配的骨料、掺适量的矿物掺合料和外加剂等方法提高密实度，减少内部结构缺陷，使侵蚀性介质不易进入水泥石内部。

3) 加做保护层。可在混凝土及砂浆表面增加耐腐蚀性好且不易透水的保护层（如耐酸石料或耐酸陶瓷、玻璃、塑料沥青等），隔断侵蚀性介质与水泥石的接触，避免或减轻侵蚀作用。

2.2.2　掺混合材料的硅酸盐水泥

1. 水泥混合材

为改善水泥的性能、调节水泥强度等级或降低水泥生产成本，而在水泥生产过程中掺入的人工或天然矿物材料，称为混合材。混合材可分为活性和非活性两类。

1) 活性混合材

活性混合材料是指具有火山灰性或潜在水硬性，或兼有火山灰性和水硬性的矿物质材料。这些材料中含有大量具有活性的 SiO_2 和 Al_2O_3，在常温下，加水后本身不会硬化或硬化极为缓慢，但在 $Ca(OH)_2$ 溶液中或在有石膏存在的条件下能被激发，发生水化反应，生成具有胶凝特性的水化产物。反应方程式可以表示为：

$$x Ca(OH)_2 + SiO_2 + m H_2O \rightarrow x CaO \cdot SiO_2 \cdot m H_2O$$
$$y Ca(OH)_2 + Al_2O_3 + m H_2O \rightarrow y CaO \cdot Al_2O_3 \cdot m H_2O$$

当体系中有石膏存在时，生成的水化铝酸钙还会与石膏进一步反应，生成水化铝酸钙。这些水化产物与硅酸盐水泥的水化产物类似，具有一定的强度。对于掺有活性混合材料的硅酸盐水泥来说，水化时首先是熟料矿物的水化，称之为"一次水化"；然后是熟料矿物水化后生成的氢氧化钙与混合材料中的活性组分发生水化反应，生成水化硅酸钙和水化铝酸钙；当有石膏存在时，还将与水化铝酸钙反应生成水化硫铝酸钙。水化产物 $Ca(OH)_2$ 和石膏与混合材料中的活性成分的反应称为"二次水化"。图 2-13 为矿粉和粉煤灰两种典型混合材在水泥浆体中的水化产物形貌。

活性混合材主要包括粒化高炉矿渣、火山灰质混合材料和粉煤灰等：

(1) 粒化高炉矿渣。粒化高炉矿渣是将炼铁高炉的熔融物，经水急冷处理后得到粒径为 0.5～5mm 的疏松颗粒材料，由于在短时间内温度急剧下降，粒化高炉渣的内部形成玻璃态结构，其活性成分一般认为含有 CaO、MgO、SiO_2、Al_2O_3、FeO 等氧化物和少

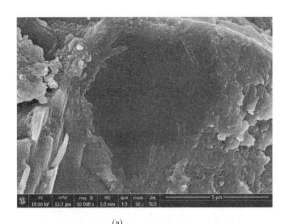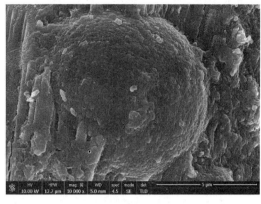

(a) (b)

图 2-13 矿粉和粉煤灰两种典型混合材在水泥浆体中的水化产物形貌（SEM 图）

(a) 矿渣微粉颗粒在水泥浆体中的水化产物；(b) 粉煤灰颗粒在水泥浆体中的水化产物

量的硫化物如 CaS、MnS、FeS 等。其中 CaO、MgO、SiO_2、Al_2O_3 的含量通常在各种矿渣中占总量的 90% 以上。

（2）火山灰质混合材。火山喷发时，随同熔岩一起喷发的大量碎屑沉积在地表或水中成为松软物质，成为火山灰。由于急冷，形成一定量的玻璃体，这些玻璃体是火山灰活性的主要来源，主要成分是活性 SiO_2 和 Al_2O_3。火山灰质混合材料泛指这一类物质，主要有天然的硅藻、硅藻石、蛋白石、火山灰、凝灰岩、烧黏土，以及工业废渣中的煅烧煤矸石、粉煤灰、煤渣、沸腾炉渣和钢渣等。

（3）粉煤灰。火力发电厂以煤粉为燃料，燃烧后从其烟气中收集下来的灰渣叫作粉煤灰，也称飞灰。它的颗粒直径一般为 $0.001\sim0.05mm$，主要化学成分是活性 SiO_2 和活性 Al_2O_3，不仅具有化学活性，而且颗粒形貌大多为球形，掺入水泥中具有改善和易性、提高水泥石密度的作用。

2）非活性混合材

与水泥成分不起作用或化学作用很小，仅起提高产量、降低强度等级、降低水化热和改善新拌混凝土和易性等作用，这些材料称为非活性混合材料，也称作填充性混合材料。

混合材料进入水泥中具有以下作用：①代替部分水泥熟料，增加水泥产量，降低成本。混合材料大部分是工业废渣，因此也利用了废渣，具有明显的经济效益和社会环保效益。②调节水泥强度，完全使用熟料有时将造成活性的浪费，合理掺入混合材料可达到既降低成本，又满足强度要求的目的。③改善水泥性能。掺入适量的混合材料，相对减少水泥中熟料的比例，能明显降低水泥的水化放热量；由于二次水化作用，使水泥石中的 $Ca(OH)_2$ 含量减少，增加了水化硅酸盐凝胶体的含量，因此能够提高水泥石的抗软水侵蚀和抗硫酸盐侵蚀能力；如果采用粉煤灰作混合材料，由于其球形颗粒的作用，能够改善水泥浆体的和易性，减少水泥的需水量，从而提高水泥硬化体的密度。④降低早期强度。掺入混合材料之后，早期水泥的水化产物数量将相对减少，所以水泥石或混凝土的早期强度有所降低。对于早期强度要求较高的工程不宜掺入过多的混合材料。但是由于二次水化作用，其后期强度与不掺混合材料的水泥相比不会相差太多。

在硅酸盐水泥、普通硅酸盐水泥、矿渣硅酸盐水泥、火山灰质硅酸盐水泥、粉煤灰硅酸盐水泥以及复合硅酸盐水泥中均掺入了不同量各类混合材。混合材的掺入，由于其火山灰反应，引起水化产物相的变化。图 2-14 是基于水化热力学模拟获取的掺典型混合材水泥体系的水化产物。

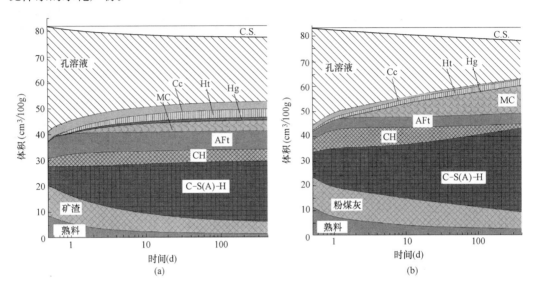

图 2-14　基于水化热力学模拟获取的掺典型混合材水泥体系的水化产物

(AFt：钙矾石，C-S（A）-H：水化硅酸钙/水化铝酸钙，CH：氢氧化钙，Ht：类水滑石，

Hg：hydrogarnet 水榴石，Cc：方解石，MC：单碳铝酸盐，C.S.：化学收缩)

（a）熟料-矿渣-石灰石体系；（b）熟料-粉煤灰-石灰石体系

2. 通用硅酸盐水泥的主要性能及适用范围

通用硅酸盐水泥中，但由于掺入混合材料的数量、品种有较大差别，所以各种水泥的特性及其适用范围有较大差别。六种通用水泥的性能特点及其适用范围见表 2-9。

硅酸盐水泥的主要性能及适用范围　　　　　　　　　　表 2-9

名称	硅酸盐水泥	普通水泥	矿渣水泥	火山灰质和粉煤灰水泥	复合水泥
特性	凝结时间短、快硬早强高强、抗冻、耐磨、耐热、水化放热集中、水化热较大、抗硫酸盐侵蚀能力较差	与硅酸盐水泥性能相近，凝结时间短、快硬早强高强、抗冻、耐磨、耐热、水化放热集中、水化热较大、抗硫酸盐侵蚀能力较差；相比硅酸盐水泥，早期强度增进率稍有降低，抗冻性和耐磨性稍有下降，抗硫酸盐侵蚀能力有所增强	需水性小、早强低后期增长大、水化热低、抗硫酸盐侵蚀能力强、受热性好，保水性和抗冻性差	抗硫酸盐侵蚀能力、保水性好和水化热低，但需水量大、低温凝结慢、干缩性大、抗冻性差的缺点；粉煤灰硅酸盐水泥具有与火山灰质硅酸盐水泥相近的性能，相比火山灰质硅酸盐水泥，其需水量小、干缩性小	具有矿渣硅酸盐水泥、火山灰硅酸盐水泥、粉煤灰硅酸盐水泥所具有的水化热低、耐蚀性好、韧性好的优点外，能通过混合材料的复掺优化水泥的性能，如改善保水性、降低需水性、减少干燥收缩、适宜的早期和后期强度发展

续表

名称	硅酸盐水泥	普通水泥	矿渣水泥	火山灰质和粉煤灰水泥	复合水泥
适用范围	用于配制高强度混凝土、先张预应力制品、道路、低温下施工的工程和一般受热的工程。一般不适用于大体积混凝土和地下工程,特别是有化学侵蚀的工程	可用于任何无特殊要求的工程。一般不适用于受热工程、道路、低温下施工工程、大体积混凝土工程和地下工程,特别是有化学侵蚀的工程	可用于无特殊要求的一般结构工程,适用于地下、水利和大体积等混凝土工程,在一般受热工程和蒸汽养护构件中可优先采用矿渣硅酸盐水泥,不宜用于需要早强和受冻融循环、干湿交替的工程中	可用于一般无特殊要求的结构工程,适用于地下、水利和大体积等混凝土工程,不宜用于冻融循环、干湿交替的工程	可用于无特殊要求的一般结构工程,适用于地下、水利和大体积等混凝土工程,特别是有化学侵蚀的工程,不宜用于需要早强和受冻融循环、干湿交替的工程中

2.2.3 煅烧黏土与石灰石复合胶凝材料

随着全球气候变暖趋势的不断加剧,推广使用低碳水泥,降低水泥混凝土行业的碳排放已成为发展的必须。煅烧黏土与石灰石复合胶凝材料体系(Limestone calcined clay cement,简称 LC3)是瑞士洛桑联邦理工学院 Scrivener 教授提出的(类似于我国标准中的"复合硅酸盐水泥"),它是一种基于石灰石和煅烧黏土的硅酸盐基水泥。煅烧黏土与石灰石的复合掺加能节约更多的硅酸盐水泥熟料,降低水泥生产过程中的碳排放量(可达30%),因而是一种绿色低碳水泥,符合当前绿色生态、可持续发展理念。

煅烧黏土类矿物相比于粉煤灰与磨细矿渣具有更高的火山灰活性,在部分取代硅酸盐水泥时并不会影响水泥基材料的早期力学性能。同时煅烧黏土矿物的原材料高岭土储量丰富,生产烧制工艺与硅酸盐水泥相似,可采用水泥生产设备生产,并且煅烧温度低(一般为650~800℃),煅烧过程中不会释放温室气体 CO_2,具有诸多优势。在该体系中,煅烧黏土与石灰石在碱性环境下反应生成了水化产物水化碳铝酸钙,在两者总掺量达到45%时,水泥基材料的力学性能与抗渗性能依然优于普通硅酸盐水泥体系。研究表明,使用煅烧黏土与石灰石能显著优化水泥基材料的孔径结构,降低孔隙率,从而有效抑制有害介质的扩散侵入,提高混凝土抵抗氯离子侵蚀的能力。在同等条件下,煅烧黏土与石灰石复合胶凝体系的氯离子扩散系数较普通硅酸盐水泥降低80%。但是,煅烧黏土与石灰石复合胶凝体系在应用与推广过程中仍存在一些问题亟须解决。首先,其主要原料黏土(高岭土)来源广泛,地区差异性较大,因此不同地区的水泥煅烧工艺、使用方法、颜色、性能都会存在较大差异。其次,由于原材料的粒径分布和化学吸附作用,煅烧黏土与石灰石复合胶凝体系的混凝土工作性较普通硅酸盐水泥混凝土略差,且缺少与之完全匹配的化学外加剂。另外其抗硫酸盐、酸腐蚀等耐久性能还有待进一步的探究。

2.2.4 硫铝酸盐水泥

以适当成分的生料,经煅烧所得以无水硫铝酸钙和硅酸二钙为主要矿物成分的水泥熟料,掺加不同量的石灰石和适量石膏经共同磨细而制成的具有水硬性的胶凝材料,称为硫铝酸盐水泥。硫铝酸盐水泥分为快硬硫铝酸盐水泥、低碱度硫铝酸盐水泥和自应力硫铝酸盐水泥。

由适当成分的硫铝酸盐水泥熟料与少量石灰石和适量石膏经共同磨细而制成的，具有高早期强度的水硬性胶凝材料，称为快硬硫铝酸盐水泥。石灰石的掺加量应不大于水泥质量的 15%。

由适当成分的硫铝酸盐水泥熟料与较多量石灰石和适量石膏经共同磨细而制成的，具有低碱度的水硬性胶凝材料，称为低碱度硫铝酸盐水。

由适当成分的硫铝酸盐水泥熟料与适量石膏经磨细而制成的，具有膨胀性的水硬性胶凝材料，称为自应力硫铝酸盐水泥。

用于制造快硬硫铝酸盐水泥的熟料，其中 Al_2O_3 不少于 30%，SiO_2 不多于 10.5%，熟料的 3d 抗压强度应为 55.0MPa

快硬硫铝酸盐水泥的强度等级，以 3d 抗压强度 R_c 表示，分为 4 个强度等级：42.5、52.5、62.5 和 72.5。

1. 硫铝酸盐水泥的生产与组成

硫铝酸盐水泥生产所用原料为品位较低的铝质原料（矾土）、石灰质原料（石灰石）和石膏。原料的化学成分要求为：石灰石中 CaO 大于 50%，MgO 小于 1.5%；矾土中 Al_2O_3）大于 55，SiO_2 小于 25%；石膏中 SO_3 大于 38%。

生料在煅烧过程中，随着物料温度升高而发生一系列反应。其反应式如下：

900～1000℃ 　　　　　　　$CaCO_3 \rightarrow CaO + CO_2 \uparrow$

1000～1250℃ 　　　　　　　$CaSO_4 + 3CaO + 3Al_2O \rightarrow C_4A_3\bar{S}$

　　　　　　　　　　　　　　$CaSO_4 + 4CaO + SiO_2 \rightarrow 2C_2S \cdot C\bar{S}$

1280℃ 　　　　　　　　　　$2C_2S \cdot C\bar{S} \rightarrow 2C_2S + C\bar{S}$

水泥熟料的煅烧温度为 1250～1350℃，不宜超过 1400℃，否则 $CaSO_4$ 会分解，$C_4A_3\bar{S}$ 也会分解。在煅烧过程中，要防止还原气氛，因为还原气氛使 $CaSO_4$ 分解成 CaS、CaO 和 SO_2。由于烧成温度低，熟料主要通过固相反应形成，出现液相量较少，煅烧过程中不易结圈和结块，熟料的易磨性也较好，热耗较低。但煅烧温度不宜过低，若过低则产生过多的 f-CaO，使水泥急凝，并使 $2C_2S \cdot C\bar{S}$ 不能分解，C_2S 含量少。

水泥熟料的矿物，以无水硫铝酸钙（$3CaO \cdot 3Al_2O_3 \cdot CaSO_4$，简写为 $C_4A_3\bar{S}$）和硅酸二钙（β-C_2S）为主，还会有少量的 $CaSO_4$、钙钛矿和含铁相等。在正常的水泥熟料中，$C_4A_3\bar{S}$ 含量为 55%～75%，β-C_2S 含量为 15%～35%，$C_4A_3\bar{S}$ 和 β-C_2S 含量之和可达 90% 以上。由于主要矿物是 $C_4A_3\bar{S}$ 和 β-C_2S，故通常以 "$C_4A_3\bar{S}$-β-C_2S 型" 表示硫铝酸盐水泥。

硫铝酸盐水泥水化时，将发生下列水化反应：

$$C_4A_3\bar{S} + 2C\bar{S}H_2 + 34H \rightarrow C_3A \cdot 3C\bar{S} \cdot H_{32} + 2AH_3$$

$$C_4A_3\bar{S} + 18H \rightarrow C_3A \cdot C\bar{S} \cdot H_{12} + 2AH_3$$

$$C_2S + nH \rightarrow C\text{-}S\text{-}H(I) + CH$$

$$3CH + AH_3 + 3C\bar{S}H_2 + 20H \rightarrow C_3A \cdot 3C\bar{S} \cdot H_{32}$$

$C_4A_3\bar{S}$ 与石膏反应形成钙矾石和 $Al(OH)_3$ 凝胶。当石膏的量少时，生成低硫型硫铝酸钙。

2. 硫铝酸盐水泥的性能与用途

各种硫铝酸盐水泥物理性能需符合表 2-10 规定，其中快硬硫铝酸盐水泥的强度应不低于表 2-11 要求。

硫铝酸盐水泥的物理性能指标　　　　　表 2-10

项目		指标		
		快硬硫铝酸盐水泥	低碱度硫铝酸盐水泥	自应力硫铝酸盐水泥
比表面积(m²/kg) ≥		350	400	370
凝结时间ⓐ (min)	初凝 ≤	25		40
	终凝 ≥	180		240
碱度 pH 值 ≤		—	10.5	—
28d 自由膨胀率(%)		—	0.00~0.15	—
自由膨胀率(%)	7d	—	—	1.30
	28d	—	—	1.75
水泥中的碱含量 (Na₂O+0.658×K₂O)(%)		—	—	0.50
28d 自应力增进率(MPa/d)		—	—	0.010

注：ⓐ 用户要求时，可以变动。

快硬硫铝酸盐水泥在不同水化时间的强度要求　　　　　表 2-11

强度等级	抗压强度 R_c(MPa)			抗折强度 R_f(MPa)		
	1d	3d	28d	1d	3d	28d
42.5	≥30.0	≥42.5	≥45.0	≥6.0	≥6.5	≥7.0
52.5	≥40.0	≥52.5	≥55.0	≥6.5	≥7.0	≥7.5
62.5	≥50.0	≥62.5	≥65.0	≥7.0	≥7.5	≥8.0
72.5	≥55.0	≥72.5	≥75.0	≥7.5	≥8.0	≥8.5

硫铝酸盐水泥的凝结时间较短，初凝与终凝间隔较短。低温性能较好，气温在 -5℃ 以上时仍可以正常施工。热稳定性能较差，当温度在 100℃ 以上时，水化产物钙矾石、AH_3 凝胶和 C-S-H（I）凝胶相继开始脱水，硬化体的强度逐渐下降；当温度在 150℃ 以上时，硬化体的强度急剧下降。该水泥在空气中收缩小，抗冻性和抗渗性良好。快硬硫铝酸盐水泥，可用于紧急抢修工程，例如接缝，堵漏，锚喷，抢修飞机跑道、公路等，适合于冬期施工工程、地下工程、配制膨胀水泥和自应力水泥及玻璃纤维砂浆等，但不适于在 100℃ 以上环境下使用。

2.2.5 超硫酸盐水泥

超硫酸盐水泥是一种以粒化高炉矿渣为主要原料，以石膏为硫酸盐激发剂、熟料或石灰为碱性激发剂的少熟料或无熟料水泥。它是一种基于碱、硫酸盐对矿渣潜在活性的复合激发作用而制备的绿色水硬性胶凝材料。超硫酸盐水泥早期水化温升较低，有较低的水化放热量，具有微膨胀特性、优良的抗碱-骨料反应能力和抗硫酸盐侵蚀性，以及较高的后期强度发展等优点，可以应用于各类混凝土工程。

超硫酸盐水泥的组成比例一般为：矿渣 75%～85%，硫酸盐 10%～20%，碱性成分 1%～5%。三者经共同粉磨或分别粉磨再混合均匀即制成水硬性胶凝材料，其生产能耗和 CO_2 排放量均较少。超硫酸盐水泥在早期水化过程中放热速率和放热量均偏低，图 2-15、图 2-16 是超硫酸盐水泥（SSC）的早期放热量和放热速率与普通硅酸盐水泥（POC）、矿渣硅酸盐水泥（PSC）对比。图 2-15 显示 SSC 水化放热量在前 30h 极低，之后才有所增长，但是远远低于 POC 和 PSC，PSC 的水化放热量较 POC 低；图 2-16 显示各水泥的放热速率，POC 的第二放热峰最早出现，且速率最大，PSC 紧随其后，而 SSC 的第二放热峰较迟，且峰值也较低。由此可知，与普通硅酸盐水泥和矿渣水泥相比，SSC 具有较低的早期水化放热量和放热速率。

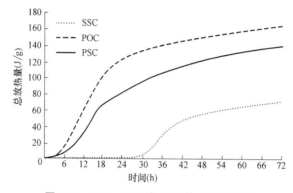

图 2-15　SSC、POC 和 PSC 的水化放热量

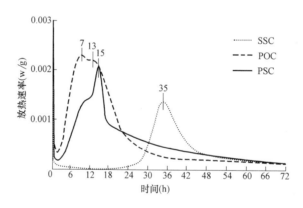

图 2-16　SSC、POC 和 PSC 的水化放热量速率

超硫酸盐水泥在水化过程中，以石膏作为硫酸盐激发剂，石膏包含二水石膏、硬石膏、氟石膏和磷石膏等，熟料和石灰作为碱性激发剂，粒化高炉矿渣在这两种激发剂的共同作用下发生水化反应，主要水化产物为 AFt 和 C-S-H 凝胶。水化过程中，首先是硫酸盐和熟料溶解，形成 OH^-、Ca^{2+}、SO_4^{2-} 及少量 Al^{3+} 和 Si^{4+} 离子等，生成少量的 C-S-H 凝胶和水化铝酸钙凝胶，然后水化铝酸钙凝胶与体系中的 SO_4^{2-} 离子发生反应，形成 AFt。然而由于熟料有限，体系中的 Al^{3+} 离子和 Si^{4+} 离子偏少。随着反应进行，体系中物质的不断溶解，使体系碱度达到一定程度，在 OH^- 的作用下，破坏了矿渣表面结构，

使得活性 SiO_2 和活性 Al_2O_3 析出，产生更多的 Al^{3+} 和 Si^{4+} 离子，进而形成更多的 C-S-H 凝胶和水化铝酸钙凝胶，再与 SO_4^{2-} 反应形成 AFt，其反应过程如下所示：

$$Ca(OH)_2 + SiO_2 \rightarrow C\text{-}S\text{-}H$$
$$Ca(OH)_2 + Al_2O_3 \rightarrow C\text{-}A\text{-}H$$
$$C\text{-}A\text{-}H + CaSO_4 \rightarrow AFt$$
$$Ca(OH)_2 + Al_2O_3 + 3CaSO_4 \rightarrow AFt$$
$$Ca(OH)_2 + Al_2O_3 + CaSO_4 \rightarrow AFm$$

相对于普通硅酸盐水泥而言，超硫酸盐水泥无需煅烧，将各种原材料进行混合而成。超硫水泥的优势明显，首先，减少了 CO_2、NO 和 NO_2 等温室气体和有害气体的排放，对环境有利；其次，大量利用了粒化高炉矿渣和工业副产石膏，减少了工业废渣的堆放；最后，超硫酸盐水泥具有较低的水化热、较高的后期强度和较强得抗化学侵蚀能力。近年来超硫酸盐水泥的应用受到社会广泛关注。

我国早在 20 世纪 50 年代末对超硫酸盐水泥的生产与使用进行研究过，当时该水泥在我国称之为石膏矿渣水泥，且在 20 世纪 60 年代颁发过《石膏矿渣水泥》JC 31—1961，但是该水泥在研究应用中存在凝结缓慢、表面易起灰等问题，在当时研究条件下难以解决，未有工程应用实例。20 世纪 90 年代初，学者提出利用石膏、矿渣和少量碱性激发剂制备出路面基层专用水泥，并在高速公路上应用，效果良好。由于超硫酸盐水泥早期水化热很低，其在大体积混凝土中的应用具有优势。

2.3　化学激发胶凝材料

2.3.1　碱激发胶凝材料

碱激发胶凝材料又被称为地聚物胶凝材料，是指具有火山灰活性或潜在水硬性的原料与激发剂反应而成的胶凝材料。所用原料为铝硅酸盐，主要包括各类天然铝硅酸盐矿物和各种硅酸盐工业副产品或工业固体废弃物，例如高炉矿渣、煤渣、粉煤灰、磷渣、赤泥、天然火山灰、偏高岭土等。与硅酸盐水泥生产不同，碱激发胶凝材料生产不需要进行熟料煅烧，可以大大降低生产能耗和 CO_2 的排放量，还可以大量利用各种工业固体废弃物。

碱激发胶凝材料的研究最早可以追溯到 20 世纪 30 年代。珀登（Purdon）等研究发现，少量氢氧化钠（NaOH）在硅酸盐水泥硬化中起催化作用，使水泥中的铝硅酸盐易溶而形成硅酸钠和偏铝酸钠，进一步与 NaOH 反应而生成水化硅（铝）酸钙，使硅酸盐水泥硬化并重新生成 NaOH，催化后续反应。由此，他们提出了"地聚物"理论。

1957 年，格鲁克夫斯基（Glukhovsky）将碎石与磨细锅炉渣（或高炉矿渣），或将生石灰掺加高炉矿渣进行混合后，再用 NaOH 溶液或水玻璃（Na_2SiO_3）溶液调成浆体，得到强度高达 120MPa、稳定性良好的胶凝材料，并称其为"土壤水泥"。此后，欧美各国也相继投入到碱激发胶凝材料的研究中。法国学者达维多维茨（Davidovits），以偏高岭土为原料，碱化合物为激发剂或掺加一定量的矿渣和石灰，用水调和成砂浆，在 20℃水化 4h 后，其强度可达 20MPa，28d 抗压强度达到 70～100MPa。他把这种水泥称为地聚物（Geoployments），并申请了专利。地聚物水泥在澳洲的机场、道路等工程中开展了应用。在美国，也有一些地聚物水泥实现了商业化并用于军事工程。我国自 20 世纪 80 年代开始对碱激发胶凝材料进行研究。近年来，地聚物水泥也在我国一些桥梁、结构修复和工程快速建设方面得以应用。

1. 碱激发胶凝材料的水化过程与水化产物

碱激发胶凝材料的水化过程，以铝硅酸盐原料中的 Si-O-Si、Si-O-Al、Al-O-Al 等共价键受 OH^- 的作用而断裂为起点，生成聚合度较小的离子团或单离子团。在一定的 pH 值条件下，它们又聚合成与原料不同的铝硅酸盐结构，并具有胶凝性。这种结构的主链由 Si-O-Al-O-Si-O-组成，主链中由于 Al^{3+} 替代 Si^{4+} 而引起的网络结构中电荷不平衡需要 K^+ 和 Na^+ 来平衡。与此同时，K^+、Na^+ 在网络结构中也变成受电荷约束的非自由离子。铝硅酸盐碱激发形成聚合物的反应过程见图 2-17。

由于原料中的钙含量不同，可以分为高钙碱激发材料和低钙碱激发材料两大类。高钙碱激发胶凝材料的代表原料有粒化高炉矿渣、磷渣和赤泥等，以 Si 和 Ca 为主要成分，含钙量较高。这类碱激发胶凝材料的水化产物以 C-S-H 凝胶为主。低钙碱激发胶凝材料的代表原料有偏高岭土和粉煤灰，Si 和 Al 为原料中主要成分，不含或含很少的 Ca，其中 $[SiO_4]^{4-}$ 四面体的聚合度高。这类碱激发胶凝材料的水化产物主要以类沸石结构的铝硅酸盐为主。除原料以外，激发剂种类、浓度对碱激发胶凝材料的水化产物也有影响。

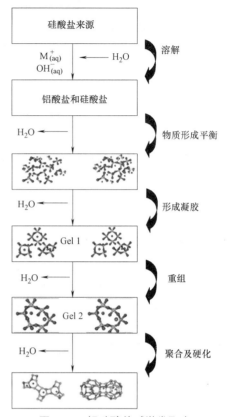

图 2-17 铝硅酸盐碱激发聚合反应过程示意图

2. 碱激发胶凝材料的性能

碱激发胶凝材料具有早强快凝的特点。其强度通常与养护温度、养护龄期、激发剂选择和用量有关。通常情况下，碱激发偏高岭土与矿渣材料在常温下反应就可以获得良好的强度，1d 强度可以达到 20MPa 以上，而碱激发粉煤灰胶凝材料则往往需要高温养护才能使反应较快进行。使用水玻璃激发时，可以获得高强度，因为水玻璃水化产生的硅胶可以填充孔隙，可以使产物更加致密。碱激发胶凝材料与普通硅酸盐水泥砂浆强度的比较，如图 2-18 所示。

一般而言，碱含量（Na_2O 含量）越高，则材料的强度越高；但是，当碱含量过高时，材料会因反应过快而导致过大的早期收缩，产生开裂。当水玻璃模数 $n < 1.7$、碱含量一定时，强度随着模数增大而增大，之后模数对强度的影响较小。传统硅酸盐水泥在集料结合的界面处，容易出现 $Ca(OH)_2$ 富集和择优取向的过渡区，导致界面结合力下降。

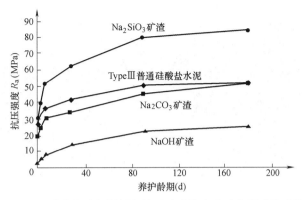

图 2-18 碱激发胶凝材料与普通硅酸盐水泥砂浆强度的比较

而石英砂和花岗岩砂中铝硅成分则在碱激发条件下发生激发反应,因此与集料之间无明显的界面过渡区,可以获得更好的界面性能。

碱激发胶凝材料的自收缩和干燥收缩都要明显大于普通硅酸盐水泥,如图 2-19 所示。一方面是因为碱激发胶凝材料中小孔比例高;另一方面,碱激发胶凝材料的产物多为凝胶,而可以产生微细集料效应的结晶态物质较少。当使用水玻璃激发时,干燥收缩和自收缩都比 NaOH 的收缩要明显。其原因在于水玻璃水化而生成大量的 SiO_2 凝胶,失水时发生很大收缩;另外,使用水玻璃激发时,生成的水化产物更致密,孔径更加细化。

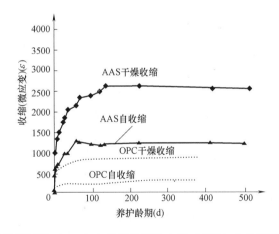

图 2-19 碱激发胶凝材料 (AAS) 与普通硅酸盐水泥 (OPC) 自收缩和干燥收缩的比较

碱激发胶凝材料,通常具有更致密的水化产物,且不存在明显的界面过渡区,孔径分布更趋于细化。这使得碱激发胶凝材料具有很好的抗渗性。硅酸盐水泥混凝土与偏高岭土基地聚物混凝土的界面过渡区 SEM 形貌,如图 2-20 所示。

碱激发胶凝材料具有优良的抗氯离子渗透的性能。除了上述所提到的因材料致密而抑制离子的传输外,凝胶产物对氯离子具有一定的吸附和固化作用。因此,碱激发胶凝材料对钢筋有很好的保护作用。

碱激发胶凝材料的抗酸侵蚀性能远优于普通硅酸盐水泥。表 2-12 为将碱激发胶凝材料与硅酸盐水泥浆体浸泡在 5% 硫酸溶液和 5% 盐酸溶液中 60d 后,测定的分解率。可见,

 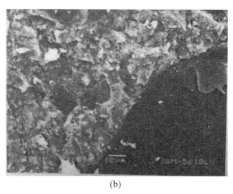

(a)　　　　　　　　　　　　　　　　　　(b)

图 2-20　硅酸盐水泥混凝土与偏高岭土基地聚物混凝土的界面过渡区 SEM 形貌

(a) 硅酸盐水泥混凝土；(b) 偏高岭土基地聚物混凝土

碱激发胶凝材料具有优良的耐酸腐蚀性能。浸泡在硫酸钠溶液中，也不会发生明显破坏；但是，当浸泡在硫酸镁溶液中时，因为发生离子交换而生成水化硅酸镁（M-S-H）凝胶和石膏，胶凝材料发生明显的破坏。

碱激发胶凝材料与硅酸盐水泥浆体在酸溶液中的分解率　　　　　表 2-12

酸溶液	5%H$_2$SO$_4$ 溶液	5%HCl 溶液
硅酸盐水泥	95%	78%
碱激发胶凝材料	7%	6%

碱激发胶凝材料抗碳化性能较差。在大气环境下，其碳化速率与硅酸盐水泥的相近。但是，在加速碳化条件下，则其碳化速率明显大于硅酸盐水泥的。

尽管碱激发胶凝材料中含碱量高，但其制备的混凝土不易发生碱集料反应，这可能是因为偏高岭土基地聚物混凝土不存在明显的界面过渡区，即使所用的集料具有一定活性，但它将与胶凝材料中的强碱发生反应并生成新的填充产物，从而使界面过渡区微观结构更加致密均匀，阻止了水分渗入，阻碍了碱集料反应的进一步发生。

碱激发胶凝材料高温条件下体积稳定，800℃煅烧的线收缩率为 0.2%～2%，并可以保持 60% 以上的原始强度，显示了较好的高温力学强度，耐火能力优于传统硅酸盐水泥。其热导率为 0.24～0.38W/(m·K)，可与轻质耐火黏土砖[其热导率为 0.3～0.4W/(m·K)]相媲美，隔热效果好。

3. 碱激发胶凝材料的应用

碱激发胶凝材料具备的优良性能使其具有较广阔的应用前景：（1）用作土木工程材料，大大缩短脱模时间，加快模板周转，提高施工速度。碱激发胶凝材料具有早期强度高及界面黏结强度高的特点，可用作混凝土结构的快速修补材料。（2）用作优质地聚物基涂料。碱激发胶凝材料水化后结构致密，具有良好的防水、防火等性能。与有机涂料相比，地聚物基涂料具有耐酸、防火阻燃、环保、防霉菌等一系列优点，可用作特种涂料。（3）有毒工业废渣和核废料固封材料。碱激发胶凝材料的产物为类沸石相，具有三维网状、笼形骨架结构，能吸附有毒化学废料。它是一种能有效固化各种化工废料、固封有毒重金属离子及核放射元素的胶凝材料。（4）预制构件材料。碱激发胶凝材料快硬早强、高抗折强度、耐腐蚀和热导率低、可塑性好等特点，可以开发建筑用板材和块体材料，如图 2-21、图 2-22 所示。与硅酸盐水泥制品相比，碱激发胶凝材料制品不用湿态养护，养护周期短，原料丰富，成本低廉。同时，碱激发胶凝材料具有较好的加工性能，其制品具有

图 2-21　用碱激发胶凝材料制作的板和管

图 2-22　采用碱激发胶凝材料制备的 E-Crete 预制构件（澳大利亚墨尔本 Melton 图书馆）

天然石材的外观，可用于成型及制作各种耐久性装饰材料。（5）防火和耐高温材料。碱激发胶凝材料能经受1200℃的高温，可用于制作炉膛、冶金管道、隔热材料等。

2.3.2 固废胶凝材料

我国是水泥生产和应用第一大国，面临原材料自然资源匮乏和能源、环境负荷大的严峻挑战，进一步拓展水泥生产的原材料来源、降低生产能耗或开发新型低碳胶凝材料是胶凝材料可持续发展的方向。

我国矿业、冶金、煤电行业排放的大宗工业固体废弃物，如尾矿、赤泥、冶炼渣、粉煤灰、工业副产石膏等含有大量的铝硅酸盐矿相，部分固废富含CaO、SO_3等碱硫组分，在矿物组成和物理化学特性上互补性强，具有用作硅酸盐建筑材料替代原料的巨大潜力。据统计，我国尾矿、赤泥、冶炼渣、粉煤灰、工业副产石膏等大宗工业固废年排放量近30亿t，累积堆存100亿t以上，占用了大量土地，严重影响生态环境安全和社会可持续发展。长期以来，固废已被用作水泥混凝土材料的辅助性胶凝材料、骨料或填料等建筑材料。但是，我国各类固废利用水平差异大，综合利用率不高。钢渣每年排放约1.1亿t，利用率不足30%，主要用于水泥混合材、混凝土掺合料、充填材料、建筑砌块。也有少量钢渣被用作骨料，但因钢渣安定性不良问题导致了工程事故。在日本、美国、德国等发达国家钢渣利用率较高，主要在道路工程和充填工程中应用；赤泥每年排放约1亿t，利用率仅4%，国内外赤泥利用的研究主要集中在稀有金属回收、陶瓷和催化剂等方面，也有研究探索赤泥在水泥基材料和无熟料胶凝材料中应用；工业副产石膏每年排放约1.18亿t，利用率仅为38%，主要用于石膏制品、道路基层和充填工程，也有少部分用于水泥制造；尾矿年排放超15亿t，利用率仅25%，主要集中在回收有价金属与非金属元素、用作建筑材料、土壤改良剂以及尾矿充填。

资源化环保利用大宗工业固废制备胶凝材料不仅能够大规模消纳固废，还能为低碳胶凝材料的开发提供新路径，意义重大。国内外专家对固废辅助性胶凝材料开展了大量深入的研究，掌握了粉煤灰、高炉矿渣、硅灰等铝硅质固废在硅酸盐水泥体系中火山灰化学反应和颗粒群效应原理，大大促进了铝硅质固废辅助性胶凝材料的高效应用，如矿粉、硅灰等固废辅助性胶凝材料已经在水泥混凝土中得到充分利用；粉煤灰在也成为现代水泥混凝土不可或缺的辅助胶凝材料。目前，固废辅助材料的高效利用已使我国水泥的熟料系数降低至0.57，已领先于世界平均水平0.74。但是，仅用作传统水泥材料的辅助性胶凝材料已难以更大规模消纳固废。因而，以大宗工业固废作为主要原料制备出固废胶凝材料并进行规模应用是当前固废资源化和新型胶凝材料发展的重要趋势。

固废胶凝材料主要通过采用化学激发剂提高固体废物的胶凝活性，或者利用各种固废具有化学互补特性的矿物组分相互激发提高胶凝活性，如碱激发胶凝材料、少熟料或无熟料固废胶凝材料等。化学激发剂可以使工业固体废弃物中玻璃体的硅氧四面体和铝氧四面体解聚为H_3SiO^{-4}和$H_3AlO_2^{-4}$，当水化浆体中存在Ca^{2+}、OH^-和SO_2^{-4}时可发生水化反应生成C-S-H（水化硅酸钙）凝胶和AFt等水化产物。常用的激发剂有碱性激发剂和硫酸盐激发剂。碱性激发剂主要包括石灰、NaOH、水玻璃和电石渣等。硫酸盐激发剂主要包括硫酸钠、脱硫石膏、氟石膏和磷石膏等。为了更好地激发工业固体废弃物的胶凝活性，一般采用碱性激发剂和硫酸盐激发剂组成复合激发剂。越来越多的充填胶粘剂使用固废胶凝材料，如钢渣-矿渣体系、钢渣-矿渣-水泥体系、赤泥-矿渣-水泥-脱硫石膏体系、钢渣-矿渣-氟石膏体系、钢渣-矿渣-脱硫石膏体系等。图 2-23 为钢渣-矿渣-脱硫石膏体系固废胶凝材料中的水化产物，其水化产物主要为 C-S-H 和 AFt，所产生的 28d 强度超 60MPa。近年来，固废胶凝材料也逐渐被尝试用来制备常规混凝土。

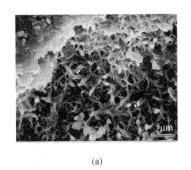  

(a)   (b)   (c)

图 2-23 钢渣-矿渣-脱硫石膏体系固废胶凝材料水化产物
(a) C-S-H 与 AFt；(b) AFt；(c) AFt

  尽管固废胶凝材料展现了诸多的优势，但是要规模化制备和应用以固废为主体的固废胶凝材料还面临一系列科学和技术的新挑战：①在固废原材料上：各类固废性能差异大，同类固废组成性能波动大，不利于固废胶凝材料大规模稳定化生产与应用。此外，部分固废活性低，有害组分多，如钢渣安定性不良、易磨性差。②在固废胶凝材料的应用上：固废胶凝材料长期耐久性研究不足，产品标准和应用技术规范缺失等；③我国大宗工业固体废物分布、综合利用区域和行业不平衡问题突出，比如在东部地区粉煤灰供不应求，而在中西部区粉煤灰利用率有待提高。这些问题均制约了固废胶凝材料的成本降低、性能提高以及规模化生产和应用领域拓展。

  解决上述存在的挑战与问题，规模化制备和应用固废胶凝材料，既可以大幅提高固废利用率，又可以部分替代环境资源负荷严重的传统胶凝材料，是我国冶金、矿业、建材等相关行业可持续发展的重大和迫切需求，也是践行"生态优先、绿色发展"的重要和可行途径。

2.3.3 化学激发胶凝材料面临的挑战

  化学激发胶凝材料是一种新型胶凝材料，它的特点和优势在于资源化利用工业固体废弃物，原材料来源广泛，无需高温煅烧，制备过程简单，对环境无二次污染。但是，规模化应用化学激发胶凝材料仍需要解决以下挑战：①由于原材料的种类多、来源广，原料组成波动大，需要针对各种原料的组成结构、化学性能特点选用适宜的化学激发剂及用量。这也给大规模生产性能稳定的化学激发材料带来挑战。②化学激发胶凝材料的反应过程和反应产物均不同于硅酸盐水泥，其水化物具有耐化学腐蚀和耐盐碱腐蚀的特性。可以作为硅酸盐胶凝材料的补充，用于一些特殊领域。然而，化学激发胶凝材料应用历史较短，工程案例有限，其在特定环境中的长期耐久性仍有待于进一步研究，以提供足够化学激发胶凝材料长期工程应用性能的证据。③对于化学激发胶凝材料，为推广其工业应用，还需要建立系列材料及产品的相关标准,以确保材料的性能和质量。这也是化学激发胶凝材料大规模商业化的重要前提。④考虑化学激发胶凝材料使用了大量的工业废弃物,公众对源自于固体废弃物资源化的材料和产品的接受也是制约化学激发胶凝材料推广应用的重要因素,需要对客户公众进行必要的教育和培训。

2.4 其他胶凝材料

2.4.1 磷酸镁水泥

磷酸镁水泥是由 MgO、磷酸盐、缓凝剂及其他矿物掺合料混合而组成的胶凝材料。MgO 一般为重烧镁砂,由菱镁矿(MgCO₃)经约 1700℃高温煅烧而成。高温煅烧 MgO 降低了它的反应活性,磷酸镁水泥水化反应过快而来不及施工操作。磷酸盐主要是磷酸二氢铵、磷酸二氢钾和磷酸氢二铵,为水化反应提供酸性环境和 PO_4^{3-},磷酸盐的溶解速率和溶液的 pH 值均直接影响水化产物和材料性能。

为使磷酸镁水泥在应用过程中有较充分的施工操作时间,往往需要掺入硼砂、硼酸、三聚磷酸钠和碱金属盐等作为缓凝剂。硼砂是最常用的缓凝剂,但硼砂的掺量需控制适量,若掺加量过多,则会造成磷酸镁水泥的强度下降。

为降低磷酸镁水泥的成本,同时提升磷酸镁水泥性能,常在其中掺加粉煤灰、偏高岭土等作为矿物掺合料。研究表明,粉煤灰能够改善和调整磷酸镁水泥的凝结时间、色泽、流动性、和易性,同时还可以提高胶凝材料的后期强度。其他矿物掺合料,包括偏高岭土、矿渣、石英砂和石灰石等,用以改善磷酸镁水泥的性能。

为调控磷酸镁水泥性能,常采用的措施有调整和优化镁磷比〔即氧化镁与磷酸盐的质量比〕、缓凝剂的掺加量、MgO 的活性、用水量等。其中,镁磷比对其胶凝能力影响较大,提高镁磷比则可以提升其胶凝能力。但是,当镁磷比较高时,胶凝材料反应速率较快,工作时间短,易造成成型困难。图 2-24 为不同水化时间的水泥净浆的抗压强度与镁磷比的关系。

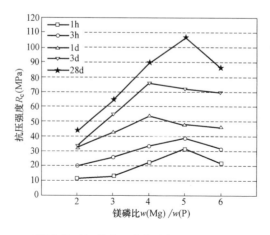

图 2-24 不同水化时间的水泥净浆的抗压强度与镁磷比的关系

1. 磷酸镁水泥的水化硬化过程

一般认为，磷酸镁水泥的水化硬化过程分为 5 个阶段，如图 2-25 所示。

第 1 阶段，MgO 在酸性溶液作用下溶解。其反应式如下：

$$MgO + 2H^+ \longrightarrow Mg^{2+}(aq) + H_2O$$

第 2 阶段，为溶胶的形成，这一过程主要为 MgO 与水反应而形成带正电荷的氢氧化物，而在磷酸镁胶凝材料的形成过程中，通过本阶段反应速率的控制即可控制凝结时间。其反应式如下：

$$MgO + H^+ \longrightarrow Mg(OH)^+(aq)$$

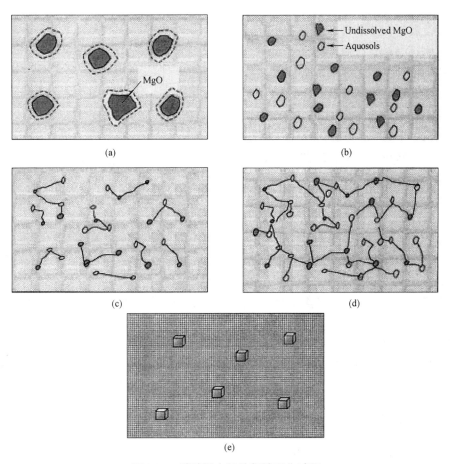

图 2-25 磷酸镁水泥的凝结硬化过程

（a）氧化物溶解；（b）溶胶形成；（c）凝胶形成；（d）凝胶网络化；（e）饱和结晶

第 3 阶段，为凝胶的形成。上一阶段所形成的溶胶在本阶段与磷酸根离子作用，形成相应的磷酸盐，并且放出热量。随着反应的不断进行，形成的凝胶数目越来越多。

第 4 阶段，为凝胶的网络化。本阶段主要是处于松散状态的凝胶随着反应的进行相互连接，最终网络化。

第 5 阶段，为凝胶的饱和、结晶过程，最终形成了磷酸盐胶凝材料。在本阶段，浆体将逐步黏稠，凝胶将转变为结晶物而附着在未反应的 MgO 颗粒表面，使材料整体的强度逐渐增大。

养护对磷酸镁水泥的强度有十分显著的影响。在有水分存在的条件下，磷酸镁水泥中少量未反应的磷酸盐和部分水化产物发生溶蚀和水解，导致胶凝材料的结构密实度下降，孔隙增多，材料强度略有下降。近年研究证明，磷酸镁水泥在水中养护时，其强度仍持续增长，由此说明磷酸镁水泥的耐水性良好。在干燥空气或充分密封条件下养护时，磷酸镁水泥强度持续增长。

不同养护条件下磷酸镁水泥的抗压强度与养护时间的关系，如图 2-26 所示。

2. 磷酸镁水泥的应用

磷酸镁水泥可用于快速修补材料、人造板材、冻土固化处理、喷涂建筑材料、固化有害及放射性核废料等领域。

快速修补材料是目前磷酸镁胶水泥应用最多的领域，主要是利用磷酸镁水泥凝结硬化快、强度高、与旧混凝土黏结强度高的特点。磷酸镁胶水泥已应用于道路、桥梁及飞机跑道的快速修补。

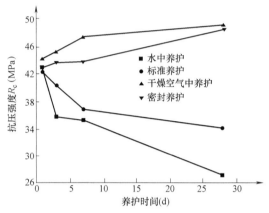

图 2-26 不同养护条件下磷酸镁水泥的抗压强度与养护时间的关系

磷酸镁胶水泥与稻草、纸浆废液、纸屑残渣或森林采伐中的废料、木材加工产生的木屑及边角料等混合而生产的人造板材，具有较高的抗机械冲击、抗热震和抗断裂性能。

磷酸镁水泥能够固结大量工业固体废弃物，且满足建筑材料的强度需求。因此，可以利用磷酸镁水泥将工业固体废弃物转化为有用的建筑材料。

利用磷酸镁胶凝材料在低温下仍具有良好的施工性能及快凝、快硬的特性，可解决传统的水泥材料在低温或高地热环境下无法施工或性能劣化的问题。

磷酸镁水泥对重金属离子和城市生活、垃圾焚烧灰等有害废弃物具有良好的固化效果，对害物的阻滞能力较强。其主要原因是形成了难溶物质或离子直接进入了水化物晶格，或者对废弃物起到了包裹作用，阻止其向环境中扩散，从而达到环境保护的目的。

2.4.2 氯氧镁水泥

以轻烧 MgO、$MgCl_2$ 水溶液和改性剂制备的镁水泥，称为氯氧镁水泥。氯氧镁水泥由瑞典学者索瑞尔（S. Sorel）于 1867 年发明，故又称为索瑞尔水泥（Sorel Cement）。

1. 氯氧镁水泥的原材料

MgO 是氯氧镁水泥的主要成分。MgO 的生产原材料有天然菱镁矿（主要成分为 $MgCO_3$）、天然白云石（主要成分为 $MgCO_3$ 和 $CaCO_3$ 的复盐）和蛇纹石（主要成分为水硅酸镁 $3MgO \cdot 2SiO_2 \cdot 2H_2O$）等矿物。此外，也可采用冶炼轻质镁合金的熔渣、海水等为原料。

1）菱镁矿

菱镁石属三方晶系，其主要成分是 $MgCO_3$，其化学式的组成中，$w(MgO)$ 为 47.47%，$w(CO_2)$ 为 52.19%。其密度 ρ 为 2.9～3.3g/cm³，莫氏硬度为 3.75～4.25。菱镁石是我国制取 MgO 的主要原料。$MgCO_3$ 一般在 400℃开始分解，600～650℃分解反应剧烈进行。生产时煅烧温度常控制为 $800\sim850℃$。分解 1kg $MgCO_3$ 所需热量约为 14.4×10^5 J。其分解反应式如下：

$$MgCO_3 \rightarrow MgO + CO_2 \uparrow$$

MgO 的结构主要取决于原料的煅烧温度与煅烧时间。煅烧 MgO 的活性随所用原料、煅烧温度及煅烧时间而异。其中，对 MgO 活性影响最大的因素是煅烧温度。煅烧温度越高，MgO 的活性则越低。当煅烧温度较低时，其内部孔隙较多，比表面积较大，即其与水反应的面积大，反应速率快。如果提高煅烧温度或延长煅烧时间，则晶格尺寸减小，结晶粒子间的密实度增大，水化反应延缓。MgO 的比表面积与煅烧制度（煅烧菱镁矿）的关系，以及 MgO 的比表面积、晶粒尺寸、反应活性的关系见图 2-27。

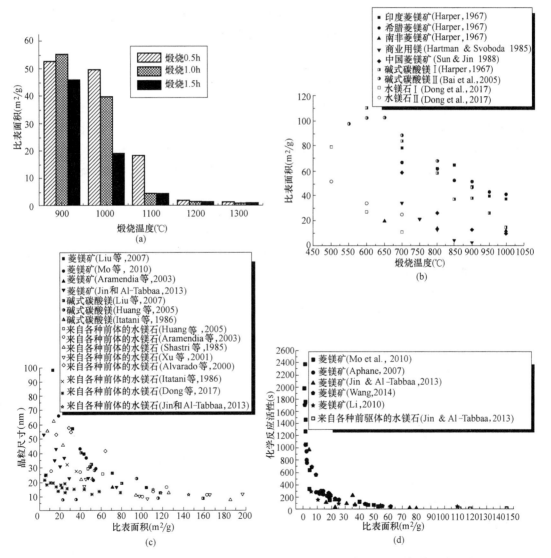

图 2-27　MgO 煅烧温度和时间对其比表面积的影响，以及 MgO 的比表面积、晶粒尺寸、反应活性的关系（一）

（a）不同温度不同时间煅烧菱镁矿制备 MgO 的比表面积（摘自 CCR，Mo 等）；（b）煅烧温度对 MgO 比表面积的影响（煅烧时间 2h）；（c）MgO 比表面积与晶粒尺寸的关系；（d）MgO 晶粒尺寸与其反应活性的关系；

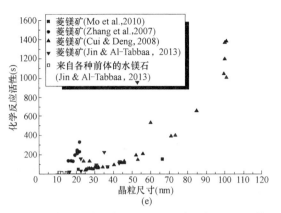

图 2-27 MgO 煅烧温度和时间对其比表面积的影响，以及 MgO 的比表面积、晶粒尺寸、反应活性的关系（二）

（e）MgO 比表面积与其反应活性的关系

2）白云石

白云石也属于三方晶系，其主要成分是 $MgCO_3$ 和 $CaCO_3$，其中 MgO 的理论含量为 21.27%，烧失量为 45.73%。其莫氏硬度为 3.5～4.1，密度 ρ 为 2.8～2.9g/cm^3。白云石在煅烧时需防止 $CaCO_3$ 的分解，避免产生 CaO 而影响 MgO 的使用。因此，煅烧条件的控制至为重要，可在 730～780℃ 的温度范围内保温 20～30min。白云石矿的储量比菱镁矿的储量更大，分布也更广，是制备镁质胶凝材料的重要资源。在天然矿床中，常在白云石与石灰石之间还存在某些过渡组成，一般只有当矿石中的 $MgCO_3$ 含量大于 25% 时，才称为白云石。

采用煅烧白云石制备 MgO 时，应使白云石矿中的 $MgCO_3$ 充分分解而又避免其中的 $CaCO_3$ 分解，一般煅烧温度宜控制为 650～750℃。这时所获得的镁质胶凝材料，主要是活性 MgO 和惰性 $CaCO_3$。在此温度范围内，白云石的分解按如下 2 个步骤进行：首先是复盐的分解，紧接着是 $MgCO_3$ 的分解。其反应式如下：

$$MgCO_3 \cdot CaCO_3 \rightarrow MgCO_3 + CaCO_3$$
$$MgCO_3 \rightarrow MgO + CO_2 \uparrow$$

3）水氯镁石

我国青藏高原，尤其是青海格尔木地区的盐湖钾资源丰富，光卤石（$KCl \cdot MgCl_2 \cdot 6H_2O$）在提取钾后排放的副产品——水氯镁石（$MgCl_2 \cdot 6H_2O$）经热解可制得 MgO。其热解反应式为：

$$MgCl_2 \cdot 6H_2O \rightarrow MgO + 2HCl + 5H_2O$$

水氯镁石的热解过程，可利用工业余热进行，以此降低此法生产 MgO 的成本，并可促进西北地区氯氧镁水泥的开发利用。

2. 氯氧镁水泥的水化

MgO 与水拌合后发生如下水化反应：

$$MgO + H_2O \longrightarrow Mg(OH)_2$$

在调制氯氧镁水泥时，通常将 MgO 与六水合氯化镁（$MgCl_2 \cdot 6H_2O$）、七水硫酸镁（$MgSO_4 \cdot 7H_2O$）、六水合氯化铁（$FeCl_3 \cdot 6H_2O$）或七水硫酸亚铁（$FeSO_4 \cdot 7H_2O$）等盐类水溶液拌合。最常用的是 MgO 与 $MgCl_2$ 溶液拌合成浆体，主要水化产物是氯氧化

镁和 $Mg(OH)_2$ 其化学反应为：

$$x MgO + y MgCl_2 \cdot 6H_2O \rightarrow x MgO \cdot y MgCl_2 \cdot z H_2O$$

$$MgO + H_2O \rightarrow Mg(OH)_2$$

氧氯化镁在水中的溶解度比 $Mg(OH)_2$ 高，可降低溶液的过饱和度，促进水化反应不断进行，生成的氧氯化镁达到饱和时，水化产物不再溶解，而是直接以胶体状态析出，形成凝胶体，再结晶逐渐长大成细小的晶粒，使浆体凝结硬化，产生强度。$MgCl_2$ 溶液的浓度和密度对氯氧镁水泥的强度、吸湿性等性能有很大影响。浓度越大，则凝结和硬化过程越慢，最后产物的强度也就越高。

MgO 在 $MgCl_2$ 溶液中的水化反应，可用其水化放热速率 q 随着水化时间 t 的变化来描述，如图 2-28 是氯氧镁水泥水化的典型放热曲线。

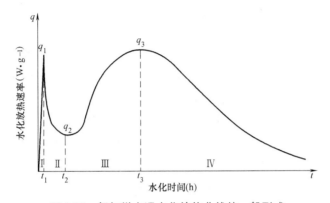

图 2-28 氯氧镁水泥水化放热曲线的一般形式

氯氧镁水泥水化的动力学过程与普通硅酸盐水泥的基本相似，即 MgO 与 $MgCl_2$ 溶液拌合后，立即发生剧烈反应，放出热量，出现图中的第 1 放热峰 q_1，但阶段 I 的时间 t_1 很短，仅为 5～10min；接着是反应速率缓慢的阶段 II，t_2 一般可持续几小时；然后反应重新加快，进入阶段 III，出现了第 2 放热峰 q_3；最后，反应速率随时间的延长而下降并逐渐趋于稳定，即阶段 IV。因此，可将镁水泥水化过程划分为 4 个阶段：诱导前期（I）、诱导期（II）、加速期（III）和减速稳定期（IV）。氯氧镁水泥的配比对其水化热就较大的影响，如表 2-13 所示。

采用相同的原料、不同的物质的量之比配制氯氧镁水泥水泥浆体的水化热   表 2-13

编号	配比 $n[Mg(OH)_2]:n(MgCl_2):n(H_2O)$	t_2(h)	t_3(h)	水化热($J \cdot g^{-1}$)		
				8h	10h	12h
1	2:1:8	4.5	12.5	147	253	382
2	3:1:8	4.0	12.5	139	231	339
3	4:1:8	3.0	8.0	225	317	395
4	5:1:8	3.0	6.5	275	378	468
5	6:1:8	1.5	5.0	333	432	515

此外，$MgCl_2$ 溶液的浓度，即 $n(MgCl_2)/n(H_2O)$ 对反应水化热也有明显影响，如表 2-14 所示。由此可见，随着 $MgCl_2$ 溶液浓度的降低，水化过程中的诱导期缩短，加速

期提前结束，水化放热量增大。这是因为 $MgCl_2$ 溶液变稀后，MgO 含量相对提高了，新相较易生成。因此，水化时间缩短，放热量增加。但此时硬化体中孔隙相应增多，会降低制品强度。

不同 $n(MgCl_2)/n(H_2O)$ 时的水化热　　　　　　表 2-14

编号	配比 $n[Mg(OH)_2]:n(MgCl_2):n(H_2O)$	t_2(h)	t_3(h)	水化热(J·g^{-1})		
				8h	10h	12h
1	3:1:7	4.0	12.5	104	184	290
2	3:1:8	3.5	12.3	139	231	349
3	3:1:11	1.5	6.0	321	409	485
4	5:1:5	4.0	11.5	170	273	202
5	5:1:8	3.0	6.5	276	373	468
6	5:1:11	1.5	5.5	341	433	500

MgO-$MgCl_2$-H_2O 体系中所得到的水化相，有 $3Mg(OH)_2 \cdot MgCl_2 \cdot 8H_2O$（简称 3·1·8 相或相 3），$5Mg(OH)_2 \cdot MgCl_2 \cdot 8H_2O$（简称 5·1·8 相或相 5）和 $Mg(OH)_2$。其中，相 3 和相 5 是该体系中两种主要的晶体相。氯氧镁水泥浆硬化体在空气中放置后，会形成氯碳酸镁盐 [$2MgCO_3 \cdot Mg(OH)_2 \cdot MgCl_2 \cdot 6H_2O$，简称 2·1·1·6 相]。而氯碳酸镁盐在长期与水作用后，可能浸出 $MgCl_2$ 并可以转变为水菱镁矿 [$4MgCO_3 \cdot Mg(OH)_2 \cdot 4H_2O$，简称 4·1·4 相]。因此，提高氯氧镁水泥的耐水性和耐久性的关键是改善相 5 和相 3 的稳定性。

氯氧镁水泥的水化产物与 MgO 的活性以及各原材料的配比密切相关：

1) 当 $n(MgO)/n(MgCl_2)<4$ 时，初始时形成 5·1·8 相，同时存在少量 $MgCl_2$。时间延长时，5·1·8 相逐渐失水转变为 3·1·8 相，转变速度随 MgO 与 $MgCl_2$ 物质的量之比降低而加快。

2) 当 $4 \leqslant n(MgO)/n(MgCl_2) \leqslant 6$ 时，所形成的 5·1·8 相是稳定的。

3) 当 $n(MgO)/n(MgCl_2)>6$ 时，常温下形成 $Mg(OH)_2$ 和 5·1·8 相，5·1·8 相不稳定，将转变为 3·1·8 相。

此外，不论 $n(MgO)/n(MgCl_2)$ 为多少，其水化物都能与 CO_2 作用，生成 $MgCl_2 \cdot 2MgCO_3 \cdot 2Mg(OH)_2 \cdot 6H_2O$，表明水化产物相的抗碳化性能不佳。研究表明，当 $4 \leqslant n(MgO)/n(MgCl_2) \leqslant 6$ 时，碳化过程缓慢，而且主要在表面进行，对硬化体的强度影响不大。实际应用的 $MgCl_2$ 浓度为 12～30°Bé（波美度），密度为 1.15～1.20g/cm³。

3. 氯氧镁水泥的性能

1) 强度

镁质胶凝材料是一种气硬性胶凝材料，水化硬化快，水化热高，质量轻，具有快硬和高强度的特性。采用密度 ρ 为 1.2g/cm³ 的 $MgCl_2$ 溶液拌合的 MgO 净浆，24h 抗拉强度 R_m 大于 1.5MPa。水化 30d 的放热量是水泥水化热的 3～4 倍，最高放热温度可达 140℃。镁质胶凝材料可配制出密度 ρ 为 0.5～1.89g/cm³ 的制品，该制品密度是硅酸盐水泥制品密度的 28%～70%，但其强度是硅酸盐水泥制品强度的 2～5 倍。例如，密度 ρ 为

$1.8g/cm^3$ 的壁板，其抗折强度 R_c 为 67MPa，而同类型的硅酸盐水泥板，R_c 约为 17MPa。

根据《建筑地面工程施工质量验收规范》GB 50209—2010 的规定，对氯氧镁水泥制品的强度要求如表 2-15 所示。

氯氧镁水泥制品的强度（常温硬化）   表 2-15

龄期	5h	10h	15h	20h	24h	3d	7d	28d
抗压强度 R_c（MPa）	9.2	20	23.8	40	44	46	47.8	53
强度形成率（%）	17	37.5	44.5	75	82.5	86.3	89.7	100

如图 2-29 所示，在干燥环境中氯氧镁水泥的强度增长快于硅酸盐水泥，并具有较高强度。但因其水化产物的转变，24h 后强度略有降低。随着水化时间延长，水化相趋于稳定，且后期新生水化相使结构得到修复，强度又逐渐增长。

2）黏结性

氯氧镁水泥黏结力强，对植物纤维、竹筋、木质碎屑和藤类筋材等黏结良好，且水化产物的 pH 值为 8.0～9.0，呈弱碱性，不会腐蚀木质等有机材料，适合制作仿木产品。在氯氧镁水泥中掺加锯末、刨花等有机填料，使其制品具有木材和石材的双重性能，既具有石材的强度，又具有木材的良好加工性能。为提高其耐水性，可掺加浮石、凝灰岩等火山灰质混合材料。采用 $MgCl_2$ 溶液拌制的氯氧镁水泥，由于盐类溶液对钢材腐蚀强烈，在氯氧镁水泥制品中不宜配置钢筋。

3）耐热性与抗冻性

MgO 和 $MgCl_2$ 本身具有耐热性能。MgO的熔点为 2270℃，耐火度很高，是生产镁质耐火砖的原材料。氯氧镁水泥的水化产物

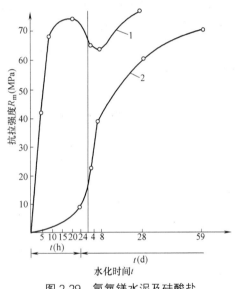

图 2-29 氯氧镁水泥及硅酸盐水泥强度发展的比较

$5Mg(OH)_2 \cdot MgCl_2 \cdot 8H_2O$ 中含有 8 个结晶水，含水率为 37%。遇热后，8 个结晶水分解，消耗热量，且水化产物高温分解释放出氯气，氯气具有窒息性，可使火迅速熄灭。因此，氯氧镁水泥具有防火耐热功能，可生产防火板。$MgCl_2$ 属于抗冻剂卤盐，具有抗低温性能，通常可耐受 −30℃ 的低温。

4）耐磨性

氯氧镁水泥的耐磨性是普通硅酸盐水泥的 3 倍，因而适合生产地面砖、高耐磨制品和磨料磨具，例如，抛光砖磨块等。

5）返卤与泛霜

当环境空气湿度较大时，氯氧镁水泥制品表面吸收水分后潮湿，进而挂满水珠，称为返卤。造成返卤的原因是原料配比、成型工艺或养护工艺不当，产生过剩或残余的 $MgCl_2$，而 $MgCl_2$ 是一种吸湿剂。

空气湿度降低后，制品表面水分蒸发，留下斑白色迹，即泛霜。泛霜物可能是：①NaCl 霜，为卤块 $MgCl_2 \cdot 6H_2O$ 中的杂质，此种霜易溶于水，可擦洗掉。可通过降低杂质含量来消除泛霜。②轻质填充料滑石粉、轻质碳酸钙的析出霜。掺加填充物是为了降低制品密度，当水分较多时，填充物析出在制品表面，形成霜。为避免泛霜，可掺加与轻烧粉密度相当的填充料，以减少料浆中的水分。③$Mg(OH)_2$ 和 $Ca(OH)_2$ 霜，因轻烧粉原料中烧失量（LOI）过大或 $n(MgO)/n(MgCl_2)$ 比值不当而产生水化物 $Mg(OH)_2$；或原料中含有 CaO 而形成水化物 $Ca(OH)_2$。④$MgCl_2 \cdot 6H_2O$ 霜。返卤与泛霜降低制品强度，影响外观，污染环境。

6）耐水性

镁水泥硬化体结构是多孔体系，吸湿性大，易返潮，起白霜。其水化产物具有很强的吸湿性和较高的溶解度，因而在潮湿条件下其强度有所降低，容易出现返潮和翘曲变形。为提高其耐水性，可掺加适量填充材料，如滑石粉、粉煤灰、磨细石英砂等，以提高制品密实度；也可掺加少量外加剂，如磷酸或磷酸盐、水溶性树脂，包括丙烯酸乳胶、EVA乳胶、氯偏乳胶等。此外，采用硫酸镁、铁矾等溶液拌合 MgO，能提高其耐水性，但其强度与采用氯化镁溶液拌制者的强度相比，则略有降低。外加剂的使用，可从两方面增强镁水泥制品的耐水性：

（1）使水化产物改性，形成难溶于水的混合物和相结晶点；

（2）自身具有胶凝能力，可堵塞硬化体中的毛细孔，提高制品的密实度，改善其耐水性。

4. 氯氧镁水泥的应用

氯氧镁水泥与植物纤维具有很好的黏结性，与硅酸盐类水泥、石灰等胶凝材料相比，其碱性较弱，对有机材料和纤维没有腐蚀作用，耐火防火。氯氧镁水泥常用制备刨花板、木屑板、人造大理石、镁纤复合材料及多孔制品等。

1）刨花板与木丝板

氯氧镁水泥刨花板与木丝板，是将刨花、木丝、亚麻皮或其他纤维材料采用镁质胶凝材料拌合，经加压成型、硬化而成，可用作建筑内墙、隔墙、顶棚等。镁水泥木丝板吸声性能良好，且吸声效果随板材厚度增加而提高。

2）地板

氯氧镁水泥与木屑、颜料及其他填料等配制而成的板材，用于铺设地面，即为镁水泥地板。它可压制成各种板材，也可直接铺于底层，经压实、修饰而成无缝地板。镁水泥地板保温性好、无噪声、不起灰、表面光滑、弹性良好、防火、耐磨，是民用建筑和纺织厂的车间地面材料，用以代替木地板。若掺加不同的颜料，则可拼装成色彩鲜艳、图案美丽的地板。

3）氯氧镁水泥混凝土及制品

镁水泥与砂石集料或纤维材料拌合，可配成镁水泥混凝土，用于制作不重要的板材。在镁质胶凝材料中掺加适量泡沫剂，可制成泡沫镁水泥，它是一种多孔的轻质材料。

4）氯氧镁水泥纤维复合材料。以镁质胶凝材料为基料、玻璃纤维或竹筋为增强材料制备的复合材料，具有强度高、耐腐蚀、气密性好、耐热（大于 300℃）的特点。若采用耐高温的玻璃纤维配制，则可耐 900℃以上的高温，可制成烟筒、风道、形瓦及室内分隔墙板。

2.4.3 硫氧镁水泥

硫氧镁水泥是继氯氧镁水泥之后发展起来的另一类镁质水泥。与氯氧镁水泥类似，硫氧镁水泥是由轻烧 MgO 与一定浓度的 $MgSO_4$ 溶液混合后形成的 $MgO-MgSO_4-H_2O$ 三元胶凝体系。相较于氯氧镁水泥，硫氧镁水泥具有耐水性及耐火性更好，返卤泛霜现象较轻，不易对钢筋结构造成锈蚀等特点。但是，通常硫氧镁水泥的强度远低于氯氧镁水泥，且水化反应不完全，阻碍了硫氧镁水泥的推广应用。因此，改善硫氧镁水泥的力学强度，将有利于硫氧镁水泥的产业化与工程应用。目前，国外主要将硫氧镁水泥应用于木屑人造板、建筑物墙板及地板、隔声和隔热防火芯板等。

硫氧镁水泥所采用的 MgO 原料组成、活性等技术指标与氯氧镁水泥所用 MgO 原料类似，不同的是硫氧镁水泥所用的调和溶液为 $MgSO_4$ 溶液，采用硫酸溶液替代 $MgSO_4$ 与轻烧 MgO 反应也可用来制备硫氧镁水泥。$MgSO_4$ 通常以含有 $0 \sim 7$ 个结晶水的状态存在，七水硫酸镁（$MgSO_4 \cdot 7H_2O$）是目前菱镁行业使用 $MgSO_4$ 的主要来源。此外，在硫氧镁水泥生产过程中为了改善性能，通常掺加一些补强材料，如玻璃纤维、植物纤维、有机合成纤维等；活性混合材，如粉煤灰、硅灰等；非活性混合材，如煤矸石、膨胀珍珠岩、聚苯乙烯颗粒等；改性剂，如耐水剂、抗返卤剂、偶联剂、消泡剂、发泡剂等。

胶凝材料的性能与其水化产物的种类、水化产物的相对含量以及材料的微观结构密切相关，硫氧镁水泥也不例外。相比于氯氧镁水泥，限制硫氧镁水泥应用的主要原因是其强度较低，也应归结于其水化过程及水化产物的种类及含量。

在 $MgO-MgSO_4-H_2O$ 三元体系中，主要的水化产物是碱式硫酸镁相，还有一些 $Mg(OH)_2$ 和 $MgSO_4 \cdot nH_2O$（$n = 1 \sim 7$）外。碱式硫酸镁相的化学组成可以写作 $x Mg(OH)_2 \cdot MgSO_4 \cdot yH_2O$，反应方程式可写作：

$$x MgO(s) + MgSO_4(aq) + (x+y)H_2O \rightarrow x Mg(OH)_2 \cdot MgSO_4 \cdot yH_2O(s)$$

显然，不同的原料摩尔比将会决定水化产物的不同。Demediuk 和 Cole 的研究结果表明，$MgO-MgSO_4-H_2O$ 三元体系的水泥浆体中可以出现 4 种水化产物，即 $5Mg(OH)_2 \cdot MgSO_4 \cdot 3H_2O$（$5 \cdot 1 \cdot 3$ 相）、$3Mg(OH)_2 \cdot MgSO_4 \cdot 8H_2O$（$3 \cdot 1 \cdot 8$ 相）、$Mg(OH)_2 \cdot 2MgSO_4 \cdot 3H_2O$（$1 \cdot 2 \cdot 3$ 相）和 $Mg(OH)_2 \cdot MgSO_4 \cdot 5H_2O$（$1 \cdot 1 \cdot 5$ 相），其中只有 $3 \cdot 1 \cdot 8$ 相在 35℃ 下为稳定相。

Urwongse 和 Sorrell 研究了 $MgO-H_2SO_4-H_2O$ 三元体系相图后，认为在室温下除了出现 $3 \cdot 1 \cdot 8$ 相，还有 $MgSO_4 \cdot nH_2O$（$n = 7$、6、1）、$Mg(OH)_2$ 和 MgO，还会出现亚稳态的 $1 \cdot 1 \cdot 5$ 相和 $MgSO_4 \cdot 4H_2O$，并指出如果开始的原料为 MgO 和硫酸镁或硫酸镁溶液，在室温下不可能制备 $3 \cdot 1 \cdot 8$ 相含量超过 50% 的硬化水泥浆体，这也是导致硫氧镁水泥强度较低的原因。图 2-30 为 $MgO-H_2SO_4-H_2O$ 三元相图，可以看出水化产物 $3 \cdot 1 \cdot 8$ 相和 $5 \cdot 1 \cdot 3$ 相的形成区的组成范围很窄小，而且在常温下所形成的 $3 \cdot 1 \cdot 8$ 相和 $5 \cdot 1 \cdot 3$ 相的实际生成量远低于按照化学计量式的理论生成量。形成的水化产物结晶度低，部分 $MgSO_4$ 不能参与水化物晶体相的形成而成为游离 $MgSO_4$，这也导致了较差的力学性能。

我国的相关学者也对硫氧镁水泥的水化机理做了进一步的研究。邓德华提出了在硫氧镁水泥中掺加一种外加剂能够明显改善硫氧镁水泥的强度，且其强度可达成

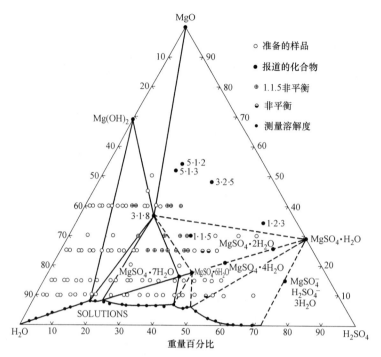

图 2-30　MgO-H₂SO₄-H₂O 三元相图（温度为 23±3℃。空心圆表示相图中各相集群。如所示存在非平衡相；用 20wt% H₂SO₄ 溶液制备出的所有样品中均存在 MgSO₄·7H₂O）

100MPa，接近氯氧镁水泥的强度，其原因是外加剂改善了硫氧镁水泥的水化相，即产生了一种新的水化相，但研究中没有确定所发现的水化相的组成与晶体结构。余红发、吴成友进行了进一步的研究并确定该新相 $5Mg(OH)_2 \cdot MgSO_4 \cdot 7H_2O$（5·1·7相）的组成和结构，同时研究其形成机理。这些研究成果为硫氧镁水泥的发展和推广应用具有十分重要的意义。

　　硫氧镁水泥的应用主要包括以下领域：①建筑墙体制品。以硫氧镁水泥作为固化胶粘剂，以工业固体废弃物（粉煤灰、炉渣、矿渣、尾矿、建筑垃圾等）或农业加工剩余物（秸秆、稻壳、锯屑等）作为基材或增强材，经一定工艺的加工成型、养护固化所制备得到的各种板块、轻质条板、建筑内饰板材等产品。目前，镁质胶凝材料所制备的建筑墙体制品绝大部分应用于建筑结构中的非承重部分，不宜作为外挂墙板及承重构件。②硫氧镁水泥地板、木丝板、刨花板。镁水泥木丝板、刨花板于 20 世纪在欧洲温室，采用硫酸镁水泥作为胶凝材料。相较于传统的木质刨花板、木丝板，其吸水率和吸水膨胀率更低，耐久性也更好。在我国，硫氧镁水泥木丝板、刨花板的开发和推广应用还没有进入规模化和广泛应用的阶段。③隔热、防火芯板。硫氧镁水泥防火芯板属于镁质胶凝材料制品，主要由氧化镁等无机材料制成，属于 A1 级不燃材料。在不添加其他有机物掺合料的情况下，其烟气毒性可达到 AQ1 级，是一种安全环保的隔热防火材料。

2.4.4　碳酸盐胶凝材料

　　碳酸盐胶凝材料是一种新型的"气硬性"胶凝材料，它是由含有钙、镁矿物原料在一定温度、湿度及 CO_2 浓度条件下发生碳化反应，形成以碳酸钙、碳酸镁等碳酸盐为主要胶结物质的胶凝材料。一些含有钙、镁的工业固废如钢渣、镁渣、粉煤灰等均可用作制备碳酸盐胶凝材料的原料。碳酸盐胶凝材料在反应硬化过程中吸收 CO_2，因而比传统胶凝材料具有更低的碳排放。

美国学者发明了一种"气硬性"硅酸钙水泥，取名 Solidia，它的主要矿物相是钙硅石（$CaO \cdot SiO_2$）和硅灰石（$3CaO \cdot 2SiO_2$）。生产 Solidia 时所用的原材料配料中石灰石占 55%，硅质材料占 45%，窑内煅烧温度 1200℃，生产 1t · Solidia 水泥熟料 CO_2 排放量约 0.55t。钙硅石和硅灰石水化活性非常低，在常温下不与水发生化学反应，但其与 CO_2 能够发生反应，形成碳酸钙，产生强度。

一些工业固废如钢渣、镁渣等冶金废渣中含有部分可与 CO_2 反应的含钙或者含镁矿物组分，可以用作制备碳酸盐胶凝材料的原料。钢渣是钢铁工业的副产品，其排放量约占钢铁总产量的 15%～20%。据统计，日本每年排放钢渣量约 1400 万 t，欧洲约为 2100 万 t，中国则高达 1 亿多吨。我国钢渣累计堆存量超过 11 亿 t，综合利用率低，大部分钢渣处于堆存状态，对环境造成严重影响。

钢渣化学组成主要为 CaO、SiO_2、Al_2O_3、Fe_2O_3 和 MgO 等，矿物组成主要有 C_3S、C_2S、铁铝酸钙、RO 相、f-CaO、f-MgO 以及含铁的固溶体。由于钢渣含有铁相及 RO 相，难磨，粉磨后活性也不高，并且其含有的 f-CaO 和 f-MgO 会导致水泥基材料出现安定性不良的问题，这些问题阻碍了钢渣作为建筑材料的规模利用。钢渣在富 CO_2 的环境下具有较高的碳化反应活性，碳化后不但可以消除安定性不良问题，还可形成具有稳定结构的碳酸盐产物。

镁渣是金属镁厂在炼镁过程中排放的固体废弃物。镁渣的主要成分是 CaO、SiO_2，此外还有未还原的 MgO 等。由于金属镁生产工艺的差别，镁渣化学成本波动大，一般而言 CaO 含量为 40%～50%，SiO_2 含量为 20%～30%，Al_2O_3 含量为 2%～5%，MgO 含量为 6%～10%，Fe_2O_3 含量约 9%。镁渣中含量 C_3S、C_2S、CS 等硅酸钙矿物以及一些 f-CaO 和 f-MgO，在富 CO_2 环境中也具有较高的碳化反应活性，碳化后能够形成高强度、体积稳定的碳酸盐胶凝材料。

1. 碳酸盐胶凝材料的碳化反应

含钙的矿物如 f-CaO、C_3S、β-C_2S 及水化活性低的 γ-C_2S 和硅酸钙（$CaSiO_3$（CS））等均能发生碳化反应，形成稳定碳化产物并产生胶凝性能，其反应通式如下：

$$(Mg,Ca)_x Si_y O_{x+2y} + xCO_2 \rightarrow x(Mg,Ca)CO_3 + ySiO_2$$

CaO 和 $Ca(OH)_2$ 的碳化反应可以描述为：

$$CaO + CO_2 \rightarrow CaCO_3$$
$$Ca(OH)_2 + CO_2 \rightarrow CaCO_3$$

影响上述碳化反应的影响因素主要有原材料的矿物组成、原料粒径、配比以及碳化条件等，具体情况如下：

1）原材料的矿物组成

原材料的矿物组成影响其吸收 CO_2 的能力和效率。一般而言，可碳化组分含量越高，碳化速度越快。f-CaO 和 $Ca(OH)_2$ 碳化反应活性相对较高，它们的碳化程度也较高，而 MgO 碳化反应活性则较低，碳化程度也较低。研究表明硅酸钙，如 β-C_2S 和 γ-C_2S 的碳化反应活性较高。

2）原材料的粒径

原材料粒径越小，其比表面积越大，碳化反应更迅速、更充分。Huijgen研究了钢渣在水悬浮液中的碳化行为，考察了钢渣颗粒大小对钢渣碳化速率的影响，发现当钢渣粒径由2mm减小到38μm时，其碳化程度由24%提高到74%。

3）原材料的配比

在钢渣中添加其他组分也会影响钢渣的碳化速率，进而影响其性能。如在钢渣中掺入20%硅酸盐水泥，再进行碳化则会显著提高钢渣浆体的抗压强度，这主要是因为硅酸盐水泥的加入为碳化提供了更多的钙源。

4）成型压力

碳酸盐胶凝材料通常在碳化前强度低。常采用加压成型的工艺制备制品，再经过碳化形成碳酸盐胶凝材料制品。加压成型能增加钢渣基碳酸盐胶凝材料制品的密实度，提高制品早期的强度。当成型压力从1MPa升至3MPa时，试件的抗压强度提升了30%（图2-31），但继续增加成型压力则反而降低了试件的抗压强度。因此，在制备碳酸盐胶凝材料时要合理选择成型压力。

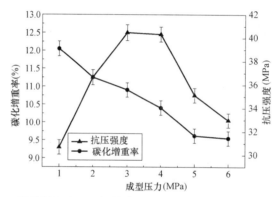

图2-31　钢渣制品在不同初始成型压力下的碳化增重率和抗压强度

5）水分

水是碳化反应的必需介质。在水分充足的情况下，CO_2溶解量更多，Ca^{2+}析出效率更高。在低液固比下，钢渣颗粒外部贫钙富硅产物层和表面$CaCO_3$的形成阻碍了Ca^{2+}从颗粒内部析出并向外扩散以及CO_2和CO_3^{2-}的迁移，不利于后续碳化。但水分过多时，又容易堵塞钢渣制品内部孔隙，阻碍CO_2气体向固体内部扩散，降低碳化速率。因此，有效控制试件的含水率是提高碳酸盐胶凝材料碳化程度的重要环节。

6）CO_2浓度和压力

CO_2在试件中的扩散及溶解速率直接影响碳酸盐胶凝材料的碳化速率。增加CO_2浓度和压力有助于加快CO_2在碳酸盐胶凝材料制品以及矿物组分中传输扩散，同时增大CO_2的溶解度。增加CO_2压力有助于其在水中溶解，形成CO_3^{2-}或HCO_3^-离子，提高钢渣基碳酸盐胶凝材料的碳化程度。

7）碳化温度和时间

碳化温度对钢渣基碳酸盐胶凝材料的碳化有重要的影响。研究表明，温度越高，胶凝材料的强度越高；相同温度下，延长试块碳化的龄期，钢渣碳化产物逐渐增多，且产物连接更紧密，宏观上则表现为试块的力学性能提高。提高碳化温度、延长碳化时间均有利于试件强度的提高，且碳化温度对提高试件强度的影响更为显著。

2. 碳酸盐胶凝材料的性能与应用

表 2-16 中显示的是碳化钢渣制备碳酸盐胶凝材料的抗压强度，可见钢渣试件碳化 14d 时的抗压强度高达 44.1MPa，而仅仅掺入 20% 的水泥，强度提高至 72.0MPa。其原因是水泥提供了更多的钙源，生成了更多的碳酸钙产物。碳酸盐胶凝材料的力学强度主要来源于两个方面，一是碳化产物碳酸钙、各类镁碳酸盐（如 $MgCO_3 \cdot 3H_2O$）晶体生长过程中产生的胶结作用，二是因碳化产物形成了致密的微结构。如图 2-32 所示，钢渣碳化过程中，其中的硅酸钙矿相首先析出 Ca^{2+}，并在矿物颗粒表面形成碳酸钙产物层，随着时

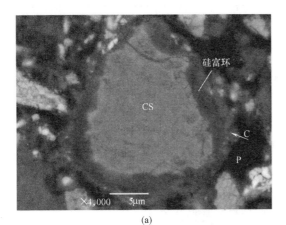

(a)

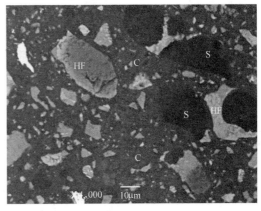

(b)

(c)

图 2-32 碳化钢渣制备的碳酸盐胶凝材料的微结构

（C：$CaCO_3$，S：富 Si 区 CS：硅酸钙，P：孔）

（a）钢渣碳化过程中 Ca 从硅酸钙矿相析出并在外部形成碳酸钙产物层（背散射电子图像，碳化 1d）；

（b）以碳酸钙为胶凝组分的碳化钢渣试件致密的微结构（背散射电子图像，碳化 14d）；

（c）碳化钢渣胶凝材料中紧密连接堆积的 $CaCO_3$ 产物

间的延长，碳化程度逐渐提高，大量碳酸钙形成并填充初始存在的孔隙，形成致密的微结构。如表 2-17 所示，碳酸钙的纳米压痕弹性模量高达 38.9GPa，甚至高于水泥水化产物 C-S-H 凝胶的弹性模量。采用镁渣作为原料碳化制备的碳酸盐胶凝材料具有更高的力学强度，见图 2-33，其中碳酸钙产物的纳米压痕弹性模量高达 50.5GPa，高于碳化钢渣制备的碳酸盐胶凝材料。这主要是在镁渣碳化过程中，少量的镁进入了碳酸钙结构中，使碳酸钙具有更好的胶凝性能。

碳化钢渣制备碳酸盐胶凝材料的抗压强度（MPa）（S：100％钢渣，SC：80％钢渣＋20％水泥）

表 2-16

样品	湿养		CO_2 养护			
	3d	28d	在碳化前（湿养 7d）	1d	3d	14d
S	2.2	7.8	3.3	22.4	32.5	44.1
SC	12.5	20.5	17.9	59.5	65.3	72.0

碳化钢渣制备碳酸盐胶凝材料中碳化产物的纳米压痕弹性模量和纳米压痕硬度　表 2-17

相数	碳酸钙	钙析出后的硅酸钙	含高铁/铝的未碳化矿物相
模数（GPa）	38.9±12.1	11.1±1.1	148.1±48.1
硬度（GPa）	1.79±0.63	0.49±0.32	10.56±3.35

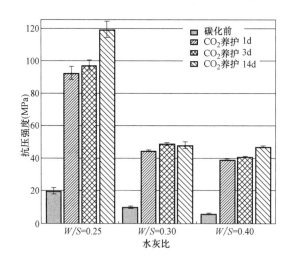

图 2-33　碳化镁渣制备碳酸盐胶凝材料的抗压强度

　　表 2-18 展示了碳化钢渣建筑材料吸收 CO_2 量、产物及最高抗压强度，由表可知，碳酸盐胶凝材料有用作建筑材料的潜力。碳酸盐胶凝材料需要预压成型，因此可用于建筑制品的制备。但是，碳酸盐胶凝材料也面临很多挑战。因碳酸盐胶凝材料在碳化时需要 CO_2 进入试件内部，不适用于大体积混凝土构件的应用；并且其碱性低，在普通钢筋混凝土中面临钢筋锈蚀保护不足的问题；另外，碳酸盐胶凝材料在高致密度、高强度混凝土中的应用也受到一定程度的限制。

文献中碳化钢渣建筑材料吸收 CO_2 量、产物及最高抗压强度　　　表 2-18

前体	原材料	成分	样品	CO_2 吸收率（%）	成型产品	最高抗压强度（MPa）
转炉钢渣	粉末	熟料	净浆	0～13.22	C-S-H $CaCO_3$	110.6
精炼渣	粉末	熟料	净浆	4.0～12.8	C-S-H C-A-H $CaCO_3$	39.5
电炉渣和转炉钢渣	粉末	熟料	净浆	3.3～4.8	C-S-H $CaCO_3$ $Ca(OH)_2$	35.9
钢渣	粉末+骨料	熟料+骨料	砂浆	—	$CaCO_3$	40.8
精炼渣	粉末	熟料	砂浆	—	$CaCO_3$	24.0
转炉渣	骨料	骨料	砂浆	—	$CaCO_3$	25.9
钢渣	粉末+骨料	熟料+骨料	混凝土	—	$CaCO_3$ $Ca_xMg_{1-x}CO_3$	65.3
钢渣	粉末	熟料	净浆	0～17.6	$CaCO_3$	44.1
钢渣	粉末	熟料	砂浆	10.19	$CaCO_3$	35.0
钢渣	粉末	熟料	净浆	—	$CaCO_3$	44.7
转炉钢渣	粉末	骨料	混凝土	—	$CaCO_3$	67.0
转炉钢渣	粉末+骨料	熟料+骨料	混凝土	—	$CaCO_3$	61.3
电炉渣	粉末	骨料	混凝土	13.88	$CaCO_3$	65.6
转炉钢渣	粉末	熟料	净浆	17.48	$CaCO_3$	42.38
钢渣	粉末	熟料	砂浆	—	$CaCO_3$ $Ca_xMg_{1-x}CO_3$	71.6
转炉钢渣	粉末	熟料	净浆	—	$CaCO_3$	44.1
钢渣	粉末	熟料	净浆	6.44	$CaCO_3$	22.5

本章小结

　　胶凝材料是砂浆、混凝土、建筑制品等土木工程材料的基础材料。对胶凝材料的理解和掌握是深入了解、开发和应用土木工程材料的重要前提。本章系统地阐述了石膏、水泥、化学激发胶凝材料、镁水泥和碳酸盐胶凝材料等各种胶凝材料的组成、结构、性能的基础知识，介绍了这些胶凝材料生产制备和应用的方法，并分别讨论了胶凝材料的前沿进展、存在问题和发展趋势。在土木工程建设中需要根据工程特点、功能和要求来设计、选择合适的胶凝材料。

思考与练习题

2-1　石膏有哪些种类？每种石膏的组成和物理化学性质有何异同？

2-2　工业副产石膏用作建筑材料需要注意什么？

2-3　简述水泥的生产过程。

2-4　硅酸盐水泥的化学组成和矿物组成分别是什么？各种矿物有何物理化学特性？

2-5　硅酸盐水泥可以分为哪几类？各有何性能？

2-6　如何提高水泥石的长期耐久性能？

2-7　硫铝酸盐水泥和超硫水泥有什么区别？在应用上有何需要注意的？

2-8　化学激发胶凝材料的定义是什么？有哪些激发剂？各种不同化学激发胶凝材料的激发原理是什么？

2-9　氯氧镁水泥有哪些优缺点？主要应用在哪些领域？

2-10　简述硫氧镁水泥的优缺点。

2-11　什么是碳酸盐胶凝材料？这种胶凝材料的制备和应用过程中需要考虑哪些因素以满足工程需求？

第 3 章　混凝土材料

本章要点及学习目标

本章要点：

(1) 混凝土材料的原材料构成及要求；(2) 混凝土材料的性能与评价；(3) 混凝土的分类、性能、制备及应用特点。

学习目标：

(1) 掌握普通混凝土配合比设计、性能评价方法与影响因素；(2) 熟悉预应力混凝土、超高性能混凝土、再生混凝土的设计与性能特征；(3) 了解不同功能需求的混凝土制备与性能控制方法；(4) 掌握混凝土性能的关键影响因素；(5) 熟悉适用不同环境的混凝土材料性能要求及控制方法。

3.1　水泥混凝土

水泥混凝土是以水泥为胶结材料，以天然砂、石为骨料加水拌合，经过浇筑成型、凝结硬化形成的固体材料。为了改善混凝土拌合物或硬化混凝土的性能，还可在其中加入各种外加剂和掺合料。混凝土的结构如图 3-1 所示，其中，砂、石起骨架作用，水泥与水形成的水泥浆填充在砂、石堆积的空隙中。水泥浆在凝结硬化前，赋予混凝土拌合物一定的和易性，水泥浆硬化后，将砂、石胶结成一个整体。

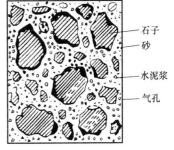

图 3-1　混凝土结构

混凝土的质量在很大程度上取决于组成材料的性质和用量，同时也与混凝土的施工因素（如搅拌、振捣、养护等）有关。因此，首先必须了解混凝土组成材料的性质、作用及其质量要求，然后才能进一步了解混凝土的其他性能。

3.1.1　水泥混凝土原材料

1. 水泥

水泥是混凝土中很重要的组分，其技术性质要求详见第 2 章有关内容，这里只讨论如何选用。水泥的合理选用包括两个方面：

1）品种的选择

配制混凝土时，应根据工程性质、部位、施工条件、环境状况等，按各品种水泥的特性合理选择水泥的品种。

2）水泥强度等级的选择

水泥强度等级的选择，应与混凝土的设计强度等级相适应。若用低强度等级的水泥配制高强度等级混凝土，不仅会使水泥用量过多，还会对混凝土产生不利影响。反之，用高强度等级的水泥配制低强度等级混凝土，若只考虑强度要求，会使水泥用量偏少，从而影响耐久性能；若水泥用量兼顾了耐久性等要求，又会导致超强而不经济。因此，根据经验一般以选择的水泥强度等级标准值为混凝土强度等级标准值的 1.5～2.0 倍为宜，如采取某些措施（如掺减水剂及活性掺合料），情况则有所不同。

2. 骨料

普通混凝土所用骨料均为颗粒状材料，按粒径大小分为两种，公称粒径大于 5mm 的称为粗骨料，公称粒径小于 5mm 的称为细骨料。粗、细骨料的总体积一般占混凝土体积的 70%～80%，骨料质量的优劣，将直接影响到混凝土各项性质的好坏。

普通混凝土中所用细骨料，一般是由天然岩石长期风化等自然条件形成的天然砂，根据产源不同，天然砂分为河砂、海砂和山砂三类。此外，还可用岩石经除土、开采、机械破碎、筛分而成的人工砂和天然砂按一定比例混合而成的混合砂。

普通混凝土通常所用的粗骨料有由天然岩石或卵石经破碎、筛分而得的碎石和由自然条件形成的卵石两种。

粗、细骨料的总体积一般占混凝土体积的 70%～80%，骨料质量的优劣，将直接影响到混凝土各项性质的好坏。下面概括性介绍对普通混凝土用砂、石的技术质量要求。

1）含泥量、泥块含量和石粉含量

砂、石中的含泥量指骨料中公称粒径小于 80μm 颗粒的含量。

泥块含量在砂中指公称粒径大于 1.25mm、经水洗、手捏后变成小于 630μm 的颗粒的含量；在石中则指公称粒径大于 5mm、经水洗、手捏后变成小于 2.5mm 的颗粒的含量。

石粉含量指人工砂中公称粒径小于 80μm 且其矿物组成和化学成分与被加工母岩相同的颗粒含量。

砂、石中的泥颗粒极细，会黏附在骨料表面，影响水泥石与骨料之间的胶结能力。而泥块会在混凝土中形成薄弱部分，对混凝土的质量影响更大。据此，对砂、石中泥和泥块含量必须严加限制，见表 3-1。

砂、石中泥和泥块含量限值（JGJ 52—2006）　　　　　　表 3-1

混凝土强度等级		≥C60	C55～C30	≤C25
含泥量（按重量计）（%）	砂	≤2.0	≤3.0	≤5.0
	石	≤0.5	≤1.0	≤2.0
含泥块量（按重量计）（%）	砂	≤0.5	≤1.0	≤2.0
	石	≤0.2	≤0.5	≤0.7

2）有害物质含量

混凝土用砂、石中不应混有草根、树叶、树枝、塑料、炉渣、煤块等杂物，并且骨料中所含硫化物、硫酸盐和有机物等的含量要符合表 3-2 的规定。对于砂，除了上面两项外，还有云母、轻物质（指密度小于 2000kg/m³ 的物质）含量也须符合表 3-2 的规定。

对于有抗冻、抗渗要求的混凝土用砂云母含量不应大于 1.0%。钢筋混凝土用砂,其氯离子含量不得大于 0.06%;预应力钢筋混凝土用砂,其氯离子含量不得大于 0.02%。如果是海砂,其中贝壳含量应符合:混凝土强度等级不小于 C40,贝壳含量应不大于 3%;混凝土强度等级为 C30~C35,贝壳含量应不大于 5%;混凝土强度等级为 C15~C25,贝壳含量应不大于 8%;对于有抗冻、抗渗或其他特殊要求的小于或等于 C25 混凝土用砂,其贝壳含量不应大于 5%。

砂、石中有害物质含量限值（JGJ 52—2006） 表 3-2

项目		质量要求
硫化物及硫酸盐含量 （折算成 SO_3,按质量计）（%）	砂和石	≤1.0
有机物含量（用比色法试验）	砂和石	颜色不应深于标准色,如深于标准色,则应按水泥胶砂强度试验方法（砂）或配制成混凝土（卵石）进行强度对比试验,抗压强度比不应低于 0.95
云母含量（按质量计）（%）	砂	≤2.0
轻物质含量（按质量计）（%）	砂	≤1.0

3) 级配和粗细程度

砂、石的级配指砂、石中不同粒径颗粒的分布情况。良好的级配应当能使砂、石的空隙率和总表面积均较小,从而不仅使所需水泥浆量较少,而且还可以提高混凝土的密实度、强度及其他性能。若砂、石的粒径分布全在同一尺寸范围内,则会产生很大的空隙率,如图 3-2（a）所示;若砂、石的粒径分布在两种尺寸范围内,空隙率就减小,如图 3-2（b）所示;若砂、石的粒径分布在更多的尺寸范围内,则空隙率就更小了,见图 3-2（c）。由此可见,只有适宜的砂、石粒径分布,才能达到良好级配的要求。

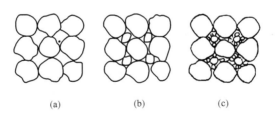

(a)   (b)   (c)

图 3-2　砂、石颗粒级配

砂、石的粗细程度指不同粒径的颗粒混在一起的平均粗细程度。相同重量的砂、石,粒径小,总表面积大,粒径大,总表面积小,因而大粒径的砂、石所需包裹其表面的水泥浆量就少。相同的水泥浆量,包裹在大粒径砂、石表面的水泥浆层就厚,便能减小砂、石间的摩擦。砂、石的级配和粗细程度要求如下:

砂的颗粒级配和粗细程度:砂的级配和粗细程度用筛分测定。砂的筛分应采用一套方孔筛,其筛孔的公称直径为 5.00mm、2.50mm、1.25mm、630μm、315μm、160μm 的标准筛,砂的公称直径、砂筛筛孔的公称直径、孔筛筛孔边应符合表 3-3 的规定。将抽样所得 500g 干砂,由粗到细依次过筛,然后称得留在各筛上砂的重量,并计算出各筛上的分计筛余百分率 α_1、α_2、α_3、α_4、α_5、α_6（各筛上的筛余量占砂样总重量的百分率）,及

累计筛余百分率 A_1、A_2、A_3、A_4、A_5、A_6(各筛与比该筛粗的所有筛之分计筛余百分率之和)。累计筛余与分计筛余的关系见表 3-4。任意一组累计筛余($A_1 \sim A_8$)则表征了一个级配。

砂的公称直径、砂筛筛孔的公称直径、方孔筛筛孔边长尺寸   表 3-3

砂的公称直径	砂筛筛孔的公称直径	方孔筛筛孔边长
5.00mm	5.00mm	4.75mm
2.50mm	2.50mm	2.36mm
1.25mm	1.25mm	1.18mm
630μm	630μm	600μm
315μm	315μm	300μm
160μm	160μm	150μm
80μm	80μm	75μm

分计筛余和累计筛余的关系   表 3-4

公称直径	分计筛余(%)	累计筛余(%)
5.0mm	α_1	$A_1 = \alpha_1$
2.50mm	α_2	$A_2 = \alpha_1 + \alpha_2$
1.25mm	α_3	$A_3 = \alpha_1 + \alpha_2 + \alpha_3$
630μm	α_4	$A_4 = \alpha_1 + \alpha_2 + \alpha_3 + \alpha_4$
315μm	α_5	$A_5 = \alpha_1 + \alpha_2 + \alpha_3 + \alpha_4 + \alpha_5$
160μm	α_6	$A_6 = \alpha_1 + \alpha_2 + \alpha_3 + \alpha_4 + \alpha_5 + \alpha_6$

《普通混凝土用砂、石质量及检验方法标准》JGJ 52—2006 标准规定,砂按 630μm 筛孔的累计筛余百分率计,分成三个级配区,见表 3-5。砂的实际颗粒级配与表 3-3 中所示累计筛余百分率相比,除 5.00mm 和 0.630mm 筛号外,允许稍有超出分区界线,但其总量百分率不应大于 5%。以累计筛余百分率为纵坐标,以筛孔尺寸为横坐标,根据表 3-3 的规定数值可以画出砂的 Ⅰ、Ⅱ、Ⅲ 三个级配区上下限的筛分曲线,见图 3-3。配制混凝

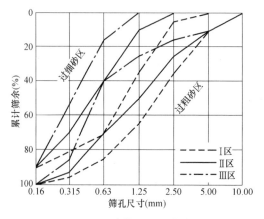

图 3-3   砂的级配区曲线

土时宜优先选用Ⅱ区砂；当采用Ⅰ区砂时，应提高砂率，并保持足够的水泥用量，以满足混凝土的和易性；当采用Ⅱ区砂时，宜适当降低砂率，以保证混凝土强度。

砂的颗粒级配区　　表 3-5

累计筛余(%)\级配区　　公称直径	Ⅰ 区	Ⅱ 区	Ⅲ 区
5.00mm	10～0	10～0	10～0
2.50mm	35～5	25～0	15～0
1.25mm	65～35	50～10	25～0
630μm	85～71	70～41	40～16
315μm	95～80	92～70	85～55
160μm	100～90	100～90	100～90

砂的粗细程度用细度模数表示，细度模数（M_x）按下式计算：

$$M_x=[(A_2+A_3+A_4+A_5+A_6)-5A_1]/(100-A_1) \tag{3-1}$$

细度模数越大，表示砂越粗。普通混凝土用砂的细度模数范围一般为 3.7～1.6，其中 M_x 在 3.7～3.1 为粗砂，M_x 在 3.0～2.3 为中砂，M_x 在 2.2～1.6 为细砂，配制混凝土时宜优先选用中砂。M_x 在 1.5～0.7 的砂为特细砂，用于配制混凝土时要作特殊考虑。

应当注意，砂的细度模数并不能反映其级配的优劣，细度模数相同的砂，级配可以不相同。所以，配制混凝土时必须同时考虑砂的颗粒级配和细度模数。

石的颗粒级配和最大粒径：石的级配分为连续粒级和单粒级两种，石的级配通过筛分试验确定。筛分应采用一套方孔筛，其筛孔的公称直径为 2.50、5.00、10.0、16.0、20.0、25.0、31.5、40.0、50.0、63.0、80.0、100（mm），石的公称直径、石筛筛孔的公称直径、方孔筛筛孔边应符合表 3-6 的规定。然后计算得每个筛号的分计筛余百分率和累计筛余百分率（计算与砂相同）。碎石和卵石的级配范围要求是相同的，应符合表 3-6 和表 3-7 的规定。

石的公称直径、石筛筛孔的公称直径、方孔筛筛孔边长尺寸（mm）　　表 3-6

石的公称直径	石筛筛孔的公称直径	方孔筛筛孔边长
2.50	2.50	2.36
5.00	5.00	4.75
10.0	10.0	9.5
16.0	16.0	16.0
20.0	20.0	19.0
25.0	25.0	26.5
31.5	31.5	31.5
40.0	40.0	37.5
50.0	50.0	53.0
63.0	63.0	63.0
80.0	80.0	75.0
100.0	100.0	90.0

碎石或卵石的颗粒级配规定　　　表 3-7

级配情况	公称直径(mm)	累计筛余(按质量计)(%)											
		方孔筛孔边长尺寸(mm)											
		2.50	5.00	10.0	16.0	20.0	25.0	31.5	40.0	50.0	63.0	80.0	100
连续级	5~10	95~100	80~100	0~15									
	5~16	95~100	90~100	30~60	0~10	0							
	5~20	95~100	90~100	40~70		0~10	0						
	5~25	95~100	90~100		30~70		0~5	0					
	5~31.5	95~100	90~100	70~90		15~45		0~5	0	0			
	5~40		95~100	75~90		30~65			0~5	0			
单粒级	10~20		95~100	85~100		0~15	0						
	6~31.5		95~100		85~100			0~10	0				
	20~40			95~100		80~100			0~10	0			
	31.5~63				95~100			75~100	45~75		0~10	0	
	40~80				95~100				70~100		30~60	0~10	0

　　粗骨料中公称直径的上限称为该骨料的最大粒径。当骨料粒径增大时，其总表面积减小，包裹它表面所需的水泥浆数量相应减少，可节约水泥，所以在条件许可的情况下，粗骨料最大粒径应尽量用得大些。在普通混凝土中，骨料粒径大于40mm并没有好处，有可能造成混凝土强度下降。混凝土粗骨料的最大粒径不得超过结构截面最小尺寸的1/4，同时不得大于钢筋间最小净距的3/4；对于混凝土实心板，骨料的最大粒径不宜超过板厚的1/2，且不得超过50mm；对于泵送混凝土，骨料最大粒径与输送管内径之比应符合表3-8的规定。

碎石或卵石最大粒径与输送管内径之比　　　表 3-8

石子品种	泵送高度(m)	粗骨料最大粒径与输送管内径之比
碎石	<50	≤1:3.0
	50~100	≤1:4.0
	>100	≤1:5.0
卵石	<50	≤1:2.5
	50~100	≤1:3.0
	>100	≤1:4.0

3. 外加剂

混凝土外加剂是一种在混凝土搅拌之前或拌制过程中加入的、用以改善新拌混凝土和（或）硬化混凝土性能的材料，以下简称外加剂。

1）分类

根据《混凝土外加剂术语》GB/T 8075—2017，混凝土外加剂按其主要使用功能分为四类，见表3-9。

混凝土外加剂分类　　　　　　　　　　　　　表3-9

改善混凝土拌合物流变性能的外加剂	包括各种减水剂和泵送剂等
调节混凝土凝结时间、硬化性能的外加剂	包括缓凝剂、促凝剂和速凝剂等
改善混凝土耐久性的外加剂	包括引气剂、防水剂、阻锈剂和矿物外加剂等
改善混凝土其他性能的外加剂	包括膨胀剂、防冻剂、着色剂等

这四类外加剂中改善混凝土拌合物流变性能的外加剂、改善混凝土耐久性的外加剂、改善混凝土其他性能的外加剂又可分为不改变混凝土凝结时间和早期硬化速度功能的标准型外加剂，具有延缓混凝土凝结时间功能的缓凝型外加剂，具有促进混凝土凝结功能的促凝型外加剂。

除具有上述四类使用功能的外加剂之外，通过它们合理搭配还可形成各种多功能外加剂，它们能改善新拌和硬化混凝土两种或两种以上的性能。

但按传统习惯，外加剂往往分为化学外加剂及矿场外加剂。

2）命名与定义

根据《混凝土外加剂术语》GB/T 8075—2017，混凝土外加剂命名与定义见表3-10。

混凝土外加剂　　　　　　　　　　　　　表3-10

外加剂名称	定义
普通减水剂	在混凝土坍落度基本相同的条件下,减水率不小于8%的外加剂
高效减水剂	在混凝土坍落度基本相同的条件下,减水率不小于14%的外加剂
高性能减水剂	在混凝土坍落度基本相同的条件下,减水率不小于25%,与高效减水剂相比坍落度保持性能好、干燥收缩小,且具有一定引起性能的减水剂
防冻剂	能使混凝土在负温下硬化,并在规定养护条件下达到预期性能的外加剂
泵送剂	能改善混凝土拌合物泵送性能的外加剂
调凝剂	能调节混凝土凝结时间的外加剂
减缩剂	通过改变溶液离子特征及降低孔溶液表面等作用来减少砂浆或混凝土收缩的外加剂
早强剂	能加速混凝土早起强度发展的外加剂
引气剂	在混凝土搅拌过程中引入大量均匀分布、稳定而封闭的微小气泡且能保留在硬化混凝土中的外加剂
泡沫剂	通过搅拌工艺产生大量均匀而稳定的泡沫,用于制备泡沫混凝土的外加剂
消泡剂	能抑制气泡产生或消除已产生气泡的外加剂
防水剂	能降低砂浆、混凝土在静水压力下透水性的外加剂
着色剂	能稳定改变混凝土颜色的外加剂
保水剂	能减少混凝土或砂浆拌合物失水的外加剂

续表

外加剂名称	定义
黏度改性剂	能改善混凝土拌合物黏聚性,减少混凝土离析的外加剂
膨胀剂	在混凝土硬化过程中因化学作用能使混凝土产生一定体积膨胀的外加剂
阻锈剂	能抑制或减轻混凝土中钢筋和其他金属预埋件锈蚀的外加剂

4. 掺合料

在混凝土拌合物制备时,为了节约水泥、改善混凝土性能、调节混凝土强度等级,而加入的天然的或者人造的矿物材料,统称为混凝土掺合料。

用于混凝土中的掺合料可分为活性矿物掺合料和非活性矿物掺合料两大类。非活性矿物掺合料一般与水泥组分不起化学作用,或化学作用很小,如磨细石英砂、石灰石、硬矿渣之类材料。活性矿物掺合料虽然本身不硬化或硬化速度很慢,但能与水泥水化生成$Ca(OH)_2$,生成具有水硬性的胶凝材料,如粒化高炉矿渣、火山灰质材料、粉煤灰、硅灰等。

1) 磨细粉煤灰

磨细粉煤灰是干燥的粉煤灰经粉磨达到规定细度的产品。粉煤灰是由电厂煤粉炉烟道气体中收集到的粉末,其颗粒多呈球形,表面光滑。

粉煤灰按种类分为 F 类和 C 类,由褐煤燃烧形成的粉煤灰,呈褐黄色,称为 C 类粉煤灰,它具有一定的水硬性;由烟煤和无烟煤燃烧形成的粉煤灰,呈灰色或深灰色,称为 F 类粉煤灰,一般具有火山灰活性。

磨细粉煤灰是用干燥的粉煤灰经粉磨达到规定细度的产品。粉煤灰来源比较广泛,是当前国内外用量最大、使用范围最广的混凝土外加剂。磨细粉煤灰用做外加剂有很多效果:可以节约水泥 10%~15%,有显著的经济效益;改善混凝土拌合物的和易性、可泵性和抹面性;降低混凝土水化热,是大体积混凝土的主要掺合料;提高混凝土抗硫酸盐性能;提高混凝土抗渗性;抑制碱骨料反应。

国家标准《用于水泥和混凝土中的粉煤灰》GB/T 1596—2017 将粉煤灰分为三个等级。拌制混凝土和砂浆用粉煤灰的技术要求见表 3-11。

拌制混凝土和砂浆用粉煤灰理化性能要求　　　　　　　　　表 3-11

项目		理化性能要求		
		Ⅰ 级	Ⅱ 级	Ⅲ 级
细度(45μm 方孔筛筛余)(%)	F 类粉煤灰	≤12.0	≤30.0	≤45.0
	C 类粉煤灰			
需水量比(%)	F 类粉煤灰	≤95	≤105	≤115
	C 类粉煤灰			
烧失量(%)	F 类粉煤灰	≤5.0	≤8.0	≤10.0
	C 类粉煤灰			
含水量(%)	F 类粉煤灰	≤1.0		
	C 类粉煤灰			

续表

项目		理化性能要求		
		Ⅰ级	Ⅱ级	Ⅲ级
三氧化硫(SO₃)质量分数(%)	F类粉煤灰	≤3.0		
	C类粉煤灰			
二氧化硅(SiO₂)、三氧化二铝(Al₂O₃)	F类粉煤灰	≥70.0		
和三氧化二铁(Fe₂O₃)总质量分数	C类粉煤灰	≥50.0		
密度(g/cm³)	F类粉煤灰	≤2.6		
	C类粉煤灰			
游离氧化钙(f-CaO),不大于(%)	F类粉煤灰	≤1.0		
	C类粉煤灰	≤4.0		
安定性(雷氏法)(mm)	C类粉煤灰	≤5.0		
强度活性指数(%)	F类粉煤灰	≥70.0		
	C类粉煤灰			

2）硅灰

硅灰又称硅粉或硅烟灰，是在冶炼硅铁合金或工业硅时，通过烟道排出的硅蒸气氧化后，经收尘器收集得到的以无定形二氧化硅为主要成分的产品，色呈浅灰到深灰。硅灰的颗粒是微细的玻璃球体，其粒径为 $0.1\sim1.0\mu m$，是水泥颗粒粒径的 $1/50\sim1/100$，比表面积为 $18.5\sim20m^2/g$。硅灰有很高的火山灰活性，可配制高强、超高强混凝土，其掺量一般为水泥用量的 $5\%\sim10\%$，在配制超高强混凝土时，掺量可达 $20\%\sim30\%$。

由于硅灰具有高比表面积，因而其需水量很大，将其作为混凝土掺合料须配以减水剂方可保证混凝土的和易性。

硅灰用作混凝土掺合料可以改善混凝土拌合物的黏聚性和保水性。在混凝土中掺入硅粉的同时又掺用了高效减水剂，保证了混凝土拌合物必须具有的流动性的情况下，由于硅粉的掺入，会显著改善混凝土拌合物的黏聚性和保水性。故适宜配制高流态混凝土、泵送混凝土及水下灌注混凝土。

硅灰可以用于提高混凝土强度，配制高强超高强混凝土。普通硅酸盐水泥水化后生成的 $Ca(OH)_2$ 约占体积的 29%，硅灰能与该部分 $Ca(OH)_2$ 反应生成水化硅酸钙，均匀分布于水泥颗粒之间，形成密实的结构。掺入水泥质量 $5\%\sim10\%$ 的硅灰可配制出抗压强度达 $100MPa$ 以上的超高强混凝土。

掺入硅灰的混凝土，其总孔隙率虽变化不大，但其毛细孔会相应变小，大于 $0.1\mu m$ 的大孔几乎不存在。因而掺入硅灰的混凝土抗渗性明显提高，抗冻等级及抗硫酸盐腐蚀性也相应提高。

3）磨细矿渣

磨细矿渣是由粒状高炉矿渣经干燥、粉磨等工艺达到规定细度的产品，又称粒化高炉矿渣粉，国家标准规定粒化高炉矿渣粉分为 S105、S95 和 S75 三个级别。粒化高炉矿渣粉作为混凝土的掺合料，可等量取代水泥用量，而且还能显著地改善混凝土的综合性能，如改善混凝土拌合物的和易性，降低水化热的温升，提高混凝土的抗腐蚀能力和耐久性，增长混凝土的后期强度。

3.1.2　混凝土配合比设计

进行配合比设计时首先要正确选定原材料品种、检验原材料质量，然后按照混凝土技术要求进行初步计算，得出"计算配合比"。经试验室试拌调整，得出"基准配合比"。经强度复核（如有其他性能要求，则须作相应的检验项目），定出"试验室配合比"，最后以现场原材料实际情况（如砂、石含水率等）修正"试验室配合比"从而得出"施工配合比"。

1. 计算配合比的确定

为使混凝土的强度保证率能满足规定的要求，在设计混凝土配合比时，必须使混凝土的配制强度（$f_{cu,0}$）高于设计强度等级（$f_{cu,k}$）。当混凝土强度保证率要求达到95%时，$f_{cu,0}$可采用下式计算：

$$f_{cu,0} = f_{cu,k} + 1.645\sigma \tag{3-2}$$

式中　σ——混凝土强度标准差（MPa），采用至少25组试件的无偏估计值。

如具有25组以上混凝土试配强度的统计资料时，σ可按下式求得：

$$\sigma = \sqrt{\frac{\sum_{i=1}^{n} f_i^2 - n\overline{f_n}^2}{n-1}} \tag{3-3}$$

式中　n——同一品种混凝土试件的组数，$n \geq 25$；

　　　f_i——第i组试件的强度值（MPa）；

　　　f_n——n组试件强度的平均值（MPa）。

当混凝土强度等级为C20、C25级，其强度标准差计算值低于2.5MPa时，计算配制强度用的标准差应取用2.5MPa；当强度等级等于或大于C30级，其强度标准差计算值低于3.0MPa时，计算配制强度用的标准差应取用3.0MPa。

如施工单位不具有近期的同一品种混凝土强度资料时，其混凝土强度标准差σ可按表3-12取用。

		σ取值	表 3-12
混凝土强度标准值	低于 C20	C20～C35	高于 C35
σ	4.0	5.0	6.0

2. 初步确定水灰比（W/C）

混凝土强度等级小于C60级时，混凝土水灰比宜按下式计算：

$$W/C = \frac{\alpha_a f_{ce}}{f_{cu,0} + \alpha_a \alpha_b f_{ce}} \tag{3-4}$$

式中　α_a、α_b——回归系数；应根据工程所使用的水泥、骨料，通过试验由建立的水灰比与混凝土强度关系式确定；当不具备上述试验统计资料时，可取碎石：$\alpha_a = 0.46$，$\alpha_b = 0.07$；卵石：$\alpha_a = 0.48$，$\alpha_b = 0.33$；

　　　f_{ce}——水泥28d抗压强度实测值（MPa）；当无水泥28d抗压强度实测值时，式中的f_{ce}值可按$f_{ce} = \gamma_c f_{ce,g}$确定；

γ_c——水泥强度等级值的富余系数，可按实际统计资料确定；

$f_{ce,g}$——水泥强度等级值（MPa）；

$f_{ce,g}$ 值也可根据 3d 强度或快测强度推定 28d 强度关系式推定得出。

为了保证混凝土必要的耐久性，水灰比还不得大于表 3-13 中规定的最大水灰比值，若计算所得的水灰比大于规定的最大水灰比值时，应取规定的最大水灰比值。

混凝土最大水灰比和最小水泥用量限值　　　　表 3-13

环境条件		结构类型	最大水灰比			最小水泥用量(kg/m³)		
			素混凝土	钢筋混凝土	预应力混凝土	素混凝土	钢筋混凝土	预应力混凝土
干燥环境		正常的居住或办公用房室内	不作规定	0.65	0.60	200	260	300
潮湿环境	无冻害	高湿度的室内室外部件，在非侵蚀性土和(或)水中的部件	0.70	0.60	0.60	225	280	300
	有冻害	经受冻害的室外部件，在非侵蚀性土和(或)水中且经受冻害的部件,高湿度且经受冻害的室内部件	0.55	0.55	0.58	250	280	300
有冻害和除冰剂的潮湿环境		经受冻害和除冰剂作用的室内和室外部件	0.50	0.50	0.50	300	300	300

注：1. 当用活性掺合料取代部分水泥时，表中的最大水灰比及最小水泥用量即为替代前的水灰比和水泥用量；
2. 配制 C15 级及其以下等级的混凝土，可不受本表限制。

3. 用水量和外加剂用量

每立方米干硬性或塑性混凝土的用水量（m_{w0}）应符合下列规定：混凝土水胶比在 0.40～0.80 范围时，可按表 3-14 和表 3-15 选取；混凝土水胶比小于 0.40 时，可通过试验确定。

干硬性混凝土的用水量（kg/m³）　　　　表 3-14

拌合物稠度		卵石最大粒径(mm)			碎石最大粒径(mm)		
项目	指标	10.0	20.0	40.0	16.0	20.0	40.0
维勃稠度（s）	16～20	175	165	145	180	170	155
	11～15	180	165	150	185	175	160
	5～10	185	170	155	190	180	165

塑性混凝土的用水量（kg/m³）　　　　表 3-15

拌合物稠度		卵石最大粒径(mm)				碎石最大粒径(mm)			
项目	指标	10.0	20.0	31.5	40.0	16.0	20.0	31.5	40.0
坍落度（mm）	10～30	190	170	160	150	200	185	175	165
	35～50	200	180	170	160	210	195	185	175
	55～70	210	190	180	170	220	105	195	185
	75～90	215	195	185	175	230	215	205	195

注：1. 本表用水量系采用中砂时的平均取值；采用细砂时，每立方米混凝土用水量可增加 5～10kg；采用粗砂时，则可减少 5～10kg；
2. 掺用各种外加剂或掺合料时，用水量应相应调整。

4. 掺外加剂时的混凝土用水量

1）掺外加剂时，每立方米流动性或大流动性混凝土的用水量（m_{w0}）可按下式计算：

$$m_{wa} = m_{w0}(1-\beta) \tag{3-5}$$

式中　m_{wa}——满足实际坍落度要求的每立方米混凝土的用水量（kg/m^3）；

　　　m_{w0}——未掺外加剂时推定的满足实际坍落度要求的每立方米混凝土的用水量（kg/m^3），以表 3-15 中 90mm 坍落度的用水量为基础，按每增大 20mm 坍落度相应增加 $5kg/m^3$ 用水量来计算，当坍落度增大到 180mm 以上时，随坍落度相应增加的用水量可减少；

　　　β——外加剂的减水率（%），应经混凝土试验确定。

2）每立方米混凝土中外加剂用量（m_{a0}）应按下式计算：

$$m_{a0} = m_{b0}\beta_a \tag{3-6}$$

式中　m_{a0}——每立方米混凝土中外加剂用量（kg/m^3）；

　　　m_{b0}——计算配合比每立方米混凝土中胶凝材料用量（kg/m^3）；

　　　β_a——外加剂掺量（%），应经混凝土试验确定。

5. 胶凝材料、矿物掺合料和水泥用量

1）每立方米混凝土胶凝材料用量（m_{b0}）应按下式计算：

$$m_{b0} = \frac{m_{w0}}{W/B} \tag{3-7}$$

式中　m_{b0}——计算配合比每立方米混凝土中胶凝材料用量（kg/m^3）；

　　　m_{w0}——计算配合比每立方米混凝土的用水量（kg/m^3）；

　　　W/B——混凝土水胶比。

2）每立方米矿物掺合料用量（m_{f0}）应按下式计算：

$$m_{f0} = m_{b0}\beta_f \tag{3-8}$$

式中　m_{f0}——计算配合比每立方米混凝土中矿物掺合料用量（kg/m^3）；

　　　β_f——矿物掺合料掺量（%）。

3）每立方米混凝土的水泥用量（m_{c0}）应按下式计算：

$$m_{c0} = m_{b0} - m_{f0} \tag{3-9}$$

式中　m_{c0}——计算配合比每立方米混凝土中水泥用量（kg/m^3）。

6. 砂率 β_s

合理的砂率值主要应根据混凝土拌合物的坍落度、黏聚性及保水性等要求来确定。一般应通过试验找出合理砂率。坍落度小于 10mm 的混凝土，其砂率应经试验确定。如无使用经验，坍落度为 10～60mm 的混凝土砂率，可按骨料种类、粒径及水灰比，参照表 3-16 选用。

混凝土的砂率（%）   表 3-16

水灰比(W/C)	卵石最大粒径(mm)			碎石最大粒径(mm)		
	10.0	20.0	40.0	16.0	20.0	40.0
0.40	26～32	25～31	24～30	30～35	29～34	27～32

续表

水灰比(W/C)	卵石最大粒径(mm)			碎石最大粒径(mm)		
	10.0	20.0	40.0	16.0	20.0	40.0
0.50	30～35	29～34	28～33	33～38	32～37	30～35
0.60	33～38	32～37	31～36	36～41	35～40	33～38
0.70	36～41	35～40	34～39	39～44	38～43	36～41

注：1. 本表数值系中砂的选用砂率，对细砂或粗砂，可相应地减少或增大砂率；

  2. 只用一个单粒级粗骨料配制混凝土时，砂率应适当增大；

  3. 只采用一个单粒级粗骨料配制混凝土时，砂率应适当增大。

坦落度大于 60mm 的混凝土砂率，可经试验确定，也可在表 3-16 的基础上，按坦落度每增大 20mm，砂率增大 1‰的幅度予以调整。

7. 粗、细骨料用量

计算粗、细骨料用量的方法有重量法和体积法两种。

当采用重量法时，应按下列公式计算：

$$m_{f0}+m_{c0}+m_{g0}+m_{s0}+m_{w0}=m_{cp} \tag{3-10}$$

$$\beta_s=\frac{m_{s0}}{m_{g0}+m_{s0}}\times 100\% \tag{3-11}$$

式中　m_{g0}——每立方米混凝土的粗骨料用量（kg/m³）；

　　　m_{s0}——每立方米混凝土的细骨料用量（kg/m³）；

　　　m_{w0}——每立方米混凝土的用水量（kg/m³）；

　　　β_s——砂率（%）；

　　　m_{cp}——每立方米混凝土拌合物的假定重量（kg/m³），可取 2350～2450kg/m³。

当采用体积法计算混凝土配合比时，砂率用公式（3-11）计算，粗、细骨料用量应按公式（3-12）计算：

$$\frac{m_{c0}}{\rho_c}+\frac{m_{f0}}{\rho_f}+\frac{m_{g0}}{\rho_g}+\frac{m_{s0}}{\rho_s}+\frac{m_{w0}}{\rho_w}+0.01\alpha=1 \tag{3-12}$$

式中　ρ_c——水泥密度（kg/m³）；应按《水泥密度测定方法》GB/T 208—2014 测定，也可取 2900～3100kg/m³；

　　　ρ_f——矿物掺合料密度（kg/m³），可按《水泥密度测定方法》GB/T 208—2014 测定；

　　　ρ_g——粗骨料的表观密度（kg/m³），应按现行行业标准《普通混凝土用砂、石质量及检验方法标准》JGJ 52—2006 测定；

　　　ρ_s——细骨料的表观密度（kg/m³），应按现行行业标准《普通混凝土用砂、石质量及检验方法标准》JGJ 52—2006 测定；

　　　ρ_w——水的密度（kg/m³），可取 1000kg/m³；

　　　α——混凝土的含气量百分数，在不使用引气型外加剂时，α 可取 1。

3.1.3 新拌混凝土性能

为了使生产的混凝土达到所要求的性能，选择特定的原材料和配合比无疑是很重要的。新拌混凝土是由混凝土的组成材料拌合而成的尚未凝固的混合物，也称为混凝土拌合物。新拌混凝土的性能不仅影响混合物制备、运输、浇筑、振捣设备的选择，而且还影响硬化后混凝土的性能。如果新拌混凝土的性能不好，在一定的施工条件下，就不能生产出密实的和匀质的混凝土结构。对于指定的工程，新拌混凝土应具有相应的性能，优良的新拌混凝土性能是硬化混凝土的强度和耐久性的必要保证。新拌混凝土有许多性能指标，如和易性、凝结时间、塑性收缩和塑性沉降等。其中，和易性是最重要的一个。

1. 和易性

新拌混凝土的和易性，也称工作性，是指混凝土拌合物易于施工操作（拌合、运输、浇筑、振捣）并获得质量均匀、成型密实的性能。很明显，这样表述的和易性是一种粗略的、综合的、不能定量的性能；而且还与施工方法和结构形式有关，对大体积混凝土结构来说工作性好的拌合物，对配筋密而断面小的结构来说就未必合适。有鉴于此，许多学者趋向于把工作性定义为混凝土拌合料的一种固有的与结构形式和成型方法无关的物理性质。如美国 ASTM C125 对和易性的定义是：使一定数量新拌混凝土拌合料在不丧失匀质性的前提下，浇筑振实所需的功。这里所谓不丧失匀质性是指不产生明显的离析和分层。混凝土的浇筑振实过程实质上是把夹杂在混凝土拌合料内的空气排除出去而得到尽可能致密结构的过程；所需的功用来克服混凝土颗粒之间的内摩擦和拌合料与钢筋和模板表面的摩擦。

混凝土拌合物的和易性是一项综合技术性质。它至少包括流动性、黏聚性和保水性三项独立的性能。流动性是指混凝土拌合物在自重或机械（振捣）力作用下能产生流动并均匀密实地填满模板的性能。黏聚性是指混凝土拌合设备组成材料之间有一定的黏聚力，不致在施工过程中产生分层和离析的现象。保水性是指混凝土拌合物具有一定的保水能力，不致在施工过程中出现严重的泌水现象。可见，新拌混凝土的流动性、黏聚性和保水性有其各自的内涵，影响它们的因素也不尽相同。

理想的新拌混凝土应该同时具有：满足输送和浇捣要求的流动性；不为外力作用产生脆断的可塑性；不产生分层、泌水的稳定性和易于浇捣致密的密实性。但这几项性能常相互矛盾，很难同时具备。例如增加新拌水泥混凝土中用水量，可以提高其流动性，但过多的水也将不易稳定，易出现泌水；干硬性混凝土，不会产生泌水，但密实性差，需采用碾压工艺。因此在实际工程中，应具体分析工程及工艺的特点，对新拌混凝土的和易性提出具体的、有侧重的要求，同时也要兼顾到其他性能。

由于混凝土和易性内涵较复杂、影响因素多，因而目前尚没有能够全面反映混凝土拌合物和易性的测定方法和指标。而在和易性的众多内容中，流动性是影响混凝土性能及施工工艺的最主要的因素，而且通过对流动性的观察，在一定程度上也可以反映出新拌混凝土其他方面的好坏，因此目前对新拌混凝土工作性的测试主要集中在流动性上，以测定混凝土拌合物流动性方法为主，辅以其他方法或直接观察并结合经验评价混凝土拌合物的黏聚性和保水性。目前，混凝土拌合物的流动性试验检测方法有坍落度试验和维勃稠度试验两种方法。

和易性的影响因素有：水泥浆量、水灰比、砂率、骨料的品种和规格及质量、外加剂、温度和时间及其他影响因素。

调整和易性的措施：

1）调节混凝土的材料组成

在保证混凝土强度、耐久性和经济性的前提下，适当调整混凝土的组成配比可以提高和易性。尽可能降低砂率，采用合理砂率，有利于提高混凝土的质量和节约水泥。改善砂、石（特别是石子）的级配，好处同上，但要增加备料的工作量。尽量采用较粗的集料。当混凝土拌合物坍落度太小时，维持水灰比不变，适当增加水泥浆用量，或者加入外加剂等；当拌合物坍落度太大，但黏聚性良好时，可保持砂率不变，适当增加砂和石子。

2）掺加各种外加剂

使用外加剂是调整混凝土性能的重要手段，常用的有减水剂、高效减水剂、泵送剂等，外加剂在改善新拌混凝土和易性的同时，还具有提高混凝土强度，改善混凝土耐久性，降低水泥用量等作用。

3）改进水泥混凝土拌合物的施工工艺

采用高效率的强制式搅拌机，可以提高水的润滑效率；采用高效振捣设备，可以在较小的坍落度情况下提高水的润滑效率，获得较高的密实度。现代商品混凝土，在远距离运输时，为了减小坍落度损失，还经常采用二次加水法，即在拌合站拌合时只加入大部分的水，剩下少部分会在快到施工现场时再加入，然后迅速搅拌以获得较好的坍落度。

4）加快施工速度

减少输送距离，加快施工速度，使用坍落度损失小的外加剂，都可以使新拌混凝土在施工时保持较好的和易性。

和易性只是水泥混凝土众多性能中的一部分，因此当决定采取某项措施来调整和易性时，还必须同时考虑对混凝土其他性质（如强度、耐久性）的影响，不能以降低混凝土的强度和耐久性来换取和易性。

2. 黏聚性与保水性

在进行坍落度试验的同时，应观察混凝土拌合物的黏聚性和保水性，以便全面地评定混凝土拌合物的和易性。

拌合料保持其组成材料黏结在一起抵抗分离的能力称为黏聚性。黏聚性的评定方法是：用捣棒在已坍落的混凝土锥体侧面轻轻敲打，此时如果锥体逐渐下沉，则表示黏聚性良好，如果锥体倒塌、部分崩裂或出现离析现象，则表示黏聚性不好。

保水性是以混凝土拌合物中稀浆析出的程度来评定。坍落度筒提起后，如有较多的稀浆从底部析出，锥体部分的混凝土拌合物也因失浆而骨料外露，则表明此混凝土拌合物的保水性能不好；如坍落度筒提起后无稀浆或仅有少量稀浆自底部析出，则表示此混凝土拌合物保水性良好。

拌合料的各种组成材料由于它们自身的密度和颗粒大小不同，在重力和外力（如振动）作用下有相互分离而造成不均匀的自动倾向，这就叫离析性。离析性是黏聚性的反义词。离析有两种形式：一种是粗集料颗粒从拌合料中分离出去，因为粗集料比细集料更易沉降和沿斜面滑动；另一种是水和水泥浆从拌合料中分离出去，因在各种组成材料中水的密度最小。水析出在混凝土表面的现象称为泌水。干硬性拌合物易产生第一种离析，而富水泥流动性大的拌合料易产生第二种离析，即泌水。现代混凝土趋向于高流动性，干硬性混凝土在现场浇筑的使用面越来越少，因此泌水是离析的主要形式。

泌水率的标准测试方法是将拌合料装入一圆柱容器，捣实。每隔一定时间取出积在表面的水，积聚在表面总的泌水量占拌合水量之比即为泌水率。

混凝土在振捣过程中，水浮到粗集料的下方和水平钢筋的下方，水化或蒸发后留下孔隙将减弱粗集料的界面黏结力和与钢筋的黏结强度，成为混凝土中的薄弱环节。也有一部分水泌出于整体混凝土的表面，造成混凝土在高度方向质量的不均匀。在道路、地板和大面积结构物施工时，振捣后在表面浮出一层水和水泥颗粒的混合物，叫作"浮浆"。这层浆体水灰比特别大，硬化后成为强度低、容易起灰表面层，在施工时要特别注意，设法把表面的浮浆和水分去除。

如混凝土输送和浇筑过程中从相当高的地方沿溜槽滑下，则会加剧离析的发生。在这种情况下应选用黏聚性好的拌合料。

黏聚性和保水性亦是新拌混凝土拌合物和易性的重要方面。严重离析和泌水的拌合物其黏聚性和保水性不良。离析和泌水是密度不同的组成材料沉降速度不同而产生的，要完全避免是不可能的，而且适量的泌水有时也是施工过程中所必需的。但是，必须在配合比设计和输送、浇筑方法的选择时予以注意和加以控制，避免产生对工程质量有害的、过大的离析和泌水。

为减少离析和泌水、可以采取以下一些措施：

1）改善集料级配

适当增加砂的用量，或采用颗粒较细的砂。

2）掺加各种矿物外加剂

掺加各种矿物外加剂，以提高胶结料的保水性。

3）适当增加水泥用量

在水灰比一定的条件下，适当增大一些水泥用量。碱和 C_3A 含量高的水泥有较大保水性，因而拌合料泌水性小，但其坍落度损失加大。

4）掺加适量引气剂

掺加引气剂可以在混凝土中引入大量微小且独立的气泡，这种球状气泡如滚珠一样使混凝土的和易性得到较大改善。

3. 流变性

流变学是研究物体流动和变形的科学。在外力作用下物质能流动和变形的性能称为该物质的流变性。流变学的研究对象是理想弹性固体、塑性固体和黏性液体以及它们的弹性变形、塑性变形和黏性流动。

H-模型（图 3-4）代表具有完全弹性的理想材料，其表达式为：

$$\tau = G\varepsilon \tag{3-13}$$

式中　τ——剪切应力；

　　　G——弹性模量；

　　　ε——弹性变形。

图 3-4　H-模型

N-模型（图 3-5）代表只有黏性的理想材料，其表达式为：

$$\tau = \eta(\nu/t) \tag{3-14}$$

式中　τ——剪切应力；

　　　η——黏度系数；

　　　ν——塑性变形；

　　　t——时间。

StV-模型（图 3-6）代表超过屈服点或只有塑性变形的理想材料，其表达式为：

$$\tau = \tau_0 \tag{3-15}$$

式中　τ——剪切应力；

　　　τ_0——屈服剪切应力。

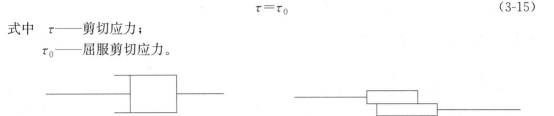

图 3-5　N-模型　　　　　　　　　　　　　　　　图 3-6　StV-模型

由此可见，弹性、塑性、黏性和强度是材料的四个基本流变特性，根据这些基本性质可以导出材料的其他性质。

胡克固体具有弹性和强度，但没有黏性；圣维南固体具有弹性和塑性，但没有黏性；牛顿液体具有黏性，但没有弹性和强度。严格地来说，以上三种理想物质并不存在，而大量物质介于弹、塑、黏性体之间，所以实际材料的流变性质具有上述四个基本流变性质。因此，各种材料的流变性质可用具有不同的弹性模量 G、黏性系数 η 和屈服剪切应力 τ_0 的流变基元，以不同的模型加以表示。

研究材料流变特性时，要研究材料在某一瞬间的应力和应变定量关系，这种关系常用流变方程表示。由于材料组成和流变特性的多样性，难以用相同的流变方程表示。一般的流变方程都是基于以下三种理想材料的基本模型或流变基元，即胡克（Hooke）体模型（简称 H-模型），牛顿（Newton）模型（简称 N-模型）和圣维南（St. Venant）体模型（简称 StV 模型）。

水泥浆、砂浆和混凝土是介于弹性体、塑性体和黏性液体之间的材料，它们的流变性随着硬化在不断地变化。新拌混凝土是不同粒径的固体粒子（水泥、砂、石）不均匀地分散于水中的多组分材料，它具有弹性、黏性和塑性等特征。物质的流动和变形，实际上可以归结为变形与应力的关系随时间的变化规律。对于混凝土整个生命周期，都可以用弹性、黏性和塑性变化进行描述。

新拌混凝土的流变性质可以用宾汉姆（Bingham）体模型来表征，如图 3-7 所示，宾汉姆体模型的结构为牛顿液体模型并联圣维南固体模型，然后再与胡克固体模型串联而成。

宾汉姆体模型的表达式为：

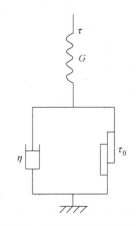

图 3-7　宾汉姆体模型示意图

$$\tau = \tau_0 + \eta(\mathrm{d}r/\mathrm{d}t) \tag{3-16}$$

式中 τ——总剪切应力；

τ_0——屈服剪切应力；

η——黏度系数；

$\mathrm{d}r/\mathrm{d}t$——剪切速率。

由上式可见，在剪切速率一定的情况下，降低初始剪切应力和降低黏度系数，都是降低剪切应力的有效措施。对于新拌混凝土来说，只要设法降低浆体的初始剪切应力和黏度系数，就可以增加其坍落度和流动扩展度。

3.1.4 硬化混凝土的性能

1. 混凝土的抗压强度

我国以立方体试件抗压强度作为混凝土强度的特征值。按照国家标准《普通混凝土力学性能试验方法标准》GB/T 52081—2019，混凝土立方体试件抗压强度（常简称为混凝土抗压强度）指以边长为 150mm 的立方体试件，在标准条件下（温度 20±3℃，相对湿度大于 90％或水中）养护至 28d 龄期，在一定条件下加压至破坏，以试件单位面积承受的压力作为混凝土的抗压强度。对于非标准尺寸（边长 100mm 或 200mm）的立方体试件，可采用折算系数折算成标准试件的强度值。边长为 100mm 的立方体试件，折算系数为 0.95；边长为 200mm 的立方体试件，折算系数为 1.05。这是因为试件尺寸不同，会影响试件的抗压强度值。试件尺寸愈小，测得的抗压强度值愈大。

混凝土立方体抗压强度标准值是按标准方法测得的、具有 95％保证率的立方体试件抗压强度，并以此作为根据划分混凝土的强度等级为 C15、C20、C25、C30、C35、C40、C45、C50、C55、C60、C65、C70、C75、C80 共十四个等级，"C" 为混凝土强度符号，"C" 后面的数字为混凝土立方体抗压强度标准值。

混凝土的抗压强度，在诸强度特性中受到特别重视，常用来作为评定混凝土质量的指标。其原因在于：抗压强度比其他强度大得多，结构物常以抗压强度为主要参数进行设计；抗压强度与其他强度有较好的相关性，只要获得了抗压强度值，就可推测其他强度特性；抗压强度试验方法比其他强度试验方法简单。

在结构设计中，考虑到受压构件是棱柱体（或圆柱体）而不是立方体，所以采用棱柱体试件比立方体试件能更好地反映混凝土的实际受压情况。由棱柱体试件测得的抗压强度称为棱柱体抗压强度，又称轴心抗压强度。我国目前采用 150mm×150mm×300mm 的棱柱体进行棱柱体抗压强度试验，如有必要，也可采用非标准尺寸的棱柱体试件，但其高（h）与宽（a）之比应在 2～3 的范围内。轴心抗压强度（f_{ck}）比同截面的立方体抗压强度（$f_{cu,k}$）要小，当标准立方体抗压强度在 10～50PMa 时，两者之间的换算关系近似为：

$$f_{ck} = (0.76 \sim 0.82) f_{cu,k} \tag{3-17}$$

2. 影响混凝土抗压强度的因素

1）水泥强度等级和水灰比

水泥强度等级和水灰比是影响混凝土抗压强度的最主要因素。因为混凝土的强度主要取决于水泥石的强度及其与骨料间的黏结力，而水泥石的强度及其与骨料间的黏结力又取

决于水泥的强度和水灰比的大小。因为水泥水
化所需的结合水，一般只占水泥重量的 23%
左右，但在拌制混凝土拌合物时，为了获得必
要的流动性，常需加入较多的水，当混凝土硬
化后，多余的水分就残留在混凝土中形成孔穴
或蒸发后形成气孔，这大大减少了混凝土抵抗
荷载的实际有效断面，且有可能在孔隙周围产
生应力集中。故在水泥强度相同的情况下，混
凝土强度将随水灰比的增加而降低。但如果水
灰比过小，则拌合物过于干硬，在一定的捣实
成型条件下，混凝土难以成型密实，从而使强
度下降。混凝土强度与水灰比的关系见图 3-8。

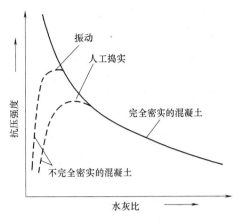

图 3-8 混凝土强度与水灰比之间的关系

　　另外，在相同水灰比和相同试验条件下，水泥强度等级越高，则水泥石强度越高，从而使用其配制的混凝土强度也越高。

　　根据大量试验结果，在原材料一定的情况下，混凝土 28d 龄期抗压强度（$f_{cu,0}$）与水泥实际强度（f_{ce}）和水灰比（W/C）之间的关系符合下列经验公式：

$$W/C = \frac{\alpha_a f_{ce}}{f_{cu,0} + \alpha_a \alpha_b f_{ce}} \tag{3-18}$$

式中　α_a、α_b——回归系数，与骨料的品种、水泥品种等因素有关；
　　　　f_{ce}——水泥 28d 抗压强度实测值（MPa）。

　　2）骨料

　　骨料本身的强度一般都比水泥石的强度高（轻骨料除外），所以不直接影响混凝土的强度，但若骨料经风化等作用而强度降低时，则用其配制的混凝土强度也较低；骨料表面粗糙，则与水泥石的黏结力较大，故用碎石配制的混凝土比用卵石配制的混凝土强度较高。

　　3）龄期

　　混凝土在正常养护条件下，其强度将随龄期的增加而增长。在实际工程中常需根据混凝土早期强度推算后期强度，可根据混凝土强度大致与龄期的对数成正比关系（龄期不小于 3d）进行推算：

$$f_n = f_{28} \frac{\lg n}{\lg 28} \tag{3-19}$$

式中　f_n——n 天龄期时混凝土抗压强度，$n \geqslant 3$；
　　　　f_{28}——28 天龄期时的混凝土抗压强度。

　　上式仅适用于中等混凝土强度等级，在正常条件下硬化的普通水泥混凝土，与实际情况相比，公式推算所得结果，早期偏低、后期偏高，所以仅供参考。

　　4）养护

　　为了获得质量良好的混凝土，混凝土成型后必须进行适当的养护，以保证水泥水化过程的正常进行。养护过程需要控制的参数为温度和湿度。

由于水泥的水化只能在充水的毛细孔空间发生，因此，必须创造条件防止水分自毛细管中蒸发而失去。另外，水泥水化过程中，大量自由水会被水泥水化产物结合或吸附，也需不断提供水分，才能使水泥水化正常进行，从而产生更多的水化产物使混凝土密实度增加。图 3-9 为潮湿养护对混凝土强度的影响。

由图 3-9 可以看出如果湿度不够，则混凝土强度严重下降。所以为了使混凝土正常硬化，必须在浇筑后一定时间内维持一定的潮湿环境。一般情况下，使用硅酸盐水泥、普通水泥和矿渣水泥，

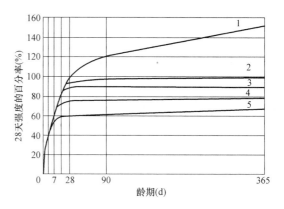

图 3-9　混凝土强度与保持潮湿时间的关系
1-长期保持湿润；2-保持湿润 14d；3-保持湿润 7d；
4-保持湿润 3d；5-保持湿润 1d

应在混凝土凝结后（一般在 12h 以内），用草袋等覆盖混凝土表面并浇水，浇水时间不少于 7d，使用火山灰水泥和粉煤灰水泥时，应不小于 14d，对掺用缓凝型外加剂或有抗渗性要求的混凝土，不小于 14d，在夏季由于蒸发较快更应特别注意浇水。

养护温度对混凝土强度发展也有很大影响，养护温度高，可以增大初期水化速度，混凝土早期强度也高。

3. 混凝土的抗拉强度

混凝土的抗拉强度比其抗压强度小得多，一般只有抗压强度的 1/13～1/10，且拉压比随抗压强度的增高而减小。在普通钢筋混凝土构件设计中不考虑混凝土承受拉力，但抗拉强度对混凝土的抗裂性起着重要作用。

4. 混凝土的变形

硬化混凝土除了受荷载作用产生变形外，在未受荷载作用的情况下，由于各种物理的或化学的因素也会引起局部或整体的体积变化，产生变形。硬化混凝土在未受荷载作用情况下的变形包括化学减缩、热胀冷缩、干缩湿胀等。如果混凝土处于自由的非约束状态，那么体积变化一般不会产生不利影响。但是，实际使用中的混凝土结构总会受到基础、钢筋或相邻部件的牵制，而处于不同程度的约束状态。即使单一的混凝土试块没有受到外部的约束，其内部各组成相之间也还是互相制约的，因而仍处于约束状态。因此，混凝土的体积变化会由于约束的作用在混凝土内部产生拉应力。众所周知，混凝土能承受较高的压应力，而其抗拉强度却很低，一般不超过抗压强度的 10%。从理论上讲，在完全约束条件下，混凝土内部产生的拉应力约有几至十几兆帕（取决于混凝土的体积变化特性和弹性特性）。所以，混凝土受约束时，若体积变化产生的拉应力超过其自身的抗拉强度，就会引起混凝土开裂，产生裂缝。裂缝不仅影响混凝土承受设计荷载的能力，而且还会严重损害混凝土的耐久性和外观。

3.1.5　混凝土的耐久性

大多数结构设计者一向最关注混凝土的强度特性；出于多种原因，现在他们还必须具备关注混凝土耐久性的意识。尽管在大多数自然环境和工业环境下，混凝土耐久性适宜，

但混凝土结构过早劣化的情况仍时有发生，这提醒人们要注意控制那些使混凝土缺乏耐久性的因素。

混凝土的耐久性病害如图 3-10 所示。钢筋混凝土结构，在所处的环境下，同时受到多种劣化因子的侵蚀。在外荷载作用下，同时有 CO_2 的中性化作用；在寒冷地区，还受到冻融作用、干湿循环作用，以及盐害、硫酸盐侵蚀及碱骨料反应等。这种多因子的劣化作用，构成了耐久性病害综合症。劣化因子，归纳起来有两类。外部劣化因子：盐害、冻害、化学侵蚀、CO_2 作用、磨损、外力、干湿；内部劣化因子：碱含量、活性骨料-AAR。

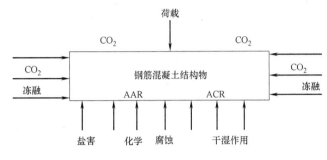

图 3-10 混凝土结构的多因子腐蚀

特别要注意海水中混凝土的性能。因为当混凝土结构暴露于海水中时，引起混凝土劣化的各种物理和化学因素将同时起作用；所以研究海水中混凝土的表现，可以使我们清楚地认识影响实际混凝土结构耐久性问题的复杂性。

1. 混凝土的抗渗性

在混凝土中，我们应该以一个合适的角度去看待水的作用，因为作为水泥水化反应必需的成分和使混凝土各组分易于混合的外加剂，水从头至尾都发挥着重要的作用。依环境条件和混凝土结构厚度不同，混凝土中的大部分可蒸发水（所有的毛细孔水和部分吸附水）将渐渐地失去，从而造成孔隙变空或不饱和。既然容易蒸发的水可以结冰，也会在内部自由移动，如果干燥后几乎没有可蒸发水，而且其后的暴露环境不会导致孔隙的再饱和，那么混凝土就不容易遭受与水有关的破坏现象。后者很大程度上取决于液体传导率，也叫作渗透系数（K）。

混凝土的抗渗性是指抵抗水、油等液体在压力作用下渗透的性能。它对混凝土的耐久性起着重要作用，因为环境中各种侵蚀介质均要通过渗透才能进入混凝土内部。混凝土的抗渗性主要与混凝土的密实度和孔隙率及孔隙结构有关。混凝土中相互连通的孔隙越多、孔径越大，则混凝土的抗渗性越差。

混凝土的抗渗性以抗渗等级来表示。采用标准养护 28d 的标准试件，按规定的方法进行试验，以其所能承受的最大水压力（MPa）来计算来其抗渗等级。如 P2、P4、P8 等，即表示能抵抗 0.2、0.4、0.8MPa 的水压力而不渗水。

提高混凝土抗渗性的措施有降低水灰比、采用减水剂、掺加引气剂，防止离析、泌水的发生，加强养护及防止出现施工缺陷等。因为强度和渗透性是通过毛细管孔隙率而相互建立联系，概括地来说，影响混凝土强度的诸因素同样也影响着渗透性。减小水泥浆体基体中大毛细管孔隙（如大于100nm）的体积可以降低渗透性。采用低水灰比、充足的水泥以及正确的捣实和养护有可能做到这点。同样，适当地注意骨料的粒径和级配、热收缩和干缩应变，过早加载或过载都是减少界面过渡区微裂缝的必要步骤；而界面过渡区的微裂缝正是施工现场的混凝土渗透性大的主要原因。最后，还应该注意流体流动途径的曲折程度也决定渗透性的大小，渗透性同时还受混凝土构件厚度影响。

2. 混凝土抗冻性

混凝土的抗冻性是指混凝土抵抗冻融循环作用的能力。混凝土的冻融破坏，是指混凝土中的水结冰后体积膨胀，使混凝土产生微细裂缝，反复冻融使裂缝扩展，导致混凝土由表及里剥落破坏的现象。

在寒冷的气候条件下，冰冻作用（冻融循环）会造成混凝土路面、挡土墙、桥面板和栏杆等的损伤，这也是用于修补和更换结构需要巨额费用的一个主要原因。冰冻作用引起硬化混凝土损伤的原因与材料复杂的微结构紧密相关；但是，混凝土的劣化不仅取决于本身的特性，还受具体环境条件的影响。在一种冻融环境中耐冻的混凝土，在另一种组合条件下却可能被摧毁。

混凝土的抗冻性以抗冻等级来表示。抗冻等级是以龄期28d的试块的吸水饱和后承受（$-15\sim-20^{\circ}C$）至（$15\sim20^{\circ}C$）反复冻融循环，以同时满足抗压强度下降不超过25%，重量损失不超过5%时所能承受的最大冻融循环次数来确定。混凝土可划分以下九个抗冻等级：F10、F15、F25、F50、F100、F150、F200、F250和F300，分别表示混凝土能够承受反复冻融循环次数为10、15、25、50、100、150、200、250和300次。

以上是用慢冻法确定抗冻性，对于抗冻性要求高的混凝土，也可用快冻法，即用同时满足相对动弹性模量值不小于60%和重量损失率不超过5%时所能承受的最大循环次数来表示其抗冻性。

混凝土的抗冻性取决于水泥浆体和骨料的特性。但是，在任何情况下，混凝土的抗冻性实际上都是几个因素交互作用的结果，例如逸出边界的位置（为释放压力水分需要迁移的距离）、体系的孔结构（孔径大小、数量和连通性）、饱水程度（可结冰水分的含量）、冷却速率和材料的抗拉强度（引起断裂必须超过值）。

保护混凝土免受冻害的必要条件不是总含气量，而是硬化水泥浆体中孔间距在$0.1\sim0.2mm$以内。在水泥浆体中加入少保引气剂（例如水泥质量的0.05%），就可以引入孔径在$0.05\sim1mm$之间的气泡。因此，含气量一定时，保护混凝土免受冻害很大程度上取决于气泡大小、孔的数量和孔间距。

尽管引气体积的检测不足以保护混凝土免受冻害，假设微小气泡的存在，才是控制混凝土拌合物品质最容易的判据。因为水泥浆体含量通常和最大骨料粒径相关，骨料大的混凝土比骨料小的混凝土所含水泥浆体少；因此，后者要想有同样的抗冻性就需要更多地引气。

骨料级配也影响引气体积，细砂过多会减小含气量。掺入矿物掺合料，如粉煤灰，或者使用非常细的水泥，情况是类似的。通常，比较黏稠的拌合物比非常稀或非常干硬的拌合物保留更多的空气；同样，搅拌不足或过度、新拌混凝土处理或运输时间过长、振捣过度都会使含气量减小。

与目前流行的看法正相反，高强混凝土未必能保证具有高耐久性。例如，就受冻害来说，与引气混凝土相比，没有引气的混凝土其强度较高，而引气混凝土却可以在冻融循环作用下因为可以避免产生高水压力而具有良好的忍受冻害的耐久性。根据经验，中强和高强混凝土的含气量每增加 1％，强度约降低 5％；在水灰比不变时，引气为 5％混凝土其强度要降低 25％。由于引气可改善混凝土的和易性，因此可以稍微降低水灰比而保持所需的工作性，以补偿部分因引气而损失的强度。虽然如此，引气混凝土的强度通常比相应的非引气混凝土要低些。

3. 混凝土的抗侵蚀性

环境介质对混凝土的化学侵蚀有淡水的侵蚀、硫酸盐侵蚀、海水侵蚀、酸碱侵蚀等，其侵蚀机理与水泥石化学侵蚀相同。其中海水的侵蚀除了硫酸盐侵蚀外，还有反复干湿作用、盐分在混凝土内的结晶与聚集、海浪的冲击磨损、海水中氯离子对钢筋的锈蚀作用等，同样会使混凝土受到侵蚀而破坏。

对以上各类侵蚀难以有共同的防止措施。一般是设法提高混凝土的密实度，改善混凝土的孔隙结构，以使环境侵蚀介质不易渗入混凝土内部；或者采用外部保护措施以隔离侵蚀介质不与混凝土相接触，如对酸的侵蚀。

以硫酸盐侵蚀为例。大部分土壤中含有硫酸盐，以石膏（$CaSO_4 \cdot 2H_2O$）的形式存在（一般以 SO_4 计含 0.01％～0.05％），此含量对混凝土无害。在正常温度下，石膏在水中的溶解度很有限（SO_4 大约为 1400mg/L）。地下水中硫酸盐浓度较高，通常是由于存在硫酸镁、硫酸钠和硫酸钾所致；农村土壤和水中常常含有硫酸铵。用高硫煤为燃料的锅炉和化学工业的排放物中可能会含有硫酸。沼泽、浅水湖、采矿坑和污水管中有机腐殖物的分解会产生 H_2S，H_2S 会由于细菌的作用转变成硫酸。混凝土冷却塔的用水，由于水蒸发可能会含有高浓度硫酸盐。因此，在自然用水和工业用水中，常常含着具有潜在危害性浓度的硫酸盐。

水硬性硅酸盐水泥浆体和外界的硫酸根离子之间的化学反应导致混凝土分解，已知两者有截然不同的两种形式。其中一种劣化过程在一定条件下主要取决于接触水中硫酸根离子（即相关的阳离子）的浓度和来源及混凝土中水泥浆体的成分。

硫酸盐侵蚀以混凝土的膨胀和开裂形式表现。当混凝土开裂时，渗透性增大，侵蚀水就很容易渗入内部，因此使劣化过程加速。有时，混凝土膨胀会造成严重的结构问题，例如由于板的膨胀而引起水平推力会导致建筑物墙壁发生移位。硫酸盐侵蚀还会由于劣化水泥水化产物的黏聚性丧失，而表现为强度逐渐降低和质量损失。

4. 混凝土的碳化

混凝土的碳化是指环境中的 CO_2 与水泥水化产生的 $Ca(OH)_2$ 作用，生成碳酸钙和水，从而使混凝土的碱度降低的现象。碳化对混凝土的物理力学性能有明显作用，会使混凝土出现碳化收缩，强度下降，还会使混凝土中的钢筋因失去碱性保护而锈蚀。碳化对混凝土的性能也有有利的影响。表层混凝土碳化时生成的碳酸钙，可减少水泥石的孔隙，对防止有害介质的入侵具有一定的缓冲作用。

影响混凝土碳化的因素有：①水泥品种：使用普通硅酸盐水泥要比使用早强硅酸盐水泥碳化稍快些，而使用掺混合材的水泥则比普通硅酸盐水泥要快；②水灰比：水灰比越低，碳化速度越慢，而当水灰比固定，则碳化深度随水泥用量提高而减小；③环境条件：置于水中的混凝土，碳化停止，常处于干燥环境的混凝土，碳化也会停止，只有相对湿度在 50％～75％时，碳化速度最快。

检查碳化的简易方法是凿下一部分混凝土，除去微粉末，滴以酚酞酒精溶液，碳化部分不会变色，而碱性部分则呈红紫色。

5. 混凝土中的碱骨料反应

混凝土中的碱骨料反应包括碱-硅酸反应和碱-碳酸盐反应。前者指混凝土中含有活性氧化硅的骨料与所用水泥或其他材料中的碱（Na_2O 和 K_2O）发生化学反应，形成复杂的碱-硅酸凝胶，此凝胶可以吸水肿胀，并可能导致混凝土胀裂。碱-碳酸盐反应指混凝土中含有碳酸盐岩石，主要是含有黏土的白云石质石灰石与所用水泥或其他材料中的碱（Na_2O 和 K_2O）发生反白云石化反应，引起膨胀，也有可能导致混凝土胀裂。

当混凝土中的水泥是碱性离子唯一的来源，而且骨料中含有碱活性组分时，经验表明：采用低碱硅酸盐水泥（Na_2O 当量小于 0.6%），可最好地防止碱侵蚀。如果要使用海边的砂或海里挖掘出的砂和砾石，则应该用淡水洗净，并保证混凝土中水泥和骨料的总碱量不超过 $3kg/m^3$；如果没有低碱硅酸盐水泥，则可以通过胶凝性或火山灰掺合料，如粒化高炉矿渣、火山灰玻璃（磨细浮石）、烧黏土、粉煤灰或硅粉取代部分高碱水泥，以降低混凝土的总碱量。应该注意，与大部分长石矿物中结合良好的碱相似，在矿渣、火山灰中的碱为酸不溶性，不会与骨料发生反应。

除了降低有效碱含量，使用火山灰掺合料还可导致高硅碱比的碱-硅酸产物膨胀更小。在冰岛，只能用有碱活性的火山岩作为骨料，而且生产水泥的原材料也是高碱的，因此只生产高碱硅酸盐水泥。将这种水泥和 8% 硅粉混合可圆满地解决这个问题，硅粉是一种高活性火山灰。

就轻度活性骨料而言，减小混凝土膨胀的另一措施是：如果经济上合算，可用 25%～30% 的石灰石或任何其他非活性骨料"稀释"活性骨料以减小混凝土的膨胀。最后，应该记住，反应后或反应过程中有水分来源是结构物产生膨胀的根本原因，迅速修补每个渗漏的接缝以防止水分进入混凝土，有害膨胀可能就不会发生。

6. 高耐久性混凝土

高耐久性混凝土可归纳为两大类：致密化的高耐久性混凝土、能降低裂缝的高耐久性混凝土。

1）致密化的高耐久性混凝土

其包括利用生成钙矾石系混合材料制成的混凝土、含有高抗腐蚀掺合料的混凝土、掺入聚合物粉末的混凝土。

利用生成钙矾石系混合材料制成的混凝土使混凝土提高耐久性的直接手段是使抗压强度提高，使混凝土致密化。使混凝土劣化的主要因子是 Cl^- 和 CO_2 向混凝土内部的扩散，这与混凝土的强度成负相关性，降低水胶比，混凝土的强度就得到提高。另一方面，也可以掺入硅粉等掺合料，使混凝土强度提高。使混凝土中生成钙矾石提高强度的主要机理是，由于钙矾石的形成，微观结构致密化并且硅酸钙水化物生成有利于混凝土强度提高。如图 3-11 所示，根据水泥的类型和混凝土的配比，在相同的水胶比下，混凝土的强度比基准混凝土可以提高 15MPa，而且混凝土的密实度提高，抗渗性提高，就能更好地抑制 CO_2 及 Cl^- 的扩散渗透，从而能提高混凝土结构的耐久性。

掺入高抗腐蚀性介质渗透的材料在混凝土中，掺入能抑制 CO_2 和硫酸根离子扩散渗透的材料，如硬矿渣粉、$\gamma\text{-}CaO \cdot SiO_2$ 粉末等。此外，为了抑制硫酸根离子的劣化，有人建议掺入小高炉顶回收的飞灰（含有二氧化硅、三氧化铝及氢氧化钙等粉状材料），使砂浆提高抗酸性。图 3-12 是在砂浆中掺入硬矿渣粉的试验。由于掺入了硬矿渣粉，比基准砂浆的碳化深度可降低 3mm 在 8 周试验期间。图 3-13 是掺入 $\gamma\text{-CaO·SiO}_2$ 粉末的影响。强度相同的砂浆，含 $\gamma\text{-CaO·SiO}_2$ 粉末的砂浆，中性化深度明显的降低。在水泥砂浆或混凝土中，掺入硬矿渣粉及 $\gamma\text{-CaO·SiO}_2$ 粉末，能提高抗中性化的性能，是由于硬矿渣粉及 $\gamma\text{-CaO·SiO}_2$ 粉末与二氧化碳反应，形成致密化的表层，屏蔽了二氧化碳的扩散渗透。高炉飞灰和耐酸性材料能提高抗酸性，是因为高炉飞灰、矿粉、粉煤灰和硅粉等，是一种含有潜在的水硬性和火山灰活性，以适当的比例与水泥混合，就可以提高耐酸性。

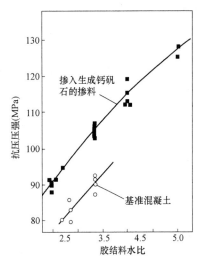

图 3-11　掺入生成钙矾石系的掺合料高强混凝土

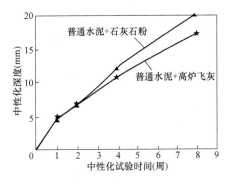

图 3-12　砂浆中性化试验

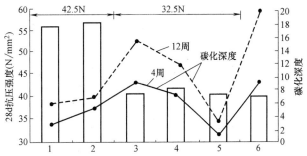

图 3-13　掺入硬矿渣粉及 $\gamma\text{-CaO·SiO}_2$ 粉末的影响

1-OPC；2-掺 30％矿渣水泥；3-2 号＋石灰石粉；4-2 号＋硬矿渣粉；
5-2 号＋rC_2S；6-OPC（W/C＝60％）

为了提高抗冻性，在混凝土中要掺入引气剂，使混凝土中有一定的含气量。但是，在喷射砂浆或喷射混凝土中，施工后很难保证其含气量。因此要掺入空心的聚合物粉末，使抗冻性得到改善。如图 3-14 所示，掺入 1.5％的空心塑料粉提高抗冻性的效果很明显。

2）降低裂缝的高耐久性混凝土

为了提高混凝土结构物的耐久性，抑制混凝土的开裂很重要。要发挥掺合料作为抑制裂缝发生的作用，主要考虑的有膨胀剂、降低收缩的外加剂以及抗拉强度增长剂等。图 3-15 表示膨胀剂

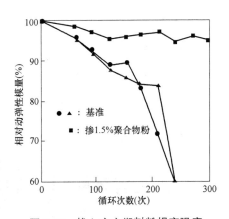

图 3-14　掺入空心塑料粉提高强度

和降低收缩的外加剂同时使用，降低收缩的效果。试验混凝土的配比如表 3-17 所示，水化热抑制型膨胀剂只有 NO.2 及 NO.4 中掺入，配合比 NO.1、NO.2 是掺入降低收缩外加剂与膨胀剂的混凝土，收缩值很低。掺入部分膨胀剂的 NO.3、NO.4 混凝土收缩也明显降低，不掺降低收缩外加剂与膨胀剂的混凝土 NO.5、NO.6 的收缩很大。

试验用的混凝土的配比（kg/m³）　　　　　　　表 3-17

NO.	水泥	膨胀剂	水化热移植型	河砂	碎石砂	碎石	降低收缩剂	减水剂	AE 剂
1	506	25	—	580	248	747	16.0	4.8	0.02
2	504	—	25	580	248	747	16.0	4.8	0.02
3	502	30	—	580	248	747	—	4.8	0.03
4	499	—	30	580	248	747	—	4.8	0.03
5	535	—	—	580	248	747	—	4.8	0.03
6	515	—	—	580	248	747	—	6.7	0.04

掺入硅酸盐和羧酸制成的抗拉强度增进剂，有可能改善抗拉强度，如图 3-16 所示，由于在水泥中掺入了上述抗拉强度增进剂，抗拉强度提高了 30%，降低了裂缝。

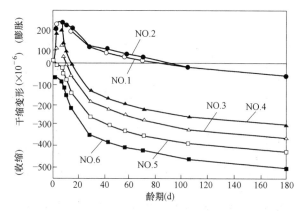 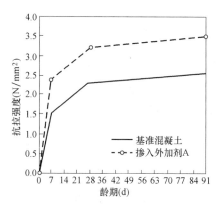

图 3-15　降低收缩的外加剂与膨胀剂兼用的相乘效果　　图 3-16　掺入增加抗拉强度外加剂的效果

纤维作为混凝土的掺合料，是为了预防裂缝宽和剥落，但也可用以抑制裂缝的发生，如图 3-17 所示，完全约束的试件，掺入体积含量 0.1% 纤维的试件，没有发生 1d、3d 龄

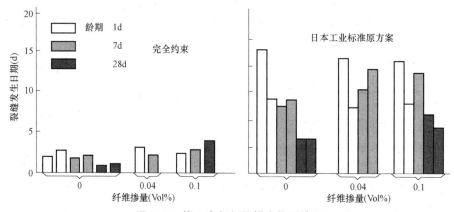

图 3-17　掺入有机纤维提高抗裂效果

期裂缝，但与日本工业标准的允许相比要低得多，其他龄期的开裂也如此，即掺入有机纤维可抑制收缩开裂。

3.2 预应力混凝土

混凝土抗压强度高，但抗拉强度弱，抗拉强度为抗压强度的 $8\%\sim14\%$。由于如此低的抗拉能力，在加载的早期阶段会产生弯曲裂纹。为了减少或防止这种裂纹的产生，在结构元件的纵向方向上施加同心或偏心力，该力通过消除或显著减小工作载荷下的关键中跨和支撑段的拉应力来防止裂纹发展，从而提高了弯曲、剪切和扭转能力。这样，这些断面就可以弹性地发挥作用，并且当所有载荷作用在结构上时，几乎可以在混凝土断面的整个深度上有效地利用混凝土的全部压缩能力。

这种施加的纵向力称为预应力，即一种压缩力，在施加横向重力静载荷和动态载荷或瞬时水平静载荷之前，会沿结构元件的跨度对各部分施加预应力。所涉及的预应力的类型及其大小主要取决于要构造的系统的类型以及所需的跨度和细长度。由于预应力沿着或平行于构件的轴线纵向施加，因此所涉及的预应力原理通常称为线性预应力。

用于液体容纳罐、管道和压力反应堆容器的圆形预应力基本上遵循与线性预应力相同的基本原理。圆柱形或球形结构上的圆周箍或"抱"应力中和了由内部压力引起的曲线表面外纤维上的拉应力。

图 3-18 以基本方式展示了两种类型的结构系统中的预应力作用以及所产生的应力响应。在图 3-18（a）中，由于较大的压缩预应力 P，各个混凝土砌块共同起梁的作用。尽管看起来混凝土砌块会滑动并垂直模拟剪切滑移破坏，但实际上，它们并不是因为纵向力

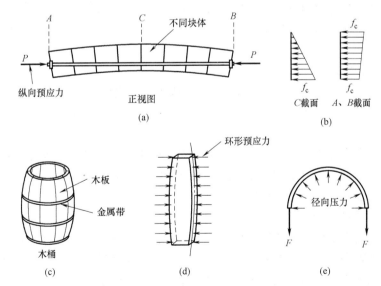

图 3-18 线性和圆形预应力中的预应力原理

（a）对一系列砌块进行线性预应力以形成梁；（b）中跨部 C 和端部 A 或 B 的压缩应力；

（c）通过张紧金属带对木桶进行圆形预应力；（d）一个木板上的圆形箍预应力；

（e）由于内部压力而在金属带一半上产生的拉力 F，应通过圆环预应力来平衡

P。同样，图 3-18（c）中的木制壁条可能由于施加在其上的内部径向高压力而似乎能够分离。但同样，由于金属带以圆形预应力形式施加的压缩预应力，它们将保留在原位。

单从构件受力来讲，凡是因荷载、运输、吊装、温度、收缩和徐变等因素的影响，有可能产生拉应力而开裂的构件和结构，均可施加预应力。但是实际上，因构件使用要求的不同、预应力的可能性以及其他一些原因，并不是所有出现拉应力的构件都预加应力。一般来讲，预应力技术首先应用在轴心受拉和受弯构件上，其次是偏心受拉和大偏心受压构件。因为这两类受力情况的构件具有较大的拉应力，裂缝影响较大。至于轴心受压构件和小偏心受压构件，一般在使用荷载作用下不必预加应力，当在施工荷载作用下有可能开裂时，也可以预加应力。

根据上述构件预加应力的原则和实际应用情况，预应力混凝土可以具体应用在以下工程上：在房屋建筑工程上，用于板、梁、桁架、刚架、柱、薄壳屋顶、基础等；在特种结构工程上，用于烟囱、桩、筒仓、油库等；在给水排水工程上，用于压力管道、水塔、水池等；在交通桥梁工程上，用于铁路和公路桥梁、飞机跑道、路面、铁路轨枕等；在电信工程上，用于电杆、电视发射塔、无线电发射塔、输电线塔等。在其他工程上，用于矿道坑木、防空洞、船舶、机架、灯塔、码头等。除了这些应用范围外，需要在实践中摸索预应力混凝土应用的新领域。

3.2.1　预应力混凝土材料

1. 混凝土

混凝土，特别是高强度混凝土，是所有预应力混凝土构件的主要组成部分。因此，必须在生产阶段通过适当的质量控制和质量保证来实现其强度和长期耐久性。强度和耐久性是两个主要特性，在预应力混凝土结构中特别重要。长期有害影响会迅速降低预应力，并可能导致意外。因此，必须采取措施在生产、建造和维护的各个阶段确保严格的质量控制和质量保证。

1）混凝土强度等级

混凝土的抗压性能是其力学性能中最重要的指标，在钢筋混凝土及预应力混凝土结构中，混凝土主要用来承受压力，为了评价混凝土的抗压强度，采用了一种标准，称为混凝土的强度等级。

影响混凝土强度等级的因素很多，如水泥的品种和强度等级，水灰比的大小，砂、石等骨料的规格和质量，拌合水的质量，配合比以及施工、养护条件等。其中水泥强度等级和水灰比是影响混凝土强度的主要因素。

2）对混凝土的特殊要求

在预应力混凝土结构中，混凝土抗拉不足的问题，由预应力钢筋对混凝土预先施加压应力后得到妥善解决，因此比普通钢筋混凝土中的抗压强度显得更为重要。也就是说，为了在构件中施加预应力，就有必要提高混凝土抗预压的性能；假若混凝土的抗压强度不足，建立的预应力值就要受到影响。所以预应力混凝土结构中应优先采用高强度等级混凝土。同时，近年来，由于薄壁构件的发展和高强度钢丝的推广应用，对预应力结构中混凝土强度等级的要求更高了。

用于预应力混凝土结构中的混凝土，不但要求高强度，而且要求很高的早期强度，以便大大提高构件的生产效率和设备的利用率。同时，为了减少预应力的损失，还要求混凝土具有较小的收缩和徐变。其他如先张法施工中对混凝土的黏结性能也有一定的要求，以保证它与钢筋之间的黏结，这些都是预应力混凝土结构对混凝土材料的特殊要求。

为了配制高强度等级和低收缩率的混凝土，主要可从下列各方面着手：

采用干硬性混凝土，可以在不增加水泥用量的情况下提高混凝土的强度。这是由降低水灰比而获得的。这种强度的提高，不仅表现在 28 天强度，而且也能提高混凝土的早期强度和黏结强度。同时，由于水灰比小，水泥用量少（一般可节省水泥 15%～30%）和密实度高，就能显著地减小混凝土的收缩和徐变，这对提高顶应力混凝土构件的质量是一个极有效的措施。不过这种混凝土的和易性较差，浇捣比较困难，因此为了保证这种混凝土的浇捣质量，就必须采用频率较高的振捣设备。

采用高强度等级水泥，注意水泥品种的选择。常采用 32.5 或 32.5R（早强型）以上水泥配制高强度等级混凝土，一般水泥强度等级不低于混凝土强度等级的 1.2 倍。同时宜优先采用普通硅酸盐水泥，由于矿渣水泥的早期强度较低，会延迟施加预应力的时间，影响台座和模板的周转，故一般不宜采用，但在适当掺加促凝剂的情况下，也可采用矿渣水泥。不能用火山灰水泥，因为由它拌制的混凝土不仅早期强度低，而且它的收缩率大，对预应力的建立不利。

早强剂的选择。过去，为了提高混凝土早期强度，常采取掺氯盐的方法。但氯盐会锈蚀钢筋，特别是处于高应力状态下的预应力钢筋，对锈蚀的敏感性较高。因此在预应力混凝土中，一般是不允许任意掺加氯盐的。近年来，不少地区和单位采用掺入占水泥重量 0.05% 的三乙醇胺。这种促凝剂对钢筋无锈蚀作用，在气温 10℃ 以上时，可加速强度的增长。同时，后期强度也可比不掺三乙醇胺的高 30～50kg/cm^2。当气温较低时，则可改掺三乙醇胺复合剂。它的用量是：占水泥重量 0.05% 的三乙醇胺、0.5% 的次氯酸钠和 1% 的亚硝酸钠。这里虽用了氯盐（次氯酸钠），但因同时加了亚硝酸钠，这是一种滞锈剂，可以防止钢筋的锈蚀。这种配方，根据一些单位的实践反映，虽认为近期内并未发现对钢筋有锈蚀现象，但终究时间尚短，因此还有待实践的检验。

加强养护。混凝土在空气中硬结，会产生收缩。在潮湿的环境或水中养护，体积不但不会缩小，而且还可略有膨胀。所以，为了减少收缩，减少预应力损失，在预制预应力混凝土构件时，一定要改善养护条件，严格养护制度，防止混凝土产生过大的收缩。

2. 钢筋

1) 预应力钢材的形式

粗钢筋：将单根钢筋分行分列互不相连、平行地配置在构件中，如图 3-19 所示，这是最简单的一种预应力筋形式，也是当前大型和中型构件中应用最多的一种配筋形式。在先张法和后张法中都采用。

钢筋束：将直径不大于 12mm 的钢筋编束配置，如图 3-20 所示。每束钢筋根数一般为 5 根以下，每隔 1～2m 用铅丝绑扎成束，这种形式的配筋一般用在后张法预应力混凝土构件中，而且在大型构件中应用较多。

钢丝：将碳素钢丝、刻痕钢丝或冷拔低碳钢丝，多行多列互不联系、平行地配置在构件中，见图 3-21。这种配筋形式一般在先张法预应力混凝土板梁结构中应用较多，采用这种形式配筋的预应力混凝土又称钢弦混凝土。

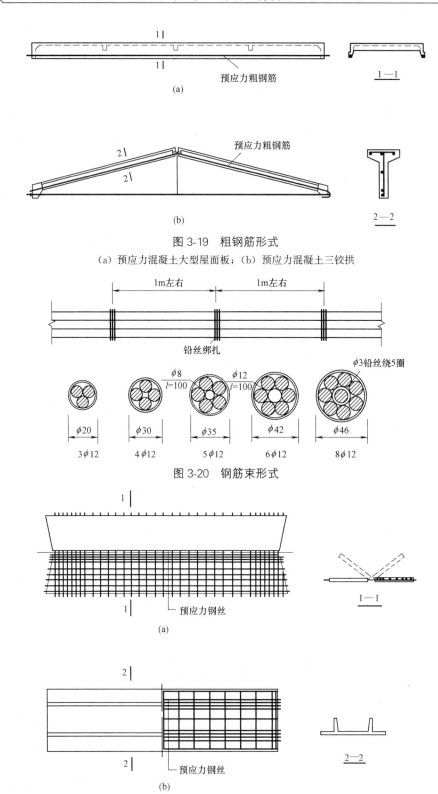

图 3-19 粗钢筋形式

（a）预应力混凝土大型屋面板；（b）预应力混凝土三铰拱

图 3-20 钢筋束形式

图 3-21 钢丝形式

（a）预应力混凝土 V 形折板；（b）预应力混凝土挂瓦板

铜丝束：将几根或几十根钢丝按一定的规律平行地组织在一起，构成钢丝束。钢丝束组成的方法，有多种形式，应用较多的有单根单圈式和单根双圈式。所谓单根单圈式，即由单根钢丝排成一圈，见图3-22。目前我国常用的单根单圈钢丝束有18根和24根钢丝束组成。单根双圈式即由单根钢丝排成两圈，目前我国常用的单根双圈钢丝束有48根和56根钢丝组成。此外还有单束单圈式，即由单根钢丝束排成一圈，这种钢丝束用得较少，亦可以组成其他更多根（多束）、多圈的形式。钢丝束一般在后张法大型预应力混凝土结构中应用较多。

铜绞线：钢绞线一般用在后张法大型构件中。

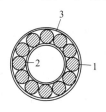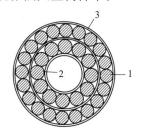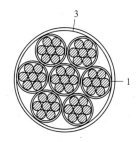

图 3-22 钢丝束形式

1-钢丝；2-螺旋形环；3-扎紧拥钢丝

2）预应力钢材的选用原则

预应力混凝土结构选用钢材要根据结构类型、负荷大小、荷载特点、材料的机械性能和材料来源诸因素，综合考虑合理选用。预应力混凝土结构中的非预应力筋，一般应选用HPB300、HRB335、HRB400钢筋和乙级冷拔低碳钢丝。预应力筋一般应选用冷拉HRB335钢筋、冷拉HRB400钢筋、冷拉HRB500钢筋，热处理钢筋、甲级冷拔低碳钢丝、碳素钢丝、刻痕钢丝和钢绞线。在选用钢筋等级时应注意下列几点：

在可能条件下，应优先选用高强材料，即优先选用碳素钢丝、刻痕钢丝、钢绞线、热处理钢筋和冷拉HRB500钢筋等强度较高的钢种。这是因为一方面钢材强度愈高，经济效果愈好，另一方面钢材强度高，张拉应力大，扣除应力损失后，能建立较大的预压应力，这样预应力效果好。

处于侵蚀性介质的预应力混凝土构件，应尽可能采用粗钢筋。不宜采用热处理钢筋、钢丝及钢丝制品。因为这类钢材，塑性较小，侵蚀敏感性强，微小的侵蚀坑可能改变材质。选用其他钢材时，应根据具体情况采取相应措施，防止腐蚀。

冷拔低碳钢丝，原材供应比较充分，价格亦比较便宜，亦能满足一般预应力混凝土构件的要求。目前由于冷拔工艺不一，材质不稳，应力损失较大，强度相对较低，因此一般适用于小型预应力混凝土构件及某些负荷较小的中型构件。

在重复荷载作用下需要进行疲劳验算的构件，目前还不宜采用有焊接接头的HRB500钢筋。在低温条件下工作的预应力混凝土构件的钢筋选用，特别要注意钢材的负温抗拉强度和钢材的冲击韧性，尽可能选用这方面性能较好的钢材。

3.2.2 预应力混凝土性能

1. 蠕变

在收缩时，蠕变会增加梁和楼板的挠度，并导致预应力损失。另外，由于蠕变，钢筋混凝土柱的初始偏心率会随时间增加，从而导致截面中混凝土的压缩载荷转移到钢筋上。

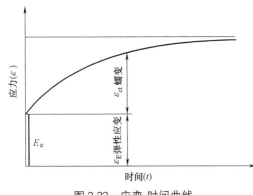

图 3-23　应变-时间曲线

钢筋屈服后，混凝土必须承担额外的载荷。所以，柱子的抗力降低，柱子的曲率进一步增加，导致混凝土中的应力过大，从而导致破坏。

蠕变是由于持续载荷而导致的应变随时间的增加。载荷引起的初始变形是弹性应变，而相同的持续载荷引起的附加应变是蠕变应变。

在图 3-23 中，蠕变应变随时间的增加，并且在收缩的情况下，可以看出蠕变速率随时间减小。蠕变不能直接观察到，只能通过从总变形中减去弹性应变和收缩应变来确定蠕变。尽管收缩和蠕变不是独立的现象，但可以假定应变的叠加是有效的。

$$总应变(\varepsilon_t)＝弹性应变(\varepsilon_e)＋收缩(\varepsilon_{sh})＋蠕变(\varepsilon_c) \tag{3-20}$$

对于受压 900psi 的普通混凝土试样，由上述三个因素引起的应变的相对数值示例如下：

瞬时弹性应变：$\varepsilon_e＝250\times10^{-6}$；

1 年后收缩应变：$\varepsilon_{sh}＝500\times10^{-6}$；

1 年后蠕变应变：$\varepsilon_c＝750\times10^{-6}$；

1 年后总应变：$\varepsilon_t＝1500\times10^{-6}$。

这些相对值说明，短期荷载的应力-应变关系失去了重要性，长期荷载在其对结构行为的影响中占主导地位。

在图 3-24 三维模型中，讨论的三种应变是由于持续的压应力和收缩引起的。由于蠕变与时间有关，因此该模型必须使其正交轴为变形、应力和时间。

大量测试表明，蠕变变形与施加的应力成正比，但该比例仅对低应力水平有效。关系的上限不能精确地确定，但是可以在最大抗压强度的 0.2～

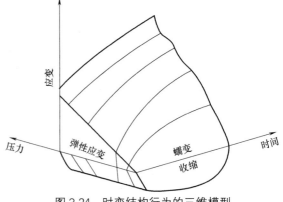

图 3-24　时变结构行为的三维模型

0.5 之间变化。比例极限的这个范围是在最大荷载的 40% 时存在很大程度微裂纹。

图 3-25 显示了图 3-24 中三维模型的平行于 t_1 时刻包含应力和变形轴的平面的截面。它表明弹性应变和蠕变应变都与所施加的应力成线性比例。以类似的方式，图 3-25（b），平行于包含时间轴和应变轴的平面的截面，应力轴为 f_1。因此，它显示了蠕变随时间变化和收缩随时间变化的相似关系。

与收缩一样，蠕变也不是完全可逆的。如果在持续载荷下经过一段时间后将样品卸载，则可获得立即的弹性回复，该弹性回复小于加载时所积累的应变。瞬时恢复后，应变

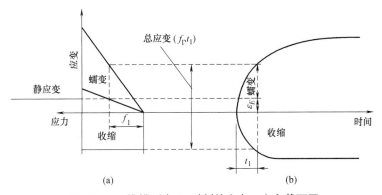

图 3-25 三维模型中 t_1 时刻的应力、应变截面图

(a) 平行于应力变形平面的截面；(b) 平行于变形时间平面的截面

逐渐降低，称为蠕变恢复。恢复的程度取决于加载时混凝土的年龄，旧混凝土表现出较高的蠕变恢复率，而残余应变或变形则停留在结构元件中（图 3-26）。

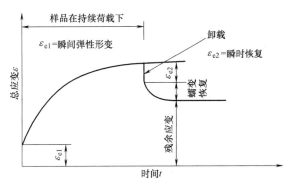

图 3-26 蠕变恢复与时间的关系

蠕变与收缩密切相关，通常，抗收缩的混凝土也表现出较低的蠕变趋势，因为这两种现象都与水泥水化有关。因此，蠕变受混凝土成分、环境条件和试样尺寸的影响，但蠕变主要取决于载荷随时间的变化。

混凝土试样的成分基本上可以由使用掺合料时的水胶凝比、骨料和水泥类型以及骨料和水泥含量来定义。因此，像收缩一样，水胶比和水泥含量的增加也会增加蠕变。另外，与收缩一样，骨料产生抑制作用，骨料含量的增加减少了蠕变。

2. 收缩

收缩有两种基本类型：塑性收缩和干燥收缩。在将新混凝土浇入模板后的最初几个小时内会发生塑性收缩。暴露的表面（例如楼板）由于接触表面较大，更容易受到干燥空气的影响。在这种情况下，水分从混凝土表面蒸发的速度要快于由混凝土构件下层排出的水分代替的水分。另一方面，干缩发生在混凝土已经达到其最终凝固并且在水泥凝胶中完成了很大一部分化学水合过程之后。

干燥收缩率是指混凝土元件因蒸发而失去水分时其体积的减少。相反的现象，即通过吸水增加体积，被称为膨胀。换句话说，收缩和膨胀表示水从混凝土样本的凝胶结构中移出或进入其中，这是由于样本与周围环境之间的湿度或饱和度水平的差异与外部载荷无关。

收缩不是完全可逆的过程。如果混凝土单元完全收缩后被水饱和，则不会膨胀到其原始体积。图 3-27 表示收缩应变 ε_e 随时间的增加。由于旧混凝土对应力的抵抗力增强，因此收缩率降低，收缩率随时间而降低，从而使收缩应变随时间逐渐渐近。

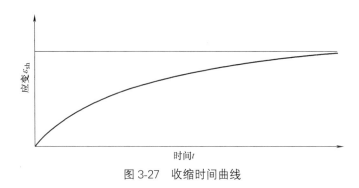

图 3-27   收缩时间曲线

以下因素会影响干燥收缩的程度：

1）骨料：骨料起到抑制水泥浆收缩的作用。因此，骨料含量高的混凝土不易收缩。另外，给定混凝土的收缩程度由集料的性质决定，具有高弹性模量或具有粗糙表面的集料更能抵抗收缩过程。

2）水灰比：水灰比越高，收缩越明显。

3）混凝土体积：收缩率和总收缩量均随混凝土构件体积的增加而降低。但是，对于较大的部件，收缩的持续时间较长，因为干燥需要更多的时间才能到达内部区域，可能需要 1 年才能使干燥过程在距暴露表面 10 英寸的深度处开始，而 10 年则要从外表面以下 24 英寸处开始。

4）环境条件：相对湿度极大地影响了收缩的幅度。在较高的相对湿度状态下，收缩率较低。环境温度是另一个因素，因为在低温下收缩率变得稳定。

5）外加剂：该效果根据混合物的类型而变化。用于促进混凝土硬化和凝固的促进剂（例如氯化钙）会增加收缩率。火山灰还可以增加干燥收缩率，而引气剂几乎没有作用。

6）水泥种类：快速硬化的水泥比其他类型的水泥收缩得更多，而收缩补偿的水泥如果与减缩剂一起使用，则可以最小化或消除收缩裂纹。

7）碳化：碳化收缩是由大气中存在的二氧化碳与水泥浆中存在的二氧化碳之间的反应引起的。综合收缩量根据碳化和干燥过程的发生顺序而变化。如果两种现象同时发生，则收缩减少。但是，在相对湿度低于 50％时，碳化过程会大大减少。

3.2.3   施加预应力的方法

1. 先张法

在放置混凝土之前，对预应力钢筋进行预拉伸以使其免受独立的锚固作用。这种锚固件由大而稳定的舱壁支撑，以支撑施加到各个钢筋束上的极高的集中力。术语"预拉伸"是指预应力钢而不是它所作用的梁的预张紧。因此，预应力梁是在浇铸型材之前将预应力筋张紧的预应力梁，而后张拉梁是在浇筑梁混凝土主要部分达到强度后，将预应力筋张紧的梁。预拉伸通常在预制工厂进行，在该工厂中，将长钢筋混凝土板的预制应力床浇铸在地面上，并在其末端使用垂直锚定隔板或墙。钢绞线被拉伸并固定在垂直壁上，以抵抗较大的偏心预应力。预应力可以通过在一个顶升操作中对单个绞线或所有绞线进行预应力来完成。

先张法生产的特点是，张拉预应力钢筋时只需工具锚（即锚具是作为工具设于台座两端,构件制作后能重复使用)。它的锚固是依靠顶应力钢筋与混凝土间的黏结力自锚于混凝土之中,因此又称"自锚"。先张法的优点是构造简单,材料节省,加工方便,成本便宜。但张拉时需要专用台座以承受拉力,或在特制的钢模上进行模上张拉。这种方法适宜于预制厂集中成批生产,特别适宜于在长线台座上成批生产小型构件。当前全国各地大量生产和推广使用的中、小型预应力构件都是采用先张法生产的,如图 3-28 所示。

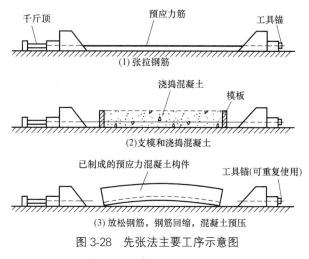

图 3-28 先张法主要工序示意图

由于先张法的预应力钢筋和混凝土之间的锚固是采取自锚,因此自锚的好坏可直接影响构件的质量。自锚质量的关键在于预应力钢筋与混凝土之间的黏结性能和一定的锚固长度。这些都与混凝土的强度、密实度、钢筋表面的形状、荷载作用情况等有关。因此,为了保证预应力钢筋的自锚质量,对于直径为 5mm 及以下、强度大于 100MPa 的光面钢丝应进行压波、刻痕、镦粗和扭结等处理,以加强钢丝的自锚性能。对于直径为 6mm 及以上的粗钢筋则应采用螺纹钢筋。

先张法中张拉预应力钢筋的方法,一般皆用机械张拉,如油压千斤顶、电动卷扬机或电动卷扬机加葫芦等,也有用电热张拉的。对张拉力不大的细钢筋或钢丝,还可采取更简易的方法,如张拉冷拔低碳钢丝时,在缺乏机具的情况下,不少地方有采用手摇绞车、手动葫芦、人力盘车或平衡锤等简易方法。

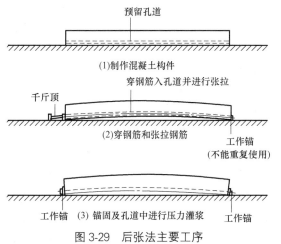

图 3-29 后张法主要工序

2. 后张法

在后张拉过程中,混凝土硬化后,张紧钢绞线、金属丝或钢筋。钢绞线放置在预制混凝土构件内的纵向管道中(图 3-29)。预应力通过端部锚固装置传递,如图 3-30 所示的锚固件。在完全预张拉之前,不应将钢绞线的筋束缚或灌浆。

为了对后张法的钢提供永久保护,并在预应力钢和周围的混凝土之间形成黏结,必须在注入过程中用水泥浆在适当的压力下填充预应力管道。

1)灌浆材料

硅酸盐水泥:硅酸盐水泥应符合以下规格之一:ASTM C150,Ⅰ型、Ⅱ型、Ⅲ型。用于灌浆的水泥应该是新鲜的,并且不应包含任何团块或其他水合作用或"填充物"。

水:灌浆中使用的水应该是饮用水,干净的并且不含有害于硅酸盐水泥或预应力钢的有害物质。

外加剂：如果使用外加剂，则应有降低水含量的特性、良好的流动性，泌水程度小并且具有一定坍落度。它们的配方中不应包含可能对预应力钢或水泥产生有害影响的化学物质，不应使用含有氯化物（Cl⁻含量超过混合物重量的 0.5%，假设每袋水泥有 1 磅的混合物）、氟化物、亚硫酸盐或硝酸盐的混合物。适当细度和数量的铝粉，或引气材料，可用于获得 5%～10% 的膨胀。

(a)

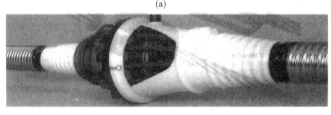

(b)

图 3-30　多个锚固件、耦合器和延性连接器
（a）耦合器；（b）地震带中的延性预制梁柱连接的延性连接器

2）灌浆工艺

应冲洗带有混凝土的管道（带芯的管道），以确保混凝土被完全润湿。灌浆开始时，所有灌浆和高位排气孔应打开。应允许水泥浆从进水管之后的第一个通风孔流出，直到清除了残留的冲洗水或残留的空气为止，此时应关闭通风孔。其余排气孔应以相同方式依次关闭。

灌浆应通过管道进行泵送，并在出口管处不断泵送，直到没有可见的水或空气团块排出为止。喷射浆液的流出时间不应少于注入浆液的流出时间。为确保钢绞线充满灌浆，应关闭出入口。在灌浆完成之前，不得卸下或打开所需的塞子、盖帽或阀。

当无法保持单向灌浆流动时，应立即用水将灌浆从管道中冲洗掉。

在低于 0℃ 的温度下，导管应保持无水，以免因冷冻而损坏。

在混合或泵送过程中，灌浆不应超过 32℃。如有必要，应将混合水冷却。

3. 顶升系统

预应力操作的基本组成部分之一是所采用的顶升系统，例如，将预应力传递到钢绞线上的方式，通过使用容量为 10～20t 液压千斤顶和从 152.4～1219.2mm 的距离来施加这样的力，这取决于是使用先张法还是后张法以及是否对单个钢绞线进行了预应力或所有钢绞线同时受到压力。在后一种情况下，需要大容量千斤顶，其移动距离至少为 762mm。当然，成本将高于顺序张紧。图 3-31 显示了一个 500t 的多头插孔，用于同时通过中心孔进行插孔。

3.2.4　预应力混凝土的发展和应用

由于预应力混凝土结构具有很多优点，因此，在现代建筑工业中，它已逐步成为一个十分重要的组成部分。随着预应力生产工艺的不断发展和完善，预应力混凝土结构在工程中的应用范围将越来越广泛。在国内，预应力混凝土结构已在下列各方面得到较普遍的推广和采用。

图 3-31　500t 千斤顶（由 Post-Tensioning Institute 提供）

1. 建筑构件、配件中的应用

在建筑工程中，预应力混凝土结构的采用是比较普遍的，主要有梁、板、瓦、椽、天沟、檐沟、屋架、柱子、门窗、楼梯、基础桩、吊车梁等，建筑工程中的绝大部分结构构件基本上都包括了。在大跨度结构方面有经国家批准并在全国推广的跨度为 18～36m 的预应力多腹杆拱形屋架，这种屋架早已在全国各地成批建成，使用效果良好；个别工程还成功地建成了跨度为 60m 的拱形屋架；投产多年，使用良好。还有如跨度为 9～12m，吊车吨位为 150～250t 的鱼腹式预应力混凝土吊车梁，也已在一些地区试制成功，成批投产。这些构件，在过去都属于钢结构的范畴，现在已能用预应力混凝土结构代替了。在中、小型建筑构件中，预应力结构更有逐步代替普通钢筋混凝土的趋势，甚至门窗这类建筑配件，近几年来，也已开始用预应力细石混凝土或预应力水泥砂浆制成，以代替过去习惯沿用的木门窗。这些预应力配件（如门、窗樘和门、窗扇等）目前虽尚处在试用阶段，但从它的刚度和抗冲击性能来看还是比较好的，有发展前途，如能推广，就可为国家节约大量的建筑用木材。

2. 储液池和压力管中的应用

储液池和压力管都需承受液压和防止渗漏。过去多数储液池都用钢板或现浇的普通钢筋混凝土制成，这类结构需耗用大量钢板或木模，压力管则常采用铸铁管，因此也需耗用大量生铁。现在由于预应力混凝土的发展和推广，在这方面已可用装配式预应力混凝土的储液池代替过去沿用的结构形式，用预应力钢筋混凝土压力管和自应力混凝土压力管代替铸铁管。在已建成的一些工程中，有直径为 60m 的装配式预应力混凝土大油罐和 11 万 m³ 容量的煤气罐，有已成批生产的管径为 500～1000mm、工作压力为 100kPa 的预应力钢筋混凝土压力管和管径为 100～600mm、工作压力为 60kPa 的自应力管等。这样不仅能节省大量的金属材料或木模，对耐久性也有所提高。根据有关资料，一个年产 120km、直径 100～600mm 的自应力管车间，每年可为国家节省生铁一万吨，管子的使用年限，估计可提高几倍。如我国有的地方七十多年前铺设的直径 700mm 的普通钢筋混凝土管道，至今仍在使用，而同一地区的铸铁管，使用 30 年后就要更换。预应力压力管的使用年限比普通钢筋混凝土管更长。因此，预应力结构在这方面的应用是大有可为的。

3. 组合构件的发展和应用

组合构件是预应力混凝土与普通钢筋混凝土的组合。其中，预应力混凝土部分是在预制加工厂中用高强度等级混凝土制成。它的形式常做成芯棒或薄板等一类小断面的构件，并使它具有很好的弹性和很高的强度，然后把它浇捣在普通钢筋混凝土构件的受拉区，以代替构件受拉区的配筋。组合构件是对整体式预应力混凝土构件的一个发展。因为在整体

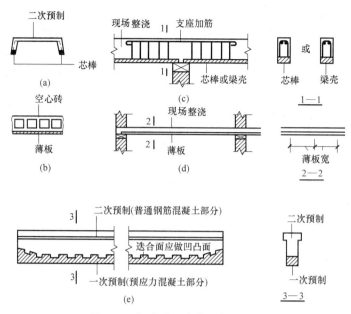

图 3-32　组合式预应力混凝土结构

（a）芯棒槽板；（b）薄板空心砖楼板；（c）装配整体式梁；（d）装配整体式楼板；（e）迭合式吊车梁

式顶应力混凝土构件中，往往由于在受拉区施加预应力后会形成反拱，使反拱的一侧在制作过程中出现制作裂缝，因此常需要在构件的这些部位配置预应力钢筋或非预应力钢筋，以防止和克服这些裂缝，这些配筋仅是为了制作预应力构件时的暂时需要，在构件的使用阶段它不起什么作用，所以是一种浪费。采用组合构件时，配置在受拉区的是已预制好的预应力芯棒或薄板，构件组合时就不致引起制作裂缝，因此，可以免除不合理的配筋。图 3-32 所示，是用预应力芯棒和薄板制成的部分组合构件。

用这种方法制作的组合构件有以下优点：

1）用组合方法制成的受弯构件和偏心受压构件，能比整体式预应力构件节省钢筋和水泥；

2）芯棒和薄板的制作容易，设备简单，模板节省，台座的周转快，适宜在预制厂成批大量生产；

3）芯棒和薄板的使用灵活，可用它制成许多类型的中、小型构件；

4）用芯棒和薄板作配筋，可以代替和节省部分模板。

组合构件虽然有不少优点，但是，由于它是二次浇制，如果叠合面处理不好，会影响构件的整体性。因此，试制、改进和推广预应力组合构件，也是今后发展预应力混凝土的一个课题。

4. 结构补强中的应用

一个好的钢筋混凝土结构补强方案，必须具备下列条件：

1）加固方案必须构造简单，安装方便，对原有结构不应有很大的改变；如凿除原构件的保护层、高空电焊工作等应尽量减少；

2）要使加固的钢筋（或角钢）能与原有结构共同工作，真正达到结构卸荷和补强的作用；

3) 补强后对原有的使用空间没有影响，或影响甚小。

采用预应力钢筋（或角钢）补强钢筋混凝土构件，能实现上述条件，因此是一种目前在结构补强中行之有效的好方法。在使用这种方案时，张拉加固钢筋（或角钢）的方法是使整个方案能否简易的关键。这些张拉方法必须操作方便，设备轻巧，能适应高空作业而不需增搭大量的脚手架；有时在生产车间进行加固时，还要保证车间的正常生产。为此，常用的张拉方法有螺杆横向张拉法和电热法两种。

5. 其他

目前，预应力混凝土结构的应用范围越来越广，几乎过去属于钢、木和普通钢筋混凝土范畴内的结构，都有采用预应力的实例。如基础工程中的沉井、沉箱，水利工程中的水坝、码头、渡槽，交通运输工程中的桥梁、轨枕、路面、飞机跑道、水泥农船以及电杆、高压输电塔、圆筒仓等，这类预应力结构，已越来越引起人们的重视。同时，预加应力的概念，也早就不再局限于钢筋混凝土结构的范围之内，而已发展到其他的领域中了，如预应力钢结构近来也有许多发展。

3.3 超高性能混凝土

超高性能混凝土（UHPC）是指同时具备超高耐久性能、超高韧性和超高力学性能的纤维增强水泥基复合材料，一般是指强度不小于 120MPa 的混凝土。UHPC 比 HPC 具有更密实的结构，更高的抗渗性与耐久性。UHPC 对原材料、生产工艺和施工技术的要求更加严格。

3.3.1 UHPC 原材料

1. 水泥

混凝土的抗压强度与水灰比成反比；降低水灰比（W/C），混凝土中水泥石的结构更为致密，强度提高；但是，水灰比（W/C）降低太大，混凝土的工作性不能保证，不能密实成型，也会造成内部结构的缺陷，导致混凝土强度降低。

近年来，由于粉体技术及聚羧酸高效减水剂的出现与应用，混凝土的水灰比（W/C）可以降低到 15% 以下；在这种背景下，出现了超高性能混凝土（UHPC）。

选择高性能超高性能混凝土所用的水泥时，可以从致密化的角度出发，以硅酸盐水泥为基础，与水泥粗粉和硅粉及超细矿粉相配合，获得紧密堆积的胶凝材料体系；从矿物组成的观点来看，选择 C_3A 及 C_3S 含量低，C_2S 含量较高的水泥，可以降低水化热，降低单方混凝土的用水量，也即可以降低水灰比（W/C）。

改善水泥粒子的形状，也可以降低单方混凝土的用水量；因此，日本利用高速气流冲击法，研发和生产了球状水泥。另一方面，利用球状粉煤灰、微珠和硅粉，作为胶凝材料的一部分，以改善部分粒子的形状，这种应用的实例较多。水泥是通过闭路粉磨生产制造出来的，粒子形状有棱角，与粉煤灰相比粒形较尖，粒度分布曲线属于连续分布，孔隙率较大。故国外采用调整粒度分布的水泥，也即在硅酸盐水泥的基础上，加入粗粉（烧水泥时回收的粉尘）和超细粉（如微珠、硅粉和石灰石超细粉），胶凝材料的粒度拓宽，级配也密实，性能优良，得到了调粒水泥。调粒水泥配制混凝土时，用水量可以降低，流动性得到改善，很适宜于配制超高性能混凝土。通过调整胶凝材料组成的粒度分布，以达到密实填充的目的。

水泥粒子的间隙中，填入超细粉，降低了胶凝材料的孔隙率，如图3-33所示，使混凝土达到目标流动性时，用水量降低；如果超细粉为球状玻璃体又具有火山灰活性，除了提高流动性以外，还能提高强度及其他性能。

硬化混凝土达到致密化，除了上述手法外，其途径还有很多。如采用钙矾石系列的高强度掺合料，在混凝土中生成钙矾石；又如用树脂或硫黄浸渍混凝土，使混凝土密实度提高，强度提高。

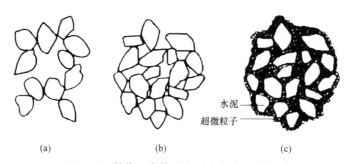

图3-33　粉体＋高效减水剂密实填充的模型
(a) 硅酸盐水泥浆；(b) 含高效减水剂水泥浆；(c) 添加硅粉的水泥浆

UHPC对水泥的选择，以下方面是值得注意的：

1）采用低水化热的水泥，对水泥的矿物组成要 C_3A、C_3S 的含量要低，C_2S 的含量要高。如，低热硅酸盐水泥，由于水泥用量大，水灰比低，自收缩大，容易产生自收缩开裂；水泥用量大，水化放热量大，结构混凝土芯样的强度增长会停滞，要避免这个问题的出现，最好是选择低热水泥。低热硅酸盐水泥与中热硅酸盐水泥的矿物组成不同，硅酸二钙（C_2S）的含量高，铝酸三钙（C_3A）的含量低；水泥矿物组成中，抑制硅酸三钙（C_3S）和铝酸三钙（C_3A）的含量，不但对混凝土结构强度增长有利，而且抗硫酸盐侵蚀也具有重要的意义。

2）水泥粒子的颗粒似球状，圆形系数相对较高。球状水泥是将水泥的粒子加工成球状。这种水泥与普通硅酸盐水泥相比，具有许多特性。例如粒径为 $10\sim30\mu m$ 的球状水泥，其球形系数为 0.85；用其拌制砂浆，灰砂比 1:2，$W/C=55\%$ 时，水泥胶砂的流动度可达277mm；而普通硅酸盐水泥，颗粒球形系数为 0.7，其同条件下水泥胶砂的流动度仅为177mm。在胶砂的流动度相同前提下，球状水泥配制的混凝土，与普通硅酸盐水泥混凝土相比，可降低 $9\%\sim30\%$ 的用水量。各龄期混凝土的强度提高的幅度在 $10\%\sim50\%$ 之间。

3）水泥（胶凝材料）粒子间的级配要好，孔隙率要低，如低热水泥复合一定量硅粉，或调粒水泥都能达到这方面要求的性能。用不同细度的粉体与水泥按一定比例配合，可得调粒水泥，调粒水泥的粒度范围拓宽即水泥组成的粒子变得更细，胶凝材料粉体密实度提高。

2. 骨料

除通过调控胶凝材料实现混凝土高性能与超高性能外，骨料的选择也相当重要。正确地选择骨料，符合有关技术标准的要求，是配制超高性能混凝土的基础。在普通混凝土

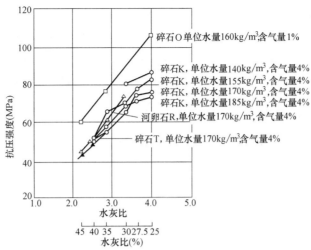

图 3-34　不同骨料混凝土的水灰比和抗压强度

中，一般骨料的强度，高于混凝土强度的 3～4 倍，由于骨料的不同，混凝土抗压强度差别很小。但是配制高性能超高性能混凝土时，随着混凝土强度的提高，骨料的差别对混凝土抗压强度影响很大。如图 3-34 所示，当混凝土抗压强度 50MPa 以下时，也即水灰比 0.4 左右，这时用碎石 K 及河卵石 R 配制混凝土，其抗压强度均大体相同。但当水灰比小于 0.35 后，用不同品种的粗骨料，在相同的水灰比下配制混凝土时，抗压强度的差别比较明显。碎石本身的强度及其界面结构均比卵石有利，故其混凝土强度高。

通常把混凝土看成是水泥砂浆与粗骨料的两相复合材料，以此来分析外力作用下的应力与应变，以找出混凝土组成材料及质量对强度的影响。但是，实际上混凝土是由三相复合而成，也即骨料、水泥浆与界面过渡层所组成，如图 3-35 所示。超高性能混凝土中，界面过渡层则是相对薄弱环节，如何改善与提高界面过渡层的性能，是提高超高性能混凝土强度与耐久性的技术关键。故必须研究骨料与水泥浆之间的相互作用，并研究骨料的品种、数量与质量对界面过渡层的影响。

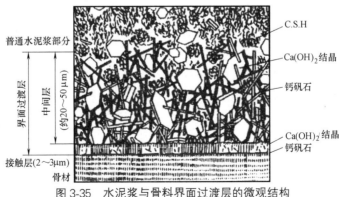

图 3-35　水泥浆与骨料界面过渡层的微观结构

对骨料的选择必须考虑到以下问题：

1）骨料级配

级配好的骨料，孔隙率低，水泥浆用量低，混凝土的收缩变形小，水化热低，体积稳定性好，对强度和耐久性均好，所以 HPC 与 UHPC 用骨料要综合评价质量的优劣。

2) 骨料物理性质

选择骨料具有较大的表观密度（大于 2650kg/m³）和松堆密度（大于 1450kg/m³），吸水率要低（1.0%左右），这样的骨料空隙率低，致密性高。还要求粒子方正，针片状少，能降低水泥浆用量，提高混凝土的流动性和强度。常用的是石灰石碎石或硬质砂岩碎石，粒径不大于 20mm。而对 UHPC 则选用安山岩或辉绿岩碎石，粒径不大于 10≤mm。

3) 骨料力学性能

能含有软弱颗粒或风化颗粒的骨料，按建材行业标准的规定，骨料岩石的抗压强度应为混凝土的抗压强度的 1.5 倍。岩石强度试验采用 50mm 的立方体试件或 $\phi 50$mm×50mm 的圆柱体，在饱水状态下测定抗压强度值，其值不宜低于 80MPa，压碎指标小于 10%。混凝土的弹性模量与骨料的弹性模量有以下关系：

$$Y = 2.50 + 0.20X \tag{3-21}$$

式中　Y——混凝土的弹性模量；

　　　X——骨料的弹性模量。

由此可见，骨料的弹性模量越大，混凝土的弹性模量也相应增大，故要选择弹性模量大的骨料。

4) 骨料化学性能

首先要选择非活性骨料，不含泥块，含泥量小于 1.0%，应不含有机物、硫化物和硫酸盐等杂质。

3. 外加剂

高效减水剂在混凝土中应用，保持坍落度一定值时，可以大幅度地降低单方混凝土的用水量，或混凝土的用水量一定的条件下，可以大幅度地增大混凝土的坍落度，这称之为高效减水剂。高效减水剂，从其化学结构来看，可分为萘系、三聚氢胺系、氨基磺酸盐系、聚羧酸系（丙烯酸系和聚醚系）及马来酸系五大类。聚羧酸系减水剂中，有一种具有侧向聚氧化乙烯接枝聚合物及丙烯酸系和马来酸系。

4. 超细粉

常以超细粉取代部分水泥制备 HPC 以及 UHPC，常用的超细粉有偏高岭土超细粉、水淬矿渣超细粉、微珠超细粉等。以15%左右的偏高岭土超细粉等取代水泥后，与基准混凝土相比，拌合物均匀性好，不泌水，不离析，硬化后混凝土的强度高，而且混凝土的耐久性大幅度提高。

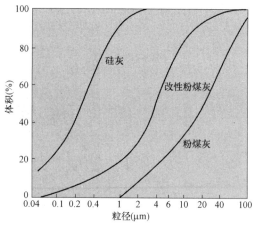

图 3-36　硅粉、改性粉煤灰及粉煤灰粒径分布

1) 微珠超细粉

微珠是一种超细粉，平均粒径约不大于 $1.2\mu m$。常用微珠粒径分布曲线介于粉煤灰和硅粉之间，如图 3-36。因此，在水泥、微珠和硅粉的三组分复配的复合粉体中，微珠填充水泥粒子间的孔隙，硅粉又填充微珠粒子间的孔隙，得到密实填充的粉体。

采用微珠和硅粉双掺，并采用超低水胶比以及复合高效减水剂，可以获得高流动性、长保塑、超高强的 UHPC。采用 0.18 水胶比配制含微珠超高性能混凝土，以部分微珠和少量硅粉复配，取代 1/3 的水泥，混凝土的流动性及强度发展如表 3-18、表 3-19 所示。28d 龄期时，混凝土强度达到了 132.7MPa，达到了 C120 的强度等级。

微珠 UHPC 流动性   表 3-18

时间	坍落度（mm）	扩展度（mm）	倒筒时间（s）
初始	260	680×700	4
1h	260	680×700	4
2h	265	680×700	5
3h	260	660×680	6

不同龄期超高性能混凝土强度   表 3-19

龄期	3d	7d	28d
强度（MPa）	97	101	132.7

2）矿粉超细粉

矿物超细粉在 HPC 与 UHPC 中的功能首先表现在填充的密实效应，如图 3-37 所示。以平均粒径为 0.1μm 的硅粉与平均粒径 10.4μm 硅酸盐水泥组合，当硅粉的体积占比 30%、硅酸盐水泥体积占比 70% 时，两者复合后粉体的孔隙体积达到 0.15。如以平均粒径为 0.95μm 的粉煤灰，以 30% 的体积与 70% 硅酸盐水泥进行组合时，复合后粉体的孔隙体积达到最低，约为 0.2。也就是说两种粉体的粒径比为 1/10～1/20 时，按 70% 与 30% 的体积比复配时，粉体的孔隙体积达到最低，密实度达到最大。这样，在单方混凝土用水量相同的情况下，浆体的流动性最好；如果达到相同流动性

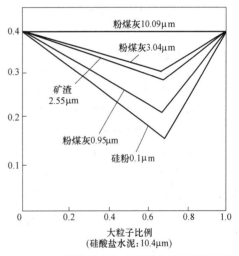

图 3-37　粒径的粉体与水泥组合孔隙体积变化

的浆体，则这种复合粉体的用水量最低，硬化水泥石的强度最高。混凝土的强度最高，耐久性也最好。也就是说，由超细粉的填充效应，引发出了超细粉的流化效应，强度效应与耐久性效应等。但是这种功能和效果，不同品种的粉体是不同的。

5. 钢纤维

钢纤维的掺入，可显著改善 UHPC 的脆性；UHPC 基体开裂后，由于钢纤维的桥接作用，使 UHPC 仍然能够继续承受荷载，应力-应变曲线的下降段变得平缓，可出现应变硬化现象，表现出较好的韧性，如图 3-38 所示。

钢纤维对极限强度和下降段影响显著，主要影响因素有：

1）纤维含量；

2）纤维几何参数；

3）纤维取向；

4）纤维与基体的黏结力；

5）纤维的刚度。

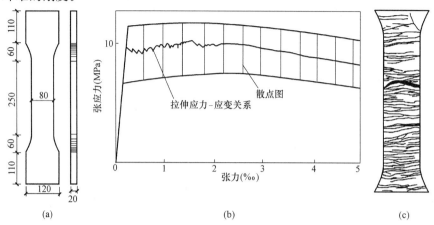

图 3-38 掺钢纤维的 UHPC 应力-应变曲线

（具有初始拉伸应变硬化的 UHPC 的受拉应力应变曲线，纤维含量 2%）

（a）尺寸；（b）应力-应变曲线；（c）裂缝形式（注：ε＝1‰ 对应 0.2mm 的伸长）

3.3.2 UHPC 配合比设计

UHPC 配合比设计过程中需考虑基本问题：

1）为控制 UHPC 早期水化放热，要采用低热水泥及中热水泥，在普通水泥中掺入混合材时，主要是粉煤灰和矿渣。

2）使用高性能引气减水剂，硅粉及性能相似的超细硅质材料。

3）由于气泡会降低混凝土的强度，故要使用消泡剂。为了供研究者参考，或在实际结构物中应用，表 3-20～表 3-22 分别介绍不同强度等级的 UHPC 配比。

超过 100N/mm² 配合比 表 3-20

| 水泥 | W/B(%) | S/a(%) | 混凝土材料用量（kg/m³） | | | | A_d | |
			W	C	S	G	种类	C(%)
N	22	42	170	773	587	851	P_c	2
	20	39		850	525			3
	18	35		944	339			5
M	27	47	170	330	715	851	P_c	1.05
LSF	21	44	160	762	668	840	P_c	1.03
L	30	53	150	450/50	907	842	P_c	—
	25	50		540/80	824			
	20	46		675/75	699			
	16.7	41		810/90	558			
	14.3	36		945/105	450			

注：1. 水泥种类：N—普硅；M—中热；L—低热；LSF—低热水泥中掺入 SF；C—上为水泥下为 SF（C/SF）。

2. 掺合料 SF—硅粉；P_c—聚羧酸型减水剂；有机纤维 2kg/m³，防爆裂。

超过 200N/mm² 配合比   表 3-21

水泥	W/B(%)	单方混凝土中材料用量(kg/m³)				高效减水剂	
		W	B	S	G	种类	C(%)
L+H	13	150	808/115/231	373	848	P_c	1.5±1.0
	14		750/107/214	456			
	16		656/94/188	590			
	18		583/83/167	693			

注：L—低热；H—早强；P_c—聚羧酸型减水剂。

超过 300N/mm² 配合比   表 3-22

水泥	W/B(%)	单方混凝土中材料用量(kg/m³)					P_c
		W	C	SF	S	G	
砂浆混凝土	20	270	825	275	1100	0	—
	12	154	825	275	1100	0	
	20	147	550	185	590	880	

注：P_c—聚羧酸型减水剂。

3.3.3 UHPC 性能研究

1. 强度

1）抗压强度

UHPC 的强度发展，与使用材料，特别是水泥的种类和硅粉等掺合料、混凝土配合比、早期的温度发展、养护条件等有很大关系。在构件设计的时候，除了抗压强度外，高强混凝土的其他性能也和普通混凝土有所不同。

UHPC 抗压强度试验：采用加热养护的 UHPC 的抗压强度比标准养护普通混凝土高 20～30MPa，我国采用边长为 100mm 立方体作为测试样。测试时，受压面的平整度十分重要，微米（μm）级的不平度都可能导致应力集中，测得的抗压强度可降低 20～30MPa；对于无纤维的 UHPC 试件应避免受压面的平行度偏差和不对中引起的应力集中；受压面的平整度还将影响抗压强度的离散性。德国的有关研究表明：不同精度的磨平机加工试件的标准差可达 7.4MPa，而同一精度的磨平机加工的试件的标准差仅为 1.0MPa。

2）弹性模量

不同养护温度下 UHPC 应力-应变曲线如图 3-39 所示，混凝土受高温作用后，曲线的坡度变小，弹性模量明显降低。图 3-40 所示为常温状态下，随着强度增大，弹性模量也逐渐增加，但是强度 180N/mm² 以上的高强混凝土，弹性模量增大的比例也就到头了。

3）抗弯与抗拉强度

如图 3-41 所示，强度超过 100N/mm² 的高强混凝土，其抗弯及抗拉强度随强度增长，并未出现明显提升。

抗拉强度试验：选用单轴拉伸试验方法。测量抗拉强度时，采用无切口的试件。测量拉应力-裂缝宽度关系时采用带切口的试件。通常 UHPC 的抗拉强度在 7～11MPa 之间。不掺加钢纤维的 UHPC 抗拉强度在 5～7MPa 之间，表现为脆性破坏，很难得到稳定的下降段，断裂能在 50（无粗骨料）～100N/m（含粗骨料）之间。有无粗骨料对抗拉强度影响不大，主要取决于水泥品种、硅灰、纳米材料；而 UHPC 掺入钢纤维可显著改善脆性，UHPC 基体开裂后，由于钢纤维的桥接作用，使其仍然能够继续承受荷载，应力-应变曲线的下降段变得平缓，甚至还可出现应变硬化的现象，表现出较好的韧性。

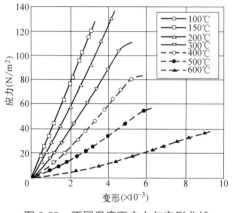

图 3-39　不同温度下应力与变形曲线

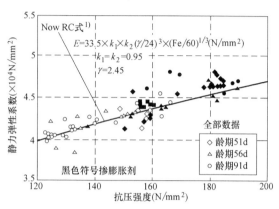

图 3-40　抗压强度与弹性模量

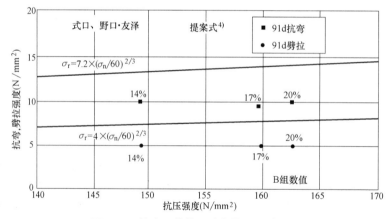

图 3-41　抗弯、抗拉强度与抗压强度关系

4）徐变

由徐变而产生体积变化会使应力缓和，以及预应力构件的有效预应力降低。荷载相同的情况下，加载龄期越早，其约束到达某定值时加快，徐变变形和徐变系数最终值也将增加。另一方面，荷载龄期相同时，加载应力越大，徐变和徐变系数也将有所增大。混凝土早期受高温作用，抗压徐变变形将有所减小。

2. 自收缩

采用水泥用量大的混凝土，须考虑自收缩影响。影响自收缩的主要原因有材料、配合比、成型工艺和养护方法等。关于材料方面，如水泥中 C_3A 矿物含量越高则自收缩越大；混凝土中水泥浆占比越大、水胶比越小，自收缩增大，最大可达 $800\mu m$。如果在早期发生很大的自收缩，由于钢筋的约束，混凝土就会开裂。

超高强混凝土的自收缩较大，易造成早期开裂，采用细度适中的 C_2S 系列的水泥，按照 90d 龄期设计混凝土强度，适当增大水胶比，混凝土的自收缩可以降低。使用降低收缩外加剂和疏水性粉体，能有效地降低自收缩；使用降低收缩外加剂或膨胀剂，或者两者同时使用，都能有效地降低自收缩。

　　3. 高温爆裂

　　超高强混凝土的另一个技术难点是高温爆裂。要解决这个技术难点是掺入聚丙烯纤维长纤维，能防止爆裂损伤，而且不影响混凝土的抗压强度，但断裂能会有很大提高。防止超高强混凝土高温爆裂的另一种方法是表面覆盖。用 15～20mm 的硅钙板覆盖超高强混凝土结构的表面，可避免火灾时结构发生爆裂现象。

3.3.4　UHPC 的应用

　　UHPC 在理论研究和工程应用方面都取得很大的进步，已广泛应用于人行天桥、隔声板及外挂板等要求轻质美观的结构构件。据统计，日本东京羽田机场的扩建，采用共计 22000m^3 的 UHPC 预制构件，充分发挥了 UHPC 自重轻和高腐蚀性环境中超强耐久性特点；在大跨径桥梁结构中，采用 UHPC 可减少构件的截面积和配筋等，极大减轻结构自重，UHPC 用于桥面铺装的钢混结构，可以大大提高钢桥面板的整体刚度；我国高速铁路现今发展迅猛，其电缆槽盖板采用的便是 UHPC，为有效降低生产成本及控制产品质量，原铁道部还专门颁布了《客运专线活性粉末混凝土 RPC 材料人行道挡板、盖板暂行技术条件》；另外，由于 UHPC 具有优异的防爆、抗冲击及耐腐蚀性能，在军工、核电、海工混凝土领域都有着巨大应用前景。总而言之，UHPC 既能解决预应力混凝土梁结构笨重的缺点，又能采用预制的形式缩短工期，极好地满足土木工程领域的未来发展战略。

3.4　再生混凝土

　　随着现代新科技的广泛普及和应用，世界范围内的工业化发展不断加速，资源消耗和环境破坏也日益严重。建筑业作为国民经济的支柱之一，在近百年里迅猛发展，世界上每年超过 30 亿 t 原料被用来制造建筑材料及产品，占了全球经济总流量的 40%～50%。由此不可避免地在建（构）筑物的建造、使用、维护和拆迁过程中产生大量的建筑废物。数量庞大的建筑废物如何被适当地回收、处理和再利用已经成为世界各国共同关注的焦点问题。美国每年产生的建筑废物大约 1.36 亿 t，欧盟国家每年产生的建筑废物大约 1.8 亿 t，其中由建造、装修和拆迁产生的废弃物分别占建筑总废物的 8%、44% 和 38%，人均每年产生的建筑废物量大约 480kg。第二次世界大战结束后，德国城镇重建时期产生的建筑废物达 4 亿～6 亿 m^3。德国联邦统计局 20 世纪 90 年代中前期的大量统计数据表明，德国每年产生的废弃物总量近 3 亿 t，其中建筑废料占总重量的 75%，而这个数字还在不断增加。日本每年产生的废混凝土为 3200 万 t，许多西欧国家每年产生的废混凝土为人均 1t。在澳大利亚，建筑废物超过了城市废物总量的 44%；在丹麦，建筑废物占城市废物总量的 25%～50%；在日本，建筑废物占城市废物总量的 36%；在意大利，建筑废物占城市废物总量的 30%；在西班牙，建筑废物占城市废物总量的 70%。

　　据估计，每拆除 1m^2 的建筑，就会产生 1～1.5t 的建筑废物。14 年统计数据表明，我国每年产生的建筑废物量已超过 15 亿 t。在北京、上海等大城市，建筑废物的年排放量均在 3000 万 t 以上。我国现有 400 亿 m^2 的建筑，未来大部分将转化为建筑废物。因此，作为建筑材料中占比最大的混凝土再生利用具有极其重要的现实意义。人类必须开发资源节省型的混凝土材料，并且实现资源的可循环利用。对大量废混凝土进行循环再生利用即再生混凝土技术，通常被认为是解决废混凝土问题最有效的措施。再生混凝土技术的开发与应用，一方面可解决大量废混凝土处理困难以及由此造成的生态环境日益恶化等问题，另一方面，用建筑废物循环再生骨料替代天然骨料，可以减少建筑业对天然骨料的消耗，从而减少对天然砂石的开采，缓解天然骨料成本上升的压力，并降低开采砂石对生态环境的破坏，保护人类赖以生存的环境，符合人类社会可持续发展的要求。正是因为再生混凝土可以实现对废混凝土的回收，使其恢复部分原有性能，形成新的建材产品，从而不但使有限的资源得以再生利用，而且解决了部分环保问题，因此它完全满足世界环境组织提出的"绿色"的三大含义：

1）节约资源、能源；

2）不破坏环境，更应有利于环境；

3）可持续发展，既满足当代人的需求，又不危害后代人满足其需要的能力。再生混凝土技术已被认为是发展生态绿色混凝土、实现建筑资源环境可持续发展的主要措施之一。

3.4.1 再生混凝土原材料

再生混凝土是指将废弃的混凝土块经过破碎、清洗、分级后，按一定比例与级配混合，部分或全部代替砂石等天然集料（主要是粗集料），再加入水泥、水等配制而成的新混凝土。因此再生混凝土中引起混凝土性能差异的主要原材料为再生骨料。

1. 混凝土再生骨料的制备技术

目前常用的混凝土再生骨料制备技术有两种：化学强化法、物理强化法。

1）化学强化法

国内外专家学者曾经利用化学方法对再生骨料进行强化研究，采用不同性质的材料（如聚合物、有机硅防水剂、纯水泥浆、水泥外掺 I 级粉煤灰等）对再生骨料进行浸渍、淋洗、干燥等处理，使再生骨料得到强化。

聚合物（PVA）和有机硅防水处理法：将 1% PVA 溶液用水稀释 2～3 倍，并搅拌均匀，然后把再生骨料倒入上述溶液中，浸泡 48h。在此期间，用铁棒加以搅拌或用力来回颠簸，去除骨料表面气泡，最后用带筛孔的器皿将再生骨料取出，在 50～60℃的温度下烘干。将有机硅防水剂用水稀释 5～6 倍，搅拌均匀后，把再生骨料倒入稀释的有机硅溶液中，浸泡 24h，操作方法同用聚合物处理法。用 PVA 溶液和有机硅防水剂均能改善骨料的表面状况，从而降低再生骨料的吸水率，见表 3-23。经聚合物和有机硅防水剂处理过的再生骨料的吸水率有较大程度的降低。经有机硅防水剂处理的再生骨料，24h 吸水率很小，表明有机硅防水剂对再生骨料的强化效果较好。

表面处理后的再生粗骨料吸水率 表 3-23

项目	未经处理		聚合物处理		有机硅防水剂处理	
浸泡时间(h)	1	24	1	24	1	24
吸水率	2.5	4.85	0.98	2.05	0.76	1.28

水泥浆液处理法：该方法是用事先调制好的高强度水泥浆对再生骨料进行浸泡、干燥等强化处理，以改善再生骨料的孔结构来提高再生骨料的性能。为了改善水泥浆的性能，可以掺入适量的其他物质，如粉煤灰、硅灰等。研究对比不同性质的高活性超细矿物质掺合料的浆液对再生骨料进行强化，经过处理后的再生骨料的表观密度和压碎指标得到了改善，吸水率并没有得到改善，见表 3-24。在相同水灰比下配制再生混凝土，其工作性和强度见表 3-25。研究结果表明，化学强化对再生骨料本身的强度有一定程度的提高，但没有明显改善混凝土的性能，且代价过高，没有形成推广应用价值。

再生骨料化学强化后的性能   表 3-24

骨料品种	吸水率（%）	表观密度（kg/m³）	压碎指标（%）
未强化	6.68	2424	20.6
纯水泥浆强化	9.65	2530	17.6
水泥外掺硅粉浆液强化	10.06	2453	11.6
水泥外掺粉煤灰浆液强化	7.94	2509	12.8

再生混凝土的工作性和强度   表 3-25

骨料品种	坍落度（mm）	28d 抗压强度（MPa）	56d 抗压强度（MPa）
未强化	45	32.5	36.6
纯水泥浆强化	43	30.1	37.7
水泥外掺硅粉浆液强化	45	33.2	40.2
水泥外掺粉煤灰浆液强化	42	28.6	38.0

2）物理强化法

所谓物理强化法是指使用机械设备对简单破碎的再生骨料进一步处理，通过骨料之间的相互撞击、磨削等机械作用去除表面黏附的水泥砂浆和颗粒棱角的方法。物理强化方法主要有立式偏心装置研磨法、卧式回转研磨法、加热研磨法、磨内研磨法和颗粒整形等几种方法。立式偏心装置研磨法、卧式回转研磨法统称机械研磨强化法。

立式偏心装置研磨法：由日本竹中工务店研制开发的立式偏心装置研磨法的工作原理如图 3-42 所示。该设备主要由外部筒壁、内部的高速旋转的偏心轮和驱动装置所组成。设备构造有点类似于锥式破碎机，不同点是转动部分为柱状结构，而且转速快。预破碎的物料进入到内外装置间的空腔后，受到高速旋转的偏心轮的研磨作用，使得黏附在骨料表面的水泥浆体被磨掉。由于颗粒间的相互作用，骨料上较为突出的棱角也会被磨掉，从而使再生骨料的性能得以提高。

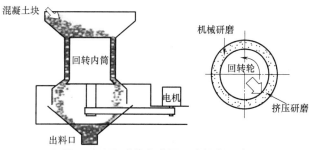

图 3-42 立式偏心装置研磨设备示意

卧式回转研磨法：由日本太平洋水泥株式会社研制开发的卧式强制研磨设备外形及内部构造如图 3-43 所示。该设备十分类似于倾斜布置的螺旋输送机，只是将螺旋叶片改造成带有研磨块的螺旋带，在机壳内壁上也布置着大量的耐磨衬板，并且在螺旋带的顶端装有与螺旋带相反转向的锥形体，以增加对物料的研磨作用。进入设备内部的预破碎物料，由于受到研磨块、衬板以及物料之间的相互作用而被强化。

图 3-43　卧式强制研磨设备外形及内部构造

加热研磨法：加热研磨法的工作原理如图 3-44 所示，将经过初步破碎成 50mm 以下的混凝土块，投入到填充型加热装置内，经 300℃的热风加热使水泥石进行脱水、脆化，物料在双重圆筒形磨机内，受到钢球研磨体的冲击与研磨作用后，粗骨料由内筒排出，水泥砂浆部分从外筒排出。一次研磨处理后的物料（粗骨料和水泥砂浆），进入到二次研磨装置中。二次研磨装置是以回收的粗骨料作研磨体对水泥砂浆部分进行再次研磨。最后，通过振动筛和风选工艺，对粗骨料、细骨料以及副产品（微粉）进行分级处理。加热研磨处理工艺，不但可以回收高品质的再生粗骨料，还可以回收高品质再生细骨料和微骨料（粉料）。加热温度越高，研磨处理越容易；但是当加热温度超过 500℃时，不仅会使骨料性能劣化，而且加热与研磨的总能量消耗会显著提高 6~7 倍。

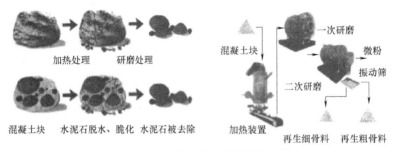

图 3-44　加热研磨法工作原理及流程

颗粒整形强化法：颗粒整形强化法是国内再生骨料强化的主要方法之一。通过再生骨料高速自击与摩擦来去掉骨料表面附着的砂浆或水泥石，并除掉骨料颗粒上较为突出的棱角，使粒形趋于球形，从而实现对再生骨料的强化。该系统由主机系统、除尘系统、电控系统、润滑系统和压力密封系统组成。

物料由上端进料口加入机内，被分成两股料流。其中，一部分物料经叶轮顶部进入叶轮内腔，由于受离心作用而加速，并被高速抛射出（最大时速可达 100m/s）；另一部分物料由主机内分料系统沿叶轮四周落下，并与叶轮抛射出的物料相碰撞。高速旋转飞盘抛出的物料在离心力的作用下填充死角，形成永久性物料曲面。该曲面不仅保护腔体免受磨损，而且还会增加物料间的高速摩擦和碰撞。碰撞后的物料沿曲面下返，与飞盘抛出的物料形成再次碰撞，直至最后沿下腔体流出。物料经过多次碰撞摩擦而得到粉碎和整形。在工作过程中，高速物料很少与机体接触，从而提高了设备的使用寿命，如图 3-45 所示。

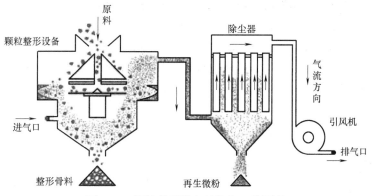

图 3-45　颗粒整形设备结构和工作原理

2. 再生骨料性能

国内标准把再生骨料按品质分为 3 个等级，Ⅰ类再生粗骨料品质已经基本达到常用天然粗骨料的品质，其应用不受强度等级限制；为充分保证结构安全，Ⅱ类再生粗骨料用于配制再生混凝土时，混凝土强度等级不宜高于 C40；Ⅲ类再生粗骨料由于品质相对较差，可能对结构混凝土或较高强度再生混凝土性能带来不利影响，故只用于配制强度等级不高于 C25 的再生混凝土。同时，由于Ⅲ类再生粗骨料的吸水率等指标相对较高，所以不宜用于有抗冻要求的混凝土。国外相关标准对再生骨料混凝土的强度应用范围也有类似限定，例如，对于近似于我国Ⅱ类再生粗骨料配制的混凝土，比利时限定为不超过 C30，丹麦限定为不超过 40MPa，荷兰限定为不超过 C50。

Ⅰ类再生细骨料的主要技术性能已经基本达到常用天然砂的品质，但是由于再生细骨料中往往含有水泥石颗粒或粉末，而且目前采用再生细骨料配制混凝土的应用实践相对较少，所以对再生细骨料在混凝土中的应用比再生粗骨料的限制要严格一些。Ⅰ类再生细骨料宜用于 C40 及以下强度等级的混凝土，Ⅱ类再生细骨料宜用于 C25 及以下强度等级的混凝土，Ⅲ类再生细骨料由于品质较差，不宜用于混凝土。再生粗骨料用于房屋结构工程和道路工程的混凝土时，其取代率要控制在 30% 以下；用于空心砌块的再生混凝土时，其取代率不作限制，空心砌块中还可同时使用再生细骨料。

3.4.2　再生混凝土配合比设计

再生混凝土配合比设计的主要任务，是确定能获得预期性能而又经济的各组成材料的用量。这与普通混凝土配合比设计的目的是相同的，即在保证结构安全使用的前提下，力求达到便于施工和经济节约的要求。国内外大量试验已表明：再生粗骨料的基本性能与天然粗骨料有很大差异，如孔隙率大、吸水率大、表观密度低、压碎指标高等。考虑到再生粗骨料本身的特点，进行再生混凝土的配合比设计时应满足以下三个要求：

1）满足结构设计要求的再生混凝土强度等级。再生混凝土的抗压强度一般稍低于或低于相同配合比的普通混凝土，为了达到相同强度等级，其水胶比应较普通混凝土有所降低。

2）满足施工和易性、节约水泥和降低成本的要求。由于再生粗骨料的孔隙率和含泥量较高以及表面的粗糙性，要满足与普通混凝土同等和易性的要求，则单位体积再生混凝土的水泥用量往往要比普通混凝土高。因此，进行再生混凝土配合比设计时必须尽可能节约水泥，这对降低成本至关重要。

3）保证混凝土的变形和耐久性符合使用要求。再生粗骨料的吸水率较高、弹性模量较低及再生粗骨料中天然骨料与老砂浆之间存在界面等，给再生混凝土的某些变形性能和耐久性能带来不利影响。所以在配合比设计时，必须注意充分考虑适用性和耐久性的要求。

3.4.3　再生混凝土性能

1. 力学性能

1）抗压强度

通过调整用水量控制混凝土坍落度在 $160\sim200$mm 范围内，将经简单破碎再生粗骨料分别取代天然骨料 0％、40％、70％ 和 100％，胶凝材料用量分别为 300kg/m^3、400kg/m^3、500kg/m^3，混凝土砂率为 35％，减水剂掺量为 1.2％，配制而成的再生粗骨料混凝土与天然粗骨料混凝土的抗压强度对比如图 3-46 所示。简单破碎再生粗骨料的取代率对再生混凝土的抗压强度影响很大。总体而言，再生混凝土的抗压强度随着再生粗骨料的增加而降低。当水泥用量为 400kg/m^3，再生粗骨料取代率为 40％、70％ 和 100％ 时，简单破碎再生混凝土的 3d 抗压强度分别较天然骨料混凝土降低 0.5％、增加 1.7％ 和减少 2.8％ 左右；28d 抗压强度分别较天然骨料混凝土降低 0.9％、降低 8.1％ 和降低 13％ 左右；56d 抗压强度分别较天然骨料混凝土降低 7％、降低 12.8％ 和降低 11.9％ 左右。

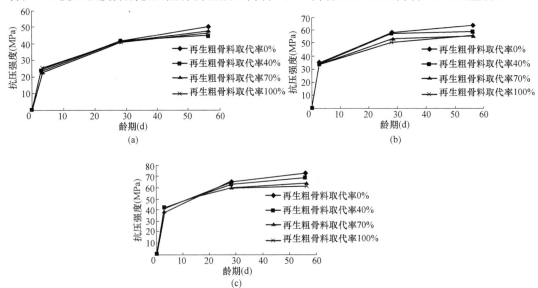

图 3-46　再生粗骨料混凝土与天然粗骨料混凝土的抗压强度对比

（a）水泥用量为 300kg/m^3 简单破碎再生粗骨料混凝土抗压强度；（b）水泥用量为 400kg/m^3 简单破碎再生粗骨料混凝土抗压强度；（c）水泥用量为 500kg/m^3 简单破碎再生粗骨料混凝土抗压强度

2）劈裂抗拉强度

目前，工程上通常用劈裂抗拉试验代替轴拉试验。把符合要求的新拌混凝土成型，在标准养护室进行养护至 28d、56d，进行劈裂抗拉强度试验。参照上述相同配比，采用简单再生粗骨料配制混凝土与天然碎石混凝土的劈裂抗拉强度对比如图 3-47 所示。可以看出，简单破碎再生粗骨料混凝土的劈裂抗拉强度比天然碎石混凝土有较大幅度的降低。随着取代率的增加，劈裂抗拉强度下降幅度越来越大。

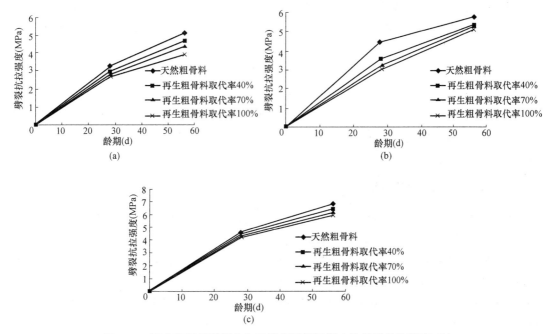

图 3-47 再生粗骨料混凝土与天然粗骨料混凝土的劈裂抗拉强度对比

（a）水泥用量为 300kg/m³ 简单破碎再生粗骨料混凝土劈裂抗拉强度；（b）水泥用量为 400kg/m³ 简单破碎再生粗骨料混凝土劈裂抗拉强度；（c）水泥用量为 500kg/m³ 简单破碎再生粗骨料混凝土劈裂抗拉强度

2. 收缩

干燥收缩是指混凝土停止正常标准养护后，在不饱和的空气中失去内部毛细孔和胶凝孔吸附水而发生的不可逆收缩，它不同于干湿交替引起的可逆收缩。干缩是混凝土的一个重要的性能指标，它关系到混凝土的强度、体积稳定性、耐久性等性能。

混凝土干燥收缩本质上是水化产物的收缩，骨料及未水化胶凝材料则起到约束收缩的作用。对于一般工程环境（相对湿度大于 40%），毛细孔隙失水是收缩的重要原因。因此，给定龄期下，水化相的数量及其孔隙结构决定了混凝土收缩大小。由于再生粗骨料较高的吸水率特征，使得配制混凝土的干缩变形较为显著。几乎所有涉及再生骨料混凝土的国内外学者都无一例外地提及再生混凝土的干缩变形对于结构整体影响的重要性。

简单破碎再生粗骨料混凝土的收缩量在水泥用量较少时，前期较小，后期相对增加；随着简单破碎再生粗骨料取代率的增加，简单破碎再生粗骨料混凝土的收缩也随之加大。由于简单破碎再生粗骨料的吸水率较大，在拌制混凝土时需加入较多的拌合水，致使简单破碎再生粗骨料混凝土的早期收缩应变较小，后期增长较快；另外，简单破碎再生粗骨料的弹性模量大大低于天然碎石，这也会使简单破碎再生粗骨料混凝土的收缩量大大高于天然碎石混凝土。再生粗骨料的取代率对再生混凝土的收缩也有较大影响，当再生粗骨料的相对量比较少时，对收缩起主要控制的作用还是天然碎石，当取代率增加，对收缩起主要控制的是再生粗骨料，由于简单破碎再生粗骨料自身的多孔特性和级配导致收缩加大。通过颗粒整形去除了再生粗骨料的棱角和附着的多余的水泥砂浆，使其粒形接近球形，而且级配更加合理并且用水量也相对较少，可有效降低干燥收缩量。

3. 耐久性

由于简单破碎再生粗骨料在使用期间被破坏，或者在解体破碎过程中也可能存在损伤积累，使再生骨料内部存在大量的微裂纹，并且骨料与水泥浆体之间的结合也不牢固，这些裂缝形成了外界侵蚀介质（水、二氧化碳、氯离子等）的渗透通道。当单位水泥用量增加时，多余的水泥浆体使混凝土更加密实，简单破碎再生粗骨料被水泥砂浆包裹，改善了简单破碎再生粗骨料的性能，使介质传输系数有所降低。

简单破碎粗骨料经过颗粒整形后，去除了骨料表面附着的多余的水泥砂浆，使骨料的微裂纹减少，从而减少了氯离子渗透的通道，经过颗粒整形之后，再生粗骨料的级配更加合理，混凝土更加密实，有助于提升再生粗骨料混凝土耐久性。

3.4.4　再生混凝土的应用

通过科学配合比设计、合理强化再生骨料，可以实现再生混凝土在制品、商品混凝土中高效应用。2004 年在上海市便成功设计建造了 2 层再生混凝土空心砌块砌体试点房屋，2009 年在四川都江堰市成功设计并建造了包括 3 栋建筑的示范性工程，分别为 2 层的再生混凝土框架结构研究中心办公楼、2 层的再生混凝土空心砌块砌体结构信息中心办公楼和 1 层的再生混凝土空心砌块砌体结构实验室。目前，再生混凝土应用于构件生产制备已取得了重要进展。

1. 再生混凝土梁

1）梁受弯性能

再生混凝土梁的承载力与普通混凝土差别不大，能满足结构设计要求。低、中强度再生混凝土梁的抗弯承载力变异性比高强度再生混凝土梁大；再生混凝土梁的挠度明显比普通混凝土挠度大，正常使用状态下超过 10%～25%，极限状态下大 30%～50%。再生混凝土梁的裂缝宽度比普通混凝土梁大，而裂缝间距比普通混凝土梁小。

与普通混凝土梁相似，再生混凝土梁在受弯过程中同样要经历弹性、带裂缝工作、钢筋屈服和构件破坏四个阶段。再生混凝土梁的屈服荷载、极限荷载与普通混凝土梁非常接近。再生粗骨料掺入百分比对再生混凝土梁的短期刚度影响不大，再生混凝土梁的短期刚度和跨中挠度与普通混凝土梁相近，并无太大差别。

再生混凝土梁在正常使用极限状态和承载能力极限状态的受弯性能与普通混凝土梁基本相同。再生混凝土梁与普通混凝土梁的受弯机理基本相同。再生混凝土梁在钢筋受拉屈服后就发生受弯破坏或弯剪破坏，所以再生粗骨料对梁极限弯矩退化以及梁延性的影响很难观测，可以采用传统的计算方法来求得再生混凝土梁的极限弯矩。

2）梁受剪性能

研究发现对无腹筋的再生混凝土梁进行了静力受剪试验，普通混凝土梁的抗剪计算公式不适用于再生混凝土梁，尤其是再生粗骨料取代率较大情况下。再生混凝土无腹筋梁的加载破坏形式和受力机理与普通混凝土无腹筋梁相似，破坏荷载略低于普通混凝土无腹筋梁，随着再生粗骨料取代率的增加，抗剪承载力有下降的趋势，且破坏时斜裂缝平均宽度也有减小趋势。

2. 再生混凝土柱

再生混凝土柱的破坏形态以及破坏机理与普通混凝土相似，但再生混凝土柱裂缝出现的时间要比普通混凝土早，且无明显征兆，普通混凝土柱的承载能力要高于再生混凝土柱。当试件的截面尺寸、配筋和柱高均相同，以再生粗骨料取代率 r 和偏心距 e 为研究参数，可以得出在不同的再生粗骨料取代率、不同偏心距下的实测 N（轴力值）和 M（弯矩）值，从而可以画出其 N-M 相关曲线（图 3-48）。无论再生粗骨料取代率多少，在小偏心破坏时，随着轴向荷载的增大，试件的抗弯能力减小；而大偏心破坏时，轴向荷载的增大反而提高了试件的抗弯承载力；界限破坏时，试件的抗弯承载力达到最大值。

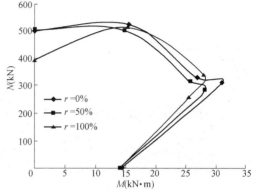

图 3-48 不同再生粗骨料取代率下的 N-M 相关曲线

3. 再生混凝土剪力墙

对于剪跨比为 2.0 的再生混凝土高剪力墙，与普通混凝土高剪力墙相比，其抗震性能略差；随着再生粗骨料取代率的增大，再生混凝土高剪力墙的抗震性能呈下降趋势；带暗支撑再生混凝土高剪力墙的承载力、延性和耗能能力较普通再生混凝土剪力墙明显提高。对于剪跨比为 1.0 的再生混凝土低矮剪力墙，与普通混凝土低矮剪力墙相比，其抗震性能相近；再生粗骨料取代率的变化对剪力墙的抗震性能影响不大；加配暗支撑钢筋的再生混凝土剪力墙的抗震性能明显提高。

对于不同再生粗骨料取代率的再生混凝土密肋复合墙体，在低周反复水平荷载作用下，其受力性能、破坏形态及破坏机制与普通混凝土墙体没有明显的区别；随着取代率的增大，墙体的延性随之提高；取代率为 50% 的墙体和取代率为 100% 的墙体相比，两者的弹性刚度基本一致，后者屈服后的刚度衰减较快。

国内外对再生混凝土构件基本性能的研究表明，合理设计的再生混凝土构件基本上能够达到普通混凝土构件的性能水平，将其应用于土木工程中是可行的。现阶段再生混凝土技术的研究主要停留在材料性能和构件行为层面上，有关再生混凝土空间结构行为的研究比较少。为了推广再生混凝土结构在实际工程中的应用，在已有的再生混凝土材料、构件的试验和理论研究基础上，迫切需要对再生混凝土空间结构的性能进行研究。

3.5 3D 打印混凝土

3D 打印建筑是应用大型 3D 打印机和专用打印油墨完成建筑一体化完整打印，即建筑墙体、保温、建筑部件、外墙装饰、内墙粉刷等一次打印完成的创新技术。在整个操作过程中，3D 打印系统会按照系统设置的程序预留门窗等部件的位置，根据需要安装预埋件，这样可以便捷地安装门窗。空心墙体中可以自由布置水、电、气、暖等管线。此时，无需施工队及脚手架、砖瓦和木材，一栋完整的房屋就建成了。一幢高200m的房屋采用3D打印技术可以在短短几个小时内"打印"出来，采用这种技术建造的房屋安全可靠。与传统建筑行业相比，3D打印的建筑不但建材质量可靠，这种制造技术可节约建筑材料30%~60%、缩短工期50%~70%、减少人工50%~80%，打印至少能使建筑成本降低50%以上。图3-49是2014年在荷兰建成的世界第一座3D打印建筑，图3-50是极具现代时尚风格的迪拜3D打印办公楼。

图 3-49　世界第一座 3D 打印建筑"荷兰风景屋"

图 3-50　迪拜 3D 打印办公楼

3.5.1　3D 打印技术

3D打印技术的正式名称为"增材制造"，又称为"快速成型技术"，起源于20世纪80年代，是指通过连续的物理层叠加，逐层增加材料来生成三维实体的技术。与传统的去除材料加工技术（减材制造）不同，其综合了数字建模技术、机电控制技术、信息技术、材料科学与化学等诸多方面的前沿技术知识，具有很高的科技含量。

3D打印技术是基于三维数字模型的，通常采用逐层制造方式将材料结合起来的工艺，基本原理就是"分层制造，逐层叠加"，即通过逐层增加材料来生成3D实体，达到制造产品的目的，如图3-51所示。历经30多年的发展，3D打印的工艺方法逐渐创新，主要有光固化成型法、选择性激光烧结法、分层实体制造法、熔融沉积制造法和三维打印法等。

3D打印混凝土技术是在3D打印技术的基础上发展起来的应用于混凝土施工的新技术，其主要工作原理是将配置好的混凝土浆体通过挤出装置，在三维软件的控制下，按照预先设置好的打印程序，由喷嘴挤出进行打印，最终得到设计的混凝土构件，如图3-51所示。3D打印混凝土技术在打印过程中，无需传统混凝土成型过程中的支模过程，是一种最新的混凝土无模成型技术。

对于新拌的混凝土浆体，为满足3D打印的要求，必须达到特定的性能要求：

1）可挤出性：在3D打印混凝土技术中，混凝土浆体通过挤出装置前端的喷嘴挤出进行打印，因此配置浆体中颗粒大小要由喷嘴口的大小决定，并需严格控制，杜绝大颗粒

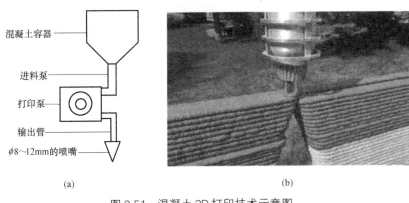

混凝土容器
进料泵
打印泵
输出管
$\phi 8\sim12mm$的喷嘴

(a)   (b)

图 3-51   混凝土 3D 打印技术示意图

（a）3D 打印技术示意图；（b）3D 打印混凝土构件

集料的出现，在打印过程中不致堵塞，以保证浆体顺利挤出。

2）黏聚性：一方面较好的黏聚性可以保证混凝土在通过喷嘴挤出的过程中，不会因浆体自身性能的原因出现间断，避免打印遗漏；另一方面，3D 打印是由层层累加而得到最终的产品。因此，层与层之间的结合属于 3D 打印混凝土的薄弱环节，是影响硬化性能的重要因素，而较好的黏聚性可以最大限度地削弱打印层负面的影响。

3）可建造性：可挤出性和黏聚性可以保证前期的打印和硬化后的性能，却难以保证打印的全程可以顺利进行。在 3D 混凝土打印的过程中，必须要求已打印完成的部分状态保持良好，不会出现坍塌、倾斜等中断打印施工的现象（图 3-52），这就对混凝土浆体的可建造性提出了要求。

图 3-52   不同特性混凝土
3D 打印效果

3D 打印混凝土技术同样会对硬化混凝土的性能产生较大影响。在打印过程中，混凝土呈条状挤出成型，条与条之间的黏结问题是决定硬化打印混凝土孔结构的重要因素，较差的黏聚性会导致打印混凝土结构内部出现大而多的孔隙，势必对混凝土的耐久性有重大影响；对强度而言，使用打印技术会造成混凝土强度的损失，导致打印混凝土的强度低于同种配比的模成型混凝土。同时，打印也会使混凝土的强度出现各向异性的特点，强度的高低由打印的方向所决定；此外，水中养护对打印混凝土的性能也有较大的影响，主要原因在于水中养护会对打印混凝土的微观结构有一定的改善作用，填充打印混凝土在打印过程中造成的孔隙，从而改善打印混凝土的各项性能。

3.5.2   原材料组成

为配合 3D 打印建筑的需要，需对打印"油墨"进行设计与优选。3D 打印混凝土需要的原材料包括：胶凝材料、骨料、矿物掺合料、纤维材料及外加剂等，并针对其配合比设计方法进行性能分析，以实现混凝土打印和性能控制。以混凝土为例，能否保持连续、均匀的可挤出性，保持足够的层间黏结性以及拥有足够的强度去支撑后打印层的可塑造性，是实现混凝土3D打印的关键。首先是胶凝材料可采用特种水泥、树脂、镁质胶凝材料等。为满足3D打印的需要，粗细骨料的质量要求更高。为具备更好的流动性且能在空气中迅速凝结自承重，外加剂需从根本上发生改变，其在混凝土体系中发挥的作用及机理也完全不同于传统混凝土；其次，在配合比设计方面，需要有新的理论来支持，混凝土各项性能发生了巨大变化，其硬化、收缩性能发生根本性改变，目前的混凝土强度理论、耐久性能理论、水化作用理论等均不能适应要求。

1. 胶凝材料的选择

3D打印混凝土胶凝材料主要是以无机材料为主，如硅酸盐水泥、干混砂浆、硫铝酸盐水泥、铝酸盐水泥、磷酸镁水泥等。

硅酸盐水泥作为建筑行业最常用的凝结材料，其缓慢的水化速度直接地影响到打印混凝土的施工进度。硫铝酸盐水泥具有快凝、早强的特性，将其应用到打印混凝土的配比中可以得到显著的速凝效果。另外，可以考虑将普通硅酸盐水泥与硫铝酸盐水泥混合掺加到3D打印混凝土中，用以调整混凝土早期的水化速度和早期强度。通过调节矿物掺合料如硅粉、粉煤灰、矿物等材料掺量，从理论上也可以用来辅助控制硫铝酸盐混凝土的反应速度。另一类早强型胶凝材料磷酸镁水泥（MPC），同样具有快速反应的特点，凝结硬化时间为 $1\sim10$ min，更重要的是磷酸镁水泥 1h 抗压强度可达 40MPa、抗折强度能达到 $5.5\sim10.5$ MPa 的优点，远高于其他品种的水泥，可以满足 3D 打印混凝土结构承载能力的要求。另外，磷酸镁水泥黏结强度比较高，成型后的打印混凝土试条不会发生塌陷、开裂等现象。但是，由于磷酸盐水泥尚存在强度倒缩、耐水性差等问题，还有待进一步研究。

2. 骨料的选择

3D打印混凝土必须具备约束自身变形、均衡受力以及竖向累计成型的特点，又结合经济实用性的考虑，打印浆体中需掺加相当一部分的骨料作为填充材料。打印混凝土中骨料的选配需要从多个环节进行考量，即通过对拌合、输送、挤出、成型、承载过程等多道程序的研究，得到 3D 打印混凝土制备较为适用的最优骨料粒径和最优级配。骨料的特性方面，如坚固性、软弱颗粒、耐磨性、针片状含量、压碎性、孔隙率、细度、表面结构及矿物组成等因素都能直接或者间接地影响到 3D 打印混凝土的各方面性能。因此，骨料从结构的内部结构上决定了新拌打印混凝土的流变性、黏稠度、打印混凝土硬化前后期的受力特点以及耐久性。

3D打印混凝土的材料传送是通过后端输送管道将材料运送至前端打印口的过程。首先，搅拌箱中的材料被拌合均匀，通过旋转纽带进入输送管道，此时骨料粒径的尺寸会影响到旋转纽带的取料，粒径过大将会致使取料困难，甚至阻碍旋转纽带的正常运转。此外，骨料形状的不规则也会直接地影响到旋转纽带取料的均匀性，造成打印挤出间断或者试条挤出粗糙不能成型的现象；其次，材料在管道输送过程中的一个最为关键性的控制指标，就是要保障打印混凝土的最终拌合物满足打印混凝土的泵送性能要求。3D 打印混凝土的黏稠度要比泵送混凝土大得多，若骨料在输出路径运送过程中所形成的横切面积几乎堆满管道的直径，骨料颗粒间的摩擦阻力成为影响泵送距离的主要因素时，打印材料的输送过程缓慢甚至出现中断，就会造成堵塞事故；最后，材料从打印终端挤出，打印嘴对骨料的粒径与级配要求更为严格,不仅要考虑材料的连续性,还要有较为均匀的力学输出,这些问题都直接或间接地关联到骨料的级配优选问题。

3. 矿物掺合料的选用

粉煤灰、硅粉、矿粉、陶瓷抛光砖粉、纤维素醚等矿物掺合料,其活性成分可大幅提高打印构件的强度及结构的致密度,提高材料的耐久性能及结构的使用寿命。

1）粉煤灰

粉煤灰的填充效应可增加3D打印混凝土内部的密实度,同时,其蓄水池作用可为打印混凝土后期的无模养护提供充足的水化内环境,避免了打印结构由于打印混凝土失水膨胀而造成的开裂,并使其得到显著的改善。实验表明,粉煤灰的掺入可以有效提高打印混凝土的工作性能、力学性能和耐久性,是制备高性能3D打印混凝土的主要掺合料。但另一方面,掺入大量的粉煤灰会导致打印混凝土早期的强度发展缓慢,抗碳化性能和抗冻性明显降低等问题。

2）矿粉

矿粉具有较为优异的保水性能,适量的使用可以有效地减少混凝土拌合物的分离和避免混凝土在荷载作用下的泌水现象,可以显著地降低输送管道的压力和提高混凝土打印的输送性能。矿粉与粉煤灰混合使用能明显改善打印混凝土的孔隙结构,显著提高打印混凝土的力学性能。

3）陶瓷抛光砖粉

陶瓷抛光砖粉是瓷质抛光砖在生产过程中经研磨抛光而产生的废粉。抛光砖粉与粉煤灰相比,在掺量相等的取代条件下能提高混凝土力学性能,且早期强度表现突出。另外,抛光砖粉具有良好的黏聚性和保水性,这些性能都是3D打印混凝土所需要的品质。但是需要注意的是陶瓷抛光砖粉掺量过多会导致打印混凝土流动性变差,如果考虑用粉煤灰与陶瓷抛光砖粉复合掺加,既能有利于发挥两者的优势,不影响打印混凝土黏聚性和保水性的同时,又具有较好的流动性和早期强度,此方案是复合型打印混凝土材料性能设计的解决方向。

4）硅粉

从3D打印成型工艺而言,对前期强度增长速度的控制较为严格,在胶凝材料发挥作用的同时,还要求掺入适宜的掺合料来辅助打印混凝土强度平稳增长。硅粉具有很高的活性,作为混凝土的掺合料,对打印混凝土前期强度的增长作用较为明显;但是掺入硅粉后,后期强度增长相对比较缓慢,需要同粉煤灰的作用配合以提高打印混凝土整个硬化周期的强度。此外,硅粉颗粒的粒径很小,通常可以用来填充集料周围界面区的孔隙,同时,还具有减少材料由于受到挤压而产生泌水的作用。硅粉也可以明显地改善混凝土的黏结性能,所以又增强了水泥浆与骨料界面的过渡区。

5）纤维素醚

纤维素醚是天然材料纤维素的衍生物,将其应用于3D打印混凝土中,能在一定程度上改善打印混凝土的工作性能。纤维素醚的作用是在纤维素醚和水化水泥颗粒之间形成一层薄而能防止内部水分向外渗透的聚合物膜,此封闭效应可以减轻打印混凝土由于无模养护所造成的干裂、收缩现象。另外,由于纤维素醚具有良好的保水性,减小水分蒸发的同时也保证了水泥充分凝结硬化,水泥浆体的黏结强度也有一定程度的提高。此外,纤维素醚的加入提高了混凝土材料的黏聚性，赋予了打印结构良好的可塑性和柔韧性。即使是在连续不间断的施工过程中，打印混凝土能够很好地应对打印堆叠产生的变形效应以及材料形变产生的应力效应。

4. 纤维材料在 3D 打印混凝土中的运用

由于施工工艺的束缚，使得 3D 打印混凝土结构内部很难添加受力钢筋。采用 3D 打印成型的建筑，虽然连续成型的打印工艺能够使得材料均匀性良好，保障了结构整体的完整性，但是，混凝土材料自身并不完全地具备在地震的作用下承受外部拉应力的能力，所以结构抗震设计成为 3D 打印建筑混凝土的软肋。

纤维材料可以明显提高打印混凝土的抗裂强度和最大载荷的弹性模量，也可以明显改善打印混凝土韧性和延性，还能推迟混凝土制品的表面劣化，提高其耐久性。应用 3D 打印混凝土的纤维增强基材中，纤维大体被分为以下几类：钢纤维、碳纤维、耐碱玻璃纤维、聚丙烯纤维、尼龙合成纤维、乙纶纤维和丙纶纤维等。

5. 外加剂在打印建筑材料中的运用

3D 打印混凝土建造技术的关键性问题是实现材料的凝结时间和强度的控制，如何才能解决这两个指标的精确控制，是保障 3D 打印混凝土施工连续性和安全性的关键。减水剂、促凝剂、缓凝剂、早强剂、引气剂、增稠剂、保塑剂等化学外加剂是混凝土常用的材料，对混凝土的各项工作性能起到了明显的调节及改善作用，适当组合运用各类外加剂会取得量小而功大的作用。

3.5.3　应用

随着科技的发展，愿意从事一线体力劳动的人员越来越少，作为劳动力密集的混凝土建筑行业将迎来一次巨大的挑战，而结合了 3D 打印技术的 3D 打印混凝土技术的出现，无疑是一大福音，具有十分广阔的发展前景。3D 打印混凝土技术在建造过程中取消了支模拆模的繁琐程序，很大程度上简化了施工的过程，使得施工速率可以提高到 10 倍以上，而且还可以实现混凝土的充分利用，降低水泥的使用量，更可以提高建筑物的服役寿命，降低建筑垃圾的产生，减少重复建设。同时，3D 打印机械仅需要数名技术人员的控制，减少了施工人员的数量，正符合当今社会的发展趋势。此外，3D 打印混凝土技术可以实现各种形状建筑的打印，对环境的要求较小，可将其应用于外太空的探索，迅速完成太空基地的建设。混凝土采用 3D 打印的方式应用于建筑中，主要在以下几种建造方式中拥有广阔的应用前景：

1）装配式建筑：可定制生产。该方式主要由工厂集中生产，根据不同需求制作不同功能的墙体及其他房屋构件，然后统一运往施工现场，由建筑机器组装成最后的房屋。墙体各结构性能需经检验方可应用，以保障房屋安全性能、特殊功能的实现，见图 3-53。

2）模块式建筑：可现场施工、现场

图 3-53　3D 打印装配式建筑的现场吊装

装配，且可定制生产。利用建筑垃圾为建筑材料，将建筑模块化生产，再运送至建筑工地进行拼装搭建，也可直接在现场制造构件并进行拼装。模块化生产可减小打印机尺寸、降低研发难度，且对建房层数没有限制，见图3-54。

3）直接建筑：现场施工。直接利用3D打印机将房屋打印出来，该方式最直接但对技术层面要求较高，且具有房屋整体性、建筑新颖性及个性化等优点，见图3-55。

图 3-54 国内首座 3D 打印模块化别墅

图 3-55 原位 3D 打印建筑

3.6 沥青混凝土

3.6.1 定义

沥青混凝土是由人工选配具有一定级配组成的矿料，碎石或轧碎砾石、石屑或砂、矿粉等，与一定比例的路用沥青材料，在严格控制条件下拌制而成的混合料。沥青混凝土按所用结合料不同，可分为石油沥青和煤沥青两大类；有些国家或地区亦有采用或掺用天然沥青拌制的，见图3-56。

图 3-56 沥青混凝土路面

沥青混凝土是一种黏-弹-塑性材料。它不仅具有良好的力学性质，而且具有一定的高温稳定性和低温柔韧性；用它铺筑的路面平整、无接缝，而具有一定的粗糙度；路面减振、吸声、无强烈反光，使行车舒适，有利于行车安全；此外，沥青混凝土施工方便、不需养护、能及时开放交通、能再生利用。因此，沥青混凝土广泛应用于高速公路、干线公路和城市道路路面。据统计，我国已建或在建的高速公路路面90%以上采用沥青混凝土路面。

沥青混凝土的种类很多。按沥青混凝土中剩余空隙率大小的不同，把压实后剩余空隙率大于15%的沥青混凝土称为开式沥青混凝土；把剩余空隙率为10%～15%的混凝土称为半开式沥青混凝土；而把剩余空隙率小于10%的沥青混凝土称为密实式沥青混凝土。

按矿质集料级配类型，可分为连续级配沥青混凝土、间断级配沥青混凝土。

按沥青混凝土施工工艺，可分为热拌沥青混凝土、常温沥青混凝土、再生沥青混凝土。

按照集料的粒径可分为：砂粒式沥青混凝土、细粒式沥青混凝土、中粒式沥青混凝土、粗粒式沥青混凝土、特粗式沥青碎石。

此外，还可以按集料的最大粒径、混凝土的特性和用途等进行分类。

3.6.2　原材料组成

热拌沥青混合料的特点是在施工过程中，将沥青加热至 150～170℃，矿质集料加热至 160～180℃，在热态下拌制成沥青混合料，并在热态下摊铺、压实成路面。经过这样拌制而得到的混合料，沥青能更好地包裹在矿质集料表面，铺筑的路面有较高的强度，且耐久性更好。由于热拌沥青混合料具有良好的工程性能，故在工程中得到广泛应用。目前在高等级公路和城市干道中多采用热拌沥青混合料。

1. 沥青混合料的组成结构

沥青混合料主要由矿质集料、沥青和空气三相组成，有时还含有水分，是典型的多相多成分体系。根据粗、细集料的比例不同，其结构组成有三种形式，如图 3-57 所示。

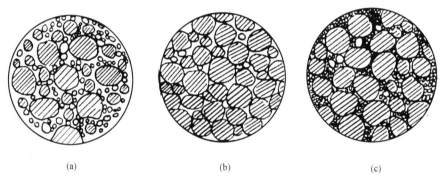

(a)　　　　　　　　　　(b)　　　　　　　　　　(c)

图 3-57　沥青混合料的组成结构
（a）悬浮密实结构；（b）骨架空隙结构；（c）骨架密实结构

1）悬浮密实结构

一般来说，连续级配的沥青混合料是密实式混合料，空隙率在 5％～6％以下。由于这种级配中粗集料相对较少，细集料的数量较多，粗集料被细集料挤开。因此，粗集料以悬浮状态存在于细集料之间，如图 3-57（a）所示，这种结构称之为悬浮密实结构。

悬浮密实结构的沥青混合料，由于各级粒料都有，且粗粒料较少而不接触，不能形成骨架作用，因而稳定性较差。但连续级配一般不会发生粗细粒料离析，便于施工，故在道路工程中应用较多。

2）骨架空隙结构

对于间断级配的沥青混合料，由于细集料的数量较少，且有较多的空隙，粗集料能够互相靠拢，不被细集料所推开，细集料填充在粗集料的空隙之中，形成骨架密实结构，如图 3-57（b）所示。

从理论上讲，骨架空隙结构是粗集料充分发挥了嵌挤作用，使集料之间的摩阻力增大，使沥青混合料受沥青材料的变化影响较小，稳定性较好，且能够形成较高的强度，是一种比连续级配更为理想的组成结构。但是，由于间断级配的粗细集料容易分离，所以在一般工程中应用不多。当沥青路面采用这种形式的沥青混合料时，沥青面层下必须做下封层。

3）骨架密实结构

骨架密实结构是综合以上两种方式组成的结构。混合料中既有一定数量的粗集料形成骨架结构，又有足够的细集料填充到粗集料之间的空隙中去，形成具有较高密实度的结构，如图 3-57（c）所示。间断密级配的沥青混合料，即是上面两种结构形式的有机组合。这种结构的沥青混合料，其密实度、强度和稳定性都比较好。

2. 沥青混合料强度的影响因素

沥青混合料是由矿质集料与沥青材料所组成的分散体系。根据沥青混合料的结构特征，其强度应由两方面构成：一是沥青与集料间的结合力；二是集料颗粒间的内摩擦力。

另外，沥青混合料路面产生破坏的主要原因，是夏季高温时的抗剪强度不足和冬季低温时的变形能力不够引起的，即沥青混合料的强度决定于抗剪强度。通过三轴剪切试验表明：沥青混合料的抗剪强度决定于沥青混合料的内摩擦力和黏聚力。

影响沥青混合料强度的主要因素有：

1）集料的性状与级配

集料颗粒表面的粗糙度和颗粒形状，对沥青混合料的强度有很大影响。集料表面越粗糙、凹凸不平，则拌制的混合料经过压实后，颗粒之间能形成良好的齿合嵌锁，使混合料具有较高的内摩擦力，故配制沥青混合料都要求采用碎石，以形成较高的强度。但采用碎石不易拌合与压实。

集料颗粒的形状以接近立方体、呈多棱角为好，嵌挤后既能形成较高的内摩擦力，在承受荷载时又不易折断破坏。若颗粒的形状呈针状或片状，则在荷载作用下极易断裂破碎，从而易造成沥青路面的内部损伤和缺陷。

间断密级配沥青混合料内摩擦力大，而具有高的强度；连续级配的沥青混合料，由于其粗集料的数量太少，呈悬浮状态分布，因而它的内摩擦力较小，强度较低。

2）沥青结合料的黏度与用量

沥青混合料的黏结力与沥青本身的黏度有密切关系。沥青作为有机胶凝材料，对矿质集料起胶结作用，因此，沥青本身的黏度高低直接影响着沥青混合料黏聚力的大小。沥青的黏度越大，则混合料的黏聚力就越大，黏滞阻力也越大，抵抗剪切变形的能力越强。因此，修建高等级沥青路面都采用黏稠沥青，即采用针入度较小的沥青。

沥青用量过少，混合料干涩，混合料内聚力差；适当增加沥青用量，将会改善混合料的胶结性能，便于拌合，使集料表面充分裹覆沥青薄膜，以形成良好的黏结。同时，由于混合料的和易性得到改善，施工时易于压实，有助于提高路面的密实度和强度。但当沥青用量进一步增加时，则使集料颗粒表面的沥青膜增厚，多余的沥青形成润滑剂，以至在高温时易形成推挤滑移，出现塑性变形。因此，混合料中存在最佳沥青用量。

3）矿粉的品种与用量

沥青混合料中的胶结物质实际上是沥青和矿粉所形成的沥青胶浆。一般来说，碱性矿粉（如石灰石）与沥青亲和性良好，能形成较强的黏结性能；而由酸性石料磨成的矿粉则与沥青亲和性较差。所以矿粉的品种对混合料的强度有所影响，因而必须使用碱性矿粉。

在沥青用量一定的情况下，适当提高矿粉掺量，可以提高沥青胶浆的黏度，使胶浆的软化点明显上升，有利于提高的沥青混合料强度。然而，如果矿粉掺量过多，则又会使混合料过于干涩，影响沥青与集料的裹覆和黏附，反而影响沥青混合料的强度。一般来说，矿粉与沥青之比在 0.8～1.2 范围为宜。

沥青与矿料之间存在着相互作用，见图 3-58。矿粉对沥青有吸附作用，使沥青在矿粉表面产生化学组分的重新排列，并形成一层扩散结构膜，结构膜内的这层沥青称结构沥青；扩散结构膜外的沥青，因受矿粉吸附影响很小，化学组分并未改变，称为自由沥青。当矿粉颗粒之间以结构沥青的形式相连接时，如图 3-58（b）所示，沥青混合料的黏聚力较大；而当以自由沥青的形式相连接时，如图 3-58（c）所示，混合料的黏聚力较小。

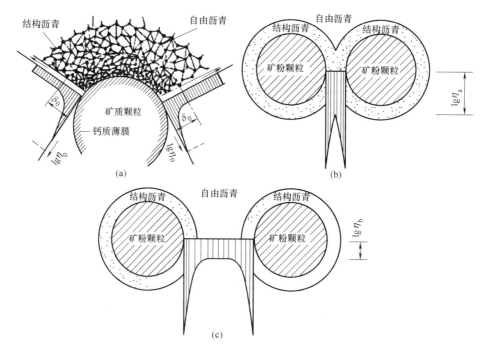

图 3-58　沥青与矿粉相互作用的结构示意图

3.6.3　沥青混合料的技术性质

沥青混合料是公路、城市道路的主要铺面材料，它直接承受车轮荷载和各种自然因素的影响，如日照、温度、空气、雨水等，其性能和状态都会发生变化，以至影响路面的使用性能和使用寿命。沥青混合料技术性质的试验方法，参见《公路工程沥青及沥青混合料试验规程》JTG E20—2011。沥青混合料的路用性能主要有：

1）高温稳定性

沥青混合料的高温稳定性是指混合料在高温情况下，承受外力的不断作用，抵抗永久变形的能力。沥青是热塑性材料。沥青混合料在夏季高温下，因沥青黏度降低而软化，以至在车轮荷载作用下产生永久变形，路面出现泛油、推挤、车辙等，影响行车舒适和安全。因此，沥青混合料必须在高温下仍具有足够的强度和刚度，即具有良好的高温稳定性。

沥青混合料的高温稳定性与多种因素有关，诸如沥青的品种、等级、含蜡量、集料的级配组成、混合料中沥青的用量等。为了提高沥青混合料高温稳定性，在混合料设计时，可采取各种技术措施，如采用黏度较高的沥青，必要时可采用改性沥青；选用颗粒形状好而富有棱角的集料，并适当增加粗集料用量，细集料少用或不用砂，而使用坚硬石料破碎的机制砂，以增强内摩擦力；混合料结构采用骨架密实结构；适当控制沥青用量等。所有这些措施，都可以有效提高沥青混合料的抗剪强度和减少塑性变形，从而增强沥青混合料的高温稳定性。

2）低温抗裂性

低温抗裂性是沥青混合料在低温下抵抗断裂破坏的能力。

冬季，沥青混合料随着温度的降低，变形能力下降。路面由于低温而收缩以及行车荷载的作用，在薄弱部位产生裂缝，从而影响道路的正常使用，因此，要求沥青混合料具有一定的低温抗裂性。

沥青混合料的低温裂缝是由混合料的低温脆化、低温缩裂和温度疲劳引起的。为防止或减少沥青路面的低温开裂，可选用黏度相对较低的沥青，或采用橡胶类的改性沥青，同时适当增加沥青用量，以增强沥青混合料的柔韧性。

3）耐久性

沥青混合料的耐久性是指其在外界各种因素（如阳光、空气、水、车辆荷载等）的长期作用下，仍能基本保持原有性能的能力。

影响沥青混合料耐久性的主要因素有：沥青与集料的性质、沥青的用量、沥青混合料的压实度与空隙率等。从材料性质来看，优质的沥青，不易老化；坚硬的集料，不易风化、破碎；集料中碱性成分含量多，与沥青的黏结性好，沥青混合料的寿命则较长。从沥青用量来看，适当增加沥青的用量，可以有效地减少路面裂缝的产生。从沥青混合料压实度和空隙率来看，压实度越大，路面承受车辆荷载的能力越强；空隙率越小，可以越有效地防止水分的渗入以及阳光对沥青的老化作用，同时对路基起到一定的保护作用。但空隙率不能过小，必须留有一定的空间以适应夏季沥青的膨胀。

4）抗滑性

随着车辆行驶速度的增加，路面的抗滑性显得尤为重要。为了提高路面的抗滑性，必须增加路面的粗糙度，因而对于面层集料应选用质地坚硬、具有棱角的碎石。如高速公路，通常采用玄武岩。为节省投资，也可采用玄武岩与石灰岩混合使用的办法，等路面使用一段时间后，石灰岩集料被磨平，玄武岩集料相对突出，更能增加路面的粗糙性。另外，集料的颗粒可适当大些，沥青用量减少，并对沥青中的含蜡量进行严格控制，以提高路面的抗滑性。

5）水稳定性

沥青路面在雨水、冰雪的作用下，尤其是在雨季过后，沥青路面往往会出现脱粒、松散，进而形成坑洞而损坏。出现这种现象的原因是沥青混合料在水的作用下被侵蚀，沥青从集料表面发生剥落，使混合料颗粒失去黏结作用。在南方多雨地区和北方冰雪地区，沥青路面的水损坏是很普遍的，一些高等级公路在通车不久路面就出现破损，很多是混合料的水稳定性不良造成的。

在沥青中添加抗剥落剂是增强水稳定性，减少水损坏的有效措施。此外，在沥青混合料的组成设计上采用碱性集料，以提高沥青与集料的黏附性；采用密实结构以减少空隙率；用消石灰粉取代部分矿粉等，都可以有效地提高沥青混合料的水稳定性。

6）施工和易性

沥青混合料除了具备上述技术性质外，还应具备施工和易性才能顺利地进行施工作业。影响混合料施工和易性的主要因素是矿料级配和沥青用量。合理的矿料级配，使沥青混合料之间拌合容易均匀，不致产生离析现象。适量的沥青用量，可以避免混合料疏松或结团现象。另外，气候情况、机械性能、施工能力等外部条件也会不同程度地影响施工和易性。

3.7　功能混凝土

随着混凝土应用领域的不断扩大，对混凝土性能和功能的要求也越来越高，为适应这种要求，广大科技工作者陆续研制出了如耐酸混凝土、耐碱混凝土、耐油混凝土、耐热混凝土、防辐射混凝土、防爆混凝土、导电混凝土、耐磨混凝土等具有特定功能的混凝土材料，我们称之为"功能混凝土"，更多的功能混凝土分类详见图 3-59。

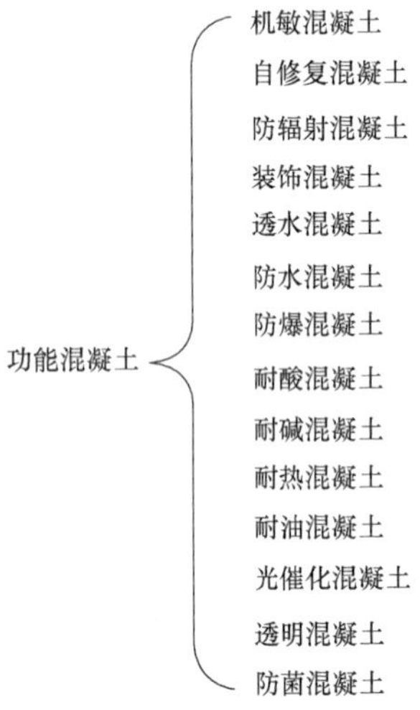

功能混凝土
- 机敏混凝土
- 自修复混凝土
- 防辐射混凝土
- 装饰混凝土
- 透水混凝土
- 防水混凝土
- 防爆混凝土
- 耐酸混凝土
- 耐碱混凝土
- 耐热混凝土
- 耐油混凝土
- 光催化混凝土
- 透明混凝土
- 防菌混凝土

图 3-59　功能混凝土分类

3.7.1　机敏混凝土

智能材料模糊了传统的结构材料和功能材料之间的界限，并加上了信息科学的内容，实现了结构功能化、功能智能化。师昌绪院士指出："智能材料就是具有控制功能的机敏材料，而机敏材料就是完成感知和驱动功能的材料。"杨大智院士给出的定义是："智能材料是模仿生命系统，能感知环境变化，并能实时的改变自身的一种或多种性能参数，做出所期望的、能与变化后的环境相适应的复合材料或材料的复合。"

普通混凝土属于不良导体，但若在混凝土中添加一定量的导电物质，如炭黑、碳纤维、钢纤维等，就可使其导电性能大大增强。其中，碳纤维化学稳定性好，具有很强的耐腐蚀性，对大多数腐蚀介质都非常稳定。

机敏混凝土是一种将极少量具有某种特殊功能的材料复合于传统混凝土中的智能复合材料，是智能材料的一个研究分支。机敏混凝土的概念最先由美国教授 D. L. Chung 于 1983 年提出。这种机敏混凝土实质上就是一种具有功能特性的碳纤维增强混凝土，属于碳纤维机敏混凝土，也可以将其归属于智能混凝土的

图 3-60　全球首款触碰发光的"智能混凝土墙壁"

范畴。

碳纤维机敏混凝土是在普通混凝土中加入碳纤维而得到。由于制作时采用的是在混凝土材料搅拌制作的同时完成的复合技术，因此，与其他用于混凝土结构的智能材料，如光纤光栅传感器、压电材料、智能可控流体、记忆合金等相比，碳纤维机敏混凝土与传统的混凝土材料具有天然的相容性，是一种相对于混凝土结构的本征型智能材料。碳纤维机敏混凝土具有多种功能，可使混凝土结构具有自诊断、自调节、自增强和自愈合的智能特性，如图3-60所示，利用机敏材料可实现混凝土材料的智能感应。

碳纤维机敏混凝土比普通混凝土具有更好的抗弯抗拉强度及延性、抗冲击性能、抗冻融性能、抗腐蚀性能和低干缩性能。在导电性、压敏性、温敏性以及配比、工艺和机理等方面的研究陆续取得进展，研究结果表明具有感知应变、损伤、温度以及电场等功能。可用机敏混凝土制作感知结构服役状况的传感器，具有应变-电阻的压敏性，实现对大型土木工程结构的在线健康监测。正是由于碳纤维机敏混凝土具有独特的本征性、多功能性以及经济性，展示了它在大型土木工程结构中进行智能性诊断与监控的广阔应用前景。

1. 自诊断（Self-diagnosis）机敏混凝土

普通混凝土因电阻率变化范围很大，不具有自感应功能，而自诊断混凝土具有压敏性和温敏性等自感应功能。

自诊断混凝土的机理：①压敏性。在压力作用下，碳纤维混凝土应力与电阻率关系的变化趋势为：在压力50%以后，电阻率随压应力的增大而急剧增大；接近破坏时，电阻率降低，预示试件破坏。②温敏性。温敏性包括温阻效应和电热效应。温阻效应是指温度变化引起材料电阻率变化的现象；电热效应指的是热电体在绝热条件下，当外加电场引起永久极化强度改变时，其温度将发生变化的现象。③压电效应。压电效应就是当给压电材料施加外力而使其发生机械变形的时候，材料内部正负电荷就会发生相对移动，使得材料表面带有极性不同的电荷，其电荷密度与外力成正比例关系。压电材料是一种具有压电效应和逆压电效应的特殊电质材料，包括矿物质压电材料、锆钛酸铅、压电高分子材料及压电陶瓷材料。

目前，较为常用的自诊断混凝土为：碳纤维混凝土和光纤传感混凝土。碳纤维材料具有高强度、高弹性且导电性能良好。在水泥基材料中掺入适量碳纤维，可提高材料的强度和韧性及电学性能，并使混凝土具有自行感知应力、应变等功能。碳纤维混凝土还具有压敏性，根据其材料特性，可应用于温控及火灾预警结构工程。光纤传感混凝土是在混凝土工程结构中预先埋入纤维传感器，对混凝土受荷载时的应力、应变进行感知，并对其所产生的变形、裂纹及扩展等损伤进行实时监测。

2. 自调节（Self-regulation）机敏混凝土

电力效应和电热效应是该类混凝土的主要特点。它是通过机敏材料，使混凝土在环境变化以及遭受自然灾害时，可以通过改变自身某些物理特性来调节变形、提高结构承载力或控制、减缓结构振动。

自调节混凝土的功能主要表现为：混凝土结构应力分布的自调节和混凝土工程的温度自调节两个方面。①自调节机敏混凝土的电力效应。自调节机敏混凝土对应力具有较高的敏感性，受直流电场作用时混凝土变形，该效应与孔隙内电解质水溶液在外力挤压下的流动有关。离子在这一电场作用下极化，带动毛细管水和凝胶水的流动，进入原有的充水空间，使得孔隙胀大，造成材料的整体变形。②自调节机敏混凝土的电热效应。在一定的电功率作用下，自调节机敏混凝土中的水泥基材料的温度升高，并向周围环境放出热量。

自调节机敏混凝土的应用形状记忆合金是较好的自调节机敏材料，具有形状记忆效应（简称 SMA），若在室温下给以超过弹性范围的拉伸塑性变形，当加热至少许超过相变温度，即可使原先出现的残余变形消失，并恢复到原来的尺寸。在混凝土中埋入形状记忆合金，当混凝土结构受到异常荷载干扰或周围环境温度发生变化，内置的形状记忆合金能够感知这种变化并进行形状和应力自动调节，进而使结构内部裂纹或应力集中处发生变化，提高混凝土结构的承载力。

3.7.2　自修复混凝土

自修复混凝土是模仿动物的骨组织结构受创伤后的再生，恢复机理，采用修复胶粘剂和混凝土材料相复合的方法，对材料损伤破坏具有自修复和再生的功能，恢复甚至提高材料性能的一种新型复合材料。自修复混凝土，从严格意义上来说，应该是一种机敏混凝土。机敏混凝土是一种具有感知和修复性能的混凝土，是智能混凝土的初级阶段，自修复是混凝土材料发展的高级阶段，如图 3-61 所示。

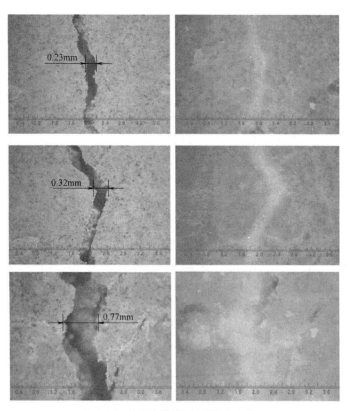

图 3-61　自修复混凝土裂缝愈合情况

1. 混凝土自修复技术

1）微生物自愈合

混凝土的微生物自愈合技术是通过引入混凝土中的微生物依靠其自身代谢产生矿物化

合物（主要成分为碳酸钙），来修复混凝土由于荷载或环境条件引起的表面或内部微裂缝。微生物自愈合过程是绿色、环保的，不仅能主动对混凝土中出现的裂缝进行填充修复，达到维护混凝土结构的目的，且能一定程度上恢复甚至改善混凝土的物理力学性能。

（1）微生物矿化

微生物矿化是微生物形成矿物的过程，也是微生物诱导矿物沉淀修复混凝土裂缝的理论基础，即在微生物的特定部位，一定物理化学条件和有机物质的控制或影响下，将溶液中的离子转变为固相矿物的过程。微生物矿化作用是自然界中广泛发生的一种作用过程，它与地质上的矿化作用存在明显不同，其无机相的结晶严格受微生物分泌的有机质的控制。

根据微生物对成矿调控程度的不同，微生物矿化作用可分为微生物诱导矿化和微生物控制矿化两种类型。微生物诱导矿化是由微生物的生理活动引起周围环境物理化学条件改变而发生的矿化作用，微生物控制矿化则是微生物通过机体代谢活动直接在其体内控制矿物的形成。目前，混凝土微生物自愈合技术主要侧重于微生物诱导矿化过程。

（2）微生物诱导碳酸钙沉淀（MICP）

在合适的环境条件下，几乎所有微生物都具有成矿性。由于方解石与混凝土基体具有良好的相容性，MICP技术成为混凝土自愈合的研究热点。一般情况下，微生物可以通过自养和异养两种方式生成碳酸钙沉淀。

通过微生物自养方式诱导碳酸钙沉淀有三种途径，分别是：产甲烷作用、产氧型光合作用、不产氧型光合作用。这三种方式都是利用气态或者溶解的CO_2作为碳源产生沉淀。因此，微生物自养方式生成碳酸钙沉淀只适用于混凝土结构暴露于空气中的表面愈合。

微生物异养方式诱导碳酸钙沉淀分为主动沉淀和被动沉淀两种类型。主动沉淀中的碳酸盐颗粒通过细胞膜上的离子交换产生，其具体机理目前尚不明确。被动沉淀又可分为氮循环和硫循环两类。氮循环包括氨基酸的氨化作用、反硝化作用和脲解作用。硫循环则是以硫酸盐异化还原的形式进行。

此外，为了适应实际工程需要还开发出了多种微生物共同协作的愈合手段，如ACDC（activated compact denitrifying core）是由多种微生物保护的反硝化菌落，不仅价格低廉且自身具备较好的耐受性。又比如，由脲解型菌落组成的CERUP较之传统脲解手段具有更好的愈合效果。目前MICP的研究主要集中于微生物的脲酶催化作用、有机酸转化作用和反硝化作用。

2）裂缝自修复

目前已有的混凝土裂缝自修复方法有：结晶沉淀法、渗透结晶法、聚合物固化法、电解沉积法等。

（1）结晶沉淀法

在水流或水介质的作用下，利用物理、热学与力学过程对混凝土细微裂缝进行自修复，其主要原理是裂缝中的碳酸钙晶体结晶沉淀。水泥浆体中的氢氧化钙与裂缝区域的CO_2、H_2O物质体系反应产生不溶于水的碳酸钙，在裂缝中聚集、生长，达到逐渐封闭、愈合裂缝的目的。

（2）渗透结晶法

渗透结晶技术是利用在混凝土外部涂敷一层含有活性外加剂涂层或者在其中掺入活性

剂，并在一定的养护条件下，以水为载体，通过渗透作用，使这些特殊的活性化学物质在混凝土的毛细孔及微孔中传输，催化混凝土中未完全水化的水泥颗粒继续发生水化作用，形成不溶性的晶体，从而填充裂缝。混凝土处于干燥状态时，该活性化学物质是处于休眠状态的；当混凝土开裂，有水渗入其中时，该物质会催化混凝土中未完全水化的水泥颗粒继续水化生成新的结晶体，对裂缝进行自动修复。

（3）聚合物固化法

聚合物固化法自修复混凝土裂缝是模仿生物组织对受创伤部位自动分泌某种促使其愈合的物质，从而使创伤部位得到修复的原理。影响仿生自修复聚合物混凝土修复效果的主要因素：

① 内部损坏的因素，例如导致开裂的原因等；

② 促使其释放化学修复剂的激励手段；

③ 储存修复胶粘剂的纤维或存储器；

④ 修复用胶粘剂是否能对激励器产生反应，发生移动或是释放；

⑤ 在纤维内部如何推动修复剂释放等。

根据所采用的聚合物不同，裂缝自修复原理主要包括空气固化和单体热聚合：

① 空气固化修复原理

聚合物空气固化自修复的原理主要是，当基体产生微裂缝时，内部储存修复剂的装置会自动释放出修补裂缝的化学物质，然后该化学物质流到裂缝中并暴露于空气硬化，从而修复裂缝使混凝土恢复到未开裂时的力学性能。当混凝土过载时，会在基体中产生初始张拉裂缝，此时基体中储存修复剂的空心纤维或空心胶囊会断裂。一旦断裂，其中释放出的化学物质就会进入混凝土基体中的裂缝，从而自动填充并修复混凝土。在此修复过程中，水泥基体充当了传感器的角色，而修复剂的储存容器则作为普遍存在的激励器。

② 热聚合修复原理

热聚合修复技术主要是在混凝土基体中置入含有热固性聚合物的微胶囊，当基体开裂时，这些微胶囊会破裂并释放出聚合物，在基体中催化剂的催化作用下聚合物于裂缝中发生开环置换聚合反应、固化并修复混凝土裂缝。热聚合修复技术的最大特点是不需要热能、溶剂等。

（4）电解沉积技术

电解沉积法裂缝修复技术就是利用电解作用在混凝土表面镀上一层化合物，如 $CaCO_3$、$Mg(OH)_2$、ZnO 等，用它们来填充混凝土表面的裂缝，达到降低混凝土渗透性的目的。这些无机化合物的镀层在混凝土表面形成了一种物理上的保护层，减少了混凝土内部的液体和气体的流动。由于混凝土本身就是一种导体，故在混凝土结构中的钢筋（阴极）与位于水下的电极（阳极）之间施加弱的直流电，就会在浸泡于水下的混凝土表面上或裂缝中生成坚硬的电解沉积层。

2. 混凝土自修复技术评价

混凝土自修复表现为表面裂缝的愈合，在力学性能上可表现为强度的有效恢复，在微观结构上表现为结构的密实、微裂缝的减少。因而目前常用的混凝土自修复评价方法主要包括：表面裂缝宽度的变化或对比、力学性能（强度、构件挠度等）的变化或对比、抗渗性的变化或对比以及微观组织和物相分析等。

混凝土的自修复可能发生在裂缝的内部，表面裂缝宽度的变化与内部混凝土自修复状态不一定存在关联，因而裂缝宽度观测法存在一定的局限性，需要与其他方式配合进行自修复评价。力学性能变化和对比方法主要包括不同龄期预开裂混凝土强度的恢复率以及与同龄期空白对照组的比较。一般而言，混凝土宏观裂缝或微观裂缝越多，其力学性能越低，这一方法能够反映混凝土内部结构变化以及力学性能的修复情况。需要注意的是，对于促进各类自修复措施（促进未水化水泥及CH凝胶在裂缝处的反应），混凝土预开裂时龄期越早，其后期力学性能恢复率越高。

混凝土自修复技术的最终目的是延长结构的使用寿命，而对其影响较大的是氯离子和气体的渗透率。因此，可以通过对氯离子渗透系数、气体渗透系数或电通量变化来反映混凝土的自修复效果。抗渗性的测量可以较好地评价混凝土内部微裂缝的愈合效果，但初始的预制裂缝的宽度及深度会对抗渗性结果造成较大影响。因而在试样制作时，需要控制其预开裂程度，同时避免产生宏观的贯穿性裂缝。微观结构与物相分析能够从本质上反应裂缝处产物的组成及其晶体结构，是目前最准确、最能从本质反映混凝土自修复性能的评价方法，特定情况下需要获取混凝土宏观力学性能的自修复效果。微观结构分析和物相分析无法直接体现上述性能，因而需要配合采用一些宏观性能评价方法。

混凝土的自修复性能在工程应用中具有重要意义，对于应用领域和应用环境的差别可选用不同的评价方式。对于装饰工程或表观较重要的部位，宜优先采用裂缝宽度观测法对其进行评价；对于重要受力构件的混凝土，宜优先采用力学性能检测法；对于腐蚀环境中或有抗腐蚀要求的混凝土部位，宜优先采用抗渗性实验法。此外，微观结构分析和物相分析可以从本质上辅助分析混凝土自修复效果。对于已经在工程中应用的自修复混凝土，除了电沉积法及外涂型渗透结晶外，其他方法均需在搅拌混凝土时掺入相应材料。成型后对混凝土的自愈合效果的评价相对较为困难，一般通过直观观测表面裂缝数量、长度及宽度来判定，在有条件允许的情况下，可钻芯取样检测对比其力学性能或耐久性能。

3.7.3 装饰混凝土

混凝土的优点之一就是其多功能性，不仅可以用作建筑材料，也可用作装饰性材料。混凝土可以浇筑到形状复杂的型钢中，也可以赋予某些特殊表面以各种不同的抹面、织构以及颜色。混凝土也可以用于雕塑品、壁饰品以及其他艺术创作。建筑效果可以通过选择合适的混凝土材料、浇模材料以及一些特殊的浇筑技术或者对硬化混凝土表面进行斑纹化而表现出来，如图3-62所示。

图3-62 装饰混凝土挂板

一般说来，生产装饰用混凝土比结构用素混凝土成本高，但是实际上如果将涂料、面砖之类的装饰材料计算在内的话，相比较而言使用装饰用混凝土具有更高性价比。由于装饰用混凝土对整体艺术效果的影响，需要更重视对其颜色、织构以及设计细节的监控。因而，要求密切关注组成材料和混凝土材料的一致性，并且要严格监控整个制造过程。这些特殊要求就意味着必须对整体质量进行更好地控制，这样才能产出更好的整体产品并且提高了免维修构件的性能。

装饰混凝土包括清水混凝土、装饰混凝土制品、彩色混凝土地坪、露骨料装饰混凝土等，在我国，这些类型的装饰混凝土已经在城市建设和景观环境建设中得到越来越多的应用。

图 3-63 彩色混凝土地坪

1. 彩色混凝土

对于色彩的运用是建筑师用来突出结构特点的一种策略。混凝土的色彩可以通过使用特殊的水泥或者选择彩色集料来获得。白色或者彩色混凝土的工程造价肯定比普通混凝土要高，这是因为施工人员要特别注意其浇筑和固化过程以保证颜色的一致性，如图 3-63 所示。

1）水泥

波特兰水泥的灰色可能衬托不出集料颜色的优点，这一点可以通过加入一些着色剂来改善水泥颜色，因此通常都使用白水泥。白水泥可以使混凝土的颜色更鲜亮、更真实，也可以用来配制色泽清淡的混凝土或白色混凝土。然而，由于大气污染，白色或者彩色混凝土（尤其是浅色）不久就会褪色，因而需要对其进行周期性的喷砂处理或者其他清洁方式来保持原来的颜色。有此水泥可能是黄色、茶色或者浅灰色，或者呈现一种绿色，这些取决于所得到的原材料的种类。

2）着色剂

要得到整体性的彩色混凝土的一种最普遍的方法就是在拌合过程中加入色素，然而必须特别注意以保证色素在混凝土中分散均匀。一些水泥公司通过在生产过程中向白水泥中加入色素进行研磨而得到一系列的彩色水泥，这样可以很好地控制颜色的同一性。即便如此，要经过一段时间的连续性试验后仍保持绝对一致的颜色还是很困难的。这也是为什么彩色混凝土不常使用的原因之一。色素应该保持永久性的颜色，并且暴露于自然环境中也不褪色。尤其需要保证色素抵抗石灰石的碱集料反应，发生碱集料反应后色素会失去颜色。几种典型的色素如表 3-26 中所列。

几种用于整体性彩色混凝土的色素   表 3-26

颜色	色素	典型用量（以水泥量计算）
红色	氧化铁（赤铁矿）	5%
黄色	氧化铁	5%
绿色	氧化铬	6%
蓝色	酞菁 氧化钴	0.7% 5%
黑色	石墨 氧化铁（磁铁矿）	2% 5%
棕色	氧化铁	5%

集料自然界中有很多彩色石头可以用作混凝土集料，从而获得很好的颜色效果。集料所能获得的颜色种类比用单纯的色素所能获得的颜色要多得多。有颜色的石头种类分布非常广泛，有些颜色种类基本上任何地方都可以得到。最常见的颜色是棕色和赭石色，这类颜色可以从很多河流的河床中得到，还有纯白色的石英也很常见。当配制白色或彩色混凝土时石英经常被当作细集料（石英砂）。大理石提供的颜色最广泛，而且从花岗岩（一种很好的混凝土集料）可以得到粉色、灰色、白色、黑色等颜色。

装饰混凝土配比设计的主要原理与普通结构混凝土没有什么区别。当表面设计效果需要进行复杂的现场浇筑抹面时，特别要注意混凝土在振捣条件下的性能，以保证其与模板紧密接触，这样才能得到效果明显且比较下净的花纹。混凝土坍落度应尽可能低，应该与浇筑的材料和类型一致以减少渗色的可能性，因为渗色会导致同一批混凝土颜色不匀。要得到表面一致的颜色，需要水泥用量比较大，同时要额外加入细砂。若要进行露石饰面时，粗集料配比要比普通混凝土更大，从而保证表面暴露集料的密度。在小范围内使用间断级配的集料可以使得暴露集料分布均匀，应该使用细砂而不是粗砂来保证其工作性。

彩色混凝土地坪可广泛应用于住宅、社区、商业、市政及文娱康乐等各种场合所需的人行道、公园、广场、游乐场、高尚小区道路、停车场、庭院、地铁站台、游泳池等处的景观创造，具有极高的安全性和耐用性。它施工方便、无需压实机械，彩色也较为鲜艳，并可形成各种图案。更重要的是，它不受地形限制，可任意制作。装饰性、灵活性和表现力，是装饰混凝土的独特性体现。装饰混凝土更可以通过红、绿、黄等不同的色彩与特定的图案相结合以达到不同的功能需要：警戒与引导交通的作用，如在交叉口、公共汽车停车站、上下坡危险地段、人行道及需要引导车辆分道行驶地段；表面路面功能的变化，如停车场、自行车道、公共汽车专用道等；改善照明效果，采用浅色，可以改善照明效果，如隧道、高架桥等对于行驶安全有更高要求的地段；美化环境，合理的色彩运用，有助于周围景观的协调、和谐和美观，如人行道、广场、公园、娱乐场所等。

2. 装饰混凝土制品

装饰混凝土除用作建筑物内、外墙表面的装饰之外，还可制成路面砖、连锁砖、装饰砌块、装饰混凝土饰面板、彩色混凝土瓦等装饰混凝土制品。我国装饰混凝土制品生产约在 20 世纪 70 年代起步，主要是靠引进整套工艺设备生产压制成型的彩色混凝土路面砖，近年来又引进了数条装饰混凝土砌块生产线。

1）装饰混凝土路面砖

装饰混凝土路面砖为目前使用量最大的装饰混凝土产品，主要有原色和彩色地砖、磨光地砖、仿石地砖等品种，主要用于公共绿地、停车场等设施，以增强环境绿化效果，见图 3-64。

2）装饰混凝土砌块

根据市政道路、园林绿化设计的要求，做成具有仿石、仿竹、仿木或具有鲜艳色彩表面的预制砌块，用来砌筑花

图 3-64   装饰混凝土路面砖

坛或园林、庭院的各种围护设施，可起到美化和烘托城镇环境的作用，见图 3-65。

3）装饰混凝土饰面板

它主要装饰形式有外墙面干挂和粘贴，常见于大型公共建筑和普通建筑物饰面粘贴，也见于公用设施，见图 3-66。

图 3-65　装饰混凝土砌块

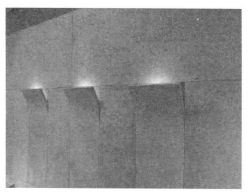
图 3-66　装饰混凝土饰面板

4）彩色混凝土瓦

彩色混凝土瓦主要采用辊压和模压两种工艺成型，再辅以表面色彩和防水面层涂装，用于建筑物屋面防水，并兼具装饰功能，见图 3-67。

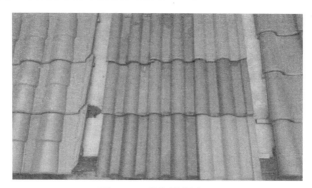
图 3-67　彩色混凝土瓦

图 3-68　装饰混凝土制作的公园雕塑

5）装饰混凝土建筑小品

常见应用的装饰混凝土建筑小品有：公园亭台桌凳、垃圾箱、门面柱头、艺术雕塑、假山等，同样是利用混凝土本身固有的新拌混合料可塑性好、易于加工、硬化后结构强度高、耐久耐候性好等特点，用于取代钢、木、石等材料来制作城镇环境生活必须设施，并兼具美化环境作用，见图 3-68。

3. 清水混凝土

清水混凝土最早出现于 20 世纪 20

年代，属于一次浇筑成型的混凝土，成型后不做任何外装饰，只是在表面涂一层或两层透明的保护剂，直接采用现浇混凝土的自然表面效果作为饰面，表面平整光滑，色泽均匀，棱角分明，无碰损和污染，显得天然、庄重，显示出一种最本质的美感，具有朴实无华、自然沉稳的外观韵味，与生俱来的厚重与清雅是一些现代建筑材料无法效仿和媲美的。世界上越来越多的建筑师采用清水混凝土工艺，如世界级建筑大师贝聿铭、安藤忠雄等都在他们的设计中大量地采用了清水混凝土。日本国家大剧院、巴黎史前博物馆等世界知名的艺术类公共建筑，均采用清水混凝土建筑。

由于清水混凝土结构一次成型，不剔凿修补、不抹灰，减少了大量建筑垃圾，不需要装饰，舍去了涂料、饰面等化工产品，而且避免了抹灰开裂、空鼓甚至脱落等质量隐患，减轻了结构施工的漏浆、楼板裂缝等质量通病，随着我国混凝土行业节能环保和提高工程质量的呼声越来越高，清水混凝土的研究、开发和应用已引起了人们的广泛关注，并已在一些重要的结构工程和高精度的混凝土制品中得到了部分应用，其中郑州国际会展中心、联想集团北京研发基地、北京首都国际机场三号航站楼等工程已成为我国大面积应用清水混凝土的典范。上海西岸龙美术馆见图 3-69。

图 3-69　上海西岸龙美术馆的清水混凝土墙面

4. 露骨料装饰混凝土

露骨料装饰混凝土是在混凝土硬化前或硬化后，通过一定工艺手段使混凝土骨料适当外露，以骨料的天然色泽、粒形、质感和排列，达到一定的装饰效果的混凝土。其制作工艺包括水洗法、缓凝法、酸洗法、水磨法、抛丸法、凿剁法等。

露骨料装饰混凝土的色彩随表层剥落的深浅和水泥、砂石的种类而异，宜选用色泽明快的水泥和骨料。因大多数骨料色泽稳定、不易受到污染，故露骨料装饰混凝土的装饰耐久性好，并能够营造现代、复古、自然等多种环境氛围，是一种有发展前途的高档饰面做法，见图 3-70。

图 3-70　露骨料装饰混凝土透水地坪

3.7.4　透水混凝土

透水混凝土是由一系列相连通的孔隙和水泥浆与骨料形成的多孔材料，其组成成分不含或含少量细骨料。透水混凝土用水泥基胶凝材料作为黏结层，把粗骨料相互黏结在一起组成一个整体，最终形成一种"骨架-空隙"结构。

通过搅拌使得粗骨料表面包裹一层水泥浆，薄层水泥浆相互黏结形成孔穴多且均匀分布的蜂窝状结构。透水混凝土最突出的实用性是在大量降雨时，对城市降水排泄以及安全蓄水问题的解决提供了帮助。使用透水混凝土作为路面、护坡或其他工程时，能取得排水、抗滑、吸声、降噪、渗水效果。改善地表生态环境，利于行车安全和保护生活环境，解决了因大规模现代化城市建设带来的负面影响，见图 3-71。

图 3-71 彩色透水混凝土路面

相对于传统的普通混凝土而言，透水混凝土具有以下 4 个优点：

1）有效解决城市内涝灾害问题。透水混凝土应用于城市路面能够使雨水快速地渗入地表，当雨季来临时，能减轻城市道路排水系统的负担，避免城市道路出现积水问题。

2）缓解城市的"热岛效应"。由于透水混凝土自身的多孔构造，使其具有很多连通孔隙，从而使大气与其下部透水垫层得以相通。在降雨过后，下垫层土壤中蕴含着大量的毛细水，连通孔隙的存在能让它们通过蒸腾作用和自然蒸发降低地表的温度，从而可以减缓城市的"热岛效应"。

3）有净化水质的作用。透水混凝土用于护坡护岸工程能够有效解决河水与地下水阻隔，不能相互渗透相互补给的问题；通过各种物理和生物作用，可以有效去除水体中的污染物，使水质得到净化。

4）有效补充地下水资源。透水混凝土的多孔构造能连接地表水与地下土壤，使雨水快速地下渗到地下，还原成地下水，及时补充地下水资源。

1. 透水混凝土的分类

透水混凝土按照使用胶结材料的不同可以分为三大类：

1）水泥透水混凝土

通常以单一粒径或间断级配的卵石或碎石作为粗骨料，以强度等级较高的硅酸盐水泥作为胶结材料，加水搅拌制作而成。为了提高水泥透水混凝土的强度，其水胶比一般为 0.25～0.35，因此制备时需要加入一定量的减水剂来调节水泥基浆体的流动性。成型后其透水系数一般在 1～15mm/s 之间，抗压强度能达到 15～30MPa。水泥透水混凝土由于制作流程比较简单、透水性能好以及造价成本低等优点，能满足海绵城市的建设要求。但同时因其自身的多孔结构特点，导致强度较低。因此，在保证透水混凝土的透水性的前提下，尽可能增加其强度是当前面临的最大问题。

2）沥青透水混凝土

以单一粒径或间断级配的碎石作为粗骨料，有时加入少量细骨料，以沥青作为胶结材料，形成具有一定强度的透水材料。沥青透水混凝土的强度较高，但是耐热性差，由于沥青的熔点较低，在夏季温度较高时，沥青极易软化，造成孔隙堵塞，并且成本也比较高，易老化，因此没有被广泛应用。

3）聚合物透水混凝土

它是以单一粒径或间断级配的碎石作为粗骨料，以聚合物作为胶结材料，常见的有高分子树脂等，骨料之间依靠聚合物硬化胶结而成的多孔混凝土。其缺点在于硬化后比较脆、抗冲击性能差和易于老化。

2. 透水混凝土路面施工工艺

透水混凝土在海绵城市建设中路面的应用很广泛，其施工方法与普通混凝土路面相比非常相似，但是透水混凝土由于自身材料的特殊性，受原材料、搅拌、运输、养护及一些外界条件影响非常大。所以必须对其一系列的过程进行严格的控制。

1）原材料管理

保持原材料的质量稳定是保证混凝土质量的重要条件。施工部门对原材料不仅要有专人采购，而且要有专人管理，并有固定堆放地点。采购人员应有采购和向施工队材料管理人员交接的记录。各种原材料要有明显的标牌，标明材料名称、品牌、厂家和来料日期以及将要使用的部位。袋装的不同粉状材料，堆放时应有分界标志。购进的原材料都必须抽取有代表性的试样，进行严格复检。砂石含水率应每班检测两次，并及时报告。施工前，至少要准备两个料堆，使其中一个料堆在使用前排干水分。距底部300mm以下的集料不得使用，这样既可减少集料含湿量的变动，又可避免带出泥土。集料的堆放场地应当有夯实或抹灰的地面，以免增加集料中的含泥量或惰性粉细料。

2）搅拌

透水混凝土不能采用人工搅拌，应根据工程量的大小，配置不同容量的机械搅拌器。因透水混凝土属干料性质的混凝土，其初凝快，运输时间应尽量短，故搅拌机最佳的设置地点是施工现场的中段。机械搅拌器的一定范围内的地面处，应设置防止水和物料散落的接料设备（如方形板斗类），以保护施工环境的卫生，减少施工后的清理工作。搅拌时按物料的规定比例及投料顺序将物料投入搅拌机，先将胶结料和碎石搅拌约30s后，使其初步混合，再将规定量的水分2～3次加入，继续进行搅拌约1.5～2min。

注意事项：施工现场须专人负责物料的配比；严格控制水灰比，即控制水的加入量，水在搅拌中分2～3次加入；为使物料搅拌均匀，适当延长机械搅拌时间，但不宜过长。

3）运输

现场搅拌的混凝土的输送可有多种方式，与浇筑方式有关。最常用的输送方式是通过吊斗、溜槽、手推车、皮带运送机、机动翻斗车等输送。通过短的皮带运送机或溜槽连接搅拌机和混凝土泵是较理想的方式。由于运距较短，车运方式对混凝土影响不会太大，但是要尽量保持不要让车有过大的颠簸，因为透水混凝土容易产生沉浆现象。由搅拌站集中搅拌的混凝土有较可靠的质量。用搅拌车输送时，在搅拌站的搅拌机中的搅拌时间可缩短到1～5min，输送距离以不超过40min的运程计算。国外使用液体超塑化剂普遍采用后掺法或分次掺法，做法是在拌合物出机前掺入一部分高效减水剂，到工地卸料前再加入其余高效减水剂，并在加入高效减水剂后继续搅拌至少1min后卸料，这样高效减水剂的总用量会稍多些。若搅拌站未采取这种高效减水剂分次掺入法，则在搅拌车卸料前，应先检测拌合物的工作性。发现稠度过大，可向搅拌车中补掺少量高效减水剂，切忌加水。

4）浇筑

由于透水混凝土拌合物比较干硬，用一般的铺路机铺平即可。在浇筑之前，路基必须先用水湿润，原因是透水混凝土中的搅拌用水量有限，如果路基材料吸收其中部分拌合水，就会加速水泥的凝结，减少用于路面浇筑、振捣、压实和接缝的时间，并且快速失水会减弱骨料间的黏结强度。在炎热气候下或夏季，浇筑的混凝土中温度很高，水分蒸发速度加快，对混凝土性质很不利。失水造成的裂缝宽度可达0.1～3mm，长度最长可达1m以上。

美国混凝土协会认为，在下列温度和湿度的联合作用下，混凝土有出现塑性开裂的危险：

（1）41℃，相对湿度小于 90％；

（2）35℃，相对湿度小于 70％；

（3）24℃，相对湿度小于 30％。

因此应避免在高温或者干燥的条件下浇筑，并且要加强养护。

5）振捣

透水混凝土中的水泥浆量有限，只够包裹骨料颗粒，因此在浇筑过程中不宜强烈振捣或夯实。一般采用平板振动器来轻振铺平后的透水性混凝土混合料，但必须注意不能使用高频振捣器，因为它会使混凝土过于密实而减少孔隙率，并影响透水效果。同时高频振捣器也会使水泥浆体从粗骨料表面离析出来，流入底部形成一个不透水层，使材料失去透水性。

6）辊压

振捣以后，应进一步采用实心钢管或轻型压路机压实压平透水性混凝土拌合料，考虑到拌合料的稠度和周围温度等条件，可能需要多次辊压，但应注意，在辊压前必须清理辊子并涂油，以防黏结骨料。

7）养护

透水性混凝土由于存在着大量的孔洞，易失水，干燥很快，所以养护非常重要。尤其是早期养护，要注意避免混凝土中水分大量蒸发。通常透水性混凝土拆模时间比普通混凝土短，如此其侧面和边缘就会暴露于空气中，应用塑料薄膜及时覆盖路面和侧面，以保证湿度和水泥充分水化。透水性混凝土应在浇筑后 1 天开始洒水养护，洒水养护时，应每隔 2～3m 处就洒水养护，每天至少洒水四次。淋水时不宜用压力水直冲混凝土表面，这样会带走一些水泥浆，造成一些较薄弱的部位，可采用直接从上往下浇水。若遇到夏季干热天气，可在浇筑后 8h 开始洒水养护，并且要增加洒水次数，以免过早失水。另外还可以考虑其他养护法，例如可以用草帘、麻袋或混凝土专用的覆盖物，但切记不可用塑料薄膜和细砂作为表面覆盖物，因为塑料薄膜对水灰比小的混凝土的强度负面影响很大，而砂子会阻塞透水混凝土的孔隙。透水性混凝土的湿养时间应不少于 3～7 天，养护期间，混凝土表面不得见干。

3.7.5 光催化混凝土

光催化混凝土属于大气环境材料，它具有催化作用，可以对燃烧时产生的或机动车排放的二氧化硫、氮氧化物等对人体有害的污染气体进行分解去除，起着净化空气的作用。同时，它又有杀菌去污等抗菌功能。

光催化混凝土材料最吸引人的特点是它本身的抗污染能力，它可以通过 TiO_2 的光催化能力，在阳光下分解沉积在建筑物表面有机、无机混合物，维持其表面最初的美观状态。在新型建筑中混凝土不仅作为结构材料也作为装饰材料使用，为进一步丰富混凝土功能，由纳米光催化剂与水泥以及混凝土相结合的研究模型和制品也应运而生，同时也赋予了混凝土降解大气中的污染物和建筑物表面微生物的功能，是新型混凝土建筑的关键技术之一，见图 3-72。

1. 光催化原理

光催化混凝土采用的光催化剂为二氧化钛，光催化混凝土的光催化原理实际上就是二氧化钛的光催化原理。因为二氧化钛的禁带宽度为 3.2eV，故当它吸收了波长小于或等于

387.5nm 的光子后，价带中的电子就会被激发到导带，形成带负电的高活性电子，同时在价带上产生带正电的空穴。在电场的作用下，电子与空穴发生分离，迁移到粒子表面的不同位置。热力学理论表明，分布在表面的正电空穴可以将吸附在二氧化钛表面的 OH^- 和 H_2O 分子氧化成 OH^- 自由基，顺磁共振研究也证明在水体中，二氧化钛表面确实存在大量的 OH^- 自由基。而 OH^- 自由基的氧化能力特别强，能氧化大多数的有机污染物及无机污染物，将其最终降解为 CO_2 和 H_2O 等无害物质。

图 3-72　使用光催化剂的自洁混凝土

关于 TiO_2 光催化剂对汽车尾气排放的 NO_x 污染物的净化能力，人们曾做过一个实验。将含有 NO_x 的大气以 $0.5L \cdot min^{-1}$ 的流量通过 TiO_2 光催化剂处理近 5h，其去除 NO_x 的能力见表 3-27，二氧化钛的净化能力是比较强的。二氧化钛光催作用发生反应的化学方程式如下：

1）羟基自由基的产生：

$$Re/TiO_2 \xrightarrow{h\nu} e^- + h^+$$
$$[H_2O]_n \rightarrow nH_2O$$
$$H_2O \rightarrow H^+ OH^-$$
$$OH^- - e^- \rightarrow OH$$

2）NO_x 的净化：

$$NO + O_2 \rightarrow NO_2$$
$$NO + NH_2 \rightarrow N_2 + H_2O$$
$$NO_2 + \cdot OH \rightarrow HNO_3$$

3）SO_2 的净化：

$$SO_2 + OH \rightarrow HSO_3$$
$$HSO_3 + O_2 \rightarrow SO_3 + H_2O$$
$$SO_3 + H_2O \rightarrow H_2SO_4$$
$$HSO_3 + OH \rightarrow H_2SO_4$$

混合光催化剂去除 NO_x 效果比较　　　　　　　　表 3-27

光催化剂	NO 去除量	NO_2 去除量	HNO_3 回收量	pH 值	备注
TiO_2-1	12.8	5.3	7.7	4.6	去除量单位
TiO_2-1-AC	8.7	2.9	6.4	4.7	$10^{-6}mol \cdot g^{-1} \cdot h^{-1}$
TiO_2-1-Fe-AC	11.0	2.0	7.5	4.7	AC:活性炭
TiO_2-1-Fe-MgO-AC	12.5	2.8	13.3	6.9	NO 含量
TiO_2-1-Fe-CaO-AC	13.0	3.2	13.6	5.8	$3.8mg \cdot L^{-1}$
TiO_2-2	13.4	0.8	14.2	4.3	50%相对湿度

注：TiO_2-1 比表面积为 $46m^2 \cdot g^{-1}$，TiO_2-2 比表面积为 $290m^2 \cdot g^{-1}$。

2. 光催化混凝土的制备

1) 二氧化钛微粉掺入法

在透水性多孔混凝土制作过程中，通过距离砌块表面 7~8mm 深度范围内掺加二氧化钛微粉，使其掺入量控制在 50% 以下，可制作成具有除氮氧化物功能的光催化混凝土。

二氧化钛微粉的掺入方法又可分为内掺法和外掺法：内掺法是将纳米 TiO_2 粉末与水泥混合或取代部分水泥，而后直接用于工程中的水泥基材料。外掺法是在成品水泥基材料上掺入一定数量的粉体或者 TiO_2 溶液，使其涂覆到水泥基材料上，或者渗入基体材料的孔隙中，保持与阳光和空气接触，以达到光催化效果。

二氧化钛微粉应选用锐钛矿型结构的微粉，制备方法有以下三种：

(1) 硫酸法将钛铁矿干燥、破碎、除铁、加入浓硫酸，生成硫酸氧钛溶液，然后经水解、加热、分解可制得二氧化钛微粉。

(2) 四氯化钛草酸或氨沉淀热分解法在四氯化钛稀盐酸溶液中加草酸或氨水，经沉淀、分离、洗涤、加热、分解制得二氧化钛微粉。

(3) 钛醇盐水解法将钛醇盐水解、沉淀、干燥、焙烧可制得二氧化钛微粉。

对于用二氧化钛微粉掺入法制备的光催化混凝土，人们对其去除氮氧化物功能进行了试验测试。结果表明，在以 $1.5L \cdot min^{-1}$ 的速度将 NO_x 含量为 1×10^{-6} 的空气注入密闭容器中，以 $0.6mW \cdot cm^{-2}$ 的紫外线照射，NO_x 的去除率可达 80%。此种砌块若运用于公路的铺设，用以除去汽车排出尾气中所含的 NO_x，可以使空气质量得到改善。

2) 光催化载体法

光催化载体法是对混凝土中的部分集料被覆一层二氧化钛薄膜，这些集料相当于光催化剂的载体，然后把这部分集料放置于混凝土砌块表面，使被覆二氧化钛薄膜的集料部分显露出来，从而制得具有光催化功能的混凝土。这种光催化混凝土也能够有效地去除 NO_x 和其他有害气体。二氧化钛薄膜被覆方法有以下几种：

(1) 溶胶凝胶法以钛酸丁酯为前驱体，乙醇为溶剂，盐酸或乙酰丙酮为催化剂，按适当比例分批次进行混台，边搅拌边加热得溶胶，将此溶胶涂覆于集料的表面上，经热处理可得到二氧化钛薄膜涂层。

(2) 整合钛热喷法首先将需涂覆的材料加热到 500~600℃，将双异丙氧基-双辛烯乙醛酰钛溶解在适当的有机溶剂中，经喷枪喷涂在材料表面上得到二氧化钛薄膜涂层。

3.7.6 防火耐热混凝土

防火耐热混凝土是指能长时间承受 200~1300℃温度作用不破坏、不丧失其必要的承载能力，并在高温下保持所需要的物理力学性能的特种混凝土。它是由耐热骨料、胶结材料、特殊外加剂和水按一定比例配制而成。耐热混凝土与耐火砖相比，具有工艺简单、可塑性好、原材料广泛、结构整体性好、施工方法多样化、热稳定性好、维修费用低、使用寿命长等优点。常用于建筑物主体结构的防火、热工设备和受高温作用的结构物，如工业窑炉基础、高炉外壳及烟囱等工程，见图 3-73。

1. 防火混凝土受热机理分析

普通混凝土受热作用机理包括水泥水化物受热作用机理和水化产物与骨料之间受热相互作用机理。

普通混凝土不能耐热有两个方面的原因：

1）水泥石中的水化产物在高温作用下分解脱水，使其晶格和结构遭到破坏，混凝土强度下降。各种水泥水化产物分解脱水温度，如表3-28所示。

特别是氢氧化钙脱水生成氧化钙（石灰），体积收缩，后因脱水的氧化钙再次水化又生成氢氧化钙，使混凝土体积膨胀，可能引起崩溃，这是普通混凝土在高温下强度降低的主要原因。

图3-73 防火耐热混凝土

水泥水化产物分解脱水与温度的关系 表3-28

名称	水化硫铝酸钙	氢氧化钙	水化铝酸钙	水化硅酸钙
脱水温度（℃）	110～160	500～600	500～800	800～1000

2）各种岩石成分的骨料，受热变形也不相同。含有石英岩的骨料（如石英砂、砂岩等石英质骨料），在575℃以下，体积逐渐膨胀；超过在575℃时，突然膨胀；含有石灰岩的材料，在750～900℃条件下分解成氧化钙，强度显著降低，故普通混凝土不宜在高温环境下使用，其使用温度一般也不超过250℃。

2. 耐热混凝土分类及性能

耐热混凝土按其胶凝材料不同，一般可分为水泥耐热混凝土和水玻璃耐热混凝土。

1）水泥耐热混凝土

（1）普通硅酸盐水泥耐热混凝土：由普通硅酸盐水泥、磨细掺合料、粗骨料和水调制而成。耐热度为700～1200℃，强度等级为C10～C30，高温强度为3.5～20MPa，适用于温度较高，但无酸碱侵蚀的过程。

（2）矿渣硅酸盐水泥耐热混凝土：由矿渣硅酸盐水泥、粗细骨料，掺加磨细掺合料和水调制而成。耐热度为700～900℃，强度等级为C20以上，适用于温度变化剧烈，但无酸碱侵蚀的工程。

（3）高铝水泥耐热混凝土：由高铝水泥或低钙铝酸盐水泥、耐热度较高的掺合料以及耐热骨料和水泥制成的。耐热度为1300～1400℃，强度等级为C10～C30，高温强度为3.5～20MPa，适用于温度较高，但无酸、碱、盐侵蚀的工程。

2）水玻璃耐热混凝土

由水玻璃、氟硅酸钠、磨细掺合料及粗细骨料按一定配合比例组成。这种混凝土耐热度为600～1200℃，强度等级为C10～C30，高温强度为9.0～30MPa，最高使用温度可达1000～1200℃，适用于受钠盐溶液作用的工程，但不得用于受酸、水蒸气及水作用的部位。

3.7.7 透明混凝土

透明混凝土，亦可称"透光混凝土"或"导光混凝土"，光线可通从混凝土的一面透至另一面，离这种混凝土最近的物体亦可在其混凝土上显示出阴影，这种特殊效果使人们觉得该混凝土既没有厚度也没有重量。通过调整内部透光材料的比例及布置方式，可控制光线的透射程度及变化梦幻的色彩效果，应用效果如图 3-74 和图 3-75 所示。

图 3-74　透明混凝土内隔墙　　　　　　　　　图 3-75　透明混凝土外墙

作为一种新型建筑材料，透明混凝土凭借其良好的透光性能、感知、轻质、绝热特性及多变的装饰效果而得到青睐。目前国内研究人员已对透光混凝土的构成、制作工艺、透光性能、力学性能等进行了初步的研究并取得了一定成果。

透明混凝土根据其添加的功能性材料不同可分为两类：第一类为纤维类透明混凝土，第二类为树脂类透明混凝土。该两类透明混凝土的研究在国内外均尚处于起步阶段。

第一类透明混凝土：是由大量的光学纤维和精致混凝土组合而成，光纤维在该类透明混凝土中制造数以千计的矩阵平行线，连接每块两个面，从而利于光线的穿透。

第二类透明混凝土：主要由特殊树脂与水泥浆料结合而成。该类透明混凝土由意大利水泥集团研制，已成功应用于意大利国家馆的建设中，并亮相于 2010 年上海世博会，引起了社会各界的广泛关注。

透明混凝土作为一种导光类功能材料，同时又具备普通混凝土高强、可塑等优点，应用将非常广泛，可通过优化新拌混凝土配合比，选择低碱胶凝材料，简化制作工序等措施，解决其部分缺点，推广其更为广泛的应用。

3.8　其他混凝土

3.8.1　轻骨料混凝土

轻骨料混凝土是使用轻型骨料拌合而成的新型混凝土材料，我国规范《轻骨料混凝土应用技术标准》JGJ/T 12—2019 定义轻骨料混凝土为：由轻粗集料、轻细集料（或普通砂）、水泥和水配制而成，一般轻骨料混凝土的表观密度不超过 1950kg/m³，目前国内认为强度达到 LC40 以上的轻骨料混凝土为高强轻骨料混凝土。轻骨料（也称轻集料）是指堆积密度为 1200kg/m³ 以下的多孔轻质骨料，可分为轻粗骨料（粒径不小于 5mm）和轻细骨料（又称轻砂，粒径小于 5mm）。常见的轻骨料种类见图 3-76。

图 3-76　常见轻骨料

（a）粉煤灰陶粒；（b）浮石；（c）凝灰岩；（d）页岩陶粒；（e）膨胀珍珠岩；（f）聚苯乙烯泡沫粒

1. 轻骨料混凝土的特点

我国对于轻骨料混凝土的研究始于 20 世纪 50 年代，国内成立轻骨料混凝土专题研究小组，对轻骨料混凝土材料、构件的力学性能及抗震性能进行相关研究，但当时的研究多停留在强度 LC40 以下，难以满足工程实际的性能需求。20 世纪 90 年代末，建筑材料的迅速发展，高性能水泥、高强人工骨料以及掺合料的研制成功为配置强度 LC40 以上的高强轻骨料混凝土提供了基础。目前，国内外对于轻骨料混凝土的应用并不广泛，主要是由于轻骨料混凝土本身脆性较大，这对于高强轻骨料混凝土来说更为明显，且国内外对于高强轻骨料混凝土单轴受压应力-应变曲线研究较少。高强轻骨料混凝土可应用于对结构自重有限制的结构中，在减轻结构自重降低基础荷载的同时，减少对于地震能的吸收，改善结构抗震性能，并保证结构的使用性能，满足防火、耐久、抗冻抗渗等要求。高强轻骨料混凝土主要有以下优点：

1）轻质高强。高强轻骨料混凝土采用的骨料内部多有孔洞，低质量的骨料降低了构件重量，减小截面尺寸，从而减轻结构自重，增强结构的抗震性能，尤其适用于目前快速发展的高层、超高层以及大跨度结构。

2）抗震性好。轻骨料混凝土由于质轻、弹性模量小，因此受到的地震作用力小，并能较快的吸收冲击能量。若建筑物的承重结构和填充墙均使用轻骨料混凝土，自重将大大减小，减震效果更明显。

3）良好的隔热及耐火性能。高强轻骨料混凝土采用的材料具有较低的导热系数及良好的耐火性。低导热系数可以延缓结构温度的升高，而良好的耐火性可以延缓火灾中混凝土强度的下降速度。普通混凝土的耐火极限约为 1h，而高强轻骨料混凝土的耐火时间则至少为 3 个小时。在 700℃高温条件下，轻骨料混凝土强度可以维持在正常环境下强度的 80%，而普通混凝土仅能维持在 70%。所以在相同防火要求下，高强轻骨料混凝土的墙厚可以普通混凝土墙更小，同时也带来了室内使用空间增大的优势。

4）良好的耐久性以及抗渗性能。轻骨料的内部及表面一般存在较多孔洞，较普通混凝土使用的石子更加粗糙，吸水性更强，水泥砂浆与轻骨料黏结能力更强，抗渗性能要明显优于普通混凝土，避免了混凝土中常见的碱骨料反应，提升了混凝土的耐久性能。

5）综合经济效果好。由于所采用原料的原因，高强轻骨料混凝土的单方造价高于普通混凝土，但其较轻的自重及优良的性能，可以减小结构截面尺寸，减轻基础荷载，降低基础造价，增大建筑的内部可使用空间。高强轻骨料混凝土耐腐蚀性好、耐久性强的优点，使其更加适合在海洋工程及长期泡水的桥梁工程，具有明显的经济效益。

2. 轻骨料混凝土的分类

实际应用中，轻骨料混凝土一般可以按轻骨料种类分类（见表 3-29），或按用途分类（见表 3-30）。

按轻骨料分类　　　　　　　　　　　　　表 3-29

分类	主要品种
人造轻骨料混凝土	黏土陶粒、页岩陶粒、膨胀珍珠岩等人造轻骨料配置的混凝土
工业废料轻骨料混凝土	粉煤灰陶粒混凝土、炉渣混凝土等
天然轻骨料混凝土	火山渣、浮石混凝土等

按用途分类　　　　　　　　　　　　　表 3-30

类别名称	强度等级范围	密度等级范围	用途
保温轻骨料混凝土	CL15	<800	保温的围护结构或热工构筑物
结构保温轻骨料混凝土	CL5~CL15	800~1400	保温的承重围护结构
结构轻骨料混凝土	≥CL15	1400~1950	承重构件

2000 年建成的天津永定新河桥全部采用轻骨料混凝土。昌九高速公路桥的改造、2009 年佛山汾江大桥旧桥面的铺装等一些桥梁的改造均采用了轻骨料混凝土。在高层建筑中如珠海国际会议中心、武汉市证券大厦的上部结构采用了轻骨料混凝土。随着我国基础建设工程投入的增加以及墙体材料革新和建筑节能的深入，轻骨料混凝土以其轻质、高强、耐久性好等诸多优点将更受青睐。

3.8.2　地质聚合物混凝土

地质聚合物宏观上是由碱性激发剂与活性铝硅质材料在较低温度和较短时间的条件下，通过类似地球化学反应形成的一类具有非晶态至准晶态结构的无机胶凝材料，或一种经过缩聚反应形成的无定型态的硅铝网状结构的无机聚合物；微观上是粉煤灰工业固体废弃物等在碱激发条件下，无定型态的 SiO_2、Al_2O_3 发生解聚，生成 $[SiO_4]^{4-}$ 四面体和 $[AlO_4]^{5-}$ 四面体，发生缩聚反应生成新的网络结构胶凝材料。

地质聚合物混凝土制备原料来源十分广泛，主要有矿渣、粉煤灰、高岭土、建筑废弃物粉尘等。地质聚合物混凝土生产时，总体污染相比水泥可以减少 90%，生产能耗只有水泥的 30%，若采用活性固体废弃物，能耗只有水泥的 10%。工信部 2018 年制定发布了《工业固体废物资源综合利用评价管理暂行办法》和《国家工业固体废物资源综合利用产品目录》，指出我国工业固体废物年产生量约 33 亿 t，历史累计堆存量超过 600 亿 t，占地超过200万公顷。因此,以工业固体废弃物为原料制备地质聚合物混凝土既可以减少对天然资源的开发使用,也能够有效缓解和降低固体废物造成的环境污染和安全隐患。

地质聚合物混凝土作为一种新型的绿色建筑材料,凭借其原材料来源广泛、制备工艺简单、力学性能优良、能耗污染小等诸多优点,已成为普通水泥基材料的最佳替代品之一。

1. 地质聚合物混凝土的形成过程和特点

地质聚合物指利用碱性激发剂对含有大量硅铝氧化物的天然矿物或固体废弃物进行催化激发,最终所有材料聚合形成以SiO_4与AlO_4为主要存在形式的三维网络凝胶体。其形成过程大致可分为四个部分:首先,负责提供硅铝氧化物的固体原材料在高碱环境中发生溶解反应;其次,这些溶解出的硅铝配合物从固体表面向溶液中扩散,同时形成聚合硅酸和硅铝低聚体;第三步,通过缩聚反应硅铝低聚体形成硅铝聚合物,并与聚合硅酸一起形成含水的凝胶相物质;最后,硅铝凝胶脱水再次缩聚,最终形成硬化的地质聚合物固体,见图3-77。

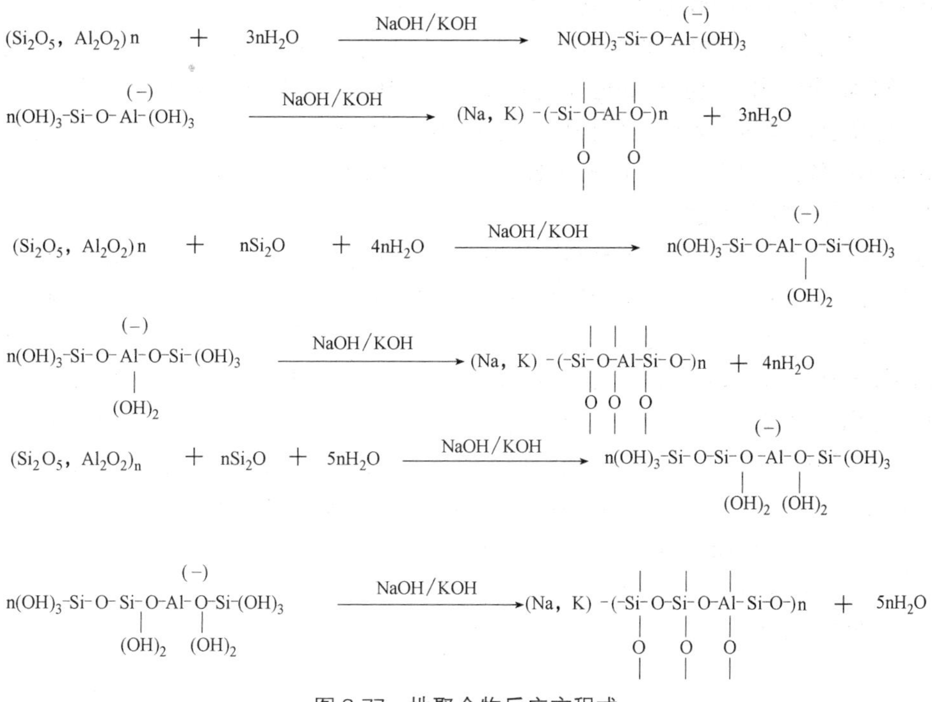

$$(Si_2O_5, Al_2O_2)n + 3nH_2O \xrightarrow{NaOH/KOH} N(OH)_3\text{-Si-O-Al-}(OH)_3^{(-)}$$

$$n(OH)_3\text{-Si-O-Al-}(OH)_3^{(-)} \xrightarrow{NaOH/KOH} (Na, K) \text{-(-Si-O-Al-O-)}n + 3nH_2O$$

$$(Si_2O_5, Al_2O_2)n + nSi_2O + 4nH_2O \xrightarrow{NaOH/KOH} n(OH)_3\text{-Si-O-Al-O-Si-}(OH)_3^{(-)}$$

$$n(OH)_3\text{-Si-O-Al-O-Si-}(OH)_3^{(-)} \xrightarrow{NaOH/KOH} (Na, K) \text{-(-Si-O-Al-Si-O-)}n + 4nH_2O$$

$$(Si_2O_5, Al_2O_2)_n + nSi_2O + 5nH_2O \xrightarrow{NaOH/KOH} n(OH)_3\text{-Si-O-Si-O-Al-O-Si-}(OH)_3^{(-)}$$

$$n(OH)_3\text{-Si-O-Si-O-Al-O-Si-}(OH)_3^{(-)} \xrightarrow{NaOH/KOH} (Na, K) \text{-(-Si-O-Si-O-Al-Si-O-)}n + 5nH_2O$$

图 3-77 地聚合物反应方程式

地质聚合物中这种三维网状结构的存在使其表现出许多特有的性质特征:

1)由于分子间化学链接键是以共价键的形式存在,因此材料整体表现出很高的强度;

2)这种三维结构极其稳定,胶体与晶体结构之间的界面区域不会出现强度不够的情况;

3)稳定的结构也使得整体材料性能不会因内部胶体失水和晶体脱水而发生较大变化,表现出较低的收缩率特征;

4)由于SiO_4与AlO_4四面体单元相互间结合稳定,材料内部不存在易与介质起化学反应的水化物,因此其耐侵蚀耐腐蚀性能良好;

5)普通混凝土在凝结硬化过程中会产生水灰比较大的过渡区,降低了表面强度造成混凝土内外应力分布不均的现象。

在地质聚合物混凝土中则不会产生这种情况，所以其界面结构将优于普通混凝土。同时地质聚合物整体表现出许多外在的优异特征：

1）拥有非常好的耐久性能：硅铝酸盐矿物粉末可以吸收碱金属离子，而在地聚合物中残留有大量这种物质，整个吸收过程将持续到矿物粉末被消耗一空，显著弱化了碱骨料反应，与普通硅酸盐水泥相比耐久性良好；

2）生产过程污染低耗能小：在制备过程中不采用"两磨一烧"的煅烧工艺，无需消耗大量资源和能源，基本不排放 CO_2，并且其原材料为价格低廉、来源广泛的低钙 Si-Al 质材料；

3）强度高、硬化速度快、力学性能突出：一般地聚合物 1d 强度可达 20～30MPa，28d 强度可达到 40～60MPa；在一定养护条件下（如高温），更能在凝结硬化的前几小时内达到最终硬化强度的 70%～80%；

4）低收缩性：地聚合物 7d 和 28d 的收缩率仅分别为 0.02% 和 0.05%，而硅酸盐水泥硬化浆体 7d 和 28d 的收缩率高达 0.10% 和 0.33%；

5）有害元素固化特性：地质聚合物混凝土有类沸石的结构特点，对重金属离子的溶出有良好的阻止作用，能够很好地固定有毒金属，还能够有效阻止核废料的侵蚀；

6）耐高温，隔热效果好：可轻易抵抗 1000～1200℃ 高温的炙烤而不产生大的性能变化，其导热系数为 0.24～0.38W/m·K，可与轻质耐火黏土砖相媲美。

2. 地质聚合物的性能特点

地质聚合物与硅酸盐水泥基材料在原材料、反应过程、微观结构、宏观性能等都显著不同。地质聚合物以活性低钙硅铝质材料为主要原料，通过高碱性溶液激发实现化学键合的一类新型胶凝材料。其主要以离子键、共价键为主，范德华力和氢键为辅，具有特殊的三维网络状结构，兼具水泥、玻璃、陶瓷和有机高分子材料等的优良特性。其具有有机高分子材料和水泥的低温固化性能；因为铝含量高，其耐热性显著优于水泥和有机高分子，甚至高于金属材料；其强度可与传统陶瓷、金属铝相媲美，密度低，耐热，耐盐酸腐蚀，耐久性优良，还具有高早强（钙基地质聚合物 4h 可达到最终强度的 70%～80%），低收缩（无钙地质聚合物的收缩仅为硅酸盐水泥的 1/5）。生产能耗低、二氧化碳排放小，许多工业副产物都可以作为合成地质聚合物的原材料，如粉煤灰、矿渣、钢渣、煤矸石等，是一种新型绿色胶凝材料。表 3-31 列出了地质聚合物的一些工程性能。

地质聚合物的工程性能　　　　表 3-31

性能指标	数值	性能指标	数值
密度($g.cm^{-3}$)	2.2～2.7	断裂能($J.m^{-2}$)	50～1500
热膨胀系数	3.8～25	耐火温度(℃)	1000～1200
抗压强度(MPa)	20～130	热膨胀系数(10^{-6})	3.8～25
抗弯强度(MPa)	10～15	热导率($W.(m.K)^{-1}$)	0.24～0.38
弹性模量(GPa)	5～50	渗透系数(氯离子渗透系数)($cm^2.s^{-1}$)	10^{-8}～10^{-9}
泊松比	0.244		
表面能($J.m^{-2}$)	1.62	收缩率(shrinkage)	硅酸盐水泥的 1/5～1/10

地质聚合物也有缺点，目前制备地聚合物一般使用偏高岭土、粉煤灰和硅酸钠溶液反应形成，因为偏高岭土、粉煤灰的活性较低，需要大量的硅酸钠溶液，或蒸汽养护加速反应，造成成本高昂。材料温度敏感性高，化学胶凝材料都有这样的缺点，地聚合物在高温下反应速度快，强度发展快，甚至发生速凝，无法完成施工；在低温下，反应慢，凝结时间长，强度发展缓慢。内部盐含量高，在干湿循环条件下容易发生严重的泛碱现象，影响表观，在反复的干湿循环下，甚至发生剥落。地质聚合物的孔隙率较大，同时盐含量较高，导致其吸水速率快，饱水度还大。通过试验以及现象观察，地质聚合物在养护期间容易开裂，不当养护容易造成表面出现大量的裂纹；反复的干湿循环会造成地质聚合物表面出现剥落。工业水玻璃的成分波动较大，杂质多，使用 NaOH 来调制所需模数激发剂，往往造成碱激发剂不稳定，尤其是调制低模数水玻璃时（NaOH 用量大），很容易结晶、沉淀。新拌地质聚合物混凝土的黏度大，受温度影响严重，在不同季节，为了保证流动性，用水量变化较大，且气泡不易振出，导致存在很多大气泡。

3. 地质聚合物制备工艺

地质聚合物的制备工艺简单，将原材料与碱激发剂混合，机械搅拌后养护即可。原材料广泛，富含硅铝质的材料或工业副产物都可以作为合成地质聚合物的原材料，这些材料与碱性激发剂（通常为第 I 族碱金属硅酸盐溶液）在低于 150℃ 下反应形成地质聚合物。养护方式包括了常温养护、蒸汽养护和蒸压养护。利用杂质较少的偏高岭土来制备地质聚合物是最常见的。但偏高岭土的产地有限，而且成本较高，很多学者致力于低成本、化学成分与偏高岭土相似的粉煤灰来制备地质聚合物。地质聚合物制备工艺流程如图 3-78 所示。

图 3-78　地质聚合物制备工艺流程

用来制备地质聚合物的原材料主要是偏高岭土和粉煤灰。粉煤灰是火电厂从烟气中收集的粉尘飞灰，颗粒呈球形，表面光滑，呈玻璃体。粉煤灰中的矿物是以高岭土为代表的黏土矿物在高温熔融下，经快速冷却形成的，与偏高岭土的化学成分相似。但因为粉煤灰呈玻璃体，表面致密，在碱性激发剂中的活性较低，使用粉煤灰来制备地质聚合物往往需要进行热养护加速反应来提高力学性能。同时粉煤灰的化学组成波动较大，烧失量较大，含碳量高，故形成的地质聚合物的性能不稳定也不够好。而且粉煤灰中往往含有一定量的氨，在碱性环境下会发气，使地质聚合物存在较多的大气泡。

地质聚合物及其混凝土所具有的特性使其在水利市政、道路桥梁、地下工程、海洋工程及相关军事领域等方面拥有相当广阔的应用前景，有望成为硅酸盐水泥的替代产品。然而，众所周知，混凝土材料的脆性越强其韧性就会相应地下降，地质聚合物混凝土与普通混凝土类似，均为高脆性的材料，仍具有抗裂性小、脆性大的缺点。故此也有研究者通过在地质聚合物混凝土中掺加各种高性能纤维，来提高其韧性及抗变形能力。

3.8.3 喷射混凝土

喷射混凝土是用于加固和保护结构或岩石表面的一种具有速凝性质的混凝土。该技术是借助喷射机械，利用压缩空气或其他动力，将按一定配合比的水泥、砂、石子及外加剂等拌合料，通过喷管喷射到受喷面上，在很短的数分钟之内凝结硬化而成型的混凝土补强加固材料。喷射混凝土主要用于煤矿井巷、隧道、高速公路边坡经锚杆加固后表面喷射加固，简称"锚喷"。

喷射混凝土是由喷射水泥砂浆发展而来的。1914 年，美国首先采用了喷射水泥砂浆技术进行施工，到了 20 世纪 30 年代，由于喷射机具的改进，人们开始试图采用喷射混凝土来衬砌支护隧道。但因为水泥凝结慢，喷射出的混凝土不能与岩石很好的黏结，容易发

图 3-79　喷射混凝土施工

生坍落现象，致使喷射混凝土这种新工艺遇到了困难。解决问题的办法就是使用速凝剂，它能使喷射出的混凝土迅速凝结硬化，增强了混凝土与岩层的黏结力。20 世纪 40 年代，瑞士、联邦德国、日本等国生产出了可以喷射含有粗骨料的喷射机械，同时还成功研制了喷射混凝土用的速凝剂，这样就大大提高了喷射的速度和厚度，同时增加了强度并减少了回弹。此后世界各国相继在土木工程中采用喷射混凝土技术，见图 3-79。

1. 喷射混凝土用原材料

1）水泥

水泥品种和强度等级的选择主要应满足工程使用要求，当加入速凝剂时，还应考虑水泥与速凝剂的相容性。喷射混凝土用水泥可分为三大类：

第一类是硅酸盐系列的水泥，如硅酸盐水泥、普通硅酸盐水泥、矿渣碳酸盐水泥，强度等级不应低于 32.5MPa。这些水泥用于喷射混凝土时，需要加入速凝剂。速凝剂的掺加量和品种应通过正式配制前试验确定。

第二类是专用的喷射水泥，这种水泥由于含有快凝-快硬的矿物氟铝酸钙（11CaO・7Al$_2$O$_3$・CaF$_2$），因此水泥本身即有速凝的性质，10～20min 即可终凝，6h 强度即可达 10MPa 以上，1d 强度可达 30MPa 以上。同时该水泥还含有一定量的硅酸三钙（C$_3$S），因此后期强度也较高。如果喷射水泥本身的凝结时间还不符合施工要求，可以掺加专用的调凝剂进行调节。

第三类是一些特殊场合使用的混凝土，可以用一些具有特定性能的水泥。例如修补炉衬可用耐高温水泥等。在这些水泥中一般不掺速凝剂，尤其是高铝水泥，掺速凝剂会因速凝剂中的干性碳酸盐与高铝水泥的水化物水化铝酸钙反应导致混凝土强度的降低甚至溃裂。

2）集料

粗集料，卵石或碎石均可，但以卵石为好。卵石对设备及管路磨蚀小，也不像碎石那样因针片状含量多而易引起管路堵塞。尽管目前国内生产的喷射机能使用最大粒径为25mm的集料，但为了减少回弹，集料的最大粒径不宜大于20mm。集料级配对喷射混凝土拌合料的可泵性、通过管道的流动性、在喷嘴处的水化、对受喷面的黏附以及最终产品的密度和经济性都有重要作用。

为取得最大的密度，应避免使用间断级配的集料。经过筛选后应将所有超过尺寸的大块除掉，因为这些大块常常会引起管路堵塞。喷射混凝土需掺入速凝剂时，不能使用含有活性二氧化硅的石材作粗集料，以免碱骨料反应而使喷射混凝土开裂破坏。细集料可选用无风化的山砂或河砂，细度模数应在2.7～3.7之间，其中直径小于0.075mm的细砂应低于20%。因为砂子过细不仅会影响喷射性能，而且会影响水泥浆与集料表面的黏结。

3）外加剂

用于喷射混凝土的外加剂有速凝剂、引气剂、减水剂和增黏剂等。

（1）速凝剂：主要目的是使喷射混凝土速凝、快硬，减少回弹损失，防止喷射混凝土因重力作用所引起的脱落，提高它在潮湿或含水岩层中使用的适应性能，以及可适当加大一次喷射厚度和缩短喷射层间的间隔时间。我国行业标准《喷射混凝土用速凝剂》GB/T 35159—2017的技术要求见表3-32。目前所生产的速凝剂大多含有铝酸钠、碳酸钠、生石灰等碱性物质，其速凝作用的原理是速凝剂中的碱性物质在加水拌合时立即与水泥中用于缓凝作用的 $CaSO_4 \cdot 2H_2O$ 发生反应形成 Na_2SO_4 而失去缓凝作用，水泥中的 C_3A 迅速发生水化，并在溶液中析出 C_3A 的水化物而导致水泥很快凝结硬化。

掺速凝剂净浆及硬化砂浆的性能要求 表3-32

产品等级	净浆		砂浆	
	初凝时间（min）	终凝时间（min）	1d 抗压强度（MPa）	28d 抗压强度（MPa）
一等品	≤3	≤8	≥7	≥75
合格品	≤5	≤12	≥6	≥70

（2）减水剂：除可以提高混凝土的强度及耐久性外，还可以减少施工时的回弹量。减水剂应尽量选用非引气型及非缓凝型的减水剂，对减水率无特殊要求。

（3）增黏剂：主要增加喷射混凝土对施工面的黏结力，同时减少施工时的回弹率，增黏剂一般由对混凝土性能无有害影响的水溶性树脂组成，掺量可通过试验确定。

（4）早强剂：当采用硅酸盐系列的水泥时，为增加喷射混凝土的早期强度，往往需要掺入一些早强。早强剂的选用也应通过试验，例如与速凝剂的相容性。另外，如果是钢筋混凝土应选用对钢筋无锈蚀作用的早强剂。高铝水泥由于本身早期强度很高，不需掺早强剂。

（5）防水剂：当要求喷射混凝土具有较高的抗渗性时（如有地下水渗漏的地下工程）应在混凝土中掺入一些防水剂，除使用UEA这样的防水剂，还可以采用矾石膨胀剂、三乙醇胺和减水剂进行配制。

目前国内使用的喷射混凝土外加剂碱性普遍较高，一方面由于腐蚀性大，施工人员需要相应防护措施；另一方面降低混凝土的早期强度。由于近几年的市场需求，大大刺激了喷射混凝土添加剂的开发研究，国内也出现了一些适应性强、能满足施工工艺要求的复合外加剂。例如由中国地质科学院探矿工艺研究所研制开发的 S 型湿喷混凝土复合添加剂，通过室内、现场试验证实，早期强度高，速凝效果好，可大幅度地减少混凝土材料回弹，降低粉尘浓度，改善工人劳动环境。

2. 喷射混凝土力学性能

喷射混凝土与浇筑混凝土有许多相似之处，但也有许多不同之处：其一，喷射混凝土的施工工艺与成型条件有别于普通混凝土；其二，水泥含量及砂率均较普通混凝土高，水灰比较小，特别是掺入速凝剂后，大大改变了混凝土结构。因此，它的性能与普通混凝土有一定差别。

1）抗压强度

喷射混凝土抗压强度常用作评定喷射混凝土质量的主要指标。喷射混凝土在高速喷射时，其拌合物受到压力和速度的连续冲击，使混凝土连续得到压密，因而无需振捣也有较高的抗压强度。其强度发展的特点为：早期强度明显提高，1h 即有强度，8h 强度可达 2.00MPa，1d 强度达到 6～15MPa。但掺入速凝剂后，喷射混凝土后期强度较不掺的约降低 10％～30％，见表 3-33 和表 3-34。

喷射混凝土早期抗压强度　　　　　　　　　　　　　　　　　　　　表 3-33

配合比	速凝剂掺量（%）	抗压强度（MPa）					
水泥∶砂∶石子		2h	4h	8h	16h	24h	48h
1∶1.5∶2.5	2	0.30	0.5	1.9	4.5	7.4	22.1
1∶1.5∶2.0	2	0.09	0.5	2.0	5.3	7.5	20.8
1∶2.5∶2.5	2	0.10	0.4	1.1	4.0	5.7	16.8

注：速凝剂为红星Ⅰ型，水泥为 P·O 32.5 级。

喷射混凝土早期抗压强度　　　　　　　　　　　　　　　　　　　　表 3-34

配合比	速凝剂（%）	抗压强度（MPa）	抗压强度相对值（%）
水泥∶砂∶石子			
1∶2.0∶2.0	0	31.2	100
1∶2.0∶2.0	2.5	22.9	73
1∶2.0∶2.0	3.0	25.2	80
1∶2.0∶2.0	2.8	26.7	85
1∶1.5∶1.5	3.0	24.5	

注：速凝剂为红星Ⅰ型，水泥为 P·O 32.5 级。

2）抗拉强度

喷射混凝土用于隧道工程和水工建筑，抗拉强度则是一个重要参数。喷射混凝土的抗拉强度与衬砌的支护能力有很大的关系，因为在薄层喷射混凝土衬砌时，尤其在衬砌突出部位附近易产生拉力应变。喷射混凝土的抗拉强度约为其抗压强度的 1/23～1/16。为提高其抗拉强度，可采用纤维配筋的喷射混凝土。

喷射混凝土抗拉强度随抗压强度的提高而提高。因此提高抗压强度的各项措施基本上也适用于抗拉强度。采用粒径较小的集料，用碎石配制喷射混凝土拌合料，采用铁铝酸四钙含量高而铝酸三钙含量低的水泥和掺用适宜的减水剂都有利于提高喷射混凝土的抗拉强度。

3）弯拉强度

抗弯强度与抗压强度的关系同普通混凝土相似，即约为抗压强度的 15%～20%。

4）抗剪强度

地下工程喷射混凝土薄衬砌中，常出现剪切破坏，因而在设计中应考虑喷射混凝土的抗剪强度。但目前国内外实测资料不多，试验方法也不统一，难于进行综合分析。

5）黏结强度

喷射混凝土用于地下工程支护和建筑结构补强加固时，为了使喷射混凝土与基层（岩石、旧混凝土）共同工作，其黏结强度非常重要，喷射混凝土黏结强度与基层化学成分、粗糙程度、结晶状态、界面润湿、养护情况等有关。

6）弹性模量

喷射混凝土的弹性模量随原材料配合比、施工工艺等的不同有较大差异。混凝土强度、表观密度越大，喷射混凝土弹性模量越高；骨料弹性模量越大，喷射混凝土弹性模量也越高；潮湿喷射混凝土试件的弹性模量较干燥的高。

3. 变形

1）收缩变形：喷射混凝土的硬化过程常伴随着体积变化。最大的变形是当喷射混凝土在大气中或湿度不足的介质中硬化时所产生的体积减小，这种变形被称为喷射混凝土的收缩。国内外的资料都表明，喷射混凝土在水中或潮湿条件下硬化时，其体积可能不会减小，一些情况下甚至其体积稍有膨胀。同普通混凝土一样，喷射混凝土的收缩也是由其硬化过程中的物理化学反应以及混凝土的湿度变化引起的。

喷射混凝土的收缩变形主要包括干缩和热缩，干缩主要由水灰比决定，较高的含水量会出现较大的收缩，而粗集料则能限制收缩的发展。因此，采用尺寸较大与级配良好的粗集料，可以减少收缩。热缩是由水泥水化过程中的热升值所决定的。采用水泥含量高、速凝剂含量高或采用速凝快硬水泥的喷射混凝土热缩较大。厚层结构比含热量少的薄层结构热缩要大。许多因素影响着喷射混凝土的收缩值，主要因素有速凝剂和养护条件。有关试验表明：同样在自然条件下养护，掺加占水泥重 3%～4% 的速凝剂的喷射混凝土的最终收缩率要比不掺速凝剂的大 80%；喷射混凝土在潮湿条件下养护时间越长，则收缩量越小。

2）徐变变形：喷射混凝土的徐变变形是其在恒定荷载长期作用下变形随时间增长的性能。一般认为，徐变变形取决于水泥石的塑性变形及混凝土基本组成材料的状态。影响混凝土徐变的因素比收缩影响因素还多，并且大多因素无论对徐变或对收缩的影响是相似的。如水泥品种与用量、水灰比、粗骨料的种类、混凝土的密实度、施加荷载龄期，周围介质及混凝土本身的温湿度及混凝土的相对应力值均影响混凝土的徐变变形。

4. 耐久性

1）抗渗性

喷射混凝土的抗渗性主要取决于孔隙率和孔隙结构。喷射混凝土的水泥用量高，水灰比小，砂率高，使用集料粒径也较小，因而喷射混凝土的抗渗性能较好。但应注意的是，如喷射混凝土配合比不当，水灰比控制不好，施工中回弹较大，受喷面上有渗水等，喷射混凝土就会难以达到稳定的抗渗指标。

2) 抗冻性

喷射混凝土的抗冻性是指在饱和水状态下抵抗反复冻结和融化的性质，一般情况下，喷射混凝土的抗冻性能均较好。这是因为在施工喷射过程中，混凝土拌合物会自动带入一定量的空气，空气含量一般在 2.5%～5.3% 之间，且气泡一般呈独立非贯通状态，因而可以减少水的冻结压力对混凝土的破坏。坚硬的骨料，较小的水灰比，较多的空气含量和适宜的气泡组织等，都有利于提高喷射混凝土的抗冻性。相反，采用软弱的、多孔易吸水的骨料，密实性差的或混入回弹料并出现蜂窝、夹层及养护不当而造成早期脱水的喷射混凝土，都不可能具有良好的抗冻性。

5. 喷射混凝土的施工工艺

喷射混凝土的施工工艺系统由供料、供气、供水 3 个子系统组成。这三部分子系统的不同组合方式产生的不同施工工艺和施工技术，对喷射混凝土的质量有着显著的影响，施工费用也各不相同。在过去干喷法、湿喷法的基础上，通过不断的工程试验研究，不断完善和发展了新的喷射混凝土施工技术，如纤维喷射混凝土法、水泥裹砂法、双裹并列法、潮掺浆法等。近 20 年来，我国的喷射混凝土技术得到了突飞猛进的发展，接近和达到了国际水平。

1) 干式喷射混凝土

将水灰比小于 0.25 的水泥、砂子、石子混合料和粉状速凝剂按一定的比例混合搅拌均匀后，利用干式混凝土喷射机，以压缩空气为动力，经输料管到喷嘴处，与一定量的压力水混合后，喷射到受喷面上。如果用专用的快凝锚喷水泥，则可不加速凝剂。

它的优点可概括为：①施工工艺流程简单、方便，所需施工设备机具较少，只需强制拌合机和干喷机即可；②输送距离长，施工布置比较方便、灵活，输送距离可达 300m，垂直距离可达 180m；③速凝剂可提前在喷射机前加入，拌合比较均匀。当然它存在着固有的缺陷叫：①其工作面粉尘量及回弹量均较大，工作环境恶劣，喷料时有脉冲现象且均匀度差；②实际水灰质量比不易准确控制，影响喷射混凝土的质量；③生产效率低。

干式喷射混凝土是应用最广泛的施工方法。其特点概述如下：

（1）喷射混凝土混合料是在干燥的情况下充分拌合，然后通过送料软管靠压缩空气送到专用的喷嘴处，喷嘴内装有多孔集流腔，水在压力下通过多孔集流腔与混合料拌合。

（2）喷射混凝土的运输、加水拌合、振捣三个工艺程序，均是利用空压机产生的压缩空气通过喷射机使用混凝土以连续高速喷向受喷面，并和受喷面形成整体一次完成。

（3）由于混凝土的混合料是在干燥状态下拌合的，水则是在喷射过程中加入，所以，水灰比的掌握完全凭喷射机操作人员的经验。

2) 潮式喷射混凝土

将水灰比在 0.25～0.35 间的混合料和速凝剂按一定比例混合后搅拌均匀。利用潮式混凝土喷射机以压缩空气为动力，经输料管输送至喷嘴处与补充的压力水混合后喷射于受喷面上。潮喷输料管不宜太长，不宜使用早强水泥，但粉尘和回弹率都比干喷时小得多。

3) 湿式喷射混凝土

将水泥、砂子、石子、水按一定比例混合后搅拌成混凝土（水灰比一般为 0.5 左右，坍落度 13cm 左右），用泵将搅拌好的混凝土经输料管压送至喷嘴处，与液体速凝剂帽混合，借助压风补充的能量将混凝土喷射到受喷面上。湿喷粉尘小、回弹率低、混凝土强度高，但喷射工艺较复杂，对集料和外加剂的要求较高，混凝土输送距离较短（一般不超过50m）。

湿喷法施工工艺特性：①喷混凝土拌合料拌合充分，有利水泥充分水化，因而混凝土强度较高；②水灰比能较准确控制但比干喷法用水量多；③速凝剂一般不能提前加入，应在喷射机之后方可加入；④粉尘、回弹量均较低，生产环境状况较好；⑤湿喷机具设备较复杂．速凝剂加入较困难，湿喷机分为风动、挤压泵、液压活塞泵、螺旋输送泵等；⑥输料距离和高度远比干喷法要小，喷射系统布置需靠近工作面；⑦由于混合料事前加水，故施工中途不得停机，停喷后要尽快将设备冲洗干净；⑧水泥用量相对干喷法要多，一般达$500kg/m^3$。

4）水泥裹砂喷射混凝土

水泥裹砂喷射混凝土简称 SEC（Sand Enveloped with Cement）喷射混凝土，其实质是用水泥裹住砂料并调制成砂浆，泵送并与干式喷射机输送的干集合料相混合，经喷嘴喷射到受喷面上；水泥裹砂喷射混凝土的特点是黏结性能好、粉尘少（一般为 $2\sim10mg/m^3$）、回弹量小、混凝土强度高、输送距离长、一次喷厚度大、有淋水时易于喷敷。但喷射工艺较干喷、潮喷和湿喷都复杂，是干喷与湿喷相结合的喷射新工艺。

水泥裹砂法施工工艺特性：水泥裹砂法喷射混凝土是将喷射集料分两条作业线作不同处理后再压入混合管混合，然后通过连接混合管的喷管和喷头喷射到工作面上去的新施工法。喷射凝土中的砂浆基本上是按湿式拌合并压送，但制造的水泥砂浆与常态水泥砂浆不同，是一种造壳水泥砂浆，其结构合理、强度高。而骨料和速凝剂等基本上是按干式拌合并压送，喷射作业时，将此种造壳砂浆和骨料（干燥状态并含速凝剂）经两条管路压送到混合管中混合后通过喷嘴喷出。

5）纤维喷射混凝土

钢纤维喷射混凝土（Steel Fiber Reinforced Shotcrete or Steel Fiber Reinforced Sprayed Concrete）是指以气压动力高速度喷射到受敷面上，含有不连续分布钢纤维的砂浆或混凝土，亦称喷射钢纤维混凝土。目前，国外使用最多的是钢纤维喷射混凝土。它改变了普通混凝土的脆性特点，具有高强度、大变形及破坏后仍存在较高残余强度的特点，使喷射混凝土的韧性、抗弯、抗剪强度、耐用系数和疲劳极限等都得到极大改善。钢纤维喷射混凝土的柔性大大超过了普通混凝土，抗弯强度增加约 $50\%\sim100\%$，抗剪强度提高约 $30\%\sim50\%$，韧性提高数倍，在松软、破碎围岩和特殊地下工程中获得越来越广泛的应用。纤维喷射混凝土一般都利用现有喷射混凝土设备和施工工艺，即在上述的干喷、潮喷、湿喷和 SEC 喷射混凝土中，掺入适量的纤维而形成纤维增强喷射混凝土。

过去隧道施工中遇到不良地质，就用钢纤维喷射混凝土支护，及时制止了坍塌，施工顺利。但掺钢纤维也有其难处：成本高昂、配料搅拌时易结团、喷射时易堵管和钢纤维回弹易伤人，并且由于钢纤维的锈蚀使混凝土表面出现锈斑等。目前也有采用新型材料掺混纤维代替钢纤维喷射混凝土的研究，其各项物理性能与掺钢纤维混凝土相当，但喷射效果优于掺钢纤维混凝土，且成本低廉，经济效益显著，很有推广价值。

6）双裹并列法喷射混凝土

双裹并列法喷射混凝土（简称双裹并列法）是在水泥裹砂法的基础上发展而成的一种新工艺。在作业方式上虽然它们都是用两条线路输送喷射物料的，外观上有些相似，但实质上两者却有着很大的区别。水泥裹砂法只用了设计用砂量的一半被水泥包裹，另一半的砂子和全部的粗骨料（石子）并没有用水泥包裹，形成一条"干路"和一条"湿路"，全部喷射混凝土材料只有到混合管中才汇齐，水泥造壳是不全面的和不充分的。双裹并列法虽然也是由两条线路输送料物，但"干混合料"线路的砂、石料也都用水泥包裹，不再是水泥裹砂法的干砂石料，而是"双裹（裹石及裹砂）混合料"，另一条"湿路"也不再是水泥砂浆，而是经过水泥包裹处理的高流态混凝土，两条输料线路都有水泥包裹作用，故称"双裹并列法"。

7）潮料掺浆法喷射混凝土

潮料掺浆法喷射混凝土工艺，是在总结国内潮喷法和SEC法实践经验的基础上发展而成的，目的是采用传统干喷法的设备和作业方式，但能取得类似于SEC法的综合效果。潮料掺浆法施工工艺特性包括：

（1）掺浆法的喷射料物也由两条线路输送，一条是全部的砂石料和部分水及水泥通过强制式搅拌机"造壳"的潮料，用干喷机输送；另一条线是高水灰比的水泥净浆（含少量减水剂和增塑掺合料）不含砂石料，用离心式泵压送，在混合管混合后喷射到受喷面上。

（2）由于两条作业线一条是造壳潮混合料，一条是水泥净浆，全部喷射料物均处于潮湿状态，可以大大减少施工粉尘，亦节省了水泥用量。实测粉尘浓度 $4\sim5\mathrm{mg/m^3}$（只相当于干喷法的 $1/20$），水泥节约 40%。

（3）在喷头或混合管处相互掺合的是潮湿造壳混合料及水泥净浆，物料之间更容易糊化融合，同时避免了"干喷法或潮喷法在喷头处加入单纯的高压水的冲洗"作用，有利于骨料与水泥的黏结及保持良好的稠度。因此，此种喷射混凝土施工回弹少，泌水率低，从而强度有显著提高，28天强度可达 $30\sim40\mathrm{MPa}$。

（4）所用的设备比水泥裹砂法和双裹并列法都要简单得多，基本上可在干喷法的设备和作业方式上加以改进，施工布置比较灵活，在较狭窄的现场也可以有效的应用。

3.8.4　泵送混凝土

泵送混凝土（Pump Concrete）是用混凝土泵通过管道输送拌合物的混凝土。泵送混凝土有流动性高，骨料粒径小，需要配合多种外加剂（如减水剂、引气剂、缓凝剂）的特点。泵送混凝土相较于普通混凝土施工进度加快，降低了施工费用，并且可以节约劳动力、减轻人工作业强度、提高施工质量，在工程中可以获得显著的技术经济效益，因此泵送混凝土技术得到广泛的应用，如图3-80所示。

大体积的现浇工程中，泵送混凝土技术是必不可少的。在高层建筑的现浇结构中，由于大量的混凝土需要水平加竖直提升到很高的施工层上，如果使用其他手段浇筑困难很大，使用泵送混凝土技术就可以解决这一难题，特别是布料管的发展，是解决高层建筑混凝土浇筑的重要手段；在某些结构特殊的构筑物，施工时工作平面较小，如果人工作业不仅要耗费大量的劳动力，同时施工进度缓慢且工人安全受到严重威胁，利用泵送混凝土技术可以加快施工进度，还能保证工程质量；在一些障碍物较多的狭小地面上施工时，拆迁量大，施工费用高，而泵送混凝土技术施工机械占地面积小，可以绕过障碍物连续浇筑。

混凝土是否可泵送，取决于稠度，DIN（德国工业标准）1045和ENV（欧洲标准规程）206给出了不同稠度分类（表3-35）。这是对新拌混凝土的刚性、可塑性以及可浇筑

图 3-80 泵送混凝土正在施工

性的一种度量，同时也取决于粗骨料（粒径分布曲线）、细骨料（砂子）、粉状颗粒（细砂组分和水泥）的品种、尺寸和用量以及用水量。骨料的指标详见表 3-36。另外，用水量与水泥用量密切相关。

混凝土稠度范围 表 3-35

稠度	不同标准采用的不同符号	
	DIN 1045	ENV 206
干硬的	KS	F1
塑性的	KP	F2
软的	KR	F3
波动的	KF	F4

骨料指标 表 3-36

骨料		补充指标	
最小颗粒（mm）	最大颗粒（mm）	非压碎的骨料	压碎的骨料
0	4	砂	（优质）轧制砂
4	32	砾石	（优质）石屑
32	63	粗砾石	碎石

1. 泵送混凝土用原材料

1）水泥

泵送混凝土主要选用 32.5、42.5、52.5 级。夏季高温季节宜选普通型水泥，冬期施工宜选早强型的水泥，大体积混凝土选低、中热的矿渣水泥等；其中不大于 C25 混凝土选 32.5 级水泥，不小于 C30 混凝土选 42.5 级以上的水泥。

2）粗细骨料

粗细骨料在混凝土中起骨架作用，在泵送混凝土中对混凝土可泵性影响较大，因此，对粗细骨料必须进行优选。

（1）细骨料的优选：以河砂品种为优，山砂次之；砂规格为Ⅱ区的中粗砂为优；按标准要求严格控制级配、含泥量、泥块含量；泵送混凝土要求通过 0.315mm 筛孔的砂不应少于15%，通过0.16mm筛孔的砂不应少于5%，其目的是要求砂中要有一部分细粉颗粒，以保证混凝土的和易性、可泵性；如果不符合上述要求，应掺加矿物掺合料来补充。

（2）粗骨料的优选：粗骨科选用卵石优于碎石，但对C30以上的泵送混凝土还是以选碎石为宜，因高强混凝土需要本身强度高的粗骨料。卵石是由不同品种的岩石组成，强度高低不同，受破坏概率较大。岩石抗压强度与混凝土强度之比应大于20%，C60以上混凝土应进行岩石抗压强度检验。一般混凝土可作压碎指标即可。其中针片状颗粒要严格控制不大于10%。泵送混凝土用卵石最大粒径不宜超过40mm，用碎石不宜超过31.5mm；即粗骨料最大粒径与输送管道内径之比是：碎石混凝土在泵送高度50m以下时为1:3，卵石混凝土为1:2.5；50m以上时宜在1:3~1:4之间；100m以上时宜在1:4~1:5之间，最大粒径的数量也要控制不超过5%。否则，加大了泵送阻力，就有堵管、堵泵的可能。

粗骨料级配应采用连续粒级。不宜采用单粒级，随着混凝土强度等级的提高，石子最大粒径要逐渐减少，C60以上泵送混凝土宜选用5~20mm或5~25mm的连续粒级的碎石。石子最大粒径要小，则骨料-水泥浆界面应力差也较小，应力差大可能会引起微裂缝。再者，较小颗粒石子强度比大颗粒石子强度高，在岩石破碎时消除了控制强度的最大裂隙。

3）混凝土掺合料

为保证泵送混凝土的可泵性，可选择具有一定活性的硅灰、沸石粉、磨细矿渣粉、粉煤灰等矿物掺合料。Ⅰ、Ⅱ级粉煤灰可应用于预应力和钢筋混凝土，超量取代水泥率可达30%左右。在这里谈些具体的经验：C20以下混凝土取代率为30%~50%，C25~C35混凝土取代率为20%~40%，C40以上混凝土取代率为15%~30%。近年来大量应用了粉煤灰、磨细矿渣粉复掺技术，产生了显著的效益。硅灰适用于高强混凝土或有特殊要求的混凝土。因其产量低、价格高，可内掺10%~20%。沸石粉和磨细矿渣粉的性能基本同粉煤灰，通过试验确定掺量。泵送混凝土必须有足够的细粉料，以保证可泵性。

4）泵送混凝土外加剂

泵送混凝土必须掺入外加剂，以改善混凝土和易性、可泵性以及其他性能。泵送混凝土外加剂的选用原则：视混凝土等级、施工要求、施工时间等不同而存在差异，掺入外加剂的目的有提高混凝土流动性、增加可泵性、改善混凝土和易性、提高混凝土早期或后期强度等。常温施工选可泵性强、早强的外加剂，夏季高温施工选缓凝型、坍落度损失小的外加剂，冬季选防冻早强、减水引气的外加剂，高强混凝土选低掺量高效能的外加剂，大体积混凝土选缓凝、抗裂的外加剂，预应力混凝土要选低碱高效的外加剂。外加剂的掺入方法，一般分为先掺法、同掺法和后掺法。常规的掺入方法为同掺法，后掺法效果较好，可节约成本。

2. 泵送混凝土配合比的确定

泵送混凝土配合比除满足设计强度和耐久性要求外，还应满足可泵性要求，根据标准差的统计结果进行初步设计，施工配合比的管理要进行动态管理。

1）泵送混凝土的水泥用量不少于300kg/m³（包括掺合料），亦可按输送管管径选择最低水泥用量，$\phi100=300$kg/m³，$\phi125=290$kg/m³、$\phi150=280$kg/m³。一般经验是：C30以下混凝土胶结材用量为300~390kg/m³，C35~C50混凝土为400~520kg/m³，

C55～C70 混凝土为 525～550kg/m³。

2）泵送混凝土的坍落度与泵送高度有关，混凝土坍落度一般在 120～200mm。当设计混凝土坍落度大于 220mm 时，按《普通混凝土拌合物性能试验方法标准》GB/T 50080—2016 规定，要同时测定混凝土的扩展度，常温季节，气温 15～25℃时，坍落度选用 140～160mm。夏季高温季节选用 170～190mm，如这时因气温高、坍落度损失大导致泵送困难时：一是可采取在浇筑地点掺入外加剂的方法，严禁外加水；二是可根据坍落度经时损失值，在搅拌时适当提高 20～30mm 的坍落度值。冬期施工在较低的低正温或负温时，坍落度选用 130～150mm。

3）泵送混凝土 W/C 和普通混凝土 W/C 一样，是混凝土强度的决定因素，泵送混凝土的 W/C 值小于 0.50 时，摩阻力逐渐增大，W/C 要根据具体情况反复试验确定。一般泵送混凝土的 W/C 值可参考根据表 3-37，并根据试验结果确定。

不同等级泵送混凝土对应的水灰比　　　　　　　　　表 3-37

泵送混凝土强度等级	W/C	泵送混凝土强度等级	W/C
≤C25	0.5～0.6	C45～C60	0.3～0.35
C30～C40	0.4～0.5		

4）泵送混凝土砂率，即砂子占整体混凝土中砂石总量的百分率。为保证混凝土和易性、可泵性，必须选择最佳砂率。一般比普通混凝土提高 3%～6%，宜在 38%～45%之间选择，砂率在一定范围内调整不影响混凝土强度，只影响混凝土工作性、可泵性，超出一定范围后，将会使混凝土强度降低。

泵送混凝土掺入粉煤灰后，超出的体积可代替同体积的砂，减小砂率 1%～2%。一般情况下，C25 以下混凝土砂率为 42%～44%，C30～C40 混凝土砂率为 39%～42%，C45～C60 混凝土砂率为 36%～38%。高强混凝土砂率应适当降低，采取低砂率、低 W/C 的原则，掺加引气型外加剂亦可适当减少 2%左右的砂率。泵送混凝土应有足够的水泥砂浆数量，才能保证可泵性，一般泵送混凝土中水泥砂浆应占整个混凝土体积或重量的 55%左右为宜，混凝土中细粉料的体积应为 200L 左右，砂用量宜在 750～800kg/m³，这样才能泵送顺利，不易堵管、堵泵。

3. 泵送混凝土施工技术要点

泵送混凝土施工要认真执行现行标准、规范，泵送混凝土从搅拌、供应、运输、浇筑等应对以下施工技术引起重视。

1）泵送混凝土的供应，应编制供应计划，加强联络和调度，确保连续均匀供应混凝土，冬期施工及有特殊要求的混凝土，应制订相关措施和施工方案确保混凝土质量。

2）泵送混凝土搅拌站和搅拌设备，应符合国家现行标准和技术条件的有关规定。

3）混凝土所用原材料质量应符合标准和配合比要求，并应根据材料变化情况及时调整配合比，各项材料计量误差符合规范要求，开盘前对电子秤进行零点校核，并按周期进行检定和试验人员进行开盘鉴定。

4）混凝土搅拌投料顺序应符合规范要求，搅拌时间必须符合要求，混凝土坍落度在要求的范围内，混凝土出机温度应在 5～35℃内。按规定要求制作标养 R28 试块或有特殊要求的试件，作为出厂合格证。每种等级的混凝土全部搅拌完后，应将混凝土搅拌装置清洗干净，并排净积水。

5）泵送混凝土的运送途中应能保证混凝土不离析，混凝土运输延续时间（从出机到浇筑完毕时间）不能超过 90min，超过初凝时间的混凝土应废掉，不能再用。

6）泵送混凝土运至浇筑地点，应能保证所要求的坍落度，如已变稠，泵送困难，可掺入外加剂使流动度提高。运至现场后，施工单位应对混凝土坍落度进行验收，再进行浇筑。

7）混凝土泵的操作人员，必须经培训合格持证上岗。混凝土泵启动后按要求对泵和管进行润管试验，混凝土泵送应连续进行，收料斗内有足够的混凝土，泵送的间歇时间不宜超过 15min，如必须中断，中断时间不得超过所允许的延续时间。当混凝土不能及时供应时，管道应不断进行蠕动，以防混凝土凝结硬化和堵泵、堵管等发生。

8）夏期施工气温高于 40℃时，输送管道应采取隔热措施，以防日光暴晒，冬期施工时，应采取岩棉等保温措施，防止热量损失。

9）应加强混凝土振捣工作，防止过振、欠振和漏振，对薄型混凝土结构，如楼板、路面等，要严格进行混凝土表面处理，并及时保湿养护，防止干缩裂缝发生。

10）现场浇筑混凝土的同时，应制作同条件养护试块，供拆模和结构实体强度的验收，冬期施工应制作临界强度和负温转正温养护的试件。

11）混凝土浇筑完毕后，立即进行养护，泵送混凝土比普通混凝土更应加强养护，因其水泥用量大、用水量多、砂率大、坍落度大等易出现干缩裂缝，必须加强养护，并建立养护制度和记录，保证养护时间，夏季采取保湿养护，冬季采取蓄热保温或其他养护方法，大体积混凝土控制温差不大于 25℃的养护等。泵送混凝土施工，只要严格优选和控制原材料，加强施工管理，采取有效的技术措施，就能确保泵送混凝土工程质量，产生显著的技术、经济和社会效益。

本章小结

（1）混凝土具有原料丰富，价格低廉，生产工艺简单，抗压强度高，耐久性好，强度等级范围宽等特点。混凝土不仅广泛应用于土木工程，在造船业、机械工业、海洋的开发、地热工程等领域也是一类重要材料。

（2）混凝土材料的新拌性能、力学及耐久性可通过胶凝材料体系、功能化学外加剂、集料、纤维等原材料配比，成型与建造方式，养护工艺等方面进行调控。

（3）在混凝土结构单元施加同心或偏心力，消除或显著减小工作荷载下的关键中跨和支撑段的拉应力来防止裂纹发展，从而克服混凝土材料局限，提高弯曲、剪切和扭转能力；通过使用钢纤维、聚合物纤维、耐碱玻璃纤维等，可显著提升混凝土抗弯曲性能。

（4）为适应不同环境及功能需求，可通过原材料组成、制备技术突破传统混凝土局限，开发特种功能混凝土，如耐酸混凝土、耐高温混凝土、防辐射混凝土、防爆混凝土、导电混凝土、耐磨混凝土等。

（5）高效利用不同工业废弃物制备绿色生态胶凝材料、掺合料、细集料、粗骨料，结合结构与功能需求，是实现混凝土可持续发展的重要方向。

思考与练习题

3-1 请回答以下关于普通混凝土性能的问题：

(1) 请分析混凝土力学性能的影响因素有哪些？

(2) 混凝土易受侵蚀的原因是什么？

(3) 如何控制混凝土在冻融循环破坏下的损伤程度？盐冻时还应考虑哪些因素？

(4) 硬化混凝土的不同性能之间是否存在矛盾，该如何平衡？

3-2 某结构钢筋混凝土，混凝土设计强度等级为 C30，采用机械搅拌、振捣成型，混凝土坍落度要求为 80～100mm。根据施工单位的管理水平和历史统计资料，混凝土强度标准差 σ 取 4.0MPa。所用原材料性质如下：普通硅酸盐水泥 42.5 级，密度 $\rho_c = 3.1$，水泥强度富余系数 $K_c = 1.05$；河砂细度模数 2.4，Ⅱ级配区，$\rho_s = 2.65 \text{g/cm}^3$；碎石，$D_{max} = 40\text{mm}$，连续级配，级配良好，$\rho_g = 2.70 \text{g/cm}^3$；自来水。分别采用体积法和重量法求混凝土基准配合比。

3-3 预应力混凝土主要应用领域包括哪些？施加预应力的方法有哪些，各自的优势分别是什么？

3-4 超高性能混凝土与普通混凝土之间差异是什么？请从原材料、配合比、养护工艺、性能特征、应用领域等角度进行分析。

3-5 再生混凝土主要是指什么？混凝土再生应用的途径包括哪些？影响再生混凝土性能的最主要结构特点是什么？可以通过哪些方式提升再生骨料的性能？

3-6 混凝土 3D 打印技术的如何分类？对于适用于 3D 打印混凝土的胶凝材料应该如何选择？3D 打印混凝土的性能评价与传统混凝土有哪些特点？与泵送混凝土之间有差异吗？

3-7 机敏混凝土主要通过哪些途径实现？机敏混凝土主要应用方面包括哪些？

3-8 请简要分析自修复材料的分类、特点，对于混凝土性能的影响如何？

3-9 防辐射混凝土的组成材料中有哪些特征？

3-10 简要分析可用于喷射混凝土配制的胶凝材料有哪些？

3-11 从原材料类型及组成、建造方式、工艺特点分析未来深海、深空探索过程中混凝土材料发展趋势和优势？

第4章 金属材料

本章要点及学习目标

本章要点:

(1) 土木工程常用的钢材的分类、型号和性能;(2) 高强钢的使用性能、力学性能和设计要求;(3) 耐候钢、耐海水钢和耐硫酸露点腐蚀钢的工作机理、性能以及合金元素的作用;(4) 不锈钢的分类、合金化原理、性能和特点。

学习目标:

(1) 了解土木工程钢材的分类、特性和应用;(2) 掌握高强钢的使用性能、力学性能和设计要求;(3) 掌握耐蚀钢的分类及各类耐蚀钢的性能特点;(4) 掌握不锈钢的分类与机理,熟悉各类不锈钢的性能特点。

金属材料一般分为黑色金属及有色金属两大类。黑色金属指的是以铁、铬、锰元素为主要成分的金属及其合金,在土木工程中应用最多的是铁碳合金,即通常的钢和铁。钢材强度高,品质均匀,物理力学性能优良,可加工性能好,是最重要的土木工程材料之一。有色金属指的是除铁、铬、锰以外的其他金属,如铝、铜、铅、锌、锡等金属及其合金,土木工程中应用较多的是铝合金,可用于结构和构件、门窗、装饰板和模板等。本章主要阐述土木工程结构常用的钢材种类、型号、特点和性能。

4.1 常用钢材

土木工程钢材包括钢结构用材和钢筋混凝土用材两大类,前者主要有热轧板、管、带、型、棒材等,后者主要有钢筋、钢丝和钢绞线等。两者钢制品所用的原料多为碳素结构钢、优质碳素结构钢和低合金结构钢。

4.1.1 主要钢种

建筑用钢材的主要品种有普通碳素结构钢、优质碳素结构钢和低合金高强度结构钢。

1. 普通碳素结构钢

国家标准《碳素结构钢》GB/T 700—2006 规定,我国碳素结构钢分 4 个牌号,即 Q195、Q215、Q235 和 Q275。碳素结构钢的牌号由四部分组成,依次为:代表屈服强度的字母 Q,屈服强度数值,质量等级符号 (A, B, C, D),脱氧方法符号 (F, Z, TZ)。其中 F 表示沸腾钢,Z 表示镇静钢,TZ 为特殊镇静钢。例如:Q235AF 表示屈服强度为235MPa 的 A 级沸腾碳素结构钢。碳素结构钢的质量等级随 A、B、C、D 的顺序质量逐级提高。在牌号表示方法中，"Z"与"TZ"符号予以省略。

碳素钢的特性及应用：

1）Q195钢，强度不高，塑性、韧性、加工性能与焊接性能较好，主要用于轧制薄板和盘条等；

2）Q215钢，用途与Q195钢基本相同，由于其强度稍高，还大量用作管坯和螺栓等；

3）Q235钢，既有较高的强度，又有较好的塑性和韧性，可焊性也好，在土木工程中应用广泛，大量用于制作钢结构用钢、钢筋和钢板等。其中Q235-A级钢，一般仅适用于承受静荷载作用的结构，Q235-C和Q235-D级钢可用于重要的焊接结构。另外，由于Q235-D级钢含有足够的能形成细晶粒结构的元素，同时对硫磷有害元素控制严格，故其冲击韧性好，有较强的抵抗振动、冲击荷载能力，尤其适用于负温条件；

4）Q275钢，强度、硬度较高，耐磨性较好，但塑性、冲击韧性和可焊性差，不宜用于建筑结构，主要用于制作机械零件和工具等。

国家标准《碳素结构钢》GB/T 700—2006规定，碳素结构钢的化学成分应符合表4-1的要求，力学性能应符合表4-2的要求，冷弯试验应符合表4-3的要求。

碳素结构钢的化学成分　　　　　　　　　　　　表 4-1

牌号	统一数字代号[a]	等级	厚度（直径，mm）	化学成分（≤,%）					脱氧方法
				C	Si	Mn	S	P	
Q195	U11952	—		0.12	0.30	0.50	0.040	0.035	F、Z
Q215	U12152	A	—	0.15	0.35	1.20	0.050	0.045	F、Z
	U12155	B					0.045		
Q235	U12352	A	—	0.22	0.35	1.40	0.050	0.045	F、Z
	U12355	B		0.20[b]			0.045		
	U12358	C		0.17			0.040	0.040	Z
	U12359	D					0.035	0.035	TZ
Q275	U12752	A	—	0.24	0.35	1.50	0.050	0.045	F、Z
	U12755	B	≤40	0.21			0.045	0.045	Z
			>40	0.22					
	U12758	C	—	0.20			0.040	0.040	Z
	U12759	D					0.035	0.035	TZ

a 表中为镇静钢、特殊镇静钢牌号的统一数字，沸腾钢牌号的统一数字代号如下：Q195F—U11950；Q215AF—U12150；Q215BF—U12153；Q235AF—U12350；Q235BF—U12353；Q275AF—U12750。

b 经需方同意，Q235B的碳含量可不大于0.22%。

2. 优质碳素结构钢

根据我国标准《优质碳素结构钢》GB/T 699—2015，优质碳素结构钢按供货表面种类分成五类：压力加工表面（SPP），洗（SA），喷丸（砂）（SS），剥皮（SF）和磨光（SP）；按使用加工方法分为压力加工用钢和切削用钢两类。

碳素结构钢的力学性能　　　　表 4-2

牌号	等级	屈服强度 [a]R_{eH}(N/mm²),不小于						抗拉强度[b] R_m (N/mm²)	断后伸长率 A(%),不小于					冲击试验 (V 型缺口)	
		厚度(或直径)(mm)							厚度(或直径)(mm)					温度 仪 (℃)	冲击吸收功 (纵向) (J) 不小于
		≤16	>16~40	>40~60	>60~100	>100~150	>150~200	≤40	>16~40	>40~60	>60~100	>100~150	>150~200		
Q195	—	195	185	—	—	—	—	315~430	33						
Q215	A	215	205	195	185	175	165	335~450	31	30	29	27	26	—	—
	B													+20	27
Q235	A	235	225	215	215	195	185	370~500	26	25	24	22	21	—	27[c]
	B													+20	
	C													0	
	D													-20	
Q275	A	275	265	255	245	225	215	410~540	22	21	20	18	17	—	—
	B													+20	27
	C													0	
	D													-20	

注：[a] Q195 的屈服强度值仅供参考,不作交货条件。

[b] 厚度大于 100mm 的钢材,抗拉强度下限允许降低 20N/mm²,宽带钢(包括剪切钢板)抗拉强度上限不作交货条件。

[c] 厚度小于 25mm 的 Q235B 级钢材,如供方能保证冲击吸收功值合格,经需方同意,可不做检验。

碳素结构钢冷弯试验　　　　表 4-3

牌号	试样方向	冷弯试验 180°$B=2a$ [a]	
		钢材厚度(或直径)[b](mm)	
		≤60	>60~100
		弯心直径 d	
Q195	纵	0	—
	横	0.5a	
Q215	纵	0.5a	1.5a
	横	a	2a
Q235	纵	a	2a
	横	1.5a	2.5a
Q275	纵	1.5a	2.5a
	横	2a	3a

注：a B 为试样宽度,a 为试样厚度(或直径)。

b 钢材厚度(或直径)大于 100mm 时,弯曲试验由双方协商确定。

根据现行国标《优质碳素结构钢》GB/T 699—2015 的规定，优质碳素结构钢共有 28 个牌号，其 C 含量为 0.05%～0.90%，Mn 含量为 0.35%～1.20%，Cr 和 Cu 含量不大于 0.25%，Ni 含量不大于 0.30%，P 和 S 含量不大于 0.035%。由此可见，优质碳素钢的 C 和 Mn 含量的范围较大，因此，根据其 C 和 Mn 含量表示其牌号。Mn 含量较低时，其牌号用平均 C 含量的万分数表示；Mn 含量较高时，在平均碳含量的万分数后加"Mn"字。例如，C 含量为 0.12%～0.18%、Mn 含量为 0.35%～0.65% 的钢材，其牌号是 15 号；C 含量为 0.42%～0.50%、Mn 含量为 0.70%～1.00% 的钢材，其牌号为 45Mn。

碳含量高的优质碳素结构钢强度与硬度高，而塑性与韧性低。优质碳素结构钢一般连铸成钢锭、钢坯和钢棒，30～45 号钢主要用于制造重要结构的钢铸件及高强螺栓。65～80 号钢常用于生产预应力钢筋混凝土用的刻痕钢丝和钢绞线等。

3. 低合金高强度结构钢

低合金高强度结构钢是脱氧完全的镇静钢，在碳素结构钢的基础上加入总量小于 5% 的合金元素而形成的钢种。常用的合金元素有硅、锰、钛、钒、铬、镍和铜等，这些合金元素不仅可以提高钢的强度和硬度，还能改善塑性和韧性。

根据国家标准《低合金高强度结构钢》GB/T 1591—2018 的规定，钢的牌号由代表屈服强度的字母 Q、规定的最小上屈服强度数值、交货状态代号、质量等级符号（B、C、D、E、F）四个部分组成。如：Q355ND 表示规定的最小上屈服强度为 355MPa，交货状态为正火或正火轧制，质量等级为 D 级的低合金高强结构钢。低合金高强度结构钢的机械性能（强度、冲击韧性、冷弯等）应符合表 4-4、表 4-5 的规定。

热轧钢材的拉伸性能　　　　表 4-4

牌号		上屈服强度 R_{eH}(MPa)，不小于									抗拉强度 R_m(MPa)			
钢级	质量等级	公称厚度或直径(mm)												
		≤16	>16～40	>40～63	>63～80	>80～100	>100～150	>150～200	>200～250	>250～400	≤100	>100～150	>150～250	>250～400
Q355	B、C	355	345	335	325	315	295	285	275	—	470～630	450～600	450～600	—
	D									265				450～600
Q390	B、C、D	390	380	360	340	340	320	—	—	—	490～650	470～620		
Q420	B、C	420	410	390	370	370	350	—	—	—	520～680	500～650		
Q460	C	460	450	430	410	410	390	—	—	—	550～720	530～700		

低合金高强度结构钢具有轻质高强，耐蚀性和耐低温性好，抗冲击性强，使用寿命长等良好的综合性能，具有良好的可焊性及冷加工性，易于加工与施工。因此，低合金高强度结构钢主要轧制成各种型钢、钢板、钢管及钢筋，广泛用于钢结构和钢筋混凝土结构，

尤其是预应力钢筋混凝土结构中，特别适用于各种重型结构、高层建筑结构、大跨度结构、大柱网结构及桥梁工程等。

热轧钢材的伸长率　　　　　　　　　　　　　表 4-5

牌号			断后伸长率 A(%)，不小于					
钢级	质量等级	试样方向	公称厚度或直径(mm)					
			≤40	>40~63	>63~100	>100~150	>150~250	>250~400
Q355	B、C、D	纵向	22	21	20	18	17	17a
		横向	20	19	18	18	17	17a
Q390	B、C、D	纵向	21	20	20	19	—	—
		横向	20	19	19	18	—	—
Q420	B、C	纵向	20	19	19	19	—	—
Q460	C	纵向	18	17	17	17	—	—

4.1.2　钢筋混凝土结构用钢材

1. 热轧钢筋

热轧钢筋是经热轧成型并自然冷却的成品钢筋，由低碳钢和普通合金钢在高温状态下压制而成，主要用于钢筋混凝土和预应力混凝土结构的配筋，是土木工程中使用量最大的钢材品种之一。直径 6.5~9mm 的钢筋，大多数卷成盘条；直径 10~40mm 的钢筋一般是 6~12m 长的直条。

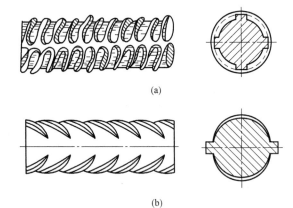

图 4-1　带肋钢筋
（a）等高肋钢筋；（b）月牙肋钢筋

国家标准（GB 1499.1—2017、GB 1499.2—2018）按屈服强度将热轧钢筋分成 4 个级别：300MPa 级、400MPa 级、500MPa 级、600MPa 级。热轧钢筋根据其表面状态特征分为光圆钢筋和带肋钢筋两类，带肋钢筋又分月牙肋和等高肋两种（图 4-1）。

1）热轧光圆钢筋

根据《钢筋混凝土用钢第 1 部分：热轧光圆钢筋》GB 1499.1—2017 的规定，热轧光圆钢筋的牌号由 HPB 和屈服强度特征值组成，其中 H、P、B 分别为热轧（Hot rolled）、光圆（Plain）、钢筋（Bars）3 个词的英文首位字母，如：HPB300 为 I 级钢筋，屈服强度为 300MPa，是热轧光圆钢筋。光圆钢筋的强度低，但塑性及可焊性好，广泛用于普通钢筋混凝土中。

2）热轧带肋钢筋

根据《钢筋混凝土用钢第 2 部分：热轧带肋钢筋》GB 1499.2—2018 的规定，普通热轧带肋钢筋分为 HRB400、HRB500、HRB600、HRB400E、HRB500E，细晶粒热轧带肋钢筋分为 HRBF400、HRBF500、HRBF400E、HRBF500E。H、R、B 分别为热轧（Hot rolled）、带肋（Ribbed）、钢筋（Bars）3 个词的英文首位字母，F 为细（fine）的英文首位字母，E 为"地震"（Earthquake）的英文首位字母。其中，HRB400 带肋钢筋强度较高，塑性及可焊性较好，广泛用作大中型钢筋混凝土结构的受力钢筋，HRB500 带肋钢筋强度高，但塑性与可焊性较差，适宜作预应力钢筋。热轧带肋钢筋力学性能和工艺性能应符合表 4-6 的规定。

热轧钢筋的力学和工艺性能   表 4-6

表面形状	牌号（标志）	屈服强度 R_{eL}（MPa）	抗拉强度 R_m（MPa）	断后伸长率 $A/\%$	最大力伸长率 $A_{gt}(\%)$	公称直径 d（mm）	弯曲试验 弯曲直径
		≥					
光圆	HPB300	300	420	25	10	6～22	d
带肋	HPB400 HPBF400	400	540	16	7.5	6～25	$4d$
						28～40	$5d$
	HPB400E HPBF400E			—	9.0	>40～50	$6d$
	HPB500 HPB500	500	630	15	7.5	6～25	$6d$
						28～40	$7d$
	HPB500E HPBF500E			—	9.0	>40～50	$8d$
	HPB600	600	730	14	7.5	6～25	$6d$
						28～40	$7d$
						>40～50	$8d$

2. 冷轧带肋钢筋

热轧圆盘条经冷轧后，在其表面带有沿长度方向均匀分布的横肋的钢筋，冷轧带肋钢筋按延性高低分为两类：冷轧带肋钢筋和高延性冷轧带肋钢筋。

根据《冷轧带肋钢筋》GB 13788—2017 的规定，冷轧钢筋牌号按抗拉强度分为 6 个等级：CRB550、CRB650、CRB800、CRB600H、CRB680H、CRB800H。CRB550、CRB600H 为普通钢筋混凝土用钢筋，CRB650、CRB800、CRB800H 为预应力混凝土用钢筋，CRB680H 既可作为普通钢筋混凝土用钢筋，也可作为预应力混凝土用钢筋使用。其中 C、R、B、H 分别为冷轧（Cold rolled）、带肋（Ribbed）、钢筋（Bars）、高延性（High elongation）四个词的英文首字母，数字表示相应的屈服强度要求值（MPa）。

冷轧带肋钢筋的肋高、肋宽和肋距是其外形尺寸的主要控制参数，其质量偏差则是重要指标之一。冷轧带肋钢筋为冷加工状态交货，允许冷轧后进行低温回火处理。钢筋通常按盘卷交货，CRB550 钢筋也可按直条交货；直条钢筋每米弯曲度不大于 4mm，总弯曲度不大于钢筋全长的 0.4‰；盘卷钢筋的重量不小于 100kg，每盘应由一根钢筋组成，CRB650、CRB680H、CRB800、CRB800H 作为预应力混凝土用钢筋使用时，不得有焊接接头。钢筋表面不得有裂纹、折叠、结疤、油污及其他影响使用的缺陷。钢筋应轧上明显的级别标志。CRB550 钢筋宜用作钢筋混凝土结构中的主受力钢筋、钢筋焊结网、箍筋、构造钢筋以及预应力混凝土结构中的非预应力钢筋，其他牌号可作为预应力混凝土构件中的预应力主筋。

冷轧带肋钢筋具有以下优点：

1）强度高、塑性好，综合力学性能优良。抗拉强度大于550MPa，伸长率可大于4%。

2）握裹力强。混凝土对冷轧带肋钢筋的握裹力为同直径冷拔钢丝的3~6倍。同时由于塑性较好，大大提高了构件的整体强度和抗震能力。

3）节约钢材，降低成本。以冷轧带肋钢筋代替Ⅰ级钢筋用于普通钢筋混凝土构件（如现浇楼板），可节约钢材30%以上。

4）提高构件整体质量，改善构件的延性，避免"抽丝"现象。用冷轧带肋钢筋制作的预应力空心楼板，其强度、抗裂度均优于用冷拔低碳钢丝制作的构件。

冷轧带肋钢筋的化学成分力学性能和工艺性能应符合《冷轧带肋钢筋》GB 13788—2017有关规定，力学性能和工艺性能要求见表4-7。当进行弯曲试验时，受弯曲部位表面不得产生裂纹。反复弯曲试验的弯曲半径应符合表4-8的规定。

冷轧带肋钢筋的力学和工艺性能　　　　表 4-7

| 分类 | 牌号 | 规定塑形延伸强度 $R_{p0.2}$ （MPa） 不小于 | 抗拉强度 R_m （MPa） 不小于 | $R_m/R_{p0.2}$ 不小于 | 断后伸长率（%） 不小于 | | 最大力总延伸率（%） 不小于 | 弯曲试验[a] 180° | 反复弯曲次数 | 应力松弛初始应力应相当于公称抗拉强度的70% |
					A	A_{100mm}	A_{gt}			1000h（%） 不大于
普通钢筋混凝土用	CRB550	500	550	1.05	11.0	—	2.5	$D=3d$	—	—
	CRB600H	540	600	1.05	14.0	—	5.0	$D=3d$	—	—
	CRB680H[b]	600	680	1.05	14.0	—	5.0	$D=3d$	4	5
预应力钢筋混凝土用	CRB650	585	650	1.05	—	4.0	2.5	—	3	8
	CRB800	720	800	1.05	—	4.0	2.5	—	3	8
	CRB800H	720	800	1.05	—	7.0	4.0	—	4	5

注：[a] D 为弯心直径，d 为钢筋公称直径。
　　[b]当该牌号钢筋作为普通钢筋混凝土用钢筋使用时，对反复弯曲和应力松弛不做要求；当该牌号钢筋作为预应力混凝土用钢筋使用时应进行反复弯曲试验代替180°弯曲试验，并检测松弛率。

反复弯曲试验的弯曲半径（单位：mm）　　　　表 4-8

钢筋公称直径	4	5	6
弯曲半径	10	15	15

3. 冷轧扭钢筋

冷轧扭钢筋是采用直径为6.5~10mm的低碳热轧盘条钢筋（Q235钢），经冷轧扁和冷扭转而成的，具有一定螺距且呈连续螺旋状的钢筋，代号为CTB（Cold rolled and Twisted Bars）。按其截面形状不同分为Ⅰ型（近似矩形截面）、Ⅱ型（近似正方形截面）和Ⅲ型（近似圆形截面）。

冷轧扭钢筋的刚度大，不易变形，与混凝土的握裹力大，无须预应力和弯钩，能直接用于普通混凝土工程，可节约钢材，减小构件的设计厚度，减轻自重。施工时，可以按需要将成品钢筋直接供应现场铺设，免除了现场加工钢筋，改变了传统加工钢筋占用场地、不利于机械生产的弊病。冷轧扭钢筋的力学性能和工艺性质应符合《冷轧扭钢筋》JG 190—2006 的规定，如表 4-9 所示。

冷轧扭钢筋力学和工艺性质　　　　　　　　　　　　　　表 4-9

强度级别	型号	抗拉强度 σ_b（N/mm²）	伸长率 A（%）	180°弯曲试验（弯心直径 $D=3d$）	应力松弛率（%）（当 $\sigma_{con}=0.7f_{ptk}$）	
					10h	1000h
CTB550	I	≥550	$A_{11.3}$≥4.5	受弯曲部位钢筋表面不得产生裂纹	—	—
	II	≥550	A≥10		—	—
	III	≥550	A≥12		—	—
CTB650	III	≥650	A_{100}≥4		≤5	≤8

注：d 为冷轧扭钢筋标志直径，A、$A_{11.3}$ 分别表示以标距 $5.65\sqrt{s_0}$ 或 $11.3\sqrt{s_0}$（S_0 为试样原始截面面积）的试样拉断伸长率，A_{100} 表示标距为 100mm 的试样拉断伸长率，σ_{con} 为预应力钢筋张拉控制应力，f_{ptk} 为预应力冷轧扭钢筋抗拉强度标准值。

4.1.3 预应力混凝土结构用钢材

1. 预应力混凝土用钢丝

现行《预应力混凝土用钢丝》GB/T 5223—2014 将预应力混凝土用钢丝按加工状态分为冷拉钢丝（代号为 WCD）和消除应力钢丝两类。消除应力钢丝按松弛性能又分为低松弛级钢丝（代号为 WLR）和普通松弛级钢丝（代号为 WNR）。预应力混凝土用钢丝按外形的不同可分为光圆钢丝（代号为 P）、螺旋肋钢丝（代号为 H）和刻痕钢丝（代号为 I）3 种。《预应力混凝土用钢丝》GB/T 5223—2014 规定，产品标记应包含 6 方面内容，即预应力钢丝、公称直径、抗拉强度等级、加工状态代号、外形代号、标准号。如直径 4mm、抗拉强度 1670MPa 的冷拉光圆钢丝的标记为"预应力钢丝 4.00-1670-WCD-P-GB/T 5223—2014"；直径 7.00mm、抗拉强度 1570MPa 的低松弛螺旋肋钢丝的标记为"预应力钢丝 7.00-1570-WLR-H-GB/T 5223—2014"。

2. 预应力混凝土用钢绞线

现行《预应力混凝土用钢绞线》GB/T 5224—2014 将用于预应力混凝土的钢绞线按结构不同分为 8 类，结构代号为：

1）用两根钢丝捻制的钢绞线，1×2；

2）用三根钢丝捻制的钢绞线，1×3；

3）用三根刻痕钢丝捻制的钢绞线，1×3I；

4）用七根钢丝捻制的标准型钢绞线，1×7；

5）用六根刻痕钢丝和一根光圆中心钢丝捻制的钢绞线，1×7I；

6）用七根钢丝捻制又经模拔的钢绞线，(1×7)C；

7）用十九根钢丝捻制的 1+9+9 西鲁式钢绞线，1×19S；

8）用十九根钢丝捻制的 1+6+6/6 瓦林吞式钢绞线，1×19W。

预应力混凝土用钢绞线的产品标记应包含 5 方面内容，即预应力钢绞线、结构代号、公称直径、强度级别、标准号。如公称直径 15.20mm、强度级别 1860MPa 的 7 根钢丝捻制的标准型钢绞线的标记为"预应力钢绞线 1×7-15.20-1860-GB/T 5224-2014"；公称直径 8.74mm、强度级别 1670MPa 的 3 根刻痕钢丝捻制的钢绞线的标记为"预应力钢绞线 1×3I-8.74-1670-GB/T 5224-2014"；公称直径 12.70mm、强度级别 1860MPa 的 7 根钢丝捻制又经模拔的钢绞线的标记为"预应力钢绞线（1×7）C-12.70-1860-GB/T 5224—2014"。

3. 预应力混凝土用钢棒

现行《预应力混凝土用钢棒》GB/T 5223.3—2017 将用于预应力混凝土的钢棒按外形分为四类：光圆钢棒、螺旋槽钢棒、螺旋肋钢棒、带肋钢棒。预应力混凝土用钢棒代号：PCB，光圆钢棒代号：P，螺旋槽钢棒代号：HG，螺旋肋钢棒代号：HR，带肋钢棒代号：R，低松弛代号：L。标记内容包括预应力钢棒、公称直径、公称抗拉强度、代号、延性级别、低松弛、标准号。如：公称直径 9.0mm、公称抗拉强度为 1420MPa、35 级延性、预应力混凝土用螺旋槽钢棒应标记为：PCB 9.0-1420-35-L-HG-GB/T5223.3。

预应力混凝土用钢棒具有高强度韧性、低松弛性、与混凝土握裹力强，良好的可焊接性、镦锻性、节省材料等特点，已用于预应力混凝土离心管桩、电杆、高架桥墩、铁路轨枕等结构中。

4.1.4　钢结构用钢材

钢结构用钢一般可直接选用各种规格与型号的型钢，构件之间的连接方式可采用铆接、螺栓连接或焊接，因此，钢结构所用钢材主要是型钢和钢板。型钢和钢板成型有热轧和冷轧两种方式。

1. 热轧型钢

热轧型钢为加热钢坯轧成的各种几何断面形状的钢材。根据型钢断面形状不同，分为简单断面、复杂断面（图 4-2）或异型断面和周期断面三种型钢。

1) 简单断面的特点是过断面周边上任意点作切线一般不交于断面之中，例如圆钢、方钢、六角钢、扁钢、三角钢、弓形钢和椭圆钢等。

2) 复杂断面包括角钢、工字钢、槽钢、T 字钢、H 型钢、Z 型钢、钢轨、钢板桩、窗框钢及其他杂形断面型钢。

3) 周期断面型钢的横截面形状和尺寸沿钢材长度方向发生周期性改变，例如螺纹钢筋、车轴和犁铧钢等。

按照型钢断面尺寸的大小分为大型型钢、中型型钢和小型型钢三种。

国内的建筑用热轧型钢目前主要采用普通碳素钢甲级 3 号钢（碳含量 0.14～0.22%），其特点是冶炼容易，成本低廉，强度适中，塑性和可焊性较好，适合建筑工程使用。低合金钢热轧型钢多半为热轧螺纹钢筋和以 16Mn 轧成的型钢，异形断面型钢用得较少。热轧型钢已成为基础设施建设中使用最为广泛的材料之一。机械、化工、造船、矿山、石油和铁道等领域都大量使用各类热轧型钢。在土木工程领域，热轧型钢主要用于工业和民用房屋、桥梁的承重骨架（梁、柱、桁架等）、塔桅结构、高压输电线支架等。热轧型钢的尺寸、外形、重量及允许偏差、技术要求、试验方法等需要符合规范《热轧型钢》GB/T 706—2016。

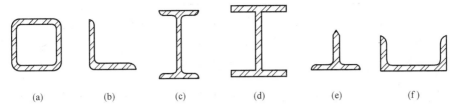

图 4-2　部分热轧型钢截面

(a) 方钢；(b) 等边角钢；(c) 工字钢；(d) H 型钢；(e) 部分 T 型钢；(f) 槽钢

2. 冷弯薄壁型钢

冷弯薄壁型钢指用钢板或带钢在冷状态下弯曲成的各种断面形状的成品钢材，主要型号有 C 型钢、U 型钢、Z 型钢、带钢、镀锌带钢、镀锌卷板、镀锌 C 型钢、镀锌 U 型钢和镀锌 Z 型钢等（图 4-3）。冷弯型钢作为承重结构、围护结构、配件等在轻钢房屋中有大量应用。冷弯型钢可用作钢架、桁架、梁、柱等主要承重构件，也被用作屋面檩条、墙架梁柱、龙骨、门窗、屋面板、墙面板、楼板等次要构件和围护结构。另外，利用冷弯型钢与钢筋混凝土形成组合梁、板、柱的冷弯型钢——混凝土组合结构也成为工程领域一个新的研究方向。冷弯薄壁型钢结构构件通常有压型钢板、檩条、墙梁、刚架等。

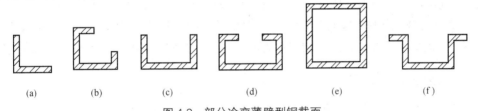

图 4-3　部分冷弯薄壁型钢截面

(a) 等肢角钢；(b) 卷边等肢角钢；(c) 槽钢；(d) 卷边槽钢；(e) 方钢管；(f) U 型钢

冷弯薄壁型钢结构的设计和施工需符合规范《冷弯薄壁型钢结构技术规范》GB 50018—2002。

3. 钢板

钢板有冷轧钢板和热轧钢板之分，按厚度可分为特厚板（60～115mm）、中厚板（4～60mm）和薄板（小于 4mm）。冷轧钢板质量较好，但其成本高，土木工程中使用的薄钢板多为热轧钢。一般厚板可用于焊接工程，在钢结构中，单块钢板不能独立工作，必须用几块板组合成工字形、箱形等结构来承受荷载；薄板可用作屋面或墙面等围护结构，或用作涂层钢板的原材料。

建筑用压型钢板是冷弯薄壁型钢的另一种形式，它是用厚度为 0.4～2mm 的薄钢板、镀锌钢板、彩色涂层钢板经辊压冷弯成的波形板材（图 4-4），按用途分为屋面用板（W）、墙面用板（Q）和楼盖用板（L）3 类。压型钢板具有成型灵活、施工速度快、外观美观、质量小、易于工业化生产等特点，广泛用于屋面、墙面及楼盖等部位。建筑用压型钢板的分类、代号、板型和构造要求、截面形状尺寸、技术要求等参见标准《建筑用压型钢板》GB/T 12755—2008。

4. 钢管

钢管按截面形状分为圆形、方形、矩形和异形钢管；按材质分为碳素结构钢钢管、低

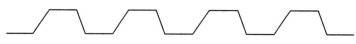

图 4-4　压型钢板

(图片来源：https://wenku.baidu.com/view/499f59e4e3bd960590c69ec3d5bbfd0a7856d56d.html)

合金结构钢钢管、合金钢钢管和复合钢管；按用途分为输送管道用、工程结构用、热工设备用、石油化工工业用、机械制造用、地质钻探用、高压设备用钢管等；按生产工艺分为无缝钢管和焊接钢管，其中无缝钢管又分热轧和冷轧（拔）两种，焊接钢管又分直缝焊接钢管和螺旋缝焊接钢管。

　　钢管可用于输送流体和粉状固体、交换热能、制造机械零件和容器。用钢管制造工程结构网架、支柱和机械支架，可以减轻重量，可实现工厂化、机械化施工。钢管结构在我国得到快速发展，如长春体育馆、上海体育馆、虹口体育馆、广州体育馆、首都国际机场新航站楼、成都双流国际机场新航站楼、广州新白云国际机场航站楼、济南遥墙国际机场航站楼等均大量使用了钢管结构。其中，长春体育馆是我国首次使用大截面方钢管的国内最大跨度的方钢管网壳工程；广州新白云国际机场航站楼屋盖是国内大型的圆管结构建筑，它的指廊和高架连廊则采用了方管结构。根据中国钢结构协会对 17 家特级和 29 家一级钢结构制作厂消耗的钢材品种统计，目前我国钢管消耗量占钢结构产量的 9%～10%。按每年 2000 万吨钢结构产量计算，用于工程中的结构用钢管约为 200 万吨，远少于热轧 H 型钢，也远低于日本、美国和欧洲钢管的用量，表明钢管在我国还有较大的发展空间。

4.1.5　混凝土用钢纤维

　　以碳素结构钢、低合金结构钢和不锈钢为原料，采用钢丝切断、钢片切削、熔融抽丝和钢锭铣削等方式可制备出乱向短纤维。表面粗糙或表面刻痕、形状为波形或扭曲形、端部带钩或端部有大头的钢纤维与混凝土的黏结较好，有利于混凝土增强。钢纤维直径应控制在 0.3～1.2mm，长径比控制在 30～100。增大钢纤维的长径比，可提高混凝土的增强效果，但过于细长的钢纤维容易在搅拌时结团而失去增强作用。钢纤维按抗拉强度分为 1700、1300、1000、700 和 400 共 5 个等级，如表 4-10 所示。

　　钢纤维具有优良的物理力学性能，对提高混凝土的抗弯、抗弯拉、抗疲劳、抗裂、抗渗、抗冲击及耐磨性能有显著的作用，能广泛应用于工业地坪、公路、铁路、港口、机场、隧道等建筑，以及水利、矿山、冶金、化工、煤炭行业和军事设施，对提高工程质量、降低工程成本、缩短施工周期起到了积极作用。

钢纤维的强度等级（YB/T 151—2017）　　　　　　　　　　　　　　　表 4-10

强度等级	1700 级	1300 级	1000 级	700 级	400 级
公称抗拉强度 R_m（MPa）	≥1700	1300～1700	1000～1300	700～1000	400～700

　　国内外在混凝土用钢纤维方面的研究和应用已有长足的发展，钢纤维的进一步发展还有以下问题需要解决：

　　1）降低混凝土用钢纤维成本，大力开发优质钢纤维。因为目前混凝土用钢纤维应用的最大障碍是生产成本高。由于纤维售价高，通过纤维增强作用而节省混凝土用量常不足以补偿纤维用量所造成的成本提高，从而使一些钢纤维混凝土工程的一次性投资提高。因此，降低钢纤维的生产成本是扩大混凝土用钢纤维应用的关键之一。钢纤维混凝土中各原材料的配比应满足以下要求：一是满足工程所需要的强度和耐久性，对建筑工程一般应满足抗压和抗拉强度的要求；二是钢纤维混凝土拌合料的和易性应满足施工要求；三要经济合理，在满足工程要求的条件下，充分发挥钢纤维的增强作用，合理确定钢纤维和水泥的用量，降低其成本。

2) 科学制定有关混凝土用钢纤维与混凝土性能的检验方法，是保证混凝土用钢纤维质量的技术关键。根据钢纤维混凝土工程的性质和要求，应规定黏合度检验方法、抗压强度与抗拉强度或抗压强度与抗折强度试验，以及抗冻、抗渗等多种性能试验方法。

4.2 高强钢

高强度结构钢（简称高强钢）是指采用微合金化及热机械轧制技术生产出的具有高强度、良好延性和韧性以及加工性能的结构钢材。高强钢作为一种新兴的环保节约型材料，已经成功应用于国内外大型或重要建筑和桥梁的建设。

4.2.1 发展概述

根据我国21世纪中长期的科技发展要求，航空航天、交通运输、核电等国防工业领域对材料的强韧性需求会越来越高，高强度高韧性是钢铁材料的发展趋势。近年来我国一些建筑结构逐渐采用高强度钢材：2008年奥运会开幕式场馆——北京国家体育场（图4-5）结构的大量关键部位（柱脚、菱形柱等主要受力节点）采用了超过500t厚度为100mm以上的国产高强度Q460E-Z35钢材；中央电视台新台址（图4-6）采用了约2700t的高强度Q460钢材，主要应用于该工程的蝶形节点。高强度钢材在我国桥梁工程中也有大量应用，例如南京大胜关大桥（图4-7）主桥采用了以超低碳贝氏体为主控组织的高性能Q420qE结构钢；港珠澳大桥（图4-8）的海底隧道、桥梁基础、钢箱梁承重等核心关键部位采用了大量的高强含钒抗震钢筋等各类高强钢。

图 4-5　北京国家体育场
（图片来源：
https：//www.sohu.com/a/231606627 _ 611058）

图 4-6　中央电视台新址
（图片来源：
http：//zt.bjwmb.gov.cn/zhhhs/ssbj/ccxc/
t20101230 _ 365902.htm）

图 4-7　南京大胜关大桥   图 4-8　港珠澳大桥

（图片来源：http://www.kepuchina.cn/yc/201712/   （图片来源：

t20171218_339473.shtml）   https://www.meipian.cn/236ydllr）

　　高强钢的应用不仅能为工程的建设方节约投资，还能解决设计与施工中的难题，为大型及复杂结构提供更为合理的解决方案，其优点可归纳如下：

　　1）与普通钢材相比，高强钢具有更高的屈服强度与抗拉强度，因此在同样的受力条件下可以采用更小的截面尺寸，用钢量将得以降低。特别是当恒载中结构自重占较大比例时（如大跨度结构与桥梁等），采用高强钢将进一步减少用钢量。

　　2）对于受力较大的构件，采用高强钢后构件截面减小，重量降低，可解决大型构件的运输与吊装问题，同时构件壁厚减小可降低焊接工作量，解决厚板焊接等施工难题。

　　3）对于高层与超高层建筑，减小柱的尺寸将提供更多的有效使用面积，尤其是在底层及地下停车库等柱轴力较大部位。

　　4）采用高强钢，结构的自重得以降低，可以减少上部结构对基础的作用力，降低基础的造价。对于地震区结构，减小结构自重也同时降低了结构在地震下的作用力，使得抗震建筑设计更为经济。

　　5）高强钢的推广使用将显著减少单位建筑面积钢材、能源的消耗量，在解决工程问题的同时还可达到减少污染、改善环境的目的，对建设能源节约型经济与可持续发展社会具有重大意义。

　　国际钢铁协会（IISI）先进高强钢应用指南第三版中将高强钢分为传统高强钢（Conventional HSS）和先进高强钢（AHSS）。传统高强钢主要包括碳锰钢（C-Mn）、烘烤硬化（BH）钢、高强度无间隙原子（HSS-IF）钢和高强度低合金（HSLA）钢。先进高强钢主要包括双相（DP）钢、相变诱导塑性（TRIP）钢、马氏体（MART）钢、复相（CP）钢、热成形（HF）钢和孪晶诱导塑性（TWIP）钢。AHSS通过严格控制加热和冷却工艺达到所要的化学成分和复相微结构，并采用各种强化机制来实现不同强度、延展性、韧性和疲劳性能。AHSS的强度在 $500\sim1500MPa$ 之间，具有很好吸能性。根据不同的发展阶段及性能要求，先进钢铁材料一般划分为三代（图 4-9）。

　　1）第一代 AHSS 钢以铁素体为基的 AHSS 钢的强塑积为 15 GPa% 以下，主要包括 DP 钢、CP 钢和 TRIP 钢，铁素体贝氏体钢（FB/SF），马氏体钢（MS/PHS）、HF 钢等。与传统的高强钢相比，这类钢具有更高的强度和更好的延展性，且合金元素含量一般小于 3%，因而材料的成本低，但是强度和延伸率也都比较低。几种典型第一代 AHSS 钢

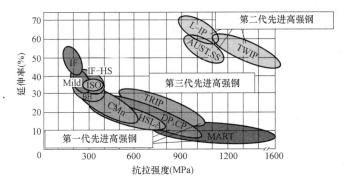

图 4-9 三代先进高强钢的抗拉强度和延伸率关系

(IF：无间隙原子钢；IF-HS：高强 IF 钢；ISO：各向同性钢；Mild：低碳钢；L-IP：
具有诱发塑形的轻量化钢；AUST. SS：奥氏体不锈钢；TMIP：孪晶诱发塑性钢)

各自的特点：①DP 钢的显微组织主要为铁素体和马氏体，马氏体组织以岛状弥散分布在铁素体基体上，铁素体较软，使钢材具备较好的塑性。马氏体较硬，使钢材具备较高的强度。DP 钢的强度随较硬的马氏体所占比例提高而增强。②CP 钢具有非常高的抗拉强度，与同等抗拉强度的双相钢相比，其屈服强度明显要高很多，且有较高的能力吸收能力和较高的残余应变能力，扩孔性能好。③TRIP 钢在变形过程中，残余奥氏体转变为高强度的高碳马氏体，同时伴随着体积膨胀，因而抑制了塑性变形的不稳定，增加了均匀延伸的范围，故使得强度和塑性同时提高。④FB 钢的最大特点是具有良好的延伸凸缘性（扩孔性能）。⑤低碳 MS 钢具有良好的强度、塑性、韧性，同时还具有较低的缺口敏感性，过热敏感性、优良的冷加工性、良好地可焊性而且热处理变形较小、与中碳调质钢相比冷脆倾向少等一系列的优点。⑥HF 钢强度、硬度高、耐磨性好，具有极高的减重潜力、高碰撞吸收能力、高疲劳强度、高成形性等优势，其屈服强度不小于 1000MPa，抗拉强度不小于 1500MPa，断后伸长率不小于 5％。

2）第二代 AHSS 钢以奥氏体为基的 AHSS 钢的强塑积为 50GPa％以上，主要包括 TWIP 钢、L-IP 钢、剪切带强化钢（SIP 钢）等，它们均位于图 4-9 的右上方，表明这些高强钢具有优越的综合力学性能。但由于钢中添加大量的合金元素（Co 和 Ni 等），使其生产成本显著提高。此外，大量合金元素的加入也会加大冶炼、轧制等热加工工艺难度，这些因素均限制了第二代高强钢的应用发展。几种典型第二代 AHSS 钢各自的特点如下：①TWIP 钢不仅具有良好的耐磨性和耐蚀性，而且在塑性变形的过程中表现出卓越的延展性、较高的强度和良好的成形性，同时具有高的能量吸收能力（是传统高强钢的 2 倍）。碳是奥氏体稳定化元素，能显著提高 TWIP 钢的合金系的层错能（$20\sim50mJ/m^2$），有利于 TWIP 效应。但中高碳含量的 TWIP 钢中不可避免地出现大量的碳化物，显著降低材料的塑性、韧性。②L-IP 钢以少量的强度降低为代价，可改善 TWIP 的焊接问题。③SIP 钢具有优良的成形性和抗碰撞性能，且密度仅为 $6.5\sim7g/cm^3$，减重效果好。

3）第三代 AHSS 钢是以马氏体、回火马氏体、亚微米晶/纳米晶组织或沉淀强化的高强度 BCC 组织，强塑积为 20~40GPa％，主要包括有淬火再配分（Q&P）钢、中 Mn-TRIP 钢和 TBF 钢。与第一代高强钢比较，第三代高强钢有更好的强度和韧性，并且生产成本低于第二代高强钢。其中，Q&P 钢通过碳的配分，实现奥氏体富碳，从而稳定奥

氏体。然后，利用室温下奥氏体的 TIRP 效应，应获得相对高塑性。其设计抗拉强度高达
800～1500MPa，伸长率为 15%～40%。TBF 钢中有亚稳态残余奥氏体（体积分数约为
10%～30%）的存在，不仅具有较好的超高强度和塑性匹配，而且具有较高的疲劳强度，
较好的冲击性能、翻边扩孔性能和抗氢脆性能。其屈服强度达 1.5GPa 以上，抗拉强度达
1.77～2.2GPa，断后伸长率达 15%。提高钢中亚稳奥氏体的含量是提高钢的强塑积的关
键因素。中 Mn-TRIP 钢成分设计中 Mn 的质量分数达 4%～10%，Mn 元素扩大了奥氏体
相区且有效促进奥氏体的形成及组织超细化。

4.2.2　使用性能

1. 焊接性能

1）高强钢焊接的突出问题

传统的合金结构钢是通过提高碳和合金元素的含量并配合适当的热处理来提高钢的强
度，韧性偏低，焊接问题较突出。主要的焊接性问题如下：①焊接裂纹，包括冷裂纹，热
裂纹，再热裂纹，层状撕裂纹等；②脆化，包括过热脆化，淬硬脆化，混合组织脆化，析
出脆化，应变时效脆化等；③软化，主要是调质钢，焊接这类钢时往往需要较高的预热温
度；④出现问题的部位往往是在热影响区，而不是焊缝，强度级别小于 600MPa 时裂纹一
般在热影响区起裂，强度级别大于 600MPa 时，裂纹倾向增大，裂纹既出现在热影响区，
也可能出现在焊缝中，具体的起裂位置取决于氢的扩散及母材和焊缝马氏体转变点。

2）解决焊接问题措施

（1）成分设计

打破传统的 C、Mn、Si 系钢的设计思想，采用降碳、多种微量元素（如 V、Nb、
Ti、Cu、Re、B 等）合金化，并通过控轧控冷（TMCP）工艺提高强度，保证综合力学
性能。降碳是为了改善塑性、韧性和焊接性，碳是最主要的强化元素，但会强烈恶化塑性
和焊接性，因此新钢种都严格控制碳含量，如 X70、X80 钢中的碳的质量分数小于
0.07%，有的甚至达到超低碳（质量分数在 0.03% 以下）水平。微合金化技术通过向钢
中加入少量的合元素，如 V、Nb、Ti、Cu、Re、B 等细化晶粒，净化基体，并实现沉淀
强化。高洁净化通过精炼清除杂质控制 S、P、O、N、H 的含量，对于普通低碳钢：ω(S
+P+O+N+H)<250ppm（ω 为元素含量）；经济洁净钢：ω(S+P+O+N+H)<
120ppm；超洁净钢：ω(S+P+O+N+H)<50ppm。我国的微合金钢杂质含量水平：
ω(S)、ω(P)<30ppm；ω(O)≤10ppm；ω(H)≤pm。

（2）轧钢工艺

采用控轧控冷（TNCP）新技术，即控轧后立即加速冷却，以细化晶粒，在提高强度
的同时提高塑性和韧性。传统的细晶粒钢的晶粒直径小于 100μm，TMCP 细晶粒钢的晶
粒直径在 10～50μm，超细晶粒钢的直径在 0.1～10μm。

（3）控制焊接工艺和参数

通过控制焊接参数［线能量：$E=I\times U/V$(J/cm)、预热、层温、后热等，其中 I 为
焊接电流，U 为焊接电压，V 为焊接速度］、高温停留时间 t_H 和 $t_{8/5}$（800～500℃冷却时
间），避免晶粒长大；采用焊前预热，改善母材的焊接性，延缓冷却过程，利于焊缝中氢
的析出，降低接头内部的残余应力；进行低热输入，并采用较小的焊接参数有利于控制熔

池形状，降低缺陷产生概率，减小变形，同时能细化晶粒，改善焊缝宏观组织；利用多层多道焊工艺，控制层间、道间温度，利用 H80 钢自回火特性改善焊缝微观组织，获得良好的强韧性能。

（4）焊缝金属合金化

微合金高强钢通过冶炼、控轧控冷及微合金化技术相结合实现了细晶化、纯净化，从而实现了强度韧性的最佳配合，这就要求与之匹配的焊接材料也必须实现细晶化和纯净化，否则焊缝的性能将不能与钢种匹配，从而成为焊接接头的薄弱部位。焊接材料既不能像炼钢那样实现洁净化，又不能通过控轧控冷实现细晶化，因而其强度韧性的匹配难以实现。微合金钢焊接时焊接性问题已不像传统钢那样突出，而焊缝中的焊接性问题将突出的焊缝金属只能通过微合金化使焊缝出现足够量的针状铁素体来提高强度韧性。这种组织只适用于 600MPa 级以下的钢种，对于更高等级的钢，可通过焊缝实现超低碳下贝氏体来提高强度韧性。

（5）采用先进的焊接工艺

超细晶粒钢焊接的最大问题就是热影响区（HAZ）的晶粒长大倾向，为解决这一问题，需采用激光焊、超窄间隙 MAG 焊、脉冲 MAG 焊等低热输入焊接方法。大热输入焊接，必须对其 HAZ 组织与韧性进行评定，特别要注意多层焊的局部脆性问题。

2. 冷弯性能

冷弯成型作为一种先进的、高效率的板金属成型工艺技术，通过配置多个道次的成型轧辊将带钢、带材、卷材等板金属不断送入轧辊中进行横向弯曲以制成特定断面型材——冷弯型钢。冷弯型钢作为一种经济型断面型材，有着断面均匀、产品质量高、能源消耗低和经济效益高等优点，被广泛应用于建筑、汽车制造、航空等行业。高强度钢拥有较高的性价比和比较好的综合机械性能，因此其冷弯成型产品应用范围日益宽广。

钢板成型时的应力大小受冷弯成型工艺影响，一次成型角度越大，其最大应力值也越大，发生塑性变形所占的体积也越大。所以对于不同的钢种，道次的设计是很重要的。冷弯型材成型后的平直度及残余应力受冷弯成型工艺的影响较大，轧辊对轧件的过度约束将导致残余应力增大，将第一道次的上轧辊成型角度相对于下轧辊增大 4 度，使上、下轧辊间形成楔状空间，即可较好地改善高强钢冷弯型材的平直度及残余应力。

4.2.3　力学性能

1. 本构模型

材料的应力-应变曲线，即材料在单调荷载作用下的本构模型，无论是对实际工程设计还是对数值计算来说都是十分重要的。准确的材料本构模型是预测结构受力性能的基础，同时相对简便的表达形式则能够方便设计和科研人员的应用。根据高强度钢材的受力特点，主要采用多折线及其修正模型进行工程设计和数值分析。各类典型钢材应力-应变曲线如图 4-10 所示。

高强钢的拉伸试验表明，随着屈服强度的提高，极限强度对应的名义应变 ε_u 减小，屈强比提高，Q460、Q500 钢根据实际需求，按有屈服平台或无屈服平台选用，而 Q550 及其以上高强钢按无屈服平台处理。不同强度等级的钢材弹性模量的波动较大，Q460、Q500 的钢材弹性模量与我国现行钢结构设计规范的弹模取值 2.06×10^5 MPa 接近，

Q550、Q690 的弹性模量则偏大 8%，而 Q690 以上的弹性模量则偏低。各类典型钢材的力学参数如表 4-11 所示。

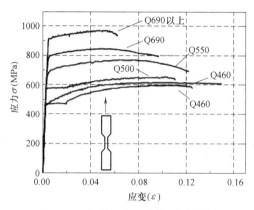

图 4-10　高强钢典型应力-应变曲线

不同强度等级高强钢力学参数　表 4-11

钢材牌号	f_y(MPa)	f_u(MPa)	ε_{st}(%)	ε_u(%)
Q460	460	550	2.0	12
Q500	500	610	—	10
Q550	550	670	—	8.5
Q620	620	710	—	7.5
Q690	690	770	—	6.5
Q800	800	840	—	6.0
Q890	890	940	—	5.5
Q960	960	980	—	4.0

注：f_y 为屈服强度，f_u 为极限强度，ε_{st} 为屈服平台末端应变，ε_u 为极限强度对应的名义应变。

由于多折线模型假设应力-应变在 $\sigma_{0.2}$ 之前均保持线性关系，多折线模型中 $\sigma_{0.2}$ 对应的应变是不准确的，无法描述出切线模量的减小，故应考虑切线模量的减小，对多折线模型进行修正（图 4-11）：

$$E_{0.2}=\frac{E}{1+0.002n/e} \tag{4-1}$$

$$n=\ln(20)/\ln(\sigma_{0.2}/\sigma_{0.01}) \tag{4-2}$$

$$e=\frac{\sigma_{0.2}}{E} \tag{4-3}$$

式中　$\sigma_{0.2}$——条件屈服强度；

　　　$\sigma_{0.01}$——塑性应变 0.01% 对应的应力；

　　　E——第一阶段弹性模量。

$$\varepsilon_0=\frac{0.85\sigma_{0.2}}{E} \tag{4-4}$$

$$\varepsilon_{0.2}=\frac{\sigma_{0.2}}{E}+0.002 \tag{4-5}$$

$$\varepsilon_h=\frac{\sigma-\sigma_{0.2}}{E_{0.2}}+0.5^m\left(\varepsilon_u-\frac{\sigma-\sigma_{0.2}}{E_{0.2}}-\varepsilon_{0.2}\right)+\varepsilon_{0.2} \tag{4-6}$$

$\varepsilon_{0.2}$ 为塑性应变 0.2% 对应的全应变。极限强度 σ_u 极限强度和极限强度对应的名义应变 ε_u 一般可通过拉伸试验获得。第一阶段应变硬化指数 n 按式（4-1）计算；第二阶段应变硬化指数 m 可以利用试验数据、通过非线性回归拟合标定。

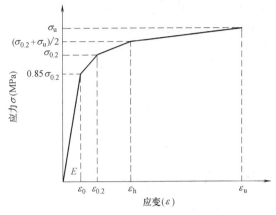

图 4-11 高强钢应力-应变关系修正多折线模型

2. 疲劳性能

疲劳破坏是钢结构失效的主要形式，也是工程界与学术界关注的重点。疲劳断裂与钢结构服役期的安全可靠性密切相关。焊接钢结构受焊接工艺、焊接缺陷以及残余应力等因素的影响，裂纹萌生于焊缝附近区域。螺栓连接疲劳裂纹一般产生于连接板和拼接板薄弱位置，疲劳强度与接头形式、螺栓预拉力、表面处理等因素相关。高强钢母材通过特定的热机械轧制技术（TMCP）与添加合金元素等手段，可提高钢材的强度、塑性与断裂韧性，具有良好的疲劳性能。

1）焊后处理工艺影响

对接头焊后整体或者局部进行热处理，如 TIG 熔修、等离子或激光熔修等处理方式。对焊接构件局部区域进行热处理可削减部分拉伸残余应力，同时也具有对薄壁结构进行矫形的功能。或从力学行为入手，如通过高频力学冲击处理（HFMI）、预应力拉伸、打磨等手段来提高接头及结构的服役寿命。

高强钢 Domex700 的 T 型焊缝分别进行气体保护焊（AW）、BG 焊接、TIG 熔修及超声冲击处理（UIP）四种焊后处理工艺后，接头焊趾位置的缺口形貌如图 4-12 所示。研究表明在应力比 $R=0.1$ 循环载荷下进行中周疲劳试验（1 万～5 万次循环），焊后处理的接头疲劳强度提高明显，焊后打磨、TIG 熔修及超声冲击处理工艺下的疲劳强度分别提高 31%、38% 及 33%。

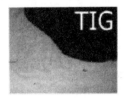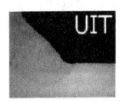

图 4-12 不同后处理工艺对缺口的几何影响

利用 TIG 熔修工艺来提高焊接接头的疲劳寿命及疲劳强度已广泛应用于工业领域。该工艺对焊趾位置产生两方面的影响，一是能改善焊趾形状，消除焊趾位置未熔合及焊接缺欠等问题，从而保证焊接质量；二是 TIG 熔修会改变焊趾位置的应力分布状态，即在焊趾位置出现较高的压缩残余应力。同时，TIG 熔修会导致焊趾位置显著的软化效应，不同高强钢种（S700，S890，S1100）的 TIG 熔修工艺焊趾位置硬度均有下降。

在国际焊接标准 IIW 中，对于低强钢（$y<355Mpa$）焊接接头经过打磨、熔修、锤

击等方法可提高接头的疲劳强度，在 S-N 曲线斜率 $m=3$ 时可提高到焊接接头疲劳强度的 1.3 倍，对于高强度钢（$y>355Mpa$）焊接接头通过力学处理后的疲劳强度在 S-N 曲线斜率为 $m=3$ 的情况下可提高到焊接接头疲劳强度的 1.5 倍。IIW 根据 TIG 熔修对不同级别钢接头名义应力及热点应力 FAT 等级的改善进行了相应的说明，如表 4-12 所示。

TIG 熔修对不同接头疲劳强度提高程度总结　　　　　　　　　表 4-12

接头形式	板厚（mm）	应力比	疲劳强度范围（S-N 曲线斜率 $m=4$）	强度提高程度%（对比 IIW）
纵向加强接头	12	0	143~169	47~81
	8~12	0.1	124~168	28~72
	8~12	VA(−1)	114~149	17~53
非承载十字接头	3~6	0.05	135~157	23~43
	3~7	0.1	182~226	66~105
	7,12	0.2	291	165
	12	—1	260	136
T型接头	6~20	0.1	225~251	105~128
	8	0.05	216	96
对接接头	3~6	0	190~232	54~89
	8	0.05	179~193	46~57
	6	0.1	177	44

　　焊后处理工艺作为提高接头疲劳强度的主要方法，除 TIG 熔修能够对接头疲劳强度进行改善外，高频力学冲击处理技术（HFMI）可通过力学处理焊趾，改变材料的微观组织、局部几何尺寸以及力学处理区的力学状态来提高接头及结构疲劳寿命。与传统的锤击

法相比，高频力学冲击的频率大（频率大于$90\mathrm{Hz}$），处理后焊趾的表面质量更好，能够很灵活地调整冲击针头的半径与配置，因此在工业界广泛应用。

2）焊缝几何设计影响

焊缝几何是影响疲劳强度的最重要的因素之一，焊缝高度和宽度、焊趾半径（或曲率）与焊趾倾角等均对应力集中有影响。以图 4-13 所示的对接接头为例，几何形状参数包括焊趾半径 r、焊趾倾角 θ、坡口角度 φ 与焊件厚度 t，增大 r 或减小 θ 可提高疲劳寿命，而且降低 θ 比增大 r 更为有效。对于如图 4-14 所示搭接接头处及焊缝处截面，板厚 $T_1 = T_2$，K_1、K_2 为焊角尺寸，h 为熔深，h_1 为余高，g 为间隙，当焊角 K_1 与焊角 K_2 的比值减小时，增大焊透深度 h 或使焊缝截面成凹状斗有利于改善应力集中，减小应力集中系数。

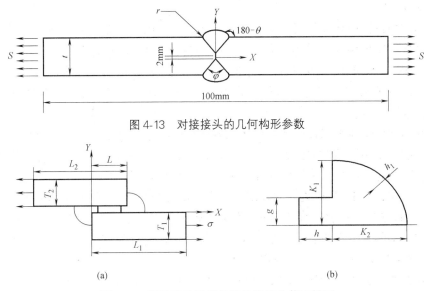

图 4-13　对接接头的几何构形参数

图 4-14　搭接接头及搭接接头焊缝处截面模型

（a）搭接接头截面模型；（b）焊缝处截面模型

3）螺栓连接对高强钢疲劳性能的影响

影响螺栓连接疲劳强度的因素众多，如螺栓预紧力、排列方式、摩擦面的处理、钢材等级以及扣孔率等。研究表明：①当螺栓预紧力较低时，裂纹出现在螺栓孔易产生应力集中部位，单搭接螺栓连接中，随着预紧力的增加，疲劳寿命没有显著变化，双搭接螺栓连接的预紧力越大，疲劳寿命越高；②高强度钢材在承受动力荷载时，表面粗糙度影响疲劳强度，摩擦系数会影响裂纹开裂位置，润滑接触面减小摩擦系数，开裂位置转移到孔边缘，疲劳寿命减小；③在反复荷载作用下螺栓发生松弛，连接板间微滑动产生应力重分布，进而逐渐产生疲劳损伤；④考虑平均应力影响的双搭接错位孔疲劳寿命的计算，Morrow 和 SWT 模型能够很好地预测试件疲劳寿命；⑤螺栓连接的成孔方法影响构件疲劳寿命，钻孔试件的疲劳强度是冲孔的 2 倍。

3. 断裂性能

目前有关断裂分析中所采用的断裂指标主要有冲击韧性指标和断裂韧性指标两大类。在考虑钢材性能对焊接结构安全性的影响时，韧性是最关键的材料性能指标，对构件韧性的要求应随钢材强度的提高而提高，因此对于高强钢结构，其材料韧性要求更高。高强钢材的冲击韧性要好于普通强度钢材，且其冲击韧性指标需满足规范规定的限值要求。钢材的屈强比随材料屈服强度的提高而增大，但韧性与钢材屈强比之间并不存在相关性。

目前很多国家和地区的钢结构设计规范特别是抗震设计规范为保证结构抗震延性，均对结构钢材的屈强比进行了限制，欧洲规范 Eurocode3 的限值最为宽松，为 0.91。然而，实际计算结果表明，即使屈强比为 1.0，当钢材韧性较好时，在裂纹产生之前能有足够的塑性变形发展，不会发生突然断裂，节点有较好的转动能力，因此依据屈强比来排除某些钢材的选用并非合理。

4.2.4 设计要求

1. 一般要求

高强钢结构设计应贯彻执行国家的技术经济政策，做到安全适用、技术先进、经济合理、确保质量，应采用钢材牌号不低于 Q460、Q460GJ 的结构钢材，应符合我国现行国家标准《工程结构可靠性设计统一标准》GB 50153—2008、《钢结构设计标准》GB 50017—2017、《钢结构工程施工质量验收规范》GB 50205—2020，以及其他现行国家和行业有关标准的规定。

高强钢结构设计应采用以概率理论为基础的极限状态设计方法，以可靠指标度量结构构件的可靠度，采用分项系数的设计表达式进行计算。极限状态包括承载能力极限状态和正常使用极限状态。结构上的直接作用（荷载）应根据我国现行国家标准《建筑结构荷载规范》GB 50009—2012 及相关标准确定，地震作用应根据我国现行国家标准《建筑抗震设计规范》GB 50011—2010 确定。间接作用和偶然作用应根据有关的标准或具体情况确定。高强钢结构的安全等级和设计使用年限应符合我国现行国家标准《工程结构可靠性设计统一标准》GB 50153—2008 的规定。

高强钢结构中各类结构构件的安全等级，宜与整个结构的安全等级相同。对其中部分高强钢构件的安全等级，可根据其重要程度适当调整。对于结构中的重要构件和关键传力部位，宜适当提高其安全等级。

非抗震设计时，结构或构件变形（挠度或侧移）、构件的长细比应符合我国现行国家标准《钢结构设计标准》GB 50017—2017 的有关规定。

高强钢结构的抗震设计应按我国现行国家标准《建筑抗震设计规范》GB 50011—2010 的规定进行抗震验算，并应符合相应的抗震措施。对高强钢构件，尚应符合该规程有关抗震构造措施的规定。按有地震作用组合内力设计的高强钢构件，当计算结构构件和连接强度时承载力抗震调整系数 γ_{RE} 取 0.80，柱和支撑稳定计算时 γ_{RE} 取 0.85，仅计算竖向地震作用时，γ_{RE} 取 1.0。

采用抗震性能化设计时，高强结构钢不宜用于塑性耗能区，宜用于下列三类构件：延性等级为 V 级的结构构件，框架结构中符合强柱弱梁要求的框架柱，中心支撑结构中符合强框架弱支撑要求的柱或梁。结构构件的长细比和截面板件宽厚比应符合我国现行国家标准《钢结构设计标准》GB 50017—2017 的规定。采用高强钢的结构构件除了符合前述规定外还需满足：钢材的屈服强度实测值与抗拉强度实测值的比值不大于 0.9；钢材的断后伸长率不小于 16%。

2. 设计指标

高强钢的成分设计：C 含量小于 0.5%，可避免 Fe_3C 的形成，并改善焊接效果；Si 及 Al 能抑制 Fe_3C 的形成，稳定 ε（η）碳化物，保证碳分配，宜含（1~2）wt%Si(或约 1wt%Al)；含 Mn、Ni 等稳定奥氏体元素，使 Ms 下降；含复杂碳化物形成元素如 Nb 或（和）Mo，使 Ms 下降，呈沉淀硬化并细化奥氏体晶粒。因此，建议高强钢的成分（均为 wt%）为：C 小于（0.5%），Si（1%~2%），Mn（1%~2%），约 Nb（0.02%）或 Mo（0.2%）。

按照《钢结构设计标准》GB 50017—2017 的要求，高强结构钢材设计用强度指标根据钢材牌号、厚度或直径按表 4-13 确定。

高强结构钢材的设计用强度指标（N/mm²）　　　　　表 4-13

钢材牌号	钢材厚度或直径(mm)	强度设计值			钢材强度	
		抗拉、抗压、抗弯 f	抗剪 f_v	端面承压（刨平顶紧）f_{ce}	屈服强度 f_y	抗拉强度最小值 f_u
Q460	≤16	410	235	470	460	550
	>16,≤40	390	225		440	
	>40,≤63	355	205		420	
	>63,≤100	340	195		400	
Q460GJ	≤16	410	235	470	460	550
	>16,≤35	390	225		460	
	>35,≤50	380	220		450	
	>50,≤100	370	215		440	
Q500	≤16	435	250	520	500	610
	>16,≤40	420	240		480	
	>40,≤63	410	235	510	470	600
	>63,≤80	390	225	500	450	590
	>80,≤100	385	220	460	440	540
Q550	≤16	500	290	570	550	670
	>16,≤40	480	275		530	
	>40,≤63	470	270	530	520	620
	>63,≤80	450	260	510	500	600
	>80,≤100	440	255	500	490	590
Q620	≤16	540	310	605	620	710
	>16,≤40	520	300		600	
	>40,≤63	510	295	585	590	690
	>63,≤80	495	285		570	670
Q690	≤16	600	345	680	690	770
	>16,≤40	580	335		670	
	>40,≤63	570	330	640	660	750
	>63,≤80	555	320	620	640	730

4.3　耐蚀钢

耐蚀钢能抵抗大气或腐蚀介质中的腐蚀，腐蚀速度极慢，而非完全不腐蚀。不仅要耐蚀，还要有较好的力学性能和加工性能。在组成范围内，为了从本质上提高低合金钢的耐腐蚀性能，可以采用添加合金元素把钢铁的锈制成像铜绿那样有保护性覆膜的方法，或者在钢能钝化的环境下，添加少量合金元素使钢更容易钝化。

4.3.1　耐候钢

耐大气腐蚀钢又称耐候钢，属于低合金高强度钢之一，通过在钢中加入少量铜、磷、铬、镍等合金元素后，使钢铁材料在锈层和基体之间形成一层约 $50\sim100\mu m$ 厚的致密且与基体金属黏附性好的非晶态尖晶石型氧化物层，阻止大气中氧和水向钢铁基体渗入，保护锈层下面的基体，减缓锈蚀向钢铁材料纵深发展，从而大大提高了钢铁材料的耐大气腐蚀能力。由于锈层的稳定，使得非裸露用耐大气腐蚀钢的涂装层不易脱落。耐大气腐蚀钢作为一种高效钢材，通常的使用方式为裸露使用、涂装使用或锈层稳定化处理后使用，可广泛用于机车车辆、桥梁、房屋等各种金属结构件中，具有良好的市场前景。耐候钢在自然条件下自身能够生成保护性的稳定锈层，降低后期的腐蚀速率，具有比碳钢更加优异的耐大气腐蚀性能。保护性的稳定锈层可以保证耐候钢在使用时无需涂装且后期免维护，因此大幅度降低了钢结构的使用成本。

1. 耐候钢的分类

国家标准《耐候结构钢》GB/T 4171—2008 中，耐候钢根据耐候性分为耐候钢（NH）和高耐候钢（GNH），根据焊接性能分为高耐候钢和焊接耐候钢。耐候钢各牌号的分类与用途见表 4-14。

耐候钢各牌号分类及用途表

表 4-14

类别	牌号	生产方式	用途
高耐候钢	Q295GNH、Q355GNH	热轧	车辆、集装箱、建筑、塔架或其他结构件等结构用，与焊接耐候钢相比，具有更好的耐大气腐蚀性能
	Q265GNH、Q355GNH	冷轧	
焊接耐候钢	Q235NH、Q295NH	冷轧	车辆、桥梁、集装箱、建筑或其他结构件等结构用，与高耐候钢相比，具有较好的焊接性能
	Q310NH、Q415NH		
	Q460NH、Q500NH、Q550NH		

不同于普通耐候钢，耐火耐候钢不仅具有耐恶劣气候、耐腐蚀的性能，还具有耐高温性能。国外已大量采用耐火耐候钢，如日本新日铁第二办公楼钢结构大楼，使用耐候钢后防火层减小到不超过传统设计的 1/3。目前，耐火耐候钢逐步开始应用于国内一些较高耐火耐候等级的大型厂房、居民和商务楼。

武汉钢铁集团公司自主开发了具有国际领先水平的高性能耐火耐候钢 WGJ510C2，其耐候性能与美国的 Cor-Ten 钢相当，耐火性能与日本的 FR 钢相当。与普通结构钢相比，

WGJ510C2 耐腐蚀性能提高了 2~8 倍,防火涂层可减薄 1/3,其力学性能及冷弯技术满足表 4-15 的规定。

WGJ510C2 力学性能及冷弯性能技术要求 表 4-15

交货状态	取样方向	板厚(mm)	拉伸试验			冲击试验 AKV (0℃) (J)	冷弯试验 (180°)	600℃高温拉伸屈服点 σ_s (MPa)
			σ_s(MPa)	σ_b(MPa)	δ_5(%)			
热轧或正火+回火	纵向	4~16	≥325	≥510	≥21	≥47	$d=2a$	≥217
		>16~36	≥315	≥490			$d=3a$	≥210
		>36~60	≥305	≥470				≥204

注:δ_5 表示原标距长度等于 5 倍试样直径时的伸长率。

2. 合金元素在耐候钢中的作用

耐候钢中加入了可以提高耐蚀性的合金元素,合金元素的主要作用包括:①降低锈层的导电性能,自身沉淀并覆盖钢表面;②影响锈层中的物相结构和种类,阻碍锈层的生长;③推迟锈的结晶;④加速钢均匀溶解;⑤加速 Fe^{2+} 向 Fe^{3+} 的转化,并能阻碍腐蚀产物的快速生长;⑥合金元素及其化合物阻塞裂纹和缺陷。如曝晒 1 年耐候钢的内锈层裂纹处产生了合金元素的富集,证明了合金在缺陷处沉淀析出,这就加速了缺陷的愈合,阻塞了腐蚀介质直接接触基体的通道,使锈层致密化,腐蚀速度降低。耐候钢中加入不同的合金元素对其耐大气腐蚀性能的影响不尽相同。

耐候钢中主要合金元素的作用:

C:对钢的耐大气腐蚀不利,同时 C 影响钢的焊接性能、冷脆性能和冲压性能等,耐候钢中 C 含量被控制在 0.12% 以下。

Cu:在钢中加入 0.2%~0.4% 的 Cu 时,无论在乡村大气、工业大气或海洋大气中,都具有较普通碳钢优越的耐蚀性能。关于 Cu 对改善钢的耐大气腐蚀性能的作用机理,说法不一,主要有两种观点:一是促进阳极钝化理论,认为钢与表面二次析出的 Cu 之间的阴极接触,能促使钢阳极钝化,并形成保护性较好的锈层;另一种是 Cu 富集理论,认为 Cu 在基体与锈层之间形成以 Cu、P 为主要成分的阻挡层与基体结合牢固,因而具有较好的保护作用。这些解释都是基于 Cu 在钢的表面及锈层中的富集现象,因此可能这两种机理同时起作用。

P:是提高钢的耐大气腐蚀性能最有效的合金元素之一,含量在 0.08%~0.15% 时的耐蚀性最好。当 P 与 Cu 联合加入钢中时,显示出更好的复合效应。在大气腐蚀条件下钢中的 P 是阳极去极化剂,它在钢中能够加速钢的均匀溶解和 Fe^{2+} 的氧化速率,有助于在钢表面形成均匀的 FeOOH 锈层,促进生成非晶态经基氧化铁 FeO_xOH_{3-2x} 致密保护层,从而增大了电阻,成为阻挡腐蚀介质进入钢铁基体的屏障。当 P 形成 PO_4^{3-} 离子时还可以起到缓蚀作用。

Cr:能在基体表面形成致密的氧化膜,提高钢的钝化能力。耐候钢中的含量一般为 0.4%~1%(最高为 1.3%)。当 Cr 与 Cu 同时加入钢中时,效果尤为明显。

Ni:是一种比较稳定的元素,加入 Ni 能使钢的自腐蚀电位向正方向变化,增加的稳定性。大气暴露试验表明，当 Ni 含量在 4％左右时，能显著提高海滨耐候钢的抗大气腐蚀性能。最近日本开发的无 Cr 含 3％Ni 海滨耐候钢优良的耐蚀性证明，稳定锈层中富集 Ni 能有效抑制 Cl^- 的侵入，促进保护性锈层生成，降低钢的腐蚀速率。

Si：与其他元素如 Cu、Cr、P、Ca 配合使用可改善钢的耐候性。经过 16 年的大气暴露试验，结果表明较高的 Si 含量有利于细化 α-FeOOH，从而降低钢整体的腐蚀速率，其作用机理目前尚在研究中。

稀土元素（RE）：在不含 Cr、Ni 耐候钢中，添加的 RE 量通常不超过 0.2％。RE 元素是极其活泼的元素，是很强的脱氧剂和脱硫剂，主要对钢起净化作用。RE 元素的加入可细化晶粒，改变钢中夹杂物存在的状态，减少有害的大夹杂数量，降低腐蚀源点，从而提高钢的抗大气腐蚀性能。

3. 耐候钢的应用

1）裸露使用

耐候钢最常见的使用方式是裸露使用。一般经过 3～10 年时间后，耐候钢表面锈层逐渐稳定，腐蚀发展减慢，外观呈巧克力色。由于耐候钢锈层稳定化过程受钢材的化学成分、使用环境、构造细节的滞水积尘和机械磨损等条件的影响，所以如果使用不当，破坏了稳定锈层的形成条件，耐候钢也会产生严重锈蚀。实践证明，在无严重大气污染或非特别潮湿的地区，耐候钢可以直接裸露于大气中。

2）涂装使用

在建筑、桥梁、交通运输等领域，耐候钢和普通钢一样，大都是涂装使用。涂装后的耐候钢和普通钢相比，表现出极优越的耐蚀性。最近日本学者试验研制了含镍、钛而不含铬的耐候钢，这种钢涂装后在盐分浓度高于 113mdd（$mgNaCl/dm^2/day$）的海洋大气条件下仍表现出优良的耐候性。

3）稳定化处理后使用

裸露使用虽然是耐候钢经济独特的使用方法，但其在自然环境中完成锈层的稳定化过程要相当长的时间，在形成稳定化锈层之前常出现早期锈液流挂与飞散污染周围环境的现象。因此，在不断研制缩短或加速耐候钢的稳定化过程的同时也在研究开发耐候钢表面生成稳定锈层的处理技术，以缩短耐候钢稳定化锈层的形成过程。

耐候钢在自然条件下自身能够生成保护性的稳定锈层，降低后期的腐蚀速率，具有比较优异的耐大气腐蚀性能。保护性的稳定锈层可以保证耐候钢在使用时无需涂装且维护，因此大幅度降低了钢结构的使用成本。

海水钢

耐海水钢发展概况

海水中含有大量的以 NaCl 为主的盐类，占总含盐量的 88.7％。由于它们易于电离，盐浓度含量增高，同时提高海水电导率，其平均电导率可达 $4\times10^{-2}s/cm$，远远高于河水（$10^{-2}s/cm$）和雨水（$1\times10^{-2}s/cm$）。因此，金属在海水中表面难以保持稳定，发生电化学腐蚀，极易发生劣化破坏。目前海洋污染趋于严重，海洋环境恶化，海洋工程用钢材的腐蚀问题更加突出。大型海洋工程结构在海洋环境中的腐蚀可分为大气区、飞溅区、潮差区、全浸区及海泥区。在不同的区域，钢材的腐蚀速率不同，其中海洋气象条件与钢材腐蚀率的关系如图 4-15 所示。

除了海水区域不同对钢材腐蚀有不同的影响外，就是在同一区域的海洋环境中也有其他诸多影响因素，如海水的盐度、pH 值、温度、溶解气体（O_2、CO_2 等）流速、微生物以及污染等，这些因素有时交差作用，因此海洋环境对钢材腐蚀是一个极其复杂的过程。

中国耐海水腐蚀钢的研究始于 1965 年，从 300 多个钢种中筛选出 16 个钢种，并于 1978 年进行了耐蚀性能的统一评定。通过开展为期 4 年的试验表明，Cr-Mo-Al 系的 10Cr2MoAlRE 钢耐蚀性能最好。中国宝武钢铁集团有限公司借

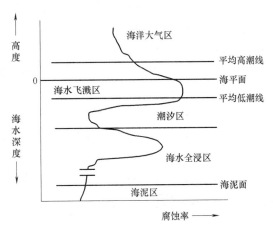

图 4-15 海洋环境与腐蚀率的关系

鉴日本耐海水腐蚀钢成分特点，综合考虑中国近海海水腐蚀介质的环境作用因子，通过优化调整化学成分及采用合理轧制工艺技术，成功开发出 Cr-Cu-Mo 系耐海水腐蚀钢种 Q345C-NHY3。该钢种具有优良的力学性能、焊接性能和耐海水腐蚀性能等，能够满足海洋钢结构的制造要求，已用于上海洋山深水港码头二期和三期工程的钢管桩。这是国内首次在工程中大批量应用耐海水腐蚀钢，整个工程应用量达 50 余万吨。

目前国外生产的低合金耐海水腐蚀用钢按成分系列可分为 Ni-Cu-P 系、Cr-Nb 系、Cr-Cu 系、Cr-Al 系、Cr-Cu-Si 系、Cr-Cu-Al 系、Cr-Cu-Mo 系、Cr-Cu-P 系及 Cr-Al-Mo 系等。我国研制的耐海水腐蚀钢试验钢号近 200 种，其中 10Cr2MoAlRE、08PVRE、09MnCuPTi、10MnPNbRE、10NiCuAs、10CrMoAl 等已通过鉴定。

2. 典型耐海水钢耐点蚀性能对比

在海洋环境中，点蚀是导致低碳结构钢破坏和失效的主要局部腐蚀形式。钢材耐点蚀性能的优劣在一定程度上决定了其使用寿命。

Ni-Cu-P、Cr-Cu-P 和 Cr-Cu-Ni 为三种典型的耐海水腐蚀用钢，化学成分见表 4-16。通过电化学试验、室内间浸挂片试验并结合锈层分析表明，三种耐海水腐蚀钢的点蚀诱发敏感性和点蚀扩展速度均小于碳钢。同是耐海水腐蚀钢，Ni-Cu-P 钢的点蚀诱发敏感性最强，Cr-Cu-Ni 钢次之，Cr-Cu-P 钢最弱；而 Ni-Cu-P 钢的点蚀扩展速度最小，Cr-Cu-Ni 和 Cr-Cu-P 钢接近。由于试验用钢的冶炼工艺相同，钢中夹杂物的特征相似。因此，上述三种典型耐海水钢的点蚀诱发敏感性和点蚀扩展能力的差异主要是由钢中合金元素的不同造成的。

三种典型的耐海水腐蚀用钢的化学成分（wt%）　　　　　　　　表 4-16

品种	C	Si	Mn	P	S	Cr	Ni	Cu	Al	O
Ni-Cu-P 钢	0.079	0.031	0.75	0.10	0.015	—	0.51	0.54	0.066	0.0034
Cr-Cu-P 钢	0.083	0.094	1.28	0.10	0.014	0.96	—	0.33	0.083	0.0036
Cr-Cu-Ni 钢	0.067	0.51	133	0.024	0.014	0.52	0.42	0.35	0.044	0.0023
普通钢	0.071	0.32	1.28	0.033	0.024	—	—	—	0.012	0.0044

　　由于点蚀诱发是钝化膜局部破裂和修复动态作用的结果,钢的点蚀诱发敏感性不仅与钝化膜稳定性有关,还与钢基体的热力学稳定性有关。Cr 是一种活性比铁高但钝化能力比铁强得多的金属,它的添加可提高钢的钝化膜稳定性,从而增强钢的抗点蚀诱发能力。而 Ni 是一种热力学稳定性较强的金属,它的添加可在一定程度上提高钢基体的热力学稳定性,提高钢对钝化膜的修复能力,从而降低钢的点蚀诱发敏感性。与耐候钢的腐蚀行为不同,钢在间浸条件下表面会形成宏观阳极和宏观阴极区,阳极区不断扩展,形成宏观蚀坑。由于宏观阴极的面积远大于宏观阳极,且蚀坑对应的锈层是疏松的多孔锈层,因此,钢表面形成的锈层实际上主要对宏观阴极区起到保护作用。Cr-Cu-P 和 Cr-Cu-Ni 耐海水钢的内锈层明显比 Ni-Cu-P 钢的致密。这是由于 Cr 能在紧靠基体的内锈层中有明显的富集,形成黏附性较强的 Cr 的氧化物,对锈层的裂纹和孔洞有明显的修复作用。Ni-Cu-P 钢中 Ni 虽然也在内锈层中富集,但由于钢中的 Ni 含量过低,不能形成阳离子选择性的锈层,也就不会对锈层起到明显的作用。此外,大量的研究发现,钢中的 Cu、P 都是有助于致密锈层形成的合金元素,因此,Cr-Cu-P 钢的内外锈层最致密。

　　然而,蚀坑内基体的腐蚀速度才是决定不同钢点蚀扩展速度的主要因素。由于蚀坑内是个闭塞区,且呈酸性,孔内金属表面处于完全活化状态。因此,蚀坑的扩展速度与蚀坑内基体的自腐蚀电位和蚀坑外的极化电位有关。在酸化的蚀坑内,Cr 不仅不能促进钢的钝化,反而降低钢基体的热力学稳定性,从而降低蚀坑内钢基体的自腐蚀电位。而钢中的 Ni 可提高钢基体的热力学稳定性,降低基体中的铁原子离子化的趋势,从而提高酸化蚀坑内钢基体的电位。此外,P 在闭塞区溶液酸化和一定的极化电位下会形成具有缓蚀作用的磷酸根离子,从而有助于降低钢基体的腐蚀速度。因此,相比 Cr-Cu-P 和 Cr-Cu-Ni 耐海水钢,Ni-Cu-P 钢的点蚀扩展速度能力最小。

4.3.3　耐硫酸露点腐蚀钢

　　工业生产使用的燃料中通常含有 S,或同时含有 Cl,燃料中的硫在燃烧后,大部分变成 SO_2,在一定条件下进一步氧化成 SO_3 气体。SO_3 气体与水蒸气能结合形成硫酸蒸汽,当烟气温度降低到硫酸露点以下或者接触到温度较低的金属管壁时,硫酸将会在金属表面凝结,从而对金属管壁产生强烈的腐蚀,这种腐蚀被称为硫酸露点腐蚀。

　　耐硫酸露点腐蚀钢通过在普通碳钢中加入微量元素并采用特殊的冶炼工艺以及轧制工艺,保证钢材表面形成一层富含目标微量元素的合金层。当耐硫酸露点腐蚀钢处于硫酸露点条件下,其表面极易形成一层致密的含合金元素的钝化膜。这层钝化膜是耐硫酸露点腐蚀钢在硫酸溶液中的腐蚀产物,随着腐蚀反应的进行,腐蚀产物在耐酸钢的表面积累,导致阳极腐蚀电位逐渐上升,最终进入钝化区发生阳极钝化,进而降低腐蚀速率。

　　1. 耐硫酸露点腐蚀钢的腐蚀机理

　　实际服役条件下的硫酸露点腐蚀环境是一个气液相交替的变温和变浓度的复杂过程,可将腐蚀环境分为 3 个阶段,各阶段的特点如下:

　　第 I 阶段:温度不大于 80℃,硫酸浓度低于 60%,是处于活性状态下的腐蚀。其腐蚀速率最高,但由于时间短,影响基本可以忽略。

　　第 II 阶段:处于正常运行状态,温度 80～160℃,硫酸浓度为 85% 左右,受高温高浓度硫酸的腐蚀,对于一般钢材而言仍处于活性腐蚀状态。

第Ⅲ阶段（稳定态）：温度与浓度等同于第Ⅱ阶段，但含有大量的具有催化效应的未完全燃烧碳，生成大量的 Fe^{3+} 离子，耐露点腐蚀的钢处于相应极化曲线的钝化区范围，使含有铬和铜的耐蚀钢出现第一次钝化，腐蚀速率很低，但对碳钢腐蚀率仍然很高。

耐硫酸露点腐蚀钢与普碳钢的腐蚀行为主要区别在于第Ⅲ阶段，在该环境下金属发生钝化是耐硫酸露点腐蚀的根本原因。

2. 合金元素对耐硫酸露点腐蚀钢的作用

钢的耐硫酸腐蚀性能是否良好，主要取决于钢的化学成分。不含特殊合金元素又不进行特殊处理的普通碳钢，其耐硫酸露点腐蚀能力很差。通过在普通碳钢中添加适量特殊的合金元素，既能使钢材获得良好硫酸露点腐蚀性能，又能降低生产成本。钢中合金元素的选择及含量的多少至关重要，化学成分和金相组织都能影响腐蚀速率，这些因素通过复杂的作用影响阳极和阴极的活化控制过程。通过控制低碳钢中各元素的含量可以有效提高低碳钢的耐蚀性。合金元素对低碳钢钢耐蚀性的影响，随腐蚀环境条件不同而有显著差异。各种合金元素彼此间存在着密切关系，只有具有适当的配比才能获得良好的耐硫酸露点腐蚀效果。主要合金元素对铜钢硫酸露点腐蚀的影响如表 4-17 所示。

合金元素对铜钢硫酸露点腐蚀的影响　　　　　　　　　　　　表 4-17

项目	实验条件	有利效果	有害效果
第Ⅰ阶段	30%H_2SO_4,60℃,4h	Sn,As,Sb,Si 有效	P,Y,Zr,Mo,W,Ti 有害； V,Cr(不小于 5%)非常有害； C,Cr(小于 5%)相当有害
第Ⅱ阶段	85%H_2SO_4,160℃,4h	Si(0.2%)最有效； P,Zr,V,W,Mo,Ti 有效	Cr(不小于 5%)有害
第Ⅲ阶段	85%H_2SO_4 与活性炭的混合物 110℃,24h	Cr,B 有效	Si(不小于 0.8%),对 Cu~Cr 钢有害； V(不小于 0.4%),对 Cu~B 钢有害； As(不小于 0.1%),对 Cu 钢有害

耐硫酸露点用钢是一种既耐硫酸露点腐蚀又耐大气腐蚀钢种。钢中主要含 Mn、Cu、Cr、Sb 等抗硫酸露点腐蚀的合金元素，而 Cu、Cr 又是两个最主要的抗大气腐蚀元素。

Cu 在钢的大气腐蚀过程中起着活性阴极的作用，一定条件下可以促进钢产生阳极钝化，从而降低钢的腐蚀速度，Cu 在锈层中的富集能够极大地改善锈层的保护性能。最初发现钢中添加 0.2%~0.5% 的铜可以极大地提高钢对各种浓度硫酸的耐蚀性，铜已成为耐硫酸露点腐蚀钢的基本成分之一。日本学者对 40%~50% 以下低浓度硫酸耐蚀性研究发现，为了提高钢在硫酸中的耐蚀性，在添加 0.15% 以上铜的同时，还需要有 0.015% 以上的硫共存（图 4-16）。

Cr 只有在 Cu 的配合下才有明显的效果，尤其是第Ⅲ阶段，其最优含量在 1% 左右，原因是铬的电极电位较低，具有钝化倾向的作用，从而提高耐蚀性能，而其他元素如 Si、P、V、Ti 等主要在第Ⅱ阶段起耐蚀作用。

合金元素 Ti 能抑制阳极反应，同时在钢表面形成 Cu_2Sb 薄膜也可抑制阴极反应，对腐蚀第Ⅱ阶段下耐硫酸露点腐蚀很有效。Sn 和 Ti 的加入也对阻止稀硫酸的腐蚀起明显作用，但由于钢材中 Ti 和 Sn 是以杂质形态出现，对钢材的加工性能有一定程度的影响。W 和 Mo 以复合的形式加入，不仅能提高钢材的耐硫酸腐蚀性能，还能提高钢的热强性。

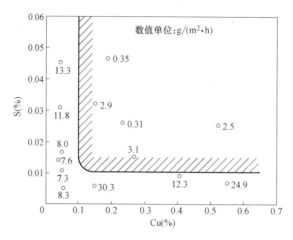

图 4-16　铜和硫含量对碳素钢耐硫酸腐蚀的影响

4.4　不锈钢

不锈钢（Stainless steel）是不锈耐酸钢的简称，耐空气、蒸汽、水等弱腐蚀介质或具有不锈性的钢种称为不锈钢，而将耐化学腐蚀介质（酸、碱、盐等化学侵蚀）腐蚀的钢种称为耐酸钢。由于两者在化学成分上的差异而使他们的耐蚀性不同，普通不锈钢一般不耐化学介质腐蚀，而耐酸钢则一般均具有不锈性。"不锈钢"一词不是单纯指一种不锈钢，而是表示一百多种工业不锈钢，所开发的每种不锈钢都在其特定的应用领域具有良好的性能。应用成功的关键首先是要弄清用途，然后再确定正确的钢种；建筑结构应用领域有关的不锈钢种大都含有 17%～22% 的铬，较好的钢种还含有镍，添加钼可进一步改善钢种的耐大气腐蚀性，特别是耐含氯化物大气的腐蚀。

4.4.1　分类与机理

1. 不锈钢的分类

1）按金相组织分类

不锈钢按其正火状态的组织可分为铁素体不锈钢、马氏体不锈钢、奥氏体不锈钢、沉淀硬化不锈钢和铁素体-奥氏体双相不锈钢等。其中沉淀硬化不锈钢是指在不锈钢化学成分的基础上添加不同类型、数量的强化元素，通过沉淀硬化过程析出不同类型和数量的碳化物、氮化物、碳氮化物和金属间化合物，既提高钢的强度又保持足够的韧性的一类高强度不锈钢，简称 PH 钢。沉淀硬化不锈钢根据其基体的金相组织可以分为马氏体型、半奥氏体型和奥氏体型 3 类。因此本章 4.4.2～4.4.5 节按铁素体、奥氏体、马氏体和双相不锈钢的分类分别阐述各类不锈钢的主要组分、特点和性能。

2）按化学成分分类

（1）按不锈钢的主要化学成分，基本可分为铬不锈钢和铬镍不锈钢，分别以 Cr13 型和 0Cr18Ni9 型不锈钢为代表，其他不锈钢一般在此基础上发展起来。

（2）按不锈钢的主要节约元素，可分为节镍不锈钢、无镍不锈钢和节铬不锈钢等。这类钢常以一些价廉的元素代替镍和铬,如 Cr-Mn-N 和 Cr-Mn-Ni-N 不锈钢等。我国开发了多种以锰、氮代替镍的不锈钢,使用效果良好。

(3) 按不锈钢的一些特征组成元素,可分为高硅不锈钢、高钼不锈钢等。

(4) 按不锈钢中碳、氮和杂质元素的控制含量,可分为普通不锈钢、低碳和超低碳不锈钢以及高纯不锈钢,如 Cr18Mo2 不锈钢、超低碳 00Cr18Mo2 不锈钢和超高纯000Cr18Mo2 不锈钢。

3) 按用途和特点分类

(1) 按使用介质环境,可分为耐硫酸不锈钢、耐海水不锈钢等。

(2) 按耐蚀性能,可分为耐应力不锈钢、耐点蚀不锈钢等。

(3) 按功能特点,可分为无磁不锈钢、易切削不锈钢、高强度不锈钢、低温和超低温不锈钢及超塑性不锈钢等。

我国不锈钢的国家标准采用最基本的分类方法,即按金相组织分类。不锈钢分类简述及国内常见的不锈钢牌号如表 4-18 所示。

不锈钢分类简述及常见牌号　　　　　　　表 4-18

特征元素分类	组织结构分类	常见体系	国内牌号(AISI/UNS)
铬系(AISI400)	马氏体不锈钢	Cr-C	1Cr13(410)
			2Cr13(420)
		Cr-Ni	1Cr17Ni2(431)
			0Cr13Ni4Mo(S41500)
	铁素体不锈钢	Cr-C	0Cr11Ti(409)
			0Cr17(430)
铬镍系(AISI300)	奥氏体不锈钢	Cr-Ni-(Mo)	0Cr18Ni9(304)
			0Cr17Ni14Mo2(316)
		Cr-Mn-Ni	1Cr17Mn6Ni5(201)
			1Cr18Mn8Ni5N(202)
	双相不锈钢	Cr-Ni-Mo	1Cr25Ni5Mo1.5(329)
			00Cr25Ni5Mo3N(2205)
	沉淀强化不锈钢	Cr-Ni-(Cu,Al)	0Cr17Ni4Cu4Nb(630)
			0Cr17Ni7Al(631)

2. 金属腐蚀的基本原理

1) 均匀腐蚀

均匀腐蚀也称为一般腐蚀。均匀腐蚀是指腐蚀均匀地在材料的表面产生。由于在宏观上容易发现,所以危害性不是很大。一般情况下,采用适当的措施,就可减轻均匀腐蚀。均匀腐蚀的情况如图 4-17 (a) 所示。均匀腐蚀常用腐蚀速度 [单位面积金属在单位时间内的失重,$g/(m^2 \cdot h)$] 来表示。

2) 点腐蚀

由于应力等原因使腐蚀集中在材料表面不大的区域,向深处发展,最后甚至能穿透金属,如图 4-17 (b) 所示。这是各类容器常见的破坏形式,其危害性如同晶界腐蚀一样大。它是因为在介质的作用下,不锈钢表面钝化膜受到局部破坏所造成的。由于 Cl^- 容易吸附在钢表面的个别点上,破坏了该处的钝化膜,将钢的表面暴露出来,组成了微电池,形成了不锈钢的点蚀源。所以在含有 Cl^- 的介质中,不锈钢容易产生点腐蚀。点腐蚀的评

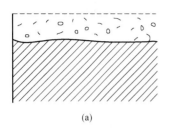 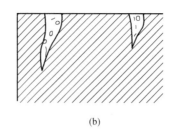 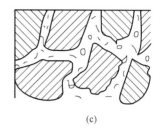

  (a)   (b)   (c)

图 4-17   各种腐蚀类型

(a) 一般腐蚀；(b) 点腐蚀；(c) 晶界腐蚀

定一般是用单位面积上的腐蚀坑数量及最大深度来评价不锈钢点腐蚀的倾向大小。

  3）晶界腐蚀

  晶界腐蚀又称晶间腐蚀，指沿晶界进行的腐蚀，使晶粒的连接遭到破坏。这种腐蚀的危害性最大，它可以使合金变脆或丧失强度，敲击时失去金属声响，易造成突然事故。晶间腐蚀为奥氏体不锈钢的主要腐蚀形式，这是由于晶界区域与晶内成分或应力有差别，引起晶界区域电极电位显著降低而造成的电极电位的差别所致。

  4）应力腐蚀

  应力腐蚀的特征是裂纹与拉应力垂直，断口为脆性断裂，其方式可能是沿晶断裂（裂纹沿晶界扩展，可以清楚地看到一个个晶粒，晶粒面比较光滑），也可能是穿晶断裂（可以看清晶界，但是晶粒面不如沿晶断裂光滑，分为韧性和脆性穿晶断裂）。材料承受一定的载荷或加工过程中有残余应力都有可能产生这种腐蚀形式。应力腐蚀破坏前不容易被观察到，没有什么预兆，所以其危害性比较大。金属的应力腐蚀破坏是具有选择性的，一定的金属在一定的介质中才会产生。

  5）磨损腐蚀

  在腐蚀介质中同时有磨损，腐蚀和磨损相互促进、相互加速的现象称为磨损腐蚀。空穴腐蚀是一种重要的磨损腐蚀。在高速流动的液体中产生了空穴，由于压力下流动条件的高速变化，空穴会周期性地产生和消失。在空穴消失时，产生了很大压力差，对金属表面产生冲击，破坏保护膜，从而使腐蚀继续深入。

  在不锈钢中，晶间腐蚀、点腐蚀和应力腐蚀是不允许发生的，凡是发生其中一种腐蚀，即认为不锈钢在该介质中是不耐蚀的。不锈钢在耐蚀性、力学性能和工艺性方面需满足一定的要求：

  （1）较高的耐蚀性。耐腐蚀性是不锈钢的主要性能，耐腐蚀是相对于不同介质而言的。目前，还没有能抵抗任何介质腐蚀的钢，一般要求不允许有晶间腐蚀和点蚀产生。

  （2）应具有一定的力学性能。很多构件是在腐蚀介质下承受一定的载荷，所以不锈钢的力学性能高，也可减轻构件的重量。

  （3）应有良好的工艺性。不锈钢有管材、板材、型材等类型，常常要经过加工变形制成构件，如容器、管道、锅炉等，因此不锈钢的工艺性也很重要，主要有焊接性、冷变形性等。

  提高钢耐腐蚀性能的途径主要有：使不锈钢对具体使用的介质能具有稳定钝化区的阳极曲线；提高不锈钢基体的电极电位，来降低原电池电动势；使不锈钢具有单相组织，减少微电池的数量；使钢表面生成稳定的致密的氧化物保护膜。

3. 不锈钢的合金化原理

合金化是提高钢的耐蚀性的主要途径，其作用是提高金属的电极电位，金属易于钝化，使钢获得单相组织，并具有均匀的化学成分、组织结构和金属的纯净度，其目的是避免形成微电池。

1）不锈钢的钝化

不锈钢是一种优良的耐蚀材料，然而在加工、成型过程中，不锈钢的晶体组织易发生变化，造成点蚀、应力腐蚀、晶间腐蚀等，使得其耐蚀性无法满足制品的功能需求。钝化是金属和合金在特殊条件下失去活性的一种状态，通过该工艺可进一步提升材料的耐蚀性能，是不锈钢制件后处理的重要方法。

对于不锈钢的钝化过程从其形成的化学反应来看主要有 3 个特征：①水分子直接参与到钝化膜的形成中，钝化剂以溶液的形式存在是形成钝化的必要条件；②金属表面发生钝化的过程是几个反应共同作用的结果，包括钝化层的生长过程和金属的溶解反应；③钝化的金属表面上存在钝化膜。但是，目前对于钝化膜的本质仍无定论。这些理论中最具代表性的是成相膜理论和吸附膜理论。

成相膜理论：当金属发生溶解时在金属表面生成致密的、覆盖性良好且难以溶解的固态产物将溶液机械地隔离开来，能够使金属的溶解速度大大降低，金属便由活性溶解转变成钝态。

吸附理论：金属钝化并不需要形成成相的固态氧化物膜，只要在金属表面或部分表面生成氧或含氧粒子的吸附层就够了。

可以将成相膜理论和吸附理论结合起来解释钝化现象：吸附膜的形成决定了钝化的难易程度，含氧粒子在不锈钢表面的吸附在钝化初期起主导作用；随着钝化过程的继续进行，初始生成的吸附膜逐渐发展成为成相膜，成相膜则在这种钝化状态的维持方面起着主导作用。

2）电极电位的提高

当铬元素加入铁中形成固溶体时，固溶体的电极电位能显著提高。随着含铬量的提高，钢的电极电位呈跳跃式增高，即当铬含量达到 1/8、2/8、3/8……原子比时，铁的电极电位就发生跳跃式增高，腐蚀也跳跃式地显著减弱，这一规律称为 $n/8$ 规律。根据钢中碳与铬的作用，11.7％（质量分数）就是构成不锈钢的最低限度铬需要量。但由于碳是钢中必然存在的元素，它能与铬形成一系列的碳化物，为使钢中固溶体的含铬量不低于11.7％，铬的含量应适当提高一些，这就是实际应用的不锈钢中铬的质量分数不低于13％的原因。

3）单相组织的形成

合金元素能使钢在室温下呈单相组织，当钢中加入质量分数为 12.7％的铬时，它能封闭 γ 相区，获得单相铁素体组织；当铬、镍复合加入时，可获得单相奥氏体组织，从而减少了微电池数量，可减轻电化学腐蚀。

4.4.2 铁素体不锈钢

铁素体不锈钢，因其从室温到液相线温度可以始终保持体心立方晶体结构不变而得名。通常，铁素体不锈钢中 Cr 的含量在 $11\%\sim30\%$ 之间，具有体心立方晶格结构的 Fe-Cr 合金或者 Fe-Cr-Mo 合金，并加入少量的其他合金元素。

1. 铁素体不锈钢的分类

铁素体不锈钢目前已形成系列性能优异的商业牌号，可分为五个级别，如表 4-19 所示，其中前三种分类为标准等级，后两种是"特殊"等级。

铁素体不锈钢的分类 表 4-19

分类	Cr 含量	典型钢种	特　性
第一类	$8\%\sim14\%$	409、410、420	强度与碳钢相当并具有耐蚀性。含 Cr 量最低，价格最低。适合在没有腐蚀或轻微腐蚀及允许表面有局部轻微生锈的环境中使用
第二类	$14\%\sim18\%$	430 系列	使用最广的铁素体不锈钢，含有较高的 Cr，有更强的耐蚀能力，多数性能与奥氏体钢如 304 钢种相当，在某些应用领域可替代 304 型不锈钢，在室内使用时一般具有足够的耐蚀性。在温和的环境条件，甚至包括与水间歇接触的一些环境条件下更耐蚀
第三类	$14\%\sim18\%$	430Ti、439、441	加入 Ti、Nb 等稳定元素，比第二类系列有更好的焊接和成型性能。在多数情况下其性能优于 304 不锈钢。适用环境与第二类不锈钢类似，但更易进行焊接加工
第四类	$14\%\sim18\%$	434、436、444	为增强耐蚀能力加入 Mo，有的钢种 Mo 含量甚至超过 0.5%。比 304 不锈钢耐蚀性优异，444 钢种对局部腐蚀的耐蚀能力与 316 钢种相近
第五类	$18\%\sim30\%$	442、445、446、447	提高了 Cr 含量并含有 Mo，有增强的耐蚀性和抗氧化性，比 316 不锈钢更优越。不属于前四类的铁素体不锈钢钢种都可认为属于这个系列

2. 铁素体不锈钢的热加工和热处理

为了消除铁素体不锈钢的粗大晶粒，需要进行热压力加工。因为铁素体不锈钢的晶粒粗化倾向大，所以在进行热压力加工时一般采用较低的始锻（轧）温度和终锻（轧）温度。通常采用的始锻（轧）温度为 $1040\sim1120℃$，终锻（轧）温度为 $700\sim800℃$，以得到细晶粒。

铁素体不锈钢在热压力加工的冷却过程中，会有碳化物从铁素体中析出。热轧退火状态的组织为富 Cr 的铁素体和碳化物。碳化物的析出会导致铁素体成分的不均匀性，增加钢的晶间腐蚀倾向。为了获得均匀的铁素体组织，消除晶间腐蚀，同时也为消除热压力加工中产生的应力，铁素体不锈钢热压力加工后常采用淬火和退火两种热处理工艺。

3. 铁素体不锈钢的成形性能

作为经济型民用不锈钢，板料是铁素体不锈钢的主要消费品和精加工用原料，因此，铁素体不锈钢板材的成形性能一直是重要的指标。

1）深拉成形性能。通常以极限深拉成形比（LDR）评价钢板、钢带的冷成形性能，*LDR* 值越高，材料的冷成形性能越好。由于铁素体不锈钢与普通碳钢具有相同的晶体结构，其 *LDR* 值与普通碳钢接近，优于奥氏体不锈钢。由于具有较高的 *LDR* 值，铁素体不锈钢适于深拉成形。

2）胀型成形性能。铁素体不锈钢的胀型成形性能不如奥氏体不锈钢，不适合用于胀型成形材料。

塑性应变比（r）是衡量铁素体不锈钢板成形性能的重要指标。r 值的大小反映了薄板成形时厚向变形的难易程度，r 值越小，材料厚向变形越容易，即越易变薄直至破裂。r 值对拉伸成形性能影响很大，r 值越大，钢板在板平面方向比板厚方向更容易变形，拉伸毛坯导致径向收缩时不容易起皱，并且拉伸力也更小，传力区不容易拉破，故有利于板料的拉伸成形性能。

4.4.3 奥氏体不锈钢

与铁素体不锈钢相同，奥氏体不锈钢的得名源自于其面心立方晶体结构。奥氏体不锈钢中的 Cr 的含量为 16%～25%，Ni 的含量为 7%～10%。奥氏体不锈钢以较高的 Ni 含量来稳定其在室温条件下的奥氏体面心立方结构。虽然增加合金元素的含量会增加奥氏体不锈钢的生产成本，但有利于提高面心立方晶体结构的塑性性能、成形性和耐腐蚀性。奥氏体不锈钢另外一个优点就是相对容易发生再结晶，这使得奥氏体不锈钢的力学性能有较好的可控性。

1. 成分特点

奥氏体不锈钢中的 C 含量较低，其主要成分是 Cr（不少于 18%）和 Ni（不少于 8%），利用 Cr 和 Ni 的配合使钢在室温下获得单相奥氏体。18-8 型奥氏体不锈钢中 Cr 和 Ni 的含量分别为 18% 和 8%。当 Ni 含量在 8%～25% 范围内，Cr 含量在 1%～18% 范围内时，都可促进奥氏体的形成；但是当 Cr 含量大于 18% 以后，则促进铁素体的形成。

在 18-8 型奥氏体不锈钢成分的基础上，降低 C 的含量，钢的耐蚀性增加；向钢中加入 Mo 可以提高钢的抗点蚀能力；增加 Cu 的含量，可增强钢的抗还原性酸腐蚀能力；加入 Nb、Ti 等稳定化合金元素，可提高钢的抗晶间腐蚀能力；增加 Ni 和 Cr 的含量，会使钢的耐蚀性和热强性（高温下具有足够强度）更加优良；为节省贵重元素 Ni 可以用 Mn、N 部分代替 Ni，得到 Cr-Mn-Ni、Cr-Mn-Ni-N 系奥氏体不锈钢。图 4-18 为 Fe-18Cr-8Ni-C 相图，由图可知，在平衡冷却条件下，会从奥氏体中析出碳化物，导致 18-8 型奥氏体不锈钢的室温组织为奥氏体＋铁素体＋碳化物。所以为了在室温下得到单一的奥氏体组织，需要对钢进行热处理。

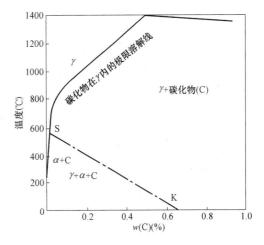

图 4-18 Fe-18Cr-8Ni-C 相图的垂直截面图

2. 18-8 型奥氏体不锈钢的热处理特点

奥氏体不锈钢的热处理一般有三种形式，即固溶处理、消除应力处理和稳定化处理。18-8 型奥氏体不锈钢含铬量大于 18%，还含有 8% 左右的镍及少量钼、钛、氮等元素，综合性能好，可耐多种介质腐蚀。奥氏体不锈钢的常用牌号有 1Cr18Ni9、0Cr19Ni9 等。0Cr19Ni9 钢的碳含量小于 0.08%，钢号中标记为 "0"。这类钢中含有大量的 Ni 和 Cr，使钢在室温下呈奥氏体状态，具有良好的塑性、韧性、焊接性、耐蚀性能和无磁或弱磁性，在氧化性和还原性介质中耐蚀性均较好，用来制作耐酸设备，如耐蚀容器及设备衬里、输送管道、耐硝酸的设备零件等。

1）固溶处理

固溶处理是指将合金加热到高温单相区恒温保持，使过剩相充分溶解到固溶体中后快速冷却，以得到过饱和固溶体的热处理工艺。奥氏体不锈钢的固溶处理温度一般为 $1050\sim1100℃$，钢中的碳含量越高，所需要的固溶处理温度也越高。在室温下得到将奥氏体不锈钢加热至 $1050\sim1100℃$，保温足够长时间，然后快速冷却（水淬），可以在室温下得到单相奥氏体组织。

2）稳定化处理

稳定化处理只在含有 Ti、Nb 的奥氏体不锈钢中使用，其处理工艺的一般原则为：高于碳化铬的溶解温度而低于碳化钛的溶解温度。稳定化退火温度通常采用 $850\sim950℃$，保温 $2\sim4h$ 后空冷，将碳化铬转化为特殊碳化物 TiC 或 NbC，消除晶间腐蚀倾向。

3）消除应力处理

消除应力处理通常用于以下两种情况：一是用于消除钢经冷加工后的内应力，使钢在伸长率无显著变化的情况下屈服强度和疲劳强度有很大的提高。这种消除应力处理可在较低的温度下进行，一般在 $250\sim450℃$ 下保温 $1\sim2h$ 后空冷。对于不含钛和铌的钢，以及虽含钛和铌但未经稳定化处理的钢，消除应力处理温度应不超过 $450℃$，以免析出碳化铬，使钢对晶间腐蚀敏感。二是用于消除钢经冷加工后对应力腐蚀的敏感性及焊接内应力，这种处理需要在较高温度下进行，一般要在 $850℃$ 以上进行。

4.4.4 马氏体不锈钢

马氏体不锈钢中 Cr 的含量为 $12\%\sim17\%$，以保证其具有良好的耐腐蚀性能。然而，由于 Cr 是强铁素体稳定元素，所以需要加入奥氏体稳定元素以确保在固溶处理期间形成必要的奥氏体，才能在随后的热处理工艺中形成马氏体。因此，在马氏体不锈钢中加入较高含量的 C 可以在高温条件下起到稳定奥氏体的作用。在马氏体不锈钢中，C 可以通过固溶强化和沉淀强化来提高马氏体不锈钢的强度。马氏体不锈钢可以通过淬火＋回火的热处理工艺来获得较高的强度和较为理想的塑性。由于加入较高含量的合金元素，马氏体不锈钢具有较高的淬硬性。但相对于铁素体不锈钢和奥氏体不锈钢而言，马氏体不锈钢的高淬硬性又会导致其耐腐蚀性能的下降。

1. 马氏体不锈钢的分类

马氏体不锈钢可分为三类：

1）低碳及中碳含 $13\%Cr$ 的钢，如 12Cr13、20Cr13、30Cr13 和 40Cr13 等；

2）高碳高铬 Cr18 型，如 95Cr18、90Cr18MoV 等；

3）低碳含镍（约 2%）的 14Cr17Ni2 型。

这类钢中重要的成分是 C 和 Cr。按 1/8 规律，不锈钢中固溶的 Cr 质量分数要大于 11.7%，因为马氏体不锈钢中含 C，会形成 Cr 的碳化物，降低钢中固溶 Cr 含量，故为保证钢中固溶 Cr 含量，钢中 Cr 含量提高到 13%，形成 Cr13 型不锈钢钢种。随着钢中 C 含量的上升，钢的强度、硬度增加，但耐蚀性下降；随着 Cr 含量的上升，钢的耐蚀性增强。故在以上三种类型的马氏体不锈钢中，以 Cr17Ni2 型的耐蚀性最好，但该钢的工艺控制比较困难。在以上钢种成分的基础上，可以添加 Mo、Cu、V 和 Nb 等进一步提高钢的强度和抗还原性酸的腐蚀性，加入 Se 和 S 改善钢的切削性能。

在以上三种类型的马氏体不锈钢中，Cr13 型是马氏体不锈钢中用量比较大的钢种。其中 12Cr13 属于半马氏体钢，类似于结构钢，其淬火组织是马氏体＋铁素体；20Cr13 和 30Cr13 是马氏体钢，其淬火组织是全马氏体＋极少量的残余奥氏体；40Cr13 类似于工具钢，相当于过共析钢，其淬火后的组织是马氏体＋碳化物。

2. 马氏体时效（不锈）钢韧化机制

马氏体时效钢的一个重要特点是在超高强度水平下仍然具有较高的韧性。多数研究者认为，马氏体时效钢含有大量的 Ni 和 Co，这两种元素均能降低位错与杂质间的相互作用。一方面，由于马氏体时效钢中 C、N 原子的浓度很低，使得被钉扎的位错数量减少。这样在马氏体时效钢中存在大量的可动位错，在产生应力集中时可以通过局部的塑性变形而使应力松弛，因此这种具有良好塑性的基体可以抵抗较大的应力集中。另一方面，弥散析出的相粒子虽然阻碍了位错的长程运动，但可动位错仍可做短程运动，因此时效后的马氏体时效钢仍具有较高的韧性。

时效后的基体是 Fe-Co-Ni，这是由于原基体中的大部分 Ni 在时效过程中以金属间化合物的形式析出，在基体中的含量大大减小，而 Co 在 α-Fe 中的相对固溶度增加。虽然由于基体中含 Co 量的增加，使得基体强度下降，但其塑性明显提高，这种基体由于含 C 和 N 原子的浓度较低，使得被钉扎的位错量减小，所以存在大量的可动位错，在产生应力集中的时候可以通过局部变形而使应力得到松弛，因而这种基体在变形过程中可以抵抗较大的应力集中，使韧性大大提高。其次，在塑性好的基体上析出的金属间化合物细小弥散，它对位错运动起强烈的交互作用，使强度有很大提高，但位错一旦开动就在整个基体中均匀运动，不会在局部不均匀分布的粗大晶粒处产生应力集中，这是马氏体时效钢韧性高的另一个重要原因。此外，由于在时效初期发生的调幅分解不受晶界和马氏体板条界的影响，在时效过程中晶界和板条界也发生均匀析出，这抑制了由于晶界和板条界上粗大的不连续析出相粒子的出现而导致的晶界弱化现象，这也是马氏体时效（不锈）钢高韧性的原因之一。

4.4.5　双相不锈钢

双相不锈钢是在室温下同时含有铁素体相和奥氏体相这两相的一类不锈钢。双相不锈钢的性能是各个组织组成物优良性能的结合。双相不锈钢中的 Cr 的含量一般为 18％～30％，Ni 的含量为 3％～9％，而这一含量区间的 Ni 可以保证双相不锈钢不会在室温下完全形成奥氏体。双相不锈钢的力学性能和耐腐蚀性能一般介于奥氏体不锈钢和铁素体不锈钢之间。

1. 力学性能

1）强度：在双相钢中，由于铁素体相约占二分之一，故其强度明显高于奥氏体不锈钢。

2）塑形和韧性：在双相钢中，由于奥氏体相约占二分之一，故其塑性和韧性优于铁素体不锈钢。另外，由于奥氏体相的存在，使得容易产生脆性化合物的碳、氮等在铁素体相中溶解度降低，从而降低了脆性相的发生可能性。同时，两相组织可阻止或缓解高温下晶粒的长大，也可阻碍裂纹的扩展，从而提高了钢材的塑性和韧性。但与奥氏体不锈钢相比，由于铁素体相的存在，使得其塑性和韧性相对较低，尤其是铁素体相中易产生脆性相，如果处理不当，会严重影响钢材的塑性和韧性。

2. 加工性能

1）冶炼：双相钢的冶炼比奥氏体或铁素体不锈钢的难度大，控制要求高。目前，双相钢最低要求应采用真空吹氧脱碳法（VOD）或氩氧脱碳法（AOD）进行精炼。

2）铸造：基于与冶炼同样的道理，铸造难度也大于一般奥氏体和铁素体钢材，而且难度比冶炼更大。除此之外，由于两相组织的原因，在浇铸时还要采取有效的措施，避免出现比奥氏体钢更容易出现的铸造裂纹（两相凝固差别的原因）、气孔（加氮的原因）等问题。

3）热变形加工：双相钢由于两相变形能力的差异导致热变形加工的难度要远大于奥氏体不锈钢。

4）机械加工：就常用的工程材料而言，都不存在较大的加工难度，双相钢也不例外。

5）热处理：热处理对双相钢性能有一些特殊影响。①热处理工艺参数不同，得到的相比例也不同，直接影响钢材的性能；②通过热处理，可以改变加工过程中的元素分配比例，改善甚至消除加工过程中次生相带来的不利影响，从而影响到钢材的最终性能；③热处理过程也会使钢材产生新的次生相，影响材料的性能。因此，不恰当的热处理会使钢材的性能恶化。

本章小结

（1）建筑用钢材的主要品种有普通碳素结构钢、优质碳素结构钢和低合金高强度结构钢。钢筋混凝土用钢材主要有热轧钢筋、冷轧带肋钢筋和冷轧扭钢筋。预应力混凝土结构用钢材主要有预应力混凝土用钢丝、钢绞线和钢棒；钢结构用钢材主要有热轧型钢、冷弯薄壁型钢、钢板和钢管。混凝土用钢纤维是以碳素结构钢、低合金结构钢和不锈钢为原料，采用钢丝切断、钢片切削、熔融抽丝和钢锭铣削等方式制备出的乱向短纤维。

（2）高强钢主要采用微合金化及热机械轧制技术生产制造而成，具有优异的使用性能（焊接性能、冷弯性能）和力学性能（疲劳性能、断裂性能）。传统高强钢主要包括碳锰钢、烘烤硬化钢、高强度无间隙原子钢和高强度低合金钢。先进高强钢主要包括双相钢、相变诱导塑性钢、马氏体钢、复相钢、热成形钢和孪晶诱导塑性钢。

（3）耐候钢通过在钢中加入少量铜、磷、铬、镍等合金元素后，使钢铁材料在锈层和基体之间形成一层致密且与基体金属粘附性好的非晶态尖晶石型氧化物层，阻止大气中氧和水向钢铁基体渗入，保护锈层下面的基体。我国研制的耐海水腐蚀钢试验钢号近200种，其中10Cr2MoAlRE、08PVRE、09MnCuPTi、10MnPNbRE、10NiCuAs、10CrMoAl等已通过鉴定。耐硫酸露点腐蚀钢通过在普通碳钢中加入微量元素并采用特殊的冶炼工艺以及轧制工艺，保证钢材表面形成一层富含目标微量元素的合金层。随着腐蚀反应的进行，腐蚀产物在耐酸钢的表面积累，导致阳极腐蚀电位逐渐上升，最终进入钝化区发生阳极钝化，进而降低腐蚀速率。钢中合金元素的种类及其含量对耐蚀钢的性能起到了至关重要的作用。

（4）不锈钢按其金相组织可分为铁素体不锈钢、马氏体不锈钢、奥氏体不锈钢、沉淀硬化不锈钢和铁素体-奥氏体双相不锈钢等。金属腐蚀包括均匀腐蚀、点腐蚀、晶界腐蚀、应力腐蚀、磨损腐蚀等类型。合金化是提高钢的耐蚀性的主要途径，其作用是提高金属的电极电位，金属易于钝化，使钢获得单相组织，并具有均匀的化学成分、组织结构和金属的纯净度，避免形成微电池。

思考与练习题

4-1 阐述钢筋混凝土结构、预应力混凝土结构和钢结构用钢的主要类型。

4-2 简述解决高强钢焊接问题的措施。

4-3 简述高强钢拉伸应力-应变曲线特征。

4-4 分别阐述合金元素在耐候钢、耐海水钢和耐硫酸露点腐蚀钢中的作用。

4-5 简述不锈钢的分类和金属腐蚀原理。

第5章 竹木材料

本章要点及学习目标

本章要点：

（1）竹木材料的种类、构造及物理力学性能；（2）结构木材的分级方法；（3）工程木的分类、力学性能及设计要求；（4）现代竹结构用材的分类、性能、应用及加工工艺。

学习目标：

（1）了解竹木材料的种类及微观构造；（2）掌握竹木材料的物理力学性能及影响因素；（3）了解结构木材的目测分级，机械分级的标准和方法；（4）了解木材的蠕变特性，掌握在工程应用中减小木材蠕变的方法；（5）掌握层板胶合木的力学性质、强度指标和设计要求；（6）掌握各类工程木的构造特征、性能特点及适用范围。（7）了解现代竹结构主要用材的种类及应用领域。

本章主要从微观构造、基本性能、分类与分级、加工工艺以及应用领域等方面，介绍原木、锯材、规格材、工程木、原竹以及现代竹结构用材等常见竹木材料。

5.1 原木

随着我国经济建设的发展，基础设施的完善，近年来国家政策鼓励发展木结构建筑。木材是一种天然材料，原木是伐倒的树干经打枝和造材加工而成的木段，是所有木材及木材制品的源头。

5.1.1 木材资源

2018 年，我国完成了第九次全国森林资源清查，清查结果显示：全国林地面积 32368.55 万 hm^2，其中森林面积 21822.05 万 hm^2，占林地面积的 67.42%；活立木蓄积 190.07 亿 m^3，其中森林蓄积 175.60 亿 m^3。我国森林资源总体上呈现数量持续增加、质量稳步提升、生态功能不断增强的良好发展态势，在我国生态文明建设和构建和谐社会中发挥了积极作用。

木材是当今世界主要工业材料中唯一可以再生的材料，符合可持续发展的战略构想，符合社会材料结构优化的基本原则。

5.1.2 常用树种

1. 国内常用树种

木材的树种可分为针叶材和阔叶材两大类。针叶材是常绿乔木，所产木材一般称为软木。阔叶材是落叶乔木，所产木材一般称为硬木。一般而言，优质的针叶材具有树干挺直、纹理平直、材质均匀、材质软易加工，干燥不易产生开裂、扭曲等变形，并且有一定的天然耐腐能力，是理想的结构木材树种。阔叶材一般强度较高、质地坚硬、不易加工、不吃钉、易劈裂，干燥过程中易产生干裂、扭曲等变形，耐腐性能差异较大。

早期的结构木材多为优质的天然针叶树，随着优质针叶树种资源的短缺，树种利用扩大，逐步利用具有某些缺点的树种，如某些针叶树种（如云南松、东北落叶松、樟子松等）以及某些阔叶树种（如桦木、水曲柳、椴木等）。表5-1列了国标《木结构设计标准》GB 50005—2017的国产结构用针叶树种。

我国各地区常用树种　　　　　　　　　　　　　　表 5-1

地　区	树　种
黑龙江、吉林、辽宁、内蒙古	红松、松木、落叶松、杨木、云杉、冷杉、水曲柳、桦木、槲栎、榆木
河北、山东、河南、山西	落叶松、云杉、冷杉、松木、华山松、槐树、刺槐、柳木、杨木、臭椿、桦木、榆木、水曲柳、槲栎
陕西、甘肃、宁夏、青海、新疆	华山松、松木、落叶松、铁杉、云杉、冷杉、榆木、杨木、桦木、臭椿
广东、广西	杉木、松木、陆均松、鸡毛松、罗汉松、铁杉、白椆、红椆、红锥、黄锥、白锥、檫木、山枣、紫树、红桉、白桉、拟赤杨、木麻黄、乌墨、油楠
湖南、湖北、安徽、江西、福建、江苏、浙江	杉木、松木、油杉、柳杉、红椆、白椆、红锥、白锥、栗木、杨木、檫木、枫香、荷木、拟赤杨
四川、云南、贵州、西藏	杉木、云杉、冷杉、红杉、铁杉、松木、柏木、红锥、黄锥、白锥、红桉、白桉、桤木、木莲、荷木、榆木、檫木、拟赤杨
台湾	杉木、松木、台湾杉、扁柏、铁杉

2. 进口常用树种

我国是全球木制品生产大国，进口木材是我国木制品生产的重要来源。表5-2为常用的进口树种。

常用的进口树种　　　　　　　　　　　　　　表 5-2

地　区	树　种
北美地区	花旗松、北美黄杉、粗皮落叶松、加州红冷杉、巨冷杉、大冷杉、太平洋银冷杉、西部铁杉、白冷杉、太平洋冷杉、东部铁杉、火炬松、长叶松、短叶松、湿地松、落基山冷杉、香脂冷杉、黑云杉、北美山地云杉、北美短叶松、扭叶松、红果云杉、白云杉
欧洲地区	欧洲赤松、欧洲落叶松、欧洲云杉
新西兰	新西兰辐射松
日本	日本扁柏、日本落叶松、日本柳杉
俄罗斯	西伯利亚落叶松、兴安落叶松、俄罗斯红松、水曲柳、栎木、大叶椴、小叶椴
东南亚地区	门格里斯木、卡普木、沉水稍、克隆木、黄梅兰蒂、梅灌瓦木、深红梅兰蒂、浅红梅兰蒂、白梅兰蒂
其他地区	辐射松、绿心木、紫心木、李叶豆、塔特布木、达荷玛木、萨佩莱木、苦油树、毛罗藤黄、红劳罗木、巴西红厚壳木

5.1.3　木材的构造

木材构造按照观察尺度不同可分宏观构造、显微构造和超微构造。木材的宏观特征分为主要宏观特征和辅助宏观特征，是识别木材的重要依据。

（1）木材的宏观特征比较稳定，包括边材和心材、生长轮、早材和晚材、管孔、轴向薄壁组织、木射线、胞间道等。组成针叶材的主要细胞和组织是管胞、木射线等，其中管胞占木材体积90％以上。组成阔叶材的主要细胞和组织是木纤维、导管、木射线及轴向薄壁组织等，其中木纤维一般占木材体积50％以上。

（2）辅助宏观特征通常变化较大，只能在木材宏观识别中作为参考，如髓斑、色斑、乳汁迹等。

以下关于木材构造描述主要针对木材的宏观构造。

1. 木材切面

木材的横切面、径切面和弦切面可以充分反映出木材的结构特征，如图 5-1 所示。径切面与弦切面统称为纵切面。

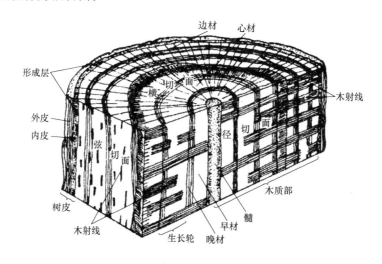

图 5-1　木材的正交三向切面

横切面是与树干长轴或木材纹理垂直的切面，是识别木材的重要切面，可以观察到木材的生长轮、心材和边材、早晚材、木射线、轴向薄壁组织、管孔、胞间道等。径切面是指顺着树干长轴方向，通过髓心与木射线平行或与生长轮相垂直的纵切面。这个切面可以观察到相互平行的生长轮或生长轮线、边材和心材的颜色、导管或管胞线样纹理方向的排列、木射线等。弦切面是顺着树干长轴方向，与木射线垂直或与生长轮平行的纵切面。

2. 边材和心材

边材是在木质部中靠近树皮的外环部分。在生成后最初的数年内，边材细胞是有生机的，参与水分疏导、矿物质和营养物的运输和储藏等。心材是指髓心与边材之间的木质部，由边材转变而成。心材细胞已失去生机，树木随着径向生长的不断增加和木材生理的老化，心材逐渐加宽，并且颜色逐渐加深。心材密度通常较边材大，材质较硬，天然耐腐性也较高。

3. 生长轮、早材和晚材

生长轮（或年轮）是指形成层在一个生长周期中所产生的次生木质部，在横切面上所呈现的一个围绕髓心的完整轮状结构。早材是指一个年轮中，靠近髓心部分的木材。在年轮明显的树种中，早材的材色较浅，材质松软、细胞腔大、细胞壁薄、密度和强度低。晚材是指一个年轮中，靠近树皮部分的木材，材色较深、材质坚硬、结构紧密、细胞腔小、胞壁厚、密度和强度较高。

4. 木射线

在木材的横切面上可以观察到许多颜色较浅、由髓心向树皮呈辐射状排列的组织，称为木射线。经过髓心的射线称为髓射线，在木质部中的射线称为木射线，在韧皮部里的射线称为韧皮射线。木射线主要由薄壁细胞组成，是木材中唯一横向排列的组织，在树木生长过程中起横向疏导和贮存养料的作用。

针叶材的木射线很细小，在肉眼及放大镜下很难辨识。木射线是识别阔叶材的重要特征之一。由于木射线是横向分布的，所以会影响木材的物理力学性能。例如，肉眼能分辨的宽木射线会降低木材径面顺纹抗劈、顺纹抗拉及顺纹抗剪强度，但对径向横压及弦面剪力等强度则会提高。在木材干燥时，容易沿木射线开裂。木材防腐处理时，木射线有利于防腐剂的横向渗透。

5. 导管

导管是中空状轴向输导组织。导管的细胞腔大，在肉眼或放大镜下，横切面呈孔状，称为管孔，是阔叶材独有的特征。管孔的有无是区别阔叶材和针叶材的重要依据。管孔的组合是指相邻管孔的连接形式，根据管孔在横切面上一个生长轮的分布和大小情况，管孔分布可分为 4 种类型：环孔材、散孔材、半环孔材（或半散孔材）、辐射孔材（图 5-2）。

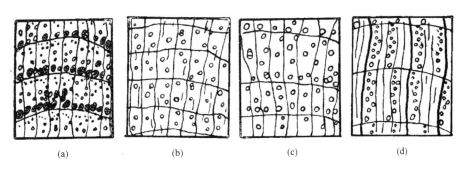

图 5-2　阔叶材管孔分布形态
（a）环孔材；（b）散孔材；（c）半环孔材；（d）辐射孔材

环孔材是指在一个年轮内，早材管孔比晚材管孔大很多，早材管孔沿年轮呈环状排列，有一列、二列或多列的木材，如槐木、水曲柳、榆木等。散孔材指一个年轮内，早、晚材管孔的大小没有显著的差别，均匀地、星散地分布于全年轮内的木材，如桦木、杨木等。半环孔材（或半散孔材）指在一个年轮内，管孔的排列介于环孔材与散孔材之间，即早材管孔较大，略呈环状排列，早材到晚材的管孔逐渐变小，其间界限不明显的木材，如枫杨、香樟、红椿等。辐射孔材的早、晚材管孔差异不大，几个一列呈辐射状横穿年轮，与木射线平行或斜列，如青冈、拟赤杨等。

6. 轴向薄壁组织

轴向薄壁组织是指由形成层纺锤状原始细胞分裂所形成的薄壁细胞群，即由沿树轴方向排列的薄壁细胞所构成的组织。薄壁组织是边材贮存养分的生活细胞，随着边材向心材的转化，生活功能逐渐衰退，最终死亡。薄壁组织在木材横切面颜色要比其他组织浅，水润湿之后会更加明显，其明显程度及分布类型是木材鉴别的重要依据。针叶材一般不发达或根本没有轴向薄壁组织。大量的轴向薄壁组织的存在，使木材容易开裂，并降低其力学强度。

轴向薄壁组织根据其与导管连生的关系可分为离管型和傍管型两类（图 5-3）。离管薄壁组织：轴向薄壁组织的分布不依附于导管而呈星散状、网状或带状等，如桦木、桤木、麻栎等。傍管薄壁组织：轴向薄壁组织环绕于导管周围，呈浅色环状、翼状或聚翼状，如榆树、泡桐、刺槐等。

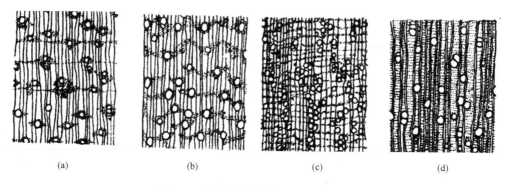

(a)   (b)   (c)   (d)

图 5-3 　阔叶材轴向薄壁组织分布形态

（a）环管翼状；（b）环管聚翼状；（c）离管带状；（d）离管网状

7. 胞间道

胞间道是由分泌细胞围绕而成的长形细胞间隙。储藏树脂的胞间道叫树脂道，存在于部分针叶材中。储藏树胶的胞间道叫树胶道，存在于部分阔叶材中。胞间道有轴向和径向（在木射线内）之分。

具有正常树脂道的针叶材主要有松属、云杉属、落叶松属、黄杉属、银杉属和油杉属。前 5 属具有轴向与径向 2 种树脂道，而油杉属仅具有轴向树脂道。一般松属的树脂道体积较大，数量多；落叶松属的树脂道虽然大但稀少；云杉属与黄杉属的树脂道小而少；油杉属无横向树脂道，而且轴向树脂道极稀少。

树胶道也分为轴向树胶道和径向树胶道。油楠、青皮、柳桉等阔叶材具有正常的轴向树胶道，漆树科的野漆、黄连木、南酸枣，五加科的鸭脚木，橄榄科的嘉榄等阔叶材具有正常的径向树胶道，个别树种（如龙脑香科的黄柳桉）同时具有正常的轴向和径向树胶道。

8. 髓斑

髓斑是树木生长过程中形成层受到昆虫损害后形成的愈合组织。髓斑在木材横切面上沿年轮呈半圆形或弯月形的斑点，在纵切面上呈线状，其颜色较周围木材深。髓斑常发生在桦木、桤木、椴木等某些阔叶材及杉木等针叶材中。大量髓斑的存在会使木材的力学强度降低。

9.髓心

髓心一般位于树干中心，但由于树木在生长过程中常受到多种环境因子的影响，有时会形成偏心构造，使木材组织不均匀。偏宽年轮与偏窄年轮的木材物理力学性质差异较大。有些树种如泡桐、臭椿等髓心很大，有时达数十毫米，形成空心。髓心的组织松软、强度低、易开裂，使木材质量下降。

5.2 木材的物理力学性能

木材的物理性能主要包括：含水率、密度、变形与开裂等；木材是典型的各向异性材料，材料强度在顺纹、横纹以及斜纹方向差异很大。木材的物理性能与力学性能之间存在关联性。蠕变是木材的重要性能，影响木材力学指标。

5.2.1 木材的物理性能

木材既指不含缺陷的"理想"清材，也指含有各种天然缺陷的工程用木料，又称结构木材。结构木材通常包括：原木、锯材（方木或板材）以及规格材等。

1.木材含水率

木材含水率分绝对含水率和相对含水率两类，在生产和科学研究中，木材含水率通常以绝对含水率来表示，公式如下：

$$w = \frac{m - m_0}{m_0} \times 100\% \tag{5-1}$$

式中　w——绝对含水率（%）；

　　　m——含水试材质量（g）；

　　　m_0——试材的绝对干质量（g）。

木材含水率通常用烘干法测定，即将需要测定的木材试样，先行称量得到 m，然后在烘箱中以固定温度烘干规定时间后，任意抽取一定试样进行第一次试称，以后间断性对上述试样称量一次；当最后两次质量之差不超过限定值时，此时其质量即为 m_0。烘干法测得的含水率比较准确。另一个方法是电测法，利用木材导电率随木材含水率不同而变化的原理，间接测量含水率。该方法快速、简捷，但受木材的树种、密度和环境温度等因素影响，准确度不高，且仅能测量木材浅层范围内的含水率。因此，电测法适用于现场大批量地检查木材的含水率，特别是对含水率的均匀性检查。

1）吸湿性与平衡含水率

木材的含水率随周围空气相对湿度和温度的变化而增减的现象称为木材的吸湿性。当空气中的水蒸气压力大于木材表面水蒸气压力时，木材从空气中吸收水分，这种现象称为吸湿；反之，称为解湿。木材长期放置于一定温度和相对湿度的空气中，其从空气中吸收水分和向空气中蒸发水分的速度相等，达到动态平衡、相对稳定，此时的含水率称为木材的平衡含水率。木材的平衡含水率也是木材强度取值的依据之一。

空气的温度和相对湿度随地区和季节的影响而不同，因此木材的平衡含水率有所不同。我国北方地区木材平衡含水率明显小于南方，东部沿海大于西部内陆高原。各地的木材平衡含水率大约在 10%～18% 之间。

2）纤维饱和点

纤维饱和点是指木材的细胞壁的微纤维中吸附水处于饱和状态，而细胞腔中无自由水的临界状态。木材处于纤维饱和点时的含水率因树种、气温和湿度而异，在空气温度为20℃，相对湿度为100％时，大多数木材的纤维饱和点含水率平均约为30％，总体在23％～33％范围内波动。

大量试验表明，纤维饱和点是木材性质改变的转折点。当木材的含水率在纤维饱和点以上时，木材的力学性质和导电性能等均保持不变；相反，含水率在纤维饱和点下时，含水率的变化不仅会引起木材的膨胀或收缩，而且力学和电学性质也会发生显著变化。一般情况下，在纤维饱和点以下时，木材强度随含水率的下降而增大，木材导电率则随含水率的下降而迅速下降，反之，则强度降低，体积增大，导电性能增强。

3）木材的干缩与湿胀

木材含水率在纤维饱和点以下，随含水率的降低，其纵向和横向尺寸都会缩短，体积变小的现象称为木材的干缩；反之，木材体积会变大，称之为湿胀。当木材含水率在纤维饱和点以上，木材的尺寸、体积都不会发生变化。木材干缩与湿胀的变化规律基本一致，但湿胀量低于干缩量。

木材的干缩性质常用干缩率来表示。木材的干缩率分为气干干缩率和全干干缩率，气干干缩率是木材从生材或湿材在无外力状态下自由干缩到气干状态，其尺寸和体积的变化百分比；全干干缩率是木材从湿材状态干缩到全干状态下，其尺寸和体积的变化百分比。木材的纵向干缩率很小，一般约为0.1％，弦向干缩率为6％～12％，径向干缩率为3％～6％，约弦向的1/2～2/3，径向与弦向干缩率的差异是造成木材干裂和变形的原因之一。

4）结构木材对含水率的要求

含水率除对木材强度等有影响外，干缩、湿胀尚能导致木材产生裂纹。含水率又是木材产生腐朽的一个重要因素。研究表明，木腐菌的生存条件为木材含水率在18％～120％之间，而在30％～60％的情况下，最适宜木腐繁殖生长，木材最易遭侵蚀。因此，结构木材需严格控制含水率。

实际使用时，结构木材所要求的含水率与其用途有很大关系。制作木构件时，木材含水率应符合下列规定：

（1）板材、规格材和工厂加工的方木不应大于19％；

（2）方木、原木受拉构件的连接板不应大于18％；

（3）方木、原木连接夹板或定向刨花板（OSB）等连接板，不应大于15％；

（4）胶合木层板和正交胶合木层板应为8％～15％，且同一构件各层木板间的含水率差别不应大于5％；

（5）井干式木结构构件采用原木制作时不应大于25％；采用方木制作时不应大于20％；采用胶合原木木材制作时不应大于18％。

木结构若采用较干燥的木材制作，在相当程度上减小了因木材干缩造成的松弛变形和裂缝的危害，对保证工程质量作用很大。原木和方木的含水率沿截面内外分布很不均匀，原西南建筑科学研究所对30余根云南松木材的实测表明，在料棚气干的条件下，当木材表层20mm深处的含水率降到16.2％～19.6％时，其截面平均含水率为24.7％～27.3％。中国林业科学研究院实测发现：当大截面原木的表层含水率已降低到12％以下，其内部

含水率仍高达 40% 以上，故原木在使用前应长时间放置风干。

2. 木材密度

由于木材的含水率不同，体积和质量均不同，因此木材的密度可分为气干密度、绝干密度和基本密度三种。

1）气干密度按下式计算：

$$\rho_{w} = \frac{m_{w}}{V_{w}} \qquad (5-2)$$

式中　m_{w}——木材气干状态的质量（g）；

　　　V_{w}——木材气干状态下的体积（mm^{3}）。

2）绝干密度 ρ_{0} 按下式计算：

$$\rho_{0} = \frac{m_{0}}{V_{0}} \qquad (5-3)$$

式中　m_{0}——木材的绝干质量（g）；

　　　V_{0}——木材绝干状态下的体积（mm^{3}）。

3）基本密度 ρ_{r} 按下式计算：

$$\rho_{r} = \frac{m_{0}}{V_{max}} \qquad (5-4)$$

式中　V_{max}——木材的湿材（纤维饱和点以上）体积（mm^{3}）。

各树种木材的基本密度是判断树种材性的主要依据。气干密度为生产上计算木材气干状态质量的依据，是衡量木材力学强度的重要指标之一。

3. 变形与开裂

木材含水率变化时，会引起不均匀收缩，致使木材产生变形。木材由于在径向和弦向的干缩率差异以及截面各边与年轮所成的角度不同，易发生不同形状的变化，如图5-4所示。锯成的板材总是背着髓心向上翘曲。木材发生开裂的主要原因是，由于木材沿径向与弦向干缩的差异以及木材表层和里层水分蒸发速度的不均匀，使木材在干燥过程中因变形不协调而产生横纹方向的拉应力超过了木材细胞间的结合力所致。

5.2.2　木材的力学性能

1. 木材强度

1）抗拉强度 f_{tu}

根据外荷载作用方向与木材纹理的关系，木材抗拉强度可分为顺纹抗拉强度和横纹抗拉强度。木材标准的清材小试件具有很高的顺纹抗拉强度，各种木材的顺纹极限抗拉强度平均约为 $110\sim150MPa$，为顺纹抗压强度的 $2\sim3$ 倍。木材顺纹拉伸破坏主要是纵向撕裂粗微纤丝和微纤丝间的剪切，木材顺纹拉伸破坏前无明显的塑性变形，应力-应变几乎为线性关系，表现为脆性破坏。

木材沿径向受拉时，除木射线细胞的微纤丝受轴向拉伸外，其余细胞的微纤丝都受垂直方向的拉伸。此外，木材局部横纹拉力时，应力不易均匀分布在整个受拉面上，往往先在一侧被拉劈，然后扩展到整个断面而破坏。因而，一般木材横纹抗拉强度仅为顺纹抗拉强度的 $1/40\sim1/30$。

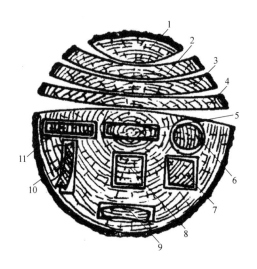

图5-4　木材变形

1-弓形收缩后成橄榄核形；2、3、4-瓦形反翘；5-两头缩小成纺锤形；6-圆形收缩后成椭圆形；
7-方形收缩后成菱形；8-正方形收缩后成矩形；9-长方形收缩后成瓦形；10-长方形收缩后成
不规则状态；11-长方形收缩后成矩形

2）抗压强度 f_{cu}

木材抗压强度可分为顺纹抗压强度和横纹承压强度。

（1）木材顺纹抗压强度：木材顺纹受压时，木纤维受压屈曲，破坏时试件表面易出现皱折，并表现出明显的塑性特征。清材小试件的顺纹抗压强度约为顺纹抗拉强度的40%～50%，但弹性模量与顺纹抗拉基本相同。木材顺纹受压具有塑性变形能力，缺陷对结构木材抗压和抗拉承载力的影响不同。受压时缺陷区的应力集中一旦超过一定水平，木材产生塑性变形而发生应力重分布，从而缓解应力集中造成的危害。另外，木材中的某些裂缝、空隙对抗拉强度影响较大，而通过压实，这类缺陷的不利影响减弱。因此，与清材小试件的试验结果相反，结构木材的抗压强度反而要高于抗拉强度。

（2）横纹抗压强度：指垂直于木材纹理方向承受压力荷载，在比例极限时的纤维应力。木材横纹承压只测定比例极限时的压缩应力，难以测定出最大压缩荷载。

横纹抗压强度又分横纹全截面抗压强度和横纹局部抗压强度两种，通常局压高于全截面受压。另外，径向和弦向横压值大小与木材构造有着密切的关系，具有宽木射线或木射线含量较高的树种，径向横压强度高于弦向强度；其他阔叶材，径向与弦向值接近；对于针叶材，特别是早晚材区分明显的树种，如落叶松、火炬松、马尾松等硬木松类木材，径向受压时其松软的早材易形成变形，而弦向受压时一开始就由较硬的晚材受力，故这类木材通常弦向抗压强度大于径向强度。

3）抗弯强度 f_{mu}

木材抗弯强度亦称静曲强度，与树种、含水率和温度等有关。木材弯曲特性主要取决于顺纹抗拉和顺纹抗压性能，清材小试件抗弯强度通常高于抗压、低于抗拉强度，清材试件的抗弯强度可按下式确定：

$$f_{mu} = f_{cu}\left(3 - \frac{4f_{cu}}{f_{cu} + f_{tu}}\right) \tag{5-5}$$

即使是清材,其抗弯强度并不像木材受拉、受压那样清晰明了,与截面上的应力分布有关,是一个较为复杂的问题。根据国产 40 种木材的抗弯强度和顺纹抗压强度发现,抗弯强度与顺纹抗压强度的比值约为 1.72,抗弯极限强度与顺纹抗压强度的比值约为 2.0,针叶树材的比值低于阔叶树材,密度小的木材,其比值相对低一些。我国针叶树材大多树种清材的抗弯强度在 60～100MPa 之间,阔叶材在 60～140MPa 之间。针叶树材径向和弦向抗弯强度也存在一定的差异,弦向比径向高出 10%～12%,而阔叶树材的差异不明显。

木材的抗弯强度与抗弯弹性模量通常呈正比线性关系,两者可相互推算。我国针叶材大多数树种木材的抗弯弹性模量在 8.0～12.0GPa 之间,阔叶材大多数树种在 8.0～14.0GPa 之间。

4)抗剪强度

木材抗剪强度分为顺纹抗剪强度和横纹抗剪强度。

(1)木材顺纹抗剪强度较小,平均仅为顺纹抗压强度的 10%～30%。当木材存在交错纹理、涡纹、乱纹时,其顺纹抗剪强度亦有增加情况;但若木材在剪切面上恰好有干裂、髓心等缺陷,会严重影响其抗剪承载力。阔叶树材顺纹抗剪强度比针叶树材平均高出 50%。

(2)横纹受剪,是指剪力方向与木纹垂直而木纹平行于剪切面的情况,而非剪切面与木纹垂直,包括弦面抗剪强度和径面抗剪强度,工程中虽遇到剪切面与木纹垂直的工况,但此时抗剪强度较高,不会因剪切破坏威胁到结构安全。针叶树材径面和弦面的抗剪强度大致相同。阔叶材弦面抗剪强度较径面高出 10%～30%,木射线越发达,这种差异越明显。木材横纹受剪时伴随着挤压纤维产生拉伸作用,因而横纹剪切不作为木材的主要性能指标。

5)清材强度试验方法

清材是指无任何缺陷的木材,将其制成受弯、顺纹受压、顺纹受拉、受剪和横纹承压等小尺寸的标准试件,在规定的试验条件下(含水率,加载速度等)进行试验。清材小试件试验方法是测定木材强度的传统方法。图 5-5 是木材物理力学性能试验方法规定的各类清材小试件的外形和尺寸,测定受拉、受弯弹性模量的试件与测定强度的试件相同,测定抗压弹性模量的试件为 20mm×20mm×60mm 的棱柱体。顺纹受压试样尺寸为 30mm×20mm×20mm,长度为顺纹方向,当一树种试材的年轮平均宽度在 4mm 以上时,试样尺寸应增大至 75mm×50mm×50mm;抗弯试验只做弦向试验,试样尺寸为 300mm×20mm×20mm,长度为顺纹方向;试件制作时需采用干燥木材,制作后需将试件在恒温恒湿条件下养护至平衡含水率,一般约为 12%。

清材的强度代表木材的基本力学性能,并不代表结构木材的力学性能。通常结构木材由于存在的缺陷、含水率、温度以及荷载作用水平等因素,对其力学性能有很大影响,工程应用中需要对清材木材强度"折算"为结构木材的强度。

2.影响木材强度的因素

有些因素对清材小试件和结构木材均有影响,如含水率、温度和密度等;有些因素主要针对应用于木构件中的结构木材,如缺陷、长期荷载、尺寸效应和荷载分布方式等。

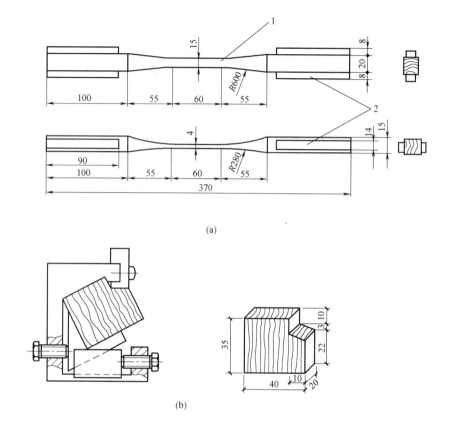

图 5-5　清材小试件的形式和尺寸

（a）顺纹抗拉试样；（b）顺纹抗剪试样及装置

1-试样；2-木夹垫

1）含水率

木材含水率在纤维饱和点以下时，含水率增加导致木材的强度与弹性模量降低。可用细胞壁膨胀来解释，这不仅因为单位面积的细胞壁材料减少，更重要的是渗入细胞壁的水减弱了氢键与细胞壁可靠的结合。含水率对木材抗压、抗弯强度的影响最大，抗剪次之，对抗拉强度影响最小。

木材顺纹受拉、受压、受弯及横纹承压，可按下列公式将试件含水率为 w 时的强度 f_w 换算成含水率为 12% 时的强度 f_{12}：

$$f_{12}=f_w[1+\alpha(w-12)] \tag{5-6}$$

式中　w——试验时试件的含水率（%），一般在 9%～15% 范围内；

　　　α——含水率换算系数，按表 5-3 采用。

对于低强度木材由于其木材强度往往取决于其缺陷，而使含水率的影响相对不明显。同时，大气相对湿度的变化使构件表层木材吸湿和解湿，随含水率的改变发生干缩湿胀变形，而木构件内部木材含水率相对稳定，从而导致构件表层木材产生横向拉应力，在反复干湿循环作用下造成木材表面开裂，从而影响木构件的耐久性与外观，甚至影响构件安全性。

木材含水率换算系数 α 表 5-3

力学性质	换算系数 α	适用树种
顺纹受压强度	0.050	不限
弯曲强度	0.040	不限
弯曲弹性模量	0.015	不限
顺纹抗剪强度	0.030	不限
顺纹抗拉强度	0.015	阔叶树种
横纹全表面承压强度	0.045	不限
横纹局压强度	0.045	不限
横纹承压弹性模量	0.055	不限

2）温度

一般情况下，温度升高能够促使细胞壁物质分子运动加剧、内摩擦力减小、微纤维间松动，从而引起木材强度降低。温度升高也会导致木材含水率及其分布发生变化，造成木材内产生应力和干燥裂缝等缺陷。木材强度随温度升高而降低的程度与木材的含水率、温度以及温度持续时间长短等因素有关。

（1）当温度自 25℃ 升至 50℃ 时，针叶材的抗拉强度下降 10％～15％，抗压强度下降到 20％～24％。正常气候条件下，温度作用不延续时，木材受热升温后化学成分并不改变，当温度恢复正常后木材强度也可恢复。

（2）气干材受温度为 66℃ 延续作用一年或一年以上时，木材强度降低到一定程度后趋于定值，且当温度恢复到正常温度时，其强度将不能恢复。

（3）当温度在 40～60℃ 长期作用时，木材也会产生缓慢的碳化，促使木材的化学成分逐渐改变。

（4）当温度达到 100℃ 以上时，木材会开始分解为碳、氢和氮等化学元素。

（5）当温度超过 140℃ 时，木纤维素开始裂解而变成黑色，强度和弹性模量将显著降低。

因此，高温条件下不宜选用木材作承重构件的材料。《木结构设计标准》GB 50005—2017 也规定，结构用材在长期生产性高温环境下，木材表面温度达到 40℃～50℃ 时，木材的强度设计值和弹性模量均要考虑 0.8 的调整系数。表 5-4 以含水率 w 为 15％、木材温度为 15℃ 时的木材顺纹受压强度为基准，统计木材的温度和含水率对松木顺纹抗压强度的影响。可见，木材含水率越高，高温对其强度降低的作用越明显。

木材温度、含水率对松木顺纹抗压强度的影响 表 5-4

温度 (℃)	含水率 w（%）							
	0	9	15	26	30	60	70	134
+100	1.35	0.51	0.35		0.23	0.16		
+80	1.46	0.65	0.51		0.30	0.26		
+60	1.61	0.79	0.68		0.37	0.35		
+40	1.67	0.89	0.79		0.44	0.42		
+25	1.81	1.03	0.96		0.51	0.51		
+15	1.86	1.16	1.00	0.63			0.60	0.56

续表

温度 （℃）	含水率 w（%）							
	0	9	15	26	30	60	70	134
-2	1.98	1.34	1.10	0.89			0.80	0.76
-16	2.00	1.59	1.35	0.93			1.14	1.36
-26	2.03	1.66	1.38	0.93			0.93	1.49
-42	2.02	1.73	1.49	1.01			1.50	1.49
-79	1.92	1.56	1.38	1.10			1.41	1.48

3）密度

木材密度是决定木材强度和刚度的物质基础，是判断木材强度的最佳指标。密度增大，木材强度和刚度增高；木材的弹性模量和韧性均随密度的增大呈线性增长。部分树种木材的密度与其顺纹受压强度之间的关系如表5-5所示。

木材密度与顺纹受压强度的关系　　　　　　　　　　　表 5-5

树种	产地	关系式	树种	产地	关系式
落叶松	东北	$f_{15}=1191.75\rho_{15}-209$	杉木	湖南	$f_{15}=1455\rho_{15}-151$
黄花落叶松	东北	$f_{15}=1192.96\rho_{15}-188$	杉木	福建	$f_{15}=1119.34\rho_{15}-43$
红松	东北	$f_{15}=1067\rho_{15}-151$	白桦	东北	$f_{15}=832\rho_{15}-63$
马尾松	福建	$f_{15}=403.05\rho_{15}+149.61$			

注：本表摘自转载于《木结构设计手册》（第三版）的中国林业科学相关研究报告。

对于其他树种，当缺乏试验资料时可近似按下式估计：

$$f_{15}=854\rho_{15} \tag{5-7}$$

表中和式中，f_{15}、ρ_{15} 是指当含水率为15%时，木材的顺纹受压强度和密度。

4）长期荷载作用

结构木材具有一个显著的特点，就是在荷载的长期作用下木材强度会降低（表5-6）。所施加的荷载越大，则木材能承担的时期越短。木材的长期强度与瞬时强度的比值随木材的树种不同和受力性质而不同。顺纹抗压为 0.5～0.59；顺纹抗拉约为 0.5；弯曲强度为 0.5～0.64；顺纹受剪强度为 0.5～0.55。

松木强度与荷载作用时间的关系　　　　　　　　　表 5-6

受力性质	瞬时强度 （%）	当荷载作用时间为下列天数(昼夜)时木材强度（%）				
		1	10	100	1000	10000
顺纹受压	100	78.5	72.5	66.2	60.2	54.2
静力弯曲	100	78.6	72.6	66.8	60.9	55.0
顺纹受剪	100	73.2	66.0	58.5	51.2	43.8

注：瞬时强度值按标准试验方法测定。

木材的荷载持续作用效应有两个方面的含义：一是木材的强度随荷载持续作用时间的增加而降低，另一个含义是木材的应变或变形随荷载持续作用时间的增加而增加。弹性模量同样是木材的力学指标之一，影响构件或结构的变形，以及受压或受弯构件的稳定问题。我国和欧洲规范等认为荷载持续作用效应对木材的弹性模量和木材的强度影响相同，而美国、加拿大则认为荷载持续作用效应只影响木材的强度，对木材的弹性模量无影响。

5）缺陷

结构木材中存在的天然缺陷主要包括：木节、斜纹、应力木、立木裂纹、树干的干形缺陷等，以及在使用过程中出现的虫害、裂纹、腐朽等木材加工等缺陷，这些缺陷会降低木材的强度及应用价值。

（1）木节

木节是评定木材等级的主要因素，其类别众多。按木节断面形状可分为圆形节、条状节和掌状节三种。按木节的质地及与周围木材结合程度又可分为活节、死节和漏节三种（图 5-6）。

| 圆形节 | 条形节 | 掌状节 | 活节 | 死节 |

图 5-6 木节的种类

木节不仅破坏木材的均匀性及完整性，通常会影响木材的力学性能。对于顺纹受力构件，木节对顺纹抗拉强度削弱最大，对顺纹抗压强度影响较小；对于受弯木构件，木节位于构件受拉区边缘时，对其弯曲影响很大，位于受压区时，则影响较小。对木节质地来说，活节影响最小，死节其次，漏节最大。木节影响木材强度的程度大小主要随节子的质地、分布位置、尺寸大小、密集程度以及木材用途而定。

（2）斜纹

当木材的纤维排列与其纵轴的方向明显不一致时，即出现斜纹。斜纹是木材中普遍存在的一种现象，结构木材中任何类型的斜纹都可能引起强度的降低。斜纹对木材的抗拉强度影响最大，抗弯次之，抗压最小，如图 5-7 所示，作用力与木纹间的夹角大小是决定性因素。

（3）裂纹

树木在生长过程中，由于风引起树干的振动、形成层的损伤、生长应力、剧烈的霜害等自然原因在树干内部产生的应力，使得木材纤维之间发生分离，成为裂纹。裂纹对木材力学性质的影响取决于裂纹相对的尺寸、裂纹与作用力方向的关系以及裂纹与危险断面的关系等。裂纹破坏

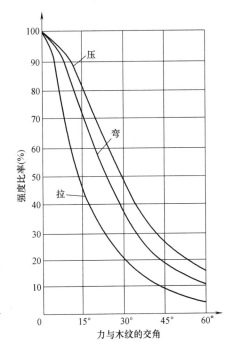

图 5-7 斜纹对木材强度的影响

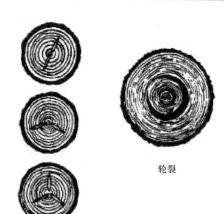

轮裂

径裂

图5-8　木材裂纹的形式

木材的完整性，从而降低木材的强度。

按开裂部位和开裂方向不同，裂纹可分为径裂、轮裂和干裂三种（图5-8）。

① 径裂是指在木材断面内部，沿半径方向开裂的裂纹，是立木裂纹，当木材不适当的干燥时，径裂尺寸会逐渐扩大。

② 轮裂是指在木材断面沿年轮方向开裂的裂纹。成整圈的称为环裂，不成整圈的称为弧裂。轮裂在原木表面看不见，在成材断面上成月牙形，在成材表面则成纵向沟槽。

③ 干裂是由于木材干燥不均而引起的裂纹，在原木和板材上均有，一般统称为纵裂。木材干燥过程中造成开裂，若导致通长的贯通裂缝则不允许用作结构木材。干裂由于与顺纹方向趋势一致，对顺纹受剪影响最大，受弯次之。

3. 结构木材的尺寸效应

构件的木材体积越大，包含更严重的致命损伤的概率越大，木材的强度就越低，即为木材的尺寸效应。木构件受拉时，各截面上的应力相等，利用脆性断裂理论可知木材体积与破坏应力之间的关系为：

$$\frac{f_1}{f_2} = \left(\frac{V_2}{V_1}\right)^s \tag{5-8}$$

式中　f_1、f_2——体积为V_1、V_2的木材破坏应力；

　　　　s——尺寸效应系数。

上式破坏应力可转化为与构件截面高度、宽度和长度的关系。对于各向异性的木材，若忽略厚度尺寸效应，上式的尺寸效应表达式可以转化为：

$$\frac{f_1}{f_2} = \left(\frac{V_2}{V_1}\right)^s = \left(\frac{b_2}{b_1} \cdot \frac{l_2}{l_1}\right)^{s_A} = \left(\frac{A_2}{A_1}\right)^{s_A} \tag{5-9}$$

式中　b_2、b_1——试件在V_2和V_1尺寸下的宽度；

　　　l_2、l_1——试件在V_2和V_1尺寸下的长度；

　　　A_2、A_1——试件在V_2和V_1尺寸下的断面面积；

　　　s_A——试件宽度和长度的组合尺寸效应系数。

《木结构设计标准》GB 50005—2017 中的方木和原木，由清材小试件强度确定结构木材强度的尺寸效应的折减系数，对于受弯、顺纹受拉和受剪分别为 0.89、0.75 和 0.90，受压不考虑折减，考虑了清材小试件与足尺构件间体积的差异影响。由于考虑尺寸效应对结构用材强度的影响，对于目测分级规格材，强度设计值和弹性模量应乘以表 5-7 规定的尺寸调整系数。

在设计受弯、拉弯或压弯的普通层板胶合木构件时，木构件的抗弯强度设计值应乘以表 5-8 规定的修正系数，同样也是考虑了尺寸效应的影响因素。

目测分级规格材尺寸调整系数 表 5-7

等级	截面高度 （mm）	抗弯强度		顺纹抗压 强度	顺纹抗拉 强度	其他强度
		截面宽度（mm）				
		40 和 65	90			
I c、II c、III c、 IV c、IV c1	＜90	1.5	1.5	1.15	1.5	1.0
	115	1.4	1.4	1.1	1.4	1.0
	140	1.3	1.3	1.1	1.3	1.0
	185	1.2	1.2	1.05	1.2	1.0
	235	1.0	1.1	1.0	1.0	1.0
	285	1.0	1.0	1.0	1.0	1.0

胶合木构件抗弯强度设计值修正系数 表 5-8

宽度 （mm）	截面高度 h（mm）						
	＜150	150～500	600	700	800	1000	≥1200
$b<150$	1.0	1.0	0.95	0.90	0.85	0.80	0.75
$b≥150$	1.0	1.15	1.05	1.0	0.90	0.85	0.80

　　构件在荷载分布形式不同，也会导致各部位的应力水平不同，最高应力区域的木材体积越大，抵抗外荷载作用的能力越低，以此计算的木材强度随之也低，这实际上体现的也是尺寸效应问题。例如，图 5-9 所示的同规格木梁在不同荷载分布情况下得到的截面最大弯矩承载力是不同的，自梁①至梁④，破坏截面最大弯矩逐渐增加。①类荷载作用情况下，梁上任意截面承受的弯矩相同，梁沿长度方向最高应力通长分布，因而缺陷的影响最大，加载后在缺陷影响最大的截面首先破坏，而此时其他截面的承载力并没有充分发挥。相比之下，④类荷载作用下，梁跨中弯矩最大，其他位置的弯矩值均小于跨中值，梁最高应力集中分布在跨中，从而缺陷的相对影响最小。

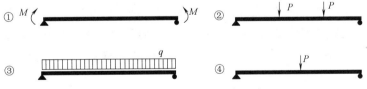

图 5-9　梁的不同荷载分布形式

5.2.3　木材的蠕变

1. 蠕变类型

　　在静态恒定应力作用下，木材形变随时间延长而逐渐增大的现象称为蠕变。根据木材中的水分状态，可将木材蠕变划分为"含水率平衡态时的普通蠕变"和"含水率非平衡态时的机械吸湿蠕变"，木材在恒定的温度和含水率条件下，受到静态恒定应力作用而产生普通蠕变；木材在含水率动态变化过程中受到静态恒定应力作用会发生机械吸湿蠕变。机械吸湿蠕变比同样载荷情况高平衡含水率下的蠕变量要大得多，本教材主要讨论普通蠕变问题。

一般用蠕变柔量 $J(t)$ 定量表征蠕变大小，如下式：

$$J(t) = \frac{\varepsilon}{\sigma} \tag{5-10}$$

式中　σ——应力；

　　　ε——应变。

2. 蠕变典型曲线

木材的蠕变曲线如图 5-10 所示，在受外力作用时，由于木材的黏弹性而产生 3 种变形：

1）瞬时弹性变形（OA，在加载时产生，其服从胡克定律）；

2）黏弹性变形（AB，其变形速率随时间递减）；

3）塑性变形（DE，其为永久变形，原因是长时间荷载造成木材的纤维素分子链彼此滑动，因此变形不可逆转）。

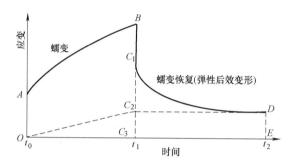

图 5-10　木材的蠕变曲线

根据蠕变曲线分析木材等黏弹性材料，其具有以下规律：①对木材施荷产生瞬时变形后，变形有一随时间推移而增大的蠕变过程（AB），应变速率逐渐降低；②卸载后有一瞬时弹性恢复变形（BC_1），其数值等于施荷时的瞬时变形（$OA = BC_1$）；③卸载后有一随时间而变形减小的蠕变恢复（C_1D），此过程中的是可恢复蠕变部分，恢复过程具有时间滞后性；④在完成蠕变恢复后，变形不在恢复，而残留的永久变形为蠕变不可恢复部分（DE）；⑤蠕变变形值等于可恢复蠕变变形值和不可恢复蠕变变形值之和。

3. 影响木材蠕变的因素

影响木材蠕变的重要因素有：木材的组织构造、含水率、温度以及应力水平，其中含水率和温度的影响十分显著。

1）组织构造

木材从宏观到微观的多级构造特点决定了木材的非均质性和各向异性。不同树种木材由于化学组分相对含量、细胞类型和形态不同，蠕变行为存在差异。同一树种木材普通蠕变的差异主要体现在：正常材与应力木之间、早材与晚材之间、纹理方向等方面。

应压木的微纤丝角明显较正常材的微纤丝角大，应拉木细胞壁层结构中存在胶质层，是使得与正常材相比应力木刚度较低、蠕变柔量较大的原因。晚材相比于早材具有细胞壁厚、微纤丝角小等特点，因此，在相同条件下，晚材往往具有较小的蠕变柔量。在纹理方向上，木材中大多数细胞沿轴向排列决定了其轴向蠕变柔量小于横向蠕变柔量，而与弦向相比，一般在木射线的增强作用下，径向蠕变柔量较小。

2）平衡含水率

大量研究表明，木材蠕变柔量随着平衡含水率的增加而增大。在较大应力状态下，较高含水率的梁将先于较低含水率的梁破坏。在木结构使用中为减小其蠕变，需采取措施有效控制承重木构件的含水率。含水率会增加木材的塑性和变形。在含水率增加时，同样荷载下的木材变形增加；当含水率降低到原来程度时，变形却不会恢复到原来含水率的状态。若含水率变化若干周期后，木材的蠕变量会很大，甚至会发生破坏。

3）温度

温度升高，木材吸收能量会引起细胞壁分子链的伸展或滑移，导致分子内化学键断裂，进而增加分子链的流动性和延展性，使得蠕变速率增加、蠕变柔量增大。研究表明，在一定温度下，木材中的非结晶纤维素、半纤维素和木质素会发生玻璃化转变，具体表现为木材蠕变速率迅速加快、蠕变柔量急剧增加。

木材的塑性随温度的升高而加大，其比含水率所起的作用明显，这种性质被称为热塑性。木材的主要成分为纤维素、半纤维素和木质素。木质素是热塑性物质，其全干状态的软化点为127～193℃，湿润状态下软化点现在降低为77～128℃。半纤维素软化点的降低和木质素相似，湿润状态软化点为70～80℃。纤维素的热软化点在232℃以上，其不受水分的影响，但纤维素的玻璃化转变温度随含水率的增加而降低。木材在湿润状态下加热时，有显著软化的可能性。

4）应力水平

木材随着荷载持续时间的增加，强度会降低，变形会增大，持续时间不论多长也不会引起破坏的应力称为木材的持久强度（也有称为蠕变极限）。若木材中的应力小于木材的持久强度，则随持续时间的增加，变形增长速率会放缓并将趋于收敛；若应力超过了持久强度水平，则开始时变形增长较快，后随着时间近似地呈线性增长，后期变形有迅速增长，最终导致木材破坏。

20世纪40年代，美国林产品研究所发表了著名的双曲线型Madison曲线，如图5-11中的虚线所示，推断10年后的强度为短期强度的62%。1976年Madsen和Barrett发表了花旗松结构木材的研究结果，认为就1年以内结构木材的荷载持续时间效应并不比Madison曲线高，一年后有趋势比其高，进一步研究认为持续10年时结构木材大致在

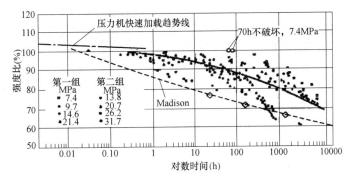

图 5-11   Madison曲线及花旗松应力水平与达到木材破坏的时间关系

0.4～0.6 倍的短期强度范围内。《木结构设计标准》GB 50005—2017 也规定：当确定承重结构用材的强度设计值时，应计入荷载持续作用时间对木材强度的影响。

5.3　结构木材的分级

目前常用于木结构的结构用木材主要有：原木、锯材（主要包括方木或板材）、规格材三种。除此之外，还有对天然生长的木材采用不同的工艺改进加工所获得的木产品，工程木产品（Engineered wood products，EWP）近年来不断出现并大量推广，如层板胶合木（Glulam）、正交胶合木（Cross laminated timber，CLT）、旋切板胶合木（LVL）、平行木片胶合木（PSL）、定向刨花板（OSB）、结构用胶合板（Plywood）等工程木将在下一节将做介绍。

各类木材在用于结构前，需要根据不同的筛选标准，进行分级方可使用。

5.3.1　原木与锯材

原木是伐倒的树干经打枝和造材加工而成的木段（图 5-12）。树干在生长过程中直径

图 5-12　国产人工林落叶松原木

（图片来源：http://china. makepolo.
com/product-picture/
100284208426 _ 2. html）

从根部至梢部逐渐变小，为平缓的圆锥体，具有天然的斜率。原木选材时，对其尖梢度有要求，一般规定其斜率不超过 0.9%，构件计算时可按照构件中央的截面尺寸进行挠度和稳定计算，抗弯强度计算时按弯矩最大处的截面验算。原木等级根据原木自身缺陷（节子、腐朽、弯曲、大虫眼、裂纹等）评定。

原木经制材加工而成的成品材或半成品材，称为锯材，主要分为板材与方材两类。通常采用梢径大于 200m 的原木经锯切加工而成。截面宽度与厚度的比值大于 3 的锯材称为板材（图 5-13a），宽厚比小于 3 的称为方木（图 5-13b）。

(a)　　　　　　　　　　　　　　　(b)

图 5-13　锯材

（a）板材；

（图片来源：http://www.wood168.net/img.asp? picid=128499&this=0&lnk=409337）

（b）方木

（图片来源：https://www.wood888.net/sell/show-105087.html）

目前，《木结构设计标准》GB 50005—2017 将常用的针叶材和阔叶材树种的原木和锯材，分别划分为 4 个和 5 个强度等级（表 5-9 和表 5-10），其中 TC 表示针叶材，TB 表示阔叶材，各等级标识中的数字代表抗弯强度（f_m）设计值。

针叶树种木材强度等级表   表 5-9

强度等级	组别	适用树种
TC17	A	柏木 长叶松 湿地松 粗皮落叶松
	B	东北落叶松 欧洲赤松 欧洲落叶松
TC15	A	铁杉 油杉 太平洋海岸黄柏 花旗松-落叶松 西部铁杉 南方松
	B	鱼鳞云杉 西南云杉 南亚松
TC13	A	油松 西伯利亚落叶松 云南松 马尾松 扭叶松 北美落叶松 海岸松 日本扁柏 日本落叶松
	B	红皮云杉 丽江云杉 樟子松 红松 西加云杉 欧洲云杉 北美山地云杉 北美短叶松
TC11	A	西北云杉 西伯利亚云杉 西黄松 云杉-松-冷杉 铁-冷杉 加拿大铁杉 杉木
	B	冷杉 速生杉木 速生马尾松 新西兰辐射松 日本柳杉

阔叶树种木材强度等级表   表 5-10

强度等级	适用树种
TB20	青冈 桐木 甘巴豆 冰片香 重黄娑沙罗双 重坡垒 龙脑香 绿心樟 紫心木 李叶苏木 双龙瓣豆
TB17	栎木 腺瘤豆 筒状非洲楝 蟹木楝 深红默罗藤黄木
TB15	锥栗 桦木 黄娑罗双 异翅香 水曲柳 红尼克樟
TB13	深红娑罗双 浅红娑罗双 白娑罗双 海棠木
TB11	大叶椴 心形椴

木材强度设计值等于木材的强度标准值除以抗力分项系数，抗力分项系数隐含在强度设计值内。表 5-11 列举了方木、原木等木材的强度设计值及弹性模量，表中数据已考虑了干燥缺陷对木材强度的影响，除横纹承压强度设计值和弹性模量需按木构件制作时的含水率予以区别对待外，其他各项指标对气干材和湿材同样适用，而不必另乘其他折减系数。但有一个基本假设：湿材做的构件能在结构未受到全部设计荷载作用之前达到气干状态。

方木、原木等木材的强度设计值和弹性模量（N/mm²）   表 5-11

强度等级	组别	抗弯 f_m	顺纹抗压及承压 f_c	顺纹抗拉 f_t	顺纹抗剪 f_v	横纹承压 $f_{c,90}$			弹性模量 E
						全表面	局部表面和齿面	拉力螺栓垫板下	
TC17	A	17	16	10	1.7	2.3	3.5	4.6	10000
	B		15	9.5	1.6				
TC15	A	15	13	9.0	1.6	2.1	3.1	4.2	10000
	B		12	9.0	1.5				

续表

强度等级	组别	抗弯 f_m	顺纹抗压及承压 f_c	顺纹抗拉 f_t	顺纹抗剪 f_v	横纹承压 $f_{c,90}$			弹性模量 E
						全表面	局部表面和齿面	拉力螺栓垫板下	
TC13	A	13	12	8.5	1.5	1.9	2.9	3.8	10000
	B		10	8.0	1.4				9000
TC11	A	11	10	7.5	1.4	1.8	2.7	3.6	9000
	B		10	7.0	1.2				
TB20	—	20	18	12	2.8	4.2	6.3	8.4	12000
TB17	—	17	16	11	2.4	3.8	5.7	7.6	11000
TB15	—	15	14	10	2.0	3.1	4.7	6.2	10000
TB13	—	13	12	9.0	1.4	2.4	3.6	4.8	8000
TB11	—	11	10	8.0	1.3	2.1	3.2	4.1	7000

对于下列情况，表5-11中的设计指标，尚应按下列规定进行调整：

1）未切削的原木：当采用原木，验算部位未经切削时，其顺纹抗压、抗弯强度设计值和弹性模量可提高15%；

2）大尺寸矩形截面：当构件矩形截面的短边尺寸不小于150mm时，其强度设计值可提高10%；

3）湿材：当采用含水率大于25%的湿材时，各种木材的横纹承压强度设计值和弹性模量以及落叶松木材的抗弯强度设计值宜降低10%；

4）不同使用条件：当木材用于不同使用条件时，应按表5-12作调整。

不同设计使用条件时木材强度设计值和弹性模量的调整系数　　　　表 5-12

使用条件	调整系数	
	强度设计值	弹性模量
露天条件	0.9	0.85
长期生产性高温环境,木材表面温度达 40～50℃	0.8	0.8
按恒载验算时	0.8	0.8
用于木构筑物时	0.9	1.0
施工和维修时的短暂情况	1.2	1.0

注：1. 当仅有恒载或恒荷载产生的内力超过全部荷载所产生的内力的80%时，应单独以恒载进行验算；

2. 当若干条件同时出现时，表列各系数应连乘。

5）不同设计使用年限：当木材设计使用年限不同时，应按表5-13调整。

木材顺纹、横纹与斜纹的强度存在关联性，木材斜纹承压的强度设计值，可按下列公式确定：

当 $\alpha \leqslant 10°$ 时：

$$f_{c\alpha} = f_c \qquad (5-11)$$

设计使用年限	调整系数	
	强度设计值	弹性模量
5 年	1.1	1.1
25 年	1.05	1.05
50 年	1.0	1.0
100 年以上	0.9	0.9

不同设计使用年限时木材强度设计值和弹性模量的调整系数　表 5-13

当 $10° < \alpha < 90°$ 时：

$$f_{c\alpha} = \frac{f_c}{1 + \left(\dfrac{f_c}{f_{c,90}}\right)\dfrac{\alpha - 10°}{80°}\sin\alpha}$$ (5-12)

式中　$f_{c\alpha}$——木材的斜纹承压强度设计值（N/mm^2）；

　　　　α——作用方向与木纹方向的夹角；

　　　　f_c——木材的顺纹抗压强度设计值（N/mm^2）；

　　　　$f_{c,90}$——木材的横纹承压强度设计值（N/mm^2）。

5.3.2 规格材

规格材是指按规定的标准尺寸加工而成的锯材，常用于轻型木结构建筑，作为墙体骨柱、楼屋面搁栅等结构构件（图 5-14）。作为轻型木结构建筑的主要结构木材，规格材性能直接关系到结构的安全性，必须经过划分等级后才能应用。规格材的表面已作加工，使用时不再对截面尺寸锯解加工，有时仅作长度方向的切断或接长，否则将会影响其等级和设计强度。表 5-14 给出国内外不同类型规格材尺寸，表 5-15 列出国内速生树种规格材的截面尺寸。

图 5-14　规格材

（图片来源：https://graph.baidu.com/pcpage/similar? originSign=1229）

国产树种目测分级规格材的强度设计值和弹性模量见表 5-16，其中目测分级将在下一节介绍。

规格材截面尺寸表   表 5-14

GB 50005 名义尺寸	北美体系 尺寸	GB 50005 名义尺寸	北美体系 尺寸	GB 50005 名义尺寸	北美体系 尺寸
截面尺寸 ($b \times h$) (mm×mm)		截面尺寸 ($b \times h$) (mm×mm)		截面尺寸 ($b \times h$) (mm×mm)	
40×40	38×38	—	—	—	—
40×65	38×64	65×65	64×64	—	—
40×90	38×89	65×90	64×89	90×90	89×89
40×115	38×114	65×115	64×114	90×115	89×114
40×140	38×140	65×140	64×140	90×140	89×140
40×185	38×184	65×185	64×184	90×185	89×184
40×235	38×235	65×235	64×235	90×235	89×235
40×285	38×286	65×285	64×286	90×285	89×286

速生树种结构规格材截面尺寸表   表 5-15

截面尺寸 宽×高(mm)	45×75	45×90	45×140	45×190	45×240	45×290

国产树种目测分级规格材的强度设计值和弹性模量   表 5-16

树种 名称	材质 等级	截面最 大尺寸 (mm)	强度设计值(N/mm²)					弹性模量 E (N/mm²)
			抗弯 f_m	顺纹抗压 f_c	顺纹抗拉 f_t	顺纹抗剪 f_v	横纹承压 $F_{c,90}$	
杉木	I$_c$	285	9.5	11.0	6.5	1.2	4.0	10000
	II$_c$		8.0	10.5	6.0	1.2	4.0	9500
	III$_c$		8.0	10.0	5.0	1.2	4.0	9500
兴安落叶松	I$_c$	285	11.0	15.5	5.1	1.6	5.3	13000
	II$_c$		6.0	13.3	3.9	1.6	5.3	12000
	III$_c$		6.0	11.4	2.1	1.6	5.3	12000
	IV$_c$		5.0	9.0	2.0	1.6	5.3	11000

5.3.3 结构木材的分级

木材是树的天然产品，树种、遗传基因、生长和环境条件等会造成很大的质量变异。此外，原木加工也会对木材的力学性能产生影响。为满足木材的使用要求，确保木构件的安全可靠，须对结构木材的强度进行分级。由于木材的变形、尺寸、干裂、力学性能等受木材的含水率影响，分级限值及弯曲弹性模量必须标定含水率，规定标定含水率为20%。

结构木材的分级主要包括：目测分级、应力分级（或称机械应力分级）两类。分级后的锯材应按照相关标准作标志，标定的内容主要包括：级别、木材树种或树种组合、生产厂家及分级所依据的标志。

1. 目测分级

目测分级是通过观察例如节子、腐朽、开裂等木材表面缺陷，并参照相关标准规定将木材分为若干等级（图5-15）。目测分级早期起源于美国和加拿大。2014年《轻型木结构用规格材目测分级规则》颁布实施，意味着我国目测分级技术显著提高，从此可以将目测分级用于工业生产。

目测分级主要包括以下特征：

1）影响木材强度的限值：木节、斜纹、密度或生长率及裂缝；

2）几何特征的限值：缺损、弯曲变形（纵弯、侧弯、扭曲）；

3）生物特征的限值：腐朽、虫蛀；

4）其他特征：应压木、硬伤。

为了确定这些特征，对每块木材所有4个表面都必须检验。《木结构设计标准》GB 50005—2017将方木、原木材质等级由高到低划分为 I_a、II_a、III_a 三级；在工厂目测分级并加工的方木构件的材质等级按照构件用途，用于梁构件划分为 I_e、II_e、III_e 三级；用于柱构件划分为 I_f、II_f、III_f 三级；规格材划分为 I_c、II_c、……、VII_c 七个等级。木材的强度由这些木材的树种确定，分级后不同等级的木材不再作强度取值调整，仅对各等级木材应用范围作了严格规定，设计时应根据构件的主要用途选用相应的材质等级，如表5-17、表5-18及表5-19所示。

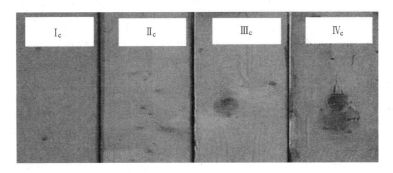

图5-15　规格材目测分级

方木原木构件的材质等级要求　　　　　　　　　　表5-17

项次	主要用途	最低材质等级
1	受拉或拉弯构件	I_a
2	受弯或受压构件	II_a
3	受压构件及次要受弯构件	III_a

工厂加工方木构件的材质等级　　　　　　　　　　表5-18

项次	构件用途	材质等级		
1	梁	I_e	II_e	III_e
2	柱	I_f	II_f	III_f

轻型木结构用规格材材质等级要求　　　　　　　　　　　　表 5-19

项次	用途	最低材质等级
1	用于对强度,刚度和外观均有较高要求的构件	I_c
2		II_c
3	用于对强度、刚度有较高要求,对外观有一般要求的构件	III_c
4	用于对强度、刚度有较高要求,对外观无要求的构件	IV_c
5	用于墙骨	V_c
6	除上述用途外的构件	VI_c
7		VII_c

　　不同树种或树种组合的分级规则相同,但其强度取值不同,一般要求在木材分级的基础上根据不同树种或树种组合的规格材,通过大量的足尺试验,规定不同目测分级木材的强度取值。从这层意义上说,目测分级属于目测应力分级。

　　目测分级的优缺点可归纳如下:①简单易懂而不要求很高的专门技术;②无需昂贵设备;③劳动强度高而效率低;④客观性不足;⑤应用得当,不失为有效的方法。

　　2. 机械分级

　　机械分级也被称作应力分级,是采用机械应力测定设备对木材进行非破坏性试验,按测定的木材弯曲强度或弹性模量确定木材的材质等级。采用机械分级可以改进木材目测分级的缺点。目前应用的分级机械绝大部分为测定平均弯曲弹性模量的弯曲机械。常用指定的分级机测定木材的弹性模量,然后给这一性能设置若干界限值,按这些界限值给木材强度分级。木材的弯曲强度与弹性模量存在密切的联系(图 5-16)。

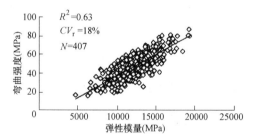

图 5-16　挪威云杉侧立弯曲强度与弹性模量的关系 (Hoffmeyer 等,1999)

　　机械分级根据要求和用途不同,可分为机械评级木材(Machine evaluated lumber,MEL)和机械应力定级木材(Machine stress rated lumber,MER),尚有专门用于制作层板胶合木的机械弹性模量定级层板(E-rated lumber)。机械分级目前主要用于规格材以及层板胶合木或正交层板胶合木的层板分级。机械定级木材主要用于制作重要的受弯构件。北美机械应力定级木材的品质等级标识由对应等级的抗弯强度设计值和弹性模量表示,如图 5-17 所示,美国规范中的"2400f,2.0E"标识,其抗弯强度允许应 $f_b =$ 2400psi,弹性模量为 $E = 2.0 \times 10^6$ psi。

　　机械定级采用何种设备,测定何种物理指标作为定级依据,目前尚无统一的规定,但需确保该指标与结构木材的某种强度(如木材的抗弯强度或弹性模量)有可靠的相关性。目前,国内外规格材机械分级采用的检测方法大致有弯曲法、振动法、波速法、γ 射线法等。

图 5-17　机械应力规格材标识(北美)

1) 弯曲法

弯曲法是将规格材的一段长度作为梁，在跨中位置施加一个恒定荷载，并测量跨中挠度，或迫使其产生一定的挠度，测所需集中力的大小，并计算所得到"弹性模量"，依此分级规格材（图 5-18）。如莱普西电脑分级机，连续地每间隔 100mm，测取跨度为 914mm 的平置受弯规格材在跨中恒定集中力作用下的挠度 Δ，并按下式计算"弹性模量"：

$$MOE_p = \frac{PL^3}{bh^3\Delta} \tag{5-13}$$

式中 L——跨度；
b、h——规格材的宽度和厚度。

规格材的长度大于 L，故同一根规格材上可以测得若干个"弹性模量"，该方法以 MOE 的最低值评定规格材的材质等级。

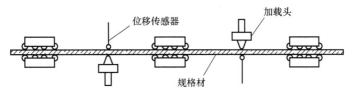

图 5-18 弯曲法分等原理示意图

2) 振动法

振动法分采用共振法或自由衰减振动原理测其第一自振频率 f_0，利用木材的振动频率和弹性模量之间的相关性，在规格材单位长度质量已知条件下，由下列公式得到动态弹性模量：

$$MOE_{vb} = \frac{48L^3 m f_0}{\pi^2 bh^3} \tag{5-14}$$

3) 声波法

声波法也称为应力波法，在规格材密度已知条件下，通过测量冲击波在规格材中的传播速度 v，根据下式计算"弹性模量"：

$$MOE_{sonic} = \rho v^2 \tag{5-15}$$

各公式得到的 MOE_p、MOE_{vb}、MOE_{sonic} 均称为"弹性模量"，在一定程度上反映结构木材的某些力学性能的高低。每种检测法的分级均有各自的分级标准。

4) γ 射线法

γ 射线能穿透截面并沿长度确定木材的密度分布。由于木节的密度一般高于周围材料的密度，因此，γ 射线法能检测结构木材的尺寸、木节的性质等，检测结果的准确度与传感器的数量密切相关。

《木结构设计标准》GB 50005—2017 和有关产品标准"机械应力分级锯材"也规定了机械定级木材，其品质等级用字母 M 后面加数字表达，数字代表抗弯强度标准值。我国针叶树种的规格材机械分级强度分为 8 级，机械分级强度设计值见表 5-20。

我国推荐采用的机械分级强度设计值（N/mm²）　　　　　　表 5-20

强度	强度等级							
	M10	M14	M18	M22	M26	M30	M35	M40
抗弯 f_m	8.2	12	15	18	21	25	29	33
顺纹抗拉 f_c	5.0	7.0	9.0	11	13	15	17	20
顺纹抗拉 f_t	14	15	16	18	19	21	22	24
顺纹抗剪 f_v	1.1	1.3	1.6	1.9	2.2	2.4	2.8	3.1
横纹承压 $f_{c \cdot 90}$	4.8	5.0	5.1	5.3	5.4	5.6	5.8	6.0
弹性模量 E	8000	8800	9600	10000	11000	12000	13000	14000

注：当规格材搁栅数量大于3根，且与楼面板、屋面板或其他构件有可靠连接时，设计搁栅的抗弯承载力时，可将表中的抗弯强度设计值 f_m 乘以 1.15 的共同作用系数。

除此之外，有学者尝试利用数字图像处理技术，提出基于木材表面颜色特征，利用神经网络从定量的角度分析木材的主颜色特征，对木材进行分级，但相关研究成果尚未在实践中普遍推广。

5.4　工程木

工程木（Engineered Wood Product，EWP）是一种重组木材，其中一类是由一定规格的木板黏合而成的层板工程木；另一类则是用更薄、更细小的木片板、木片条、木条等黏合而成的结构复合木材（Structural Composite Lumber，SCL）；主要包括：层板胶合木（Glulam）、正交胶合木（CLT）、旋切板胶合木（LVL）、层叠木片胶合木（LSL）、定向木片胶合木（OSL）以及平行木片胶合木（PSL）；此外，还包括结构胶合板（Plywood）和定向木片板（OSB）以及由多个复合材的组合，如工字形木搁栅（Wood I-joist）等。工程木包括多种结构用木制品，在建筑上广泛用作结构材料，取代传统的实体木材。

图 5-19　层板胶合木
（图片来源：http://www.chinatimber.org/price/57700.html）

5.4.1　层板胶合木

层板胶合木（Glued Laminated Timber，Glulam），是厚度不大于45mm的木层板沿顺纹方向叠层胶合而成的木制品，又称结构用集成材，可用作结构梁、柱（图 5-19）。胶合层板通过分级，去除木节、裂纹等缺陷，并通过分层胶合使得缺陷分散，从而提高构件的强度。

我国在20世纪五六十年代引进胶合木技术，但由于当时木材资源有限，限制使用木材，木结构在国内并未发展起来。近年来，我国在胶合木结构建筑及其相关技术的研究及应用方面呈现出了加速发展的趋势，胶合木建筑不断涌现。

以层板胶合木为代表的工程木相比原木、锯材，有以下主要优点：

1）小材大用、劣材优用。由于胶合木是由板材或小方材在厚度、宽度和长度方向胶合而成，所以用胶合木制造的构件尺寸不再受树木尺寸的限制，也不受运输条件的限制，可以按所需制成任意大的横截面或任意长度，做到小材大用。同时，在胶合木制作过程中，可以剔除节疤、虫眼、局部腐朽等木材上的天然瑕疵，以及弯曲、空心等生长缺陷，做到劣材优用。

2）构件设计自由。因胶合木是由小材胶合而成的，故可制得能满足各种特殊形状要求的木构件，为木结构建筑的设计、建造提供了极大的空间。

3）易于干燥及特殊处理。木材的防腐、防火、防虫、防蚁等各种特殊功能处理也可以在胶拼前进行，从而大大提高了木材处理的深度和处理效果，从而有效地延长了木制品和木建筑的使用寿命。

4）合理利用木材。胶合木可按木材品级不同用于木构件的不同部位。在强度要求高的部分用高强板材；低应力部分可用较弱的板材；含小节疤的低品级材可用于压缩部分。也可根据木构件的受力情况，设计其断面形状，如中空梁、变截面梁等。

5）尺寸稳定性高、安全系数高。相对于实木锯材而言，胶合木的含水率易于控制，尺寸稳定性高。由于胶合木制作时可控制坯料木纤维的通直度，因而减少了斜纹理或节疤部紊乱纹理等对木构件强度的影响，使木构件的安全系数提高。

层板胶合木由厚度较小的实木规格材胶合成型，因此其形状灵活，且易于造型，能够直接加工成曲线、变截面、圆形截面、中空等异型构件，可满足建筑效果、特殊功能等多种需要。典型的异型胶合木构件见图5-20。

图 5-20 典型异型胶合木构件

(图片来源：https://www.sohu.com/a/214128030_100013878)

层板胶合木在我国规范中分为三种组胚方式，同等组坯（TCT）、对称异等组坯（TCYD）和非对称异等组坯（TCYF），各有五个强度等级。同等组胚胶合木适用于受压构件，其余两种更适用于受弯构件。

1. 强度与弹性模量

胶合木强度设计值及弹性模量应按表5-21、表5-22和表5-23的规定取值。

胶合木构件顺纹抗剪强度设计值应按表5-24的规定取值。

胶合木可以根据建筑形式的要求制作成曲梁，但需要注意的是，由于曲率的影响，胶合木曲梁在弯矩作用下会产生沿曲率半径方向的径向应力。该应力方向与木纹垂直，故通常也称横纹应力。木材的横纹抗拉强度极低，仅为顺纹抗拉强度的 $1/40 \sim 1/10$。因此，横纹拉应力对层板胶合木而言是非常不利的。

对称异等组合胶合木的强度设计值和弹性模量（N/mm²）　　表 5-21

强度等级	抗弯 f_m	顺纹抗压 f_c	顺纹抗拉 f_t	弹性模量 E
$TC_{YD}40$	27.9	21.8	16.7	14000
$TC_{YD}36$	25.1	19.7	14.8	12500
$TC_{YD}32$	22.3	17.6	13.0	11000
$TC_{YD}28$	19.5	15.5	11.1	9500
$TC_{YD}24$	16.7	13.4	9.9	8000

注：当荷载的作用方向与层板窄边垂直时，抗弯强度设计值 f_m 应乘以 0.7 的系数，弹性模量 E 应乘以 0.9 的系数。

非对称异等组合胶合木的强度设计值和弹性模量（N/mm²）　　表 5-22

强度等级	抗弯 f_m		顺纹抗压 f_c	顺纹抗拉 f_t	弹性模量 E
	正弯曲	负弯曲			
$TC_{YF}38$	26.5	19.5	21.1	15.5	13000
$TC_{YF}34$	23.7	17.4	18.3	13.6	11500
$TC_{YF}31$	21.6	16.0	16.9	12.4	10500
$TC_{YF}27$	18.8	13.9	14.8	11.1	9000
$TC_{YF}23$	16.0	11.8	12.0	9.3	6500

注：当荷载的作用方向与层板窄边垂直时，抗弯强度设计值 f_m 应采用正向弯曲强度设计值，并乘以 0.7 的系数，弹性模量 E 应乘以 0.9 的系数。

同等组合胶合木的强度设计值和弹性模量（N/mm²）　　表 5-23

强度等级	抗弯 f_m	顺纹抗压 f_c	顺纹抗拉 f_t	弹性模量 E
TC_T40	27.9	23.2	17.9	12500
TC_T36	25.1	21.1	16.1	11000
TC_T32	22.3	19.0	14.2	9500
TC_T28	19.5	16.9	12.4	8000
TC_T24	16.7	14.8	10.5	6500

胶合木构件顺纹抗剪强度设计值（N/mm²）　　表 5-24

树种级别	顺纹抗剪强度设计值 f_v
SZ1	2.2
SZ2、SZ3	2.0
SZ4	1.8

2. 材料要求

1）胶粘剂

胶合木的生产一般都在室温条件下完成，因此要求所采用的胶粘剂具有在中低温条件下（15℃以上）固化的性能；且所选用的胶粘剂的黏结性能应满足强度和耐久性要求。胶粘剂的选择主要确定因素包括：

（1）胶合木产品最终使用环境，包括气候、温度和湿度；

（2）木材是否使用防腐剂，防腐剂的种类和保持量；

（3）木材种类、含水率和抽提物含量；

（4）制造商生产能力；

（5）环保的要求。

胶合木构件常用的胶粘剂主要有：间苯二酚-酚醛树脂（PRF）、聚氨酯（PUR）、三聚氰胺-脲醛树脂（MUF）、间苯二酚树脂（RF）、三聚氰胺树脂（MF）和水性高分子异氰酸酯（EPI）等。常见的结构胶粘剂的性能特点见表5-25。

典型胶合木用结构胶粘剂性能特点　　　　表 5-25

种类	外观	操作时间	涂胶量	材料成本	与木材适用性	耐候性	环保性能
PRF	深红褐色	范围较窄，一般在30min以内(室温)	中至高，一般大于250g/m²	适中	无限制	优异	中至低
MUF	白色或无色			较低		良好	中
PUR	白色或无色	范围较宽，适用性较好	低至中，一般小于200g/m²	较高	适于含水率较高、材质较软、树脂含量较少小的木材	良好	高

2）胶合木用结构木材

目前，世界范围内胶合木用结构木材主要有北美地区的花旗松、南方松，俄罗斯的落叶松、樟子松，欧洲的云杉、赤松，以及铁杉、S-P-F 等。国外对建筑用结构木材进行了合理分级，如分为结构等级、外观等级、加工用材和半成品等级等。目前，我国尚缺乏完整的结构用材的分级制度，国内规范规定了制作胶合木采用的木材树种级别、适用树种及树种组合应符合表5-26的规定。

胶合木适用树种分级表　　　　表 5-26

树种级别	适用树种及树种组合名称
SZ1	南方松、花旗松-落叶松、欧洲落叶松以及其他符合本强度等级的树种
SZ2	欧洲云杉、东北落叶松以及其他符合本强度等级的树种
SZ3	阿拉斯加黄扁柏、铁-冷杉、西部铁杉、欧洲赤松、樟子松以及其他符合本强度等级的树种
SZ4	鱼鳞云杉、云杉-冷杉以及其他符合本强度等级的树种

注：表中花旗松-落叶松、铁-冷杉产地为北美地区，南方松产地为美国。

3）胶合木加工制作要求

胶合木的加工流程为：锯材→烘干→表面刨光→层板应力分级（筛选表层、心部层板）→指接→宽度刨光→涂胶→叠合加压→固化→刨光、修补→深加工。

制作过程中应注意以下方面：

（1）胶合木用层板：当采用针叶材和软质阔叶材时，刨光后厚度不宜大于45mm；当采用硬质针叶材或硬质阔叶材时，不宜大于35mm；层板的宽度不宜大于180mm；当制作曲线型构件时，层板厚度不应大于构件最小曲率半径的1/125，以避免层板在弯曲成型中破坏。

（2）层板的含水率应控制在8%～15%范围内，所有层板的含水率之差应小于5个百分点。当环境湿度变化，或木材层板初始含水率不一致时，胶合木层板间会产生含水率梯度，含水率梯度往往造成胶合木层板间变形的不一致，从而在层板间产生附加内应力。

（3）胶合木结构构件设计时，应根据构件的主要用途和部位，选用相应的木材层板材质等级。目测分级的不同材质等级的分等层板质量要求见表5-27。

普通胶合木层板材质等级　　　　表 5-27

项次	缺陷名称		材质等级		
			I$_b$	II$_b$	III$_b$
1	腐朽		不允许	不允许	不允许
2	木节	在构件任一面任何200mm长度上所有木节尺寸的总和,不应大于所在面宽的	1/3	2/5	1/2
		在木板指接及其两端各100mm范围内	不允许	不允许	不允许
3	斜纹,任何1m材长上平均倾斜高度,不应大于		50mm	80mm	150mm
4	髓心		不允许	不允许	不允许
5	裂缝	在木板窄面上的裂缝,其深度不应大于板宽的	1/4	1/3	1/2
		在木板宽面上的裂缝,其宽度不应大于板厚的	不限	不限	对侧立腹板工字梁的腹板:1/3,对其他板材不限
6	虫蛀		允许有表面虫沟,不应有虫眼		
7	涡纹,在木板指接及其两端各100mm范围内		不允许	不允许	不允许

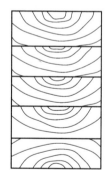

图 5-21　胶合木构件
层板配置

（4）层板宽度方向和层板厚度方向的黏结，一般采用平接方式进行。为消除加工误差对构件力学性能的隐患，对于需要拼宽构成层板的胶合木构件，在其截面上，上下相邻两层层板平接线水平距离不应小于40mm。

（5）层板的配置应保证髓心面朝向同一个方向，对于用于户外等温湿度波动较大条件下的胶合木，为了减少木材的龟裂或者剥离现象的发生，其最外两层板的髓心面都必须朝外放置，如图5-21所示。

5.4.2　正交胶合木

正交胶合木（Cross-laminated timber，CLT）是20世纪90年代欧洲研发的一种工程木产品，通常以厚度为15~45mm的层板相互叠层正交组坯后胶合而成，见图5-22。正交胶合木不仅节能环保，更具有强度高、耐火性强、抗震性强等特点。正交组坯使得CLT在平面内和平面外都具有较高的抗压强度，在工程中广泛应用于墙板、楼板、屋面板等。也是因为正交组坯，正交胶合木主次方向均具有相同的干缩湿胀性能，尺寸稳定性良好，整体的线干缩湿胀系数约为0.02%，其尺寸稳定性是实木和胶合木横纹方向尺寸稳定性的12倍。

正交胶合木的力学性能分主（强度）方向和次（强度）方向，主方向指平行于构件表层层板木材顺纹理方向；次方向是垂直于表层层板木材纹理的方向。正交构造特征使得其

在平面内和平面外都具有较高的强度以及阻止连接件劈
裂的性能。

1. 强度性能指标

CLT 的强度与其他木产品有很大的相似性：①CLT
的强度随应力与木纹间的夹角而变，是典型正交各向异
性材料；②强度随含水率的增加而降低；③强度随荷载
持续时间的延长而降低；④强度在构件内部和不同构件
之间都有变化。

CLT 的强度很大程度上取决于其截面的组坯。在
CLT 力学性能中滚动剪切性能在 CLT 产品设计中十分

图 5-22　正交层板胶合木
（图片来源：http：//jiaohemu.
com/newsitem/278123138）

重要，尤其是作为楼面板及屋面板使用时，由于 CLT 垂直层存在，CLT 面板受到垂直于
其平面的较大荷载时，滚动剪切应力发生，横向层破坏，最终整个结构体系失效，如
图 5-23 所示。

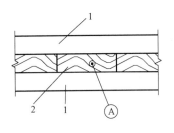

(a)　　　　　　　　　　　　　　　　　　　　(b)

图 5-23　正交胶合木的滚动剪切
（a）滚动剪切示意图；（b）滚动剪切破坏图
1-顺纹层板；2-横纹层板；

1）滚剪强度设计值

正交胶合木的滚剪强度设计值（f_r）应按下列规定取值：

（1）当构件施加的胶合压力不小于 0.3MPa，构件截面宽度不小于 4 倍高度，并且层
板上无开槽时，滚剪强度设计值应取最外层层板的顺纹抗剪强度设计值的 0.38 倍。

（2）当不满足第（1）条的规定，且构件施加的胶合压力不大于 0.07MPa 时，滚剪强
度设计值应取最外侧层板的顺纹抗剪强度设计值的 0.22 倍。

2）有效抗弯刚度

正交胶合木构件的有效抗弯刚度（EI）应按下列公式计算：

$$(EI) = \sum_{i=1}^{n} (E_i I_i + E_i A_i e_i^2) \tag{5-16}$$

$$I_i = \frac{bt_i^3}{12} \tag{5-17}$$

$$A_i = bt_i \tag{5-18}$$

式中　E_i——参与计算的第 i 层顺纹层板的弹性模量（N/mm²）；

I_i——参加计算的第 i 层顺纹层板的截面惯性矩（mm⁴）；

A_i——参加计算的第 i 层顺纹层板的截面面积（mm²）；

b——构件的截面宽度（mm）；

t_i——参加计算的第 i 层顺纹层板的截面高度（mm）；

n——参加计算的顺纹层板的层数；

e_i——参加计算的第 i 层顺纹层板的重心至截面重心的距离。

2. 材料组成及要求

正交胶合木层板布置应遵循：对称原则、奇数层原则、垂直正交原则。

1）选材

正交胶合木层板木材的分级基本与胶合木的选材相同。一般情况下，对质量要求低的内层采用低等级锯材，高等级的板材用于外层。早期制备 CLT 的锯材主要采用针叶材，如冷杉、南方松、铁杉、SPF（云杉-松木-冷杉）、辐射松、落叶松等。除了采用层板木材外，单板层积材（LVL）、木条定向层积材（LSL）、定向刨花方材（OSL）和定向刨花板（OSB）等复合木材，以及竹编胶合板、竹展平材、竹层积材以及竹重组材等竹质材料也可以与木层板组合，形成竹木复合 CLT，但相关产品尚处于研究阶段。

含水率对正交胶合木的最终用途和胶合性能有着重要影响，含水率接近制作时木材的平衡含水率，黏结强度最大，同时也能最大限度地减小木材的劈裂。因此，正交胶合木对木材原材料含水率的要求也与胶合木类似，组成正交胶合木的规格材，其含水率必须控制在 8%～15% 之间，结构复合木材的含水率为（8±3）%，且相邻层板的含水率差不应超过 5%。

2）胶粘剂

目前我国尚无正交胶合木的产品标准，欧标 BS EN 16351—2015 中有相关规定。CLT 主要采用冷固化型胶粘剂，目前采用的胶粘剂主要有单组分聚氨酯胶粘剂、双组份聚氨酯胶粘剂、聚醋酸乙烯酯-异氰酸酯胶粘剂和间苯二酚甲醛树脂胶粘剂。胶粘剂自身强度和胶粘剂对于界面性能的影响是影响 CLT 胶合性能的主要因素。木材的密度、收缩膨胀系数、渗透性等物理性能以及木材表面活性、表面抽出物等化学性质也都影响着胶粘剂与锯材之间有效结合。

3）制作要求

正交胶合木的加工工艺主要包括选材、表面加工、锯割、施胶、组坯、加压和后序处理等。制作中，需要着重关注以下几个方面：

（1）正交胶合木截面的层板数量不应少于 3 层，并且不宜大于 9 层，其总厚度不应大于 500mm；层板的厚度应在 15～45mm 之间，且实木层板应由统一强度等级的规格材制造。

（2）采用复合木材作为层板时，不允许相邻两层同时采用复合木材，复合木材与实木层板应正交排列。复合木材层板的总层度不应大于总厚度的 50%。

（3）正交胶合木的组坯层数一般为 3 层、5 层、7 层等奇数层，对称面的层板在树种和含水率方面应相互对应。正交胶合木的组坯与胶合板不同之处在于：正交胶合木每层木材层板是由若干数量规格材组成，因此会增加从开始涂胶到组坯，直至压合的时间，但组坯时间不应超过胶粘剂的陈化时间。

（4）为降低正交胶合木的翘曲变形，构件内横向组坯的木材层板中相邻层板的髓心朝向应相反布置，如图5-24所示。

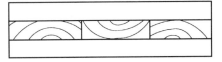

图5-24 正交胶合木内横向层板布置

5.4.3 旋切板胶合木

旋切板胶合木（Laminated Veneer Lumber, LVL），又称单板层积材，是由2.0～5.5mm厚单板沿木材顺纹方向组坯胶合而成的木质材料如图5-25所示。LVL是一种利用其木纹方向强度的工程结构用产品，主要具有以下特点：LVL不受原木限制，出材率高；由于其木材的天然缺陷（如木节等）都已不规则地分布到整个产品各层，因此其力学性质及密度更趋均匀；LVL的层压结构减少了木材翘曲缺陷；可以使用各种不同树种和质量等级木材加工。成品厚度一般为18～75mm，具有性能均匀、稳定和规格尺寸灵活多变的特点，旋切板胶合木不仅保留了木材的天然性质，还具有许多锯材所没有的特性。

图5-25 旋切板胶合木

（图片来源：https://www.europeanwood.org.cn/zh/laminated-veneer-lumber）

1. 起源及现状

早在20世纪40年代，国外就开始研究旋切板胶合木，当时产品用作高强度木质飞机的部件在二次大战中使用。近年来，在北美、欧洲等地对旋切板胶合木在建筑领域的应用研究已达到一定水平。在日本，1965年开始批量生产旋切板胶合木，产品主要用于家具主料、门窗框料和运动器材等。1988年日本制定了结构用旋切板胶合木的JAS标准，对产品外观及物理力学性能做了明确的规定。旋切板胶合木的工业化生产最早于20世纪70年代初在芬兰开始，随后传入美国，现已遍及北美、欧洲、澳大利亚、新西兰、日本和中国等国家和地区。我国从20世纪60年代开始大面积营造人工林，特别是江苏苏北地区成功从意大利引种美洲黑杨，在国内通称为意杨。意杨生长迅速，7～10年可以成材，平均10年一个轮伐期。目前我国是世界上拥有最大营林面积和木材蓄积量的人工速生林国家。而人工林木材适于制造旋切板胶合木，因此在我国丰富的人工林木材资源使旋切板胶合木工业化生产和大规模应用成为可能。

2. 应用领域

结构用旋切板胶合木多应用于制作工程结构中承载结构部件的结构板材，具有较好的结构稳定性和耐久性，厚度通常在25mm以上。结构用旋切板胶合木一般用于制作建筑中的梁、桁架弦杆、屋脊梁、预制工字形搁栅的翼缘以及脚手架的铺板，也用作建筑中的柱以及剪力墙中的墙骨柱。

旋切板胶合木的生产工艺为：原木截断→剥皮→旋切→干燥→单板拼接、组坯→涂胶→铺装、预压→晾置→裁剪→分等、入库。

5.4.4 工字形木搁栅

工字形木搁栅（Wood I-joist）采用规格材或结构复合材作翼缘，木基结构板材（包

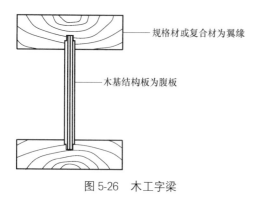

规格材或复合材为翼缘

木基结构板为腹板

图 5-26　木工字梁

括结构胶合板和定向刨花板）作腹板，并采用结构胶粘剂黏结而组成的工字形截面的受弯构件，或称木工字梁。典型的木工字梁见图 5-26。

1. 应用领域

工字形木搁栅用料经济、强度大，符合建筑上对结构构件的要求。因此，可以用作建筑中的梁、搁栅或模板体系中的支撑等，工程中的典型应用，如图 5-27 所示。1969 年 Peri 公司发明搁栅结构工字梁，Peri 搁栅结构工字梁至今保持专利。搁栅工字梁中部分组成可采用金属代替，如图 5-28 所示。

图 5-27　木工字梁典型工程应用

（图片来源：Doka 公司网站）

图 5-28　搁栅结构工字梁

（图片来源：Peri 公司网站）

2. 加工与制作

木工字梁是通过接口将预先制备好的木质翼缘和腹板组合而成的木结构建筑用梁。其中，翼缘多用以工业速生林木材为原材料的单板层积材或指接锯材（如杉木），腹板也多用以工业速生林木材为原材料的定向刨花板、胶合板或实木复合拼板。

木工字梁的生产方法主要包括：确定长度生产法和连续生产法，其中连续生产法的翼缘材料主要是经过分等的实木锯材，这种方法相对于确定长度法来说，自动化程度高，对设备和厂房的要求高，同时生产效率也高。木工字梁的翼缘和腹板的结合一般采用专门的设备进行，由于腹板厚度较小，为避免其在组装过程中的平面外失稳，常采用四面加压的方法，如图 5-29 所示。为便于建筑施工，可以在木工字梁腹板上开洞，以方便采暖通风、空调管道和电气布线的设置。为防止木工字梁中木材横截面开裂、变形，木工字梁的端头多有保护，如油漆或金属/塑料护板等，见图 5-30。

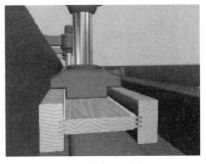

图 5-29　翼缘腹板压力机

图 5-30　木工字梁端头典型保护措施

　　国内学者将木工字梁的上下翼缘采用竹集成材替换，将竹材和定向刨花板（OSB）有机组合，充分发挥各自的优点，通过胶粘剂和钉子连接，组成竹木组合梁构件，研究表明其具有良好的结构性能。

5.4.5　定向刨花板

　　定向刨花板（Oriented Strand Board，OSB）是多以速生材、小径材、间伐材、木芯等为原料，通过专用设备长材刨片机（或采用削片加刨片设备的两工段工艺）沿着木材纹理方向将其加工为长 40～120mm、宽 5～20mm、厚 0.3～0.7mm 的薄长薄平刨花单元，再经干燥、施胶，最后按照一定的方向纵横交错定向铺装、热压成型的一种结构人造板（图 5-31），是木基结构板的形式之一。

　　1. 起源与发展现状

　　20 世纪 50 年代初期，德国进行了刨花板定向铺装的研究，成功研制了机械定向铺装刨花板设备，并于 1954 年申请了专利。20 世纪 60 年代中期，美国完成了定向刨花板的试验，建立了世界第一座示范性工厂。20 世纪 80 年代，定向刨花板在北美得到了广泛应用并迅速发展。据统计，全世界现有的定向刨花板厂和总产量的 80% 以上在北美地区，其生产线不仅规模大，而且数量多。

　　我国的定向刨花板的研究始于 20 世纪 70 年代中期，并于 20 世纪 80 年代中期开始生产，于 1985 年从德国引进了第一条生产线，并在 1995 年研制出了第一条国产设备生产线，目前相关应用技术和规范标准较少。目前，在中国市场上，45% 定向刨花板用于家具制造，20% 用于装饰装修，15% 用于建造木结构房屋，20% 用于集装箱底板、包装、建筑模板等。

图 5-31　定向刨花板原材料及板材

2. 特性

由于定向刨花板借鉴了胶合板组坯的基本原理，其表层和心层刨花呈垂直交错定向铺装，因此其性能与胶合板相似，是一种强度高、尺寸稳定性好、木材利用率高的结构板材。定向刨花板与普通刨花板相比，最基本的区别在于制造板材的刨花的形态不同。制作定向刨花板的刨花要求长宽比大，为薄长条状的大刨花，其长度方向与木材纤维方向要一致，由于木材纤维未被破坏，其刨花本身就具有一定的强度，用此种刨花压制出的板材基本保留了木材的天然特性，具有抗弯强度高、线膨胀系数小、握钉力强、尺寸稳定性较好等优点，其力学性能明显高于普通刨花板，可与胶合板相媲美。

定向刨花板常在建筑的墙体中用作覆面板，与木龙骨通过钉连接形成轻木剪力墙，用来抵抗水平力作用，如地震和风荷载等，或用作木工字梁的腹板。北美地区 65% 以上的定向刨花板产品主要用于房屋建筑，主要为墙板、屋面板、楼面板和地板。

5.5　原竹

5.5.1　竹材资源

我国竹林面积641.16 万 hm^2，占林地面积的 1.98%，占森林面积的 2.94%。其中毛竹林 467.78 万 hm^2、占 72.96%，其他竹林 173.38 万 hm^2、占 27.04%。竹子是地球上生长最快草本植物之一，外观如图 5-32 所示。中国位于世界竹子分布的中心，竹类植物资源极其丰富，无论是竹子的面积、种类、蓄积量或者是采伐量均居世界产竹国之首。全世界约有 100 属 1200 多种竹子，而我国共有竹类植物 40 多属 500 余种，约占世界竹林面积的 1/4，其中具有较高的经济、生态价值而被栽培、利用的有 16 属 200 余种。

图 5-32　常见原竹外观

（图片来源：www. researchgate.
net/figure/Species-o
f-bamboo _ fig1 _ 362981762）

按照生长特性，竹子分为散生竹和丛生竹两大类。我国的主要散生竹有毛竹、桂竹、水竹、刚竹等，主要分布在长江以南地区。我国的主要丛生竹有慈竹、撑杆竹、吊尾竹、青皮竹、甜龙竹等，主要分布在我国的四川和华南等地区。

由于竹在长度方向上抗拉、抗压能力较好，且富有韧性与弹性，抗弯能力也很强，不易折断。因此，在一些简易房屋的构造中可将竹材作为受力构件。一般用较粗的竹竿或竹竿束作房屋的梁、柱、橼等承重材料。

竹材自重轻，便于架设多层建筑的建造和维修时的脚手架，所以竹脚手架在中国曾一度大量应用。竹材建筑脚手架主要利用大型单竹（如毛竹等）的竹竿，主要由立杆、斜杆、顶撑和大杆组成。其构造形式一般采用双排竹竿，用竹浅、麻绳或铁丝绑扎，可高达几十层，每层横向用竹脚手板联系以供交通运输之用，在中国、印度、泰国等国家得到广泛应用。

竹材较木材具有强度高、塑性好等结构性能，被结构工程师们誉为"植物钢筋"。此外，竹材的强重比高，变形能力好，能够吸收和耗散地震中的大量能量。我国于 20 世纪 50 年代中期推出大量竹筋建筑。国际标准化组织（International Organization for Standardization，ISO）于 2004 年颁布了针对圆竹结构的标准 Bamboo-Structural Design（ISO 22156）。

5.5.2 竹材的构造

竹材是指竹子砍伐后除去枝条的主干，又称竹竿，由竹节和节间两部分构成，其形状为圆柱形，内部中空。竹材与木材一样，同属非各向异性材料，但它们在外观形态、微观结构和化学组成上有很大差别，它们各自有独特的物理力学性能。

节间竹竿圆筒外壳称为竹壁，竹壁主要由纵向纤维组成，没有木材中的横向射线细胞。竹壁由竹青、竹壁中部（亦称为竹肉）和竹黄组成。竹青是竹壁的外侧部分，结构紧密，质地坚硬，其最外层常附有一层蜡质，表面光滑而呈绿色。竹黄位于竹壁的内侧，结构疏松，质地脆弱，一般呈黄色。竹肉位于竹青和竹黄之间。竹肉占竹壁厚度的绝大部分，是生产竹材改性产品可供利用的最好和最多的部分。

竹材大致可分为维管束与薄壁细胞两部分。维管束主要由纤维细胞和导管细胞组成，其中纤维细胞组织约占 40%。纤维细胞是一种梭形厚壁细胞，其形状细长，腔径较小，胞壁较厚，竹竿纵、横承载力主要由纤维细胞提供。导管细胞是一种纵向排列的长条圆柱形细胞，主要起到运输水分、养料的输导作用。薄壁细胞是竹材的基本组织，它在竹材中所占的比例约为 50%~60%。

竹节由秆环、箨环和节隔组成，可加强竹竿直立以及养分的横向输导。竹节的竹壁厚度大于其相邻节间竹壁厚度。由于竹节、节隔的存在以及竹节附近竹壁厚度的变化，使得竹材在物理力学性能方面的变异性、非匀质性均大于木材。竹节的存在能提高竹竿的抗压强度以及顺纹抗剪强度，但会降低竹竿的抗拉强度。

5.5.3 竹材的物理力学性质

1. 竹材的物理性质

其主要包括密度、含水率、吸水率、吸水厚度膨胀率、干缩湿胀率等。

1）密度

竹材的密度是一个重要的物理量，可判断竹材的基本物理力学性能。竹材的密度常用的表达方法有气干密度和基本密度，其中气干条件下，质量与体积的比值为气干密度；竹材绝干质量与生材料体积的比值为基本密度。主要经济竹种的密度在 $0.46\sim0.83g/cm^3$，一般来说密度大的竹种，其材质硬度大、强度高，而密度小的竹种，其材质的塑性和柔软性比较好。

竹材密度有如下特征：

（1）竹竿自基部至梢部，密度逐渐增大，竹壁外侧密度较中部、内侧大。竹材从基部开始秆径和竹壁厚度逐渐减小，但竹竿中维管束的总数没有减小，故维管束的密集度相应增加，从而使竹材的密度加大。同理，在竹壁的横断面上，维管束的密集度从外侧减小，故靠近竹青侧的密度大，靠近竹黄侧的密度小。

（2）在竹材生长过程中，1～5年之间，竹密度逐步提高，5～8年之间稳定在较高的水平；到了老龄竹阶段（8年之后），竹子的生命力衰退，由于呼吸的消耗和物质的转移，竹材密度呈下降趋势。

（3）立地条件好的竹材密度比立地条件差的密度低。一般来说，同一竹种在气候温暖多湿、土壤深厚肥沃的条件下，竹子生长好，竹竿粗大，但竹竿组织较疏松，密度较小；反之则密度较大。

2）含水率

竹材的含水率包括：绝对含水率、相对含水率。新鲜竹材的含水率与竹龄、部位和采伐季节等有密切关系。通常，含水率随竹龄的增加而减小。在同一竹竿、同一高度的竹壁厚度方向上，从竹壁外侧（竹青）到竹壁内侧（竹黄），其含水率逐渐增加。含水率在一定范围内，竹材的强度随含水率的减小而提高，但如果含水率过低，竹材就会变脆，强度随之下降。竹材置于空气中，其内部的水分会不断蒸发，从而引起竹材体积的收缩。

3）干缩性

竹材和木材一样，当含水率较高时，在空气汇总或在强制干燥的条件下，竹材内部的水分就会不断蒸发而导致竹材几何尺寸的缩小，称之为干缩。竹材水分的蒸发速度在不同的切面上有很大的差别，如图 5-33 所示。以毛竹为例，将横切面蒸发速度定义为100％时，则弦切面、径切面、竹黄面、竹青面依次分别为35％、34％、32％及28％左右。为了提高竹材的干燥速度，应先将竹青、竹黄剔除后再进行人工干燥。竹材干缩通常比木材小，但同样存在不同方向的干缩率差异。这是因为竹材的干缩率主要是竹纤维管束中的导管失水后产生干缩所致，而竹材中维管束中的分布疏密不一。

竹材的结构特点决定了竹材的干缩率具有如下特征：

（1）不同方向的干缩率顺序。弦向最大，径向（壁厚方向）次之，纵向最小。

（2）各部位的干缩率顺序。弦向和径向干缩率顺序均为竹青最大、竹肉次之、竹黄最小，纵向干缩率顺序为竹黄最大、竹肉次之、竹青最小。

（3）竹龄对干缩率的影响。竹龄越小，弦向和径向的干缩率越大，随着竹龄的增加，弦向和径向的干缩率逐步减少。纵向干缩率与竹龄无关。

（4）竹种不同，竹材的干缩率也不同，且差异很大。

由于竹材的弦向干缩率最大，加之竹壁外侧比内侧的弦向干缩率大。因此，原竹在运输、储存期间，常常由于自然干燥，特别是阳光暴晒使竹竿开裂而影响使用。

2. 竹材的力学性质

竹材的力学性质是指竹材抵抗外力作用的性能，包括抗拉强度、抗压强度、静曲强度、抗剪、抗冲击性能以及弹性模量等。竹材的力学性质与其含水率、竹竿部位、竹种等密切相关。竹材为三向异性材料，其力学性能与自身微观结构密切相关。由于组成竹子的纤维厚壁细胞（即维管束）和纤维薄壁细胞（即基体）承载力能力不同，导致原竹顺纹抗拉弹性模量、顺纹抗拉强度和静曲强度沿径向变异较大；最外层竹材顺纹抗拉弹性模量与顺纹抗拉强度分别是最内层的 3~4 倍和 2~3 倍；静曲强度沿

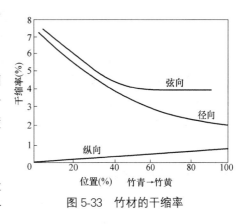

图 5-33　竹材的干缩率

径向由内向外也呈现出逐渐增大的趋势。此外，立地条件、含水率、竹龄、部位均对竹材力学性能有所影响。立地条件越好，含水率越高，竹材的力学性能越差；6 年生毛竹各项力学性能总体在最高水平，9 年以上的竹材，力学强度反而逐渐降低；竹竿上部比下部的强度大。

国内学者以浙江安吉毛竹为研究对象，选取同一批次的原竹材在含水率为 12%~18% 时，进行了抗拉、抗压、抗剪、抗弯等力学性能试验，结果得到竹材的顺纹抗压强度约 59.13MPa，横纹抗压强度约 21.83MPa，顺纹抗拉强度约 155.49MPa，顺纹抗剪强度约 16.49MPa，抗弯强度约 71.94MPa。

由于竹材的顺纹抗压力和抗拉力很高，可以直接使用原竹制作各式桁架结构、网架结构、建筑梁柱等受力杆件。原竹材料广泛应用于我国云南、四川、福建等地少数民族居住区。

3. 竹材的加工特性

竹材纹理通顺，没有射线细胞等横向组织，具有较好的纵向劈裂性，可以用简单的刀具，手工剖削出很薄的竹片。新鲜竹材具有良好的热塑性，可以通过对竹材加热处理，使其弯曲成型。另外，竹材径小、中空、壁薄、尖削度较大，使加工方法受到限制。竹材不能像木材那样通过锯切、刨切直接加工成板材、方材。竹青、竹黄的润湿性很差，用普通胶粘剂无法胶合。

4. 原竹材料的优势与不足

1）性能优势

（1）竹材是一种可再生，一般 3~5 年即可成材，生长速度快，可回收再利用。

（2）竹材作为建筑材料在施工建造中能耗与污染远小于砖石以及混凝土建筑，是典型的绿色材料；相关调查发现：竹材的生产能耗约为混凝土的 1/8，钢材的 1/50。竹材是生物有机体，是碳的储藏库，据资料统计，每公顷毛竹林年吸收 CO_2 约 47t，而且 CO_2 能固定存储于砍伐后的竹材。

（3）原竹韧性好，质量轻，地震作用影响相对较少；且可用来解决建筑中的大跨度问题。

（4）竹构件可实现工厂预制，现场安装无湿作用。

2）原竹用于建筑材料的不足

（1）原竹材料建造的房屋具有极大的随机性，技术含量较低。

（2）原竹材料内中空，自身的直径和长度有限且不规则，局限其使用范围。

（3）节点以搭接或捆绑为主，施工效率低、耐久性差，不利于工业化生产。

（4）原竹建筑由于开放、通风，其密闭性较差，主要适合南方特定气候，对地域的适应性较弱。

（5）传统竹结构存在防火、防虫、隔声、防腐性能差等缺点。

5.6 现代竹结构材

天然的竹子是小直径的空心圆柱体，其刚度、强度分布不均匀，从形状到性能均不能满足现代工程结构的建造要求，很多工程无法直接利用原竹作为结构构件。要使竹材像现代木结构一样广泛应用，克服原竹结构的缺陷，必须进行竹材的改性加工，才能使竹材拥有较好的物理力学性能，同时增强技术领域的创新和研究，用现代化的研究模式与设计理念开发竹材，从而适应现代建筑形式的复杂性与多样性。

早在20世纪50年代，中国许多学者就对竹材开展了研究，为现代竹结构的研究奠定了一定的基础。目前新型竹材结构主要使用竹材人造板，通过将原竹材加工成长条、去除内节、干燥、浸胶、组坯、热压、锯边等工序，加工成竹材人造板使用，或进一步形成各类工程竹，或竹材与钢材、混凝土材料等形成组合截面，逐步在建筑工程中得到应用。竹材人造板具有刚度大、强度高、尺寸稳定、性能好等特点。在住宅房屋建筑中，竹材人造板结构工程材料与传统的结构材料相比，轻质高强，结构占的面积更小，且能够满足大开间和灵活分割的建筑要求。竹材人造板主要包括竹胶合板材、竹层积板材、竹碎料板材、重组竹材等类型。工程竹甚至可以加工成类似型钢的多种截面。

5.6.1 竹胶合板材

竹胶合板材是以原竹为材料，通过一系列机械和化学加工工序形成各种不同几何形状的结构单元，再在一定的温度和压力下，利用化学胶粘剂或材料自身的结合力，压制而成的板状材料。板材不仅保持了竹材的物理、力学性能，同时还具有变形小、硬度大、强度高、耐磨损等优点。胶合竹材是我国现代竹结构的主要建筑材料。竹胶合材的出现解决了传统竹材不能直接形成板材或方材投入使用的弊端，为竹材的高值利用提供了条件。

竹胶合板分为竹片胶合板、竹席-竹帘胶合板、竹编胶合板。先对竹材进行软化处理，然后干燥，再施胶，按照一定的结构来组合成板坯，再通过热压胶合成板材。竹材胶合板是当前性能最稳定，生产也最多，以及应用最为广泛的板材。其拥有刚度大、不易变形及强度高等特点，是优质的结构材料，目前通常用于楼面板和墙面等方面。

1. 竹片胶合板材

1）性能及应用

竹片胶合板（Bamboo plywood）是一种强度较高的竹材人造板，具有很强的承重能力，以5层20mm厚规格板为例，静曲强度可达到126MPa。在建筑结构中，可用作梁、柱、椽、檩等承重结构材料；亦可加工成预制工字梁，作为翼缘或腹板，较原竹梁可实现更大的跨度。

2）加工工艺

选用4～6年的毛竹，按所需长度尺寸截断，剖分成块，去除内外节，将竹块浸泡在碱液中蒸煮软化。随后将竹块在平压机上展平，而后双面压刨去除内外竹青与竹黄。在加压状态下，将竹材干燥到控制含水率。随后涂胶，组坯，组坯时应按照奇数层和对称性的原则进行。组好的板坯先预压，后热压胶合形成胶合竹材板。

具体制造工艺顺序为：毛竹→截断→剖开→液体蒸煮软化→平压机展平→双面压刨（去竹青、竹黄）→干燥→涂胶→组坯→预压→热压→锯边→检验入库。

2. 竹席-竹帘胶合木板材

1）性能及应用

竹席-竹席胶合木板材表面平整光滑，纵横方向的强度差别不大，是一种良好的建筑承重材料。在建筑结构中，可用作屋面板、墙面板，亦可作为预制工字梁的腹板材料。

2）加工工艺

竹席-竹帘胶合板是将长、短竹帘按对称原则交叉层积为芯层，以竹席为表层，在一定温度和压力条件下热压成一种具有优良物理力学性能的板材。

竹席通常采用约0.5mm厚的竹篾编织而成。竹帘可以用10～20mm、宽度在1.2mm左右的竹篾用经线绞接而成。干燥后，宜采用水溶性酚醛树脂施胶。施胶后，竹席、竹帘在100℃以下再进行干燥。最后组坯热压成型。

具体制造工艺顺序为：原竹→截断→开条→剖篾→织席、织帘→干燥→浸胶→100℃以下低温干燥→组坯→热压→锯边→检验入库。

3. 竹编胶合板

1）性能及应用

竹编胶合板也称作竹席胶合板，采用的竹篾宽度、厚度相同，且需经过刮光处理，表面平整，保留木材天然的纹理和颜色。竹编胶合板在平面内尺寸稳定，不会发生木材拼缝时的收缩现象。以酚醛树脂胶合5层竹席胶合板为例，静曲强度可达到93.5MPa。竹编胶合板在建筑中可作为屋顶材料、墙体材料，也可将竹编胶合板固定于木骨架两侧，用作外墙。

2）加工工艺

竹编胶合板是我国出现最早的竹质人造板材之一。加工用的竹篾必须经过等宽、等候和刮光处理。竹篾的宽度尺寸与竹席-竹帘胶合板一致，胶合前需要事先干燥至含水率为8%～12%。胶粘剂以脲醛树脂居多，施胶同样采用浸渍法。之后，再低温干燥至含水率小于15%。组坯中，根据构件所需厚度将一定层数的竹席整齐铺放。最后进行热压处理成型。

具体制造工艺顺序为：原竹→锯料→剖竹→劈篾→均宽、等厚→刮光→织席→100℃以下低温干燥→施胶→干燥→组坯→热压→锯边→检验入库。

4. 格鲁斑（Glubam）胶合竹材

国内学者研发了基于二次胶合压制的格鲁斑（Glubam）胶合竹，见图5-34和表5-28。格鲁斑胶合竹的原材料一般为毛竹，而根据加工竹板所采用的竹片厚度又可以分为薄片胶合竹板和厚片胶合竹材。

1）薄片胶合竹板也称为竹帘胶合板：首先将毛竹劈成竹条并剖成厚度约2mm、宽度

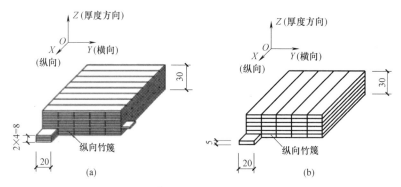

图 5-34   格鲁斑（Glubam）胶合竹材

（a）薄片胶合竹板；（b）厚片胶合竹板

格鲁斑（Glubam）胶合竹板材的力学性能   表 5-28

强度参数	薄片胶合竹	厚片胶合竹
	平均值（MPa）	平均值（MPa）
抗拉强度 （X 方向）	$f_{t,x}=83.0$	$f_{t,x}=106.7$
抗压强度 （X、Y、Z 方向）	$f_{c,z}=51.0$ $f_{c,y}=26.0$	$f_{c,x}=71.2$
弯曲强度 （Z 方向）	$f_{m,z}=99.0$	$f_{m,z}=112.6$
剪切强度 （XY、XZ 剪切面）	$\tau_{xy}=14.7$ $\tau_{xz}=4.6$	$\tau_{xy}=11.4$ $\tau_{xz}=4.5$

注：摘自肖岩，李智，吴越，等，胶合竹结构的研究与工程应用进展。

约 20mm 的竹篾，然后经过编帘、干燥、施胶、再干燥、组坯，最后在 150 ℃高温和 5MPa 的压力下热压约 20min，制成厚度约为 30mm 的胶合竹板，其长度一般为 2440mm，宽度一般为 1220mm。结构用薄片胶合竹板纵向与横向的竹纤维配置比例为 4:1。

2）厚片胶合竹材也称为竹集成材：首先将圆竹加工成宽度约 20mm、厚度约 5～8mm 的竹条，然后在 150℃的高温和 5MPa 的压力下热压约 20min 制成竹板，压制过程中一般还需要在板的侧向施加约 1.5MPa 的压力。比起薄片胶合，厚片胶合对于竹条的精度及压制过程的精度要求较高，得材率相对低，因此造价相对较高。此外，热压工艺本身耗能较高，且压制的厚度有限，对时间控制要求较严。通过试验研究发现，胶合竹材是经过一定程序加工而成的人工材料，变异性相对较小。目前有关胶合竹材的材性实验并无成熟的标准。

薄片胶合竹板制造工艺顺序为：原竹→剖竹→劈篾→刮光→编帘→干燥→施胶→干燥→组坯→热压→锯边→检验入库。

厚片胶合竹材制造工艺顺序为：原竹→竹条→热压→检验入库。

5.6.2   竹材层积板

竹材层积材又名竹条层积级材，是将长度不等的竹子切成薄竹片，干燥，浸胶，再次干燥至特定含水率，按照同一方向排列浸胶的竹片，这样组合成有一定的宽度和厚度的板坯，之后通过热压胶合而压制成的板材。层积板的生产工艺比较简单，单向受力为主，纵向强度及刚度较高，横向强度较低。由于竹层积材为工程复合材料，避免了竹节、空洞和腐朽等天然缺陷所导致的力学性能差异，且与规格材、结构胶合木等木质材料相比，其密度的变异系数可忽略不计，因此各测试组试样的力学性能参数均较稳定。在力学性能满足要求的情况下，竹层积板能够获得较厚尺寸的板材，根据需要裁成各种尺寸，做成梁、柱等承重构件。

1. 性能及应用

根据林业部 1992 年发布的行业标准，以一等品竹材层积材为例，具体质量要求：含水率在 8%～15%；静曲强度大于 120MPa；弹性模量大于 8.0×10^3 MPa 等，其中物理力学性能均为纵向力学性能。竹材层积材的抗拉、抗压强度很高，抗剪强度表现良好的塑性，强重比大。

竹层积材一个主要的特点是由竹篾随机分布形成的非均质性，性能相差也很大。以竹篾几何尺寸决定的非均匀性和随机性确定了竹层积材的非对称性。在结构使用中，竹层积材可能发生严重的弓形弯曲，应注意以下问题：

1）板材置放时间：板材成型后不得小于 1 个月；

2）制件弓形弯曲的变形小于 1/200；

3）竹层积材厚度需要一次成型，不得使用粘接方法加厚。

2. 加工工艺

为了提高板材横向强度，可在板坯中配置一定数量垂直方向的竹篾。生产竹材层积材的竹龄宜在 3 年以上，竹篾厚度在 1.2～2.0mm，宽度在 15～25mm。竹篾的干燥、浸胶、滤胶等工序的工艺和设备与竹席-竹帘胶合板类似。竹材层积材经过砂光整平处理后，通常采用间苯二酚甲醛树脂胶粘剂进行冷压胶合。

具体制造工艺顺序为：原竹→截断→开条→剖篾→干燥→浸胶→滤胶→干燥→热压→裁边→截头开榫→指接拼合→型面加工→铣槽截头→检验入库。

5.6.3　竹碎料板

以经过预处理的杂竹、毛竹梢和各种竹材加工边角料等为原料，经切片、辊压、筛选、施胶、铺装等工艺，最后热压而成的型材主要原料为竹质碎料，通过干燥，添加一定量胶粘剂，通过成型和热压制作成的板材竹碎料板的原料易得，来源广泛，可以利用各种小杂竹，也可以利用加工的剩余物，促进发展竹碎料板的生产有利于提升竹材的综合利用率，带来更好的经济效益。竹碎料板拥有材料利用率高、刚性大、单向强度大及耐水性好等特点，可以应用于家具制造和建筑等领域，一般为非承重构件，竹碎料板和竹纤维板由于工艺和质量尚不稳定，目前还没有形成规模化生产。

图 5-35　重组竹材

（图片来源：https://baike.baidu.com/item/重组竹/2300658? fr＝aladdin）

5.6.4　重组竹材

重组竹材（图 5-35）是将竹材破成竹篾或疏解成通长的、

保持纤维原有排列方式的竹束或去除有机质的疏松网状竹纤维束或者纯纤维，再经处理（如炭化等）、干燥、施胶、组坯成型后压制而成的竹质型材。重组竹对竹材的加工较竹胶合材更加深化，是一种高强度、高密度、材质均匀的竹基纤维复合材料。

重组竹技术和产品最早开始于 20 世纪 90 年代末期。初始阶段主要定位于室内地板，由于其密度超过 $1.2g/cm^3$，被人们称之为"重竹"。重组竹产业的发展在我国经历了 2 个阶段：一是从 2000 年至 2010 年左右的萌芽探索阶段，二是 2010 年至今的发展起步阶段。重组竹是以竹束为构成单元，可利用杂竹、小径毛竹和竹材加工剩余物等各种竹子，具有原料来源广且利用率高、成本低等突出优点。

1. 性能及应用

1）重组竹物理力学性能优良，密度大，纵向强度高，几乎不变形、不开裂，材质均匀，耐水性好，长度、密度可根据需要任意控制。

2）重组竹加工性能好，可利用加工机具实现各种锯、刨、开榫开槽、钉钉及握持紧固件等。

3）表面光滑，纹理美观，也可进行贴面、饰面等加工；天然木质感，材料触感与木材相近。

重组竹材料的抗拉和抗弯强度较大，抗压强度次之，抗剪强度最小。其中抗压强度分为顺纹方向和横纹方向，两者之间有较明显差异，顺纹方向较高；抗弯弹性模量最大，顺纹抗拉弹性模量相对较小。抗压弹性模量因纤维方向的不同差别较大。在顺纹受压时，抗压弹性模量较大。表 5-29 为国内学者对重组竹力学性能试验结果的对比。

各文献重组竹试验数据对比 （MPa）　　　　　　　　表 5-29

参　　　数	文献[115]	文献[116]	文献[117]
顺纹抗拉强度	98.90	—	248.15
抗弯强度	135.02	127.69	—
顺纹抗压强度	74.82	68.74	129.17
横纹抗压强度	59.28	—	45.50

表 5-28 中数据有差距的主要原因：对于重组竹材料，由于现阶段仍缺乏相应的生产规范和试验研究标准，在各个相关文献中只能参考相似的竹、木材料或者建筑材料标准进行研究，因此各个试验研究所使用的试验标准并不统一，得出的试验结果也相差较大。

有学者对重组竹的蠕变研究发现，在不同应力水平下，重组竹的蠕变曲线具有相似的变化趋势。在低应力水平作用下重组竹蠕变应变-时间曲线总体上具有比较明显的典型蠕变变形的前 2 个阶段，即瞬态蠕变阶段和稳态蠕变阶段，温度和湿度对重组竹蠕变产生了较大影响。

2. 加工工艺

重组竹的生产从制造类型上分为冷成型热固化和热压法 2 种工艺。冷成型热固化工艺主要是制造方材，热压法工艺主要是生产板材。以单元分类主要是竹条疏解技术和竹材纤维化单板疏解制造技术；以产品分类，分为户外用重组竹和户内用重组竹。

重组竹生产的核心技术是纤维化竹单板的制备、低分子量的树脂等化学聚合物在竹细胞组织内均匀浸渍、热压和冷压热固化两种胶合成型方法及其成型技术等。主要工艺方案是将竹材通过展平、疏解成疏松状的纤维化竹单板后，将低分子量的树脂等化学聚合物，通过疏解形成的裂纹有目的地导入到细胞腔、壁、纹孔等不同组织内，经顺纹组坯后，采用热压或冷压热固化等胶合成型方法，将纤维化竹单板压制成重组竹。

重组竹生产的主要工艺流程包括：锯截→剖分→疏解→干燥→浸胶→干燥→组坯→胶合成型。

本章小结

（1）木材的树种分为针叶材和阔叶材；针叶材是常绿乔木，所产木材称为软木；阔叶材是落叶乔木，所产木材称为硬木；木材构造分为宏观、显微、超微构造。木材有横切、径切和弦切三个切面，径切面与弦切面统称为纵切面；木材的宏观特征包括：边材和心材、生长轮、早材和晚材、管孔、轴向薄壁组织、木射线、胞间道等。

（2）木材平衡含水率是木材强度取值的重要依据；基本密度是判断树种材性的主要依据；影响木材强度的因素有含水率、温度、密度、长期荷载作用、缺陷、结构尺寸等；木材强度随温度升高而降低；密度增大，木材的强度和刚度增高；木材在长期荷载作用下强度会降低；木材蠕变的主要影响因素有组织构造、平衡含水率、温度、应力水平等；结构木材包括目测分级、应力分级两大类。

（3）工程木包括层板工程木与结构复合木材两类；胶合木（Glulam）分为同等组坯（TC_T）、对称异等组坯（TC_{YD}）和非对称异等组坯（TC_{YF}）三类；正交胶合木（CLT）的力学性能分主方向和次方向；CLT组坯层数一般为奇数层，不同质量要求部位可采用不同等级的锯材；旋切板胶合木（LVL）是一种利用其木纹方向强度的工程木，具备木材天然外观的特点。

（4）竹子分为散生竹和丛生竹两大类；原竹由竹节和节间两部分构成；竹节可提高原竹顺纹抗压、抗剪强度，但降低其抗拉强度；竹材组分大致可分为维管束与薄壁细胞两部分；密度是判断竹材基本物理力学性能主要依据，密度大的竹种，材质硬度大、强度高；竹材的弦向干缩率最大，加之竹壁外侧比内侧的弦向干缩率大，原竹易开裂而影响使用。

（5）新型竹材结构主要使用竹材人造板，通过将原竹材加工成长条、去除内节、干燥、浸胶、组坯、热压、锯边等工序，加工成竹材人造板使用，或进一步形成各类工程竹产品，广泛地应用在建筑工程中；现代竹结构材对原竹材进行改性，克服了原竹的缺陷与不足，扩大了竹结构的应用范围；竹材人造板包括竹胶合板材、竹层积板材、竹碎料板材、重组竹材等类型。

思考与练习题

5-1　简述木材与竹材的主要分类。

5-2　简述影响木材强度的主要因素，并简要说明理由。

5-3　简述木材的蠕变曲线的特征。

5-4   简述木材分级的主要方法以及目测分级的主要特征。

5-5   简述工程木主要类型，比较层板胶合木与原木相比的主要优势。

5-6   简述层板胶合木与正交胶合木的主要性能差别，及各自适用领域。

5-7   简述原竹材用于建筑材料的优势与不足。

5-8   简述现代结构用材的分类与形式。

5-9   简述竹胶合板的主要类型及性能特点。

第6章 复合材料

本章要点及学习目标

本章要点：
(1) 掌握复合材料结构的组成与特点；(2) 重点掌握复合材料的组成材料与制造工艺；(3) 了解复合材料筋材与型材的特点及应用；(4) 了解自愈合纤维增强树脂的制备方法。

学习目标：
(1) 掌握各组分材料的特点及作用；(2) 掌握工程应用复合材料成型工艺选择的原则。

6.1 概述

复合材料是由两种或两种以上物理和化学性能不同的物质组合而成的一种多相固体材料。它除了保留原组分材料的主要特点外，还能通过复合效应获得原组分材料所不具备的新的优异性能。人类在很早以前就开始使用复合材料，比如说，以泥浆、秸秆混合构建茅草屋；以天然树脂虫胶、沥青作为胶粘剂制成层合板；以砂、石为骨料，以水和水泥固结成混凝土材料。在混凝土中加入钢筋、钢纤维之后，可以大大提高混凝土的抗拉强度和抗弯强度，这就是钢筋混凝土复合材料。20 世纪 40 年代玻璃纤维增强树脂复合材料的出现是现代复合材料发展的重要标志。20 世纪 60～70 年代，出现了一些新的纤维材料增加树脂复合材料，比如硼纤维、碳纤维、碳化硅纤维、芳纶纤维等，提高了复合材料的综合性能。复合的目的是改善或克服单一组成材料的弱点，创造单一材料不具备的双重或多重功能。

6.2 复合材料的组成材料

6.2.1 增强材料

在复合材料中，能够提高机体材料力学性能的物质称为增强材料。对于粒子增强复合材料，基体起主要承载作用；对于纤维增强复合材料，纤维为主要承载体。材料在普通状态下的强度和刚度并不高，但一旦使它们处于定向结构的纤维状态时，就显示出了惊人的强度和刚度，这是因为纤维的直径很细，基本上消除了在普通状态下材料内部的晶粒错位、空隙等缺陷，从而使其机械强度接近于分子间的结合力，表现出非常高的性能。

增强材料总体上可以分为无机增强材料和有机增强材料两大类。其中，无机增强材料有玻璃纤维、碳纤维、玄武岩纤维、硼纤维、金属纤维、晶须等；有机增强材料有芳纶纤维、聚丙烯纤维、聚乙烯醇纤维、聚丙烯腈纤维、超高分子量聚乙烯纤维、聚酯纤维等。

1. 玻璃纤维

玻璃纤维是以玻璃球或废旧玻璃为原料经高温熔制、拉丝、络纱、织布等工艺制造成的。单丝直径仅几十微米，数百根甚至上千根单丝构成一束纤维原丝。玻璃纤维按单丝直径可以分为粗纤维（单丝直径一般为 $30\mu m$）、初级纤维（单丝直径大于 $20\mu m$）、中级纤维（单丝直径 $10\sim20\mu m$）以及高级纤维（单丝直径 $3\sim10\mu m$），对于单丝直径小于 $4\mu m$ 的玻璃纤维又称为超细纤维。单丝直径不同，不仅纤维的性能有差异，而且影响到纤维的生产工艺、产量和成本。玻璃纤维在民用复合材料领域应用广泛，其价格低廉，是一种性能优异的无机非金属材料，种类繁多，优点是绝缘性好、耐热性强、抗腐蚀性好、机械强度高，但缺点是性脆，耐磨性较差。

玻璃纤维按玻璃原料可以分为无碱玻璃纤维（E-玻璃纤维）、中碱玻璃纤维（C-玻璃纤维）、高碱玻璃纤维（A-玻璃纤维）、高强度玻璃（S-玻璃纤维）以及高模量玻璃（M-玻璃纤维）等。E-玻璃纤维、C-玻璃纤维、A-玻璃纤维中含碱量依次增加，其强度、价格却依次降低。E-玻璃纤维是一种铝硼硅酸组成的玻璃纤维，国内规定其碱金属氧化物含量不大于 0.5%，国外一般为 1% 左右。E-玻璃纤维是目前应用最广泛的一种玻璃纤维，具有良好的电气绝缘性及机械性能，它的缺点是易被无机酸侵蚀，不适于酸性环境。C-玻璃纤维的碱金属氧化物含量大于 11.5% 而小于 12.5%，其特点是耐化学性特别是耐酸性优于 E-玻璃纤维，但电气性能差，机械强度低于 E-玻璃纤维 $10\%\sim20\%$。A-玻璃为碱性玻璃，因耐水性很差，很少用于生产玻璃纤维。目前用于高性能复合材料的玻璃纤维主要有 S-玻璃纤维、石英玻璃纤维和高硅氧玻璃纤维等。由于 S-玻璃纤维性价比较高，因此增长率也比较快，年增长率达到 10% 以上。石英玻璃纤维及高硅氧玻璃纤维属于耐高温的玻璃纤维，是比较理想的耐热防火材料，用其增强酚醛树脂可制成各种结构的耐高温、耐烧蚀的复合材料部件，大量应用于火箭、导弹的防热材料。

以玻璃纤维纱线织造的各种玻璃纤维布称为玻璃纤维织物。玻璃纤维织物的主要形式有玻璃布、玻璃纤维带、玻璃纤维单向布、玻璃纤维立体织物、玻璃纤维异形织物、玻璃纤维槽芯织物和玻璃纤维缝编织物。其中，玻璃纤维布有五种基本的织纹：平纹（Plan，类似方格布）、斜纹（Twill，一般 $\pm45°$）、缎纹（Satin，类似单向布）、罗纹（Leno，玻璃纤维网格布主要织法）和席纹（Matts，类似牛津布）。而玻璃纤维缝编织物既不同于普通的织物，也不同于通常意义的毡。最典型的缝编织物是一层经纱与一层纬纱重叠在一起，通过缝编将经纱与纬纱编织在一起成为织物。其中最值得一提的是玻璃纤维立体织物，其结构特征从一维二维发展到了三维，从而使以此为增强体的复合材料具有良好的整体性和仿形性，大大提高了复合材料的层间剪切强度和抗损伤容限。玻璃纤维三维复合材料具有比强度高、比模量大、特殊力学性能耦合性好等优点，可用来制造各种结构的主要承载构件，已广泛用于建材、交通运输、航空、航天、国防军工等各个领域。

与传统金属材料相比，玻璃纤维具有很多优异性能，特征如下：拉伸强度高，断裂伸长率小（约 3%）；弹性系数高，刚性好；在弹性限度之内吸收冲击能量大；属于无机纤维，耐介质性良好，耐热性能和尺度稳定性优良；经偶联剂处理后与树脂结合性能良好；价格低廉。玻璃纤维是树脂基复合材料中常用的增强材料。

2. 碳纤维

碳纤维是由有机纤维在惰性气体中经高温碳化而成的含碳量 90% 以上的纤维状的碳化合物，是新一代高性能纤维材料。碳纤维的开发历史可以追溯到 19 世纪末期美国科学家爱迪生用棉、亚麻等纤维制取碳纤维用作电灯丝，但是因其亮度低而改为采用钨丝。20世纪 50 年代，碳纤维开始规模生产。

按碳纤维的性能可以分为：高性能碳纤维（如高强度碳纤维、高模量碳纤维、中模量碳纤维等）、低性能碳纤维（如耐火纤维、碳质纤维、石墨纤维等）。按碳纤维原丝不同主要可以分为：聚丙烯腈基碳纤维、黏胶基碳纤维、沥青基碳纤维。按碳纤维功能可以分为：受力结构用碳纤维、耐焰碳纤维、活性炭纤维（吸附活性）、导电用碳纤维、润滑用碳纤维、耐磨用碳纤维。世界上生产聚丙烯腈基碳纤维的公司主要有日本的东丽和东邦集团、美国的 Hexcel 和 Cytec 集团以及中国台湾的台丽集团等。日本东丽公司在质量和产量上均居首位，其生产的 T300 和 T700 系列碳纤维目前已成为碳纤维生产行业的标准。经过近 10 年的发展，我国碳纤维行业实现了快速发展，目前生产能力初具规模，应用领域不断拓展，已初步建立起碳纤维制造和应用的全产业链。不同品级碳纤维的有关性能如表 6-1 所示。

不同品级碳纤维的有关性能　　　　　　表 6-1

类型	伸长率（%）	抗拉强度（MPa）	抗拉模量（GPa）
T300	1.7	3500	230
T700S	2.1	4900	230
T800H	1.9	5490	294
T1000G	2.2	6370	294
M50J	0.8	4120	475
M55J	0.8	4020	540
M60J	0.7	3920	588
IM400	1.5	4510	295
IM600	2.0	5690	285
UM40	1.2	4900	380
UM55	0.7	4020	540
UM68	0.5	3300	650

碳纤维的密度为 $1.5 \sim 2g/cm^3$，具有高抗拉强度和弹性模量，化学稳定性及热稳定性好，具有导电性，导热率随温度升高而下降。碳纤维最大的缺点在于冲击韧性较低，成本相比于其他纤维没有经济优势，且其直径过细，表面憎水，难以在基体中分散均匀，在很大程度上限制了其在工程上的应用。碳纤维的拉伸性能直接决定碳纤维增强复合材料的力学性能，而碳纤维性能的好坏直接受原丝的影响。因此，制备出高质量、性能稳定的碳纤维原丝，成为影响碳纤维性能的关键。原丝的直径对碳纤维力学性能有较大的影响。碳纤维原丝的直径越小，其制备的纤维拉伸强度越高。如东丽公司的 T300 碳纤维，单丝直径

为 $7\mu m$，抗拉强度为 3.53GPa，抗拉模量为 230GPa；抗拉强度高达 7.06GPa、抗拉模量达 294GPa 的 T1000 碳纤维，其单丝直径仅 $5.3\mu m$。东丽公司研发的碳纤维拉伸强度达到了 9.03GPa，而单丝直径却非常小，仅为 $3.2\mu m$。

碳纤维作为增强体的复合材料具有广阔的前景，既可作为结构材料承载负荷又可作为功能材料发挥作用。碳纤维增强复合材料具有许多优势：它的比重不到钢的 1/4，抗拉强度一般都在 3500MPa 以上，是钢的 7～9 倍，抗拉弹性模量为 230～430GPa，亦高于钢；其力学强度、弹性模量可调，可根据需要设计出强度达到或超过金属，而刚度低于金属的复合材料，这一点与"高强度、低模量"大趋势相吻合；抗疲劳、耐冲击、耐磨损性能优异。在基质材料中加入少许碳纤维能明显地降低材料的磨损率和摩擦系数；材料性能的可设计性使其在很大范围内满足多种刚度要求。因此碳纤维增强复合材料已被广泛用于民用、军用、建筑、化工、航天及交通领域。其中在土木建筑领域，碳纤维已应用于工业与民用建筑、桥梁、隧道、烟囱、塔结构等的加固补强，具有密度小、强度高、耐久性好、柔韧性佳、应变能力强的特点。

3. 芳纶纤维

芳纶是一种聚合物大分子的主链由芳香环和酰胺键构成，且其中至少有 85% 的酰胺基（—CONH—）直接键合在芳香环上，每个重复单元的酰胺基中的氮原子和羰基均直接与芳香环中的碳原子相连并置换其中的一个氢原子的聚合物。采用这类聚合物制成的纤维称为聚酰胺纤维。由美国杜邦公司在 1986 年研制成功，并在 1973 年正式以凯夫拉（Kevlar）作为其商品名。我国将芳香族聚酰胺纤维命名为芳纶纤维。从结构上来看，芳纶纤维主要分为对位芳纶和间位芳纶，对位芳纶纤维包括聚对苯甲酰胺纤维（PBA）和聚对苯二甲酰对苯二胺纤维（PPTA）。其中 PBA 纤维有 B 纤维，HGA 纤维和我国的芳纶14。PPTA 纤维有 Kevlar、Kevlar-29、Kevlar-49、Twaron（荷兰）和我国的芳纶 1414，这一类纤维是世界生产的主要品种，也是重要的复合材料的增强材料。对位芳纶大分子构型为沿轴向伸展链结构，呈刚性分子直链结构，分子对称性高，定向程度和结晶度高，故此类纤维具有高强、高模、低密度、尺寸稳定性好、耐高温、耐化学腐蚀及优异的力学性能和抗疲劳性等特性。间位芳纶纤维包括聚间苯二甲酰间苯二胺纤维（MPIA）和聚 N-N-间苯双-（间苯甲酰胺）对苯二甲酰胺纤维。其中 MPIA 纤维有 Nomex（美国杜邦公司）、Conox（日本帝人公司）和我国的芳纶 1313。间位芳纶纤维的大分子链呈锯齿状。间位芳纶具有优良的物理和力学性能，极佳的耐火和耐氧化性，在酸、碱、漂白剂、还原剂及有机溶剂中的稳定性很好。

芳纶纤维具有高强度、高模量、良好的抗冲击性、耐高温、耐化学腐蚀、耐疲劳性能和尺寸稳定性等优异性能。其强度比一般有机纤维高 3 倍，是钢丝的 5～6 倍，模量远大于玻璃纤维和钢丝，该纤维具有良好的热稳定性，当使用温度高达 180℃时仍能保持较高的力学性能，可长时间在 300℃的高温环境下工作，分解温度高达 560℃。此外在高性能纤维中，芳纶纤维的密度较小，比玻璃纤维轻 40% 左右，比典型的碳纤维轻 20% 左右，只及钢的密度的 1/5。芳纶纤维兼具无机纤维的物理性能和有机纤维的加工性能，但其压缩性能、剪切性能、耐磨性能较差；它对中性化学品的抵抗力一般很强，但易受各种酸碱的侵蚀，尤其是强酸的侵蚀；它的耐水性也不佳，这是由于在分子结构中存在着极性酰胺基；它对紫外线比较敏感，在受到太阳光照射时，纤维产生严重的光致劣化，使纤维变色，机械性能下降。各国芳纶纤维的性能比较如表 6-2 所示。

世界各国芳纶纤维性能的比较

表 6-2

商品名	生产国家	密度 （g/cm³）	直径 （μm）	抗伸强度（GPa）	弹性模量 （GPa）	断裂伸长率 （%）
Kevlar29	美国	1.44	12	2.8	63	3.6
Kevlar49	美国	1.45	12	3.6	124	2.4
Kevlar149	美国	1.47	12	3.45	179	1.3
Twaron	荷兰	1.44	12	3.0～3.1	125	2.5
Technora	日本	1.39	12	2.8～3.0	70～80	4.6
Terlon	俄罗斯	1.45～1.47	10～12	2.7～3.5	130～145	4.4～4.6
SVM	俄罗斯	1.45～1.46	12～15	4.2～4.5	135～150	3.0～3.5
Armos	俄罗斯	1.45	14～17	4.4～5.5	140～160	3.5～4.0
芳纶 14	中国	1.43	12	2.7	176	1.45
芳纶 1414	中国	1.43	12	2.98	103	2.7

芳纶纤维主要应用在制作大型飞机的二次结构材料，如机舱门、机翼等；火箭固体发动机壳体和飞机用的层叠混杂增强铝材及飞机的轻量零部件；微电子组装技术中表面安装技术用的特种印刷电路板，机载或星载雷达天线罩、雷达天线馈源功能结构部件和运动电气部件等方面；广泛应用于防弹领域，如防弹头盔、防穿甲弹坦克和防弹运钞车装甲，此外采用芳纶制造的软质纺织物防弹衣很大程度上改善了防弹衣的舒适性；由于芳纶具有轻质高强、耐腐蚀、无磁性、绝缘性等特点，在土木建筑领域有广阔的应用前景，可以取代石棉来增强水泥，也可取代金属材料提供轻结构、高强度构件，以及对结构进行加固补强。

4. 玄武岩纤维

玄武岩矿石在地球表面上已存放了数百万年，经受着多种气候因素的作用，是最坚固的硅酸盐矿石之一。将玄武岩矿石破碎后在 1450～1500℃下熔融纺丝，可以制得具有天然的强度和对腐蚀性介质作用的稳定性、耐用性、电绝缘性玄武岩纤维。20 世纪 60 年代初，就出现了玄武岩连续纤维，从 20 世纪 70 年代开始，美国和德国的科学家就对玄武岩连续纤维进行了大量的研究，但未能实现工业化生产。使用组合炉拉丝工艺进行大规模生产要追溯到 1985 年的乌克兰纤维实验室（TZI）。玄武岩纤维由单一的火山喷出岩作为原料，将其破碎后加入熔窑中通过铂铑合金拉丝漏板拉丝而制成，其主要成分是 SiO_2、Al_2O_3，还有少量的 CaO、MgO、Fe_2O_3、FeO、TiO_2、K_2O、Na_2O 以及少量的杂质。

宏观结构上，玄武岩纤维的外观很像一根极细的管子，呈光滑的圆柱状，其截面呈完整的圆形。该结构是由于纤维成形过程中，熔融玄武岩被牵伸和冷却成固态的纤维前，在表面张力作用下收缩成表面积最小的圆形所致。玄武岩纤维中 SiO_2 含量最多，占 50% 以上，SiO_2 的存在赋予了玄武岩纤维优良的机械性能和化学稳定性；Al_2O_3 的含量占 14.6%～18.3%，它的存在进一步提高了纤维的化学稳定性；同样，CaO、MgO 的存在也可以使纤维的机械性能得到提高，与此同时，MgO 在某种程度上还可替代 CaO，一定量的替代还可以提高纤维的化学稳定性和表面张力；玄武岩纤维中 Fe_2O_3、FeO 的含量

占 $9.0\%\sim14.0\%$，玄武岩矿石中 Fe 的含量越多，纤维颜色就越深，而且 Fe 的存在还可以提高纤维的使用温度；除此之外，玄武岩纤维中还含有少量的 K_2O、Na_2O、TiO_2 等成分，这些成分可以使纤维的防水性和耐腐蚀性得到进一步提高。由此可见，不同的化学组分可赋予纤维某些特定的性能，因此可以通过选取不同成分含量的玄武岩矿石制备出具有特殊性能的特种玄武岩纤维。

纯天然的玄武岩纤维一般是褐色的，颜色类似于金色，纤维表面比较光滑，截面呈圆形。玄武岩纤维的拉伸强度优于芳纶纤维，与玻璃纤维基本类似，但要低于碳纤维。玄武岩纤维可以增强桥隧道、堤坝、楼板等类混凝土结构、沥青混凝土路面、机场跑道和其他易受潮湿、盐类与碱性混凝土介质腐蚀而导致金属钢筋腐蚀的建筑构件。但是，由于玄武岩纤维的表面光滑，其作为复合材料的增强体时，与树脂基体的浸润性差，界面黏结强度差，影响了纤维与树脂的复合效果。因此界面改性对于玄武岩纤维增强复合材料至关重要。

5. 其他高性能纤维

除了上述常用的复合材料增强纤维以外，还有其他高性能纤维，包括硼纤维、碳化硅纤维、高强聚乙烯纤维以及天然纤维等。

1）硼纤维

硼纤维是一种采用化学气相沉积法使硼纤维沉积在钨丝或碳纤维芯材上制得的直径为 $100\sim200\mu m$ 的连续单丝。硼纤维的密度只有钢材的四分之一，强度比普通金属（钢、铝等）高 $4\sim8$ 倍。硼的硬度极高，仅次于金刚石，比碳化硅几乎高 40%，比碳化钨高一倍。在惰性气体中，硼纤维的高温性能良好，在空气中超过 $500℃$ 时，强度显著降低。硼纤维具有高强度、高模量和低密度的显著特点，是制备高性能复合材料用的重要增强纤维材料，可与金属、塑料、陶瓷复合，制成高温结构用复合材料。硼纤维活性大，在制作复合材料时易与基体相互作用，影响材料的使用，故通常在其上涂敷碳化硼、碳化硅等涂料，以提高其惰性。由于其较高的比强度和比模量，在航空、航天和军工领域获得广泛应用。但是由于其价格相对于其他纤维偏高，实际生产生活中大规模推广应用有一定难度。

2）碳化硅纤维

碳化硅纤维是以有机硅化合物为原料经纺丝、碳化或气相沉积而制得具有 β-碳化硅结构的无机纤维，属陶瓷纤维类。碳化硅纤维是日本东北大学金属材料研究所矢岛圣使先生在 1975 年首先开发成功的一种新型高科技无机纤维，最高使用温度达 $1200℃$，其耐热性和耐氧化性均优于碳纤维，强度达 $1960\sim4410MPa$，在最高使用温度下强度保持率在 80% 以上，模量为 $176.4\sim294GPa$，化学稳定性也好。碳化硅纤维具有高强度、高模量、耐高温、线膨胀系数小、抗氧化、抗腐蚀、抗蠕变、易加工编织等特性，尤其是与金属和氧化物系陶瓷材料相比具有更高的相容性，因此作为高温耐热材料，碳化硅纤维增强树脂、金属、陶瓷基复合材料广泛用于尖端科技领域。

3）高强聚乙烯纤维

高强聚乙烯纤维是继碳纤维、芳纶纤维之后出现的第三代高性能纤维，它不仅是目前高性能纤维中，比模量、比强度最高的纤维，并且具有耐磨性好、耐冲击性好、耐化学药品性好、不吸水、生物相容性好、电性能好和比重轻等优点。同时由于原料聚乙烯易得，若大规模应用，其生产成本可望较低，特别是熔体纺丝和原液纺丝技术的应用，更有望大大降低其生产成本。因此高强聚乙烯纤维增强复合材料是一种在很多领域具有极强竞争力的品种。但是由于高强聚乙烯纤维的软化点较低，在重荷下易产生蠕变，而限制了其在耐温及结构型复合材料领域中的应用。另外，由于高强聚乙烯纤维表面没有任何反应活性点，不能与树脂形成化学键合，而且其表面能极低、不易被树脂润湿、又无粗糙的表面以供形成机械啮合点，因此界面黏合性成为该复合材料生产过程中的首要问题。目前提出的方法有：等离子体处理法、化学氧化法、化学接枝法、辐射接枝法、臭氧氧化法等。高强聚乙烯纤维在防弹复合材料、抗高速冲击的复合材料、防爆炸用复合材料、海上用复合材料、生物医用复合材料、具有独特电性能的复合材料等领域具有广阔的应用前景。

4）天然纤维

天然纤维是与合成纤维相对而言，指自然界生长的纤维材料。天然纤维根据来源可分为矿物纤维、动物纤维和植物纤维。矿物纤维如石棉等，是一种优良的耐火材料，建筑工业应用较多。动物纤维的主要化学成分是蛋白质，又称为蛋白质纤维，如羊毛、兔毛、蚕丝等，在纺织行业应用较多。目前在天然纤维复合材料中应用较多的是植物纤维。植物纤维的主要化学成分是纤维素，又称纤维素纤维。植物纤维根据来源又可分为韧皮纤维（如黄麻纤维、苎麻纤维、大麻纤维等），种子纤维（如棉纤维、椰壳纤维等），叶纤维（如剑麻纤维等），茎秆类纤维（如木纤维、竹纤维以及草茎纤维等）。韧皮纤维、木纤维和竹纤维是用作天然纤维复合材料增强体的主要材料。各种天然纤维的性能比较如表 6-3 所示。

各种天然纤维的性能比较　　　　　　　　　　表 6-3

纤维	密度 （g/m³）	单纤维拉伸强度 （MPa）	比强度 （MPa·cm³/g）	杨氏模量 （GPa）	比模量 （GPa·cm³/g）	断裂伸长率 （%）
亚麻	1.5	345～1100	230～733	27.6	18.4	2.7～3.2
棉	1.5～1.6	287～800	180～516	5.5～12.6	3.5～8.2	7～8
黄麻	1.3～1.4	393～773	286～562	13～26.5	9.5～19.3	1.16～1.5
苎麻	1.5	400～938	267～625	61.4～128	40.9～85.3	1.2～3.8
剑麻	1.45	468～640	323～441	9.4～22.01	6.5～15.2	3～7
椰壳纤维	1.15	131～175	114～152	4～6	3～5	15～40

天然纤维与合成纤维相比，具有价格低、密度小、易降解等优点。随着人们环保意识的增强，天然纤维作为一种"绿色材料"，越来越受到人们的重视，应用范围不断扩大，特别是作为树脂基复合材料增强体发展十分迅速。虽然其增强复合材料的弯曲强度仅为玻璃纤维增强复合材料的 55% 左右，弯曲模量和拉伸模量仅为玻璃纤维增强复合材料的 35%～50%，但在非结构件和半结构件应用领域还是具有非常强的竞争力。与目前常用的合成纤维相比，天然纤维及其复合材料具有如下性能优势：质轻密度小，价格低廉；原料来源广泛，植物纤维尤其是麻纤维生长周期短、生长环境要求不高，且生长、收获、加工的能量消耗较少，原材料成本低；性能优异，天然纤维复合材料的隔热、吸声性能好，耐冲击，无脆性断裂，具有良好的刚度、切口韧性、断裂特性、低温特性等；有助于环保，天然纤维选择适当的基体材料可以制成可完全降解的复合材料，废弃的天然纤维复合材料产品对环境不会造成污染，从而解决了困扰人类发展的环境问题。但是，天然纤维也存在着一些缺陷，如高吸湿性、机械性能的多变性、由于真菌和风化作用而变质以及纤维/基

体间的低界面强度等，因此，在对纤维表面进行适当处理的同时，必须精心选择不同特性纤维与基体的组合、复合材料的加工方法与生产工艺，以尽可能减少因纤维自身的性能特点而带来的问题，从而改善天然纤维增强复合材料的性能，同时拓宽其应用范围。

传统的单一纤维已经满足不了性能需求，由两种或两种以上的纤维混杂，通过改变其组分、质量分数、混杂方式以及复合结构，可以得到不同力学性能的混杂纤维成为一种新型的研究方向。由于增强材料是两种或者两种以上纤维的混杂物，混杂纤维增强复合材料不仅保留了单一纤维复合材料的优点，更具有单一纤维增强复合材料所不具备的优良特性，进行合理混杂后，可以用一种纤维的优点来弥补另一种纤维的缺点，使纤维之间相互取长补短，匹配协调。通常用混杂纤维复合材料制造的结构材料，其抗冲击性、抗疲劳性和耐腐蚀性等都是很优异的，不仅在航空、航天领域，而且在船舶、建筑、汽车、医疗等许多领域都有广阔的应用前景。

6.2.2　树脂

在树脂基复合材料中，树脂基体的主要作用体现在：黏结作用；隔离作用；保护作用；定型作用；影响延展、冲击等性能；影响破坏模式。树脂基复合材料结构的成型工艺主要取决于树脂基体的工艺，同时，其部分性能，例如使用温度、层间强度等也是由树脂基体所决定的。树脂基体可分为热固性树脂和热塑性树脂两大类。热固性树脂通常由反应性低分子量预聚体或带有反应性基团的高分子聚合物交联而成，在成型过程中发生交联反应形成空间网络结构，固化后的热固性树脂不溶、不熔，其复合材料具有优异的力学性能。热塑性树脂是具有受热软化、冷却硬化的性能，而且不起化学反应，无论加热和冷却重复进行多少次，均能保持这种性能。凡具有热塑性树脂其分子结构都属线型。热塑性当今复合材料的树脂基体仍以热固性树脂为主，热塑性树脂近年来也得到了较快的发展。由于树脂在复合材料耐久性上起到了很关键的作用，正确选择耐用的树脂显得尤为重要。

1. 热固性树脂

热固性树脂是指树脂在加热后产生化学变化，逐渐硬化成型，再受热也不软化，也不能溶解的一种树脂。在复合材料制品中使用热固性树脂的主要原因是：能更好地黏结纤维与基体，有出色的抗蠕变性和低成本。目前热固性树脂基复合材料所采用的树脂基体主要有不饱和聚酯树脂、乙烯基树脂、环氧树脂、酚醛树脂、热固性聚酰亚胺树脂、双马来酰亚胺树脂、氰酸酯树脂等，不同种类的树脂具有不同的特性。

1）不饱和聚酯树脂

不饱和聚酯树脂是由不饱和二元羧酸（或酸酐）、饱和二元羧酸（或酸酐）与多元醇缩聚而成的线性高聚物，相对分子质量通常为 1000～3000。不饱和聚酯在主链中既含有双键，又含有酯基，缩聚反应结束后，在固化剂的作用下，线性不饱和聚酯与乙烯基单体交联共聚，形成具有立体网状结构的聚合物。习惯上把不饱和聚酯与乙烯基单体的聚合物溶液叫作不饱和聚酯树脂。国内外用作复合材料基体的不饱和聚酯树脂类型主要有邻苯二甲酸系列（简称邻苯型）、间苯二甲酸系列（简称间苯型）、双酚系列和卤化系列等。不饱和聚酯树脂加入引发体系可反应形成立体网状结构的不溶、不熔高分子材料，因此不饱和聚酯树脂是一种典型的热固性树脂。与众多热固性树脂相比，不饱和聚酯树脂具有良好的加工特性，可以在室温、常压下固化成型，不释放出任何小分子副产物；树脂的黏度比较适中，可采用多种加工成型方式，如手糊成型、喷射成型、拉挤成型、注塑成型、缠绕成型等。然而固化后的热固性树脂综合性能并不高，因此通常用纤维或填料增强制成复合材料，从而提高性能，以满足使用要求。

目前不饱和聚酯树脂有 100 多个牌号，能满足各种使用条件的要求。不饱和聚酯树脂的优点为：成型工艺简单，尤其适用于大型和现场制作的复合材料产品；机械性能好；光透明性良好，耐光老化；耐酸碱腐蚀，坚韧，表面粗糙度低；价格低廉，应用范围广。不饱和聚酯树脂的缺点为：固化体积收缩率大，耐热性较差，保质期短，成型时气味和毒性较大，长期接触不利于身体健康。不饱和聚酯树脂的体积收缩率一般为 8%～10%。不饱和聚酯树脂较大的体积收缩率易引起复合材料制品翘曲、裂纹、凹陷、变形等一系列问题。这一问题限制了不饱和聚酯的应用，因而目前不饱和聚酯树脂的新品种开发较少，而主要侧重于研究制备低固化收缩率的不饱和聚酯。

2）乙烯基树脂

乙烯基树脂是由环氧树脂与含有不饱和双键的一元羧酸通过开环加成反应而得的热固性树脂，又可称为环氧乙烯基酯树脂、乙烯基酯树脂、乙烯酯树脂。乙烯基树脂是由环氧树脂与甲基丙烯酸通过开环加成化学反应而制得。它保留了环氧树脂的基本链段，又有不饱和聚酯树脂的良好工艺性能，在适宜条件下固化后，表现出某些特殊的优良性能，因此自 20 世纪 60 年代以来获得了迅速发展。

乙烯基树脂主要类型包括双酚型乙烯基树脂和酚醛型乙烯基树脂。其中，双酚型环氧乙烯基树脂是由甲基丙烯酸与双酚 A 环氧树脂通过反应合成的乙烯基树脂，该类型树脂具有以下特点：分子链末端的不饱和双键极其活泼，使环氧乙烯基酯树脂具有高反应活性，使得树脂能迅速固化，建立强度；双酚 A 环氧主结构让树脂具有更强的物理性能和优异的耐热性；树脂交联反应时仅在分子链两端发生交联，分子链（尤其醚基）在应力作用下可以伸长，以吸收外力或热冲击，从而表现出好的柔韧度、耐冲击性和耐疲劳特性，环氧醚键提供优良耐酸性，环氧主结构产生坚韧性，并可控制分子量，提供黏度；羟基极大地改善了树脂对增强材料（如玻璃纤维）的湿润性及复合材料制品的层间黏结性，提高了复合材料制品的层间粘接强度和制品的整体力学强度；采用甲基丙烯酸合成，酯键边的甲基形成立体障碍可起保护作用，提高耐水解性、耐化学腐蚀性和制品强度；与邻苯、间苯、双酚 A 等树脂相比含酯键少，故耐碱性能好。

酚醛型乙烯基树脂是采用高环氧值、多官能团的酚醛环氧树脂与甲基丙烯酸反应而成，主要用于存在溶剂、氧化性介质和高温烟气等特殊腐蚀性环境，在高温下树脂具有高的强度保留率，特殊的化学结构赋予了该树脂独特的理化特性：具有非常高的热变形温度（150℃），并具有良好的力学性能；树脂的高交联密度使其具有良好的耐溶剂性；能耐各种氧化性介质，如过氧化氢、湿氯气、二氧化氯等；具有良好的粘接性，包括与碳钢、聚四氟乙烯（PTFE）等基材。

3）环氧树脂

环氧树脂是泛指分子中含有两个或两个以上环氧基团的有机高分子化合物，除个别外，它们的相对分子质量都不高。环氧树脂的分子结构是以分子链中含有活泼的环氧基团为其特征，环氧基团可以位于分子链的末端、中间或成环状结构。由于分子结构中含有活泼的环氧基团，使它们可与多种类型的固化剂发生交联反应而形成不溶、不熔的具有三向网状结构的高聚物。环氧树脂的品种繁多，根据它们的分子结构，大体上可分为五大类：缩水甘油醚类、缩水甘油酯类、缩水甘油胺类、线性脂肪族类和脂环族类。不同种类的环氧树脂由于组成不同，又有不同的特性。

缩水甘油醚类环氧树脂是由含活泼氢的酚类或醇类与环氧氯丙烷缩聚而成的，其最典型的性能是：黏结强度高，黏结面广，稳定性好，耐化学药品性好，耐酸、碱和多种化学品；机械强度高，电绝缘性优良，性能普遍优于聚酯树脂。但其具有耐候性差、冲击强度低及耐高温性能差的缺点；具体包括二酚基丙烷型（简称双酚 A 型，如图 6-1 所示）、酚醛型、其他多羟基酚类缩水甘油醚型和脂族多元醇缩水甘油醚型环氧树脂。缩水甘油酯类环氧树脂和二酚基丙烷环氧化树脂比较，具有黏度低、使用工艺性好、反应活性高、黏合力比通用环氧树脂高、固化物力学性能好、电绝缘性好、耐气候性好的优点，并且具有良好的耐超低温性，在超低温条件下，仍具有比其他类型环氧树脂高的黏结强度。缩水甘油胺类环氧树脂由脂肪族或芳族伯胺或仲胺和环氧氯丙烷合成而得，具有多官能度、环氧当量高、交联密度大、耐热性显著提高的特点，主要的缺点是具有一定的脆性。脂环族环氧树脂是由脂环族烯烃的双键经环氧化而制得的，它们的分子结构和二酚基丙烷环氧树脂及其他环氧树脂有很大差异，前者环氧基都直接连接在脂环上，而后者的环氧基都是以环氧丙基醚连接在苯环或脂肪烃上，因此，这类环氧树脂与之前介绍的环氧树脂有本质的不同。其固化物有着较高的抗压与抗拉强度，长期暴露在高温条件下仍能保持良好的力学性能和电性能，耐电弧性较好以及耐紫外老化性能及耐气候较好的特点。脂肪族环氧树脂是由脂环族烯烃的双键经环氧化而制得的，它们的分子结构和二酚基丙烷型环氧树脂及其他环氧树脂有很大差异，在分子结构里不仅无苯环，也无脂环结构，仅有脂肪链，环氧基是以环氧丙基醚连接在苯核或脂肪烃上。脂环族环氧树脂的固化物具有较高的压缩与拉伸强度，长期暴置在高温条件下仍能保持良好的力学性能，耐电弧性、耐紫外光老化性能及耐气候性较好等优点。

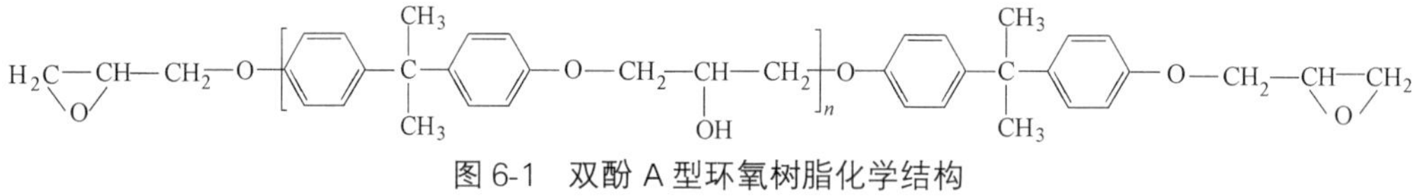

图 6-1　双酚 A 型环氧树脂化学结构

复合材料工业上使用量最大的环氧树脂品种是缩水甘油醚类环氧树脂，而其中又以二酚基丙烷型环氧树脂（简称双酚 A 型环氧树脂）为主，其次是缩水甘油胺类环氧树脂。环氧树脂是应用最广泛的基体材料，其优点是工艺性能、力学性能都比较好，主要缺点是耐热性较差，不能用于高温结构，同时其韧性也比较低，价格相对较高。以纤维增强的环氧树脂复合材料具有十分优异的性能，呈现以下特点：提高材料的刚度、强度、韧性和尺寸稳定性等综合性能；提高复合材料耐温性，拓宽材料使用范围；赋予材料光、电、磁、阻隔、阻燃等功能，使其在化工防腐、电气电子绝缘材料、文体用品、汽车工业、航空航天及军事装备等领域获得了广泛的应用。

4）其他种类热固性树脂

复合材料基体除了常见的几种热固性树脂外，还有酚醛树脂、聚酰亚胺树脂、双马来酰亚胺树脂、氰酸酯树脂等。由于它们独特的优良性能，赢得了人们广泛的关注。其中，酚醛树脂是最早工业化的合成树脂，它是由苯酚和甲醛在催化剂条件下缩聚、中和、水洗而制成的树脂。因选用催化剂的不同，可分为热固性和热塑性两类。由于它原料易得、合成方便，以及树脂固化后性能能够满足许多使用要求，因此在工业上得到广泛应用。生产酚醛树脂的原料主要是酚类、醛类和催化剂，由于采用不同原料和不同催化剂制备出的酚醛树脂的结构和性能并不完全相同，因此应根据产品对性能的要求选择原料。酚醛树脂主要有以下特征：原料价格便宜、生产工艺简单而成熟，制造及加工设备投资少，成型加工容易；抗冲击强度小，树脂既可混入无机或有机填料做成模塑料来提高强度，也可浸渍织物制层压制品；制品尺寸稳定；耐热、阻燃，可自灭，燃烧时发烟量较小且不会产生有毒物质，电绝缘性好；化学稳定性好，耐酸性强。它的缺点是脆性较大、收缩率高、不耐碱、易潮、电性能差，不及聚酯和环氧树脂。由于酚醛树脂产品具有良好的机械强度和耐热性能，尤其具有突出的瞬时耐高温烧蚀性能，以及树脂本身又有改性的余地，所以目前酚醛树脂不仅广泛用于制造玻璃纤维增强复合材料、胶粘剂、涂料以及热塑性塑料改性剂等，而且作为瞬时耐高温和烧蚀的结构复合材料用于宇航工业方面。

聚酰亚胺（PI）是指主链上含有酰亚胺环（-CO-NH-CO-）的一类聚合物，其中以含有酞酰亚胺结构的聚合物最为重要。根据重复单元的化学结构，PI可以分为脂肪族、半芳香族和芳香族聚酰亚胺三种。根据热性质，可分为热塑性和热固性PI。热固性PI具有优异的热稳定性、耐化学腐蚀性和机械性能，通常为橘黄色。PI是综合性能最佳的有机高分子材料之一，耐高温达400℃以上，长期使用温度范围为 $-200 \sim 300$ ℃，无明显熔点，高绝缘性能。纤维增强PI复合材料的抗弯强度可达到345MPa，抗弯模量达到20GPa。热固性PI蠕变很小，有较高的拉伸强度。PI化学性质稳定，不需要加入阻燃剂就可以阻止燃烧，并且可抗化学溶剂，如烃类、酯类、醚类、醇类和氟氯烷。PI具有良好的耐热性和抗氧化性，其工艺温度较高，缺点是工艺性能较差，而且成本较高。纤维增强PI复合材料可用于航天、航空器及火箭部件，是最耐高温的结构材料之一。

双马来酰亚胺（BMI）是由聚酰亚胺树脂体系派生的另一类树脂体系，是以马来酰亚胺（MI）为活性端基的双官能团化合物，有与环氧树脂相近的流动性和可模塑性，可用与环氧树脂类同的一般方法进行加工成型，克服了环氧树脂耐热性相对较低的缺点。BMI分子结构中含有不饱和的活泼双键，使得BMI可进行热聚合，同时不产生任何挥发性物质。BMI由于含有苯环、酰亚胺杂环及交联密度较高而使其固化物具有优良的耐热性，其 T_g 一般大于250℃，使用温度范围为 $177 \sim 232$ ℃左右。脂肪族BMI中乙二胺是最稳定的，随着亚甲基数目的增多起始热分解温度（T_d）将下降。芳香族BMI的 T_d 一般都高于脂肪族BMI。另外，T_d 与交联密度有着密切的关系，在一定范围内 T_d 随着交联密度的增大而升高。BMI以其优异的耐热性、电绝缘性、透波性、耐辐射、阻燃性，良好的力学性能和尺寸稳定性，成型工艺类似于环氧树脂等特点，被广泛应用于航空、航天、机械、电子等工业领域中，先进复合材料的树脂基体、耐高温绝缘材料和胶粘剂等。

氰酸酯树脂是一种含有两个或两个以上氰酸酯官能团（—OCN）的二元酚衍生物，其化学结构如图6-2所示，R为氢原子、甲基和烯丙基等，X为亚异丙基脂环骨架。氰酸酯树脂具有与环氧树脂相近的加工性能，具有与双马来酰亚胺树脂相当的耐

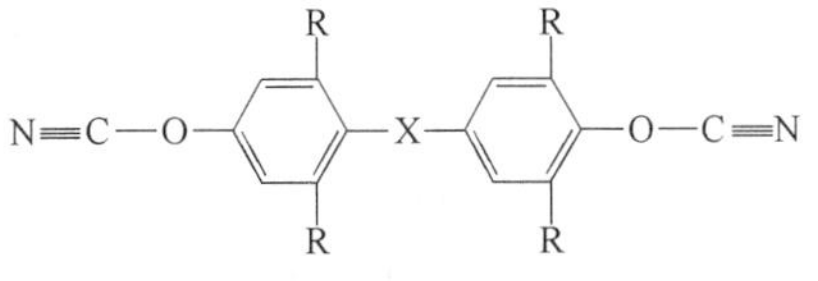

图6-2　氰酸酯树脂的化学结构

高温性能（$T_g=240\sim290℃$），具有比聚酰亚胺更优异的介电性能（介电常数约 $2.8\sim3.2$，介电损耗约 $0.002\sim0.008$），具有与酚醛树脂相当的耐燃烧性能。氰酸酯树脂因其优异的介电性能、高耐热性、良好的综合力学性能、较好的尺寸稳定性以及极低的吸水率等性能，主要应用于高速数字及高频用印刷电路板、高性能透波材料（雷达罩）基体和航空航天用高韧性结构复合材料基体。

热固性树脂及其复合材料因具有质轻、高强等优异性能，广泛应用于各个行业，然而材料的回收问题日益受到人们的关注。目前，我国对热固性复合材料废弃物处理的方法主要采取填埋和焚烧，但这种方法会造成土壤的破坏和大量土地的浪费，且一些复合材料制品不易降解，直接燃烧还会产生大量毒气，同样造成环境污染。而在工业发达国家，热固性复合材料回收利用日趋成熟，回收加工多以粉碎和热解法技术为主。其主要研究热点大致可分为两个方面：一是研究非再生热固性复合材料废弃物的处理新技术；二是开发可再生、可降解的新材料。

2. 热塑性树脂

组成热塑性树脂的线性分子不是以化学键随机交联，而是以分子间作用力这样微弱的力相连，比如说范德华力和氢键。在热力和压力的作用下，这些分子可以移动到一个新的位置，当冷却时它们就保持在他们的新位置。这使树脂再加热后得到重塑。这个过程可以重复发生，但是这个重复的过程使得材料变得更脆。最早的热塑性树脂基复合材料于1956 年在美国 Hberfil 公司以玻璃纤维/尼龙复合材料而问世。常见的热塑性树脂有聚乙烯（PE）、聚丙烯（PP）、聚酰胺（PA）、聚醚醚酮（PEEK）以及聚苯硫醚（PPS）树脂等。一般常用的热塑性树脂中，聚乙烯是世界产量最大、应用最广的合成树脂品种，它以乙烯为单体，因此具有良好的介电性、化学稳定性好、吸水性低等优异性能，被广泛应用于制造电话、信号装置等。然而聚乙烯的缺点是强度不高、表面硬度低、弹性模量小，容易蠕变和应力松弛。聚丙烯由丙烯（$CH_2=CH-CH_3$）合成而来，它的各种性能与聚乙烯非常相似，由于聚丙烯的原料来源广泛，价格低廉，生产工艺简单以及产品的性能良好，具有优良的电性能、耐热性、耐酸碱性以及透气性，因此在电器工业和化学装置等材料方面得到迅猛发展。聚酰胺树脂是具有许多重复的酰胺基的线型热塑性树脂的总称，这类高聚物的商品有耐纶、尼龙或锦纶。大部分热塑性树脂都可作为纤维增强热塑性树脂基复合材料的基体，但作为高性能热塑性树脂复合材料的树脂基体，耐热性和机械强度都有较高的要求。如在航天、航空领域中使用，要求复合材料所采用的热塑性树脂的 T_g 应大于177℃，在机械强度方面，通常要求抗拉强度大于 70MPa，抗拉模量大于 2GPa，个别要求能分别达到 100MPa 和 3GPa。

复合材料中的热塑性树脂除了要有良好的机械性能、高稳定性、耐化学腐蚀性，选择树脂的另一关键在于其加工性能。对于高性能的热塑性树脂，一般都是难溶、难融甚至不溶、不融，这就给复合材料的树脂浸渍和成型加工造成了困难，加工温度越高，生产过程中树脂越容易热氧化、降解，因此要选择合适的树脂，避免生产时提高对设备的要求，不利于降低成本。由于热塑性树脂的熔融黏度一般都超过 100Pa·s，因此在加工过程中不利于增强纤维的分布和树脂基体的浸渍。采用传统的复合材料加工方法来加工热塑性树脂基复合材料，很难满足增强纤维与树脂基体均匀分布以及树脂基体对增强纤维完全浸渍的要求。所以，对热塑性树脂基复合材料，热塑性树脂和增强纤维的结合方法一直是这类复合材料加工的难点和关键。热塑性树脂与连续增强纤维的结合主要有两大类方法：第一类方法是预浸渍法，即预浸料的制备方法，它是使液态树脂流动、逐渐浸渍纤维并最终充分浸渍每根纤维，形成的半成品为预浸料。预浸渍工艺又分为熔融浸渍工艺、溶液浸渍工艺、粉末流化浸渍工艺、粉末悬浮浸渍工艺和混编制备技术五种；第二类方法是后浸渍法或预混法，即预混料的制备方法，它是将热塑性树脂以纤维、粉末或薄膜态与增强纤维结合在一起，形成一定结构形态的半成品。但其中的树脂并没有浸渍增强纤维，复合材料成型加工时，在一定的温度和压力下树脂熔融并立即浸渍相邻纤维，进一步的流动最终完全浸渍所有纤维。

　　热塑性树脂复合材料是从复合材料和塑料两个不同领域开发出的一种新型复合材料，因此，其成型工艺具有塑料和热固性树脂复合材料工艺的特征，既可以像热固性纤维复合材料那样成型，且无需固化过程，成型工艺要简单快捷的多；同时由于它可以进行热成型，使其又具有金属材料成型的特点。其主要成型工艺包括：冲压成型、辊压成型、拉挤成型、缠绕成型等。热塑性树脂复合材料与热固性树脂复合材料相比，具有工艺性能好、可重复使用、耐腐蚀性好、断裂韧度高等特点，近年来发展较快。随着社会的进步与发展，对新材料要求的越来越高、需求越来越大，从资源及技术经济角度来看，高性能的热塑性树脂复合材料在性能、价格、生产效率、装配、维修费用等方面的优越性，使其在即将到来的复合材料时代中，将扮演举足轻重的角色。

6.3　复合材料的成型工艺

　　随着复合材料结构应用领域的拓宽，其制品及构件的成型工艺由手糊工艺向技术密集、自动化方向发展。目前复合材料成型技术已有20多种，主要包括：手糊、液体模塑、拉挤、缠绕等工艺。

6.3.1　手糊成型工艺

1. 概述

　　手糊成型工艺，是树脂基复合材料生产中最早使用、最简便和应用广泛的一种成型方法，通过手工作业把纤维织物和树脂交替铺在模具上，然后固化成型为复合材料制品的工艺。该工艺成型不受制品尺寸和形状限制，适宜尺寸大、批量小、形状复杂制品的生产；易于满足制品设计需要，可在制品不同部位任意增补增强材料。该成型工艺复合材料制品主要包括：复合材料大篷、体育场馆采光层顶、船艇、车壳、混凝土槽及钢罐内防腐层等。

2. 工艺过程及原材料

　　手糊成型工艺的工艺过程是：先在模具上涂刷含有固化剂的树脂混合物，再在其上铺贴一层按要求剪裁好的纤维织物，用刷子、压辊或刮刀压挤织物，使其均匀浸渍并排除气泡后，再涂刷树脂混合物和铺贴第二层纤维织物，反复上述过程直至达到所需厚度为止。然后，在一定压力作用下加热固化成形（热压成形），或者利用树脂体系固化时放出的热量固化成形（冷压成形），最后脱模得到复合材料制品。

　　手糊成型工艺所需的原材料有纤维及其织物、合成树脂、辅助材料等。糊制时，先在模具上刷一层树脂，然后铺一层纤维布。顺一个方向从中间向两边把气泡赶净，使玻璃布贴合紧密，含胶量均匀，如此重复，直至达到设计厚度为止。

3. 手糊成型工艺特点

手糊成型工艺作为应用最广泛的工艺具有许多优势，成型不受产品尺寸和形状限制，适宜尺寸大、批量小、形状复杂的产品的生产；设备简单、投资少、见效快，适宜我国中小企业的发展；工艺简单、生产技术易掌握，只需经过短期培训即可进行生产；易于满足产品设计需要，可在产品不同部位任意增补增强材料；制品的树脂含量高，耐腐蚀性能好。同时，该工艺也存在一些不足，生产效率低、速度慢、周期长、不宜大批量生产；产品质量不易控制，性能稳定性不高；产品力学性能较低；生产环境差、气味大、加工时粉尘多，易对施工人员造成伤害。

4. 手糊成型工艺的应用

在整个复合材料工业的发展历程中，新的工艺方法不断涌现，但由于手糊成型操作简便，无需复杂的专用设备，不受制品形状尺寸的限制，同时可以根据设计要求，随意局部加强，因此手糊成型目前在复合材料成型工艺中仍占有很大比例。应用手糊成型工艺制作的复合材料产品非常广泛，典型应用在建筑制品、造船业、交通运输以及各种防腐产品等领域。其相关产品主要有复合材料大篷、体育场馆采光层顶、船艇与军用折叠船、车壳、水泥槽内防腐衬层与钢罐内防腐层等。

6.3.2　液体模塑成型工艺

1. 概述

液体模塑成型工艺是指将液态聚合物注入铺有纤维预成型体的闭合模腔中，或将预先放入模腔中的树脂膜加热融化，使液态聚合物在流动充模的同时，对纤维浸渍、固化成型的复合材料制备技术；主要包括：树脂传递模塑成型工艺（RTM）、真空辅助树脂传递模塑（VARTM）、真空导入工艺（VIMP）、树脂膜渗透工艺（RFI）等；可制备带夹芯、加筋等异型超大制品，并可定向铺放纤维。目前国内外主要用于制造大型风力叶片、舰船、高速列车等，例如可以基于低成本快速成型的真空导入工艺制备直径 4m、长 12m 的超大复合材料三维实体复合材料防撞节段实体构件。

2. 树脂传递模塑成型工艺（RTM）

树脂传递模塑成型工艺是指在模腔中铺放设计好的增强材料预成型体，在压力或真空或两者共同的作用下将低黏度的树脂注入模腔，树脂在流动充模的过程中完成对增强材料预成型体的浸润，并固化成型而得到复合材料构件的一种工艺技术，属于复合材料成型技术中的液体成型工艺。

RTM 的基本原理是将玻璃纤维增强材料铺放到闭模的模腔内，用专用压力设备将树脂胶液注入模腔，浸透玻纤增强材料，然后固化，脱模成型制品。RTM 是一种新型的复合材料成型方法，具有许多独特的优点，因而近年来发展十分迅速，适合多品种、中批量、高质量的先进复合材料制品成型，因此其模具的设计与制作是关键，技术有以下特点：RTM 工艺分增强材料预成型坯加工和树脂注射固化两个步骤，具有高度灵活性和组合性；采用了与制品形状相近的增强材料预成型技术，纤维树脂的浸润一经完成即可固化，因此可用低黏度快速固化的树脂，并可对模具加热而进一步提高生产效率和产品质量，增强材料预成型体可以是短切毡、连续纤维毡、纤维布、无皱折织物、三维针织物以及三维编织物，并可根据性能要求进行择向增强、局部增强、混杂增强以及采用预埋和夹芯结构，可充分发挥复合材料性能的可设计性；闭模树脂注入方式可极大减少树脂有害成分对人体和环境的毒害。

另外，RTM 还有其他优点，一般采用低压注射技术（注射压力小于 $4kg/cm^2$），有利于制备大尺寸、外形复杂、两面光洁的整体结构及无需后处理制品；加工中仅需用树脂进行冷却；模具可根据生产规模的要求选择不同的材料制备，能降低成本。

RTM 工艺应用发展很快，技术适用范围很广，目前已广泛用于建筑、交通、电信、卫浴、航空航天等工业领域。例如，航空航天领域的舱门、风扇叶片、机头雷达罩、飞机引擎罩等；军事领域的鱼雷壳体、油箱、发射管等；交通领域的轻轨车门、高铁座椅及车头、厕所等，公共汽车侧面板、汽车底盘、保险杠、卡车顶部挡板等；建筑领域的路灯的管状灯杆、风能发电叶片及机舱罩、装饰用门、椅子和桌子、头盔等；船舶领域的小型划艇船体，上层甲板等。

3. 真空导入工艺（VIMP）

低成本快速成型的真空导入工艺是在真空状态下排除纤维增强体中的气体，利用树脂的流动渗透，实现对纤维及其织物的浸渍，并在室温下进行固化，从而形成一定树脂/纤维比例的工艺方法。真空导入工艺在模具上铺增强材料，然后铺真空袋，并抽出体系中的空气，在模具型腔中形成一个负压，利用真空产生的压力把不饱和树脂通过预铺的管路压入纤维积层中，让树脂浸润增强材料最后充满整个模具，制品固化后，揭去真空袋材料，从模具上得到所需的制品。

真空导入工艺是一种十分有效的成型方法，与传统的开模成型工艺相比，其优势主要体现以下几个方面：在相同成本下，真空导入成型制件的强度、刚度或硬度较之手糊成型制件可提高 1.5 倍以上，机械性能好；通过设置真空度，可以在一定程度上控制树脂和纤维的比例，使成型构件具有高度一致性，重复性好；树脂浪费率低于 5%，比开模工艺可节约劳动力 50% 以上。尤其对于大型加筋结构，材料和人工的节省相当可观；开模成型时，苯乙烯的挥发量高 35%～45%；真空导入成型中，挥发性有机物和有毒物质均被局限于真空袋中，有效地避免了对环境的污染和对人身健康的危害。

真空导入工艺制造的复合材料制件具有成本低、空隙含量小、产品性能好的优点，并具有很大的工艺灵活性，能够一次成型带有夹芯、加筋、预埋的大型复合材料结构件；且为闭模工艺，可有效地抑制苯乙烯挥发，绿色环保，已成为复合材料成型工艺的主要发展方向之一。随着在游艇、风力发电叶片等制品上的应用，真空导入工艺近几年得到了快速发展，作为一种相对高性能低成本的成型技术，正被越来越多的人认识和采用。

4. 树脂膜渗透工艺（RFI）

树脂膜渗透工艺是一种树脂膜熔渗和纤维预制体相结合的树脂浸渍技术。其工艺过程是将预催化树脂膜或树脂块放入模腔内，然后在其上覆以缝合或三维编织等方法制成的纤维预制体等增强材料，再用真空袋封闭模腔，抽真空并加热模具使模腔内的树脂膜或树脂块融化，并在真空状态下渗透到纤维层，最后进行固化制得制品。

与现有的成型技术相比树脂膜渗透工艺具有显著的优势。在 RTM 和 VARTM 工艺中，液态树脂通过推压或抽吸方式，通过模具内的纤维预制体，形成最终制件形状。这些方法使树脂历经较长、较复杂的路径。为了保证前部树脂均匀推进不留孔隙或干区，需要仔细的工艺设计和细节考虑，废品率可能较高。RFI工艺可克服上述缺点，加热和用真空或压力帮助树脂渗透连续的纤维预制体，使得树脂分布均匀，制品成型周期短。在无树脂膜的另一侧使用真空袋形成低压，在不使用对模的情况下，就能获得闭模系统捕集排放物的效果。树脂料以可控制的形式供给，其中已含有适量的固化剂和催化剂，它们在加热后发生作用，在纤维增强材料被完全浸透后完成固化。

RFI工艺技术始于20世纪80年代，最初是为成型飞机结构件而发展起来的。近年来这种技术已进入到复合材料成型技术的主流之中，适宜多品种、中批量、高质量先进复合材料制品的生产成型，并已在汽车、船舶、航空航天等领域获得一定应用。采用RFI制得的渔船及游艇重量轻、耗油量低、速度快、容易控制。在基础设施领域中，可采用RFI工艺制造复合材料加筋整体壁板。

6.3.3　拉挤成型工艺

1. 概述

拉挤成型工艺是将纤维束或纤维织物通过纱架连续喂入，经过树脂胶槽将纤维浸渍，再穿过热成型模具后进入拉引机构，可连续生产出截面形状复杂、性能稳定的连续型材（如方形、工字形、槽形等型材）。拉挤成型工艺包括：隧道炉拉挤工艺、间歇成型拉挤工艺、高频或微波加热拉挤工艺等。拉挤复合材料可直接作为受力构件，也可与其他材料（混凝土、钢等）组合受力。

2. 拉挤成型工艺特点

拉挤成型工艺通过对纤维、树脂比例的优化控制，达到增大复合材料刚度的效果。在合适的纤维、树脂比例下，长轴方向的弹性模量可达到44GPa。拉挤型材的强重比是普通钢材的4倍。虽然刚度稍有不足，但是在达到同等强度和同等刚度的情况下，拉挤型材仍只有钢材约一半重量。而与钢筋混凝土相比，拉挤型材的强重比则可以高出5倍之多。

拉挤工艺能够连续成型，制品长度不受设备和工艺因素的限制，只要空间足够，任何长度的制品都能够制成，并且很容易在空心制品的内腔或外表面设置纵向加强肋。另外，生产速度高，生产过程中无边角废料，产品不需后加工，故较其他工艺省工，省原料，省能耗，生产成本低。

3. 拉挤成型工艺的应用

拉挤复合材料最早应用在电气领域，目前成功开发应用的产品有：电缆桥架、梯架、支架、绝缘梯、变压器隔离棒、电机槽楔、路灯柱、电铁第三轨护板、光纤电缆芯材等。化工防腐是拉挤复合材料的一大用户，成功应用的产品有：复合材料抽油杆、冷却塔支架、海上采油设备平台、行走格栅、楼梯扶手及支架、各种化学腐蚀环境下的结构支架、水处理厂盖板等。在建筑领域，拉挤复合材料已渗入传统材料的市场，如门窗、混凝土模板、脚手架、楼梯扶手、房屋隔间墙板、筋材、装饰材料等。同时，筋材和装饰材料将有很大的上升空间。另外，拉挤复合材料在高速公路两侧隔离栏、道路标志牌、人行天桥、隔声壁、冷藏车构件以及畜圈、禽舍用围墙栅、温室框架、支撑构件、藤棚、输水槽等都有应用。

6.3.4 缠绕成型工艺

1. 概述

缠绕成型工艺是将浸过树脂胶液的连续纤维按照一定规律缠绕到芯模上，然后经固化、脱模，获得制品，其缠绕角可根据受力需要进行调整。纤维缠绕的主要形式有三种：环向缠绕、平面缠绕及螺旋缠绕。目前纤维缠绕成型工艺已获得广泛应用，如纤维缠绕地下石油复合材料贮罐、纤维缠绕管道制品、复合材料压力容器（包括球形容器）及复合材料压力管道制品等。

2. 缠绕成型工艺流程

复合材料缠绕成型工艺是将浸过树脂胶液的连续纤维（或布带、预浸纱）按照一定规律缠绕到芯模上，然后经固化、脱模，获得制品的工艺过程，其缠绕角可根据受力需要进行调整。根据纤维缠绕成型时树脂基体的物理化学状态不同，纤维缠绕成型工艺方法可分为干法缠绕、湿法缠绕和半干法缠绕三种。缠绕的主要形式有三种：环向缠绕、平面缠绕及螺旋缠绕。环向缠绕的增强材料与芯模轴线以接近 90°角（通常为 85°～89°）的方向连续缠绕在芯模上，平面缠绕的增强材料以与芯模两端极孔相切并在平面内的方向连续缠绕在芯模上，螺旋缠绕的增强材料也与芯模两端相切，但是在芯模上呈螺旋状态连续缠绕在芯模上。

3. 缠绕成型工艺特点

纤维缠绕成型工艺具有的优点：第一，能够按产品的受力状况设计缠绕规律，使其充分发挥纤维的强度；第二，一般来讲，纤维缠绕压力容器与同体积、同压力的钢质容器相比，重量可减轻 40%～60%；第三，纤维缠绕制品易实现机械化和自动化生产，工艺条件确定后，缠出来的产品质量稳定、精确；第四，采用机械化或自动化生产，需要操作工人少，缠绕速度快（240m/min），劳动生产率高，成本低。

纤维缠绕成型工艺也存在一些缺点：缠绕成型适应性小，不能缠任意结构形式的制品，特别是表面有凹的制品，缠绕时纤维不能紧贴芯模表面而架空。其次，缠绕成型需要有缠绕机、芯模、固化加热炉、脱模机及熟练的技术工人，需要的投资大，技术要求高，因此，只有大批量生产时才能降低成本，获得较高的技术经济效益。

4. 纤维缠绕成型工艺的应用

目前纤维缠绕成型工艺已经在国防军工及各工业领域获得了广泛的应用，如纤维缠绕地下石油复合材料贮罐、纤维缠绕管道制品、复合材料压力容器（包括球形容器）及复合材料压力管道制品等，土木领域复合材料缠绕管与木或混凝土组合形成桩、桥墩等结构也有广阔的应用前景。

随着复合材料应用领域的拓宽，复合材料工业得到迅速发展，传统成型工艺日臻完善，新的成型方法不断涌现，除上述成型工艺外还有复合材料模塑格栅生产工艺、热压罐成型技术、离心成型工艺、喷射成型工艺以及模压成型工艺等。

6.4 复合材料的基本构件

6.4.1 纤维增强树脂（FRP）筋材

纤维增强树脂（FRP）筋材是以多股连续纤维长丝或者预制件通过基底材料（树脂）

进行胶合后，经特制的模具挤压、拉拔成型的复合材料筋材。FRP 筋是以纵向纤维为主的连续长条形 FRP 制品的典型应用形式。

1. FRP 筋组成及种类

FRP 筋由纤维丝、树脂、添加剂及表面附着层等材料复合而成，其性能主要取决于纤维丝。纤维材料有玻璃纤维、碳纤维、芳纶纤维、聚乙烯纤维、聚丙烯纤维、聚缩醛纤维、聚酰亚胺纤维、硼纤维等。其中玻璃纤维、碳纤维和芳纶纤维是应用最广泛的纤维。树脂和添加剂也是影响 FRP 筋物理、化学及力学性能的重要因素。树脂基体中会加入一些添加剂，主要是为了改善树脂的物理、化学性能，从而改善 FRP 筋的力学性能，如增加强度、减小收缩、增加韧性、缓解徐变断裂等。

根据所用纤维材料类型，FRP 筋相应分为玻璃纤维增强筋（GFRP 筋）、碳纤维增强筋（CFRP 筋）、芳纶纤维增强筋（AFRP 筋）等几种。一般来说，纤维含量越高，FRP 筋强度越高，但挤拉成型时就越困难。典型的 FRP 筋的纤维体积分数为 55%～65%，其余是树脂基体；根据所用的树脂类型，FRP 筋可分为热固性 FRP 筋（包括不饱和聚酯树脂、乙烯基树脂以及环氧树脂等）和热塑性 FRP 筋（包括聚酯、聚丙烯、聚酰胺和聚甲醛等）。两者相比，热固性 FRP 筋具有更高的强度和模量，但成型后形状无法改变，在混凝土应用中有一定的局限，而热塑性 FRP 筋则能进行弯折加工，灵活应用；根据加工方法，FRP 筋可分为发辫形 FRP 筋、凸螺纹 FRP 筋、凹螺纹 FRP 筋等，如图 6-3 所示。

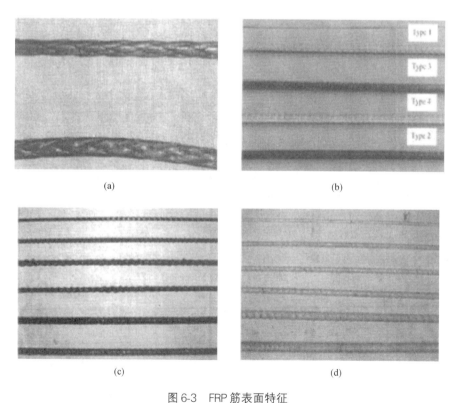

(a)　　　　　　　　　　　　　　　(b)

(c)　　　　　　　　　　　　　　　(d)

图 6-3　FRP 筋表面特征

（a）发辫形 FRP 筋；（b）凸螺纹 FRP 筋；（c）凹螺纹 CFRP 筋；（d）凹螺纹 GFRP 筋

2. FRP 筋性能特点

FRP 筋中不同的纤维组成和含量决定了其不同的物理力学性能，目前国内外常用 FRP 筋物理力学性能参见表 6-4。

各种 FRP 筋与钢筋、钢绞线的性能对比　　　　　　　　表 6-4

材料种类	普通钢筋	钢绞线	GFRP 筋	CFRP 筋	AFRP 筋
密度（g/cm³）	7.85	7.85	1.25~2.1	1.5~1.6	1.25~1.4
抗拉强度（MPa）	490~700	1400~1890	480~1600	600~3700	1200~2550
屈服强度（MPa）	280~420	1050~1400	—	—	—
弹性模量（GPa）	210	185~205	35~65	120~580	40~125
极限延伸率（%）	>10.0	>4.0	1.2~3.1	0.5~1.7	1.9~4.4
纵向温度膨胀系数（10^{-6}/℃）	11.7	11.7	8.0~10.0	0.6~1.0	−6.0~−2.0
横向温度膨胀系数（10^{-6}/℃）	11.7	11.7	23	25	30
热胀系数（10^{-6}/℃）	11.7	11.7	8.0~10.0	0.6~1.0	6.0~2.0
应力松弛率（20℃时）（%）	—	3	1.8	1~3	7~20

FRP 筋作为一种新型的复合材料加强筋，在结构或构件中主要承受拉力，与传统的钢筋相比，具有以下特点：

1）抗拉强度高。FRP 筋的极限抗拉强度很高，远超过普通钢筋，与高强钢丝或钢绞线相近。其中 CFRP 筋的抗拉强度最高，其次 AFRP 筋和 GFRP 筋。FRP 筋属于弹性材料，没有明显的屈服台阶。

2）密度小。FRP 筋的密度为普通钢筋的 16%~25%，有利于减轻结构自重，方便施工，可应用于大跨桥梁结构的悬索或斜拉索，显著提高桥梁的跨越能力。

3）耐腐蚀性能好。FRP 筋耐腐蚀性明显优于钢筋，可应用于酸、碱、氯盐和潮湿等恶劣环境中，后期维修成本低。FRP 筋优良的耐腐蚀性可提高建筑物的安全性和耐久性，保证建筑物的使用年限。

4）抗疲劳性能好。CFRP 筋和 AFRP 筋的抗疲劳性明显优于钢筋，而 GFRP 筋的抗疲劳性略低于钢筋，但可以满足结构构件对抗疲劳性的要求。

5）电磁绝缘性能好。FRP 筋是非金属材料，具有良好的电绝缘性和电磁波易穿透的特点，在特殊要求的建筑物（如雷达站）应用上具有难以替代的应用优势。

6）可设计性强。FRP 筋作为一种复合材料，具有可设计性，可以根据不同的需求加工成性能差异很大的产品。

7）弹性模量低。FRP 筋的弹性模量约为普通钢筋的 25%~75%，其变形明显大于钢筋。在混凝土结构的应用中，如果不施加预应力，则裂缝较大。

8）热膨胀系数与混凝土之间存在一定的差别。FRP 筋的横向热胀系数较大，纵向热胀系数则较小，温度变化时，FRP 筋与混凝土之间会产生不协调的变形，可能造成 FRP 筋与混凝土间黏结的破坏或混凝土的胀裂，对结构的耐久性产生不利影响。

9）热稳定性差。FRP 筋的基体为有机树脂，其耐高温性较差，因此，当超过某一温度范围，FRP 筋的抗拉强度将有所下降，抗剪强度和黏结强度则显著下降。

3. FRP 筋工程应用

FRP 筋以其自身的特点，可以应用于桥梁、各类民用建筑、海洋和近海、地下工程等结构中。现介绍几个主要应用领域：

图 6-4　FRP 筋在桥梁工程中应用范例

1) 桥梁工程上的应用。目前，桥梁工程普遍存在钢筋混凝土腐蚀问题，而 FRP 筋耐腐蚀性能好，可广泛应用于桥梁工程。1993 年，在加拿大西南部城市卡尔加里，用混有光纤传感器的 FRP 筋建造了世界上第一座 FRP 筋增强混凝土桥。然后，越来越多的桥梁建设工程中使用了 FRP 筋。图 6-4 是位于加拿大马尼托巴省温尼伯的红河 Floodway 桥，2006 年完工。这座桥梁包括 16 个跨度，每个大约 15.3m×43.5m。桁架上方的所有混凝土构件均采用了 GFRP 筋，该项目使用了 140，614 kg GFRP 钢筋，使其成为世界上最大的非金属钢筋混凝土桥梁。在美国使用 FRP 筋的典型工程项目是西弗吉尼亚州的 Mackinleyville 桥，这是美国第一座使用 FRP 筋增强桥面板的公路桥。

2) 道路建设中的应用。在道路建设中，需要提高预应力混凝土公路的耐久性，因此采用 FRP 筋显示出了很大的优势。图 6-5 为加拿大魁北克蒙特利尔 40 号公路中心车道修建了一段使用 FRP 筋的试验路面，该路面安装了各种传感器，以监测老化行为以及反复交通负荷和环境条件对性能的影响。试验板厚 315mm，FRP 筋比例为 1.2%，经过 16 个月的观测，结果显示使用 FRP 筋的路面裂缝宽度满足 AASHTO 限制的标准（裂纹宽度不大于 1mm），并且对照试验组采用钢筋的路面裂缝间距和裂缝宽度都比使用 FRP 筋的情况大。

图 6-5　FRP 筋在道路建设中应用范例

3) 地下工程中的应用。FRP 筋由于具有非常高的拉伸强度，可达 1200N/mm² 以上，可用于隧道中。在隧道施工期间，用隧道镗床（TBM）打破挖掘井的钢筋墙，需要进行广泛的测量和准备工作。采用 FRP 筋可以避免这个问题，FRP 筋的各向异性对于自动挖掘的起始和精加工过程的开挖坑是非常有利的。因此，在隧道施工中使用 FRP 筋可以节省很多时间和成本。图 6-6 为 FRP 筋在隧道中应用范例。

(a)　　　　　　　　　　　　　　　　(b)

(c)　　　　　　　　　　　　　　　　(d)

图 6-6　FRP 筋在隧道中应用范例

（a）TBM 切割 FRP 筋增强混凝土墙；（b）FRP 加筋笼；（c）FRP 加筋笼安装现场；（d）FRP 筋增强地下连续墙

6.4.2　纤维增强树脂（FRP）型材

纤维增强树脂（FRP）型材是将纤维连续纺丝形成长丝束，经浸渍树脂后干燥硬化而制成的各种型材。FRP 型材通常采用拉挤成型工艺制成。

FRP 拉挤型材截面形式多样，分为圆形、矩形、槽形、T 形、工字形等（图 6-7），可根据工程需要灵活设计。FRP 拉挤型材具有自重轻、强度高、成型方便、耐腐蚀、抗疲劳等优势，可以作为结构构件或结构的加固补强构件，在工程领域有诸多应用。对 FRP 型材及其与其他材料组合结构的研究，逐渐成为国内外研究的热点。

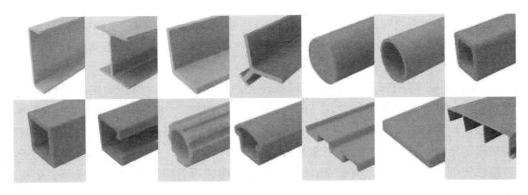

图 6-7　不同截面形式的 FRP 拉挤型材

1. FRP 型材基本特点

FRP 型材一般是以纵向纤维为主的薄壁构件，但由于纤维单向布置，导致其纵向抗压强度较高，但抗剪强度较低，且局部受力性能差，在外力作用下易在腹板发生纵向剪切破坏，制约了型材的承受力。解决该问题的一个主要途径是增加拉挤型材的抗剪强度，目前可采取的方法主要有三种：①使用新型高性能树脂；②使用多轴向织物进行拉挤；③使用拉缠一体机进行生产。特别是后两种方法可有效增强拉挤型材的抗剪强度，从而提高拉挤型材的整体和局部受力性能。

2. FRP 型材工程应用

1）桥面板中的应用。FRP 型材可装配组合成多种形式的桥面板，其可按不同的工程需求灵活设计。典型的 FRP 型材组装成的桥面板如图 6-8 所示。1997 年，美国首个使用 FRP 拉挤型材桥面板的公路桥梁建成。在桥梁施工过程中，采用 FRP 桥面板不仅减轻了桥面板的自重，也提高了施工速度。但在集中轮压荷载作用下，FRP 桥面板通常发生截面材料分层失效、整体刚度丧失的现象，解决断面分层的一个主要途径是平面外补强。

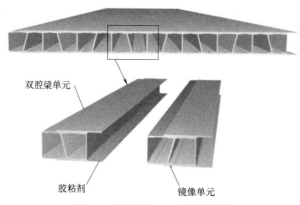

图 6-8　典型的 FRP 型材桥面板

2）FRP 型材-混凝土组合梁中的应用。FRP 型材-混凝土组合梁由混凝土和 FRP 拉挤型材组成，其中上部混凝土主要承受压力，下部 FRP 拉挤型材承受拉力。相比单一材料，FRP 型材-混凝土组合梁具有更优良的性能，可发挥两种材料的优势。相比于钢-混凝土组合梁，FRP 型材-混凝土组合梁具有良好的耐腐蚀性能，在腐蚀环境中更具有应用优势。FRP 型材与混凝土板之间的连接方式，是影响其承载力的关键因素。FRP 型材与混凝土板之间常见的连接方式主要包括化学黏结、膨胀剂连接以及 FRP 开孔板连接，其中 FRP 开孔板连接连接方法较普遍。

3）其他应用。FRP 型材在建筑领域有较大的应用前景，例如在美国纽约建起一座研究机构，大部分承重构件均使用 FRP 型材。Eyecatcher 大楼是一项重要的 FRP 型材示范建筑，该大楼的外墙是由 FRP 型材组成，曾经是 Swissbau 99 的标志性建筑，展览后，该建筑作为办公楼在瑞士巴塞尔重建（图 6-9）。另外，FRP 型材在门窗、围护结构、楼梯扶手等也有应用。例如 FRP 拉挤成型楼梯扶手具有耐老化、不变形、耐冷等特性。

图 6-9 Eyecatcher 大楼

6.5 自愈合纤维增强树脂

在 FRP 使用过程中，其容易受到宏观和微观破坏，而微裂纹为微观的主要表现形式，可造成 FRP 性能下降，导致整体机能失效。直至 20 世纪 80 年代中期，自愈合材料概念由美国军方首先提出，并得到各国的研究与发展。自愈合 FRP 是指模仿生物体损伤愈合的原理，当遭到损伤后，可以自动对内部或者外部损伤进行修复的智能纤维增强树脂材料。自愈合 FRP 具有感知和激励的双重功能，可恢复和增强材料的力学强度，延长使用寿命，以及提升使用材料的安全性。在工程领域有诸多应用，如航空航天、微电子、仿生、桥梁建筑等领域。

自愈合 FRP 主要分为热塑型自愈合 FRP 和热固型自愈合 FRP。自愈合 FRP 的主要修复方法有微胶囊法和空心纤维法，其中微胶囊法优势显著，有广阔的应用前景。微胶囊法是通过在 FRP 制作过程中将含有自愈合剂的胶囊埋入 FRP 中实现的。当材料产生微裂纹后，裂纹的扩展刺破预埋的胶囊，释放出自愈合剂，自愈合剂与催化剂发生聚合反应，粘接裂纹并修复而实现自愈合。图 6-10 为微胶囊自愈合过程。

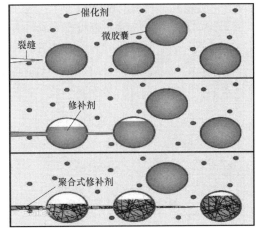

图 6-10 微胶囊自愈合过程

微胶囊自愈合 FRP 的愈合反应种类很多，其中点击化学优势明显。点击化学包括叠氮化物-炔烃反应、烯烃之间的 Diels-Alder 反应、巯基-烯烃反应，自由基引发的巯基-炔反应，其中 Diels-Alder 反应是点击化学中常见的一种。Diels-Alder 反应由共轭二烯和亲二烯体反应生成环己烯。由于此反应是热可逆反应，可用来制备热可逆自愈合材料。常见的 Diels-Alder 为呋喃和马来酰亚胺的反应，如图 6-11 所示。

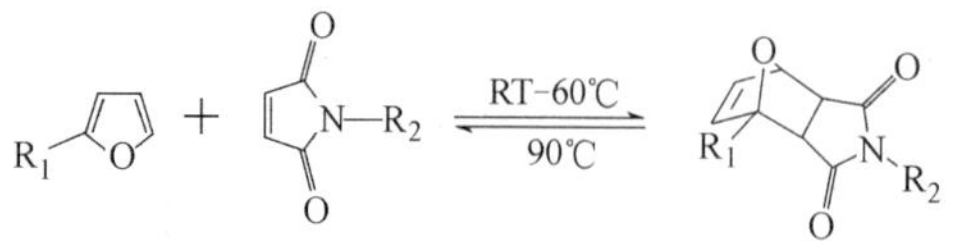

图 6-11 呋喃和马来酰亚胺的 Diels-Alder 反应

微胶囊自愈合 FRP 体系结合了埋植技术与微胶囊技术,以达到材料深层自愈合的目的。尽管微胶囊自愈合 FRP 体系有很广阔的应用前景,但催化剂的稳定性及材料多次自愈合的能力仍有所限制,仍需要攻克的难点主要有:催化剂有一定寿命、稳定性等条件限制,界面黏结力弱,愈合后强度比较低。

本章小结

复合材料是基于组分材料(增强材料和树脂等)通过系统集成优化达到高性能化的材料。复合材料的成型工艺有 20 多种,主要包括:手糊、液体模塑、拉挤、缠绕等工艺。复合材料有很多种产品形式,在土木工程领域应用较多的产品有复合材料筋材和型材。复合材料面临着高温、高湿、高盐、强紫外线、飓风、巨浪等极端恶劣环境耦合作用。因此,温度、湿度、盐雾、紫外线等因素引起的长期耐候性能是复合材料领域的关键问题。自愈合 FRP 是指模仿生物体损伤愈合的原理,当遭到损伤后,可以自动对内部或者外部损伤进行修复的智能纤维增强树脂材料。自愈合 FRP 具有感知和激励的双重功能,可恢复和增强材料的力学强度,延长使用寿命,以及提升使用材料的安全性。

思考与练习题

6-1 简述复合材料的概念。

6-2 简述复合材料的组成材料。

6-3 简述复合材料有哪些成型工艺。

6-4 简述自愈合纤维增强树脂的愈合原理。

第7章 建筑功能材料

本章要点：

(1) 建筑防水材料类型、性能和应用；(2) 建筑节能与绝热材料类型、性能和应用；(3) 建筑防火材料类型、性能和应用；(4) 建筑隔声吸引和装饰材料的类型、性能和应用。

学习目标：

(1) 掌握建筑用防水材料的类型、性能和应用，以及作用原理；(2) 掌握建筑节能与绝热材料的类型、性能和应用，以及材料作用原理；(3) 掌握建筑防火材料的类型、性能和应用，以及材料作用原理；(4) 掌握建筑隔声、吸声材料和建筑装饰材料的类型、性能及其应用；(5) 了解建筑功能材料最新进展，理解建筑功能材料与绿色建筑的关系。

7.1 建筑功能材料的定义

根据建筑材料的使用功能，可分为结构材料、装饰材料及建筑功能材料。结构材料主要是指构成建筑物受力构件和结构所使用的材料，包括梁、板、柱、基础、框架和其他受力构件所使用的材料，通常对这类材料的主要性能要求是力学性能和耐久性。装饰材料主要功能是装修各类土木建筑物以提高其使用功能和美观，保护主体结构在各种环境因素下的稳定性和耐久性的建筑材料及其制品，又称装修材料、饰面材料。建筑功能材料是指负担某些建筑功能的材料，其可以赋予建筑物保温隔热、防水防潮、防火阻燃、防腐抗蚀及吸声、隔声等功能。

如今，随着人们生活水平的提高，人们需要更舒适的生活环境，对建筑安全、舒适、美观、耐久等各方面的要求也越来越高；同时，更有效地利用地球有限的资源、全面改善及扩大人类工作与生存空间势在必行。这些必将对建筑物使用功能提出各种各样的新要求，需要发展更多具有特定功能的建筑材料以满足这种要求。建筑功能材料种类丰富，即使是同一种建筑功能也可能会有成百上千种的材料及其产品。按照材料在建筑中的具体功能，建筑功能材料一般可分成建筑保温隔热材料、建筑防水材料、建筑防火材料、建筑玻璃、建筑声学材料及功能混凝土材料。

7.2 建筑防水材料

防水工程是建筑工程中的重要组成部分，防水也是对建筑工程最基本的要求。建筑物的围护结构要防止雨水、雪水和地下水的渗透；要防止空气中的湿气、蒸汽和其他有害气体与液体的侵蚀；分隔结构要防止给水排水的渗透，这些防渗透、渗漏和侵蚀的材料统称为防水材料。防水材料的主要作用是防潮、防漏、防渗，避免水和溶于水中的盐分对建筑物的侵蚀，能很好地抵抗裂缝位移和变形引起的建筑体渗漏和破坏。不同建筑漏水的危害见表 7-1。由此可见，防水材料的质量优劣直接影响建筑物的使用功能和使用寿命。

7.2.1　建筑防水材料概述

建筑防水材料能防止地下水、地表水（包括雨水、工业与民用的给水排水）、空气中的湿气、蒸汽渗透和渗漏到建筑物或各种构筑物中，并防止一些具有侵蚀性的液体侵蚀建筑物或构筑物的材料。使用防水材料是确保房屋建筑免受雨水、地下水与其他水分渗透的主要手段。防水材料广泛应用于工业/民用建筑和公共设施与基础设施建设工程。

建筑防水即为防止水对建筑物某些部位的渗透而从建筑材料上和构造上所采取的措施。防水多使用在屋面、地下建筑、建筑物的地下部分和需防水的内室和储水构筑物等。按其采取的措施和手段的不同，分为材料防水和构造防水两大类。材料防水是靠建筑材料阻断水的通路，以达到防水的目的或增加抗渗漏的能力，如卷材防水、涂膜防水、混凝土及水泥砂浆刚性防水以及黏土、灰土类防水等。

构造防水则是采取合适的构造形式，阻断水的通路，以达到防水的目的，如止水带和空腔构造等。主要应用领域包括房屋建筑的屋面、地下、外墙和室内；城市道路桥梁和地下空间等市政工程；高速公路和高速铁路的桥梁、隧道、地下铁道等交通工程；引水渠、水库、坝体、水力发电站及水处理等水利工程等。随着社会的进步和建筑技术的发展，建筑防水材料的应用还会向更多领域延伸。

不同建筑的漏水危害　　　　　　　　　　　表 7-1

场景	危害
住宅	家具、装饰受到破坏，影响居住质量
化学库	毒气外泄，爆炸起火
粮库	大量粮食霉变，造成大量财产损失
厂房	降低产品质量，提高废品率，影响公司效益
实验室	昂贵的仪器损坏，造成大量财产损失
变电间	短路、起火
博物馆	收藏品损坏，造成大量财产损失

1. 建筑防水的机理

防水材料有两种截然不同的防水机理。一类是靠材料自身的密实性起防水作用；另一类是利用疏水性毛细孔的反毛细管压力来防水。

绝大多数防水材料都是以自身密实性机理来防水。材料的密实性可以用它的孔隙率来表征，而材料的孔隙率与它的透水性、或者说水渗透系数有密切关系。多孔材料的水渗透性可以用达西定律来描述：

$$Q = KFH/L \tag{7-1}$$

$$I = H/L \tag{7-2}$$

式中　Q——单位时间渗流量（m/s）；

　　　F——过水断面（m^2）；

　　　H——总水头损失（m 水柱或 Pa）；

　　　L——渗流路径长度（m）；

　　　I——水力梯度；

　　　K——渗透系数，当水头损失以水柱高度（m）表示时，其单位为"m/s"；当水头损失以压力（Pa）表示时，其单位为"$m^2/(Pa \cdot s)$"；且有 $1m/s = 9800m^2/(Pa \cdot s)$，或 $1m^2/(Pa \cdot s) = 1.02 \times 10^{-4} m/s$。

达西定律是由砂质土体实验得到的，后来推广应用于其他土体如黏土和具有细裂隙的岩石等。在某些条件下，渗透并不一定符合达西定律，因此在实际工程中需要注意达西定律的适用范围。

常见工程材料的典型渗透系数见表 7-2。强透水的粗砂砾石层渗透系数 $K > 10$m/昼夜，弱透水的亚砂土渗透系数 K 为 $1 \sim 0.01$m/昼夜，不透水的黏土渗透系数 $K < 0.001$m/昼夜。水泥混凝土的渗透系数受水灰比和龄期的影响，也与其毛细管孔隙率密切相关。

常见工程材料的典型渗透系数 表 7-2

材　料		渗透系数 $K(m \cdot s^{-1})$
岩石类	花岗岩、岩石	10^{-15}
	石灰岩	10^{-13}
	砂岩	10^{-11}
土类	黏土	10^{-9}
	粉质黏土	$1.2 \times 10^{-8} \sim 6.0 \times 10^{-7}$
	粉土	$6.0 \times 10^{-7} \sim 6.0 \times 10^{-6}$
	粉砂	$6.0 \times 10^{-6} \sim 6.0 \times 10^{-5}$
	细砂	$1.2 \times 10^{-5} \sim 6.0 \times 10^{-5}$
	中砂	$6.0 \times 10^{-5} \sim 2.0 \times 10^{-4}$
	粗砂	$2.4 \times 10^{-4} \sim 6.0 \times 10^{-4}$
	砾石	$6.0 \times 10^{-4} \sim 1.8 \times 10^{-3}$
水泥浆体		$(1 \sim 100) \times 10^{-14}$
水泥混凝土		$(1 \sim 100) \times 10^{-12}$
土工布[垂直渗透系数（GB/T 17638—2008）]		$(1 \sim 9.9) \times (10^{-3} \sim 10^{-5})$
复合土工膜		$10^{-11} \sim 10^{-15}$

2. 建筑防水材料的分类

为便于选择应用，对防水材料我们首先按材质属性进行划分，再按它们的形式、组成成分、物理性能等要求进行分类，以达到方便、实用的目的。因此首先根据材质属性将防水材料分为柔性防水材料、刚性防水材料和瓦片防水材料三大系列；再按类别、品种、物性和品名来划分不同的防水材料。

1）按材性分类

建筑防水材料按材性可分为刚性防水材料和柔性防水材料，见表7-3。

刚性防水材料和柔性防水材料分类

表 7-3

性质	分类	简介	主要产品
刚性材料	混凝土自防水结构	因混凝土自身密实而具有一定防水能力	普通防水混凝土（调整配合比）
			外加剂防水混凝土
			新型防水混凝土
	水泥砂浆抹面	依靠砂浆本身的憎水性能和砂浆的密实性来达到防水目的	掺防水剂型
			掺塑化膨胀剂型
			聚合物型
柔性材料	防水卷材	以沥青或合成高分子材料为基料，通过挤出或压延制成的卷状材料	沥青卷材类
			合成高分子卷材类
			高聚物改性防水卷材
	防水涂料	涂刷在防水基层，溶剂挥发后固结成一定厚度的防水涂层	合成高分子涂料
			聚合物改性沥青涂料
			沥青基涂料
	建筑密封材料	嵌入建筑物缝隙以及由于开裂产生的裂缝，能承受位移且能达到气密、水密的目的的材料	溶剂型
			乳液型
			反应型
	堵漏灌浆材料	利用机械的高压将灌浆料注入混凝土裂缝中，当浆液遇到混凝土裂缝中的水分会迅速分散、固结，填充混凝土所有裂缝，达到止水堵漏的目的	水溶性聚氨酯灌浆液
			改性环氧灌浆液
			油溶性聚氨酯灌浆液

2）按材料形态分类

防水材料按材料形态可分为防水卷材、防水涂膜、密封防水材料、防水混凝土、防水砂浆、金属板、瓦片、憎水剂、粉状防水材料。不同形态的材料对防水主体的适应性是不同的。卷材、涂膜密封材料柔软，应依附于坚硬的基面上；金属板既是结构层又是防水层；而防水混凝土、砂浆、瓦片的刚性大，坚硬；憎水材料使混凝土或砂浆这些多孔（毛细孔）材料的表面具有憎水性能；粉状松散材料遇水溶胀止水。

3）按组成材料的性能分类

防水材料由于其物性、成分的不同，所表现出来的防水性能和工艺有所区别，大致可分为橡胶型材料、树脂类材料、反应型材料、挥发型材料、改性型材料、热熔型材料及渗透结晶型材料。

4）按材料种类划分

同一材料品种会体现材料的共同性能，过去常按品种来划分防水体系。相同品种的材料具有很多共性，其特点也非常相似，但具体的性能指标会有一些差别。

5）按材料品名划分

材料的名称包括学名、别名、代号、商品名等，我国防水材料大多以学名来命名，有些材料有国外引进的商品名，所以许多防水材料都是以商品名加学名并用。

3. 建筑防水材料的基本性质

1）耐水性

防水材料不吸水，在水的长期作用下保持性能和功能，在水的压力作用下不穿透能力。

2）力学性能

一定拉伸（抗压、抗折）强度和抗变形能力，即在抵御使用过程结构变形和施工过程受力后适应变形的能力，如抗拉强度、延伸性能、抗撕裂力、抗疲劳能力、抗穿刺能力、抗震能力等。

3）耐化学性能及对温度的适应性

在化学介质及微生物长期侵蚀下保持性能和功能，高湿下不收缩、不变形，低湿下保持柔性、韧性、不胀裂。

4）耐久性

在大气环境作用下，能抗御紫外线、臭氧、酸雨及风沙冲刷下的性能稳定，材料储存性能稳定。

5）良好施工性

材料按一定工艺流程施工的性能，包括施工方便，较少受操作工人技术水平、气候条件、环境条件的影响。

6）环保性

在防水材料生产和使用过程中，不污染环境和有害人体健康。

以上各方面性能是相互关系、相互制约的，在研究防水材料性能时，应把各方面性能联系、统一考虑。

7.2.2 常用建筑防水材料

建筑防水材料的选用会直接影响建筑防水层的耐久性能，对其密闭效果以及使用时限有极大的影响，因而选用合适可靠的材料是保障工程质量的关键。目前的建筑防水材料可以简要地分为刚性防水材料、建筑防水卷材、建筑防水涂料、密封防水材料及高分子防水材料等特种用途的防水材料。相关标准见表7-4。

1. 刚性防水材料

刚性防水材料主要以混凝土材料为主，该防水方式已经广泛应用于建筑防水及结构防水施工中。防水混凝土一般分为普通防水混凝土、外加剂防水混凝土和膨胀防水混凝土三种，常用于建筑主体结构和地下结构的防水中，兼具结构和防水两种功效，同时具有成本低廉、施工简便、易于检查、质量可靠、便于修补等优点。但是在施工中，应注重混凝土的浇筑环节，避免出现孔洞或者漏水、麻面等现象。

防水材料有关标准名称及标准代号对应表　　　　　表 7-4

标准分类	标准名称	标准代码		示例
国家标准	国家标准	GB	GB 50207—2012	屋面工程质量验收规范
	推荐性国标	GB/T	GB/T 18840—2002	沥青防水卷材用胎基

续表

标准分类	标准名称	标准代码	示例	
行业标准	黑色冶金	YB	YB/T 9261—1998	水泥基灌浆材料施工技术规程
	水利	SL	SL/T 231—1998	聚乙烯(PE)土工膜防渗透工程技术规范
	建材	JC	JC/T 894—2009	聚合物水泥防水涂料
	交通	JT	JT/T 203—2014	公路水泥混凝土路面接缝材料
	电力	DL	DL/T 100—2006	水工混凝土外加剂技术规程
	城镇建设	CJ	CJJ 62—1995	房屋渗透修缮技术规范
	建筑工程	JG	JG/T 141—2001	膨润土橡胶遇水膨胀止水条
	化工	HG	HG 2402—1992	屋顶橡胶防水材料三元乙丙橡胶片材
	工程建设推荐性	CECS	CECS 18:2000	聚合物水泥砂浆防腐工程技术规程
地区标准	地方标准	DB	DBJ 01-16—1994	新型沥青卷材防水工程技术规程
			苏建规 01—1989	高分子防水卷材屋面施工验收工程
企业标准	企标	单位自定	Q/6S461—1987	XM-43 密封腻子
			QJ/SL 02.01—1989	APP 改性沥青卷材

混凝土防水材料需要优选砂石骨料、水泥、外加剂等原材料，同时需优化混凝土配合比，以保证混凝土的体积稳定性，防止混凝土因各种收缩而产生开裂。据统计，混凝土结构裂缝中大约 80% 是由于混凝土的收缩变形造成的。为提高混凝土材料自身体积稳定性和抗裂性能，常在混凝土中掺入适量纤维或者膨胀材料等，并优化混凝土浇筑、养护的施工工艺。

近年来，以 MgO 为主要组分的镁质抗裂材料逐渐在混凝土刚性防水工程中得到了应用，并取得了理想的效果。其作用机理在于 MgO 水化生成 $Mg(OH)_2$，固相体积增大 118%，提高混凝土密实性和抗渗效果；部分水化产物形成膨胀能，补偿混凝土温度收缩及干燥收缩产生的应力，防止混凝土开裂，实现混凝土结构自防水。主要技术指标见表 7-5。

氧化镁膨胀抗裂防水材料主要技术指标　　　　　　　　　　表 7-5

项　目		MAC-R	MAC-S
外观		不结块	
m(氯离子)(%)		≤0.1	
m(MgO)(%)		≥30.0	
含水率(%)		≤0.2	
细度(0.08mm 筛余)(%)		≤20.0	
胶砂限制膨胀率(20℃水养)(%)	7d	≥0.012	≥0.012
	Δ(7d—28d)	≥0.010	≥0.010
胶砂限制膨胀率(40℃水养)(%)	7d	≥0.020	≥0.020
	Δ(7d—28d)	≥0.010	≥0.020
胶砂抗压强度(MPa)	7d	≥20	
	28d	≥40	
安定性		合格	

2. 建筑防水卷材

防水卷材包括沥青防水卷材、高聚物改性沥青防水卷材和合成高分子防水卷材三大类。具体分类见表 7-6 和图 7-1。

防水卷材的主要类型分类表   表 7-6

防水卷材	沥青防水卷材	纸胎沥青防水卷材	
		玻纤布胎沥青防水卷材	
		玻纤胎沥青防水卷材	
		麻布胎沥青防水卷材	
	高聚物改性沥青防水卷材	SBS 改性沥青防水卷材	
		APP 改性沥青防水卷材	
		SBR 改性沥青防水卷材	
		PVC 改性焦油沥青防水卷材	
	合成高分子防水卷材	弹性体防水卷材	三元乙丙橡胶防水卷材
			聚氯乙烯-橡胶共混防水卷材
		塑性体防水卷材	聚氯乙烯防水卷材
			增强聚氯乙烯防水卷材

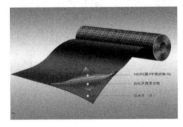  

图 7-1 防水卷材

1) 沥青防水卷材

沥青是一种呈黑色或棕褐色的半固态黏稠状物质，受热会发生熔化，具有一定的黏性、塑性和大气稳定性。沥青防水卷材是传统的防水材料，常用于建筑防潮及多层防水的下层或刚性防水层的隔离层。按《石油沥青纸胎油毡》GB 362—2007 的规定，各种油毡的物理性能见表 7-7。

油毡物理性能表   表 7-7

规格		Ⅰ 型	Ⅱ 型	Ⅲ 型
单位面积浸涂材料总量(g/m^2)		≥600	≥750	≥1000
不透水性	压力(MPa)	≥0.02	≥0.02	≥0.10
	保持时间(min)	≥20	≥30	≥30
吸水率(%)		≤3.0	≤2.0	≤1.0
耐热度(85℃±2℃)		2h 涂盖层无滑动、无流淌和集中性气泡		
拉力(纵向)(N/50mm)		240	270	340
柔度(18℃±2℃)		绕 ϕ20mm 圆棒或弯板无裂纹		

石油沥青防水卷材：用原纸、纤维织物、纤维毡等胎体浸涂石油沥青，表面撒布粉状、粒状或片状材制成可卷曲的片状防水材料。常见石油沥青防水卷材的特点、适用范围具体见表7-8和图7-2。

常见石油沥青防水卷材的特点、适用范围　　　　表7-8

卷材名称	特　色	适用范围
石油沥青纸胎油毡	我国传统的防水材料，耐久性差，使用年限较短，使用效果不佳，逐渐被淘汰	三毡四油、二毡三油叠层铺设的屋面工程的多层防水
石油沥青玻璃布油毡	抗拉强度高，胎体不易腐烂，柔韧性好，耐久性比纸胎油毡提高一倍以上	铺设地下防水、防腐层，屋面做防水层及金属管道（热管道除外）的防腐保护层
石油沥青玻纤胎油毡	有良好的耐水性、耐腐蚀性和耐久性，柔韧性也优于纸胎油毡，使用寿命长	屋面或地下防水工程
石油沥青麻布胎油毡	抗拉强度高，耐水性好，胎体材料易腐蚀	屋面增强附加层
石油沥青锡箔胎油毡	能反射热量，从而降低了屋面及室内温度，能阻隔蒸汽的渗透	多层防水的面层和隔气层

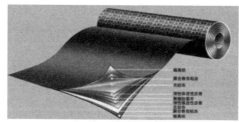

图7-2　沥青防水卷材

2）高聚物改性沥青防水卷材

在保持原有沥青卷材性能的基础上，通过加入橡胶、树脂等对沥青进行改性，形成高聚物改性沥青防水卷材，改善了普通沥青防水卷材温度稳定性差、延伸率小等缺点，具有高温不流淌、低温不脆裂、拉伸强度较高、延伸率较大等特点，广泛用于各类建筑防水、防潮工程。目前，主要有SBS改性沥青防水卷材、APP改性沥青防水卷材、SBR改性沥青防水卷材等。

在实际工程中，把改性沥青防水卷材通过热熔法融化，涂布在屋面板的外表层，用滚轴圈压实，使沥青牢固地附着在结构表面。

3）合成高分子防水卷材

合成高分子防水卷材，是以合成橡胶、合成树脂或者两者共混体系为基料，加入适量的助剂、填充料等，经过混炼、塑炼、压延、定型等加工工艺制成的防水材料，具有强度高、延伸率大、高低温特性好、耐腐蚀、抗老化等优点，多用于地下防水工程和要求有良好防水性能的屋面。具体见表7-9。

1）三元乙丙橡胶（EPDM）防水卷材

EPDM卷材是以三元乙丙橡胶为主体，加入适量的丁基橡胶和硫化剂等加工制成，其质量轻、延伸率大、耐老化、抗拉强度高、对基层伸缩或开裂适应性强，可减少维修次数，见图7-3。

常用的合成高分子防水卷材的特点及适用范围 表 7-9

卷材名称	特 点	适用范围
三元乙丙橡胶防水卷材（EPDM）	耐老化性能好，耐臭氧化、弹性和抗拉强度大，对基层变形开裂的适应性强，重量轻，寿命长，耐高低温性能优良，可以冷施工	防水要求高、耐久年限长的防水工程
聚氯乙烯（PVC）防水卷材	拉伸强度和断裂伸长率高，对基层的伸缩、开裂、变形适应性强；低温柔韧性好，可焊接性好；具有良好的水蒸气扩散性	大型屋面板、空心板做防水层，地下室或地下工程的防水和防潮，以及对耐腐蚀有要求的室内地面工程的防水
氯化聚乙烯防水卷材	耐老化、耐化学腐蚀及抗撕裂的性能好，弹性高	屋面做单层外露防水，以及有保护层的屋面、地下室、水池等工程的防水
氯化聚乙烯-橡胶共混防水卷材	不但具有氯化聚乙烯特有的高强度和优异的耐臭氧、耐老化性能，而且具有橡胶所特有的高弹性、高延伸性以及良好的低温柔性	尤宜用于寒冷地区或变形较大的防水工程

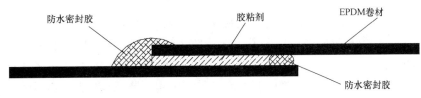

图 7-3 三元乙丙橡胶（EPDM）防水卷材结构

2）聚氯乙烯（PVC）防水卷材

PVC 卷材是以聚氯乙烯树脂为主体，加入填充料和改性剂、增塑剂等加工制成，其抗拉强度较高、延伸率较大、热容性能好，耐高低温性能较好。可采用冷粘法或热风焊接法进行卷材接缝，接缝黏结牢固、封闭严密，常用于屋面、地下室以及水坝、水渠等工程防水。

3）氯化聚乙烯-橡胶共混防水卷材

氯化聚乙烯-橡胶共混防水卷材兼有塑料和橡胶的特点，不但具有氯化聚乙烯材料的强度高、耐臭氧、耐老化性能，而且具有橡胶类材料的高弹性、高延伸性以及良好的低温柔韧性能。

4）聚烯烃（TPO）防水卷材

TPO 卷材（图 7-4）是新开发的材料，无增塑剂，性能与 EPDM 相似，但可以焊接，还可重复使用，功能也比较全面，是采用先进聚合技术将乙丙（EP）橡胶与聚丙烯结合在一起的热塑性聚烯烃材料为基料，以聚酯纤维网格织物做胎体增强材料构成，并采用先进加工工艺制成的片状可卷曲的防水材料。

该材料既具有乙丙（EP）橡胶的长期耐候性和耐久性，又具聚丙烯的可焊接性，两层 TPO 材料中间夹一层聚酯纤维织物，可增强其物理性能，提高其断裂强度、抗疲劳和抗穿刺能力。增强层上表面 TPO 有高反射性的以白为主的浅色光滑表面。由于不含氯，对环境保护和施工安全有利。

5）柔性聚合物水泥防水卷材

柔性聚合物水泥防水卷材是在水泥及超细矿物掺合料中，加入适量聚合物、水和助剂等，经搅拌、塑炼和压延等系列加工工艺制成，能充分发挥水泥水化产物与高聚物各自的性能优势。该卷材抗老化性和防水性能好，而且具有适应基材变形的韧性，可在潮湿基面上施工。

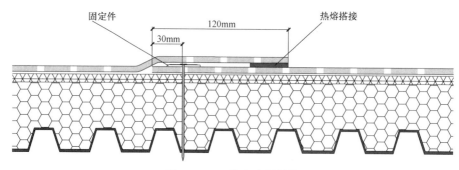

图 7-4　TPO 防水卷材结构

3. 建筑防水涂料

建筑防水涂料是一种建筑防水材料，将涂料单独或与胎体增强材料复合或分层施工在需要进行防水处理的基层面上，可形成一定连续无缝的整体且具有一定厚度的涂膜防水层，从而满足工业与民用建筑的屋面、地下工程、楼地面等部位的防水抗渗透要求。

防水涂料按使用行业分为建筑工程防水涂料、民用家装防水涂料、道桥防水涂料、隧道防水涂料等；按其主要成膜物质的基料可分为合成高分子类（主要是聚氨酯、聚脲等）、聚合物水泥类（含聚合物乳液类及无机类）以及橡胶沥青及改性沥青类的产品。根据涂料介质不同，又可分为溶剂型、水乳型和反应型，不同介质的防水涂料的性能特点可见表 7-10，对应的国家标准见表 7-11。

不同介质的防水涂料的性能特点　　　　　表 7-10

项目	溶剂型防水涂料	水乳型防水涂料	反应性防水涂料
成膜机理	通过溶剂的挥发、高分子材料的分子链接触、缠结等过程成膜	通过水分子的蒸发，乳胶颗粒靠近、接触、变形等过程成膜	通过预聚体与固化剂发生化学反应成膜
干燥速度	干燥快、涂膜薄而致密	干燥较慢，一次成膜的致密性较低	可一次形成致密的较厚的涂膜，几乎无收缩
贮存稳定性	储存稳定性较好，应密封储存	储存期一般不宜超过半年	各组分应分开密封存放
安全性	易燃、易爆、有毒，应注意安全使用，注意防火	无毒，不燃，生产使用比较安全	有异味，生产、运输和使用过程中应注意防火
施工情况	施工时应通风良好	施工较安全，操作简单，可在较潮湿的找平层上施工，施工温度不宜低于 5℃	按照规定配方配料，搅拌均匀

现行防水涂料国家标准　　　　　表 7-11

序号	标准号	中文标准名称	英文标准名称	备注
1	GB/T 19250—2003	聚氨酯防水涂料	Polyurethane waterproofing coating	2004-03-01 实施
2	GB/T 16777—2008	建筑防水涂料实验方法	Test methods for building waterproofing coatings	2009-04-01 实施

续表

序号	标准号	中文标准名称	英文标准名称	备注
3	GB/T 23446—2009	喷涂聚脲喷涂聚脲	Spray polyurea waterproofing coating	2010-01-01 实施
4	GB/T 23445—2009	聚合物水泥防水涂料	Polymer modified cerment compounds for waterproofing membrane	2010-01-01 实施
5	GB/T 864—2008	聚合物乳液聚合物乳液	Polymer emulsion architectural waterproofing coating	2008-12-1 实施

1) 合成高分子类防水涂料

合成高分子类防水涂料，主要指通过反应合成的高分子防水涂料，主要有聚氨酯防水涂料和聚脲防水涂料两大类。聚氨酯防水涂料包括双组分反应固化型涂料或单组分潮气固化型涂料。聚氨酯防水涂料可以常温施工，操作简便，涂膜的黏结力强，具有良好的物理力学性能和优异的防水、耐酸、耐碱和耐老化性能，适用于屋面、地下室和其他结构部位的防水施工，特别适用于造型复杂的屋面防水工程。

目前聚氨酯防水涂料执行《聚氨酯防水涂料》GB/T 19250—2013 标准，产品分为 3 种类型：Ⅰ型通常用于工业与民用建筑工程的普通防水，有单双组分两种产品，主要指标拉伸强度大于 2MPa，断裂伸长率 500%；Ⅱ型通常用于桥梁等非直接通行部位桥面的防水，主要指标拉伸强度大于 6MPa，断裂伸长率 450%；Ⅲ型通常用于桥梁、停车场、上人屋面等外露通行部位的防水。国内聚氨酯防水涂料约占防水涂料总量的 40%。

2) 聚合物水泥类防水涂料

聚合物水泥类包括聚合物乳液防水涂料、聚合物水泥防水涂料、聚合物水泥防水浆料等产品，主要成分是由聚合物乳液与水泥、石英粉等组成，依据乳液含量和粉料的比例，从材料的柔韧性高低，依次是聚合物乳液防水涂料、聚合物水泥防水涂料。图 7-5 是用聚合物水泥类防水涂料涂刷的案例。

（1）聚合物乳液防水涂料

聚合物乳液防水涂料是合成树脂乳液类建筑涂料中的一种，一般是以丙烯酸酯均聚乳液、苯乙烯-丙烯酸酯共聚乳液或者乙烯-醋酸乙烯（VAE）乳液等为基料，产品执行行业标准《聚合物乳液建筑防水涂料》JC/T 864—2008，分为两类，拉伸强度分别满足Ⅰ型 1.0MPa、Ⅱ型 1.5MPa，

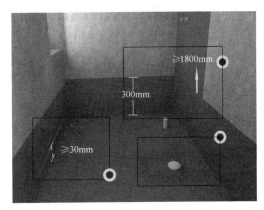

图 7-5　聚合物水泥类防水涂料的涂刷

断裂伸长率同时满足大于 300%。另外出现金属屋面专用的丙烯酸高弹防水涂料，其采用的是《金属屋面丙烯酸高弹防水涂料》JG/T 375—2012 标准，该类产品主要适用于彩钢屋面等直接外露的金属屋面防水工程。技术指标见表 7-12。

建筑防水涂料用聚合物乳液的技术指标（JC/T 1017—2006）　　　　　表 7-12

序号	实验项目	技术指标
1	容器中状态	均匀液体,无杂质,无沉淀,不分层
2	不挥发物含量(%)	规定值±1

续表

序号	实验项目	技术指标
3	pH 值	规定值±1
4	残余单体总和(%),≤	0.10
5	冻融稳定性(3 次循环,−5℃)	无异常
6	钙离子稳定性(0.5%CaCl$_2$ 溶液,48h)	无分层,无沉淀,无絮凝
7	机械稳定性	不破乳、无明显絮凝
8	储存稳定性	无硬块、无絮凝、无明显分层和结皮
9	吸水率(24h)(%),≤	8.0
10	耐碱性(0.1%NaOH 溶液,168h)	无起泡、溃烂

乳液型防水涂料的共同优点是:因为分散介质是水,所以容易涂布,操作性能好;也能和潮湿的基层接合。共同的缺点是:水分蒸发后才能逐层涂抹至需要的涂膜厚度,如果在其干燥前遇到下雨,涂层就会有流失的危险;并且成膜温度高,在低温下有时不能成膜。

常用的聚合物乳液有橡胶胶乳和合成树脂乳液,前者有氯丁胶乳、丁苯胶乳、乙丙胶乳等,后者有乙烯-醋酸乙烯共聚物(EVA)乳液、丙烯酸酯类共聚物(纯丙)乳液、丙烯酸酯类苯乙烯共聚物(丙苯或苯丙)乳液等。常用乳液及其特点见表 7-13。

防水涂料的常用聚合物乳液　　　　表 7-13

乳液		特点
橡胶乳液	氯丁胶乳(CR)	较好的耐候性,也有较好的黏结性
	丁苯胶乳(SBR)	为了增强黏结性能,应该选用含极性基团改性单体的丁苯胶乳,如端段基丁苯胶乳。膜层强度较高,耐候性一般
	乙丙胶乳(EPR)	很好的耐候性,黏结性较差
	醋酸乙烯共聚物(EVA)乳液	涂膜柔软,延伸性好,能抵抗一般的基层龟裂,涂膜有较好的耐水性、耐候性和耐碱性;低温柔性好,聚合物的表面张力和混凝土表面张力接近,因而与混凝土的黏结力较强;价格不高
	硅橡胶乳液	优良的耐高、低温、耐候、耐水、耐各种气体、耐臭氧和耐紫外线降解等性能;兼具透气功能,由于价格较高,一般与丙烯酸酯类乳液混合使用,很少单独使用
合成树脂乳液	丙烯酸酯类共聚物(纯丙)乳液(PAE)	很好的耐候性、黏结性和耐水性,价格较高
	苯乙烯-丙烯酸酯类共聚物(丙苯或苯丙)乳液(SAE)	较好的耐候性,也有较好的黏结性,价格适中
	氯乙烯-偏二氯乙烯共聚物乳液	涂料涂刷性能好,成膜均匀、透明。遇金属离子稳定性高、透湿率低

(2) 聚合物水泥防水涂料

聚合物水泥防水涂料(又称 JS 复合防水涂料),是以聚合物乳液和水泥为主要原料,综合了聚合物和水泥的优势,而具有"刚柔相济"的特性,既有聚合物涂膜的延伸性、耐水性，也有水硬性胶凝材料强度高、与潮湿基层黏结能力强、耐水性好的优点。依据《聚合物水泥防水涂料》GB/T 23445—2009 标准，将产品分为 3 类，Ⅰ型适用于活动量较大的场所，偏柔性，主要防水指标满足拉伸强度大于 1.2MPa，断裂伸长率 200%；Ⅱ、Ⅲ型分别适用于活动量较小的场所，偏刚性，主要防水指标分别满足拉伸强度大于 1.8MPa，断裂伸长率 80% 及 30%。聚合物水泥防水涂料主要用在室内厕浴间、厨房阳台等工程防水、抗渗、防潮使用。另外，还有聚合物水泥防水浆料，一种防水砂浆，满足《聚合物水泥防水浆料》JC/T 2090—2011 规定的指标，适合于外墙或室内卫生间立面的防渗要求，可用于贴瓷砖的墙面防水装修使用。

（3）水泥基渗透结晶型防水涂料

水泥基渗透结晶型防水涂料（简称 CCCW）是 20 世纪 40 年代由德国著名的化学家 Lauritz Jensen（劳伦斯·杰森）发明，当时主要用于解决水泥船渗漏问题。其利用活性母液在混凝土内部渗透遇水反应产生新的晶体产物，当混凝土中产生新的细微缝隙，一旦有水渗入，又会产生新的晶体把水堵住，具有自我修复能力。产品标准为《水泥基结晶型渗透防水涂料》GB 18445—2012，主要技术指标通过使用 CCCW 后混凝土和砂浆的抗渗压力比来衡量。

3）改性沥青类防水涂料

沥青具有很好的防水性和耐久性，但是沥青也有很多性能缺陷，例如性脆、柔韧性差、低温易开裂，因此多采用橡胶对沥青进行改性。溶剂型橡胶沥青防水涂料因含有大量的挥发溶剂，现已停止使用。非固化橡化沥青防水涂料是一种既非水性又非溶剂型的材料，它是一种永不固化成膜的蠕变性防水涂料，非固化防水涂料层在建筑物的整个使用寿命期内，始终保持蠕变性、黏结性和自愈性。在基层出现开裂、变形的情况下材料会自行封堵裂缝，确保不出现渗漏。

4. 密封防水材料

密封材料的原材料主要是高分子合成材料和各种辅料，按形态的不同一般有不定型密封材料和定型密封材料。建筑密封材料具有良好的黏结性、透气性、抗老化性，常用于施工缝、变形缝、连接缝等部位。

1）沥青嵌缝油膏

沥青嵌缝油膏是以石油沥青为基料，掺入改性材料和填料混合配制而成的一种冷用防水接缝材料，主要用于各种混凝土屋面板、墙板等构件节点的防水密封。使用时，缝内应洁净干燥，先刷涂一道冷底子油，待其干燥后即嵌填油膏。油膏表面可加石油沥青、油毡、砂浆、塑料为覆盖层，见图 7-6。性能要求见表 7-14。

建筑防水沥青嵌缝油膏的物理力学性能要求（JC/T 207—2011）　　　表 7-14

序号	项　　目			技术指标	
				702	801
1	密度(g·cm⁻³)		≥	规定值±0.1	
2	施工度(mm)		≥	22.0	20.0
3	耐热性	温度(℃)	≥	70	80
		下垂值(mm)	≥	4.0	

续表

序号	项　　目		技术指标	
			702	801
4	低温柔性	温度(℃)	−20	−10
		黏结状况	无裂纹、无剥离	
5	拉伸黏结性(%)	≥	125	
6	进水后拉伸黏结性(%)	≥	125	
7	渗出性	渗出幅度(mm) ≤	5	
		渗出张数(张) ≤	4	
8	挥发性(%)		2.8	

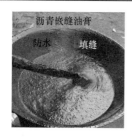

图 7-6　沥青嵌缝油膏

2）聚氨酯建筑密封膏

聚氨酯建筑密封膏是将预聚体和固化剂混合、固化得到的一种常温固化弹性密封材料，其延伸性好，机械强度高，黏结性好，耐候性、耐久性优良，常用于混凝土伸缩缝、沉降缝、机场跑道接缝等工程中，特别适用于循环变形较大的结构的密封防水，是性能良好的密封材料之一。

3）聚硫建筑密封膏

聚硫建筑密封膏是由液态硫橡胶与硫化剂反应生成的弹性体密封膏，其抗老化性、耐候性和耐低温能力强，是高档建筑密封的理想材料，常用在机场、高速公路等工程中。

4）硅酮密封胶

硅酮密封胶是在聚二甲基硅氧烷中加入交联剂、填料、增塑剂等，在真空状态下混合加工而成的膏状物，其在室温下通过与空气中的水发生固化反应，形成弹性硅橡胶。硅酮密封胶具有良好的伸缩性、耐水性、耐热性、耐寒性和耐候性，并且能与各种材料良好黏结，广泛用于建筑玻璃幕墙和金属幕墙工程中，如表 7-15 所示。

不同类型交联剂硅酮密封胶的特点及其用途　　　　　　　　表 7-15

交联剂类别	硅酮密封胶的特性	用途
醋酸型	强度大，黏结性好，透明性好，有醋酸味，有一定腐蚀性	结构型密封，如幕墙玻璃；但不适用于混凝土结构密封
酮肟型	无臭味，黏结性强，对铜有腐蚀作用	—
醇型	无毒、无臭、无腐蚀作用，但塑化性差，黏结性差	高模量者可用于结构型密封，中模量者，除了具有极大伸缩性的接缝外，均可使用
胺型	对水泥结构的黏结性好，无腐蚀作用	—
酰胺型	低模量，黏结性好，撕裂强度大	主要用于非结构型密封

5. 防水混凝土材料

防水混凝土指抗渗等级大于或等于 P6 级别的混凝土，主要用于工业和民用建筑地下工程，取水构筑物以及干湿交替作用或冻融作用的工程。防水混凝土抗渗等级是根据其最大作用水头与建筑物最小壁厚的比值来确定的。

1）根据掺入剂分类

（1）常见的两种宏观材料有硅烷和硅氧烷，硅烷和硅氧烷可分别降低混凝土 89% 和 75% 的吸水率。集成的微织构硅烷静电可使水接触角在 98°～164° 之间变化。并且添加剂的效率在很大程度上取决于基材的渗透深度和水胶比，并且会随时间下降。目前研究发现的最小和最大穿透深度分别为 2mm 和 7mm，这些类型的添加剂不适用于水灰比低于 0.4 的混凝土。此外，另一种常用宏观材料是硅酸乙酯、硅酸钠及其他硅酸盐。这些添加剂导致混凝土的吸水率降低了 98.5%。

（2）微观材料基本上是聚合物以及它们的分散体和乳液，吸水率的降低高达 98.96%。另外，可以减少最多 94% 的氯化物进入混凝土结构中，但是基材在酸性环境中的长期耐久性会受到损害，处理过的基材容易受到 25～60℃ 之间的温度变化的影响，并且抗压强度损失了 40%。

（3）使用纳米 SiO_2、ZnO_2 和纳米黏土，掺入这些纳米材料可以改善防水性，其静态水接触角为 120°、130° 和 142°。

2）根据使用方法分类

根据其使用方法对试剂进行分类，可以分为在干燥混凝土上使用的表面涂料及在混凝土搅拌期间使用的添加剂。

（1）表面涂层是通过浸涂、刷涂和喷涂以用作涂层而施加在基材表面上的防水方法，它们通常用于修复或改善基础结构的使用寿命，包括聚合物、硅烷和硅氧烷基添加剂。一些添加剂具有低吸水率和高水蒸气透过率。

（2）混合过程中会掺入混合添加剂，这些添加剂基本上是基于硅烷和基于聚合物的添加剂。即使基材表面磨损 7mm，这些试剂仍然可以有效地防止水分进入，这抵消了在表面应用情况下试剂渗透深度的限制，其吸水率最大降低了 98%。

3）根据功能分类

根据功能可分为三类：

（1）薄涂层表面形成添加剂：其吸水率和透水深度分别降低了 98.96% 和 94%；

（2）混凝土孔衬形成添加剂：氯化物和进水量分别减少了 86% 和 98%；

（3）堵孔添加剂：其中水分和氯化物吸收的减少分别达到 98.5% 和 48.3%。

6. 高分子防水材料

高分子合成材料也是常见的建筑防水材料之一，该材料通常指防水涂层材料，采用橡胶及合成树脂作为成膜物质，结合其他辅助性材料，以构成高分子合成防水材料。在建筑工程防水施工中，这种防水材料的应用具备较大优势，主要体现在材料应用难度较低、防水施工对于施工技术要求不高、技术可操作性强，且材料的实用性能较好，基本上不存在太大缝隙，可起到较好的防水效果。另外，材料轻便、耐久性强，也使得涂层防水材料的应用越发广泛。

7. 其他防水材料

1) 丙凝防水材料

丙凝防水材料是在丙凝乳液、聚丙烯酸酯、合成橡胶等材料中加入进口环氧树脂胶乳，经过塑炼、压延、混炼等工序加工形成的高分子防水防腐材料，故又称为丙凝防水防腐材料。该防水材料制作严谨，性能优良，施工简便，而且耐水性极好，即使长期浸泡在水中，使用寿命也可达50年以上。

2) 高弹防水材料

高弹防水材料是在丙烯酸乳液中加入多种填充剂和高分子助剂加工而成的高性能防水材料，具有较强的延展性和黏结力，能有效覆盖裂缝。高弹防水材料无毒无害，具有优异的耐候性和耐腐蚀性，对施工条件要求较低，可以直接在潮湿基面上进行施工，广泛用于地下室、卫生间、蓄水池等防水补漏工程中。

3) 遇水膨胀防水橡胶

遇水膨胀防水橡胶在遇水后体积产生2～3倍的膨胀变形，充满缝隙的所有空间，同时产生巨大的接触压力，彻底防止渗漏。遇水膨胀防水橡胶具有橡胶材料的延伸性和弹性，遇水产生膨胀，可以有效缓解因温度变化、地基变形而产生的水分渗漏现象，同时还可以防止建筑物中的水分向外渗漏。

7.2.3　建筑防水材料的应用

1. 建筑防水材料相容性

从防水工程应用角度来看，房屋建筑通常要在施工过程中复合采用几种防水材料，才能提升建筑的整体防水等级，确保其达到相应的规范标准。因此，必须从多方面去考虑各防水材料相容性。

1) 主防水层的防水材料应与基层处理剂或界面处理剂具有相容性。

2) 主防水材料要与卷材和涂膜防水层中所需的密封材料具有相容性。

3) 主防水材料要与防水卷材搭接缝处理中所用的密封材料具有相容性。

4) 当房屋建筑工程增设附加增强层时，一旦结构设计较为复杂，则所选的防水材料就要按照涂刷或刮涂的方式来进行使用，并且附加层中的防水材料结构一定要与主防水材料结构相一致。特殊情况下，也可以采用不同结构的材料，但是必须保证材料之间具有相容性，这样才能将防水效果提升到最大化。

5) 防水层破损部位所选用的后期修补材料应保持性能一致。但是若后期修补空间有限、操作难度较大时，就要选择与主防水材料具有相容性的其他修补材料来进行施工。

从微观上分析，防水材料之间的稳定性一般可以通过相容性实验来进行确定；而从宏观角度看，建筑防水材料的相容性一般可在以下几种条件下生成：

1) 改性沥青类防水卷材的相容性确定，通常是指其内部组成部分中的基质沥青要与沥青类的基层处理剂、防水涂料、密封膏的化学结构相似，这样才能形成良好的相容性。

2) 高分子材料的相容性一般都比较明显，因为其材料间的化学结构十分相近，所以相容效果也要高于其他防水材料。

3) 在对同类高分子材料与沥青类材料之间的相容性进行判断时，前提条件必须确保两者在复合应用过程中，不会产生任何物理渗透作用，这样才能保证判断的精准性。如由聚乙烯、乙烯醋酸乙烯共聚物及改性沥青混合制成的高分子防水材料，由于其自身的结晶度较高，且非极性和热塑性也是十分明显，所以一旦与改性沥青类材料进行接触，就会使改性沥青中的小分子溶剂发生迁移变化，无法渗透到热塑性树脂材料内部。这种情况说明两者材料不适宜进行复合应用。

4）热塑性聚烯烃属于一种部分结晶、非极性的材料。其内部组成成分十分复杂，主要以一些结构特殊、洁净度低、支链多、柔顺度强的饱和 α 烯烃类嵌段共聚物所组成。因此，在与改性沥青类材料复合应用时，就会产生很明显的物理渗透作用。因为改性沥青中迁移的小分子溶剂具有很大的非极性质，且主要成分为各种烃类物质，很容易给 TPO 材料表面造成伤害，使其出现明显的溶胀、泛黄、发暗等情况。所以在与热塑性聚烯烃进行复合应用时，为了促使两者的相容性，就要采取特殊的工艺技术以及配方来进行相应的处理，这样才能达到最终的相容效果，避免材料之间的影响。

2. 建筑防水材料的选用

不同的环境与要求对建筑防水材料有着不同的应用需求，这就要求施工人员科学合理地选择所使用的防水材料，见图 7-7。

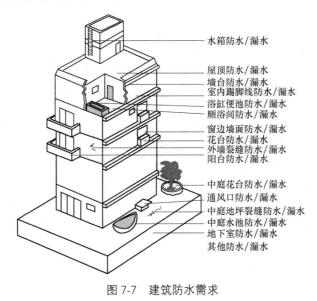

图 7-7　建筑防水需求

1）厕浴间

厕浴间的面积虽然相对较小，然而由于其长期处于用水环境下，再加上厕浴间的阴阳角相对较多，所使用的各种楼板间的管道也很多。因而，在厕浴间所使用的防水材料一般会优先选择防水涂料，这样能够大大地降低防水材料的施工难度，使其操作简便。

2）屋面

对于整个建筑物而言，接受暴露、阳光及雨雪等恶劣环境时间最长的就属屋面了，长期受到的侵蚀、昼夜较大温差等会导致屋顶的楼面板不断伸缩，因而防水材料的选择应该优先考虑使用具有较强抗老化性、良好延伸性以及耐温差性等特性的材料。

3）房顶

由于房顶是整个房屋接受雨水、降雪侵袭最严重的部分，因此，对防水层的强度有较高的要求，并且由于其承受日照时间长，昼夜温差会使其发生热胀冷缩，对防水材料是不小的考验。

因此，为了兼顾耐受性与防水性的双重要求，一般对房顶的防水使用3层防水层加一布的复合式防水设计，这样可以兼顾耐热性、抗老化以及刚性的要求。

4）地下

建筑物的地下区域，长期所处的环境较为潮湿，但是温差相对没那么明显，对防水材料的选择就应该遵循"刚柔并济"的原则，为地下环境多设防几道防水材料。因而，对于建筑物的地下环境，可以考虑选用使用周期较长、具有良好抗腐蚀性的柔性防水材料。当前主要被应用于地下的防水材料主要包括聚酯胎改性沥青卷材、玻纤胎改性沥青卷材等防水材料。

3. 建筑防水材料的施工

1）屋面防水施工技术

在空气湿度比较大的地区，对屋面防水层进行施工的普遍做法是在找平层刷上底子油作为隔离层，然后浇筑刚性防水层，这样能够保证屋面在短时期内不出现漏水现象。在刚性层上还要布置防水层，这样在工程验收时在美观性方面更好，但是，这种施工方法存在着很大的弊端，在长时间情况下非常容易出现老化现象。为了避免出现此类问题，在施工中要能够做到因地制宜，更好地设置隔离层，这样才能更好地起到防水作用。

（1）钢筋网片的防水层施工技法

防水层的刚性以及板块之间的连接整体性要进行增强，在防水施工中，可以使用钢筋网片，在分格缝的位置进行断开，钢筋网片的位置要更加靠上，对温差情况也要进行考虑，这样才能更好地保证施工效果。

（2）分格缝的设置及做法

分格缝应设置在屋面板的支承端、屋面转折处、防水层与突出屋面的交接处，并应与屋面板缝对齐，使防水层因温差的影响、混凝土干缩结构变形等因素造成的防水层裂缝集中到分格缝处，以免板面开裂。分格缝的设置间距不宜过大，同时分格缝深度宜贯穿整个防水层厚度。当分格缝兼作排气道时，缝可适当加宽，并设排气孔出气，当屋面采用油、沥青、油毡作防水层时，分格缝处应加油毡，用沥青胶单边点贴，分格缝内嵌填满油膏。

2）地下室防水施工技术

（1）沥青卷材施工

在对防水卷材进行铺贴时，首先对附加层进行铺贴，然后才对立面进行铺贴。在铺贴时需要确保粘贴的紧密性。利用空铺法和点粘法来对底板平面混凝土进行铺贴，利用满粘法来对立面混凝土地进行铺贴。在对保护层进行施工时，为了更好地保护好保护层，则要使卷材错茬接缝进行铺贴，同时还要利用盖缝条或是密封材料铺贴在接缝处，避免发生渗漏的可能。当卷材铺贴完成后，则需要涂抹水泥砂浆来形成保护层。

（2）防水涂膜施工

利用聚氨酯防水涂膜施工是在卷材施工完毕后进行的，在施工前需要将涂膜层进行清理，涂膜层底胶干燥后才能利用配合好的聚氨酯防水涂料和稀释剂在基层上进行涂刷，涂刷完成后干燥固化4小时后才能进行涂膜防水层的施工。需要根据施工用量来进行材料配制。待底胶干燥固化后才能在基层上进行涂刷，通常情况下会分三遍进行涂刮，而且在涂刮过程中还要确保角缝和接缝处涂刷的均匀性。在进行保护层施工时，可以利用一层纸胎沥青油毡作为保护隔离层，并在其上浇筑细石混凝土作为刚性保护层，再对钢筋进行绑扎，对混凝土底板进行浇筑。

（3）结构防水混凝土施工

在对地下室底板进行施工时，需要确保原材料的质量，采用商品混凝土进行泵送，采用良好的砂石级配，通过减少水泥用量来降低水化热，同时在混凝土中掺入微膨胀剂来使其能够吸收部分水化热后发生化学反应，对混凝土的收缩进行适当补偿，预防裂缝的发生，使混凝土抗渗能力提升。

（4）特殊部位处理

高层建筑地下室多为各种设备用房，需要预埋管件及穿墙管件，这样就极易导致渗漏的发生。所以在施工工过程中需要对这些关键部位进行重点关注。需要进行预埋铁件时，则可利用在端头加焊止水钢板的方法，对于穿墙管道施工时，则可以利用套管焊止水环的方法来进行防水处理。在施工现场需要检查好止水环、止水钢板、套管等处的焊接质量，确保焊接的精密性，同时还要做好套管及预埋铁件的固定，利用密封材料嵌填密实，然后再利用封口钢板进行封堵。

7.2.4 建筑防水材料的发展趋势

1. 环境友好化

防水涂料是主要的防水材料之一，但目前应用以溶剂型居多。溶剂型防水涂料中含有大量的挥发性有机化合物、游离甲醛、苯、二甲苯、可溶性重金属（铅、镉、铬、汞）等有害物质，不但污染环境而且常造成施工人员的中毒等事故。低毒或无毒、对环境友好的水基防水涂料，单组分湿气固化型或高固含量、低挥发、反应固化型防水涂料，将会成为防水涂料的主流产品。

热熔法施工是目前 SBS、APP 等改性沥青类防水卷材主要的施工方法，在卷材施工时涂刷冷底子油和热熔粘贴过程中，都有大量的污染物质排放到大气中造成环境污染。今后，改性沥青卷材的应用技术将朝着节能环保的方向发展，热熔施工的比例将下降，冷粘法、热空气接缝法、自粘法前景看好。

2. 绿色屋顶材料

国内外实践表明，实施屋顶绿化的绿色屋顶，建筑隔热、保温性能显著改善，可使顶层住房室内温度降低 3～5℃、空调节能 20%，可谓建筑节能与改善人居环境的有效措施。屋顶绿化同时具有补偿城市绿地、储存雨水、涵养水土、吸收有害气体、滞留灰尘、净化空气、降低噪声、提高空气相对湿度、改善都市"热岛"效应以及保护屋顶、延长建筑寿命等功效，对于改善城市环境作用巨大。

发展绿色屋顶的关键技术之一是防水技术，耐植物根穿刺的防水材料应用前景广阔。今后，采用机械固定施工，具有防水保温一体化、减少构造层次，节能、节材、节约资源、降低成本、提高工效等优点的单层屋面系统将得到较快发展，从而带动 EPDM、增强型 PVC 和 TPO 这 3 类高端高分子防水卷材的生产与应用。

此外，各类节能通风坡瓦屋面、保温隔热屋面、太阳能屋面将与种植屋面、单层卷材屋面一起，共同作为新型的绿色节能屋面，在"低碳"时代获得良好的发展机遇，从而带动这些绿色屋面系统所需的建筑防水材料的发展。

3. 废料循环的利用

利用工业废料作为原料生产防水材料是绿色建筑防水材料的一个重要发展方向。以废橡胶为例，我国是废橡胶产量最大的国家，每年的橡胶产量和消费总量达到 4×10^6 t 以上，而废橡胶的产量也达到 2.7×10^6 t 左右。从环境保护和改性沥青质量两方面考虑，使用胶粉改性沥青具有巨大发展潜力。胶粉改性沥青如能在防水行业得到规范、合理的应用，将会对我国建设节约型社会做出不可忽视的贡献。除此之外，沥青基防水卷材、沥青瓦、PVC 卷材、TPO 卷材均有回收再利用的潜力，这是绿色建筑防水材料最具有发展潜力的领域之一。

4. 功能多样化

由于技术和施工等多方面的原因，目前在防水工程中所用的涂料产品性能相对较差，其表现为拉伸强度较低、延伸率较小、耐候性不足、使用寿命较短，绝大多数防水涂料的功能比较单一。未来的防水涂料将向着综合性能好、对基层伸缩或开裂变形适应较强的方向发展，并将防水、保温、隔热、保护、环保、装饰等多种功能于一体。

随着科学技术的不断进步，纳米防水涂料得到快速发展和应用推广。纳米防水涂料是自然渗透型防护剂，是无机硅酸盐、活性二氧化硅、专用催化剂及其他功能助剂通过纳米技术配制而成的新一代水性、环保、抗裂型防水剂。在防水涂料中加入纳米材料，将会大大改善防水涂料的耐老化、防渗漏、耐冲刷等性能，提高防水涂料的使用寿命。纳米防水涂料渗透力极强，可渗透到建筑物内部形成永久防水层；防水层透明无色、不变色，因此不影响建筑物原设计风格；既可作墙面防水剂，也可内掺于水泥制成高效防水水泥砂浆。

目前我国绿色建筑防水材料正朝着利于节能、低碳环保的方向发展，随着国家对节能减排和环保政策措施的大力推动，普通消费者生态环境保护意识的逐步提高，绿色建筑和绿色建材的认知度越来越高，节能、环保、性能优良的绿色建筑防水材料的应用范围必将越来越广。

7.3　节能与绝热材料

7.3.1　建筑节能

建筑节能是减少我国建筑能耗、减缓能源紧缺、减轻环境污染、促进可持续发展的重要措施。建筑施工和使用过程中的能源消耗在社会总能耗中占有很大的比例，而且社会经济越发达，建筑能耗占的比例越大。西方发达国家的建筑能耗占社会总能耗的 30%～45%，我国的建筑能耗占社会总能耗的 20%～30%。

建筑节能具体指在建筑物的规划、设计、新建（改建、扩建）、改造和使用过程中，执行节能标准，采用节能型的技术、工艺、设备、材料和产品，提高保温隔热性能和采暖供热、空调制冷制热系统效率，加强建筑物用能系统的运行管理，利用可再生能源，在保证室内热环境质量的前提下，增大室内外能量交换热阻，以减少因供热系统、空调制冷制热、照明、热水供应大量热消耗而产生的能耗。

全面的建筑节能，就是建筑全寿命过程中每一个环节节能的总和，是指建筑在选址、规划、设计、建造和使用过程中，通过采用节能型的建筑材料、产品和设备，执行建筑节能标准，加强建筑物所使用的节能设备的运行管理，合理设计建筑围护结构的热工性能，提高采暖、制冷、照明、通风、给水排水和管道系统的运行效率，以及利用可再生能源，在保证建筑物使用功能和室内热环境质量的前提下，降低建筑能源消耗，合理、有效地利用能源。图 7-8 是建筑节能房屋结构示意图。

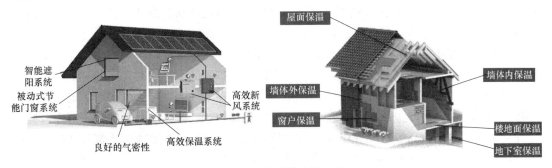

图 7-8　建筑节能房屋结构

1. 国内外建筑能耗现状

建筑作为人类发展的产物，消耗了大量的资源，已经成为资源耗费的首要产业。据统计，建筑中水泥占全世界材料消耗的 40%，木材占 25%；建筑中水资源的消耗占全世界的 16%。与此同时，建筑在能耗方面也占了很大的比重。据统计，在欧洲，建筑能耗占了全社会总能耗的 40%；在英国，建筑占了总能耗的 20%～40%；在美国，仅仅建筑中的暖通系统和照明系统就占了总能耗的 40%；在中国，建筑能耗在总能耗中也占了很大的比重，2020 年建筑能耗已达到 35%。可见，建筑耗能已经成为我国经济发展的软肋。

我国高耗能建筑比例大，已建房屋有 400 亿 m^2 以上属于高耗能建筑，总量庞大。直到 2002 年末，我国节能建筑面积只有 2.3 亿 m^2。据分析，我国当前每年建成的房屋面积高达 16 亿～20 亿 m^2，超过所有发达国家年建成建筑面积的总和，而 97% 以上是高能耗建筑。2020 年，全国高耗能建筑面积达到 700 亿 m^2。因高耗能建筑比例大，单北方采暖地区每年就多耗标准煤 1800 万 t，直接经济损失达 70 亿元，多排 CO_2 52 万 t。

2. 建筑节能的意义

建筑节能是关系到我国建设低碳经济、完成节能减排目标、保持经济可持续发展的重要环节之一。

1）保温材料隔热节能，经济效益显著。绿色建筑倡导以来，相继研发出很多环保节能型建材，相比于传统建筑材料，它们投资少、效益好，短期投资、可长期收益。

2）可以改善人们居住环境。新型墙体保温材料在寒冷地区保温、炎热地区隔热效果良好，开发隔热保温建筑材料有利于为人们提供更加宜人的居住环境。

3）环保节能效果好。环保节能型墙体保温材料可以节约大量资源和能源，材料废气污染物的排放量大大减少，CO_2、SO_2 等对大气的污染也显著减轻。

4）有效促进建筑行业的发展。通过研发与应用环保节能型墙体保温材料，取得了很多的科技专利和科研成果，也颁布了很多相关标准与法规对建筑行业保证质量与合理约束，使得我国建筑行业水平大幅度提升。

目前墙体保温材料主要需要解决的问题有：安全性能不能保障、保温与隔热性是否可兼顾、表面容易出现裂缝、隔热保温材料的功能性较差等。

3. 建筑节能的途径

1）建筑规划与设计

面对全球能源环境问题，不少全新的设计理念应运而生，如微排建筑、低能耗建筑、零能建筑和绿色建筑等，它们本质上都要求建筑师从整体综合设计概念出发，坚持与能源分析专家、环境专家、设备师和结构师紧密配合。在建筑规划和设计时，根据大范围的气候条件影响，针对建筑自身所处的具体环境气候特征，重视利用自然环境（如外界气流、雨水、湖泊、绿化、地形等）创造良好的建筑室内微气候，以尽量减少对建筑设备的依赖。具体措施可归纳为以下三个方面：①合理选择建筑的地址，采取合理的外部环境设计（主要方法为：在建筑周围布置树木、植被、水面、假山、围墙）；②合理设计建筑形体（包括建筑整体体量和建筑朝向的确定），以改善既有的微气候；③合理的建筑形体设计是充分利用建筑室外微环境来改善建筑室内微环境的关键部分，主要通过建筑各部件的结构构造设计和建筑内部空间的合理分隔设计得以实现。

2）利用新能源

在节约能源、保护环境方面，新能源的利用起至关重要的作用。新能源通常指非常规的可再生能源，包括有太阳能、地热能、风能、生物质能等。人们对各种太阳能利用方式进行了广泛的探索，并取得了初步进展，如太阳能热发电、太阳能光伏发电、太阳热水器等。但从总体而言，太阳能利用的规模还不大，技术尚不完善，商品化程度也较低，仍需要继续深入广泛的研究。在利用地热能时，一方面可利用高温地热能发电或直接用于采暖供热和热水供应；另一方面可借助地源热泵和地道风系统利用低温地热能。风能发电较适用于多风海岸线山区和易引起强风的高层建筑，但在建筑领域，较为常见的风能利用形式是自然通风方式。

3）围护结构

建筑围护结构组成部件（屋顶、墙、地基、隔热材料、密封材料、门和窗、遮阳设施）的设计对建筑能耗、环境性能、室内空气质量与用户所处的视觉和热舒适环境有根本的影响。一般增大围护结构的费用仅为总投资的 $3\% \sim 6\%$，而节能却可达 $20\% \sim 40\%$。通过改善建筑物围护结构的热工性能，在夏季可减少室外热量传入室内，在冬季可减少室内热量的流失，使建筑热环境得以改善，从而减少建筑冷、热消耗。

4）提高终端用户用能效率

高能效的采暖、空调系统与上述削减室内冷热负荷的措施并行，才能真正地减少采暖、空调能耗。首先，根据建筑的特点和功能，设计高能效的暖通空调设备系统，例如，热泵系统、蓄能系统和区域供热、供冷系统等。然后，在使用中采用能源管理和监控系统监督和调控室内的舒适度、室内空气品质和能耗情况。如欧洲国家通过传感器测量周边环境的温、湿度和日照强度，然后基于建筑动态模型预测采暖和空调负荷，控制暖通空调系统的运行。

5）提高总的能源利用效率

从一次能源转换到建筑设备系统使用的终端能源的过程中，能源损失很大。因此，应从全过程（包括开采、处理、输送、储存、分配和终端利用）进行评价，才能全面反映能源利用效率和能源对环境的影响。建筑中的能耗设备，如空调、热水器、洗衣机等应选用能源效率高的能源供应。

4. 建筑节能材料的作用

在建筑中使用各种节能建材，一方面可提高建筑物的隔热保温效果，降低采暖空调能源耗；另一方面又可以极大地改善建筑使用者的生活、工作环境。

建筑用能的50%通过围护结构消耗，其中门窗占70%，墙体占30%。因此，建筑节能主要是对围护结构（如墙体、门窗、屋顶、地面等）的隔热保温。使用绝热节能建筑，一方面是为了满足建筑空间或热工设备的热环境要求，另一方面是为了节约珍贵的能源。就一般的居民采暖的空调而言，通过使用绝热维护材料可在现有的基础上节能50%～80%。

节能工程设计、施工和使用说明，为了保持室内有适宜人们工作、学习与生活的气温环境，房屋的围护结构所用的建筑材料必须具有一定的保温隔热性能，即应当选用建筑节能材料。围护结构所用材料具有良好的保温隔热性能，才能使室内冬暖夏凉，节约供暖和降温的能源。因此，节能材料是建造节能建筑工程的重要物质基础，具有重要的建筑节能意义。建筑节能必须以合理使用、发展节能建筑材料为前提，必须有足够的保温绝热材料为基础。

目前，有些国家将建筑节能材料，看作是继煤炭、石油、天然气、核能之后的第五大"能源"，可以看出节能材料在人类社会中的重要作用。工程实践还证明，使用节能材料还可以减小外墙的厚度，减轻屋面体系的自重和整个建筑物的重量，从而节约其他资源和能源的消耗，降低工程造价。

5. 建筑节能材料的发展前景

未来，建筑行业发展的主要应用方向必然是绿色建筑节能新材料。我国绿色建筑节能新材料的研究和探索的主要方向是低碳建筑材料、太阳能建筑材料、天然材质的建筑材料、无污染和无公害的建筑材料，另外，纳米技术、电子信息技术、智能化技术等也将会随着新材料的逐渐应用在建筑领域中得到进一步开发和使用。

结合国内外节能建筑材料发展情况及国内具体国情，我国节能建筑材料的发展将会遵循以下的趋势。

1）资源节约型建筑节能材料

建筑材料的制造离不开矿产资源的消耗。资源节约型建筑节能材料一方面可以通过实施节省资源，尽量减少对现有能源、资源的使用来实现；另一方面也可采用原材料替代的方法来实现。原材料替代主要是指建筑材料生产原料充分使用各种工业废渣、工业固体废物、城市生活垃圾等代替原材料，通过技术措施使所得产品仍具有理想的使用功能。

2）能源节约型建筑节能材料

能源节约型建筑节能材料不仅指要优化材料本身制造工艺，降低产品生产过程中的能耗，而且应保证在使用过程中有助于降低建筑物的能耗。降低使用能耗包括降低运输能耗，即尽量使用当地的节能建材，另外要采用有助于建筑物使用过程中能耗降低的材料，如采用保温隔热型墙材或节能玻璃等。

3）环境友好型建筑节能材料

环境友好是指生产过程中不使用有毒、有害的原料，生产过程中无"三废"排放或废弃物可以被其他产业消化，使用时对人体和环境无毒、无害，在材料寿命周期结束后可以被重复使用等。

建筑节能材料作为节能建筑的唯一载体，集可持续发展、资源有效利用、环境保护、清洁生产等前沿科学技术于一体，代表建筑科学与技术发展的方向，符合人类的需求和时代发展的潮流。只有加强开发和应用建筑节能材料，才能实现建筑业的可持续发展。

7.3.2 建筑保温隔热材料

1. 建筑保温隔热材料机理

热量的传递方式（图7-9）包括热传导、热对流和热辐射三种，保温隔热材料的基本保温隔热机理就是阻止热量通过上述三种方式传递。

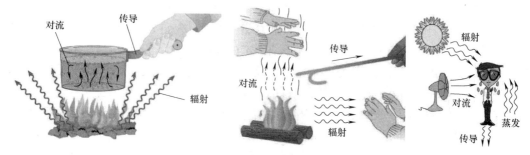

图7-9 热量传递的方式

1）热传导：是指静止物体（包括固、液、气等）内部有温度差存在时，热量在物体内部由高温部位向低温部位传递，是介质内无宏观运动时的传热现象，其在固体、液体和气体中均可发生，这种传热现象也成为导热。热传导存在于相对静止、相互接触的两个物体之间，依靠分子间碰撞及压力波的作用传递热量。但严格而言，只有在固体中才是纯粹的热传导，而流体即使处于静止状态，其中也会由于温度梯度所造成的密度差而产生自然对流，因此，在流体中热对流与热传导同时发生。

2）热对流：是指物体各部位存在温差时，因各部位发生相对位移而引起的热量由高温部位向低温部位传递的现象。对流只能出现在液体和气体中。这种现象是指各部位发生相对位移而引起的能量转移；必须指出，在对流的同时，流体各部分还存在着导热。在工程上经常遇到流体流过壁面时与壁面之间的热量传递，又称"对流传热"或"对流换热"。

3）热辐射：辐射是以热射线的形式实现热量由高温物体向低温物体的传热；热射线属电磁波，故传热无需中间介质，可发生在固-固、固-液、固-气等之间。一切温度高于绝对零度的物体都能产生热辐射，温度越高，辐射出的总能量就越大，短波成分也越多。

因此，保温隔热材料按照保温隔热原理可分为多孔型保温隔热材料、纤维型保温隔热材料、热反射率型保温隔热材料以及真空型保温隔热材料等。

1）多孔型保温隔热材料

多孔隔热保温材料是指在材料内部存在大量的孔隙，并且孔隙在固体介质之间分散良好的多相材料，主要包括石棉、微孔硅酸钙、加气混凝土、泡沫塑料及离心玻璃棉等。一般来说金属的导热系数要高于非金属，物质固相的导热系数要高于它们的液相，而物质的液相导热系数又比其气相的导热性好。因为水的热导率比密闭空气大20多倍，而冰的热导率比密闭空气大100多倍，所以材料受潮吸湿后，其热导率会增大，受冻结冰后会大更多。因此多孔材料中孔隙的存在将会极大地降低其导热系数。其机理可由图7-10来说明。

当热量从高温面向低温面传递时，在碰到气孔之前传递过程为固相中的导热，在碰到气孔后，一条路线仍然是通过固相传递，但其传热方向发生了变化，总的传热路线大大增加，从而使传热速度减缓；另一条路线是通过气孔内部的气体传热，其中包括高温固体表面对气体的辐射和对流传热，气体自身的对流传热，气体的导热，热气体对冷固体表面的辐射及对流传热，热固体表面和冷固体表面的辐射传热。由于在常温下对流和辐射的传热在总传热中占比很小，故以气孔中的气体的导热为主，但由于空气的热导率仅为 $0.029W/(m \cdot K)$，远远小于固体的热导率，故热量通过气孔传递的阻力较大，从而传热速度大大减缓。

2）纤维型保温隔热材料

纤维型保温隔热材料的保温隔热机理与多孔型保温隔热材料类似（图 7-11），但其保温隔热性能与纤维方向有关，传热方向与纤维方向垂直时的保温隔热性能比传热方向与纤维方向平行时要好。

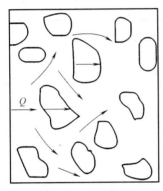

图 7-10　多孔型保温隔热材料隔热机理

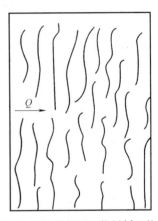

图 7-11　纤维型保温隔热材料隔热机理

3）热反射率型保温隔热材料

热反射率型隔热保温材料的隔热原理是因为该种材料表面具有很大的反射系数，能反射辐射到其表面的热量。例如，铅箔通过热反射减少辐射传热，以及建筑节能外墙保温系统中巧用的热反射隔热涂料屏蔽太阳能辐射传热也是相同的原理。其机理如图 7-12，当外来的热辐射能量 I_0 投射到物体上时，通常会将其中一部分能

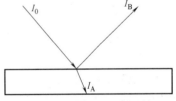

图 7-12　反射型保温隔热
材料隔热机理

量 I_B 反射掉，另一部分能量 I_A 被吸收（一般建筑材料都不能被热射线穿透，故投射部分忽略不计）。

4）真空型保温隔热材料

真空型隔热保温材料则是利用材料内部的真空隔板阻隔热量通过对流换热的方式向外传递，从而产生隔热效果。如真空隔板，其原理类似我们日常用的保温瓶中的双层玻璃瓶胆。而真空隔板相比于其他传统的保温隔热材料又有明显区别，严格意义上讲，真空隔板是一个微型的真空保温系统。

2. 建筑保温隔热材料的分类

建筑保温隔热材料是指在建筑中对热流具有显著阻抗性的材料，人们通常把防止热量由内向外传递的材料称为保温材料，把控制热量由外向内传递的材料称为隔热材料。保温隔热

材料通常是一种内部含有很多封闭孔隙的轻质材料，由于密闭空气的导热系数很低，自然包含众多孔隙的材料本身的导热系数也会很低，通常把导热系数小于 $0.14W/(m \cdot K)$ 的材料称为保温隔热材料，可分为传统型隔热保温材料和新型隔热保温材料。传统型隔热保温材料主要包括石棉、硅酸盐、玻璃纤维、岩棉等；新型隔热保温材料主要有真空板、气凝胶等。根据材料的耐温范围可以划分为低温保温隔热材料、中温保温隔热材料、高温保温隔热材料。建筑保温隔热材料种类繁多，主要应用于内保温系统、夹心保温系统和外保温系统，因此在选择应用时，除了保证材料具有良好的保温隔热性能之外，还需综合考虑其强度、耐燃性、耐久性、耐腐蚀性以及使用部位等诸多因素。主要建筑保温隔热材料的性能指标如表 7-16 所示。

主要建筑保温隔热材料的性能指标   表 7-16

保温隔热材料名称	性能指标			
	使用温度(℃)	施工密度(kg/m³)	抗压强度(MPa)	热导率[W/(m·K)]
矿棉制品	600	100	—	0.035～0.044
超细玻璃棉制品	350	60		0.030
水泥珍珠岩制品	500	350	≥0.4	0.074
泡沫玻璃	−200～500	<180	>0.7	0.050
水泥蛭石制品	<650	500	0.2～0.6	0.094
轻质保温棉	1400	—		0.600
加气混凝土	<200	500	≥0.4	0.126
微孔硅酸盐制品	<650	<250	>1.0	0.056
陶瓷纤维制品	1050	155		0.081
黏土砖	—	1800		1.58
聚氨酯泡沫塑料	-196～130	<65	≥0.5	0.035
炭化软木	<130	120、180	>1.5	<0.058、<0.070

隔热材料主要作用是使围护结构在夏季隔离室外高温和热辐射的影响，使室内保持一定温度，传热过程按 24 小时为一个周期的周期性传热来考虑，以夏季室外计算温度条件（较热天气情况）下围护结构内表面最高温度值来评价。保温隔热材料也正朝着高效、节能、隔热、防水和厚度小等方向发展，因此新型保温隔热材料不仅要符合结构保温节能技术，对材料的使用也更有针对性、规范性，根据标准规范以及国家的相关文件要求进行设计、施工，始终把提高保温效率及降低材料成本作为我们努力的方向。对于不同地区和建筑的不同部位，选用适当的保温隔热材料是设计和建造节能建筑的重要方面，一般情况下，可按以下几个方面来进行比较和选择：保温材料的导热系数必须要比较小；保温材料的化学稳定性要良好；保温隔热材料要具有一定的强度；保温隔热材料要有足够的使用寿命，与主体结构的使用寿命相适宜，以免后期维修浪费物力、人力和财力；每单位体积的保温隔热材料要与其使用功能相匹配，可以根据其功能价格即单位热阻价格来评估其价格；保温隔热材料的吸水率应很小；保温材料的施工性要好等。

  1）按材料组成不同分类

按绝热材料组成不同分类，可分为有机保温隔热材料、无机保温隔热材料、金属类保温隔热材料。

（1）有机保温隔热材料

此类材料有稻草、稻壳、甘蔗纤维、软木木棉、木屑、刨花、木纤维及其制品。其表观密度很小，材料来源广泛，多数价格低廉，但吸湿性大，受潮后易腐烂，高温下易分解或燃烧。

（2）无机保温隔热材料

矿物类有矿棉、膨胀珍珠岩、膨胀蛭石、硅藻土石膏、炉渣、玻璃纤维、岩棉、加气混凝土、泡沫混凝土、浮石混凝土等及其制品，化学合成聚酯及合成橡胶类有聚苯乙烯、聚氯乙烯、聚氨酯、聚乙烯、脲醛塑料和泡沫硬性酸酯等及其制品，此类材料不腐烂，耐高温性能好，部分吸湿性大，易燃烧，价格较贵。

（3）金属类保温隔热材料

此类材料主要是铝及其制品，如铝板、铝箔、铝箔复合轻板等。它是利用材料表面的辐射特性来获得绝热保温效能。具有这类表面特性的材料，几乎不吸收入射到它上面的热量，而且本身向外辐射热量的能力也很小，这类材料货源较少，价格较贵。

2）按材料结构不同分类

（1）纤维状保温隔热材料

纤维状隔热保温材料是指形貌为纤维状态的保温材料，这种材料具有耐火性能好、导热系数小、化学耐久性好、回弹性能好等优点。按照材料材质可以将该种保温隔热材料分为金属纤维、无机纤维、有机纤维以及复合纤维等，工业上一般是以无机纤维为主，用得比较广的有海泡石、岩棉、晶质氧化铝纤维、玻璃棉、硅酸铝陶瓷纤维、石棉、纤维水镁石等。

（2）微孔状保温隔热材料

微孔状保温隔热材料的特征是材料内部存在大量的微孔，这些微孔中充满着导热系数小的气体，这种材料多以空气为热阻介质，可分为多孔结构和纤维聚集组织两类。纤维聚集组织中纤维的直径越细，重度越小，隔热性能就越好；通常开孔结构的导热系数比闭孔结构导热系数大，当闭孔结构中所填充导热系数更小的气体时，两种结构导热性会产生较大的差异。通常微孔状保温隔热材料具有绝热性能稳定、抗压强度高、产品抗老化性强等优点。目前常用的微孔型保温隔热材料主要有天然和人造两种，天然微孔保温隔热材料最常用的是硅藻土；人造微孔保温隔热材料有硅酸钙、碳酸镁、硅酸铝、纳米绝热材料等。

（3）气泡型保温隔热材料

气泡状隔热保温材料是以气泡为特征的材料，其具有质量轻、弹性好、绝热性能好、尺寸稳定等优点。气泡状保温隔热材料分为无机人造材料和有机人造材料两类。无机类主要有聚苯乙烯泡沫、酚醛泡沫、聚氨酯泡沫、混凝土、钙素绝热板、泡沫尿素树脂、泡沫橡胶等；有机类常用的有膨胀珍珠岩、泡沫玻璃、泡沫塑料、泡沫黏土、轻质耐火材料、硅酸钙、微珠材料。这种保温隔热材料因价格便宜、原料来源丰富，是热工设备和建筑上应用较广的高效保温隔热材料。

（4）层状保温隔热材料

层状保温隔热材料通常是指松散保温隔热材料制品或合成橡胶类与化学合成聚酯材料，这种材料加工和施工较为方便。常见层状保温隔热材料有矿物棉板、软木板、泡沫塑料板、泡沫混凝土板及有机纤维板等。

（5）纳米微孔型保温隔热材料

纳米微孔保温隔热材料是以无机纤维、硅质微纳米多孔材料、胶粘剂等耐高温材料组装而成的材料。产品密度在 $380\sim450kg/m^3$ 之间，温度为 $600℃$（热面温度）左右时，导热系数为 $0.035W/(m\cdot K)$；温度为 $800℃$（热面温度）时，导热系数为 $0.038W/(m\cdot K)$。保温隔热效果较常用材料相比可提高 $2\sim10$ 倍，厚度降低到 $50\%\sim70\%$，因此这种材料不仅能够有效提高工作容量还可减少大量热损失。目前纳米隔热保温材料主要针对民用及工业用加热设备（冶金冶炼、锅炉、工业窑炉、高温领域、家用电器）等行业，产品用于航空航天、钢铁、石油化工、建材陶瓷、电力家电中加热设备、高温容器、热力管道及精密仪器的保温隔热。

3）按材料形状不同分类

（1）松散隔热保温材料

此类材料如炉渣、水渣、膨胀蛭石、矿物棉、岩棉、膨胀珍珠岩、木屑和稻壳等，它不宜用于受震动和围护结构上。

（2）板状隔热保温材料

一般是松散隔热保温材料的制品或化学合成聚酯与合成橡胶类材料，如矿物棉板、蛭石板、泡沫塑料板、软木板以及有机纤维板（如木丝板、刨花板、稻草板和甘蔗板等），另外还有泡沫混凝土板。这些材料具有原有松散材料的一些性能，加工比较简单，施工方便。

（3）整体保温隔热材料

一般是用松散保温隔热材料作骨料，浇筑或喷涂成面，如蛭石混凝土、膨胀珍珠混凝土、粉煤灰陶粒混凝土、浮石混凝土、黏土陶粒混凝土、炉渣混凝土等，此类材料仍具有原松散材料的一些性能，整体性能好，施工方便。

3. 常用建筑保温隔热材料

建筑工程中使用的保温隔热材料品种繁多，无机保温隔热材料有膨胀珍珠岩、加气混凝土、岩棉、玻璃棉等，有机材料有聚苯乙烯泡沫塑料、聚氨酯泡沫塑料等，并且还有气凝胶保温隔热材料。

1）无机保温隔热材料

目前我国主要使用的无机保温材料有膨胀珍珠岩、矿物棉、硅藻土、蛭石、泡沫混凝土、泡沫玻璃、玻化微珠保温砂浆、玻璃纤维等。

（1）矿物棉保温隔热材料

矿物棉作为一种较早的建筑保温材料，其主要是借助沥青、胶与有机物的相互结合，经过特定的工艺加工而成。这种类型的建筑保温材料具有很好的隔热、保温效果。但是，也有部分矿物棉含有一些有害物质，污染居住者的生存环境，不利于人体健康，这种类型的保温隔热材料正在逐步退出建筑领域。矿物棉保温隔热材料主要包括以下 3 种：

① 岩棉

岩棉产品均采用优质玄武岩、白云石等为主要原材料，经 $1450℃$ 以上高温溶化后采用国际先进的四轴离心机高速离心成纤维，同时喷入一定量胶粘剂、防尘油、憎水剂，后经集棉机收集，通过摆锤法工艺，加上三维法铺棉后，进行固化、切割，形成不同规格和用途的岩棉产品，岩棉的使用温度不超过 $700℃$，见表 7-17。

岩棉制品的特点及用途 表7-17

岩棉制品名称	特　点	用　途
岩棉板	产品为半硬质板材。具有良好的绝热、吸声性能，并具有良好的化学稳定性、耐热性和不燃性。根据用户的需要，可以带玻璃纤维薄毡、玻璃布、玻璃网格布、牛皮纸、涂塑牛皮纸、铝箔等贴面	适用于一般建筑、空调建筑和冷库建筑外墙和屋顶的绝热，建筑物隔墙、吊顶、防火隔声门的填充，工业厂房、演播室、录音棚、厅堂等的吸声处理。常用于平面和曲率半径较大的罐体、锅炉、换热器、各种工业设备和风管的绝热。一般使用温度为350℃，如控制初次运行时的升温速度不超过每小时50℃，则最高使用温度可达600℃
岩棉玻璃布缝毡	产品用玻璃布进行覆面，并轧成毡状，以增强抗拉性，便于铺设和包扎	常用于形状复杂、温度较高的工业设备的绝热。一般使用温度为400℃，如加大施工密度，增加保护钉，并采用金属外护，则最高使用温度可达600℃
岩棉铁丝网缝毡	产品用铁丝网进行覆面，并轧成毡状，以增强抗拉性，抵抗温度变形	常用于高温墙体、管道、锅炉、工业设备的绝热，最高使用温度可达600℃
岩棉保温带	岩棉带条表面粘贴玻璃布或牛皮纸贴面，具有纵长向弯曲的性能，在垂直于带条面上的承压强度高于岩棉板的平面承压强度	常用于大口径（直径大于219mm）的管道、储管等设备的保温、隔热和吸声，使用温度可达250℃

② 矿渣棉

矿渣棉由钢铁高炉渣矿渣制成的短纤维，常用的原料有铁、磷、镍、铅、铬、铜、锰、锌、钛等矿渣，主要用作砌筑材料和吸音材料，也可用铁包装材料。矿渣棉是利用工业废料矿渣（高炉矿渣或铜矿渣、铝矿渣等）为主要原料，经熔化、采用高速离心法或喷吹法等工艺制成的棉丝状无机纤维。它具有质轻、导热系数小、不燃烧、防蛀、价廉、耐腐蚀、化学稳定性好、吸声性能好等特点。可用于建筑物的填充绝热、吸声、隔声、制氧机和冷库保冷及各种热力设备填充隔热等。

矿渣棉的导热系数为0.036~0.05W/(m·K)，渣球含量为3%~10%，熔融温度为800℃。当含铁量或含镁量过高并导致渣球含量太多时，需加入适量岩石或工业废料以减少熔体的表面张力，从而降低渣球的含量和扩展纤维的使用温度范围。将本品在制粒机中去除渣质，制成粒径10~15mm的颗粒，叫作粒状矿棉，可作为填充或喷涂材料，也可制成板材，用途与矿物棉相同，更便于施工。物理性能指标见表7-18，实图见图7-13。

岩棉板与矿渣棉板的物理性能指标 表7-18

密度 (kg/m³)	密度允许偏差(%)		热导率(平均温度70±5℃) [W/(m·K)]	有机物含量 (%)	燃烧性能	热荷重收缩温度 (℃)
	平均值与标称值	单值与平均值				
40~80	±15	±15	≤0.044	≤4.0	不燃材料	≥500
81~100						≥600
101~160			≤0.043			
161~300			≤0.044			

③ 玻璃棉

采用石英砂、石灰石、白云石等天然矿石为主要原料，配合一些纯碱、硼砂等化工原料熔成玻璃。在融化状态下，借助外力吹制式甩成絮状细纤维，纤维和纤维之间为立体交叉，

图 7-13　岩棉及矿物棉制品

互相缠绕在一起，呈现出许多细小的间隙，这种间隙可看作孔隙。因此玻璃棉可视为多孔材料，具有良好的绝热、吸声性能。玻璃棉制品的主要品种有玻璃棉毡、玻璃棉板、玻璃棉管壳等。在制品表面贴或缝上玻璃纤维薄毡、玻璃纤维布、塑料装饰纸、铝箔、牛皮纸等贴面材料，可制成用途各异的玻璃棉制品。物理性能指标见表 7-19，实图见图 7-14。

玻璃棉制品的物理性能指标　　　　　　　　　　　　表 7-19

产品名称	常用厚度 （mm）	热导率 （试验平均温度 25℃±5℃） ［W/(m·K)］ ≤	热阻 R （试验平均温度 25℃±5℃） （m²·K/W） ≥	密度及允许偏差 （kg/m³）	
毡	50 75 100	0.050	0.95 1.43 1.90	10 12	不允许负偏差
	50 75 100	0.045	1.06 1.58 2.11	14 16	不允许负偏差
	25 40 50	0.043	0.55 0.88 1.10	20 24	不允许负偏差
	25 40 50	0.040	0.59 0.95 1.19	32	+3 -2
	25 40 50	0.037	0.64 1.03 1.28	40	±4
	25 40 50	0.034	0.70 1.12 1.40	48	±4
板	25 40 50	0.043	0.55 0.88 1.10	24	±2
	25 40 50	0.040	0.59 0.95 1.19	32	+3 -2
	25 40 50	0.037	0.64 1.03 1.28	40	±4

续表

产品名称	常用厚度 （mm）	热导率 （试验平均温度 25℃±5℃） ［W/(m·K)] ≤	热阻 R （试验平均温度 25℃±5℃） （m²·K/W） ≥	密度及允许偏差 （kg/m³）	
板	25 40 50	0.034	0.70 1.12 1.40	48	±4
	25	0.033	0.72	64 80 96	±6

图 7-14 玻璃棉制品

（2）膨胀珍珠岩保温隔热材料

珍珠岩是火山喷发时形成的一种酸性玻璃质熔岩，经焙烧和瞬间冷却作用会形成一种蜂窝状的白色颗粒，也就是我们通常所说的膨胀珍珠岩。膨胀珍珠岩具有导热系数小、无毒、吸湿性好、价廉、耐火和隔声性能好等优点，是一种高效保温、保冷填充材料，可用做墙体填充料、轻质混凝土骨料、轻质构件、保温抹灰料、板材和隔热吸声材料等。但其亲水性较强且易碎，因此在使用时需进行疏水和增强处理。

膨胀珍珠岩制品是以膨胀珍珠岩作为集料，用水泥、石膏、石灰、水玻璃、沥青、合成高分子树脂作为胶粘剂，必要时加入增强剂、憎水剂等添加剂制作而成，是具有规则形状的制品。膨胀珍珠岩制品的种类有很多，适用于建筑物围护结构保温、隔热的膨胀珍珠岩制品主要有：水泥膨胀珍珠岩制品、水玻璃膨胀珍珠岩制品、沥青膨胀珍珠岩制品、乳化沥青膨胀珍珠岩制品、憎水膨胀珍珠岩制品等。物理性能指标见表 7-20，实图见图 7-15。

膨胀珍珠岩制品的物理性能指标 表 7-20

强度等级		密度 （kg/m³）	热导率(25℃±5℃) ［W/(m·K)]	抗压强度 （MPa）	含水率 （%）
200	优等品	≤200	≤0.056	≥0.4	≤2
	合格品	≤200	≤0.060	≥0.3	≤5
250	优等品	≤250	≤0.064	≥0.5	≤2
	合格品	≤250	≤0.068	≥0.4	≤5

续表

强度等级		密度 (kg/m^3)	热导率(25℃±5℃) [W/(m·K)]	抗压强度 (MPa)	含水率 (%)
300	优等品	≤300	≤0.072	≥0.5	≤3
	合格品	≤300	≤0.076	≥0.4	≤5
350	优等品	≤350	≤0.080	≥0.5	≤4
	合格品	≤350	≤0.087	≥0.5	≤6

图 7-15　膨胀珍珠岩及膨胀珍珠岩制品

（3）蛭石保温隔热材料

蛭石，一般认为是由金云母或黑云母变质而成，是一种复杂的镁、铁含水硅酸盐矿物，具有层状结构，层间有结晶水。将天然蛭石经晾干、破碎、筛选、煅烧后而得到膨胀蛭石。蛭石在 850～1000℃ 煅烧时，其内部结晶水变成气体，可使单片体积膨胀 20～30 倍，蛭石总体积膨胀 5～7 倍。膨胀后的蛭石薄片间形成空气夹层，其中充满无数细小孔隙，表观密度降至 80～200kg/m^3，$k=0.047～0.07$W/(m·K)，最高使用温度 1000～1100℃，是一种良好的无机保温材料，既可直接作为松散填料用于建筑，也可用水泥、水玻璃、沥青、树脂等作胶结材料，制成膨胀蛭石制品。膨胀蛭石制品包括水泥膨胀蛭石制品和水玻璃膨胀蛭石制品。主要性能见表 7-21，实图见图 7-16。

膨胀蛭石的主要性能　　　　　　　　　　　　表 7-21

项　目	等　级		
	一级	二级	三级
表观密度(g·cm^{-3})	0.1	0.2	0.3
允许工作温度(℃)	1000	1000	1000
导热系数 [kcal·(m·h·℃$^{-1}$)]	0.04～0.05	0.045～0.055	0.05～0.06
粒径(mm)	2.5～20	2.5～20	2.5～20
颜色	金黄	深灰	暗黑

注：粒径大于 20mm 的蛭石不宜用作填充料。

（4）泡沫玻璃保温隔热材料

它是由碎玻璃、发泡剂、改性添加剂和发泡促进剂等，经过细粉碎和均匀混合后，再经过高温熔化、发泡、退火而制成的无机非金属玻璃材料，由大量直径为 1～2mm 的均匀气泡结构组成。其中吸声泡沫玻璃 50% 以上为开孔气泡，绝热泡沫玻璃 75% 以上为闭

图 7-16   蛭石及膨胀蛭石

孔气泡，可以根据使用的要求，通过生产技术参数的变更进行调整。

泡沫玻璃的基质为玻璃，故不吸水。内部的气泡也是封闭的，所以不存在毛细现象，也不会渗透，因此泡沫玻璃是目前最理想的保冷绝热材料。泡沫玻璃机械强度较高，强度变化与表观密度成正比，具有优良的抗压性能，较其他材料更能经受住外部环境的侵蚀和负荷。优良的抗压性能与阻湿性能相结合，使泡沫玻璃成为地下管道和槽罐地基最理想的绝热材料。泡沫玻璃具有很好的绝热透湿性，因此热导率长期稳定，不因环境影响发生变化，绝热性能良好。泡沫玻璃是基质湿玻璃，因此不会自燃也不会被烧毁，是优良的防火材料。泡沫玻璃的工作温度范围为－200～430℃、膨胀系数较小而且可逆，因此材料性能长期不变，不易脆化，稳定性好。泡沫玻璃隔声性能好，对声波有强烈的吸收作用，泡沫玻璃染色性能好，可以作为保温装饰材料。实图见图 7-17。

图 7-17   泡沫玻璃制品

（5）玻璃纤维保温隔热材料

通常我们所说的玻璃是以 SiO_2 为主要成分，并加入各种金属氧化物的熔融物，在未析出结晶体时，被急剧冷却所凝固成的无定形物质。其原子结构是以硅为中心，围绕着四个氧原子构成无规则网状组织。

玻璃纤维可分为长纤维、连续单纤维和短纤维三种，作为保温绝热材料用的主要为短纤维，即玻璃棉。

玻璃纤维可有各种分类法：

① 根据纤维的化学成分（主要是 Na_2O 和 K_2O 的总含量）即按碱含量分类

（a）无碱纤维，含碱量小于 1%；

（b）低碱纤维，含碱量约为 2%～6%；

（c）含碱纤维，含碱量约为 10%～16%。

此外尚有特种玻璃纤维，如耐高温的石英纤维等。

② 根据纤维的直径分类

（a）特粗纤维，直径在 30μm 以上，主要用作过滤材料，用于空气过滤器中；

（b）初级纤维，直径在 20～30μm，主要用作绝热材料；

（c）中级纤维，直径在 $10\sim20\mu m$，用于制造玻璃钢；

（d）高级纤维，直径在 $5\sim8\mu m$，主要供纺织用；

（e）超级纤维，直径在 $3\mu m$ 以下，主要供电工绝缘用。

③ 根据纤维的长短分类

（a）长纤维，连绵不断如蚕丝，故又称连续纤维；

（b）短纤维，长度接近于羊毛。

2）有机保温隔热材料

常用的有机保温隔热材料有聚苯乙烯泡沫塑料、聚氨酯泡沫塑料、聚氯乙烯泡沫塑料、酚醛泡沫塑料和脲醛泡沫塑料等，其中用量最大的是前两种。性能比较见表 7-22。

常用有机保温材料性能比较　　　　　　　　　　　表 7-22

保温材料	燃烧等级 （最高氧指数） （%）	导热系数 $[W\cdot(m\cdot K)^{-1}]$	表观密度 $(kg\cdot m^{-3})$	耐化学溶剂	最高使用温度 （℃）	遇火特征
PF 板	>B1(50)	≤0.030	45~65	好	150	碳化、极低烟、不变形
PUR(PIR)板	≤BI(30)	≤0.025	40~55	好	100	碳化、毒烟、不变形
XPS 板	≤BI(30)	≤0.030	32~35	极差	70	熔滴、完全变成空腔
EPS 板（石墨 EPS 板）	≤BI(30)	≤0.041(0.032)	18~22	极差	70	熔滴、完全变成空腔

（1）聚苯乙烯泡沫塑料保温隔热材料

聚苯乙烯泡沫塑料是用低沸点液体的可发性聚苯乙烯树脂与适量的发泡剂（如碳酸氢聚钠）经预发泡后，再放在模具中加压成型的材料。其结构是由表皮层和中心层构成的蜂窝状结构。表皮层不含气孔，而中心层含大量微细封闭气孔，孔隙率可达 98%，它是目前使用最多的一种缓冲材料。它具有闭孔结构、吸水性小、有优良的抗水性、密度小、机械强度高、缓冲性能优异、加工性好、易于模塑成型、着色性好、温度适应性强、抗放射性优异等优点，而且尺寸精度高，结构均匀，因此在外墙保温中其占有率很高。

（2）聚氨酯泡沫塑料保温隔热材料

聚氨酯泡沫塑料是一种由异氰酸酯和羟基化合物经聚合发泡制成的高分子多孔结构材料，包括软质和硬质两类，硬质聚氨酯泡沫塑料中的气孔绝大多数为封闭孔（90%以上），故而吸水率低，热导率小，机械强度也较高，具有十分优良的隔声性能和隔热性能。软质聚氨酯泡沫塑料具有开口的微孔结构，一般用作吸声材料和软垫材料，也可和沥青制成嵌缝材料和管子。

聚氨酯材料是目前国际上性能最好的保温材料之一，硬质聚氨酯具有重量轻、热导率低、耐热性好、耐老化、容易与其他基材黏结、燃烧不产生熔滴等优异性能，在欧洲和美国作为保温隔热材料广泛用于建筑物的屋顶、墙体、天花板、地板、门窗等。

（3）酚醛泡沫塑料保温隔热材料

酚醛泡沫塑料是由酚醛树脂通过发泡而得到的一种泡沫塑料。其重量轻、刚性大、尺寸稳定性好、耐化学腐蚀、耐热性好、难燃、自熄、低烟雾、耐火焰穿透、遇火无洒落物、价格低廉，是电器、仪表、建筑、石油化工等行业较为理想的绝缘隔热保温材料。酚醛泡沫塑料的耐热、耐冻性能良好，使用温度范围在-150~150℃。酚醛泡沫塑料低温下强度要高于常温下强度，恢复到常温时，强度又降低，即使反复变化也不会产生裂纹。并且酚醛泡沫塑料长期暴露在阳光下，也未见明显的老化现象，强度反而有所增加。

酚醛泡沫塑料已成为泡沫塑料中发展最快的品种之一，应用范围不断扩大。然而，酚醛泡沫塑料最大的弱点是脆性大、开孔率高，因此，提高它的韧性是改善酚醛泡沫塑料性能的关键技术。

相比较而言：①有机材料的导热系数较小，保温性优于无机材料；②有机材料的吸水率较低，具有很好的防水性和透气性，保温效果更稳定；③无机材料具有很好的防火性能，而有机材料则易燃烧并产生大量有毒气体；④无机材料的耐久性要明显优于有机材料。

4. 建筑保温隔热材料的发展趋势

隔热保温材料通常都具有隔热性能好、耐高温的优点。有机保温材料、无机保温材料以及复合材料在性能方面各具优势，但大多数有机类隔热保温材料的耐高温性能较差。墙体保温材料在具备优异的保温效果的同时还应该兼具耐水性、防火性、耐氧化性以及其他复合性能，未来墙体保温材料的发展应该包括以下几个主要方面：

1) 提高保温隔热材料的憎水性

憎水性是绝热保温材料重要发展方向。材料的吸水率是在选用绝热材料时应该考虑的一个重要因素，在常温情况下，水的热导率是空气的23.1倍。绝热材料吸水后不但会大大降低其绝热性能，而且会加速对金属的腐蚀。保温材料的空隙结构分为连通型、封闭型、半封闭型几种，除少数有机泡沫塑料的空隙多数为封闭型外，其他保温材料不管空隙结构如何，其材质本身都吸水，加上连通空隙的毛细管渗透吸水，故整体吸水率均很高。目前改性剂中有机硅类憎水剂，是保温材料较通用的一种高效憎水剂，它的憎水机理是利用有机硅化合物与无机硅酸盐材料之间较强的化学亲和力，来有效地改变硅酸盐材料的表面特性，使之达到憎水效果。它具有稳定性好、成本低、施工工艺简单等特点。

2) 开发多功能的复合材料

研制多功能复合保温材料，提高产品的保温效率和扩大产品的应用面。目前现有的几种保温材料都或多或少存在一定的缺陷，硅酸钙的含湿气状态下，易存在腐蚀性的CaO，不易在低温环境下使用；玻璃纤维易吸收水分，不适于低温环境，也不适于540℃以上的温度环境；矿物棉同样存在吸水性，不宜用于低温环境，只能用于不存在水分的高温环境下；聚氨酯泡沫与聚苯乙烯泡沫不宜用于高温下，而且易燃、收缩、产生毒气；泡沫玻璃由于对热冲击敏感，不宜用于温度急剧变化的状态下，所以为了克服保温隔热材料的不足，各国纷纷研制轻质多功能复合保温材料。因此开发多功能的复合材料成为未来保温材料发展的一个主流方向，通过不同材料之间的相互复合达到功能互补的目的，提升保温材料的整体性能。

3) 开发新型保温隔热涂料

传统的隔热保温材料，以提高材料的空隙率、降低热导率和传导系数为主。纤维类保温材料在使用环境中，如果要使对流传热和辐射传热升高，必须要有较厚的覆层；而型材类无机保温材料需要进行拼装施工，存在接缝多、有损美观、防水性差、使用寿命短的缺陷。因此，人们正在探索一种能够大大提高保温隔热材料隔热反射性能的新型材料。

4）研究纳米孔保温隔热材料

纳米孔硅质保温材料是纳米技术在保温材料领域新的应用，组成材料内的绝大部分气孔尺寸宜处于纳米尺度。由于空气中的主要成分氮气和氧气的自由程度均在70nm左右，纳米孔硅质绝热材料中的二氧化硅微粒构成的微孔尺寸小于这一临界尺寸时，材料内部就消除了对流，从本质上切断了气体分子的热传导，从而可获得比无对流空气更低的导热系数。推进纳米结构在建筑保温隔热材料的应用，纳米结构可以提供低的导热系数、高气孔率及长的服役寿命。

5. 新型气凝胶保温隔热材料

气凝胶是由胶体粒子或高聚物相互聚合形成的纳米多孔三维网络结构，是世界上最轻的固体。气凝胶具有低导热系数、低密度、高比表面积、高孔隙率、超低介电常数以及低折射率等优良性能，且具有不燃或阻燃的特性。气凝胶因其极低的导热系数和较低的密度成为一种高性能的新型隔热材料。此外，气凝胶也是一种良好的隔声和防火材料。因此，气凝胶在建筑隔热、催化、节能环保、航空航天以及能源化工等领域有着广泛的应用前景。

建筑气凝胶隔热材料有以下优点：首先，气凝胶隔热材料有节能作用且可以减少温室气体的排放；其次，气凝胶隔热材料可以使室内保持舒适的环境温度；再者，可以避免相邻空间或外部噪声的干扰；最后，还可以避免建筑物表面的蒸汽凝结。

气凝胶的种类很多，有硅系、碳系、硫系、金属氧化物系、金属系等。气凝胶通常采用溶胶-凝胶法进行制备。溶胶-凝胶法涉及体系从液态"溶胶"转变为固态"凝胶"的过程，通常可分为以下3个步骤：凝胶的制备、凝胶的老化和凝胶的干燥。常见的气凝胶有3种类型，分别是二氧化硅气凝胶、碳气凝胶和氧化铝气凝胶。在这3种气凝胶中，二氧化硅气凝胶是最常见、运用最广泛的。二氧化硅气凝胶（表7-23）具有一些优异的固体特性，它内部由硅氧链相互连接组成，有大量的气孔。气凝胶的气孔非常小，二氧化硅气凝胶孔径约为$1\sim100nm$。由于其高孔隙结构，气凝胶具有很低的密度，约为$3kg/m^3$。二氧化硅气凝胶的比表面积约在$600\sim1000m^2/kg$，当它被用作超级隔热玻璃时，它的总传热系数低于$0.5W/(m^2 \cdot K)$。但二氧化硅气凝胶抗拉强度较低，易碎。此外，气凝胶材料成本仍然高于传统的隔热材料。随着气凝胶生产规模的扩大和技术的革新，气凝胶材料的成本也会逐步下降，从而提高气凝胶产品与传统材料的竞争力（表7-24）。

二氧化硅气凝胶的物理性质　　　　　　　　　　　　　　表 7-23

性质	参数	性质	参数
密度($kg \cdot m^{-3}$)	$3\sim350$(大部分约为100)	主要粒子直径(nm)	$2\sim5$
孔径(nm)	$1\sim100$(平均约为20)	表面积($m^2 \cdot g^{-1}$)	$600\sim1000$
孔隙率(%)	$85\sim99.9$(主要为95)	折光率	$1.0\sim1.05$
导热系数($W \cdot m^{-1} \cdot K^{-1}$)	$0.01\sim0.02$	耐热温度(℃)	500(熔点1200)
$0.5\sim2.5(\mu m)$	$0.80\sim0.90$	线膨胀系数	$(2.0\sim4.0)\times10^{-6}$
$3.7\sim5.9\mu m$ 的透光率		抗拉强度(kPa)	16
纵向声速($m \cdot s^{-1}$)	$100\sim300$		

气凝胶与传统隔热材料的空间节约效应比较　　　　　　　　表 7-24

	传热系数 （W・m^{-2}・K^{-1}）	δ （mm）	空间节省率 （%）
六层零碳房屋	0.11	440	—
传统隔热材料	0.11	309	29.7
气凝胶隔热材料	0.11	145	67.1

6. 新型充气板保温隔热材料

充气板（GFP）是环境温度绝热的新的先进应用。GFP 由红外反射（低发射率）和多层隔板制成，多层隔板被密封的屏障包裹，并在大气压下充满空气或在低传导性气体中充满。屏障被密封以保持气体填充，而挡板用来抑制对流和辐射。但是，原型 GFP 的热导率略高于目前的传统绝热材料，因此 GFP 的应用前景仍在争论中。

7. 相变保温隔热材料

相变材料（PCM）是指温度不变的情况下而改变物质状态并能提供潜热的物质。转变物理性质的过程称为相变过程，这时相变材料将吸收或释放大量的潜热。节能隔热材料的发展趋势是材料进步的结果，目前的研究方向主要是利用相变材料以较低的能耗率进行空间热调节。PCM 随着周围环境的变化而存储和释放热量。薄 PCM 层用于恒定温度下控制整个绝缘层的温度变化。在此应用中，所应用的 PCM 将利用建筑物外部的能量波动，吸收热量然后释放到环境中，不会影响建筑物内部的能量平衡。为了减少两侧（外部和内部）的热传递，PCM 的相变温度应尽可能接近人体舒适温度或内部空间设定点温度。

7.3.3　建筑保温隔热技术

1. 外墙保温隔热技术

在建筑工程中，采用新型保温隔热材料，例如矿渣棉、玻璃棉、岩棉等新型材料过程中，要将其作为主要的墙体节能材料，并且要根据材料的密度、压缩强度以及导热系数等要求进行设计。同时在进行墙体保温砌块砌筑的时候，要采用具有保温使用功能的砂浆砌筑，对于外墙保温材料而言，要将其全面的粘贴，与建筑工程室内有关的天沟、檐沟等位置都要进行保温层的铺设。同时墙体保温板和基层、各个结构层之间的连接一定要牢固，并且连接的方式要与设计的要求相符合，以及要在施工现场开展保温板材料、基层的粘接强度的拉拔试验。如果采用保温浆料进行外保温制作，基层、保温层间要粘接牢固，不可以出现空鼓、开裂等情况。此外，如果使用预埋或者后置锚固件进行保温层制作，锚固件固定的位置、深度以及数量一定要与设计的具体要求相符合，并且还要在施工现场做好拉拔试验。

我国建筑热工分区及墙体传热系数的限值可见表 7-25。外墙保温结构见图 7-18。

我国建筑热工分区及墙体传热系数的限值表　　　　　　　　表 7-25

热工分区	最冷月平均温度 （℃）	最热月平均温度 （℃）	墙体传热系数限值 （W/m^2・K）	备注
严寒地区 A	<−10		≤0.45	不考虑夏季防热
严寒地区 B			≤0.50	

续表

热工分区	最冷月平均温度（℃）	最热月平均温度（℃）	墙体传热系数限值（W/m²·K）	备注
寒冷地区	−10～0	—	≤0.60	部分地区兼顾夏季防热
夏热冬冷地区	0～10	25～30	≤1.0	适当兼顾冬季保温
夏热冬暖地区	＞10	25～29	≤1.5	不考虑冬季保温
温和地区	0～13	18～25	参考气候条件相近的分区	部分地区考虑冬季保温，不考虑夏季防热

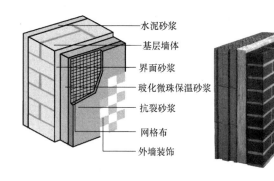

- 左边：黏土空心砌块墙体，起承重作用，属于双层结构墙体的里层；
- 右边：黏土空心砖墙体，仅起围护作用，非承重黏土空心砖墙体，属于双层结构墙体的外层；
- 中间空腔：夹芯层，固定黄色玻璃纤维保温毡。
- 里层结构与外层结构，是通过穿透中间保温毡毯的镀锌钢制拉接筋，进行相连接的

图 7-18　外墙保温结构

2. 屋面保温隔热技术

在建筑工程中，常需对屋面进行保温隔热施工。影响屋面保温隔热质量的因素有很多，包括：使用性能、材料的厚度以及敷设方式等。对于建筑工程而言，在施工的过程中，影响屋面架空隔热效果的因素有很多：①通风口的尺寸、架空层的高度以及进行架空通风安装时采用的形式等；②架空层内部是不是畅通的；③架空层使用的材料质量一定要好，并且要具有完整性的特征。

3. 门窗保温隔热技术

门窗保温隔热是建筑工程施工的一个重要环节。对于北方地区，其对门窗保温节能具有更高的要求，所以一定要重视门窗的气密性、传热系数，要对其进行重新检验。对于南方地区，要对隔热问题进行充分的考虑，只需要对气密性进行重新检验。

门窗上采用何种玻璃形式、种类等对其保温隔热效果有着直接的影响。对于门窗材料，近几年来，出现了一批技术含量比较高的节能门窗材料，例如塑木复合型材、铝木复合型材等。

门窗保温隔热效果受到外门窗玻璃、扇的密封条性能和安装的严密性能影响，进行密封条安装的时候，要具有完整性，并且镶嵌要牢固，不出现脱槽现象，结构机理见图 7-19。

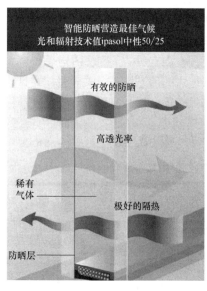

图 7-19　门窗保温结构机理

7.4　建筑防火材料

在建筑设计中应采取防火措施，以防火灾发生和减少火灾对生命财产的危害。建筑防火包括火灾前的预防和火灾时（图 7-20）的措施两个方面，前者主要为确定耐火等级和耐火构造，控制可燃物数量及分隔易起火部位等；后者主要为进行防火分区，设置疏散设施及排烟、灭火设备等。中国古代主要以易燃的木材作建筑材料，对建筑防火积累了许多经验。

图 7-20　建筑火灾

建筑中的防火材料作为消防安全最重要的因素之一，起到了举足轻重的作用，越来越受到重视。防火材料涉及的内容庞杂，按照消防技术选择原则大体可以分为防火板材、防火涂料、防火密封材料、阻燃装修材料等几大类型。

7.4.1　燃烧与建筑火灾

1. 燃烧的基本原理

1）燃烧的本质

火灾是在时间和空间上失去控制的燃烧，因此，火灾是一种燃烧现象，研究火灾就必须研究燃烧现象。

燃烧是可燃物质与氧化剂作用发生的一种放热发光的剧烈化学反应，通俗地说燃烧就是放热发光的化学反应过程。因此，《消防词汇 第 1 部分：通用术语》GB/T 5907.1—2014 规定：燃烧是可燃物与氧化剂发生作用的放热反应，通常伴有火焰、发光和发烟现象。可燃物在燃烧过程中，生成了与原来物质完全不同的新物质，如下：

$$C + O_2 \xrightarrow{\text{燃烧}} CO_2$$

$$2H_2 + O_2 \xrightarrow{\text{燃烧}} 2H_2O$$

$$CH_4 + 2O_2 \xrightarrow{\text{燃烧}} CO_2 + 2H_2O$$

燃烧不仅在空气中（氧）存在时能发生，有的可燃物在其他氧化剂中也能发生燃烧。例如，氢就能在氯气中燃烧：

$$H_2 + Cl_2 \xrightarrow{\text{燃烧}} 2HCl$$

燃烧具有三个特征，即化学反应、放热和发光。通电的电炉和灯泡虽然有发光和放热现象，但没有进行化学反应，只是进行了能量的转化，故不是燃烧；生石灰遇水发生了化学反应，并且放出了大量的热，但它没有发光现象，它也不是燃烧。这些现象虽然不是燃烧，但在一定条件下，可作为着火源引起燃烧或引发火灾。

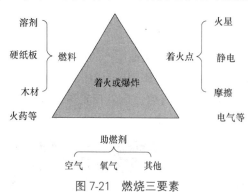

图 7-21　燃烧三要素

2）燃烧的条件

燃烧需要一定的条件，如果不具备一定的条件，燃烧就不会发生。任何物质要发生燃烧，必须具备三个基本条件（亦称三要素）：可燃物、氧化剂和温度（着火源），见图 7-21。

（1）可燃物

凡能在空气、氧气或其他氧化剂中发生燃烧反应的物质，都可称为可燃物，如木材、氢气、汽油、煤炭、纸张、硫等。可燃物如果按其化学组成，可分为无机可燃物和有机可燃物两大类；从数量上讲，绝大部分可燃物为有机物，少部分为无机物。按其所处的状态，又可分为可燃固体、可燃液体和可燃气体三大类。对于这三种状态的可燃物来说，其燃烧难易程度是不同的，一般是气体比较容易燃烧，其次是液体，最后是固体。可燃物是燃烧不可缺少的一个首要条件，是燃烧的内因。

（2）助燃剂（氧化剂）

凡是与可燃物质相结合并能帮助、支持和导致着火或爆炸的物质，称为助燃物。助燃物，实质上是氧化剂，氧化剂是一种能氧化其他物质而本身被还原的物质。氧化剂的种类很多，最常见的就是氧气。空气、氯、溴、氯酸钾、过氧化钠等都是氧化剂，都能帮助和支持燃烧。人们通常所说的助燃物是指空气，因为空气中存在约五分之一（约 21％）体积的氧，故一般可燃物在空气中遇点火源都能燃烧。燃烧时，可燃物与氧化剂发生剧烈的氧化还原反应，在反应中可燃物被氧化，氧化剂被还原。

（3）点火源

凡是能够使可燃物与助燃物发生燃烧反应的能量来源统称为点火源。这种能量既可以是热能、光能、电能、化学能，也可以是机械能。点火源温度越高，越容易引起可燃物燃烧。根据点火源产生能量的来源不同，点火源一般可分为直接火源和间接火源。

① 直接火源

（a）明火：指生产、生活中的炉火、焊接火、吸烟火，撞击、摩擦产生的火，机动车排气管的火星、飞火等。明火是最常见而且是比较强的点火源，也是最危险的点火源。

（b）电弧、电火花：指电器设备、电气线路、电气开关短路或漏电产生的火花；电话、手机等通信工具开关产生的电火花等；还有静电火花，如人体与化纤衣服摩擦产生的静电火花。这些电火花都能引起可燃性气体、液体蒸气和易燃固体物质着火。

（c）雷电：瞬间高压放电的雷击能引燃任何可燃物。

② 间接火源

（a）高温：指加热、烘烤、积热不散、机械故障发热等由于蓄热而产生较高温度，如金属焊割时的熔渣、发热的白炽灯、烧红的铁块、长时间通电的电熨斗等。

（b）光辐射：如太阳光、凸玻璃聚光热等。这种热能只要具有足够的温度，就能点燃可燃物质，从而引发火灾。

（c）自燃起火：指既无明火又无外来热源的情况下，物质本身自行发热、燃烧起火。如黄磷在空气中会自行起火，钾、钠等金属遇水会着火。

（4）燃烧的充分条件

要发生燃烧必须同时具备燃烧的三个要素。但是在某些情况下，虽然具备了燃烧的三个要素，也不一定能发生燃烧。如果可燃物的数量不够，氧气不足或点火源的热量不够大，温度不够，燃烧也不能发生。所以，要发生燃烧，除了上述三个基本条件外，还必须具备以下充分条件。

① 一定数量的可燃物

首先，要发生燃烧，必须有足够数量的可燃物质。如果在空气中的可燃气体或蒸气的浓度不够，燃烧就不会发生。

② 一定比例的助燃物

要使可燃物质燃烧，必须供给足够的助燃物，否则，燃烧就会逐渐减弱，直至熄灭，也就是说助燃物质的数量不够，也不能发生燃烧。

③ 一定能量的点火源

要发生燃烧，引火源必须有一定的温度和足够的热量，否则燃烧也不能发生。例如：从烟囱冒出来的火星温度约为600℃如果这些火星落在易燃的柴草上，就能引起燃烧，这说明这些火星所具有的温度和热量能引燃这些物质。如果这些火星落在大块木材上，就会很快熄灭，不能引起燃烧，这说明落在大块木材上的火星虽有相当高的温度，但缺乏足够的热量，因此不能引起大块木材燃烧。

④ 要发生燃烧，必须使燃烧的三个要素相互结合、相互作用。譬如，在我们房间内有桌椅、窗等可燃物质，有充满空间的空气，有火源、电源，构成了燃烧的三个要素，可是并没有发生燃烧现象。这是因为这些条件没有互相作用，火源没有点燃桌椅板凳等可燃物质。

3）燃烧的类型

（1）闪燃

闪燃是指易燃或可燃液体挥发出来的蒸气分子与空气混合后，达到一定的浓度，遇火源产生一闪即灭的现象。发生闪燃是因为易燃或可燃液体在闪燃温度下蒸发的速度比较慢，蒸发出来的蒸气仅能维持一刹那的燃烧，来不及补充新的蒸气维持稳定的燃烧，因而一闪就灭了。

（2）着火

可燃物与着火源接触引起燃烧，这种持续燃烧的现象就叫着火。着火是燃烧的开始，并且以出现火焰为特征。着火是日常生活中最常见的燃烧现象，如用打火机点燃柴草、汽油、液化石油气，就会引起它们着火。

（3）自燃

可燃物质在空气中没有外部火花、火焰等火源的作用，靠自身发热或外来热源引发的自行燃烧现象。

（4）爆炸

爆炸是指物质由一种状态迅速地转变成另一种状态，并在瞬间释放出巨大的能量，或气体、蒸气在瞬间发生剧烈膨胀的现象。

2. 燃烧的过程

从宏观上看，气体、液体和固体物质均可发生燃烧，如氢气、酒精和木材的燃烧就是这三类物质燃烧的典型。而从微观上看，绝大多数可燃物质的燃烧并不是物质本身在燃烧，而是物质受热分解出的气体或液体的蒸气在气相中的燃烧。

无论哪种形式的火灾，它们都包括着火、火势增大、烟气蔓延、火焰熄灭等过程。我们把火灾的发展大体分成初起阶段、发展阶段和熄灭阶段。

1）初起阶段

可燃物在热的作用下蒸发析出气体、冒烟和阴燃，而后在起火部位及周围可燃物部位着火燃烧，火灾发展速度较慢。此时的火势一般不稳定，发展速度因火源、可燃物质的数量和性质、通风条件等因素的影响而差别很大。

2）发展阶段

在这一阶段，宏观表现为火苗蹿起，火势迅速扩大，火焰包围整个可燃物体，燃烧面积达到最大限度。特点为燃烧速率快，燃烧温度高，放出强大的辐射热，气体对流加剧，风势进一步促进火势的发展。

热释放速率逐渐达到某一最大值后，室内温度经常会升到 800℃ 以上，因而可以严重地损坏室内的设备及建筑物本身的结构，甚至造成建筑物的部分毁坏或全部倒塌。另一方面，高温烟气还会携带着相当多的可燃组分从起火室的开口窜出，从而引起邻近房间或相邻建筑物起火。

3）熄灭阶段

随着燃烧的进行，可燃物质逐步减少，燃烧速率逐步减缓，火场温度逐渐降低，火势逐渐衰弱，最终熄灭。一般认为，此阶段是从室内平均温度降到其峰值的 80% 左右时开始的。这是可燃物的挥发组分大量消耗而致使燃烧速率减小的结果。随后明火燃烧无法维持，可燃固体变为赤热的焦炭。这些焦炭按碳燃烧的形式继续燃烧，不过燃烧速率比较缓慢。由于燃烧放出的热量不会很快散失，室内温度仍然较高，在焦炭附近还会存在局部相当高的温度区。

若火灾尚未发展到减弱阶段就被扑灭了，可燃物还会发生热分解，而火区周围的温度在一段时间内还比平时高得多，可燃挥发组分还可以继续析出。如果达到了足够高的温度与浓度，还会再次出现明火燃烧。因此，灭火后应当注意这种"死灰复燃"问题。

3. 建筑火灾

建筑物一旦发生火灾必然产生烟雾，火灾伤亡有近八成是因烟害中毒或窒息造成。可燃物质燃烧中所产生或游离出的物质和燃烧时所散发的热混合在一起就是烟雾，其中含有燃烧后的气体、蒸汽、未燃尽的分解物和凝固物。凡可燃物，不论何种状态，燃烧时都会散发大量炽热的烟雾。其烟雾量为火灾荷载的发烟系数乘烧毁的火灾荷载，即火灾荷载的性能与燃烧的重量决定火灾中烟雾量的多少，并且烟雾量随火灾荷载的增加而成倍增加。烟雾可使人中毒或窒息，因此火灾中的烟雾会给人类生命安全带来极大危害。

火灾持续时间越长，火灾温度越高，又使一些难燃材料热分解，产生相应热能。混凝土在一定温度下将分解成无黏结力的石灰和二氧化碳，造成楼层坍塌，使建筑物遭受灾难性毁坏。

按照火灾发生的场合，火灾大体可分为城镇火灾、野外火灾和厂矿火灾等。城镇火灾包括民用建筑火灾、工厂仓库火灾、交通工具火灾等。各类建筑物是人们生产生活的场所，也是财产极为集中的地方，因此建筑火灾造成的损失十分严重，而且直接影响人们的各种活动。近年来世界范围的火灾类型与各类型火灾死亡人数见图 7-22。研究这类火灾的发生和防治的规律，开发有效的防火、灭火技术，具有重要的社会和经济意义。

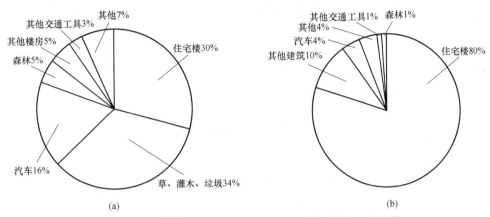

图 7-22　近年来世界范围的火灾类型和各类型火灾死亡人数

(a) 火灾类型；(b) 各类型火灾死亡人数

7.4.2　建筑防火材料的概述

1. 建筑材料的防火要求

1) 材料的燃烧性能

其主要通过材料的可燃程度及对火焰的传播速率来确定。材料的燃烧速率是材料燃烧性能的一个非常重要的数据。如果材料具有较大的燃烧速率，那么在火灾发生后，火焰就会迅速蔓延，各种可燃性材料其燃烧速率是不同的，它与许多因素有关（如通风状态、材料形状等）。材料的燃烧性能是评价材料防火性能的一项重要指标。

2) 材料的导热性能

通过试验可知，当材料一侧受火后，另一侧温度的变化情况。比如，混凝土隔墙板，显然该墙板是不可燃的，但可能因隔墙板的导热性能而使火灾面积扩大。因此，即使是非燃烧体，如果其具有较强的导热能力，那么该材料也不具有较好的防火性能。

3) 材料在高温下的力学性能

材料在高温下的力学性能表示材料受火后，其力学性能与温度的变化关系，对其进行研究可以了解各种材料发生破坏时的强度，即材料在火灾中所能承受的最高温度。这里说的破坏，是指材料失去承载能力、出现裂缝或穿孔。例如，钢材本身为不燃性材料，但钢结构在着火 15min 左右就会因丧失强度而破坏，尽管钢材本身为不燃性材料，但从防火角度而言，它并非具有好的防火性能，所以要考虑其在高温下的力学性能。

4) 材料燃烧后的毒性

材料燃烧时的毒性包括建筑材料在火灾中燃烧或者受热分解释放出的产物对人体的毒害作用。统计资料表明，火灾中死亡的人员，主要是吸入火灾中释放的毒烟毒气中毒死亡，或先中毒昏迷而后被火焰烧死。据统计，建筑火灾中的人员死亡80％由烟气中毒所致。

5）材料燃烧时的发烟性

材料的发烟性是指建筑材料在燃烧或热解作用中，所产生的悬浮在大气中可见的固体和液体微粒。固体微粒就是碳粒子，液体微粒主要指一些焦油状的液滴。材料燃烧时的发烟性大小，直接影响能见度，从而使人从火场中逃生变得困难，影响消防人员的扑救工作，建筑防火最重要的目的之一是尽量减少火灾中人员的伤亡。而对于材料来说，如果材料燃烧时产生了大量烟雾，就会使逃生者视线受阻，使逃生变得更加困难，并加剧了恐慌心理，同时也不利于消防人员的救灾抢险，另外，烟气的大量出现还会使人员神志丧失甚至窒息而死，造成更大危害。因此，考虑材料的防火性能时必须重视材料的发烟性能。相关规范性能指标见表7-26。

建筑物构建的燃烧性能及耐火极限　　　　表 7-26

名称		耐火等级			
构件		一级	二级	三级	四级
墙	防火墙	不燃烧体 3.00	不燃烧体 3.00	不燃烧体 3.00	不燃烧体 3.00
	承重墙	不燃烧体 3.00	不燃烧体 2.50	不燃烧体 2.00	不燃烧体 0.50
	非承重外墙	不燃烧体 1.00	不燃烧体 1.00	不燃烧体 0.50	燃烧体
	楼梯间的墙 电梯井的墙 住宅单元之间的墙 住宅分户墙	不燃烧体 2.00	不燃烧体 2.00	不燃烧体 1.50	难燃烧体 0.50
	疏散走道两侧的隔墙	不燃烧体 0.75	不燃烧体 1.00	不燃烧体 0.50	难燃烧体 0.25
	房间隔墙	不燃烧体 0.75	不燃烧体 0.50	排燃烧体 0.50	难燃烧体 0.25
柱		不燃烧体 3.00	不燃烧体 2.50	不燃烧体 2.00	难燃烧体 0.50
梁		不燃烧体 2.00	不燃烧体 1.50	不燃烧体 1.00	难燃烧体 0.50
楼板		不燃烧体 1.50	不燃烧体 1.00	不燃烧体 0.50	燃烧体
屋顶承重构件		不燃烧体 1.50	不燃烧体 1.00	燃烧体	燃烧体
疏散楼梯		不燃烧体 1.50	不燃烧体 1.00	不燃烧体 0.50	燃烧体
吊顶（包括吊顶格栅）		不燃烧体 0.25	难燃烧体 0.25	难燃烧体 0.15	燃烧体

2. 建筑材料的阻燃机理

1) 阻燃机理

材料的阻燃性，常通过气相阻燃、凝聚相阻燃及中断热交换阻燃等机理实现。抑制促进燃烧反应链增长的自由基而发挥阻燃功能的属气相阻燃；在固相中延缓或阻止高聚物热分解起阻燃作用的属凝聚相阻燃；将聚合物燃烧产生的部分热量带走而导致的阻燃，则属于中断热交换机理类的阻燃。但燃烧和阻燃都是十分复杂的过程，涉及很多影响和制约因素，将一种阻燃体系的阻燃机理严格划分为某一种是很难的，实际上很多阻燃体系同时以几种阻燃机理起作用。

（1）气相阻燃机理

气相阻燃系统指在气相中使燃烧中断或延缓链式燃烧反应的阻燃作用，下述几种情况下的阻燃都属于气相阻燃。

① 阻燃材料受热或燃烧时能产生自由基抑制剂，从而使燃烧链式反应中断。

② 阻燃材料受热或燃烧时生成细微粒子，它们能促进自由基相互结合以中止链式燃烧反应。

③ 阻燃材料受热或燃烧时释放出大量的惰性气体或高密度蒸汽，前者可稀释氧和气态可燃物，并降低此可燃气的温度，致使燃烧中止；后者则覆盖于可燃气上，隔绝它与空气的接触，因而使燃烧窒息。

可挥发性、低沸点的含磷化合物，诸如三烷基氧化磷（R_3PO），属于气相阻燃剂。质谱分析表明，三苯基磷酸酯和三苯基膦氧在火焰中裂解成自由基碎片，这些自由基像卤化物一样捕获 H· 及 O· 游离基，从而起到抑制燃烧链式反应的作用。在红磷的燃烧和裂解中，也形成 P·，它们和聚合物中的氧发生反应生成磷酸酯结构。此外，膨胀阻燃体系也可能在气相中发挥作用，其中的胺类化合物遇热可分解产生 NH_3、H_2O 和 NO，前两种气体可稀释火焰区的氧浓度，后者可使燃烧赖以进行的自由基淬灭，致使链反应终止。

（2）凝聚相阻燃机理

这是指在凝聚相中延缓或中断阻燃材料热分解而产生的阻燃作用，下述几种情况的阻燃均属于凝聚相阻燃。

① 阻燃剂在凝聚相中延缓或阻止可产生可燃气体和自由基的热分解。

② 阻燃材料中比热容较大的无机填料，通过蓄热和导热使材料不易达到热分解温度。

③ 阻燃剂受热分解吸热，使阻燃材料温升减缓或中止。

④ 阻燃材料燃烧时在其表面生成多孔炭层，此层难燃、隔热、隔氧，又可阻止可燃气进入燃烧气相，致使燃烧中为维持继续燃烧，必须具有足够的氧气和可燃性气体混合物。如果热裂解生成的自由基被截留而消失，燃烧就会减慢或中断。

含有有机溴化物作阻燃剂的阻燃热塑性塑料发生燃烧时，存在以下反应：

$$RH \rightarrow R· + H· \quad 链引发$$
$$HO· + CO = CO_2 + H· \quad 链增长（高度放热反应）$$
$$H· + O_2 = HO· + O· \quad 链支化$$
$$O· + HBr = HO· + Br· \quad 链转移$$
$$HO· + HBr = H_2O + Br· \quad 链终止$$

具有高度反应性的 HO· 自由基在燃烧过程中起关键作用。当 HO· 被反应性较差的

Br·取代时，自由基链式反应就发生终止。

（3）中断热交换阻燃机理

这是指将阻燃材料燃烧产生的部分热量带走，致使材料不能维持热分解温度，因而不能维持产生可燃气体，于是燃烧自熄。例如，当阻燃材料受强热或燃烧时可熔化，而熔融材料易滴落，因而将大部分热量带走，减少了反馈至本体的热量，致使燃烧延缓，最后可能终止燃烧。所以，易熔融材料的可燃性通常都较低，但滴落的灼热液滴可引燃其他物质，增加火灾危险性。

2）几种典型阻燃剂的阻燃机理

（1）卤系阻燃剂

卤系阻燃剂包括溴系和氯系阻燃剂。卤系阻燃剂是目前世界上产量最大的有机阻燃剂之一。在卤系阻燃剂中大部分是溴系阻燃剂。工业生产的溴系阻燃剂可分为添加型、反应型及高聚物型三大类，而且品种繁多。国内外市场上现有 20 种以上的添加型溴系阻燃剂，10 种以上的高分子型溴系阻燃剂，20 种以上的反应型溴系阻燃剂。添加型的阻燃剂主要有十溴二苯醚（DBDPO）、四溴双酚 A 双（2、3-二烷丙基）醚（TBAB）、八溴二苯醚（OBDPO）等；反应型阻燃剂主要有四溴双酚 A（TBBPA），2、4、6-三溴苯酚等；高分子型阻燃剂主要有溴化聚苯乙烯、溴化环氧、四溴双酚 A 碳酸酯低聚物等。溴系阻燃剂之所以受到青睐，其主要原因是它的阻燃效率高，而且价格适中。由于 C-Br 键的键能较低，大部分溴系阻燃剂的分解温度在 200～300℃，此温度范围正好也是常用聚合物的分解温度范围。所以在高聚物分解时，溴系阻燃剂也开始分解，并能捕捉高分子材料分解时的自由基，从而延缓或抑制燃烧链的反应，同时释放出的 HBr 本身是一种难燃气体，可以覆盖在材料的表面，起到阻隔与稀释氧气浓度的作用。这类阻燃剂无不例外的与锑系（三氧化二锑或五氧化二锑）复配使用，通过协同效应使阻燃效果得到明显提高。

卤系阻燃剂主要在气相中发挥阻燃作用。因为卤化物分解产生的卤化氢气体，是不燃性气体，有稀释效应。它的比重较大，形成一层气膜，覆盖在高分子材料固相表面，可隔绝空气和热，起覆盖效应。更为重要的是，卤化氢能抑制高分子材料燃烧的连锁反应，起清除自由基的作用。

（2）磷及磷化合物的阻燃机理

磷及磷化合物很早就被用作阻燃剂使用，从磷化合物在不同反应区内所起阻燃作用可分为凝聚相中阻燃机理和蒸汽相中阻燃机理，有机磷系阻燃剂在凝聚相中发挥阻燃作用，其阻燃机理如下：

在燃烧时，磷化合物分解生成磷酸的非燃性液态膜，其沸点可达 300℃。同时，磷酸又进一步脱水生成偏磷酸，偏磷酸进一步聚合生成聚偏磷酸。在这个过程中，不仅由磷酸生成的覆盖层起到覆盖效应，而且由于生成的聚偏磷酸是强酸，是很强的脱水剂，使聚合物脱水而炭化，改变了聚合物燃烧过程的模式并在其表面形成碳膜以隔绝空气，从而发挥更强的阻燃效果。

（3）无机阻燃剂的阻燃机理

无机阻燃剂包括氢氧化铝、氢氧化镁、膨胀石墨、硼酸盐、草酸铝和硫化锌的阻燃剂。氢氧化铝和氢氧化镁是无机阻燃剂的主要品种，具有无毒性和低烟等特点，它们由于受热分解吸收大量燃烧区的热量，使燃烧区的温度降低到燃烧临界温度以下燃烧自熄；分解后生成的金属氧化物多数熔点高、热稳定性好、覆盖于燃烧固相表面阻挡热传导和热辐射，从而起到阻燃作用；同时分解产生大量的水蒸气，可稀释可燃气体，也起到阻燃作用。

水合氧化铝有热稳定性好，在300℃下加热2h可转变为AlO(OH)，与火焰接触后不会产生有害的气体，并能中和聚合物热解时释放出的酸性气体，发烟量少，价格便宜，因而它成为无机阻燃剂中的重要品种。水合氧化铝受热释放出化学上结合的水，吸收燃烧热量，降低燃烧温度。在发挥阻燃作用时，主要是两个结晶水起作用，另外失水产物为活性氧化铝，能促进一些聚合物在燃烧时稠环炭化，因此具有凝聚相阻燃作用。从该机理可知使用水合氧化铝作阻燃剂，添加量应较大。

镁元素阻燃剂主要品种为氢氧化镁，是近几年来国内外正在开发的一种阻燃剂，它在340℃左右开始进行吸热分解反应生成氧化镁，在423℃下失重达最大值，490℃下分解反应终止。从量热法得知，其反应吸收大量热能（44.8kJ/mol），生成的水也吸收大量热能，降低温度，达到阻燃。氢氧化镁的热稳定性和抑烟能力都比水合氧化铝好，但由于氢氧化镁的表面极性大，与有机物相容性差，所以需要经过表面处理后才能作为有效的阻燃剂。另外，它的热分解温度偏高，适宜热固性材料等分解温度较高的聚合物的阻燃。

在高温下，可膨胀石墨中的嵌入层受热易分解，产生的气体使石墨的层间距迅速扩大到原来的几十倍至几百倍。当可膨胀石墨与高聚物混合时，在火焰的作用下，可在高聚物表面生成坚韧的炭层，从而起到阻燃作用。

（4）阻燃剂混合使用的协同阻燃机理

含卤阻燃剂与含磷阻燃剂配合使用能产生显著的协同效应。对于卤-磷阻燃协同效应，人们提出卤-磷配合使用能互相促进分解，并形成比单独使用具有更强阻燃效果的卤-磷化合物及其转化物 PBr_3、$PBr\cdot$、$POBr_3$ 等。用裂解气相色谱、差热分析、差示扫描量热分析、氧指数测定、阻燃剂程序升温观察等方法对卤-磷协同效应进行的研究表明，卤-磷配合使用时阻燃剂的分解温度比单独使用时略低，且分解非常剧烈，燃烧区的氯磷化合物及其水解产物形成的烟气云团能较长时间逗留在燃烧区，形成强大的气相隔离层。

3. 建筑防火材料的分类

如今，有超过175种化学品被归类为阻燃剂。四个主要组是卤代有机，有机磷，无机和氮基阻燃剂（分别占年产量的50%，25%，20%和5%）

1）卤化阻燃剂

众所周知，所有类别的阻燃剂均以冷凝相或气相或通过物理或化学机理起作用，以阻碍燃烧过程（加热，着火，热解或火焰蔓延）。通常，卤代化合物主要通过自由基机理在气相中起作用以抑制燃烧并破坏放热过程。卤素化合物的效率取决于卤素释放的缓解，卤素原子所连接的官能团的性质非常重要，它确定了碳-卤素键能和碳-卤素比率，并因此确定了燃烧过程中释放的卤素量，含卤素的阻燃剂的效率按F<Cl<Br<I的顺序提高。在实践中，很少使用氟（由于与碳牢固结合）和碘（由于与碳之间的结合松散）。溴是最有效的试剂，因为它与碳键合使其能够阻碍燃烧过程，HBr可在轻微的温度范围内释放。在一定的温度范围内，含氯阻燃剂会释放HCl。通常脂环族或脂族卤素化合物比芳族卤素化合物更有效，对于大多数聚烯烃，脂环族或脂肪族卤素化合物会在低温下燃烧，这是因为碳-卤素键能较低且卤素易于释放。在大多数工程塑料和聚合物材料（高温燃烧）中，

由于其碳-卤素键能较低，其应用受到限制。含卤素的阻燃剂，例如聚溴二苯醚（PB-DPE），由于在燃烧过程中产生高毒性且可能致癌的溴化呋喃和二噁英，因此在阻燃剂应用中面临瓶颈。广泛使用的含卤素阻燃剂有十溴二苯乙烷、十溴二苯醚（DBDPE）、TBBPA、溴化环氧树脂和六溴环十二烷。

2）无卤素阻燃材料

为了避免上述含卤素阻燃剂的缺点，研究人员开发了无卤素阻燃技术，该技术主要涉及磷、氮、硅、硼、锌、铁和铝的阻燃剂。其中，含磷阻燃剂是最有前途的无卤阻燃剂之一，具有良好的阻燃效率。原因在于含磷化合物可进行脱水和碳化以形成保护性碳层，从而有效降低聚合物的可燃性、含氮阻燃剂可吸收热量并产生不燃性气体，以稀释聚合物分解过程中的可燃物浓度。同时，尽管就阻燃效率而言，含氮阻燃剂的竞争性不如含磷阻燃剂，但含氮阻燃剂相对环保，并且仅释放少量烟尘和有毒气体在燃烧过程中。含硅的阻燃剂通常在燃烧时可以在聚合物表面上形成绝缘层，从而有效地阻碍氧气、热量和质量的传递，并降低聚合物的可燃性。此外，含有硼、锌、铁、铝等的化合物可以在一定程度上抑制烟尘并延缓火焰，但是它们在工程中的应用受到限制。然而，在使用这些阻燃添加剂时仍然存在一些问题：增加最终聚合物材料的黏度和模量，这将使工业加工困难，高负荷以及它们对人类健康和环境的潜在毒性。

3）溴阻燃剂

大多数商业上使用的溴化合物是 TBBPA 和 DBDPE，因为它们的碳-溴低价键能和溴含量高，这些被广泛用作热固性塑料和热塑性塑料中的阻燃剂。因此，通过添加溴化化合物、聚合物材料的阻燃性得以提高，而其机械性能（特别是冲击强度）则通过进一步添加添加剂而降低。近几年合成出了一种新型的半芳香族溴阻燃剂，即四溴邻苯二甲酸二（二溴乙基）酯（TBPDO）。除了阻燃性，阻燃苯乙烯塑料的冲击强度得到了增强。此外，TBPDO 与溴化低聚物或磷酸盐的混合物提高了工程塑料（如聚碳酸酯、聚对苯二甲酸丁二醇酯和改性聚对苯氧乙烯）的拉伸强度和熔体流动性。

4）氯化合物阻燃剂

近几年合成的两种类型的含氯阻燃剂分别称为 1、4-二（2-羟基乙氧基)-2、3、5、6-四氯苯和 1、4 二（乙氧基羰基甲氧基)-2、3、5、6-四氯苯，他们将化合物引入不饱和聚酯中。脂肪族氯化烃（主要是氯链烷烃）为固态或液态，具体取决于它们的氯含量（在30%～70%之间变化）。它们在高达 220℃的温度下具有热稳定性。因此，脂环族氯化物是热稳定的，并且可以在塑料工程中用作防腐剂阻燃剂。

5）含磷阻燃剂

含磷阻燃剂的范围非常广泛，并且该材料用途广泛，因为该元素以多种氧化态出现，磷氧化物、磷化合物、磷酸酯、红磷、亚磷酸盐和磷酸盐均可用作阻燃剂。含磷阻燃剂通常可分为三类：简单的反应性磷酸酯单体、线性聚磷腈和芳族环状磷腈。此处讨论的所有化合物都是完整的聚合物链或通过共价键形成共聚物链的一部分，它们可以通过共聚、均聚、表面改性或共混形成聚合物链，而不含简单的无机或有机添加剂。这些化合物主要通过增加碳质残基或碳的量而在缩合相中表现出其阻燃功能。磷阻燃剂会保留可能对聚合材料产生协同影响的卤素，只要它们对环境的影响可以忽略不计。

6）含硅阻燃剂

　　大量的研究表明，添加相对少量的硅化合物（尤其是当将其添加到膨胀型配方中时，会添加到各种聚合物材料中）可以广泛地提高阻燃性。通过在冷凝相中形成焦炭和在气相中捕获动态自由基，阻碍燃烧。含硅氧烷的阻燃剂被测量为环保添加剂，它们还可以减少对环境的危害。此外，基于硅氧的聚合物还具有热稳定性、介电强度低且无腐蚀性的烟雾散发。较早的有机硅已专门用作阻燃剂，有机硅与金属肥皂的结合为某些热塑性塑料提供了低阻燃性，较低黏度的有机硅与硬脂酸金属结合使用具有一定的阻燃性。但是，它们倾向于产生燃烧的水滴，有机硅的结合经常会在聚丙烯（PP）中产生轻微的膨胀性焦炭，而聚合物本身会燃烧而不会形成焦炭。研究表明，线性聚二甲基硅氧烷和其他可选成分的分组可以有效地阻止 PP 的可燃性。硅氧烷基添加剂的其他重要意义是抗冲击性、可加工性、可模塑性、光泽度和电绝缘性能的提高。

　　7）无机填料阻燃剂

　　无机填料［$CaCO_3$、$Mg(OH)_2$、滑石、云母］被广泛用于聚合物复合材料，以增强材料的多种物理性能，例如弹性模量、机械强度、刚度和耐热性，同时，通过用廉价的填料代替有价值的树脂，可以显著降低聚合物复合材料的成本。通常必须通过偶联剂（CA）（例如钛酸酯和硅烷）处理填料，以增强其在基体中的整合度，避免聚集，并增强界面稠度。CA 就像有机聚合物基质边缘和无机填料之间的分子桥，其对复合材料的力学和流变性能的影响已得到广泛研究。有机和无机填料的结构如图 7-23 所示。

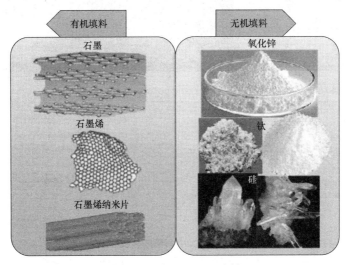

图 7-23　有机和无机填料

　　4. 提升阻燃性能

　　1）降低易燃烧的物质在材料中的含量。比如加入一定的难燃性物质，提高整体材料的燃烧等级。

　　2）提高阻燃的物理和化学反应。在材料中添加与材料反应释放难燃物质的添加剂，当材料在高温下燃烧时，添加剂与材料或者自然发生化学或者物理反应，生产能够降低材料温度或者改变材料燃烧过程的化学物，比如在泡沫类型保温隔热材料中加入富含氢氧化学键的金属化学物，如 $Al(OH)_3$、$Mg(OH)_2$ 等，当高温时会吸热脱去自含的水分子，从而降低了热量，同时生产的金属氧化物阻隔了燃烧的过程。

3）形成保护屏障，提供非燃烧环境。如隔绝材料与外界的接触。从燃烧的三个要素出发，隔绝氧气来阻燃，如直接涂不燃的漆料等。

7.4.3　常用建筑防火材料

1. 防火板

防火板是目前市场上最为常用的材质。常用的有两种：一种是高压装饰耐火板，其优点是防火、防潮、耐磨、耐油、易清洗，而且花色品种较多；一种是玻镁防火板，外层是装饰材料，内层是矿物玻镁防火材料，具有有机板和无机板的双重优点，可抗1500℃高温，但装饰性不强。

防火板采用耐火防护材料将建筑构件包封屏蔽，主要用于建筑物吊顶、内隔墙、家具、橱柜及其他有防火要求部位的装修。常用的建筑防火板有FC纤维水泥加压板、泰柏墙板、纤维增强硅酸钙板、纸面石膏板、石棉水泥平板及菱镁防火板等，见图7-24。

⊙耐火纸面石膏板的组成：正面纸、背面纸和石膏芯

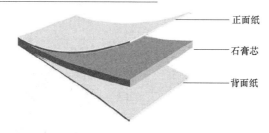

正面纸
石膏芯
背面纸

图7-24　常用防火板材

2. 防火涂料

防火涂料是用于可燃性基材表面，能降低被涂材料表面的可燃性、阻滞火灾的迅速蔓延，用以提高被涂材料耐火极限的一种特种涂料。根据使用对象以及涂层厚度，防火涂料一般分为饰面型涂料和钢结构防火涂料。防火涂料是一类特制的防火保护涂料，有氯化橡胶、石蜡和多种防火添加剂组成的溶剂型涂料，耐火性好，施涂于普通电线表面，遇火时膨胀产生泡沫，炭化成保护层，隔绝火源，适用于发电厂、变电所之类的室内外电缆线的防火保护及钢结构的防火保护。

1）防火涂料的组成

建筑防火涂料的组成除一般涂料所需的成膜物质、颜料、溶剂以及催干剂、增塑剂、固化剂、悬浮剂、稳定剂等助剂以外，还需添加些特殊的阻燃、隔热材料。

2）建筑防火涂料的分类

（1）按基料性质来分类

根据防火涂料所用的基料性质，可分为有机型防火涂料、无机型防火涂料和有机无机复合型防火涂料三类。有机型防火涂料是以天然的或合成的高分子树脂、高分子乳液为基料；无机型防火涂料是以无机胶粘剂为基料；有机无机复合型防火涂料的基料则是以高分子树脂和无机胶粘剂复合而成的。

（2）按分散介质来分类

其可分为溶剂型防火涂料和水性防火涂料。溶剂型防火涂料的分散介质和稀释剂采用有机溶剂，常用的如烃类化合物（环己烷、汽油等）、芳香烃化合物（甲苯、二甲苯等）、酯、酮、醚类化合物（醋酸丁酯、环己酮、乙二醇乙醚等）。溶剂型防火涂料存在易燃、易爆、污染环境等缺点，其应用日益受到限制。水性防火涂料以水为分散介质，其基料为水溶性高分子树脂和聚合物乳液等，生产和使用过程中安全、无毒，不污染环境，因此是今后防火涂料发展的方向。

（3）按涂层受热后分类

其可分为非膨胀型防火涂料和膨胀型防火涂料。非膨胀型防火涂料又称隔热涂料，这类涂料在遇火时涂层基本上不发生体积变化，而是形成一层釉状保护层，起到隔绝氧气的作用，从而避免延缓或中止燃烧反应。这类涂料所生成的保护层的热导率往往较大，隔热效果差。因此为了取得较好的防火效果，涂层厚度一般较大，也称为厚型防火涂料。膨胀型防火涂料在遇火时涂层迅速膨胀发泡，形成泡沫层。泡沫层不仅隔绝了氧气，而且因为其质地疏松而具有良好的隔热性能，可有效延缓热量向被保护基材传递的速率。同时涂层膨胀发泡过程中因为体积膨胀等各种物理变化和脱水、磺化等各种化学反应也消耗大量的热量，因此有利于降低体系的温度，故其防火隔热效果显著。该涂料未遇火时，涂层厚度较小，故也称为薄型防火涂料。

（4）按使用目标来分类

其可分为饰面性防火涂料、钢结构防火涂料、电缆防火涂料、预应力混凝土楼板防火涂料、隧道防火涂料、船用防火涂料等多种类型。其中钢结构防火涂料根据其使用场合可分为室内用和室外用两类，根据其涂层厚度和耐火极限又可分为厚质型、薄型和超薄型三类。

厚质型防火涂料一般为非膨胀型的，厚度为5～25mm，耐火极限根据涂层厚度有较大差别。薄型和超薄型防火涂料通常为膨胀型的，前者的厚度为2～5mm，后者的厚度小于2mm。薄型和超薄型防火涂料的耐火极限一般与涂层厚度无关，而与膨胀后的发泡层厚度有关。

3）建筑防火涂料的防火原理

（1）防火涂料本身具有难燃性或不燃性，使被保护基材不直接与空气接触，延迟物体着火和减少燃烧的速度。

（2）防火涂料除本身具有难燃性或不燃性外，它还具有较低的导热系数，可以延迟火焰温度向被保护基材的传递。

（3）防火涂料受热分解出不燃惰性气体，冲淡被保护物体受热分解出的可燃性气体，使之不易燃烧或燃烧速度减慢。

（4）含氮的防火涂料受热分解出 NO、NH_3 等基团，与有机游离基化合，中断连锁反应，降低温度。

（5）膨胀型防火涂料受热膨胀发泡，形成碳质泡沫隔热层封闭被保护的物体，延迟热量与基材的传递，阻止物体着火燃烧或因温度升高而造成的强度下降。

防火涂料在我国的发展过程中也存在着很大的问题，最主要的问题还是在生产规模和生产水平不高，生产工艺和技术水平还不够完善，不能满足现代化建筑事业发展的需求，与建筑物不相配套。此外，在产品质量、应用渠道、产品的规格制定方面还存在着一系列的问题，只有解决这些问题才能够促进建筑防火涂料在我国的持续发展。

3. 防火门

防火门是指在一定时间内能满足耐火稳定性、完整性和隔热性要求的门，主要用于建筑防火分区的防火墙开口、楼梯间出入口、疏散走道、管道井口等处。防火门最早应用于船舶业，近年来，随着高层建筑的增加它在机房中的重要性益发突出，是机房中最重要的防火措施之一。防火门从材料上可分为：①钢质防火门；②木质防火门；③木质防火门内衬钢板（为满足防盗要求的进户门）。防火门的内部填充材料主要有：岩棉、硅酸铝纤维棉、珍珠岩、硅酸钙板等。

4. 防火玻璃

防火玻璃材料的作用主要是在建筑物发生火灾时，能够有效地阻挡或者控制火势的进一步蔓延以及起到隔绝有害灰尘粉末的作用，是一种措施型的建筑防火材料，其防火的等级主要是依靠防火材料的耐火性能来进行界定。防火玻璃可分为以下几类：

1）复合防火玻璃

复合防火玻璃材料是由两层或者多层的普通玻璃原片附加一层或者多层的水溶性的无机防火胶夹层制作而成的。当火灾发生时，面向火的玻璃面层遇到突然高温后会很快炸裂开，然后复合防火玻璃中间的无机防火胶夹层因高温作用会陆续的发泡，并且膨胀到以前的十倍左右，从而形成了一层坚硬牢固的泡状防火胶板，不仅有效阻断了火势的进一步蔓延，还能起到隔绝高温以及有害气体、粉末和灰尘的传播。复合防火材料一般应用于建筑室内的房间、走廊的门窗以及通道内的防火门窗、防火分区以及重要地带的防火隔断墙等部位。

2）灌注型防火玻璃

灌注型防火玻璃材料的制作方法通常是由两层或者三层的玻璃原片材料叠加在一起，然后在其四周用特制的阻燃胶条围绕包裹并且密封好，并在玻璃原片之间添加注入防火胶液，最后等冷却的防火胶液经过固化后变成了透明的胶冻状体时再与玻璃原片粘接成为整体材料。灌注型防火玻璃材料在遇到高温后，玻璃原片之间的透明胶冻状体的防火胶层会瞬间变得牢固坚硬，并形成了一层坚固的防火隔热板，有效地阻止了火势的进一步蔓延以及有害气体、灰尘和粉末的传播。灌注型防火玻璃材料不仅防火隔热性能很好，而且其隔声效果也非常好。灌注型防火玻璃材料一般应用于建筑物的防火门窗、天井以及一般防火分区的隔断墙等。

3）单片防火玻璃

单片防火玻璃材料是指一种单层玻璃经过特别加工后制成的建筑防火材料，制作方法是将普通的单层玻璃材料通过特殊的化学处理后，在高温状态下进行离子交换，经过大约二十多个小时后，单片玻璃表层的金属钠被替换而形成了一种低膨胀硅酸盐的玻璃材料。这种单片防火玻璃材料具备很高的抗热性能，在遇到高温的情况下，一定的时间内能够保持耐火完整性，可以阻断火势的进一步蔓延以及有害气体、灰尘和粉末的传播。单片防火玻璃材料主要应用于建筑的外幕墙、门窗、采光顶以及建筑内部的挡烟垂壁和没有隔热要求的隔断墙等部位。

防火玻璃作为耐火构件的配件使用时主要应用于防火门和防火窗，作为防火分隔时，可应用于高层建筑的非承重外墙、疏散走道两侧的隔墙等。

5. 防火封堵材料

防火封堵材料主要用于封堵各种贯穿物，如电缆、风管、油管、气管等穿过墙（仓）壁、楼（甲）板时形成的各种开口以及电缆桥架的防火分隔，以免火势通过这些开口及缝隙蔓延。防火封堵材料包括：防火封堵板材、泡沫封堵材料、阻燃模块、防火密封胶、柔性有机堵料、无机堵料及阻火包等。防火泥见图 7-25。

图 7-25　防火泥

目前，大量应用于防火封堵工程的建筑防火封堵材料，其防火原理主要是通过添加卤素阻燃剂来提高材料的阻燃性。近几年来，越来越多的国家已制定或颁布法令，对某些制品进行燃烧毒性试验或对某些制品的使用所释放的酸性气体做出了规定，因此开发无卤阻燃剂已成为世界阻燃材料领域的发展趋势。

7.4.4　新型建筑防火材料

1. 石膏

石膏是现在广泛应用的主流建筑材料。其主要成分是硫酸钙，具有水化快速、凝结迅速的特点。无水硫酸钙具有良好的阻燃性，而且凝固之后的石膏会膨胀，因此作为防火材料和高层建筑吊顶大多数选择石膏制品。石膏制品防火性能好，但是容易受到渗水影响，防水性能低。

2. 新型化工合成阻燃剂

ZRY 天然纤维阻燃液，具有良好的阻燃性能，无毒、无味、无色透明、没有腐蚀性。麻织物、棉织物、刨花板、纤维板、木材、纸张、胶合板和其他植物纤维制品，经过ZRY 阻燃处理和整理以后，就会有明显的阻燃效果。它遇火不会燃烧（只出现局部炭化），可以有效地抑制火焰蔓延，避免发生火灾。

3. 金属板与复合金属板材料

金属复合板俗称夹心板，其上下两面都是非常薄的金属板。但是芯材的材料是能够保温、高刚度、低强度复合材料。因其具有承载力，需要专门的自动化生产线才能进行复合生产，主要有金属板材、微穿孔吸声板、金属复合板材。复合材料的应用之处为钢结构厂房的外墙、屋顶，洁净区的顶板和它的隔断、分隔板材以及冷库箱体，还有一个用处就是建筑工地办公地方的材料以及职工的宿舍建材。

4. 新型高分子防火材料

新型的高分子材料防火板是现代化工业建筑材料的产物，其化学性质稳定、不能支持燃烧，是良好的防火材料，同时具备防腐蚀性、防虫防漏的优良特性，并且此类建筑材料施工方便、价格低廉、质量轻便、产量也很高。

5. 石棉与矿渣棉

岩棉是天然岩石经过高温熔融制成的，因为它有导热系数低以及不燃等优点，所以可以做一些防火构件，也能做防火的隔热板材。由于岩棉熔点高而且比较抗高温收缩，在建筑结构中使用时可以形成比较有效的防火屏障，阻止火势蔓延。其自身既不燃烧，也不放出有毒的气体，是"A"级（或"A1"级）的建筑防火材料。

6. 玻璃棉

玻璃棉及其制品是继岩棉之后，出现的新的绝热性好、重度轻的隔热保温材料。它是用白云石、石英砂、蜡石等天然矿石做成的纤维状的不燃材料。它在建筑工程中具有良好的绝热、隔冷、保温、吸声等优点。其制品主要有玻璃棉板、玻璃棉毡、玻璃棉保温管、玻璃棉带等。

7. 硅酸铝纤维

硅酸铝纤维俗称陶瓷棉，是一种特殊的新型轻质耐火材料，它是用天然焦宝石为原料制成的棉丝状无机纤维耐火材料，其制品具有导热系数小、抗压强度高、施工方便、能反复利用的优点，可以作防火门的芯材、吊顶板材、玻璃幕墙填充隔热材料，起防火隔热的作用。

8. 硅酸钙

硅酸钙材料的耐热性能及热稳定性好，耐火性好，是不燃材料。它是用钙质材料、硅质材料和纤维等为主要原料，制成的轻质板材。纤维增强性硅酸钙板优点很多，如密度低、湿胀率小、比强度高、防蛀、防潮、防火、防霉以及可加工性好等，可作为公用和民用建筑的隔墙以及吊顶，经过表面防水处理后还能用作建筑物的外墙。因为此种板材的防火性很高，所以尤其适合用于高层以及超高层的建筑。

9. 板材与砌块的轻质化高分子材料

混凝土板材和砌块加气。混凝土作为我国的重点施工材料，具有很广泛应用。加气化混凝土是指在混凝土的基础上，混合加入含钙量高的物质，与硅酸在发气剂的作用下制成的砌块或者条状板材，具有混凝土的特点，也有防火的效果，可以作为承重结构的施工材料。采用这类材料施工，可以兼顾建筑结构和防火安全性。

10. 玻化无机保温砂浆

玻化无机保温砂浆是一种用于建筑物内外墙粉刷的保温节能砂浆材料，由硅酸盐水泥、玻化微珠、粉煤灰、木质纤维、聚丙烯短纤维等无机材料制成，时刻彰显出较强的抗老化、防开裂脱落、耐酸碱和建筑墙体同寿命等优势特征。至于其施工方法与水泥砂浆找平层相同，施工工具简单、便利，与其他保温系统相比施工工期短，质量容易控制，燃烧性能 A 级，但是其 0.07 的导热系数，相对酚醛板较高，在相同气候分区、相同建筑类型等前提下，其设计厚度大于酚醛板。特别是在寒冷地区，由于设计计算厚度过厚，通常需要在建筑外墙内外同时粉刷，外墙单侧粉刷容易导致砂浆开裂脱落，因此反而增加了施工工期、难度及成本。综上所述，该材料保温性能一般、防火级别高、价格便宜、施工方便。

11. YNMT 太空隔热防晒涂料

YNMT 太空隔热防晒涂料采用抗紫外线性能优异的纯丙烯酸乳液作主成膜剂，并添加纳米抗紫外线与 UV 因子，进行复配精制，持续到漆膜干燥之后，纳米添加剂与 UV 因子便能够自然地覆盖在漆膜表层之上，以确保针对紫外光和红外线等能量进行合理程度的吸收、消化、反射，从而降低室内温度。同时，室内能量也无法通过墙体外泄，该材料的施工方法是将专用腻子批刮外墙，在腻子表面喷涂外墙专用底漆，在底漆上喷涂两道隔热防晒涂料，施工完成后放置 7 天（低温环境应适当延长）。

该材料燃烧性能 A 级，保温腻子导热系数不大于 0.085，该隔热涂料复合后，可以代替大约 20～40mm 厚度的保温砂浆的保温效果，但是腻子导热系数始终较高，导致保温腻子厚度同样较厚，且腻子黏性不如保温砂浆，设计过厚的腻子容易导致开裂或脱落，施工允许厚度一般在 10～15mm，所以该材料仍然不适用于寒冷地区建筑保温。当建筑位于其他气候分区中，在施工工期、造价、旧建筑改造等施工中与保温砂浆相比，更能体现出其优势。综上所述，该材料保温性能一般、防火级别高、价格便宜、在特定气候分区内施工更方便。

7.4.5 建筑防火材料发展趋势

1）防火板材的发展随着全社会对环保意识的逐渐加强，人们对板材的环保要求逐渐增高，未来的趋势主要为板材无机化及轻质化。

2）阻燃材料的发展通过阻燃的材料来实现高分子材料于现代建筑中的使用。阻燃高分子材料目前受到了来自阻燃标准和环保法规的双重挑战，故而阻燃材料若要使用必须符合这两个要求。

3）防火涂料的发展。阻燃剂作为防火涂料的重要组成，未来的趋势是合理配置多个阻燃剂，共同发挥作用；开发高效、全面的脱水成炭催化剂和发泡剂；膨胀型和非膨胀型的防火涂料互相结合；提高防火材料的性能；无机无卤膨胀型的防火涂料。

4）绿色防火材料的发展。绿色防火材料技术主要是运用的可循环的材料或者是可再生的资源，如洁净阻燃的技术，此类技术能够满足阻燃材料的低烟、低毒及无污染性，研制后将使建筑防火材料的防火性大大提高，从而降低起火概率，也能够为火场的疏散逃生提供有利条件。

7.5 建筑隔声吸声材料

自然界中存在各种各样的声音，建筑物中的工程设备增多和路上的交通工具发展，使得室内外噪声源增多，噪声强度在加大，因此，生活在喧嚣都市的人们都希望在喧闹中开辟一个安静的工作、居住环境，不受外界干扰，建筑物的噪声来源见图 7-26。

图 7-26　建筑物噪声来源

7.5.1　声学基本知识

声学是研究媒质中机械波（即声波）的科学，研究范围包括声波的产生、接受、转换和声波的各种效应。同时声学测量技术是一种重要的测量技术，有着广泛的应用。声学是物理学分支学科之一，是研究媒质中机械波的产生、传播、接收和效应的科学。媒质包括物质各态（固体、液体和气体等），可以是弹性媒质也可以是非弹性媒质。机械波是指质点运动变化（包括位移、速度、加速度中某一种或几种的变化）的传播现象。机械波就是声波。

1. 声音的产生与特点

声音来源于振动的物体，振动的物体就称之为声源。声音是一种波动，声源发声后要经过一定的介质（加固体、液体和气体）的分子振动向外传播。与听觉有关的声音，主要是指在空气介质中传播的纵波。

1）声音的产生

最简单的声学就是声音的产生和传播，这也是声学研究的基础。

声音的传播需要介质，它可在气体、液体和固体中传播，但真空不能传声。声音在不同物质中的传播速度也是不同的，一般在固体中传播的速度最快，液体次之，在气体中传播得最慢。并且，在气体中传播的速度还与气体的温度和压强有关。

声音是由物体振动产生的声波，是通过介质（空气或固体、液体）传播并能被人或动物听觉器官所感知的波动现象。最初发出振动（震动）的物体叫声源。声音以波的形式振动（震动）传播。声音是声波通过任何物质传播形成的运动。

声音作为一种波，频率在 $20\text{Hz} \sim 20\text{kHz}$ 之间的声音是可以被人耳识别的。

2）声音的特点

有规律的悦耳声音叫乐声，没有规律的刺耳声音叫噪声。响度、音调和音色是决定乐音特征的三个因素。

（1）响度

物理学中把人耳能感觉到的声音的强弱称为响度。声音的响度大小一般与声源振动的幅度有关，振动幅度越大，响度越大。分贝则常用来表示声音的强弱。

（2）音调

物理学中把声音的高、低称为音调。声音的音调高低一般与发生体振动快慢有关，物体振动频率越大，音调就越高。

（3）音色

音色又叫音品，它反映了声音的品质和特色。不同物体发出的声音，其音色是不同的，因此我们才能分辨不同人讲话的声音、不同乐器演奏的声音等。

另外，有许多声音是正常人的耳朵听不到的。因为声波的频率范围很宽，由 10^{-4} Hz 到 10^{12} Hz，但正常人的耳朵只能听到 20Hz～20kHz 之间的声音。通常把高于 20kHz 的声音称为超声波，低于 20Hz 的声音称为次声波，在 20Hz～20kHz 之间的声音称为可闻声。

2. 声音的衍射、反射、透射和吸收

声音具有波的基本特性，声波从声源出发，在同一个介质中按一定方向传播，大多数声源发出的声波具有方向性，即声波向某一方向辐射最强的特性。声波的波长比光波大，波动性比较明显。

1）声波的反射

在不同的传播介质中，声波的波速是不同的，声波在波速突变的两种传播介质的界面（如空气和混凝土墙）上，入射波的一部分会被反射，形成反射波，并遵守几何声学的反射法则：①入射线、反射线和反射面的法线在同一平面内；②入射线和反射线分别在法线的两侧；③反射角等于入射角。

2）声波的衍射

当声波在传播过程中遇到一块有小孔的障碍时，碰到壁面的声波发生反射，通过小孔的声波发生衍射，称为孔洞的衍射，衍射情况与孔洞大小有关，如图 7-27（a）、（b）所示。

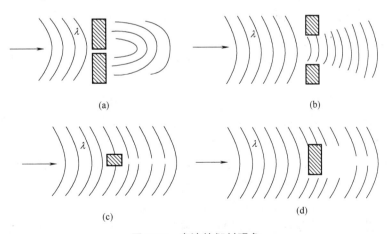

图 7-27　声波的衍射现象

(a) $d \ll \lambda$；(b) $d \gg \lambda$；(c) $d \ll \lambda$；(d) $d \gg \lambda$

声波传播过程中，当障碍物的尺寸比波长小得多时，从障碍物反射回来的声波很少，靠近障碍物的声波阵面发生变化，在障碍物后形成少许声影区，其余大部分声波在离障碍

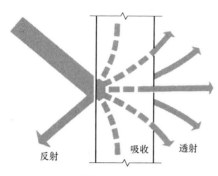

图 7-28　声波反射、投射与吸收

物不远处仍保持原来的声波阵面继续前进，这种现象称为障碍物的衍射，随障碍物尺寸的增大，反射波增加，声影区扩大，如图 7-27（c）、（d）所示。

3）声波的透射和吸收

当声波入射到建筑构件（如天花板、墙等）时，声能的一部分被反射，一部分被穿透，还有一部分由于构件的振动或声音在其内部传播时介质的摩擦或热传导而被损耗，通常称为材料的吸收，如图 7-28 所示。

7.5.2　建筑声学概述

1. 声学材料与建筑声学

建筑声学研究目的是给各听音场所或露天场地提供产生、传播和收听所需要的声音的最佳条件（室内声学），排除或减少噪声和振动干扰（噪声控制）。建筑声学材料通常分成吸声的、隔声的、声反射的，一般还是从总体上分成吸声材料和隔声材料。建筑声学材料已在现代建筑中非常广泛地应用。

吸声材料主要就是用在会议厅、礼堂、影剧院、体育馆以及宾馆大厅等人多聚集的地方，一方面控制和降低噪声干扰，另一方面可以起改善厅堂音质、消除回声和颤动回声等目的。吸声材料还用于纺织车间、球磨车间等噪声很大的工厂车间，吸收一部分噪声，降低噪声强度，有利于工人健康。

而隔声材料更是随处可见，门、窗、隔墙等都可称为隔声材料。

2. 建筑声环境

建筑声环境一般有两个构成要素：声源、声音传播其中的建筑环境。

声源一般是指受外力作用而产生振动的发声体。声源的振动通过媒介传播，形成一种物理波动，在空气介质中就是空气的压力波动，成为物理学意义上的客观声音。如果这种压力的波动作用于人耳，在一定条件下，就会形成听觉中的声音，这是生理学意义上的主观声音。

建筑环境一般是指人类生存其间的人工建成物及其所在区域的状态和格局。不同的建成物具有不同的使用功能，对传播其中的声音也具有不同的声学要求。声学常识告诉我们，任何一种实际材料，从气态、液态到同态，都可以是声音的产生者、传递者和接受者。这些材料一经有意识、有选择的运用，就可能成为改造或创造某种声环境的功能材料。声场中，独立于声源存在的某种材料的同有组成结构决定了该种材料一定的声学特性；而一种或几种材料的某种组合构造，又会具有相应独特的声学性能。习惯上，常称前者为某种声学材料，后者为某种声学结构。例如，玻璃棉、矿岩棉等这类无机纤维材料，结构本身多孔蓬松，孔口外开，孔道曲折，具有很好的吸声性能，便称之为多孔性吸声材料；另如，金属穿孔板、金属穿孔板后填玻璃棉等这类制成品及装置，结构加工成声学共振构造，也具有一定较强的吸声性能，则称之为共振吸声结构。建筑声环境材料是对建筑声学材料和建筑声学结构的统称。

3. 建筑声学的基本任务

建筑声学的基本任务是研究室内声波传输的物理条件和声学处理方法。因此,现代建筑声学可分为室内声学和建筑环境噪声控制两个研究领域。

1) 室内声学

当室内几何尺寸比声波波长大得多时,可用几何声学方法研究早期反射声分布,以加强直达声,提高声场的均匀性,避免音质缺陷。统计声学方法是从能量的角度研究在连续声源激发下声能密度的增长、稳定和衰减过程(即混响过程),并给混响时间以确切的定义,使主观评价标准和声学客观量结合起来,为室内声学设计提供科学依据。当室内几何尺寸与声波波长可比时,易出现共振现象,可用波动声学方法研究室内声的简正振动方式和产生条件,以提高小空间内声场的均匀性和频谱特性。室内声学设计内容包括体型和容积的选择,最佳混响时间及其频率特性的选择和确定,吸声材料的组合布置和设计适当的反射面以合理地组织近次反射声等。声学设计要考虑到两个方面:一方面要加强声音传播途径中有效的声反射,使声能在建筑空间内均匀分布和扩散,如在厅堂音质设计中应保证各处观众席都有适当的响度;另一方面要采用各种吸声材料和吸声结构,以控制混响时间和规定的频率特性,防止回声和声能集中等现象。设计阶段要进行声学模型试验,预测所采取的声学措施的效果。

2) 建筑环境噪声控制

即使有良好的室内音质设计,如果受到噪声的严重干扰,也将难以获得良好的室内听闻条件。为了保证建筑物的使用功能,保证人们正常生活和工作条件,也必须减弱噪声的影响。因此,控制建筑环境噪声,保证建筑物内部达到一定的安静标准,是建筑声学的另一个重要方面。对于不同用途的建筑物,有不同建筑噪声容许标准。

噪声按传播途径可分为两种:一是由空气传播的噪声,即空气声;二是由建筑结构传播的机械振动所辐射的噪声,即固体声。空气声因传播过程的衰减和设置隔墙而大大减弱;固体声由于建筑材料对声能的衰减作用很小,可传播得较远,通常采用分离式构件或弹性连接等技术措施来减弱其传播。建筑物空气声隔声的能力取决于墙或间壁(隔断)的隔声量。基本定律是质量定律,即墙或间壁的隔声量与它的面密度的对数成正比。现代建筑由于广泛采用轻质材料和轻型结构,减弱了对空气声隔声的能力,因此又发展出双层墙体结构和多层复合墙板,以满足隔声的要求。

7.5.3 建筑声学材料的基本特性

1. 吸声材料和吸声结构

任何材料都有一定的吸声能力,但吸声能力的大小不同。材料的吸声能力,一般通过吸声系数来衡量,根据它的定义,吸声材料的吸声系数范围在0~1之间。

一般来讲,坚硬、光滑、结构紧密和重的材料吸声能力差,反射性能强;如水磨石、大理石、混凝土、水泥粉刷墙面等。粗糙松软、具有互相贯穿内外微孔的多孔材料吸声性能好,反射性能差,如玻璃棉、矿棉、泡沫塑料、木丝板、半穿孔吸声装饰纤维板和微孔砖等,因此吸声材料(结构)都具有粗糙松软、多孔等特性。

工程上通常采用125、250、500、1000、2000、4000Hz六个频率的吸声系数来表示材料和结构的吸声频率特性。吸声系数可以用来比较在相同尺寸下不同材料和结构的吸声能力，而要反映不同尺寸材料和构件的实际吸声效果却有困难。一般把 6 个频率吸声系数的平均值大于 0.2 时的材料称为吸声材料。

2. 隔声材料（结构）的基本特性

因为任何材料（结构）受声场作用时，都会或多或少地吸收一部分声能，因此穿透过去的能量总是小于作用于它的声场的能量，即起了隔声作用。隔声一般分为空气声隔绝和固体声隔绝。

材料隔声能力可以通过材料对声波的透射系数来衡量，透射系数越小，说明材料或构件的隔声性能超好。但在工程上常用构件隔声量（单位 dB），来表示构件对空气声的隔绝能力。

同一材料和结构对不同频率的入射声波有不同的隔声量。在工程应用中，常用中心频率为 $125 \sim 4000 \mathrm{Hz}$ 的六个倍频带或 $100 \sim 3150 \mathrm{Hz}$ 的 16 个 1/3 倍频带的隔声量来表示某一个构件的隔声性能。

建筑声学中的质量定律，材料或结构的单位面积质量越大，隔声效果越好。此外，单层匀质密实的材料，在隔声时，能产生一种"吻合效应"，即外来入射的波长与墙面等的固有弯曲波的波长相吻合而产生共振，使隔声量大大降低。质量定律和吻合效应都是针对空气声隔绝讨论的，对于固体声（撞击声）隔绝，就是要使物体的振动能尽快被吸收，这样就需要阻尼材料作隔声。

隔声的情况要具体情况具体考虑。对于空气声隔绝，所用的隔声材料应选择密实、沉重的黏土砖、钢板、钢筋混凝土等；对于固体声（撞击声）隔绝，应用毛毡、软木等弹性材料或阻尼材料。

7.5.4 建筑吸声材料

吸声材料是具有较强的吸收声能、降低噪声性能的材料。吸声材料的密度相对较低，而且内部结构是多孔的，孔之间相互贯通。

工程中通常用 125、250、500、1000、2000、4000Hz 这六个频率处吸声系数作为度量，平均吸声系数大于 0.2 的材料被称作吸声材料，平均吸声系数大于 0.56 的材料被称作高效吸声材料，见表 7-27。

常用吸声材料的吸声系数表   表 7-27

名称	厚度 (mm)	表观密度 (kg·m⁻¹)	各种频率(Hz)下的吸声系数						装置情况
			125	250	500	1000	2000	4000	
石膏砂浆（掺有水泥、玻璃纤维）	2.20	—	0.24	0.12	0.09	0.30	0.32	0.83	粉刷在墙上
水泥膨胀珍珠岩板	2.00	350	0.16	0.46	0.64	0.48	0.56	0.56	贴实
矿渣棉	3.13 8.0	210 240	0.10 0.35	0.21 0.65	0.60 0.65	0.95 0.75	0.85 0.88	0.72 0.92	贴实
玻璃棉	5.0 5.0	80 130	0.06 0.10	0.08 0.12	0.18 0.31	0.44 0.76	0.72 0.85	0.80 0.99	贴实
超细玻璃棉	5.0 15.0	20 20	0.10 0.50	0.35 0.85	0.85 0.85	0.8 0.85	0.86 0.86	0.86 0.80	贴实

名称	厚度 (mm)	表观密度 (kg·m⁻¹)	各种频率(Hz)下的吸声系数						装置情况
			125	250	500	1000	2000	4000	
泡沫玻璃	4.00	260	0.11	0.32	0.52	0.44	0.52	0.33	贴实
脲醛泡沫塑料	5.00	20	0.22	0.29	0.40	0.68	0.95	0.94	贴实
软木板	2.50	260	0.05	0.11	0.25	0.63	0.70	0.70	贴实
木丝板	3.00	—	0.10	0.36	0.62	0.53	0.71	0.90	钉在龙骨上,后留10cm的空气层
三夹板	0.30	—	0.21	0.73	0.21	0.19	0.08	0.12	钉在龙骨上,后留5cm的空气层
穿孔五夹板	0.50	—	0.01	0.25	0.55	0.30	0.16	0.19	钉在龙骨上,后留5cm的空气层
工业毛毡	3.00	370	0.10	0.28	0.55	0.60	0.60	0.59	张贴在墙上

吸声材料的吸声原理：首先是内部的黏滞性和摩擦作用，其次是热传导效应，其中黏滞作用在整个吸声过程中是最重要的阶段。

吸声材料按吸声机理可分为多孔吸声材料、共振吸声材料和特殊结构吸声材料。多孔吸声材料，一般在中高频范围吸声系数较大，密度相对较小，且疏松多孔；共振吸声材料，一般具有低频吸声系数高的特点，但制作工艺相对复杂，具体见表 7-28、表 7-29、图 7-29。

主要吸声材料种类及其吸声特性　　　　　　　　表 7-28

类型	基本构造	吸声特性	材料举例	备注
多孔吸声材料			超细玻璃棉、岩棉、珍珠岩、陶粒、聚氨酯泡沫塑料	背后附加空气层可增加低频吸声
穿孔板结构			穿孔石膏板穿孔FC板、穿孔胶合板、穿孔钢板穿孔铝合金板	板后加多孔吸声材料,使吸声范围展宽、吸声系数增大
薄板吸声结构			胶合板、石膏板、FC板、铝合金板	—
薄膜吸声结构			塑料薄膜、帆布、人造革	—

续表

类型	基本构造	吸声特性	材料举例	备注
多孔材料吊顶板			矿棉板、珍珠岩板、软质纤维板	—
强吸声结构			空间吸声体、吸声尖劈、吸声屏	一般吸声系数大，不同结构形式吸声特性不同

常用吸声结构的构造图及材料构成表　　　　表 7-29

类别	多孔吸声材料	薄板振动吸声结构	共振腔吸声结构	穿孔板组合吸声结构	特殊吸声结构
构造图例					
举例	玻璃棉 矿棉 木丝板 半穿孔纤维板	胶合板 硬质纤维板 石棉水泥板 石膏板	共振吸声器	穿孔胶合板 穿孔铝板 微穿孔板	空间吸声体 帘幕体

图 7-29　常用吸声材料结构

1. 多孔吸声材料

多孔吸声材料一般具有质轻疏松、密度小和多孔等特点；另外，多孔吸声材料具有吸声性能良好、高频吸声系数大和低频吸声系数低等特性。

1）多孔吸声材料的要求

多孔吸声材料的构造特征是材料从表面到内里具有大量的相互贯通的微孔，这也说明材料具有适当的透气性，具体的要求如下：

（1）材料内部应该具有大量的间隙和小孔，材料中孔隙体积与材料总体积之比，即孔隙率要高，而且这些孔隙在材料内部的分布要尽可能均匀，并尽可能细小，这样可使材料内部筋络总表面积大，对于声能的吸收是非常有好处的。

（2）材料内部的孔洞应呈现向外敞开的趋势，易于声波进入孔洞内部。当材料不具备敞开孔洞，仅有凹凸表面时，吸声能力会下降。

（3）材料内部的微孔应该是相互贯通的，而不应是独立密闭的，单独的气孔和密闭间隙起不到吸声作用。

2）多孔吸声材料的机理

当声波入射到多孔材料表面时，声波顺着微孔进入材料内部，引起孔隙内的空气的振动，由于空气与孔壁的摩擦、空气的黏滞阻力，使振动空气的动能不断转化成微热能，从而使声能衰减。在空气绝热压缩时，空气与孔壁间不断发生热交换，由于热传导的作用，也会使声能转化为热能。

3）多孔吸声材料的分类

多孔吸声材料根据其形态可分泡沫类吸声材料、纤维类吸声材料和颗粒类吸声材料。

（1）泡沫类吸声材料

泡沫类吸声材料主要包括泡沫金属吸声材料、泡沫塑料吸声材料、泡沫玻璃吸声材料以及复合泡沫吸声材料等。常用的泡沫类吸声材料吸声系数见表 7-30。

常用的泡沫类吸声材料吸声系数表 表 7-30

材料名称	厚度(cm)	密度(kg/m³)	不同频率下的吸声系数					
			125Hz	250Hz	500Hz	1000Hz	2000Hz	4000Hz
脲醛泡沫塑料	10	—	0.47	0.70	0.87	0.86	0.96	0.97
	3	20	0.10	0.17	0.45	0.67	0.65	0.85
	3	20	0.22	0.29	0.40	0.68	0.95	0.94
聚氨酯泡沫塑料	3	53	0.05	0.10	0.19	0.38	0.76	0.82
	3	56	0.07	0.16	0.41	0.87	0.75	0.72
	4	56	0.09	0.25	0.65	0.95	0.73	0.79
	5	56	0.11	0.61	0.91	0.75	0.86	0.81
	3	71	0.11	0.21	0.71	0.65	0.64	0.65
	4	71	0.17	0.30	0.76	0.56	0.67	0.65
	5	71	0.20	0.32	0.70	0.62	0.68	0.65
氨基甲酸酯泡沫塑料	2	—	0.06	0.07	0.16	0.51	0.84	0.65
	3	—	0.07	0.13	0.32	0.91	0.72	0.89
	4	—	0.12	0.22	0.57	0.77	0.77	0.76
	2.5	25	0.05	0.07	0.26	0.81	0.69	0.81
	5	36	0.21	0.31	0.86	0.71	0.86	0.82
聚氨酯泡沫塑料	2.5	40	0.04	0.07	0.11	0.16	0.31	0.83
	3	45	0.06	0.12	0.23	0.46	0.86	0.82
	5	45	0.06	0.13	0.31	0.65	0.70	0.82
	4	40	0.10	0.19	0.36	0.70	0.75	0.80
	6	45	0.11	0.25	0.52	0.87	0.79	0.81
	8	45	0.20	0.40	0.95	0.90	0.98	0.85
硬质聚氯乙烯泡沫塑料	2.5	10	0.04	0.04	0.17	0.56	0.28	0.58
			0.04	0.05	0.11	0.27	0.52	0.67
聚乙烯泡沫塑料	1	26	0.04	0.04	0.06	0.08	0.18	0.29
	3		0.04	0.11	0.38	0.89	0.75	0.86

续表

材料名称	厚度(cm)	密度(kg/m³)	不同频率下的吸声系数					
			125Hz	250Hz	500Hz	1000Hz	2000Hz	4000Hz
酚醛泡沫塑料	1	28	0.05	0.10	0.26	0.55	0.52	0.62
	2	16	0.08	0.15	0.30	0.52	0.56	0.60
2cm 聚氯乙烯泡沫塑料加 4cm 玻璃棉			0.13	0.55	0.88	0.68	0.70	0.90
2cm 聚氯乙烯泡沫塑料加 4cm 玻璃棉,距墙6cm			0.60	0.90	0.76	0.65	0.77	0.90
泡沫玻璃砖	2	210	0.08	0.39		0.55		0.51
	3	210	0.13	0.29	0.52 0.51	0.51	0.55 0.55	0.59
	5	210	0.21	0.29	0.42 0.42	0.46	0.55 0.22	0.72
	5.5	340	0.03	0.08		0.37		0.33
泡沫水泥	7.5			0.03	0.26	0.29	0.33	0.38

① 泡沫金属

泡沫金属吸声材料作为一种新型的多孔材料，制备时要经过发泡处理，内部会形成大量的气泡，这些气泡分布在连续的金属相中，构成了孔隙结构，所以泡沫金属把连续相金属的强度高、导热性良好、耐高温等特性与分散相气孔的阻尼性、隔离性、消声减振性等特性有机结合在一起。

② 聚氨酯泡沫塑料

聚氨酯泡沫塑料是一种泡沫塑料吸声材料。聚氨酯泡沫塑料是一种吸声性能良好的材料，它具有质轻、阻燃、耐潮、易于切割和方便安装等优点，适用于机电产品的隔声罩、交通的吸声屏障和空调消声器，可以用在影院、会议厅、广播室、电视演播室等音质设计工程中控制混响时间。由于用于吸声的聚氨酯泡沫是一种软质的泡沫塑料，通常强度不高。

③ 泡沫玻璃

泡沫玻璃按材料内部气孔的形态可分为开孔和闭孔两种，用作吸声材料的泡沫玻璃气孔形态为开孔，闭孔泡沫玻璃用作隔热保温材料。制备泡沫玻璃的基本原料是玻璃粉，加入发泡剂及其他添加剂后，高温焙烧而成，其孔隙率可达 85％以上。

④ 聚氯乙烯/岩棉泡沫材料

聚氯乙烯/岩棉泡沫材料是一种同时含有机物和无机物的复合泡沫材料。在制备过程中，首先将聚氯乙烯（PVC）、增塑剂、防老剂和发泡剂等原料按一定的比例混匀，然后加入适量的岩棉，在开放式炼塑机上进行混炼，将混炼好的材料放入模具，在烘箱中经升温发泡后制得。

⑤ 有机泡沫

有机泡沫由其可控的微观结构和大量生产而广泛用于降噪。泡沫的孔结构与其吸声性能密切相关，因为泡沫中的通道分布对声能的消散有很大的影响。图 7-30 显示了泡沫的典型形态，其中包含空腔和各种结构化的孔（封闭、部分开放和开放的孔）。以聚氨酯

（PU）泡沫为例，在聚合过程中会形成孔洞和孔结构，而孔的大小取决于胶凝和发泡反应。如果型腔压力远大于壁强度，则可获得具有开孔结构的泡沫。由于较厚的空腔壁倾向于在低排水流量下固化，如果固化过程比完全打开的孔的形成更早完成，则会制造出部分打开的孔。如果型腔壁在壁破裂之前已完全固化，则将留下封闭的孔（图 7-31）。

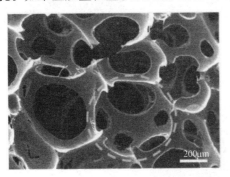 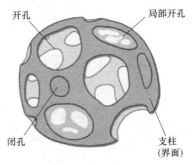

图 7-30　PU 泡沫的典型泡孔形态

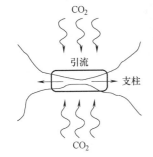  

图 7-31　细胞形成和开放机制的示意图

　　构造有机吸声泡沫的另一种方法是模板去除方法。首先，将固体模板颗粒（例如氯化钠晶体，氯化钾晶体或聚乙二醇粉末）与聚合物基质混合，然后将混合的材料转移至模塑机中并在适当的温度下固化，最后通过浸出法将固体模板除去，颗粒的形状将被留下，并在泡沫中形成蜂窝状结构。近年来，通过除去前体模板制备了梯度聚乳酸（PLA）泡沫（图 7-32a），可以通过调节粒径和添加剂量来控制泡沫的孔径和孔隙率。通过控制每一层的粒径来制造具有三层梯度结构的 PLA 泡沫：大孔层（孔尺寸约为 $500\mu m$），中孔层（孔尺寸约为 $380\mu m$）和细孔层（孔尺寸约为 $200\mu m$）以相同的厚度顺序排列（图 7-32b）。具有中孔的泡沫比具有细孔或大孔的泡沫具有更好的吸声能力，这是由于气流阻力的匹配所致（图 7-32c）。当大泡孔的一面朝向入射波时，梯度 PLA 泡沫的吸收能力要比均匀泡沫好，而当大泡孔朝向声波时，吸声能力会下降（图 7-32d）。结果表明，适当设计结构和孔结构可以提高有机泡沫的吸声性能。

　　⑥ 无机泡沫

　　无机泡沫在物理、机械和热耐受性方面具有独特的性能，从而确保了其在恶劣环境中的应用。它们可以通过在混合过程中引入成孔剂（例如聚合物颗粒）然后通过高温烧结除去成孔剂来制造，并且可以通过调节添加剂的用量来控制孔结构和孔隙率。通过体积控制机械发泡法制备了多孔氮化硅（Si_3N_4）泡沫。通常将 Si_3N_4 浆料完全填充在密闭容器中，通过调节固含量和泡沫浆料的体积比来调节孔径和孔隙率（图 7-33a）。发泡和烧结后，获

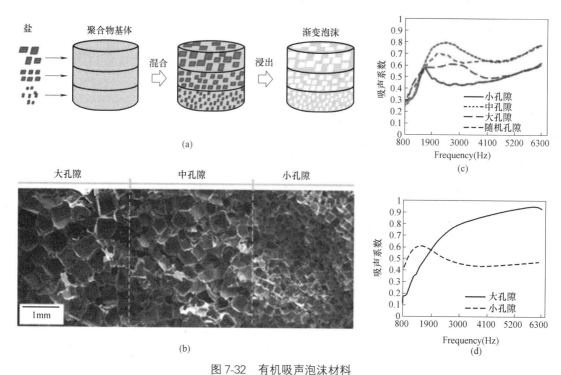

图 7-32　有机吸声泡沫材料

（a）通过前体发泡方法制备梯度泡沫；（b）梯度泡沫的扫描电子显微镜（SEM）图像；
（c）均匀结构；（d）梯度泡沫的吸声特性

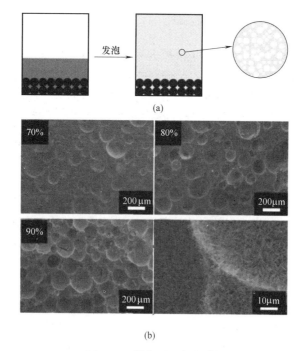

图 7-33　发泡（无机泡沫）

（a）体积控制发泡过程的示意图；（b）孔隙率不同的多孔陶瓷断裂面的形貌

得孔隙率从 70% 到 90% 不等的 Si_3N_4 泡沫。图 7-33（b）显示了所制备的泡沫的孔结构，随着孔隙率从 70% 增加到 90%，切割部分的孔数明显增加。在放大的图像中会发现微米级的不规则细孔，这是由有机添加剂的热分解引起的。微小的孔隙进一步改善了宏观孔隙之间的连通性，从而增加了声能的消耗。同时还有其他种类的多孔无机材料被制备出来，例如氧化铝泡沫、镍泡沫和钛泡沫。

（2）纤维类吸声材料

纤维类吸声材料按其物理特性和外观主要分为有机纤维吸声材料及无机纤维吸声材料等。

① 有机纤维吸声材料

有机纤维吸声材料可分天然纤维材料和合成纤维材料，在中、高频范围具有良好的吸声性能。天然纤维材料是一种传统的有机纤维吸声材料，如棉麻、毛毡、甘蔗纤维板、木质纤维板等。合成纤维材料包括聚丙烯腈纤维、聚酯纤维和三聚氰胺等，这类材料的防火、防腐、防潮等性能比较差，因此应用时受到环境条件的限制。

② 无机纤维吸声材料

无机纤维吸声材料主要包括岩棉、玻璃棉以及硅酸铝纤维棉等材料，其具有吸声性能好、质轻、防腐、防燃、不老化等优点，在声学工程中得到了非常广泛的应用，并且逐渐代替了传统的天然纤维材料。无机纤维吸声材料也存在缺点，主要是纤维性脆、易折断、产生纤维粉末飘散在空气中、会刺激皮肤、影响呼吸等。从环境保护的角度来看，纤维的不老化特性会使材料不易降解，会对环境造成二次污染。

无机纤维材料由于其刚性和耐热性能而在极端条件下得到广泛使用，它们可用于高温和高声压级领域的噪声控制，例如飞机发动机衬里。图 7-34（a）示出了通过烧结工艺制成的金属纤维吸声材料的照片，用于制造多孔吸声器的材料主要包括不锈钢、铜纤维和铝纤维等，纤维平面可以正常排列（图 7-34b）或平行排列（图 7-34c）。据报道，纤维平面平行于声音的样品比纤维垂直于声波排列的样品具有更好的吸声性能。此外，通过减小纤维直径可以改善吸声能力（图 7-34d），这是因为细化纤维直径可以增加内部孔和与空气分子的接触面积，从而大大促进了声能的耗散。声波很容易以增加的孔隙率传播到材料中，因此低频吸声性能得到改善（图 7-34e）。随着样品厚度的增加，吸声性能将明显提高（图 7-34f）。除金属纤维材料外，玻璃纤维由于其重量轻、成本低和可用性高而被广泛用于制备吸声器。如今，基于玻璃纤维的吸声材料已广泛应用于交通、建筑和航空航天领域。尽管玻璃纤维材料具有很高的吸声效率，但它们始终遭受脆性和碎片对人类有害的缺点，这极大地限制了它们的应用。

（3）颗粒类吸声材料

颗粒类吸声材料主要有膨胀珍珠岩、多孔陶土砖、矿渣水泥、多孔石膏等，这些材料在低频范围内具有良好的吸收效果。在噪声控制领域，多孔金属颗粒材料和多孔陶瓷颗粒材料已经开始应用。常用颗粒类吸声材料的吸声系数见表 7-31。

4）多孔吸声材料性能的影响因素

（1）厚度

多孔材料的吸声系数，一般随着厚度的增加而提高其低频的吸声效果，而对高频影响则不显著。但材料厚度增加到一定程度后，吸声效果的提高就不明显，因此存在一个适宜厚度。

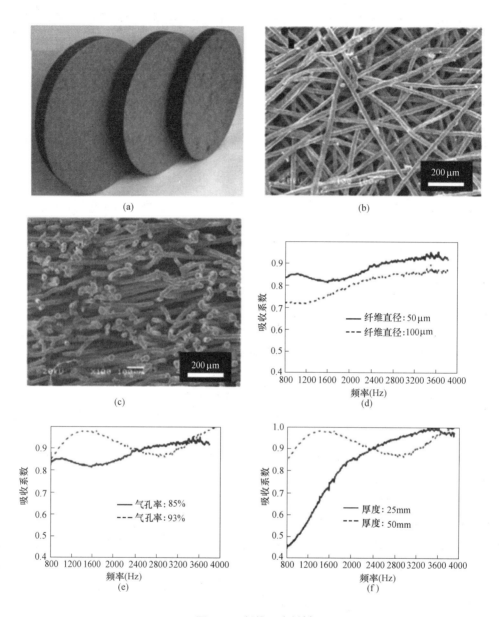

图 7-34　纤维吸声材料

（a）金属纤维吸声材料的照片；（b）、（c）具有不同排列的金属纤维材料的 SEM 图像；

（d）纤维直径对吸声性能的影响；（e）孔隙率对吸声性能的影响；（f）厚度对吸声性能的影响

常用的颗粒类吸声材料吸声系数　　　　　　　表 7-31

材料名称	厚度 cm	密度 (kg/m³)	不同频率下的吸声系数					
			125Hz	250Hz	500Hz	1000Hz	2000Hz	4000Hz
微孔吸声砖	3.5	370	0.08	0.22	0.38	0.45	0.65	0.66
	5.5	620	0.20	0.40	0.60	0.52	0.65	0.62
	5.5	830	0.15	0.40	0.57	0.48	0.59	0.60
	5.5	1100	0.13	0.20	0.22	0.50	0.29	0.29
	9.5	1100	0.41	0.60	0.55	0.63	0.68	0.75

续表

材料名称	厚度 cm	密度 (kg/m³)	不同频率下的吸声系数					
			125Hz	250Hz	500Hz	1000Hz	2000Hz	4000Hz
石英砂吸声砖	6.5	1500	0.08	0.24	0.78	0.43	0.40	0.40
矿渣膨胀珍珠岩吸声砖	11.5	700~800	0.31	0.49	0.54	0.76	0.76	0.72
纯矿渣吸声砖	11.5	1000	0.30	0.50	0.52	0.62	0.65	
加气混凝土	5	500	0.07	0.18	0.10	0.17	0.31	0.33
陶土吸声砖	11.5	1250	0.24	0.59	0.67	0.79	0.71	0.63
加气混凝土穿孔板	5	500	0.11	0.17	0.48	0.33	0.47	0.35
	6	500	0.10	0.10	0.10	0.48	0.20	0.30
泡沫混凝土	4.4	210	0.09	0.31	0.52	0.43	0.50	0.50
	2.4	290	0.06	0.19	0.55	0.84	0.52	0.50
	4.2	300	0.11	0.25	0.45	0.45	0.57	0.53
	4.1	300						
纯膨胀珍珠岩	4.0	250~350	0.16	0.28	0.51	0.76	0.73	0.60
水玻璃膨胀珍珠岩	10	—	0.45	0.65	0.59	0.62	0.68	—
水泥膨胀珍珠岩板	5	350	0.16	0.46	0.64	0.48	0.56	0.56
	8		0.34	0.47	0.40	0.37	0.48	0.55
石棉蛭石板	3.4	420	0.22	0.30	0.39	0.41	0.50	
蛭石板	3.8	240	0.12	0.14	0.35	0.39	0.55	0.54
石棉水泥穿孔板(厚4cm,φ9mm,穿孔率1%)后腔填5cm玻璃棉			0.19	0.54	0.25	0.15	0.02	—

（2）流阻

当稳定气流通过多孔材料时，材料两面的静压差与气流线速度之比称为流阻。流阻反应的是空气通过多孔材料的阻力大小。

流阻太小，说明材料稀疏，空气振动容易穿过，吸声性能下降；流阻太大，说明材料密实，空气振动难于传入，吸声性能也下降。

低流阻板材的低频段吸声很小，进入中高频段，吸声系数陡然上升；高流阻板材的低中频吸声系数有一定提高，高频段的吸声能力却明显较低。一定厚度的吸声材料应有一个相应合理的比流阻。在实际工程中，测定空气流阻比较困难，但可以通过厚度和重度粗略估计及控制。流阻也是多孔吸声制品出厂的重要质量指标。

（3）孔隙率

多孔吸声材料都具有很大的孔隙率，一般在70%以上，有的达90%左右。密实材料孔隙率低，吸声性能低。

（4）表观密度

在实际工程中，测定材料的流阻、孔隙率通常有困难，所以常通过密度加以控制。同一纤维材料，厚度不变时，密度增大，孔隙率减小，比流阻增大，能使低频吸声效果有所提高，但高频吸声性能却可能下降。因此在一定条件下，材料密度存在一个最佳值，因为密度过大或过小都对材料的吸声性能产生不利的影响。

在实用范围内，密度的影响，比材料厚度所引起的吸声系数变化要小。所以在同样用料情况下，当厚度不受限制时，多孔材料以松散为宜。超细玻璃棉合适的密度为 $15\sim25kg/m^3$，玻璃棉约为 $100kg/m^3$，矿棉约为 $120kg/m^3$。

（5）背后条件的影响

多孔材料背后空气层作用相当于加大材料的有效厚度，吸声性能一般来说随空气层厚度增加而提高，特别是改善对低频的吸收，它比增加材料的厚度来提高低频的吸收可以节省很多材料。

一般当材料背后的空气层厚度为入射声波 1/4 波长的奇数倍时，吸声系数最大；当材料背后的空气层厚度为入射声波 1/2 波长的整数倍时，吸声系数最小。利用这个原理，根据设计上的要求，通过调整材料背后空气层厚度的办法，以达到改善吸声特性的目的。

（6）材料表面装饰处理的影响

大多数多孔材料由于本身的强度、维护、建筑装修以及为了改善材料吸声性能的要求，在使用时常常需要进行表面装饰处理。

饰面方法大致有钻孔、开槽、粉刷、油漆等。

① 钻孔、开槽

材料经钻孔、开槽处理后即成为半穿孔吸声材料，既增加了材料暴露在声波中的有效吸声表面积，同时使声波易进入材料深处，因此提高了材料的吸声性能。

② 粉刷、油漆

在多孔材料表面粉刷或油漆等于在材料表面上加了一层高流阻的材料，会堵塞材料里外空气的通路，因此多孔材料的吸声性能大大降低，特别是在高频段影响更显著。

（7）温度和湿度的影响

温度变化会改变入射声波的波长，从而导致吸声系数所对应的频率特性在不同温度下的变化，即当吸声系数一定时，它所对应的不同温度的频率值的关系为：低温频率＜常温频率＜高温频率。

湿度对多孔材料的影响主要是材料吸水后容易变形，滋生微生物，从而堵塞孔洞，使材料的吸声性能降低。另外，材料吸水后，其中的孔隙就会减少，首先使高频吸声系数降低，然后随着含湿量增加，受影响的频率范围向中低频进一步扩大，并且对低频的影响程度高于高频。在多孔材料饱水情况下，其吸声性能会大幅度下降。

2. 共振吸声材料

共振吸声材料也可以称作共振吸声结构，在中、低频的吸声性能较好，主要有薄板吸声、穿孔板吸声、微穿孔板吸声等结构。共振吸声材料的作用机理是，材料中的共振结构利用共振器将声能转化成热能消耗掉。共振吸声材料吸声频带相对较窄，在共振频率范围，吸声系数很高，可接近于1，但频率偏离共振峰远时，吸声系数会有很大的降幅，其中较为特殊的是微穿孔板结构，具有宽频带吸声的性能。

1）将薄的板材如三合板、人造纤维板或金属薄板等固定在框架上，板件后面留一定厚度的空气腔，就构成了薄板共振吸声结构。薄板共振吸声结构的作用机理是，薄板在声波的作用下产生振动，振动时板内部出现能量消耗，使声能转化为机械振动，最后转化为热能消耗，从而起到吸声作用。

2）在薄板结构上开一定数量的孔，安装时注意离结构层保持一定距离，这样就形成穿孔板共振吸声结构。它的吸声性能和板的厚度、孔径大小、孔之间的距离、空气层的厚度以及板后所填的多孔吸声材料有关。它的吸声系数是以一边的频率为中心呈"山"形分布，具有中、低频吸声性能良好的特点。穿孔板吸声结构空腔无吸声材料时，最大吸声系数约为 0.3～0.6，此时穿孔率不宜太大，以 1%～50% 比较适宜。穿孔率过大，会使吸声系数峰值下降，且吸声频带变窄。在穿孔板吸声结构空腔内放置多孔吸声材料时，能够使吸声系数增大，并能将有效吸声频带展宽。

3）微穿孔板吸声材料是在穿孔板吸声材料的基础上，使薄板上穿孔直径减小到 1mm 以下。微穿孔板吸声结构的理论是由我国著名声学专家、中科院院士马大猷先生于 1975 年创造性提出的。微穿孔板吸声结构利用穿孔板本身的声阻达到控制吸声结构相对声阻率的目的，这样在穿孔板后面即使没有多孔吸声材料，吸声性能也会很好，而且还简化声学材料的结构。

3. 特殊结构吸声材料

1）空间吸声体

空间吸声体（图 7-35）是一种悬挂于室内的吸声构造。它与一般吸声结构的区别在于它不是与顶棚、墙体等壁面组成吸声结构，而是自成体系。空间吸声体最大的优点就在于它可预先制作，既便于安装，也便于维修，特别适用于那些已建成房屋的声学处理。常用形式有矩形体、平板状、圆柱状、圆锥状、棱锥状、球状、多面体等。它可以根据不同的使用场合和具体条件，因地制宜地设计成各种形式，既能获得良好的声学效果又能获得建筑艺术效果。

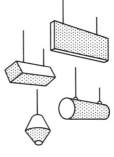

图 7-35 空间吸声体

因为空间吸声体是共振吸声结构和多孔吸声材料的组合，因此它有很宽的吸收频带，不仅能吸收高频，而且对低频吸收也非常好。空间吸声体由于有效的吸声面积比投影面积大得多，按投影面积计算其吸声系数可大于 1。空间吸声体的吸声效果除与本身构成的材料和形式有关外，还与它在空间摆放的位置、间距、数目有关。

2）强吸声结构

在消声室等特殊场合，需要房间界面对于在相当低的频率以上的声波都具有极高的吸声系数，有时达 0.99 以上，这时必须使用强吸声结构。吸声尖劈是最常用的强吸声结构，采用吸声尖劈可以比使用多孔材料大大减少材料的尺度。

常用尖劈的构造是选用直径 3～4mm 低碳钢丝制成符合设计形状和尺寸的框架，在框架上缝上玻璃布、塑料窗纱等护面层，在框内均匀地填装玻璃棉等多孔吸声材料，也有将多孔材料制成毡状、裁成尖劈后装入框内。尖劈还可以制成带共振芯而将玻璃棉装在它的四周等构造形式。

尖劈吸声原理：尖劈的吸声是由于它的端部吸声面积小，它的特征阻抗从接近空气的特性阻抗逐步增大到接近多孔材料的特征阻抗；这样，尖劈阻抗由外到内逐步增大相对变化不显著，当声波从端部入射时，由于吸声层的逐渐过渡，使入射声波绝大部分进入材料内部而被高效地吸收。

尖劈特点：使用尖劈可使截止频率降到 $60\sim70$Hz，如果采用一般多孔吸声材料，即使截止频率取 100Hz，也需要 3.4m 厚的吸声材料才能满足要求，因此使用尖劈能大大减少吸声材料的用量。

尖劈内的多孔材料种类、密度和尖劈的尖部长度是决定其截止频率的重要因素，见图 7-36。

图 7-36　尖劈

3）帘幕

纺织品中除了帆布一类因流阻很大、透气性差而具有膜状材料的性质以外，大都具有多孔材料的吸声性能，只是由于它们厚度一般较薄，仅靠纺织品本身作为吸声材料使用是得不到大的吸声效果的。如果幕布、窗帘等离开墙面和窗玻璃有一定距离，恰如多孔材料背后设置了空气层，尽管没有完全封闭，对中高频甚至低频的声波就具有一定的吸声作用。

4. 吸声材料的发展趋势

传统的吸声材料有许多缺点，比如吸声系数低、易产生二次污染、使用寿命短等，它们必将从市场中逐渐退出，被新型吸声材料所替代。纵观吸声材料的发展历程，吸声材料的发展应有以下趋势：

1）复合型吸声材料

伴随科技高速发展，未来对吸声降噪的要求也越来越高，单一的吸声材料或结构已无法满足高吸声要求。可将两种机理吸声结构相结合，同时将不同吸声材料相结合，开发出高效的新一代复合型吸声材料，可实现宽频段噪声的高效吸收。

2）环保型吸声材料

传统的纤维吸声材料，特别是矿物纤维吸声材料，由于其成本低廉、生产简单，在很多领域还有大量的应用，但近年来一直受到相关专家的批评，认为其污染环境不利于健康。在此背景下，金属纤维吸声材料具有广泛的应用前景，对人体无害，可二次使用，绿色，高效。此外，开发先进技术合理使用固体废弃物制备吸声材料，实现废弃物资源化再利用也是环保型吸声材料的发展方向。

3）多功能型吸声材料

研发出集多种功能于一体的吸声材料，此类材料除了要具有隔声、吸声、阻尼等性能外，还须具有诸如隔热、阻燃、防火、耐蚀等防护功能以及外观的要求。这类多功能型吸声材料也是未来重点的发展方向，市场前景将会非常广阔。

7.5.5 建筑隔声材料

1. 主要隔声构件

隔声材料是指把空气中传播的噪声隔绝、隔断、分离的一种材料、构件或结构。对于隔声材料，要减弱透射声能，阻挡声音的传播，就不能如同吸声材料那样多孔、疏松、透气，相反它的材质应该是重而密实的，如钢板、铅板、砖墙等一类材料。隔声材料材质的要求是密实无孔隙或缝隙，有较大的重量。由于这类隔声材料密实，难于吸收和透过声能而反射能强，所以它的吸声性能差。

常用的隔声结构可分为双层构件、轻型墙、隔声门窗和声锁等。

1）双层构件

它是指两个互不连接的单层构件之间有空气层的构件。空气层起着缓冲的弹性作用，但也能引起两层构件的共振，因此，双层构件的隔声量并非两层构件隔声量的叠加。如在空气层中加填多孔性吸声材料，则可减少共振而提高构件的隔声量。因空气层而增加的隔声量在一定范围内同空气层厚度成正比。通常，双层墙比同样重量的单层墙可增加隔声量5dB左右。

2）轻型墙

使用的轻墙板有纸面石膏板、圆孔珍珠岩石膏板和加气混凝土板等，单位面积质量大约为十几公斤至几十公斤。240mm厚的砖墙每平方米为530kg。按照质量定律，轻墙板是不能满足隔声要求的。因此，要把双层板材隔离开形成空气层，或在空气层中加填吸声材料，或采用不同厚度或劲度的板材使其具有不同的吻合频率，以提高轻墙的隔声量。

3）隔声门窗

门窗结构质量轻，而且有缝隙，因此隔声能力不如墙壁。对于隔声要求较高的门（隔声量为30~50dB），可以采用构造简单的钢筋混凝土门扇，但通常是采用复合结构的门扇，这种结构的阻抗变化能提高隔声能力。密封缝隙也是保证门窗隔声能力的重要措施。用工业毡做密封材料较乳胶条为佳，尤其是对高频噪声。对隔声要求较高的窗，窗玻璃要有足够的厚度（6~10mm），至少有两层。两层玻璃不应平行，以免引起共振，降低隔声效果。玻璃和窗框、窗框和墙壁之间的缝隙要封严。在两层玻璃窗之间的周边，应布置强吸声材料，以增加隔声量。在构造上要便于洗擦。为了避免窗玻璃之间产生吻合效应，隔声窗的双层玻璃应有不同的厚度，否则，在临界频率 f_c 处隔声值将出现低谷。

4）声锁

要使门具有较高的隔声能力，可设置"声锁"，即在两道门之间的空间（门斗）内布置强吸声材料。这种措施的隔声能力有时相当于两道门的隔声量。为便于开闭，门扇的重量不宜过大。

2. 隔声材料和吸声材料的区别

"吸声"和"隔声"作为完全不同的概念，常常被混淆了。玻璃棉、岩矿棉一类具有良好吸声性能但隔声性能很差的材料被误称为"隔声材料"，早年一些以植物纤维为原料制成的吸声板被命名为"隔声板"并用以解决建筑物的隔声问题。材料吸声和材料隔声的区别在于，材料吸声着眼于声源一侧反射声能的大小，目标是反射声能要小。吸声材料对入射声能的衰减吸收，一般只有十分之几，因此，其吸声能力即吸声系数可以用小数表示；材料隔声着眼于入射声源另一侧的透射声能的大小，目标是透射声能要小。

这两种材料在材质上的差异是：

吸声材料对入射声能的反射很小，这意味着声能容易进入和透过这种材料；这种材料的材质应该是多孔、疏松和透气，这就是典型的多孔性吸声材料，在工艺上通常是用纤维状、颗粒状或发泡材料以形成多孔性结构；结构特征是：材料中具有大量的、互相贯通的、从表到里的微孔，也即具有一定的透气性。当声波入射到多孔材料表面时，引起微孔中的空气振动，由于摩擦阻力和空气的黏滞阻力以及热传导作用，将相当一部分声能转化为热能，从而起吸声作用。

隔声材料对减弱透射声能，阻挡声音的传播，就不能如同吸声材料那样多孔、疏松、透气，相反它的材质应该是重而密实，如钢板、铅板、砖墙等一类材料。隔声材料材质的要求是密实无孔隙或缝隙；有较大的重量。由于这类隔声材料密实，难于吸收和透过声能而反射能强，所以它的吸声性能差。

在工程上，吸声处理和隔声处理所解决的目标和侧重点不同，吸声处理所解决的目标是减弱声音在室内的反复反射，也即减弱室内的混响声，缩短混响声的延续时间即混响时间；在连续噪声的情况下，这种减弱表现为室内噪声级的降低，此点是对声源与吸声材料同处一个建筑空间而言。而对相邻房间传过来的声音，吸声材料也起吸收作用，从而相当于提高围护结构的隔声量。隔声处理则着眼于隔绝噪声自声源房间向相邻房间的传播，以使相邻房间免受噪声的干扰。

吸声材料的特有作用更多地表现在缩短、调整室内混响时间的能力上，这是任何别的材料代替不了的。由于房间的体积与混响时间成正比的关系，体积大的建筑空间混响时间长，从而影响了室内的听闻条件，此时往往离不开吸声材料对混响时间的调节。对诸如电影院、会堂、音乐厅等大型厅堂，可按其不同听音要求，选用适当的吸声材料，结合体型调整混响时间，达到听音清晰、丰满等不同主观感觉的要求。从这点上说，吸声材料显示了它特有的重要性，所以通常说的声学材料往往指的就是吸声材料。

吸声和隔声有着本质上的区别，但在具体的工程应用中，它们却常常结合在一起，并发挥了综合的降噪效果。从理论上讲，加大室内的吸声量，相当于提高了分隔墙的隔声量。常见的有隔声房间、隔声罩、由板材组成的复合墙板、交通干道的隔声屏障、车间内的隔声屏、管道包扎等。

吸声材料如单独使用，可以吸收和降低声源所在房间的噪声，但不能有效地隔绝来自外界的噪声。当吸声材料和隔声材料组合使用，或者将吸声材料作为隔声构造的一部分，其有利的结果，一般都表现为隔声结构隔声量的提高。

7.6 装饰材料

建筑装饰材料又称建筑装饰立面材料，材料在建筑中的运用直接影响建筑的最终形态。材料涉及的范围很广，不仅包括有传统的装饰材料，如装饰石材、陶瓷等，也包括化学建材、纺织材料和各种复合材料等新型材料。

根据建筑物的部位不同，所用材料的功能也不相同，主要有美化功能、保护功能、室内环境调节功能和复合功能。

1）美化功能：装饰的本意就是为了美化，装饰工程最明显的效果就是装饰美。

2）室内环境调节功能：除美化和保护功能外，还能对室内环境进行调节。

3）复合功能：这里所说的复合功能是指使用一定组合和构造方式，将两种或两种以上的装饰材料组合在一起，能产生多重功能。若固定在龙骨上的石膏多孔装饰吊顶，内部填充了玻璃棉，不但有材料本身的阻燃防火，装饰美化功能，而且利用材料组合与构造方式形成了宽频吸声功能。

不论如何丰富的建筑形态、建筑造型，不论多么复杂可变的结构形式，最终都会使用到材料来表达建筑的形体，所以说材料语言是建筑设计的重要组成部分。当然，任何一种材料都不能孤立的存在与利用，在建筑活动中材料之间也就产生了必不可少的对话与沟通。

7.6.1 装饰材料的概述

1. 装饰材料的分类

在建筑装饰装修工程中，对建筑装饰材料通常按装饰部位、化学成分、材料性质等进行分类。

1）按装饰部位不同进行分类

根据装饰部位的不同，建筑装饰材料可以分为：外墙装饰材料、内墙装饰材料、地面装饰材料和顶棚装饰材料 4 大类。

（1）外墙装饰材料

外墙装饰材料种类较多，如外墙涂料、釉面砖、陶瓷锦砖、天然石材、装饰抹灰、装饰混凝土、金属装饰材料、玻璃幕墙等。

（2）内墙装饰材料

内墙装饰材料发展较快，如墙纸、内墙涂料、釉面砖、陶瓷锦砖、天然石材、饰面板、木材装饰板、织物制品、塑料制品等。

（3）地面装饰材料

地面装饰材料，如木地板、复合木地板、地毯、地砖、天然石材、塑料地板、水磨石等。

（4）顶棚装饰材料

顶棚装饰材料，如轻钢龙骨、铝合金吊顶、纸面石膏板、矿棉吸声板、超细玻璃棉板、顶棚涂料等。

2）按化学成分不同进行分类

根据材料的化学成分不同，建筑装饰材料可以分为有机高分子装饰材料、无机非金属装饰材料、金属装饰材料和复合装饰材料4大类。这是一种科学的分类方法，除半导体和有机硅（硅胶）这两种材料外，世界上所有的装饰材料均可按如下4大类归类。

（1）有机高分子装饰材料

有机高分子装饰材料很多，如以树脂为基料的涂料、木材、竹材、塑料墙纸、塑料地板革、化纤地毯、各种胶黏剂、塑料管材及塑料装饰配件等。

（2）无机非金属装饰材料

无机非金属装饰材料是建筑装饰工程中最常用的材料，如各种玻璃、天然饰面石材、石膏装饰制品、陶瓷制品、彩色水泥、装饰混凝土、矿棉及珍珠岩装饰制品等。

（3）金属装饰材料

金属装饰材料又分为黑色金属装饰材料和有色金属装饰材料。黑色金属装饰材料主要有不锈钢、彩色不锈钢等，有色金属装饰材料主要有铝、铝合金、铜、铜合金、金、银、彩色镀锌钢板制品等。

（4）复合装饰材料

复合装饰材料，可以是有机材料与无机材料的复合，也可以是金属材料与非金属材料的复合，还可以是同类材料中不同材料的复合。如人造大理石，是树脂（有机高分子材料）与石屑（无机非金属材料）的复合；搪瓷是铸铁或钢板（金属材料）与瓷釉（无机非金属材料）的复合；复合木地板是树脂（人造有机高分子材料）与木屑（天然有机高分子材料）的复合。

3）按材料性质不同进行分类

（1）硬装饰材料

在室内设计中，硬装修是指装潢中不能移动而固定的装饰物。硬装修主要对应建筑房屋的框架结构、基本设施、实用功能和空间布局之上，当然也包括室内环境的基本美观设计。因此，硬装修的内容包含墙面设计、地面设计、吊顶设计、隔墙隔断、水电走线、厨卫用具、灯具设施以及不活动的家具设计等内容。整体上看，室内设计中的硬装饰材料主要包括以下几大类：

① 墙面装饰材料：如墙面涂料、混凝土、石膏、木材、石材、玻璃、建筑陶瓷、金属、人工复合板、塑料、墙纸、墙布等。

② 地面装饰材料：瓷砖地板、实木板、人工复合板、人造大理石、塑料板材、地毯、涂料等。

③ 吊顶装饰材料：石膏、混凝土、有机高分子涂料、人工复合板、吸声板、铝合金板、顶棚龙骨材料、塑料等。

④ 其他不可活动装饰材料：门窗金属材料、铝合金材料、塑料、玻璃制品等。

（2）软装饰材料

软装饰材料与硬装饰材料相反，所对应的装修范围在软装修之内。软装修是指在室内基本装修框架完成之后，在可移动的空间中排列组合易于替换的装饰物品，这些装饰物往往给人以柔和、舒适之感，能够更好地营造出家居氛围，主要包括家具陈设、灯饰、纤维饰品、工艺装饰物等。因而，软装饰材料主要有木材、玻璃、纺织纤维、塑料等。其中纤维纺织品在软装饰中占有主要的地位，主要包括床上用品、窗帘、蚊帐、台布、地毯等品种，这些不同的材料都各自有着不同的质感和色彩。

在现代室内设计中，软装饰材料由于其材料、色彩、质感和图案等千姿百态，独具特色，且与人们的生活息息相关，极具亲和力，因此软装饰的设计在室内搭配中有着举足轻重的作用。室内设计中软装饰材料的具体设计方式既可当作背景使用，也可用于重点装饰，其材质搭配是整体的室内风格氛围调控的重要内容。总之，良好的软装饰材料在现代室内环境中，可以通过不同的材质和色彩，进行整体空间氛围的调控，或浪漫、或清新、或古典，不同的材质设计可以搭配出不同的风格。

2. 装饰材料的选材

装饰装修材料作为一种装饰性的建筑材料，在对建筑物进行内外装饰时，不要盲目地选择高档、贵价或价低的材料，而应根据工程的实际情况，从多方面综合考虑，选择适宜的装饰装修材料。一般情况下应从以下方面进行选择。

1）质感

质感是材料的表面组织结构、花纹图案、颜色、光泽透明性等给人的一种综合感觉。各种材料在人的感官中有软硬、轻重、粗犷、细腻、冷暖等感觉。选择不同质感的装饰材料，不仅要考虑其装饰效果，同时应考虑建筑物的造型和立面风格，还应与城市的面貌、周围环境、人的心理状态相结合。

2）光泽

光泽是材料表面方向性反射光线的性质，用光泽度表示材料表面越光滑，光泽度越高。不同的光泽度，可改变材料表面的明暗程度，并可扩大视野或造成不同的虚实对比。透明性也是与光线有关的一种性质。工程上将既能透光又能透视的物体称为透明体，能透光而不能透视的物体称为单透明体，既不能透光又不能透视的物体称不透明体。利用不同的透明度可隔断或调整光线的明暗，根据需要，造成不同的光学效果，也可使物像清晰或朦胧。

3）线条

现代建筑是多姿多彩的，一切造型艺术都存在比例线条是否和谐的问题，线条比例和谐可以引起美感。无论是直线轮廓、折线轮廓或曲线轮廓，如果线条比例和谐，会给人们一种强烈的吸引力，以愉快、活泼、庄重的风貌出现并给人们以美的享受。抹灰、水刷石、天然石材、加气混凝土条板等设置分块、分格缝既是防止开裂、施工接茬的需要，也是装饰立面的比例、尺度感的需要。门窗口、预制壁板四周、镜边等也是这样，既便于磕碰后的修补和施工，又装饰了立面。饰面的这种线型在某种程度上也可看作是整体质感的一个组成部分，其装饰作用是不容忽视的。

4）功能性

材料表面抵抗污物作用并能保持其原有颜色和光泽的性质称为材料的耐沾污性。材料表面易于清洗洁净的性质称为材料的易洁性，包括在风、雨作用下的易洁性及在人工清洗作用下的易洁性。良好的耐沾污性和易洁性是建筑装饰材料经久常新、长期保持其装饰效果的重要保证。材料的耐擦性实质上是材料的耐磨性，分为耐干擦性和耐洗刷性。耐擦性越好，材料的使用寿命越长。此外，材料的功能性还应具有一定的强度、耐水性、耐火性、耐腐蚀性、耐候性等。

5）经济性

装饰材料的经济费用在建筑工程总投资中的比例各有不同，主要是根据建筑装饰建设方面的总体要求，既要有环境效果要求，又要有投资费用要求，做到"量体裁衣"。

建筑装饰装修材料是应用最广泛的建筑功能性材料，深受到大消费者的关注和喜爱。随者人们生活水平的提高和环保意识的增强，建筑装饰装修工程中不仅要求材料的美观、耐用，而且更关注的是有无毒害，对人体的健康影响及环境的影响。因此，如何科学地选择室内装饰装修材料需要科学选材、注重环保、科学设计、精心施工。

7.6.2　装饰外墙涂料

外墙涂料具有安全性高、多功能性、造价低等优点，见表 7-32。在外墙装饰材料中，相对陶瓷面砖、大理石、铝合金玻璃幕墙、马赛克等装饰材料来说，外墙涂料具有明显的节能环保优势。

饰面砖与外墙涂料的特性比较　　　　　　表 7-32

材料名称	饰面砖	外墙涂料(仿石、仿金属等)
环保性	废弃后不可降解,处理成本高	涂膜可自然降解
节能性	对土壤、煤炭等不可再生资源消耗极大	对不可再生能源的消耗极小
装饰性	色彩范围没有涂料广泛,且造型复杂的饰面难以实现	色彩可任意选择,质感丰富,效果高档,不受造型限制
对建筑的保护性	外墙砖是刚性材料,抗裂性较差,易渗水漏水	由柔性的高聚物和粒度适中的材料组成,能吸收开裂应力,抗裂性能好,防水防霉
施工便利性	人工粘贴较为耗时	喷涂施工便利,效率较高
耐沾污性	易泛碱,流"泪",但耐污性强	优质涂料耐沾污性强,个别涂料耐污性差
安全性/耐久性	受气候影响,易发生脱落,产生安全隐患,使用寿命一般 8~15 年或甚至更低	安全可靠,不易脱落,耐候性强,使用寿命一般在 15 年以上
维修翻新	局部维修,难以配置相同颜色的外墙砖,大面积翻新将耗费大量的时间和人力物力	局部修补可能出现色差,维护翻新仅需考虑耐候透明漆罩面
价格	价格 20~400 元/m²,可选择的价格范围广	60~200 元/m²,多数在 100 元/m² 以上,价格稍高一些

一些发达国家的外墙涂料占到外墙装饰材料的 90% 以上。在我国，随着对墙面砖、玻璃幕墙等外墙装饰材料使用的限制，外墙涂料的使用正逐渐被建筑工程接受，通过近些年的发展，外墙涂料逐渐向环保型、水性化、多功能性的方向发展，其研制也日益受到人们的关注。

1. 隔热外墙涂料

隔热外墙涂料涂覆于建筑物表面可以有效地降低建筑物表面及内部的温度变化，可以有效地降低建筑物能耗，其应用对于改变生活环境和节约能源有重要的意义。

为了使涂料具有优异的反射隔热性能，可以选择不同种类的功能填料填充。如以丙烯酸乳液为基料，通过添加重质碳酸钙和空心硼硅酸盐玻璃微珠制备隔热性能优异的外墙涂料。

2. 高装饰性外墙涂料

装饰建筑物外墙的涂料除受到日晒雨淋外，还受到环境污染和强紫外线照射等影响，这些因素对外墙涂料的装饰性（耐候性和耐污性等）提出了更高的要求。

将纳米材料和技术应用于外墙涂料，制得的纳米改性外墙涂料在装饰性等方面明显优于同类传统外墙涂料。外墙涂料的基料主要以有机材料为主，所通过改善涂料基料的性能，使基料既有有机材料优良的成膜性，又有无机材料的硬度和耐候性，可以提高外墙涂料的装饰性。

3. 弹性外墙涂料

建筑物外墙的混凝土、砂浆会因温度变化、干湿交替、冻融循环及外力作用而产生裂纹，从而导致建筑物出现渗漏水引起钢筋锈蚀，容易造成建筑物局部破坏，也会导致 CO_2 气体侵入致使混凝土碳化速度加快。弹性外墙涂料具有良好的装饰效果，并且具有防水和遮盖裂缝功能，因此得到了大力推广和使用。

4. 自清洁外墙涂料

建筑外墙常年暴露在大气环境中，长期受到粉尘及悬浮颗粒的严重污染，造成大量建筑斑斑驳驳，严重影响建筑物的美观和城市形象，因此急需高性能的耐沾污外墙涂料来解决这一问题，其中自清洁外墙涂料使用较为普遍。自清洁外墙涂料种类繁多，根据自清洁原理可分为疏水型、亲水型和微粉化型自清洁外墙涂料。

外墙涂料行业正加速研发环保型、节约型外墙涂料产品，而要提高外墙涂料在建筑装饰材料中的使用比例，水性化、多功能及复合型外墙涂料是未来的发展方向。

7.6.3 装饰混凝土

装饰混凝土是在原本普通的新旧混凝土表层，通过色彩、色调、质感、款式、纹理、机理和不规则线条的创意设计，图案与颜色的有机组合，创造出各种天然大理石、花岗岩、砖、瓦、木地板等天然石材铺设效果，具有图形美观自然、色彩真实持久、质地坚固耐用等特点。近年来，装饰混凝土流行于美国、加拿大、澳大利亚、欧洲等发达国家和地区。

装饰混凝土的原材料，与普通混凝土基本相同，只不过在原材料的颜色等方面要求更加严格。颜料应选用不溶于水，与水泥不发生化学反应，耐碱、耐光的矿物颜料。其掺量不应降低混凝土的强度，一般不超过水泥质量的 6%，有时也采用具有一定色彩的集料代替颜料。

掺加到混凝土中的颜料，要有良好的分散性，暴露在空气中耐久不褪色。彩色混凝土的着色方法有无机氧化物颜料、化学着色剂及干撒着色硬化剂等。

1）无机氧化物颜料：直接在混凝土加入无机氧化物颜料，将砂、颜料、粗集料、水泥充分干拌均匀，然后加水搅拌。

2）化学着色剂：是一种水溶性金属盐类。将它掺入混凝土中并与之发生反应，在混凝土孔隙中生成难溶且抗磨性好的颜色沉淀物。

3）干撒着色硬化剂：由细颜料、表面调节剂、分散剂等拌制而成，将其均匀干撒在新浇筑的混凝土表面即可着色。

装饰混凝土包括清水混凝土、彩色混凝土地坪、露骨料装饰混凝土等。

1. 清水混凝土

清水混凝土（图 7-37）最早出现于 20 世纪 20 年代，属于一次浇筑成型的混凝土，成型后不做任何外装饰，只是在表面涂一层或两层透明的保护剂，直接采用现浇混凝土的自然表面效果作为饰面，表面平整光滑，色泽均匀，棱角分明，无碰损和污染，显得十分天然、庄重，显示出一种最本质的美感，具有朴实无华、自然沉稳的外观韵味。世界上越来越多的建筑师采用清水混凝土工艺，如世界级建筑大师贝聿铭、安藤忠雄等都在他们的设计中大量地采用了清水混凝土。日本国家大剧院、巴黎史前博物馆等世界知名的艺术类公共建筑，均采用清水混凝土建筑。

图 7-37　清水混凝土

由于清水混凝土结构一次成型，不剔凿修补、不抹灰，减少了大量建筑垃圾，不需要装饰，舍去了涂料、饰面等化工产品，而且避免了抹灰开裂、空鼓甚至脱落等质量隐患，减轻了结构施工的漏浆、楼板裂缝等质量通病。随着我国混凝土行业节能环保和提高工程质量的呼声越来越高，清水混凝土的研究、开发和应用已引起了人们的广泛关注，并已在一些重要的结构工程和高精度的混凝土制品中得到了部分应用。

2. 彩色混凝土地坪

彩色混凝土地坪（图 7-38）采用的是表面处理技术，它在混凝土基层面上进行表面着色强化处理，以达到装饰混凝土的效果。同时，对着色强化处理过的地面进行渗透保护处理，以达到洁净地面与保养地面的要求。因此，装饰混凝土的构造模式为混凝土基层、彩色面层、保护层三个基本层面构造，这样的构造是良好性能与经济要求的平衡结果。

图 7-38　彩色混凝土地坪

3. 露骨料装饰混凝土

露骨料装饰混凝土（图 7-39）是在混凝土硬化前或硬化后，通过一定工艺手段使混凝土骨料适当外露，以骨料的天然色泽、粒形、质感和排列，达到一定的装饰效果的混凝土。其制作工艺包括水洗法、缓凝法、酸洗法、水磨法、抛丸法、凿剁法等。

露骨料装饰混凝土的色彩随表层剥落的深浅和水泥、砂石的种类而异，宜选用色泽明快的水泥和骨料。因大多数骨料色泽稳定、不易受到污染，故露骨料装饰混凝土的装饰耐久性好，并能够营造现代、复古、自然等多种环境氛围，是一种有发展前途的高档饰面做法。

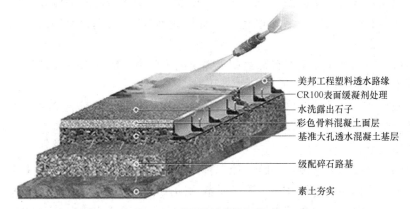

美邦工程塑料透水路缘
CR100表面缓凝剂处理
水洗露出石子
彩色骨料混凝土面层
基准大孔透水混凝土基层
级配碎石路基
素土夯实

图 7-39 露骨料装饰混凝土

综合而言，装饰混凝土存在以下优点：①从规格上看，它可以做到大尺度、多曲面和模具化生产；②从造型上看，它可以单体应用，也可以完成复杂的集成；③从质感上看，它可以仿效金属、木头等多种效果；④从色彩上看，几乎所有的颜色，包括金色和银色都可以表现出来；⑤从成型工艺上看，既可以现浇也可以预制，工艺成熟、合理；⑥从节能环保上看，混凝土材料来源广泛，能耗较低，支撑体对环境的污染相对较少，而且可以消耗大量工业废渣、废料；⑦从成本上看，造价比天然石材、金属材料要低廉得多，增加了混凝土材料的科技附加值。同时，永无止境的发展性是装饰混凝土的另一显著特点，不懈地探索又使装饰混凝土有了向墙面、台面、三维空间延伸的趋势，多种材料、多种颜色、多种图案和多种工艺的有机组合，将使装饰混凝土无论在技术、工艺还是设计理念上永远保持鲜活的生命力，是一种造价低廉而应用面极广、能把建筑与艺术完美结合的建筑材料。

7.6.4 装饰玻璃

1. 颜料饰面玻璃材料

彩色玻璃材料有透明和不透明两种。透明的彩色玻璃材料制作方法是在玻璃原料里注入一定剂量的金属氧化物而成，不透明的彩色玻璃材料是在玻璃熔融状态中加入彩色颜料再退火而成，或者是将各种色泽的颜料直接烘焙在玻璃材料的表面而制得。彩色玻璃可以拼装成各种各样的丰富图案，并且还具有耐腐蚀性和易清洁等特点，主要应用于建筑的内外墙、门窗以及室内隔断等部位。

2. 压花饰面玻璃材料

压花玻璃材料具有透光且不透视的特点，并且因其表面的图案或花纹凹凸不平，所以射入的光线会产生漫反射，不仅能够模糊视线，还可以使建筑室内空间变得柔和而温馨。压花玻璃材料主要应用于建筑的室内隔断、卫生间门窗以及需要光线又需要阻挡视线的部位。

3. 贴图饰面玻璃

喷花玻璃又称为胶花玻璃，其制作方法是在普通的平板玻璃的表面贴以图案，再抹上特制的保护层，最后经过喷砂处理后形成的一种透明与不透明相间的图案而成。喷花玻璃材料给人以高雅、大方以及美观的视觉感受。

乳花玻璃的外观与喷花玻璃相仿。乳花玻璃的制法是在普通的平板玻璃的表面贴以图案，再抹上特制的保护层，最后经过化学处理蚀刻而成。乳花玻璃的花纹图案清新而美丽，装饰性效果很好。

喷花玻璃材料和乳花玻璃材料都适用于建筑的内门窗、隔断以及采光部位等。

4. 漫反射饰面玻璃

冰花玻璃材料是一种采用普通玻璃材料经过特殊的加工处理而形成的一种具有类似于冰花纹理效果的玻璃材料。冰花玻璃材料的透光性能很好，并对射入的光线具有漫反射作用，其花纹图案给人以清新之感，是一种新型的建筑室内装饰玻璃材料。

磨砂玻璃又被称之为毛玻璃、暗玻璃。具体制作方法是将普通的玻璃材料用硅砂、金刚砂或是刚玉砂等作为研磨材料，边手工研磨边注入水，最终使得光滑的玻璃表面变成了均匀而又粗糙的毛面。采用压缩空气将细砂强力喷射至普通玻璃的表面而制成的毛面玻璃材料称为喷砂玻璃。这两种玻璃材料均因表面粗糙而使得光线产生漫反射效果，即透光而不透视，让建筑室内的光线柔和温馨而不刺眼。

油砂玻璃材料较普通的磨砂玻璃更具有隐透性，这种玻璃材料一面非常平滑而另一面则具有珠纹效果，即使是被淋满水也不会透视，而且还不会轻易地留下手指印。

以上这三种玻璃材料都适用于建筑中需要透光而不透视的部位。

5. 反射饰面玻璃

镜面玻璃材料是指普通的玻璃材料表面通过化学方法（银镜反应）或者是物理方法（真空铝），形成了一种反射率极强的类似于镜面般的反射玻璃材料。一般为了提高反射饰面玻璃的装饰效果，还会在加工制作中对玻璃表面进行彩绘、磨刻以及蚀刻等，以便形成各种各样丰富而优美的图案及字画。

6. 折射饰面玻璃

激光玻璃材料又被称之为光栅玻璃、全息玻璃或者是激光全息玻璃材料，是一种新型的建筑材料，非常具有艺术美感。其独特之处在于经过特别的加工处理后，玻璃材料的背面会出现全息或者其他光栅，即在自然光线以及灯光的照射下，因其特有的物理衍射分光会显现出十分鲜艳的七色光，并且即使在同一个感光点上也会因为外界光线的入射角度不同而产生出丰富的色彩变化。用普通玻璃材料加工而制成的激光玻璃材料主要应用于建筑的墙面和顶棚等部位，用钢化玻璃加工而制成的激光玻璃材料主要应用于建筑的地面装饰部位。此外，还被广泛应用于大面积的玻璃幕墙以及一些曲形的装饰柱等。

7.6.5   装饰材料的发展趋势

1. 建筑装饰材料的复合化

以往的建筑装饰材料的物理性能和外观不能同时具备，使得建筑设计无法同时满足物理需求和美学要求。将建筑材料与现代技术相结合，可以最大限度地提高建筑材料的美学和物理性能。

2. 建筑装饰材料的环保化

环境友好型建筑装饰材料是指在生产、使用和废物处理过程中对环境破坏最小，且不会对人体造成损害的材料。当下，建筑装饰材料的生产也大多采用新型环保型原料。采用新型环保材料和新型环保施工技术均可实现节能环保，避免过度浪费资源。

3. 建筑装饰材料的智能化

智能建筑装饰材料是以微电子技术和高新技术为主体，使建筑装饰材料可实现智能化。"智能家居"不仅仅是以概念的形式存在，而且是一个实实在在的产品，同时"智能家居"涉及互联网远程监控、家庭安全系统、网络视频监控等，通过使用各种科学技术来帮助人们实现自能家居生活。

4. 建筑装饰材料的成品化

传统的室内装饰大多采用湿法施工，这种方法需要大量人力，施工质量也难以得到保障。目前建筑装修大多采用干式施工，大部分材料都是经过预处理的建筑材料。在室内装修中，只需完成安装工作便可达到完美的室内装饰效果。我国建筑装饰材料正朝着成品化方向发展。

5. 建筑装饰材料的创新性

建筑装饰材料也在不断地创新。例如，新型"墙衣"是以合成纤维为主要原料，再经过特殊加工制作而成，其中一种是介于墙纸和油漆之间的新型墙饰材料。新型墙体具有良好的防水性能，且易于修复，因此成为大多数人的首要选择。随着科学技术的不断发展，未来建筑装饰材料定会有更多意想不到的创新，为室内设计提供更多的可能性。

本章小结

建筑功能材料是指除承重以外的各种功能性材料，这些功能包括密封、防水、隔声、保温、防火等。功能建筑材料大大改善并拓展了建筑物的使用功能，更好地满足了人们的生活及工作需求。因此，建筑功能材料的作用正受到越来越多人的关注。本章系统阐述了建筑防水材料、建筑节能与绝热材料、建筑防火材料、建筑隔声吸声材料、建筑装饰材料的种类、性能、作用原理及其应用，帮助学生掌握建筑功能材料的基础知识并能正确使用建筑材料。

思考与练习题

7-1　建筑上使用功能材料有什么意义？主要有哪些类型功能材料？

7-2　建筑防水材料有哪些？什么是刚性防水？刚性防水对材料有何要求？

7-3　简述保温隔热材料的作用原理。

7-4　简述建筑多孔材料、穿孔材料及薄板共振结构的吸声原理。

7-5　简述吸声和隔声材料的区别及各有哪些具体的材料。

7-6　防火材料有哪些类型，各有何优缺点？未来防火材料的发展趋势是什么？

7-7　建筑装饰材料有哪些类型，如何选择装饰材料？

7-8　建筑功能材料与结构材料的关系是什么，如何发挥两者的协同作用？

7-9　从未来绿色建筑发展的要求出发讨论各类功能材料的发展趋势？

第8章　特种工程材料

本章要点及学习目标

本章要点：

（1）无机、有机和复合修补材料的类型、基本性能和研究进展；（2）防辐射和防爆抗爆混凝土设计标准、组分材料与性能，混凝土防腐蚀方法；（3）金属腐蚀原理、腐蚀破坏机理以及防蚀技术和材料；（4）海工混凝土、深海浮力材料和船舰防污材料类型、特点与应用；（5）地下工程开挖机械材料、支护材料和环境保护材料类型和特点。

学习目标：

（1）掌握快速修补材料的分类、工作性能、力学性能和耐久性；（2）掌握防辐射混凝土、防爆抗爆混凝土和混凝土腐蚀防护材料的概念，了解混凝土结构与防护的现有国内外标准、材料选择和工程应用；（3）掌握金属腐蚀机理和腐蚀破坏机理的类型和防蚀技术的类型，了解金属防蚀技术作用机制和防蚀的材料选择；（4）掌握混凝土在海洋环境中的腐蚀机理和海工混凝土设计要求，掌握深潜浮力材料和船舰防污涂料的类型、特点与研究进展；（5）掌握地下工程开挖机械材料、支护材料和环境保护材料的类型、特点与研究进展。

本章主要从材料的基本性能、最新研究进展与应用等方面介绍用于快速修复、防护和防蚀、海洋工程以及地下工程的无机非金属、有机材料和金属材料。

8.1　快速修补材料

公路、桥梁、机场、港口等基础设施遭受自然灾害和人为事故后及时修复是减少并挽回人民生命财产损失、保证国家社会经济活动正常运行的必要条件。高性能快速修补材料是抢修抢建工程顺利开展的基础，从普通硅酸盐水泥早期性能提升研究开始，国内外学者在水泥基材料的改性和新材料研发等方面开展了大量研究。根据主要组分材料，快速修补材料可分为无机修补材料、有机修补材料和复合型修补材料三种类型。

8.1.1　无机修补材料

1. 水泥基修补材料

无机水泥类修补材料是以硅酸盐水泥或在硅酸盐水泥中加入早强剂等外加剂或者采用特种水泥与集料配制成的修补材料。它具有经济成本低、易施工、与同为水泥基材的既有结构材料相容性好等优点，缺点是与基材黏结的强度不高且材料养护时间较长。常用于工程修补的特种水泥有快硬硅酸盐水泥、磷酸镁水泥和硫铝酸盐水泥等。

　　1) 磷酸镁水泥

　　磷酸镁水泥（MPC）的水化反应本质是一种酸碱中和反应，水化产物主要是鸟粪石，呈柱状相互搭接，将剩余过烧氧化镁包裹连接形成致密整体，这种结构使得 MPC 具有较高的强度，同时 MPC 水化产物还具有很强的黏结能力，这些性能决定了磷酸镁水泥可作为混凝土结构的修复材料。磷酸铵镁水泥（MAPC）水化过程中水化产物快速生长，将逐渐硬化的 MAPC 与待修补体紧密黏结，MAPC 与普通硅酸盐水泥（OPC）砂浆连接紧密、接触充分，硬化后两者微观结构互相交错，成为密实的整体，因而修补处具有良好的黏结强度和抗渗水性。图 8-1 是 MAPC 与 OPC 砂浆连接处光学显微镜照片。

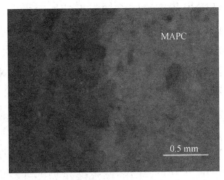

图 8-1　MAPC 与 OPC 砂浆连接处形貌

　　研究表明，MPC 修补材料的收缩率大大低于普通硅酸盐水泥，通过适当调整其组成配比还可使 MPC 修补材料具有微膨胀性。MPC 材料和其他传统修补材料的热膨胀系数和干缩率见表 8-1。

<table>
<tr><td colspan="3">不同材料的热膨胀系数和干缩率　　　　　　　　　表 8-1</td></tr>
<tr><td>材料种类</td><td>热膨胀系数($10^{-6}/℃$)</td><td>干缩率($10^{-4}/℃$)</td></tr>
<tr><td>MPC 砂浆</td><td>9.6</td><td>0.34</td></tr>
<tr><td>MPC 混凝土</td><td>8.2</td><td>0.25</td></tr>
<tr><td>普通水泥砂浆</td><td>10～20</td><td>30～50</td></tr>
<tr><td>硅酸盐混凝土</td><td>7～14</td><td>6～9</td></tr>
<tr><td>环氧树脂砂浆</td><td>20～30</td><td>7～10</td></tr>
</table>

　　（1）工作性能

　　工作性能主要包括凝结时间和流动度两个方面。其中凝结时间不宜过短，一方面为了保证施工有充足的时间；另一方面保证浆体在进入到破坏的裂缝前不凝结；流动度则需要保证浆体能够充分进入裂缝和缝隙中。磷酸镁水泥（MPC）的水化反应的本质使得其水化速度较快，并且水化反应放出大量热量，加快了反应的进行，因此 MPC 凝结硬化速度快、凝结时间短，未掺加缓凝剂的 MPC 浆体可在几分钟内凝结硬化。氧化镁活性及细度、缓凝剂种类及掺量、矿物掺合料及环境温度等因素均会影响 MPC 水化硬化速率，从而影响其凝结时间。氧化镁比表面积对 MPC 凝结时间影响最大，其次是缓凝剂掺量、环境温度和水灰比。温度升高可提高磷酸镁水泥的早期强度，同时会降低凝结时间。磷酸镁水泥水胶比在 0.14～0.2 时凝结时间可以满足一般的施工要求，M/P（氧化镁与磷酸盐质量比）从 3 增加到 6 时凝结时间减小。为了有效控制磷酸镁水泥的水化反应速度，使之具有充分的施工操作时间，缓凝剂是必不可少的组分之一。用于磷酸镁水泥的缓凝剂主要有硼酸、硼砂、三聚磷酸钠、铵、碱金属盐及复合缓凝剂等，目前使用较多的是硼砂。MPC 凝结时间随硼砂掺量的增加而延长，硼砂作为缓凝剂参与了 MPC 的水化反应，提高了体系的初始 pH 值，降低了 MgO 的溶解速率与体系的温度，并在 MgO 颗粒表面形成络合物来延缓磷酸镁水泥的凝结。硼砂的缓凝效果往往以牺牲 MPC 早期强度为代价，为避免这一问题研究人员开发了多种复合缓凝剂。矿物掺合料并不是制备磷酸镁水泥必须的成分，加入矿物掺合料的目的一般是为了改善水泥硬化体的性能或者降低成本。MPC 流动度随粉煤灰掺量的增加先增加后降低，凝结时间先减小后增大。在 MPC 中粉煤灰发挥两方面的作用，一是取代了部分氧化镁，使得缓凝剂相对含量变多，延长了凝结时间；二是粉煤灰会吸附部分缓凝剂，减少了作用于氧化镁颗粒的缓凝剂的量，缩短了凝结时间。掺入矿渣会缩短凝结时间，可能与矿渣对缓凝剂的稀释及矿渣溶出的 Ca^{2+} 对缓凝剂的消耗有关。也有人在 MPC 中掺入磷渣粉，磷渣粉的掺入可以起到很明显的缓凝效果，同等掺量下，磷渣粉的缓凝效果比粉煤灰、矿渣更好。

（2）力学性能

磷酸镁水泥浆体由氧化镁和磷酸盐水合物组成，其中氧化镁的强度远远高于磷酸盐水合物的强度，因此，磷酸镁水泥作为修补材料，在短时间内有提高抗压强度的趋势，磷酸盐水合物被用来填充氧化镁颗粒的孔隙，从而增加浆体的强度。氧化镁细度及活性、P/M 比值、缓凝剂掺量、水灰比、矿物掺合料等因素都会影响 MPC 的力学性能。随着氧化镁粒度的减小，氧化镁在液相的离子溶出速率加快，早期水化速率加快，凝结时间缩短，但并非氧化镁越细强度越高。合适的氧化镁细度可使磷酸镁水泥早期水化反应速率适当，在产生足量水化产物的同时晶粒生长完好，晶格缺陷少，形成最佳硬化体。当 M/P 值较小时（$M/P=2$），磷酸盐相对过剩，在磷酸镁水泥水化体系中可观测到大量磷酸二氢钾（MKP）晶体，而几乎没有 MgO 颗粒，导致磷酸镁水泥强度较低；当 M/P 值增大（$M/P=4$），在 MKP 晶体结构中能观测到大量的 MgO 颗粒，两者存在一个较好的比例，磷酸镁水泥的结构较为密实且强度高；当 M/P 值过大（$M/P=6$），MgO 相对过剩，不能生成足够的水化产物胶结未反应的 MgO 颗粒，MPC 基体较为松散，进而强度降低（图 8-2）。缓凝剂掺量增加，MPC 的强度尤其是早期强度会迅速降低；水胶比增大，MPC 强度迅速下降。水胶比小于 0.1 时，不利于 MPC 形成密实的结构，强度降低，而水胶比过大，多余的水分则会导致结构孔隙率增加，致使结构疏松，强度也比较低。研究者对比了水胶比分别为 0.16、0.18、0.20 和 0.22 时 MPC 的浆液强度与工作性能，认为水胶比的最佳值为 0.18。粉煤灰会造成早期强度降低，但合适的掺量可以提高 MPC 后期的强度，掺加 30%～40%（相对于干胶凝材料的质量比）的粉煤灰效果最好。矿渣能改善磷酸镁水泥的稳定性及耐久性，添加过多矿渣，MPC 强度大幅下降，矿渣掺量为 20%（相对于干胶凝材料的质量比）就能够满足快速修补的需求。在潮湿和水环境中，MPC 强度会出现大幅降低。同时高温环境会加快 MPC 水化进程，使浆液工作性能变差，随温度的增加可提高 MPC 的早期强度，但对其后期强度影响不大，过高的温度反而不利于 MPC 强度的发展。

(a)　　　　　　　　　　　　　(b)　　　　　　　　　　　　　(c)

图 8-2　不同 M/P 比值 MPC 水化 3h 的 SEM 照片

(a) 2∶1；(b) 4∶1；(c) 6∶1

（3）耐久性

MPC 的原材料中包含溶解性能很强的磷酸盐，MPC 修补材料是低水胶比、凝结硬化速度很快的体系，未参与水化反应的磷酸盐常被固结在 MPC 基体。当 MPC 修补材料在服役过程受到水侵蚀，早期可溶性的磷酸盐溶出，并留下孔隙，会削弱基体的强度；后期外界水分的渗入，磷酸盐与氧化镁得以继续水化反应，基体内将产生内应力，进而影响 MPC 基体各方面的性能。MPC 修补材料与引气普通硅酸盐混凝土具有更高的抗盐冻剥蚀性能。MPC 硬化浆体的水饱和程度和孔隙率较低，且孔隙多以封闭孔为主，具有较好的抗冻性。MPC 修补材料的耐盐性比较好，抗氯离子渗透性能优于普通水泥砂浆，间接表明 MPC 对钢筋保护作用优于 OPC。研究者在单纯温度影响因素下，对磷酸镁水泥进行冻融试验，冻融机制为以 0.5℃/min 速率进行升降温，在 −20℃ 温度下维持 4h 和在 20℃ 下维持 4h，经过 40 次的冻融循环后发现磷酸镁水泥没有出现任何剥离和损伤现象，证明其抗冻性良好。将磷酸镁和硅酸盐水泥试件分别浸泡在浓度为 4% 的氯化钙溶液中进行冻融循环试验。试验结果显示即使经过 30 次冻融循环，磷酸镁水泥的抗压强度也未发生明显降低，相反，在相同试验条件下的硅酸盐水泥试件抗压强度则出现了大幅度下降。

有研究表明，在水胶比为 0.12 的条件下，当 M/P 的比值为 4，磷酸镁水泥的耐磨性能最佳，其水化产物为棱柱状，随着时间的增加，结晶的强度越高。磷酸镁水泥的耐水性较差，其中环境溶液的 pH 值对磷酸镁水泥有着重要的影响。在磷酸镁水泥中掺入外加剂或者粉煤灰能够提高磷酸镁水泥的耐水性。

2）硫铝酸盐水泥

硫铝酸盐水泥（CSA）以石灰石、铝矾土和石膏为主要原料，经 1300～1350℃ 煅烧而成，熟料的主要矿物组成为无水铝酸钙（C_4A_3S）和硅酸二钙（C_2S）。与普通硅酸盐水泥（OPC）相比，硫铝酸盐水泥是环境可持续的替代品。CSA 熟料在大约 1300℃ 的煅烧温度下产生的。该温度范围比硅酸盐水泥熟料合成温度低约 200℃，研磨 CSA 熟料所需的能量也更少。CSA 水泥最突出的特点是早期强度高，补偿干燥收缩和固定重金属的能力强。这种水泥利用铝土矿作铝源，因此成本较高。硫铝酸盐水泥正逐渐用于抢修抢建工程、抗渗堵漏工程以及低温施工、抗海水腐蚀等特殊工程。

（1）工作性能

硫铝酸盐水泥本身凝结较快，尤其在夏季施工中，硫铝酸盐水泥的凝结时间还会缩短，因此，可适当加入缓凝剂延缓水泥的凝结和水化放热，保证正常施工。缓凝剂通过在水泥颗粒表面形成包裹层来抑制水泥的水化，从而达到延缓凝结的目的。目前常用的缓凝剂包括硼砂、葡萄糖酸钠、柠檬酸等，常用的促凝剂包括碳酸锂、氢氧化锂等。将硼砂和硫酸铝进行复合，只要合理控制二者的比例，在一定掺量范围内可以保证水泥适度缓凝，对强度也无不利影响。掺加硼砂后在水泥颗粒表面很快形成硼酸钙包裹层，阻滞水分子及离子的扩散，阻碍水泥的水化，从而延缓水泥的凝结。柠檬酸钠和葡萄糖酸钠均为有机钠盐缓凝剂，具有一定的表面活性，一方面在水泥颗粒表面产生吸附达到缓凝效果，另一方面通过亲水基团与水分子中的氢键相结合形成包裹在水泥颗粒表面的水膜层，从而阻碍水泥的水化而达到缓凝作用。粉煤灰的掺入可缩短硫铝酸盐水泥的凝结时间，随粉煤灰掺量增加，水泥浆体化学收缩降低，水泥早期强度随着粉煤灰掺量的增加而明显降低，可能是由于粉煤灰的稀释效应以及粉煤灰活性较低，难以在硫铝酸盐水泥的低碱度水化环境中发挥。

（2）力学性能

硫铝酸盐水泥有较高的早期强度，其 3d 或 7d 抗压强度相当于普通硅酸盐水泥 28d 的抗压强度，由于熟料矿物中存在着少量的 C_2S，使其后期强度有所增长，不会出现强度后期倒缩现象。同时随养护龄期的延长，强度不断增长。水化产物具有微膨胀性。后期微膨胀的水化硬化水泥石有利于增强结构抗渗性，还可以在一定程度上修补混凝土早期浇筑存在的微裂纹，提高结构的耐久性，延长使用寿命，减少维修费用。硫铝酸盐水泥生料中加入电石渣，由于电石渣的低的分解温度，可提高生料的易燃性，提高水泥熟料的活性，产出的水泥各龄期强度均有所提高。少量的碳酸锂可以显著提高硫铝酸盐水泥的早期强度与凝结速率。在硫铝酸盐水泥中加入氢氧化钠（NaOH）与氢氧化钾（KOH）后水泥砂浆的早期强度有所提升，后期强度有所下降，其原因是溶液的 pH 值升高加速了钙矾石的生成，提高了砂浆的早期强度，然而由于钙矾石生成过快，形成了致密的保护层，包裹了未水化的矿物，阻碍了砂浆的后期强度发展。

（3）耐久性

硫铝酸盐水泥表现出较好的抗冻性，在 0～10℃下使用时，其早期强度是硅酸盐水泥同龄期强度的 5～8 倍；在 −20～0℃下使用时，加入少量防冻剂，当混凝土入模温度维持在 5℃以上时，则可以正常施工，硫铝酸盐水泥混凝土 3d～7d 抗压强度可达设计强度的 70%～80%。硫铝酸盐水泥对海水、氯盐（$NaCl$、$MgCl_2$）、硫酸盐（Na_2SO_4、$MgSO_4$、$(NH)_2SO_4$），尤其是它们的复合盐类（$MgSO_4 + NaCl$）等均具有较好的耐蚀性，其主要原因是水化产物生成大量的钙矾石（AFt）。

（4）外掺复合性能

实际应用中更多的是将硫铝酸盐水泥作为普通硅酸盐水泥（OPC）的外加组分，通过外掺复合的形式实现优势互补。与 OPC 相比，OPC-CSA 混合水泥显示出更高的早期强度，对早期霜冻损害的抵抗力增强，而且具有更高的水化速率和更大的水化热。水化热量的增加可以有效延长 0℃以下的水合作用时间。而加入 CSA 会延迟 C_3S 后期的水化，对抗压强度和动态弹性模量的发展有不利影响。混凝土浇筑后直接受冻，升温至 5℃时，掺加 20%CSA 的水泥可有效降低混凝土受冻强度损失 100%；升温至 15℃时，可降低混凝土受冻强度损失 80%。因此按照合适配比将硅酸盐水泥复掺入硫铝酸盐水泥体系中，制备复掺水泥应用于修补砂浆材料，可改善砂浆的抗碳化性能，同时还可以降低生产成本，其后期强度性能也可以获得一定的保障，对于其他耐久性能也有一定帮助。

（5）改性

为了提高快硬硫铝酸盐水泥基快速修补材料韧性，增强其抗裂能力，可在基体中加入PVA纤维，制备成快硬硫铝酸盐水泥基 ECC 材料（CSA-ECC），研究结果表明，CSA-ECC 材料浆体的流动度随纤维体积掺量的增多而降低，在掺量过多纤维会出现团聚现象；CSA-ECC 抗折强度随纤维体积掺量的增多而增大，纤维掺量为 2％时，抗折强度可提高333％（图 8-3）；当纤维体积掺量大于 1.5％后材料在单轴拉伸下呈多缝开裂的破坏形式，在弯曲荷载作用下表现出良好的韧性特征和变形能力，如图 8-4 所示。

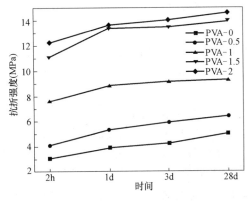

图 8-3　CSA-ECC 的抗折强度和纤维
体积掺量的关系

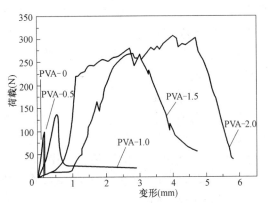

图 8-4　CSA-ECC 荷载-跨中位移曲线

2. 其他水泥基修补材料

1）薄型快凝水泥基修补材料

混凝土薄层快速修复料用于 1cm 以内的混凝土面层快速修复，是一种快凝、乳胶改性、耐重负荷的无收缩混凝土修补材料，它能用于需要快速获得强度以减少因修补而占用时间的场合。它可以作为砂浆使用，是一种水泥基化合物。

在普通硅酸盐混凝土中添加快凝材料，养护 12h 抗折强度可超过 4.0MPa，力学性能增长稳定，具有良好的施工性能。以硅灰和聚合物胶粉对胶凝材料进行改性用于路面薄层快速修补为例，研究表明，采用合适的配比，修补面层 4h 抗压与抗折强度即可达到路面通车要求，通车三个月后修补路面整体情况良好，无起皮脱落现象达到预期效果。

2）纤维水泥基修补材料

水泥在固化过程中因为干燥收缩、自收缩和温度收缩会产生体积变形，导致水泥内部产生微裂纹。纤维在水泥浆体内部呈三维网状分布，由于纤维可承担一部分拉应力并有桥接作用，能够减小因浆料分离而产生的裂纹，减弱裂纹末端应力的集中，阻止微裂纹的连通和扩展，提高水泥基材料的韧性。钢纤维、玻璃纤维和聚丙烯纤维是较常用的几类纤维，已在公路、铁路、桥梁、工业建筑、居民建筑、抗震灾害等的维修加固工程中取得广泛应用。

钢纤维改性水泥基材料体积稳定性好，力学强度高，耐磨性好，但是钢纤维密度大在砂浆中不易分散均匀，且容易被氯离子腐蚀，使路面修补材料性能失效。

在砂浆中加入聚丙烯纤维能有效控制砂浆的早期干燥收缩率，提高砂浆强度。研究表明，当加入聚丙烯纤维量为 $0.9kg/m^3$ 时，干缩率降低了 31.6%，抗拉强度和抗压强度分别提高 27.4% 和 12.1%。

玄武岩纤维属于无机矿物纤维，是将玄武岩矿石熔融后进行拉丝而制得，与水泥基材料同属于硅酸盐材料，其密度、重度与水泥基本一致，并具有天然的耐碱性，将其应用到水泥砂浆或混凝土中，不仅容易分散、搅拌，而且还能保持基体良好的体积稳定性、工作性、耐久性以及改善水泥材料的宏观力学性能。掺入的玄武岩纤维起到桥接的作用，有效填补了混凝土空隙，对混凝土抗拉强度的提高有较大的改善作用，也影响着基体裂隙的走势，对控制基体开裂有很大的帮助。研究表示，玄武岩纤维也并不是越多越好，只有当掺量小于 0.5% 时，随着掺量增多，混凝土的韧性才呈上升趋势。

3）火山灰混凝土

硅灰和偏高岭土均为火山灰活性极强的矿物掺合料，硅灰和偏高岭土改性都可以提高混凝土的性能。

（1）硅灰混凝土

硅粉是在冶炼工业硅或含硅合金时由高纯度的石英与焦炭在高温电弧炉（2000℃）中发生还原反应而产生的工业尘埃，它是利用收尘装置回收烟道排放的高温废气并通过专门处理而获得。硅粉也称微硅粉、硅微粉、硅灰、硅尘等，其产品质量主要用二氧化硅（SiO_2）含量和细度来评价，通常 SiO_2 含量在 $85\%\sim95\%$。

由于硅灰比表面积大，颗粒极细，加入混凝土后需要吸收大量水分，因此不会产生泌水现象；另外，极细的微粉堵塞混凝土空隙，使混凝土拌合物特别黏稠，保水性和黏聚性大幅度提高；由于硅粉的颗粒特性，同等重量的硅粉对强度方面的贡献相当于 $3\sim5$ 倍水泥。硅粉推荐掺量为 $5\%\sim15\%$（取代水泥的质量分数）。混凝土中掺入 10% 的硅粉等量取代水泥，混凝土 7d、28d、90d 的抗压强度分别提高 21%、42%、39%；在耐久性方面，由于硅灰混凝土的高致密性，使混凝土在抗渗性、抗冻性、抗化学侵蚀性、抑制碱骨料反应能力等方面均有所提高。

（2）偏高岭土混凝土

偏高岭土是高岭土经高温焙烧、脱去羟基后所得的产物。高岭土是一种以高岭石或多水高岭石为主要成分的软质黏土，在加热过程中，多水高岭石先在较低温度下脱去 2 个 H_2O 转化为高岭石，高岭石加热到 560℃ 左右开始转化为偏高岭石。偏高岭石虽然仍为层状结构，但有序性已被严重破坏，故具有较高的活性，是一种很好的火山灰质材料。偏高岭土的火山灰性与高岭土的纯度（即高岭石和多水高岭石的含量）和热处理温度有关。偏高岭石的含量将影响其活性，而热处理温度则主要影响偏高岭石的结构。

偏高岭土的添加可以补偿混凝土的自收缩，提高混凝土体积稳定性，并且偏高岭土改性混凝土的力学性能更好，研究表明，通过偏高岭土的改性，制备高强混凝土，当偏高岭土掺量为 15%（取代水泥的质量分数），改性混凝土的 28 天抗压强度可达到 100MPa，偏高岭土的掺入降低了混凝土界面过渡 $Ca(OH)_2$ 的生长，使混凝土结构更为密实，具有优异的力学性能和耐久性能。

3. 地聚物修补材料

地聚物是继石灰和普通硅酸水泥之后的第三代胶凝材料。地聚物是采用天然矿物或固体废弃物及人工硅铝化合物为原料，在碱性激发剂作用下形成的硅氧四面体与铝氧四面体三维网格聚合胶凝体，是低成本、高性能环保型材料，可替代水泥用于土木、纺织、防火、重金属固化、高性能复合材料等多个领域。

1）前驱材料

富含硅铝相的材料如偏高岭土、长石、粉煤灰、矿渣和硅灰等天然矿物或工业废渣皆可用作地聚物的固相材料。这些硅铝相材料的聚合反应机理与它们的化学成分，矿物构成，形态，细度和玻璃体含量有关。要获得性能稳定的地聚物要求固相材料具有高度非晶态，充足的玻璃体含量，低需水量，能释放出铝离子。偏高岭土地聚物虽然性能稳定，但其结晶程度差会导致流变，制备过程复杂且需要更多的水。粉煤灰地聚物的耐久性优于偏高岭土地聚物。矿渣地聚物早期强度和耐酸性均高于偏高岭土和粉煤灰地聚物，但矿渣在 NaOH 溶液中会瞬凝。硅灰在 NaOH 溶液和 Na_2SiO_3 溶液中的凝结时间则分别长达 620min 和 800min。

2）组分与工作性能

可用来激发出铝硅酸盐的碱性激发剂有 NaOH、KOH、Na_2SiO_3 和 K_2SiO_3 等，其中 NaOH 有较好地激发释放硅、铝单体的效果。影响地聚物胶凝材料性质的主要因素有激发剂模数、浓度以及液固比。研究表明 SiO_2/Al_2O_3 量比在 3～3.8 之间，Na_2O/Al_2O_3 量比在 1 附近的地聚物强度最高，同时地聚物初凝时间随 SiO_2/Al_2O_3 比增大而增加。激发剂浓度对偏高岭土地聚物混凝土强度影响最大，当激发剂浓度从 50% 变化到 80% 时，聚合反应程度趋于完全，地聚物抗压强度从 22MPa 提高到 100MPa，生成物 Si/Al 大于 1。养护温度在 40～85℃ 之间能使地聚合反应充分完成，在此温度范围内，养护温度越高，地聚物的短期强度也越高，提高养护温度还可减少地聚物拉伸蠕变和收缩应变。然而在较高温度下长时间养护有可能会造成试件"Si-O-Al-O"键裂解破坏。偏高岭土地聚物在 40～80℃ 养护，虽然其早期强度比常温养护的试件更高，但 28 天后力学性能则降低了。因此延长常温养护时间更有利于提高地聚物的力学性能和耐久性。

3）力学性能与设计方法

与普通混凝土相比，粉煤灰地聚物混凝土粗骨料与胶凝材料之间的界面更加致密，因此其抗压强度高于普通混凝土。采用美国 ACI 规范计算普通混凝土弹模公式来预测值地聚物混凝土弹模，会得到偏大的结果。尽管地聚物混凝土抗压强度高于普通混凝土，在地聚物混凝土中传播的超声波速也低于在普通混凝土中的波速。地聚物混凝土还表现出明显的应变率效应，其动压强度和动压韧性随应变率增大而提高。此外，地聚物混凝土与钢筋之间的黏结强度不低于相近试验条件下普通水泥混凝土与钢筋之间的黏结强度。

地聚物混凝土配比设计主要有基于强度、基于性能以及统计模型三种方法，目前用得最多的是基于强度的设计法。碱液胶比和水胶比均与地聚物混凝土的强度和工作性能有关。基于性能的设计法考虑的因素更为细致，除了强度外还要考虑耐久性等因素，因此有助于提高市场对地聚物混凝土的接受度。统计模型法可通过平衡各设计参数来为地聚物混凝土的设计提供时效性，只是建立统计关系的前提是需要有大容量数据库。

4）耐久性

地聚物抗硫酸盐侵蚀，耐酸和耐碱侵蚀性能，均明显优于传统水泥基材料。但普通混凝土毛细管力输送的水分子含量少于粉煤灰和矿渣地聚物混凝土，因此地聚物混凝土的吸水率高于普通混凝土。将石墨烯片状纳米颗粒加入到地聚物胶凝体中，可改善地聚物混凝土的微观结构,增大水接触角。在干湿交替和冷热循环作用下,地聚物混凝土则会经历反复的水化和蒸发,由此体积膨胀或收缩,并在孔隙中产生内应力,造成强度提高或降低。经过70天的干湿循环,粉煤灰和矿渣地聚物混凝土抗压强度的变化幅度有30%。氯离子对普通混凝土侵蚀方面的研究已有较成熟的成果。影响地聚物混凝土氯盐侵蚀的因素有很多。随着碱液/矿渣比的增大,地聚物抗氯离子能力降低;同时随着矿渣细度提高,地聚物抗氯离子能力提高;在一定范围内,随着粉煤灰掺量的提高,地聚物抗氯盐侵蚀能力降低。地聚物混凝土氯离子渗透深度随着NaOH溶液的浓度升高而降低,随着$Na_2SiO_3/NaOH$的升高而降低。干湿交替循环比自然浸泡对低强度且孔隙率过大的试件抗氯盐侵蚀能力影响更大。

8.1.2 有机修补材料

有机高分子聚合物类修补材料具有与基材黏结性能好、硬化速度快等优点,同时它们有较好的抗渗性和抗腐蚀性,但是经济成本相对较高,在混凝土修补中与无机性质的基材的热膨胀系数差异较大,目前用于修复工程的有机高分子材料主要有环氧树脂、沥青修补剂、丙烯酸类树脂等。

1. 环氧树脂

环氧树脂是指分子中含有两个以上环氧基团的一类聚合物的总称。它是环氧氯丙烷与双酚A或多元醇的缩聚产物。由于环氧基的化学活性,可用多种含有活泼氢的化合物使其开环,固化交联生成网状结构,因此它是一种热固性树脂。

1) 力学性能

固化后的环氧树脂抗冲击性较差、脆性大,进行增韧改性可以提高其综合性能。研究表明,用端羟基液体聚丁二烯橡胶(HTPB)增韧环氧树脂,当环氧树脂与HTPB之比为2∶1时,环氧树脂的断裂韧性可提高3.5倍。用核壳橡胶增韧环氧树脂复合材料,当每100份环氧树脂基复合材料加入3.5份核壳橡胶时,复合材料的断裂韧性是未增韧时的2.3倍。用偶联剂对纳米SiO_2表面进行改性,同时借助超声分散,使纳米SiO_2能均匀分散于环氧树脂基体中,改性后的环氧树脂拉伸强度和断裂伸长率相比纯树脂基体分别提高了23%和31%。将环氧与聚氨酯反应制备具有互穿聚合物网络结构的水下修补材料,在水下该材料28d抗拉黏结强度达1.12MPa,在不同温度下,通过改变氧化物和促进剂的量,可以调节固化时间,以适应不同的修补要求。

2) 耐久性

环氧聚合物混凝土(EPC)在酸性和含盐环境具有较好的耐久性。研究表明,添加了固体橡胶颗粒的环氧混凝土在$-22℃$的冷冻室里放置24小时,然后置于室温下24小时,重复5个循环,环氧混凝土的水分和热相关耐久性可得到改善;经过50次冻融循环后,添加20%聚酯树脂的混凝土弯曲强度没有降低;添加了25%丁苯橡胶(SBR)和25%环氧树脂的混凝土弯曲强度降低了约20%(在什么环境条件下);随着温度的升高,由于太阳光强度和紫外线辐射,EPC的弯曲强度退化明显。

2. 改性沥青

1) 工作性能

橡胶粉添加到基质沥青中,在高温环境作用下,橡胶粉会吸收沥青中的某些组分等,橡胶颗粒膨胀变软，在高速机械搅拌作用下，所形成的部分交联点产生断裂，这是橡胶颗粒在沥青中的溶胀过程。溶胀的橡胶颗粒会产生生胶的一些性质，使橡胶颗粒具有一定的黏性，橡胶颗粒均匀的分散在沥青中，颗粒与颗粒之间紧密相连接，并逐渐变成疏松的絮状结构。基质沥青稠度增加，这是因为橡胶颗粒吸收了基质沥青中的轻质组分以及油分，橡胶颗粒产生溶胀并与基质沥青共混的状态改变了沥青的物理力学性能，使沥青的各项性能得到改善，从而达到对基质沥青改性的效果。用水性环氧树脂和 SBR 胶乳为复合改性剂，对乳化沥青进行改性，能够提高乳化沥青高温和低温性能。SBS 能同时改善沥青的高温稳定性和低温抗裂性，还能在一定程度上使沥青的温度敏感性变小。

2）耐久性

采用高黏性改性沥青和碎石为原材料制成的新型路面养护薄层修补料修补路面，不仅高效快速而且交通影响较小，可以快速解决与修补公路沥青路面出现的麻面、龟裂等问题。研究表明，以下三种沥青及沥青混合料按照高温性能、水稳定性和疲劳性能的优劣顺序为：离子型聚合物乙烯—甲基丙烯酸甲酯（EMAA）/SBS 复合改性沥青＞SBS 改性沥青混合料＞基质沥青。EMAA 的加入可提升沥青及沥青混合料的高温性能和耐久性，并且可更好地发挥 SBS 改性沥青的改性效果。尽管 EMAA/SBS 复合改性沥青的低温抗裂性能较 SBS 改性沥青有所下降，但仍能满足《公路工程沥青及沥青混合料试验规程》JTG E20—2011 规范中改性沥青及沥青混合料的低温性能要求。

3. 丙烯酸类树脂

甲基丙烯酸甲酯是丙烯酸类树脂的主要成分，在欧美地区一般将丙烯酸类树脂统称为 MMA 树脂。MMA 树脂主要在有机玻璃制造、建筑装饰材料、地坪涂料、防水涂料、工业制件、信息材料、电气部件封装等方面得到了应用。

MMA 修补材料固化后与砂浆的黏结强度为 2.0～3.0MPa，可满足一般建筑工程对修补材料的要求。研究人员发现在 MMA 树脂中加入四氯乙烯（PCE），可改善 MMA 修复材料的体积收缩变形，其抗折强度可提高到 7.2MPa。美国研制出的 MMA 基修补材料，用于修复"Woodrow Wilson Memorial"桥支座的开裂，该材料 1d 抗压强度可达到 58MPa。

8.1.3 复合型修补材料

有机聚合物与无机复合的修补材料是在水泥砂浆或混凝土中加入有机聚合物对其进行改性。采取有机聚合物对水泥基材料进行改性后的修补材料对公路、桥梁、机场、港口等基础设施病害进行处理的效果，往往优于单一有机或无机修补材料的修补效果。目前我国已将环氧树脂、苯丙乳液、丁苯乳液（SBR）、聚苯乙烯丁二烯橡浆、聚氯丁二烯橡浆等有机聚合物用于水泥砂浆或混凝土的改性，并应用于快速修补。聚合物通常以乳液、可再分散性乳胶粉或聚合物树脂的方式加入，而目前最普遍的方式是乳液形式，只需将聚合物乳液直接加入混凝土或砂浆中搅拌均匀即可进行施工。

1. 聚合物砂浆

1）力学性能

环氧树脂砂浆是在水泥砂浆中加入环氧树脂对其进行改性后得到的多相复合材料，这是目前应用较多的一组改性修补砂浆。环氧乳液对水泥砂浆有两种作用，一是推迟了水泥的水化速度，二是改善了水泥基材料的毛细孔结构。当水灰比为 0.4，灰砂比为 0.5，加入 10% 的环氧乳液、0.3% 的消泡剂和 1.25% 的环氧促进剂，该条件下改性砂浆的性能达到最佳，28d 的黏结强度可达 2.8MPa。将聚氯乙烯糊（PBM）树脂混凝土用于处理水下工程的病害修补，通过控制 PBM 树脂用量可以调节水泥混凝土的凝结时间，改善混凝土拌合物的工作性能，使其在水下能够自流平，修补材料 24h 抗压强度可以达到 35～40MPa。工程修补后，PBM 树脂改性混凝土与母体材料的黏结界面较为平整，黏结强度满足工程对修补材料的要求。将硫铝酸盐水泥（C）、乳化沥青（A）、水性环氧（E）三种材料进行复合，制备出高流态、高黏结强度、低收缩、低模量的水泥-沥青-环氧树脂复合胶结道路快速修补材料，A/C 和 E/C 分别为 5/8～5.5/8 和 1.5/8～2.0/8 时，复合胶浆的抗折强度超过 2.9MPa、抗压强度超过 7.6MPa，满足沥青路面抗压强度大于 0.7MPa 的要求，同时复合胶浆具有良好的施工性能。苯乙烯丙烯酸乳液（SAE）掺量在 0%～10% 之间时，SAE 改性砂浆抗弯强度随着聚合物掺量增加而提高，抗压强度随聚合物掺量增加规律不明显；SAE 掺量在 10%～20% 之间时，改性砂浆抗弯强度随着聚合物掺量的增加而降低，抗压强度随聚合物掺量增加急剧降低。丁苯橡胶（SBR）掺量在 0%～15% 之间时，SBR 改性砂浆抗弯强度随着聚合物掺量增加而提高，抗压强度随聚合物掺量增加规律不明显；SBR 掺量在 15%～20% 之间时，改性砂浆抗弯强度随着聚合物掺量的增加而降低，抗压强度随聚合物掺量增加急剧降低。苯丙乳液改性砂浆抗折强度随苯丙乳液掺量增加先提高后降低，苯丙乳液掺量超过 2% 时，改性砂浆抗压强度显著降低。

2）耐久性

环氧树脂乳液具有缓凝作用，可改善水泥砂浆的耐腐蚀性。扫描电镜（SEM）微观观测表明观察到固化后环氧乳液能够限制水泥基材料中大晶体的生长，在砂浆表面过渡区，环氧乳液固化成膜后具有桥接作用，将晶体相互黏附在一起。水泥水化物与环氧树脂也彼此相互缠绕交织，改善了水泥基材料的结构。在老旧混凝土中分别加入 SBR 乳液、SAE 乳液和 SAE 粉剂制成聚合物改性修补砂浆，修复砂浆与旧混凝土的界面微观扫描发现（图 8-5），由 SAE 粉剂形成的聚合物膜致密而坚韧，而 SAE 乳液形成的聚合物膜疏松，SBR 乳液形成的薄膜介于 SAE 粉剂和乳液之间，因此，SAE 粉末改性修补砂浆具有最佳的黏结性能和抗侵蚀性，而 SAE 乳液改性修补砂浆的性能最差。

与普通水泥砂浆相比，丙烯酸酯乳液（PAE）改性砂浆黏结强度可提高 4 倍以上，抗氯离子渗透能力可提高 8 倍以上，且能防止旧混凝土进一步碳化，延缓钢筋锈蚀速率，抵抗剥蚀破坏，可用于近海环境下桥梁构件混凝土裂缝和表面剥蚀、水质侵蚀、冲磨、空蚀、钢筋锈蚀等部位的修补加固。苯乙烯丙烯酸乳液（SAE）改性能够显著改善混凝土的生物耐酸腐蚀性，聚丙烯酸冷却乳液能够提高水泥砂浆的施工性、抗弯强度、耐水性和耐盐性等。长期观测表明 SBR 砂浆具有优异的抗裂性能，可改善普通砂浆的抗冲耐磨、抗渗、抗冻和抗碳化性能，而且成本适中，是综合性能较理想的修补材料之一，目前主要用于道路、桥梁、水电大坝和市政工程等的修补工程。

2. 聚合物混凝土

聚合物混凝土指由有机聚合物、无机胶凝材料和骨料结合而成的混凝土。最常用的树脂是环氧树脂、聚酯树脂和乙烯基酯树脂。掺加了聚合物的混凝土具有良好的耐磨性、抗

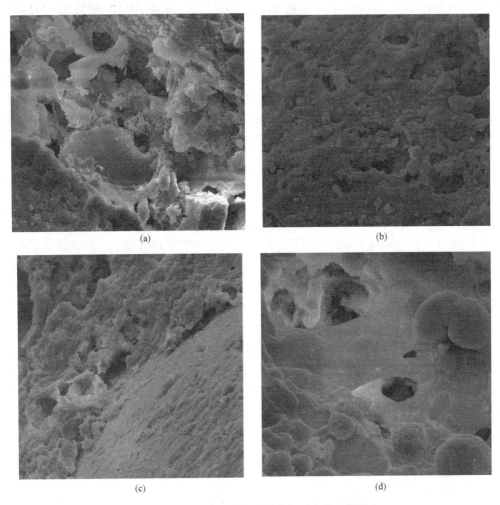

图 8-5 比较三种聚合物改性修复砂浆的内部形态

（a）普通修理砂浆与混凝土的界面；（b）SBR 乳液在砂浆中形成膜；
（c）附着在骨料表面的 SAE 乳液膜；（d）砂浆孔内的 SAE 粉剂膜

盐腐蚀性、抗冻融循环性，可以用作桥面和路面铺装层以及已有水泥路面铺装层的改造。聚合物混凝土比硅酸盐水泥混凝土具有更好的力学性能，但成本较高。为了减小环氧树脂聚合物混凝土的成本，可以添加填料以稀释树脂含量，粉煤灰是聚合物混凝土中常用的填料。

1）工作性能

环氧树脂作为聚合物混凝土的胶粘剂和重要成分对高温环境具有热敏感性，温度剧烈变化或者热循环的温度过高会降低聚合物混凝土的抗压、抗拉强度和断裂韧性。采用甲基丙烯酸羟乙酯（MG）聚合物乳液、R-24（全称）早强膨胀剂等对混凝土进行改性，当 MG 聚合物乳液的掺量为 20%，改性后混凝土 3d 抗折强度可达 5MPa 左右，将此聚合物混凝土用于混凝土路面修补工程 3 天可通车。

2）微观性能

在大量的试验数据基础上，日本学者提出的 Ohama 模型将聚合物改性混凝土的作用过程分为三个阶段：①将聚合物掺入混凝土中搅拌，聚合物均匀分散于混凝土浆体中，混凝土中的水泥颗粒表面附着有聚合物颗粒；②聚合物颗粒附着在水泥颗粒表面形成薄膜，填充了骨料与混凝土结构之间的缝隙；③水化程度不断加深，水泥浆体中的大部分水参加了水化反应，聚合物与混凝土浆体之间形成网状结构胶结为整体，共同承担了聚合物混凝土的工作性能。而 Puterman 提出的模型和 Ohama 模型的不同点在于聚合物的成膜温度以及时间的长短，Puterman 模型认为当聚合物成膜温度高于养护温度时，聚合物与混凝土颗粒之间形成的是分散在混凝土体系内相互堆积的膜，而不是连续的膜，因此不能提高抗渗性以及抗腐蚀性。

3）力学性能

聚合物改性水泥基材料的抗折强度、抗拉强度与聚合物在混凝土中的掺量成正比，而抗压强度、弹性模量与聚合物的掺量成反比，聚合物混凝土的力学性能与聚合物分子的玻璃转化温度有关系，即随着温度的升高，混凝土的基本力学性能也会得到改善，当超过聚合物的玻璃转化温度限值后，混凝土基本的力学性能会出现降低的情况。有研究表明当聚合物混凝土中含有 8.5% 的树脂、76.5% 的骨料和 15% 的微填料，可以获得最佳的压缩、拉伸和弯曲力学性能。

4）耐久性

树脂和填料的种类和含量、养护方法、养护温度、湿度，特别是树脂与填料比、基质与骨料比等参数均会影响聚合物混凝土的性能。研究表明环氧树脂和乙烯基树脂制成的混凝土比聚酯混凝土具有更好的力学性能；添加粉煤灰或硅灰可提高聚合物混凝土力学性能；当温度大于 150℃时，环氧聚合物混凝土强度损失显著；环氧树脂吸水率越高，环氧基聚合物混凝土拉伸性能越低。

8.2 混凝土结构防护材料

国防军事设施、工业与民用设施防御等特定需求的各类工程对混凝土的防辐射、防爆抗爆以及耐高温、耐高湿和耐化学腐蚀有特殊要求，混凝土组分材料与配比设计均与普通混凝土不同。

8.2.1 防辐射混凝土

随着核科学和核工业技术的飞速发展，核技术已在核电、军事、通信、教育、科研、医疗和工业等众多领域得到了普遍应用（图8-6）。为了避免核辐射对人体的伤害，核工业基础设施的建设需要考虑屏蔽核辐射。由于防射线混凝土具有良好的结构性能，被认为是最好的防辐射材料。防射线混凝土又称防辐射混凝土、原子能防护混凝土、屏蔽混凝土、核反应堆混凝土或重混凝土。它能屏蔽原子核辐射和中子辐射，是原子能反应堆、粒子加速器及其他含放射源装置常用的防护材料。

1. 现有标准

我国制定了《电离辐射防护与辐射源安全基本标准》GB 18871—2002，规定和限制了物质的辐照水平和人类生活中接受辐射照射的限度；《重晶石防辐射混凝土应用技术规程》GB/T 50557—2010 对重晶石细骨料的硫酸钡含量、放射性、泥块含量、粗骨料表观

图 8-6 防辐射混凝土的工程应用

(a) 防辐射医疗建筑；(b) 核电发电厂；(c) 日本东海核燃料再处理设施；(d) 苏联新"方舟"混凝土石棺

图片来源：(a) http://www.fx361.com/page/2015/1031/3195544.shtml；

(b) https://blog.csdn.net/dzJx2EOtaA24Adr/article/details/79029978；

(c) https://mp.weixin.qq.com/s/ZMOG5P4yL_T3GLG7yL8i4w；

(d) https://www.sohu.com/a/362335470_305341

密度、针片状颗粒含量等做了要求和分级，在配合比设计部分参考了《普通混凝土配合比设计规程》JGJ 55—2011，其中强度标准差、塑性混凝土用水量、砂率部分做了调整。在拌合物性能上依据密度大小分为五级，力学性能上依据轴心抗压和抗拉强度将重晶石防辐射混凝土分为 C20~C40 五个等级。《混凝土辐射屏蔽》NB/T 201 30—2012 中规定了防辐射混凝土在实际项目中配合比设计、选材、建造等应满足的要求；《压水堆核电厂核安全有关的混凝土结构设计要求》NB/T 200 12—2010 规定了压水堆核电厂核安全有关的混凝土结构在材料、荷载效应组合、承载力极限状态计算、正常使用极限状态验算以及构造等方面的要求。

国外防辐射混凝土方面标准相对国内更全面和严格。美国《Radiation Shielding Materials，Specification for nuclear power plants》ANSI/ANS 6.4.2—2006 相对全面地介绍了配制防辐射混凝土的各类骨料及掺合料，并提供了各类元素对辐射的屏蔽系数和防辐射的计算方法；《Standard Specification for Aggregates for Radiation-Shielding Concrete》ASTM C637—1998 中更详细地介绍了防辐射混凝土中使用骨料的类别及各项系数要求，包括各类骨料矿石元素含量的需求、骨料自身其他性质的分级、防辐射混凝土用骨料含泥量及相关缺陷要求等。《Rules For Construction Of Nuclear Facility Components》ASME-BPVC-Ⅲ—2013详细说明了使用防辐射混凝土构筑核电站、医院等核设施屏蔽体中各类结构的施工方法和设计方案,并说明了各类构筑法对射线衰减的影响。美国其他与防辐射混凝土相关标准还有《Standard Specification for Aggregates for Radiation-Shielding Concrete》ASTM C637—2009)和《Standard Descriptive Nonmenclature of Constituents of Aggregates for Radiation-Shielding Concrete》ASTM C638—2009,这两部标准详细介绍了防辐射混凝土所用重骨料的相关性能与适应方法,同时提及了不明重骨料依据元素种类的分类。德国标准《Classification of shielding concretes by proportion of elements;neutron shielding》DIN 25413-1—1991 和《Classification of shielding concretes by proportion of elements;gammashielding》DIN 25413-2—1991 分别介绍了通过调制混凝土中骨料、掺合料及各类添加物的比例来控制屏蔽中子射线、γ 射线,另有《Construction of concrete hot cells;requirements for remotely operated cells;shielding calculation》DIN 25420-1Bb.2—1992 中介绍了混凝土屏蔽室、屏蔽壳的建造要求和屏蔽计算。

2. 材料选择

1) 胶凝材料

防辐射混凝土所选用的胶凝材料需要对 X 射线、γ 射线、快中子和热中子能起较好屏蔽作用。防辐射水泥的主要品种有钡水泥、锶水泥、含硼水泥等。钡水泥以重晶石黏土为主要原料,经煅烧获得以硅酸二钡为主要矿物组成的熟料,再掺加适量石膏磨制而成,其相对密度达 4.7~5.2,可与重集料(如重晶石、钢锻等)配制成防辐射混凝土。钡水泥的热稳定性较差,只适宜于制作不受热的辐射防护墙。锶水泥是以碳酸锶全部或部分代替硅酸盐水泥原料中的石灰石,经煅烧获得以硅酸三锶为主要矿物组成的熟料,加入适量石膏磨制而成。其性能与钡水泥相近,但防射线性能稍逊于钡水泥。在高铝水泥熟料中加入适量硼镁石和石膏,共同磨细,可获得含硼水泥。这种水泥与含硼集料、重质集料可配制成相对密度较高的混凝土,适用于防护快中子和热中子的屏蔽工程。

2) 骨料

在防辐射混凝土的研究中,骨料起着显著的作用,除考虑其技术和经济性能外,骨料性能更是对防辐射混凝土的屏蔽性能起着决定性的影响作用。选择骨料不仅需要满足特定的质量密度要求,还需考虑特殊技术指标的要求,如结晶水含量、含硼量、含铁量等,来增强防辐射的能力。最常用的防辐射混凝土骨料有褐铁矿($2Fe_2O_3 \cdot 3H_2O$)、赤铁矿(Fe_2O_3)、磁铁矿(Fe_3O_4)、重晶石($BaSO_4$)等重质矿石和各种钢锻、钢块、钢砂、铁砂、切割铁屑、钢渣、钢球等铁质集料。其中,赤铁矿、磁铁矿、重晶石防 γ 射线效果较好,褐铁矿、蛇纹石、硼镁矿防中子射线效果较好。各种骨料性能特点各不相同,根据辐射源的辐射特性以及骨料的优缺点来优选最佳骨料,也可以采用多种骨料混合,克服单一骨料的缺点,发挥骨料的各自所长。

防辐射混凝土引入重金属元素可提高混凝土对有害射线的屏蔽效果。混凝土材料掺入 Mg、Ti、H、C、Fe 和 Co 能提高混凝土防辐射能力,混凝土防辐射能力与单方混凝土中重金属含量密切相关,使用蛇纹石、磁(赤)铁矿石、褐铁矿石、氧化铁粉、钢丸、钢锻、重晶石、石膏粉、硼镁铁矿石、铬矿粉、方铅矿等含有重金属元素骨料是提高混凝土

屏蔽 γ 射线和中子射线能力的有效方法。结晶水调节剂可明显增加水泥水化产物结合水量，总结晶水量的提高有利于提高混凝土对中子射线屏蔽并提高混凝土强度。磁铁矿与褐铁矿砂、磁铁矿粉、含硼掺合料骨料能有效屏蔽 γ 射线且具有良好导热性能，有利于对辐射产生热量扩散，重金属混凝土在循环热效应工作条件下具有良好的热学性能。防辐射重晶石混凝土是较为理想的防辐射混凝土，重晶石含量越高，混凝土的密度和能量吸收能力越高，但随着冻融循环次数的增加，其屏蔽性能呈下降趋势。

根据规范《防辐射混凝土》GBT 34008—2017，按骨料的种类将防辐射混凝土分为重晶石防辐射混凝土、铁矿石防辐射混凝土和复合骨料防辐射混凝土。对常用重晶石防辐射混凝土的材料应该符合现有国家标准《重晶石防辐射混凝土应用技术规范》GB/T 50557—2010。现有的国家标准《重晶石防辐射混凝土应用技术规范》GB/T 50557—2010主要对重晶石防辐射混凝土进行了详细规定。

（1）一般材料规定

① 同一工程的重晶石防辐射混凝土所用重晶石粗细骨料宜选用同一矿床或同一产地的重晶石。

② 重晶石防辐射混凝土可全部采用重晶石骨料，也可掺入部分普通混凝土用的砂、石或其他表观密度比普通混凝土用砂、石大的骨料。

③ 对防中子射线要求较高的工程结构，宜在重晶石防辐射混凝土中掺加含化合水的矿石骨料或含锂、硼等轻元素的材料。

④ 重晶石防辐射混凝土所用原材料除应符合本规范的规定外，尚应符合国家现行有关标准的规定。

（2）重晶石粗细骨料

① 重晶石细骨料宜为中砂，且颗粒级配宜符合《普通混凝土用砂、石质量及检验方法标准》JGJ 52—2006 中级配Ⅱ区的规定。重晶石粗骨料应符合《普通混凝土用砂、石质量及检验方法标准》JGJ 52—2006 中连续级配的规定。

② 重晶石细骨料的质量与技术性能指标应符合表 8-2 的规定。

重晶石细骨料的质量与技术性能指标　　　　　　表 8-2

项　　目	指　　标		
	Ⅰ级	Ⅱ级	Ⅲ级
硫酸钡含量(按质量计,%)	≥95	≥90	≥85
防辐射性	合格	合格	合格
有机物	合格	合格	合格
泥块含量(按质量计,%)	≤0.2	≤0.5	≤0.8
重晶石粉(按质量计,%)	≤8.0	≤6.0	≤4.0
硫化物及其他硫酸盐含量(折算成 SO_3 按质量计,%)	≤0.5	≤0.5	≤0.5

（3）重晶石粗骨料的质量与技术性能指标应符合表 8-3 的规定。

重晶石粗骨料的质量与技术性能指标　　　　　　　　表 8-3

项　目	指　　　标		
	Ⅰ级	Ⅱ级	Ⅲ级
硫酸钡含量(按质量计,%)	≥95	≥90	≥85
表观密度(kg/m³)	≥4400	≥4200	≥3900
防辐射性	合格	合格	合格
针片状颗粒(按质量计,%)	≤20.0	≤15.0	≤10.0
有机物	合格	合格	合格
泥块含量(按质量计,%)	≤0.2	≤0.5	≤0.8
重晶石粉(按质量计,%)	≤8.0	≤6.0	≤4.0
压碎指标(%)	≤30.0	≤25.0	≤25.0
硫化物及其他硫酸盐含量 (折算成 SO₃ 按质量计,%)	≤0.5	≤0.5	≤0.5

（4）重晶石粗细骨料中硫酸钡的含量应按照《非金属矿物和岩石化学分析方法》C/T 1021.8—2007 的规定进行检测。重晶石粗细骨料的放射性检测应按照《建筑材料放射性核素限量》GB 6566—2010 的规定执行。重晶石粗细骨料的其他性能指标检测应按照《普通混凝土用砂、石质量及检验方法标准》JGJ 52—2006、《建筑用砂》GB/T 14684—2011、《建筑用卵石、碎石》GB/T 14685—2011 中的相关规定执行。

3）掺合料

活性矿物掺合料是指含有大量无定形态二氧化硅和三氧化二铝的一类物质，包括火山灰、硅藻土、浮石等天然矿物质和粉煤灰、矿渣、硅灰等工业副产品，它的掺入能改善混凝土的性能，如提高水泥石致密度、混凝土强度，改善混凝土的抗渗等耐久性。

通过掺加矿物掺合料，降低水灰比来提高材料的密实性从而达到防辐射的效果。掺入金属纤维材料，对混凝土力学性能和辐射屏蔽性能有不同影响。钢纤维能有效提高混凝土的力学性能，但对防辐射性能影响不显著；铅纤维不但能提高混凝土的力学性能，而且能明显增加混凝土的防辐射性能；钛纤维对力学性能作用不明显，却很大程度提升射线屏蔽能力；钢、铅、钛三种纤维混掺可以同时提高混凝土力学性能和防辐射性能。掺加谷壳灰重骨料混凝土具有良好抗硫酸盐侵蚀，但高强度 γ 射线能降低重骨料混凝土力学性能，而同时掺有硅粉、谷壳灰掺料重骨料混凝土力学性能没有明显改变。

4）外加剂

用于防辐射混凝土的外加剂宜选用具有一定缓凝、减水、抗裂、密实功能的单一或复合式外加剂。结晶水外加剂能提高水泥水化产物结晶水含量，增强中子屏蔽性能，改善重质混凝土的力学性能。

3. 配合比设计

按照《防辐射混凝土》GB/T 34008—2017，防辐射混凝土的配合比根据干表观密度和强度等级设计要求选择原材料进行计算，配制强度按（8-1）计算，强度标准差应按照表 8-4 取值；配制干表观密度应按式（8-2）计算。

$$f_{cu,0} \geqslant f_{cu,k} + 1.645\sigma \qquad (8-1)$$

式中 $f_{\text{cu},0}$——防辐射混凝土配制强度（MPa）；

$f_{\text{cu},k}$——防辐射混凝土立方体抗压强度标准值（MPa），这里取设计混凝土强度等级值；

σ——防辐射混凝土强度标准差（MPa）。

标准差 σ 值（MPa） 表 8-4

混凝土强度标准值	C20	C25～C45	C50～C60
σ	4.0	5.0	6.0

$$\rho_{\text{c},0} \geq 1.02\rho_{\text{c},k} \tag{8-2}$$

式中 $\rho_{\text{c},0}$——防辐射混凝土配制干表观密度（kg/m³）；

$\rho_{\text{c},k}$——防辐射混凝土设计干表观密度（kg/m³）。

防辐射混凝土的配合比计算应符合下列规定：

1）铁矿石防辐射混凝土的配合比计算应该满足《防辐射混凝土》GB/T 34008—2017 附录 B 的规定；

2）采用重晶石配制防辐射混凝土时，应在《防辐射混凝土》GB/T 34008—2017 附录 B 中式（B.1）计算的水胶比基础上适当降低，并通过试验验证确定，强度等级不宜大于 C40；

3）采用金属骨料配制防辐射混凝土时，金属骨料应等体积取代《防辐射混凝土》GB/T 34008—2017 附录 B 计算配合比计算中的骨料，并根据经验调整确定。

防辐射混凝土的试配与调整应符合下列规定，并根据《普通混凝土配合比设计规程》JGJ 55—2011 的规定和工程要求对设计配合比进行施工适应性调整后确定施工配合比：

1）配合比调整后的混凝土拌合物的表观密度应按式（8-3）计算；

2）配合比校正系数应按式（8-4）计算；

3）配合比中每项材料用量均乘以校正系数 δ，拌合物表观密度实测值应满足（8-5）的要求。

$$\rho_{\text{c},c} = m_{\text{c}} + m_{\text{f}} + m_{\text{g}} + m_{\text{s}} + m_{\text{w}} + m_{\text{p}} \tag{8-3}$$

式中 $\rho_{\text{c},c}$——按配合比组成计算的混凝土拌合物的表观密度（kg/m³）；

m_{c}——每立方米混凝土的水泥用量（kg/m³）；

m_{f}——每立方米混凝土的矿物掺合料用量（kg/m³）；

m_{g}——每立方米混凝土的粗骨料用量（kg/m³）；

m_{s}——每立方米混凝土的细骨料用量（kg/m³）；

m_{w}——每立方米混凝土的用水量（kg/m³）；

m_{p}——每立方米混凝土中减水剂、防辐射添加剂或纤维等其他材料用量（kg/m³）。

混凝土配合比校正系数计算如下：

$$\delta = \frac{\rho_{\text{c},t}}{\rho_{\text{c},c}} \tag{8-4}$$

$$\rho_{\text{c},t} \geq 1.02\rho_{\text{c},0} \tag{8-5}$$

式中 $\rho_{\text{c},t}$——混凝土拌合物的表观密度实测值（kg/m³）；

$\rho_{c,0}$——防辐射混凝土配制干表观密度（kg/m^3）。

4. 工程应用

辐射屏蔽混凝土常用于核电站、医疗单位、粒子加速器、研究反应堆、实验室热电池等不同辐射源的生物屏蔽。

1）医院

吉林省梅河口市康美梅河口医疗健康中心的直线加速器屏蔽防护墙采用以 BaSO$_4$ 为主要成分的重晶石和重晶砂作为粗细骨料，配制三组 C35 的重晶石混凝土，用普通碎石替代 20％的重晶石、普通河砂替代 33％重晶砂，配制密度为 3193kg/m^3 的重晶石混凝土，浇筑厚度为 2.7m，高度为加速器屏蔽防护墙高。重晶石、重晶砂中 BaSO$_4$ 含量为 80％～85％；28d 抗压强度达到 35MPa 及以上。共使用具有防辐射性的 C35 重晶石混凝土约 2350m^3。上海吴淞海关 X 射线扫描通道的建设，采用特种骨料磁铁矿碎石、42.5 级矿渣硅酸盐水泥和减水缓凝剂配制出了有效屏蔽 X 射线的 C25 级防辐射混凝土。

2）核电站

山东海阳 AP1000 核电站采用的是中低热硅酸盐水泥 P.Ⅰ42.5，Ⅰ级粉煤灰，其平均细度为 6％～8％，以 25％～30％掺量替代部分水泥，聚羧酸型高性能减水剂和松香型引气剂。骨料矿物成分有钾长石 50％，石英 20％～25％，斜长石 20％，黑云母和少量铁质、榍石 5％；其中的石英呈他形粒状，粒径直径绝大部分为 0.10～4.40mm，少量 0.05～0.10mm，不属微晶石英，消光基本正常，不具碱活性；含有的黑云母和少量铁质、榍石，均不具碱活性。胶凝材料总量控制在 360～450kg/m^3 之间，控制水用量在 150～180kg/m^3。

岭澳核电站防护用高密度混凝土以重晶石为骨料（BaSO$_4$ 含量 96.96％，SiO$_2$ 含量 2.76％），掺加缓凝型高效减水剂配制而成，其干密度大于 3500kg/m^3；核岛混凝土水泥使用 525 号普通硅酸盐水泥（GB 175—92），其 C$_3$A 和 C$_3$S 的含量均在中热水泥所要求的范围内，Cl$^-$ 含量小于 0.05％，密度 3.05g/cm^3，28d 圆柱体抗压强度大于 35MPa。

防辐射混凝土是一种坚固、有效、经济的辐射屏蔽基础设施材料。它已用于大型永久性设施，如核电站、研究反应堆、粒子加速器和高放射性研究实验室。但是，辐射屏蔽混凝土也面临着许多挑战：①由于集料密度高，辐射屏蔽混凝土容易离析，此外，辐射屏蔽混凝土通常对桩基础有较高的要求；②结合材料，特别是活性矿物掺合料对屏蔽性能的影响还有待进一步研究；③辐射屏蔽混凝土在经受各种射线照射后的长期性能对其安全性也非常重要，需要深入研究。

8.2.2　防爆抗爆混凝土

混凝土属于脆性材料，在爆炸和摩擦等作用下，极易发生断裂性破坏以及产生火花，如果该建筑物是易燃易爆物品的生产车间或储放仓库，就可能引发爆炸、燃烧等严重危害生命和财产安全的事故，这就要求具有防爆抗爆要求的混凝土要引入不同组分材料达到提高其抗爆炸、抗冲击的目的。

1. 现有标准

美国和以色列等国家针对恐怖爆炸袭击所产生的破坏效应制定了一系列的规范和手册，如《Structures to Resist the Effects of Accidental Explosions》（TM5-1300），《Fundamentals of Protective Design for Conventional Weapons》（TM5-855-1），ASCE 的《Design of Blast Resistant Buildings in Petrochemical Facilities》、《Protective Construction Design Manual ESL-TR-87-57》、《Design and Assessment of Hardened Structure》等。这些规范和手册对冲击波荷载、爆炸引起的碎片质量和速度分布、空气冲击波和碎片对建筑物破坏效应进行了一些阐述,并给出了可供工程直接使用的经验计算方法。

2. 材料选择

1) 防爆混凝土

凡在碰撞冲击和摩擦等机械作用下不产生火花,而可用于生产、存放易爆物品的建筑物的混凝土,称为防爆混凝土。与普通混凝土相比,防爆混凝土主要是将普通混凝土中在冲击、碰撞、摩擦作用下易产生火花的集料(如碳酸钙集料)换成不产生火花的集料。

(1) 胶凝材料

凡在硬化后不会产生火花的胶凝材料都可作为防爆混凝土的组成材料。根据研究,目前用于混凝土配制的几种胶凝材料,如硅酸盐系列水泥、铝酸盐系列水泥及树脂、沥青等都可以用作防爆混凝土的胶凝材料。而常用的胶凝材料是硅酸盐系列水泥。但应注意的是,在用硅酸盐系列水泥时,应尽量选用含 Fe_2O_3 成分低的水泥。

(2) 集料

集料的选用是配制防爆混凝土的关键,凡选用的集料必须在使用前经过试验。试验方法将所选用的集料与用此集料配成的混凝土分别在暗处用转速为 1500r/min 的金刚砂轮上打磨,如都不产生火花,即可认为该材料可用于防爆混凝土的配制。

目前,常用的粗集料是以 $CaCO_3$ 为主要成分、Fe_2O_3 含量低的白云石、大理石或石灰石。细集料不能用石英砂,也必须用上述粗集料材料制成的细颗粒。典型的可用于防爆混凝土的集料的白云石化学成分见表 8-5。

用于防爆混凝土集料的白云石化学成分　　　　　　　表 8-5

样品名称	序号	与不发生性能有关的化学成分含量(%)				
		SiO_2	Fe_2O_3	Al_2O_3	CaO	MgO
白云石	1	5.76	0.1	0.18	30.61	20.52
	2	2.84	0.06	0.14	30.15	20.86
	3	1.06	0.07	1.06	30.62	21.16
	4	3.06	0.07	0.24	30.21	19.92

粗集料的粒径应控制在 5～20mm,级配应为连续级配。细集料粒径应控制在 0.15～5mm,细度模数 M_x,应为 2.3～3.1 为宜。

除上述要求外,其余应符合混凝土集料的所有质量指标。

(3) 水

应选用符合混凝土拌合用水标准的洁净水。

(4) 外加剂

在必要的情况下,可以选用减水剂、早强剂、缓凝剂等外加剂。

2) 抗爆混凝土材料

(1) 高强钢筋混凝土

开发高强和超高强混凝土是实现混凝土结构抗爆炸、冲击最基本的方法。提高混凝土强度等级、钢筋强度等级和钢筋配筋率能有效减少裂缝的开展，提高钢筋混凝土结构的抗爆性能。

（2）纤维混凝土

混凝土作为工程建设中最常用的硬脆性材料，其抗拉强度、抗剪切强度远低于其抗压强度，这种特性使得其抗侵彻性能相对较差。提高混凝土材料的抗拉强度和韧性对提高其抗侵彻能力有着至关重要的作用。普通混凝土中添加一定比例的钢纤维可大大改善其力学性能，特别是提高混凝土的抗拉、抗折强度和材料的韧性，其中掺入钢纤维尤其是异型钢纤维时混凝土的抗侵彻性能相对较好。高强钢纤维混凝土是性能优良、工艺适中的抗冲击材料，可广泛应用于遮弹层、防护门、防护工程主体结构、重载地坪等。研究表明，加入钢纤维能有效提高构件的抗震性能，当钢纤维体积率为 1.25％时，碎片最大速度降低 18％。高强高掺量钢纤维混凝土是应变率敏感材料，其应变率敏感值随其静压强度的增加而提高，随着钢纤维体积分数与长径比的增加，抗冲击能力加强。聚丙烯纤维或玄武岩纤维与钢纤维混杂掺入对于混凝土的抗爆性能可产生协同效应，能显著提高超高性能混凝土的抗侵彻和抗爆炸性能。在钢纤维体积分数 3％～5％的基础上按每立方混凝土 1kg 的比例掺入聚丙烯纤维，掺入后混凝土抗冲击能力比原来钢纤维混凝土的增加了 10％。

3. 防爆墙

1）定义

在建筑物外部一定距离上设置防爆墙，能对汽车炸弹爆炸冲击波和碎片起到有效的防护作用，降低建筑物的破坏程度，减少建筑物内部人员的伤亡概率。防爆墙可以是建筑物四周永久性的围墙（这些围墙经过专门抗爆设计），也可以是建筑物前面或某些特定位置临时设置的装配式防爆墙。防爆墙构筑费用低、设置快、防护作用明显。

2）分类

防爆墙可分为刚性防爆墙、柔性防爆墙和惯性防爆墙三种类型。刚性防爆墙的强度和刚度很大，能够经受较大的爆炸荷载而不被破坏，但这类防爆墙构筑时间较长，造价相对较高；柔性防爆墙强度和刚度不如刚性防爆墙，经受爆炸荷载时会产生较大变形，但其构筑速度快、运输方便、造价低；惯性防爆墙主要利用墙体材料的飞散耗能来削弱爆炸冲击波的破坏作用，构筑比较方便，但抗爆性能有限，而且容易因材料飞溅造成二次伤害。以上各种类型的防爆墙国内外均有研究和使用，但由于这些防爆墙自身均存在一些缺陷，实际使用效果并不够理想。

3）应用

以色列 Terre Armee 公司研制了"MAYA DURISOL"防护墙系统，由两层处理过的木材和水泥的 Durisol 墙内填钢筋混凝土特制块构成，在以色列和英国进行了大量的试验，结果表明 200mm 的"MAYA DU RISOL"防护墙可以承受比 250mm 钢筋混凝土墙高约 50％的冲击波能量，具有柔性结构的外部 Durisol 层能够吸收和削减部分冲击波，内部 Durisol 层可以防止墙内碎块脱落，相应地提高了墙后人员的安全。中国乔氏贸易有限公司研制生产的新型拼装式防爆墙（HB墙），运输、填土、装配均比现有其他各类拼装式防爆墙更为方便，且具有良好的防爆性能。两个人通过拖车的帮助最快可在 1min 之内装配完长 333m，高 2.21m，宽 2.13m 的 HB 墙。

厦门夏商集团有限公司建设的综合仓库项目，地处厦门市翔安区新圩镇。工程楼地面有防爆要求，需采用不发火面层。楼地面混凝土设计使用 50mm 厚 C20 泵送不发火细石混凝土，根据《普通混凝土配合比设计规程》JGJ 55—2011 的规定并结合工程的实际情况进行配合比设计。不发火骨料采用质地较软的白云石和白云石机制砂，掺加Ⅱ级粉煤灰，使用聚羧酸系高性能减水剂，确定用水量为 185kg；选择满足技术要求的水胶比，坍落度要求达到 160～180mm。按《建筑地面工程施工质量验收规范》GB 50209—2010 附录 A 进行不发火性实验，试验合格。

8.2.3　腐蚀防护材料

混凝土腐蚀环境中，均会含有一些可以溶解水泥胶结体的一般化学溶液，例如纯水、雪融化后形成的水、经过离子交换器除去离子的水等，会溶出水泥胶结体中的钙而残留下骨料。工业废水如电镀液、醋酸、清洁液以及半碱水等，在达到一定的酸度或碱度时会对混凝土造成侵蚀，一旦混凝土被化学侵蚀所削弱，荷载的作用会加速混凝土的损坏。除非采取某些措施，否则混凝土最终会被这些化学和物理的联合作用所摧毁。

1. 混凝土表面涂层

1）水泥砂浆层

对于很轻微的腐蚀环境，在混凝土表面涂抹 5～20mm 厚的普通水泥砂浆层，能减缓混凝土的碳化作用，这是最简单、经济的方法。为了提高砂浆的密实性和黏结力，将一些聚合物以乳液形式注入水泥砂浆中，制成聚合物改性水泥砂浆，这对钢筋的保护更强，可用于各种盐类（氯盐、硫酸盐）的腐蚀环境中，如工业建筑、盐碱地建筑、海洋工程等，现已大量用于已有建筑物的修复工程。

2）渗透性涂层

它可分为沥青、煤焦油类，油漆类，树脂类。渗透性涂层在混凝土表面涂覆后，可与混凝土组分起化学作用并堵塞孔隙或自行聚合形成连续性憎水膜。渗透性涂层材料可深入混凝土内部 3～5mm，形成一个特殊的防护层，能有效地阻止外界环境中腐蚀介质进入混凝土中，从而保护钢筋免受腐蚀。

3）隔离性涂层

在特别强烈的腐蚀环境中（如化工厂）可设置隔离性涂层，如玻璃鳞片覆层、玻璃钢隔离层、橡胶衬里层等。尤其是近海或海水环境中平均潮位以上水位变化的严重区域，一般冻融环境中的中度饱水混凝土的轻度及以上区域，使用除冰盐环境中的严重区域，盐类结晶侵蚀环境中的极端严重区域等环境的混凝土均可考虑采用表面涂层。

4）防腐层

混凝土防腐面层是一种较直观的防腐蚀防护构造，并易于检查和修复。采用聚酯类玻璃钢等聚合物复合材料为防腐层，施工的质量控制简便但造价较高；采用聚合物水泥砂浆材料为防腐层，施工的质量控制要求较高但造价较低。

用于严重腐蚀性环境，特别是酸性腐蚀环境中的防腐蚀面层应采用聚酯类玻璃钢等聚合物复合材料，在中等腐蚀性环境下则可采用聚合物水泥砂浆等材料。通过选择胶凝材料复掺、聚合物改性和纤维增强等手段，提高混凝土的抗酸、抗裂和抗渗性能，以降低混凝土的腐蚀破坏。

聚合物水泥砂浆面层的施工，可参照现有水泥砂浆抹面的有关规定。聚合物复合材料面层的施工，需在混凝土构件的表面达到足够干燥时才能进行，并应满足相应规范标准的规定要求。

混凝土表面涂层系统应由底层、中间层、面层或底层和面层的配套涂料涂膜组成，底层涂料（封闭漆）应具有低黏度和高渗透能力，能渗透到混凝土内起封闭孔隙和提高后续涂层附着力的作用；中间层涂料应具有较好的防腐蚀能力，能抵抗外界有害介质的入侵；面层涂料应具有抗老化性，对中间层和底层起保护作用。各层的配套涂料要有相容性，即后续涂料涂层不能伤害前一涂料所形成的涂层。涂层系统的设计使用年限，不应少于 10 年。《海港工程混凝土结构防腐蚀技术规范》JTJ 275—2000 根据设计使用年限及环境状况设计涂层系统，给出了其配套涂料及涂层最小平均厚度参考（表 8-6）。

混凝土表面涂层最小平均厚度 表 8-6

设计使用年限 (a)	配套涂料名称			涂层干膜最小平均厚度(μm)	
				表湿区	表干区
20	1	底层		环氧树脂封闭漆	无厚度要求	无厚度要求
		中间层		环氧树脂漆	300	250
		面层	Ⅰ	丙烯酸树脂漆或氯化橡胶漆	200	200
			Ⅱ	聚氨酯磁漆	90	90
			Ⅲ	乙烯树脂漆	200	200
	2	底层		丙烯酸树脂封闭漆	15	15
		面层		丙烯酸树脂漆或氯化橡胶漆	500	450
	3	底层		环氧树脂封闭漆	无厚度要求	无厚度要求
		面层		环氧树脂或聚氨酯煤焦油沥青漆	500	500
10	1	底层		环氧树脂封闭漆	无厚度要求	无厚度要求
		中间层		环氧树脂漆	—	200
		面层	Ⅰ	丙烯酸树脂漆或氯化橡胶漆	100	100
			Ⅱ	聚氨酯磁漆	50	50
			Ⅲ	乙烯树脂漆	100	100
	2	底层		丙烯酸树脂封闭漆	15	15
		面层		丙烯酸树脂漆或氯化橡胶漆	350	320
	3	底层		环氧树脂封闭漆	无厚度要求	无厚度要求
		面层		环氧树脂或聚氨酯煤焦油沥青漆	300	280

注：表湿区是指浪溅区及平均潮位以上的水位变动区；表干区是指大气区。

2. 混凝土表面硅烷浸渍

浸渍硅烷较经济，施工简便，憎水效果可保持 15 年以上，可为混凝土结构提供长效的耐候和防水保护，延长维修周期，减少维修次数，提升使用寿命。混凝土表面的硅烷浸渍宜采用异丁基硅烷作为硅烷浸渍材料，其他硅烷浸渍材料经论证也可采用。考虑到异丁基硅烷分子量较异辛基硅烷小，渗入深度较大，对于喷洒除冰盐的公路桥面板顶面这类受到较大磨耗作用的部位，采用异丁基硅烷具有较好的耐久性。

硅烷系液态憎水剂浸渍混凝土表面，即使这种憎水剂渗入混凝土毛细孔中的深度只有数

毫米，但是，由于它与已水化的水泥发生
化学反应，反应物使毛细孔壁憎水化，使
水分和水分所携带的氯化物都难以渗入混
凝土（图8-7）。特别是溶剂的异丁烯三氧
基硅烷单体，与其他硅烷系材料相比，它
阻止水与氯化物被混凝土吸收的效果，特
别是被孔隙率较低的混凝土建筑材料吸收
的效果更加显著，更加持久。

　　硅烷浸渍施工前的喷涂试验，应对在
试验区随机钻取的芯样分别进行吸水率、
硅烷浸渍深度和氯化物吸收量的降低效果
测试。

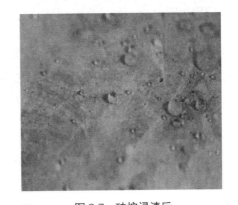

图 8-7　硅烷浸渍后

（图片来源：https://www.sohu.com/a/317943650_657679）

　　硅烷的浸渍深度宜采用染料指示法评定。浸渍硅烷前的喷涂试验可采用热分解气相色谱
法，当硅烷喷涂施工中对染料指示法的检测结果有疑问时，也可采用热分解色谱法进行最终
结果的评定。

　　3. 添加外加剂

　　1）水泥基渗透结晶型防水剂

　　它适用于混凝土结构的表层防水处理，特别是渗水裂缝宽度不大于1mm的混凝土。这
种化学活性物质以水为载体，向所涂覆或掺入的混凝土内部逐渐渗透可深达300mm，形成
不溶于水的蔓枝状非溶性晶体，堵塞毛细孔道，使混凝土致密，整体防水。对于结构使用过
程中新产生的宽度为0.44～1mm的细裂缝，会遇水产生新的晶体，对裂缝具有自我愈合密
封的功能。水泥基渗透结晶型防水剂施工的方法与质量要求可参照现行建筑工程防水涂料的
施工规范要求（也可以干粉料撒覆并压入未完全凝固的混凝土表面），从水泥终凝后3～4h
起，即应对施工面开始湿养护，24h后可转为直接水养护。在养护期间，应避免雨淋、霜
冻、日晒及4℃以下低温。

　　2）防腐剂

　　抗腐蚀剂掺量越高，水泥胶砂的早期强度越低；适量的抗腐蚀剂掺量可以提高胶砂的折
压比和后期强度，有利于提高混凝土抗裂性能以及抗氯离子渗透能力。不仅是氯离子，硫酸
盐也会对混凝土的耐久性造成不利的影响。掺BDY粉剂型抗腐蚀剂的混凝土后期强度比不
掺BDY粉剂的混凝土要高，早期强度提高快，且掺量对提高混凝土抗硫酸盐侵蚀强度等级
有明显影响。WG高效抗腐蚀剂能有效增加混凝土的强度，而SY-KS多功能抗侵蚀防腐剂、
硅粉对混凝土强度影响不大；CPA海港混凝土抗蚀增强剂能有效增加混凝土的抗氯离子渗
透能力。混凝土抗硫酸盐类侵蚀防腐剂可改善水泥水化、密实性能、减少盐类腐蚀应力，能
抵抗盐类侵蚀破坏作用，提高环境侵蚀条件下水泥砂浆或混凝土耐久性。掺醋酸钡和硝酸钡
不利于提高混凝土的抗硫酸盐侵蚀性能，且掺量越大，抗蚀性越差；掺氢氧化钡对混凝土的
抗硫酸盐侵蚀性能有改善作用，但当其掺量大于1.0%时，混凝土的抗硫酸盐侵蚀性能又有
所下降。丙烯酸钙与水泥具有良好的界面结合，丙烯酸钙的加入能降低水泥石的孔隙率，优
化孔隙分布，提高了水泥抗蚀性能。将单一功能的抗氯盐侵蚀阻锈剂与抗硫酸盐防腐剂进行
复合，可形成一种可以同时抵抗氯盐、硫酸盐侵蚀的防腐阻锈剂。

4.应用工程

港珠澳大桥混凝土结构物处于海洋环境中（图8-8），采用外加防腐蚀措施可以对混凝土结构起到安全预防的作用，进一步增加结构的耐久性安全裕度。港珠澳大桥大气区混凝土结构采用硅烷浸渍防腐蚀措施，以异丁基三乙氧基液体硅烷作为硅烷浸渍材料；桥梁浪溅区和水位变动区混凝土结构采用外层不锈钢筋或环氧涂层钢筋加硅烷浸渍联合的外加防腐蚀措施，不锈钢和环氧涂层钢筋视构件采取预制和现浇不同工艺区别对待；处于深水环境下的沉管侧面和顶面外壁，以混凝土自防水为主，管段接头区域采用聚脲涂层，敞开与暗埋段采取硅烷浸渍防腐；浪溅区、水位变动区和大气区构件实施钢筋电连接，为后期可能采用阴极保护技术做好准备。

图8-8　港珠澳大桥以及其人工岛

（图片来源：http://www.huaxia.com/xw/dlxw/2018/10/5913157.html）

8.3　金属腐蚀与防蚀材料

金属由于环境介质作用而导致腐蚀是一个复杂的过程，由于材料、环境因素及受力状态的差异，金属腐蚀的形式与特征千差万别，所以腐蚀的分类也是各式各样的。按腐蚀原理可分为化学腐蚀和电化学腐蚀；按腐蚀形态可分为全面腐蚀和局部腐蚀；按腐蚀环境的类型可分为大气腐蚀、海水腐蚀、土壤腐蚀、燃气腐蚀、微生物腐蚀等；按腐蚀环境的温度可分为高温腐蚀和常温腐蚀；按腐蚀环境的湿润程度可分为干腐蚀和湿腐蚀。

8.3.1　腐蚀原理

1.化学腐蚀

金属的化学腐蚀是指金属与环境介质发生化学作用而引起的变质和损坏现象。化学腐蚀是一种氧化还原反应过程，也就是腐蚀介质中的氧化剂直接与金属表面的原子相互作用而生成腐蚀产物。在腐蚀过程中，电子的传递是在金属与介质中直接进行的。在实际的生产中，许多机器设备都是工作在高温环境状态下，如硫酸氧化炉、氨合成塔、垃圾焚烧炉和石油气制氢转化炉等。金属在高温下受蒸汽和气体的作用，发生高温氧化和脱碳就是高温设备中常见的化学腐蚀之一。

金属的高温氧化是指金属与环境中的氧化合而生成金属氧化物。大多数金属从室温到高温都有自发氧化的倾向。当钢铁温度高于300℃时，在其表面就出现可见的氧化膜。随着温度的升高，钢铁的氧化速度加快，氧化膜加厚。在 570℃ 以下时，钢铁表面上生成的氧化物 Fe_2O_3 和 Fe_3O_4 结构密致、稳定，附着在钢铁表面不易脱落，从而起到保护膜的作用，此时钢铁的氧化速度也较慢。温度超过 570℃ 时，钢铁表层由 Fe_2O_3、Fe_2O_4 和 FeO 所构成，氧化层的主要成分是 FeO。由于 FeO 直接依附在铁上，其结构疏松，易于剥落，不能阻止内部的铁进一步被氧化腐蚀，所以钢件受热温度愈高或受热时间愈长，则氧化腐蚀愈严重。为了提高钢的高温抗氧化能力，就要阻止 FeO 的生成，可在钢里加入适量的合金元素铬、铝和硅，由于这些元素与氧的亲和力强，能生成致密的氧化物保护层，因此可提高钢的高温抗氧化能力。

钢的高温脱碳是指在高温气体作用下，钢的表面除了生成氧化皮层外，与氧化皮层相连的内层将发生渗碳体减少的现象。之所以发生脱碳，是因为在高温气体中含有 O_2、H_2O、CO_2、H_2 等成分时，钢中的渗碳体 Fe_3C 与这些气体发生反应而使渗碳体中的碳以碳氧化物形式排出。脱碳使钢的含碳量减少，大大降低金属表面的硬度、强度、耐磨性及疲劳极限，从而降低钢构件的使用寿命。增加气体介质中一氧化碳和甲烷的含量，或者在钢中增加铝和钨都会削弱脱碳作用。

2. 电化学腐蚀

金属与电解质溶液间产生电化学作用所发生的腐蚀称为电化学腐蚀。它的特点是腐蚀过程中有电流产生，在大多数情况下，这种电池为短路的原电池。电解质的化学性质、温度与压力等环境因素、金属特性、表面状态及其组织结构和成分的不均匀性、腐蚀产物的物理化学性质等，均对腐蚀过程都有很大程度的影响。电化学腐蚀现象是相当复杂的，如潮湿大气对桥梁和钢结构的腐蚀，海水对海洋采油平台、舰船壳体的腐蚀，土壤对地下输油、输气管的腐蚀，以及含酸、含碱、含盐的水溶液等工业介质对金属的腐蚀，都属于电化学腐蚀。电化学腐蚀是一种比化学腐蚀更为普遍、危害更加严重的腐蚀。

8.3.2 腐蚀破坏机理

金属在各种环境条件下，因腐蚀而受到的损伤或破坏的形式是多种多样的。按照金属破坏的形式可分为均匀腐蚀和局部腐蚀。而局部腐蚀又可分为区域腐蚀、点腐蚀、晶间腐蚀、表面下腐蚀等。各种腐蚀形式如图 8-9 所示。此节内容在前面第 4 章的金属材料已有介绍，下面展开常见破坏机理。

1. 均匀腐蚀

均匀腐蚀是指在整个金属表面均匀发生的腐蚀作用，这是危险性较小的一种腐蚀，因为只要设备或零件具有一定的厚度时，其力学性能因腐蚀而引起的改变并不大。均匀腐蚀容易观察和测量，设计时可根据材料的耐腐蚀性能和构件的寿命要求，预留足够的腐蚀余量，以保证其使用的安全性。根据使用条件，选用合适的材料或保护覆盖层、使用缓冲剂及采用电化学保护措施，均可有效地控制金属的均匀腐蚀。

2. 局部腐蚀

局部腐蚀只发生在金属表面上的局部地方，因为结构或构件的强度取决于最弱的断面，而局部腐蚀造成的局部强度大大降低，常常酿成整个设备的失效。局部腐蚀是设备腐蚀破坏的一种重要形式，在环境工程、化工、机械行业的腐蚀破坏事例中，局部腐蚀占了 80% 以上。这种腐蚀在没有先兆的情况下导致设备突发性破坏，因此这种腐蚀是很危险的。

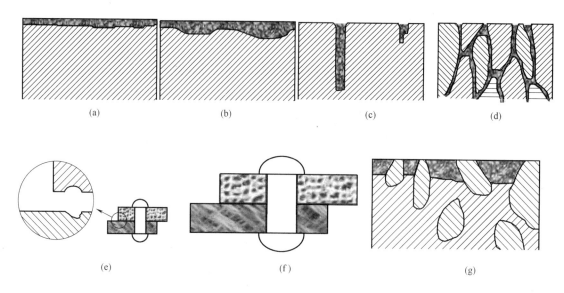

图 8-9　金属腐蚀类型

（a）均匀腐蚀；（b）不均匀腐蚀；（c）点蚀；（d）晶间腐蚀；（e）缝隙腐蚀及丝状腐蚀；

（f）电偶腐蚀（接触腐蚀）；（g）选择性腐蚀

（图片来源：https://wenku.baidu.com/view/2c4afac92f3f5727a5e9856a561252d381eb2053.html）

1）点腐蚀

其是纯金属在含有活性离子的介质中发生的一种局部腐蚀。在金属表面局部区域出现向深处发展的腐蚀小孔，而其余区域不被腐蚀或者只有轻微的腐蚀，这种腐蚀形态称为点腐蚀或小孔腐蚀，简称点蚀或孔蚀。点蚀是一种常见的局部腐蚀，它会导致设备或管线穿孔，泄漏物料，污染环境，容易引发事故。

2）缝隙腐蚀

金属表面与金属或非金属之间的界面形成狭缝或间隙，在狭缝内或近旁发生的局部腐蚀称为缝隙腐蚀。缝隙腐蚀是一种很普遍的隐蔽的局部腐蚀，缝隙内腐蚀产物引起局部附加应力，会导致构件强度降低，降低服役寿命。

3）晶间腐蚀

其是指金属或合金的晶粒边界受到腐蚀破坏的现象。金属是由许多晶粒组成的，晶粒与晶粒之间称为晶间或晶界。当晶界或其临界区域产生局部腐蚀，而晶粒的腐蚀相对很小时，这种局部腐蚀形态就是晶间腐蚀。晶间腐蚀沿晶粒边界发展，破坏了晶粒间的连续性，因而使材料的机械强度和塑性显著降低。而且这种腐蚀不易检查，易造成突发性事故，危害极大。

4）电偶腐蚀

电偶腐蚀（亦称接触腐蚀），是指当两种或两种以上不同金属在导电介质中接触后，由于各自电极电位不同而构成腐蚀原电池，广泛地存在于船舶、油气、航空、建筑工业和医疗器械中。电偶腐蚀往往会诱发和加速应力腐蚀、点蚀、缝隙腐蚀、氢脆等其他各种类型的局部腐蚀，造成热交换器、船体推进器、阀门、冷凝器与医学植入件的腐蚀失效，从而加速设备的破坏。

5）选择性腐蚀

合金中的某些成分或某些组织不按原合金比例溶解的金属腐蚀，例如黄铜脱锌、青铜脱锡、灰口铸铁的石墨化及硅青铜的脱硅等腐蚀。它会造成强度降低最后穿孔破损。选择性腐蚀只发生在二元或多元固体合金中，可分组织选择性腐蚀和成分选择性腐蚀。合金表面的电化学不均匀性构成腐蚀电池，较活泼的组织或成分优先溶解，电位较高部分作为阴极保持稳定或重新沉淀。合金的选择性腐蚀性能和成分有很大关系。

在实际工程中还有应力腐蚀和细菌腐蚀。材料在腐蚀介质和应力的共同作用下发生的破裂称为应力腐蚀。不同应力状态与介质协同作用所造成的环境敏感断裂形式各不相同，因此应力腐蚀又可分为腐蚀开裂、腐蚀疲劳和磨损腐蚀等。细菌腐蚀是指介质中存在着某些微生物而使金属的腐蚀过程加速的现象。微生物生存环境多样，腐蚀现象十分普遍。如循环水系统的金属构件和设备、地下管道、采油注水设备的腐蚀过程往往都与这些微生物的活动有关。近年来，微生物腐蚀控制问题已引起各方面的重视。

8.3.3 防蚀技术与材料

近年来，随着经济不断发展和金属腐蚀研究的深入，我国的金属防护技术发展迅速。按照现有金属防腐技术作用机制，可分为以下四类：①基体优化防护，根据不同的用途选择不同的材料或添加合金元素，通过表面改性等手段改变金属基体的化学成分、组织结构、力学性能等，提高金属的综合抗腐蚀能力；②表层防护，在金属基体表面形成覆盖防护层，隔绝腐蚀介质与基体直接接触，阻止金属电化学腐蚀反应的发生；③电化学保护，根据金属腐蚀的电化学原理，将被保护金属的电位移至免蚀区或钝化区，以降低金属腐蚀速率；④缓蚀剂防护，从改善腐蚀环境出发，添加微量或少量减缓腐蚀的化学物质，改变被腐蚀金属表面状态，使阳极（或阴极）反应的活化能力增高，继而影响表面电化学行为，降低腐蚀电流，减缓金属腐蚀速率。实际工程涉及具体设备、钢结构、管道等金属构件防腐，需根据不同基材的特点，针对不同的腐蚀环境，采取相应的防腐机制。

1. 基体优化防护

采用合金可直接提高金属本身的耐腐蚀性能，例如含铬不锈钢、特种合金或特种陶瓷、高聚物材料。合金能提高电极电势，减少阳极活性，从而使金属的稳定性大大提高，但有时由于材料成本及工艺技术的约束，该工艺具有局限性。

2. 表层防护

在金属表面生成保护性覆盖层，使金属与腐蚀介质隔开，是防止金属腐蚀普遍采用的方法。金属表层防护材料已形成有机防护涂层、金属防护涂层、无机防护涂层和复合防护层四类体系。

1）有机防护涂层

金属防护涂层分为阳极性镀层和阴极性镀层，主要通过电镀、化学镀、喷涂等方式成膜。阳极性镀层在金属防腐领域应用广泛。船体等金属构件表面沉积锌合金层来隔绝腐蚀介质；浪花飞溅区、潮差区的钢结构表面通过热喷涂铝、锌及其合金来形成高效防护薄膜；石油钻井平台、油田和跨海大桥等构件采用铝基镀层等。服役过程中，完整的金属阳极镀层隔绝金属基体与外界腐蚀介质直接接触，起到良好的隔离保护作用。即使镀层出现轻微破损，镀层金属的化学活性高于基材，它也会充当电化学腐蚀的阳极，率先腐蚀。

金属阳极性镀层已向多元牺牲阳极镀层迅速发展，国内外研究了多种性能介于 Zn、Al 镀层之间的合金镀层，如 Zn-5Al-Re、Zn-5Al-Mg、Zn-10Al-Mg 等。当铝含量低于 60％时，随着铝含量增加，镀层防腐性能随之增强。目前 Zn-Al-Mg 等合金三元牺牲阳极镀层已广泛应用于高矿化度、低电阻率的油田管道。

相较于阳极性镀层，阴极性镀层只起到纯机械隔离作用，镀层厚度愈大，防护性愈强，且对表面孔隙要求较高。镀层一旦出现孔隙、破损等现象，反受阳极保护，继而加速基材的腐蚀。相对于钢铁而言，镍镀层、锡镀层、铜镀层等均为阴极性镀层，然而此类镀层长期以来大量采用氰化镀的方式，受到了世界各国的禁止，我国也于 2003 年出台相关禁令，故近几年国内外研发了大量诸如无氰镀铜等技术，已大量应用于海洋环境下石油和天然气平台上碳钢基体上的镍磷合金镀层即为阴极性镀层，然而这些化学镀镍磷合金的磷含量高，它的沉积过程是按照无规则密堆积模型进行的，呈非晶状态，存在一定的针孔，耐点蚀性较差。

2）金属防护涂层

有机防护涂层以各种高分子聚合物乳液沉膜为涂层，具备屏蔽、缓蚀和电化学保护三方面的基本特征，拥有较好的金属黏结性和较高的电解质阻挡性能，防护效果良好。此外，涂层中的颜料还具有缓蚀剂防护的作用。

目前应用较广的有机防护涂料有酚醛树脂防腐涂料、环氧树脂防腐涂料、橡胶类防腐涂料等，它们在一般性腐蚀介质中防护效果良好。然而，对于服役环境要求较高的金属构件则不能满足要求。环氧树脂涂料服役环境温度不宜过高，仅在 100℃ 以下才具有良好的防护效果；酚醛树脂防腐涂料不可应用于碱性环境中，仅在酸性腐蚀介质中防护效果显著等。此外紫外光等影响因素会导致有机防护涂层加速老化、微观结构被破坏，从而受损破裂，失去防护效果。为提高有机防护涂层的综合性能，国内外研发了诸如氯化聚醚防腐涂料、聚苯胺防腐涂料、有机硅树脂防腐涂料、聚合物/层状硅酸盐纳米复合材料等具有优异耐蚀性、热稳定性和环境友好性的新型高分子防腐涂料。国外采用可持续资源的天然聚合物来替代一些有害环境与健康的无机腐蚀抑制剂，成功制备了生态友好、低成本且长效防护的导电聚合物复合涂层，主要应用于海工建筑和国防等领域。

3）无机防护涂层

无机涂层是以金属氧化物、金属间化合物、难熔化合物等无机化合物及金属和合金等为原料，用各种工艺方法加涂在各种结构底材上，已在宇航、航空、能源、机械、化工等领域广泛应用。制备无机防护涂层常用的工艺有：①热喷涂，包括火焰喷涂、电弧喷涂、爆炸喷涂及等离子喷涂；②物理气相沉积（PVD），包括真空蒸发新工艺、磁控溅射、离子镀及分子束外延；③化学气相沉积（CVD），按反应条件分为常压、低压、低温、金属有机物（MOCVD）、等离子体增强（PECVD）及激光诱导（LCVD）等；④渗涂，可分为填料埋渗、料浆渗、气相渗和熔渗等；⑤溶胶-凝胶（Sol-Gel）；⑥熔烧涂层；⑦电化学，包括阴极化和电镀；⑧无机胶凝黏结（低温烘烤）；⑨放热反应工艺，可按保护涂层或功能涂层的性能要求，考虑介质与压力、结构底材、涂层厚度、使用寿命、储存期等因素选择涂层工艺及其参数。

4）复合防护涂层

单一防护涂层的性能往往不如复合防护层，复合防护层多结构、多层次，能够最大限度地实现各种功能。复合防护层技术已广泛用于海水、土壤及海洋大气严酷环境中钢结构的腐蚀防护。

功能性重粉末涂料，如环氧粉末涂料，即采用单层重防腐环氧粉末涂料、双层重防腐环氧粉末涂料及三层重防腐环氧粉末涂料防腐结构相结合的复合防护技术，已成功应用于杭州湾跨海大桥和西部管道工程。此外由熔结环氧粉末（FBE）、中间层黏结剂（PE-g-MAH）和表层聚乙烯（PE、PP）组合而成的三层 PE 结构防腐层已广泛应用于我国"西气东输"等大型工程。为解决浪花飞溅区等复杂严酷环境下的钢结构防护难题，英、美、德等发达国家早在 20 世纪初率先相继研发了包覆、热缩带等复合层防护技术，如 Denso 海洋钢桩包覆技术等。20 世纪 60 年代，日本引进 Denso 技术，并研制 Denso-EPT（防锈带＋合成橡胶护套）和 Denso-FRP（防锈带＋玻璃钢护套）防护技术，玻璃钢护套内部有 10mm 厚的聚乙烯薄板泡沫衬里，前者不耐冲击，适用于防波堤内，后者一般用于近海。国内学者基于 Denso 技术进行改良，采用 Al-Zn-In-Mg-Ti 牺牲阳极合金，结合阴极保护对钢管桩进行联合保护，并于营口港选用 10 根钢管桩进行高纬度海洋桩柱保护系统的防腐实验。结果表明，经过矿脂防腐带冷包缠处理过的码头钢管桩，其外表护甲在经过两期冰凌后依然完好，未出现位移、破损、开裂等现象，成功起到防冰凌撞击的保护作用。然而 Denso 技术由于其 HDPE 护甲材料的劣性，在结冰海域适应性较差。国内研究者成功研发了具有自主产权的 PTC 矿脂包覆技术，拥有相比于 Denso 更高机械强度的 FRP 防护罩，具体结构如图 8-10 所示。该防护罩可抵抗冰凌冲击，具有表面处理要求相对较低，环境适应性强和长效防腐性等特点，拓展了复合防护层技术的适应海域范围。

3. 电化学保护

根据金属腐蚀的电化学原理，如果把处于电解质溶液中的某些金属的电位提高，使金属纯化，人为地使金属表面生成难溶而致密的氧化膜，即可降低金属的腐蚀速度；同样，如果使某些金属的电位降低，使金属难于失去电子，也可大大降低金属的腐蚀速度，甚至使金属的腐蚀完全停止。这种通过改变金属电解质的电极电位来控制金属腐蚀的方法称为电化学保护。电化学保护分为阴极保护和阳极保护两种。

阴极保护法是通过外加电流使被保护的金属阴极极化，以控制金属腐蚀的方法，可分为外加电流法（图 8-11）和牺牲阳极法。外加电流法是把被保护的金属与直流电源的负

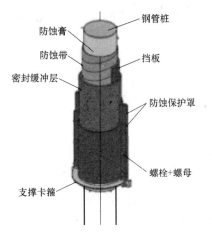

图 8-10　钢桩管 PTC 包覆防腐技术示意图

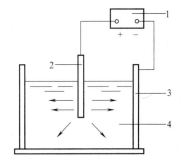

图 8-11　外加电流阴极保护示意图
1—直流电源；2—辅助阳极；3—被保护设备；
4—腐蚀介质（箭头表示电流方向）

极相连，电源的正极和一个辅助阳极相连。当电源接通后，电源便给金属以阴极电流，使金属的电极电位向负方向移动，使整个金属极化为阴极，当电位降至腐蚀电池的阳极起始电位时，金属的腐蚀即可停止。

阴极保护法用来防止在海水或河水中金属的腐蚀非常有效，并已用于石油、化工生产中受海水腐蚀的冷却设备和各种输送管道上。在外加电流法中，辅助阳极的材料需要具备导电性好、在阳极极化状态下耐腐蚀、机械强度高、易加工、成本低和来源广等特点，常用的材料有石墨、硅铸铁、镀铂钛、镍、铅银合金和钢铁等。牺牲阳极法是在被保护的金属上连接一块电位更负的金属作为牺牲阳极。由于外接的牺牲阳极的电位比被保护的金属更负，更容易失去电子，因而成为待牺牲的阳极，从而使金属得到保护。

阳极保护是把被保护的金属结构与外加的直流电源阳极相连，在一定的电解质溶液中，把金属的阳极极化到一定电位，使金属表面生成钝化膜，从而降低金属的腐蚀作用，使金属得到保护。阳极保护只有当金属在介质中能钝化时才能应用，否则，阳极极化会加速金属的阳极溶解，阳极保护应用时受条件限制较多，且技术复杂，实际应用不多。

4. 缓蚀剂防护

缓蚀剂是指加入腐蚀介质中，防止或延缓腐蚀介质腐蚀的一种化学物质或混合物。缓蚀剂的作用机理可分为两类：①吸附原理。缓蚀剂通过其分子或离子在金属表面的物理吸附或化学吸附形成吸附保护膜而抑制介质对金属的腐蚀。有的缓蚀剂分子或离子表面由于静电引力和分子间作用力而发生物理吸附。另一些缓蚀剂可以与金属表面形成配位键而发生化学吸附。缓蚀剂以其亲水基团吸附于金属表面，疏水基远离金属表面，形成吸附层把金属活性中心覆盖，阻止介质对金属的侵蚀。②电化学机理。发生电化学腐蚀时，在电解质溶液中会发生阳极和阴极变化，而缓蚀剂的加入能够阻滞任何一个或者同时阻滞两个电极过程的进行，降低腐蚀速度。借助微量化学有机物或无机物的添加，可充分降低金属材料的腐蚀速度，保持金属的功能和物性。

金属缓蚀剂可分为传统缓蚀剂和绿色缓蚀剂。

传统缓蚀剂包括：①铬酸盐系：铬酸盐系缓蚀剂均以铬酸盐为主盐，因其高效的缓蚀效果被广泛应用；②锌盐系：锌盐系缓蚀剂均以锌盐为主盐，与聚磷酸盐、钼酸盐等复合，使锌离子成为氢氧化锌沉淀，且 Zn^+ 可以加速成膜，有助于提高保护膜的稳定性；③有机磷系：有机磷系缓蚀剂是一种缓蚀效率较好的金属缓蚀剂，多用于高硬度、高pH、高温等严格环境条件下的工业循环水冷却系统；④有机胺系：有机胺系缓蚀剂主要包括脂肪胺、芳香胺、聚胺及它们的盐类。这些缓蚀剂中的部分化合物对人体有很大的毒害作用，并且会污染环境，如亚硝酸盐、铬酸盐、重金属以及无机磷酸盐等，所以急需开发一系列新型绿色的环保型金属缓蚀剂来代替上述的一些传统金属缓蚀剂。

绿色缓蚀剂：绿色缓蚀剂要求缓蚀剂的合成原料、反应起始物和目标产物均对环境无害，同时在其合成制备和使用过程中要尽量减少对环境的危害并在最大程度上降低生产和使用成本。其包括：①无机缓蚀剂，如钼酸盐系、钨酸盐系、硅酸盐系、稀土化合物等；②有机缓蚀剂，如咪唑啉缓蚀剂、醛系、葡萄糖酸盐系、氨基酸类、聚合物类等。

在土木工程材料应用较多的环保型缓蚀剂大部分都为有机缓蚀剂，以下均为常见的有机缓蚀剂类型。

1）咪唑啉类缓蚀剂

咪唑啉类衍生物是含氮五元杂环类的化合物，此类缓蚀剂无特殊刺激性气味，热稳定性好，毒性低，生物降解性好，并且其突出特点是当金属与酸性介质接触时，可以很快并稳定地形成单分子吸附膜，能够改变 H^+ 的氧化还原电位，同时还能与溶液中的某些氧化剂进行配位反应，以降低金属表面电极电位来达到缓蚀目的。

咪唑啉缓蚀剂的种类很多，主要有咪唑啉的季铵盐、葵二酸盐、油酸盐、硫酸盐等。这些化合物属于一种两性表面活性剂，分子结构主要由三个部分组成，一是具有含氮的五元杂环，二是和杂环上 N 成键的含有特殊官能团（如酰胺官能团、羟基等）的支链，三是饱和或不饱和的长碳链。月桂酸咪唑啉硫酸酯盐缓蚀剂 LIMS 分子可以明显抑制 A3 钢在盐酸溶液中的腐蚀，随着酸性溶液中的 LIMS 质量浓度的增加，其缓蚀率效果更明显。LIMS 分子可以在金属表面形成一层吸附膜，这种吸附膜来源于长链烷基在金属表面形成的疏水薄膜和 N、S、O 与金属表面的强烈作用，成膜试片表面的接触角随着缓蚀剂质量浓度增加而增大，接触角可达 103.51°，接触角增大，吸附膜作用增强，致密性越好。

咪唑啉类缓蚀剂是一类性能优良的缓蚀剂，因为其合成制备方法简单，合成产率高，并且具有腐蚀控制效果好、低毒性、生物降解性好等特点，受到国内该类产品开发和应用的特别关注。随着缓蚀机理的进一步认识，性能评测手段的提高，改进合成工艺等是今后研究的主要方向。

2）植酸类缓蚀剂

植酸（IP6）又称环己六醇磷酸酯，是一种天然存在的有机磷酸类化合物。一般可以从植物的种子内进行提取，无毒且具有抗氧化性和抗腐蚀性。环己六醇磷酸酯分子也是一种多齿金属螯合物，具有在较宽的 pH 范围内与多种金属离子形成稳定的络合物的特性。利用这一特性，IP6 可以有效地在金属表面形成一定强度的吸附膜，达到防腐蚀的效果，正逐渐成为一种新型的环保型缓蚀剂。当在碱性介质中添加缓蚀剂后，植酸根离子本身是一种多齿金属螯合物，与 Zn^{2+} 形成配位化合物，吸附在黄铜表面形成了一层致密的分子膜，从而对黄铜的进一步腐蚀反应有明显的抑制作用。此外恒电势电解条件下的动态 UV-vis 光谱图表明，在碱性介质中黄铜容易电解形成不同价态的 Cu 离子，其中 Cu（Ⅱ）会和植酸根离子生成化学稳定的金属配合物，抑制了腐蚀反应的正向进行。经过试验发现，植酸钠对碱性介质中黄铜的缓蚀效率能达到 90% 左右。

植酸是一种特殊的金属螯合剂和环保型缓蚀剂，可以很好地替代一些有毒缓蚀剂，如氰化物，实现低氰或无氰电镀；替代铬酸型缓蚀剂实现无毒金属钝化处理。

3）氨基酸类缓蚀剂

氨基酸类缓蚀剂具有无毒、易生物降解的特点，在水处理、工业酸洗等过程中具有广阔的应用前景。此类缓蚀剂的作用机理主要与其本身具有极性基团和非极性基团的结构有关，极性基团容易在金属表面形成化学吸附膜，平衡了金属表面的电荷分布，降低了金属表面能；同时具有的非极性疏水基团在金属表面形成致密的疏水保护膜，抑制了腐蚀的发生。丙氨酸是一种阴极型缓蚀剂，而半胱氨酸和甲基半胱氨酸则是一种混合型缓蚀剂，半胱氨酸的缓蚀效果要比丙氨酸的缓蚀效果好。

4）曼尼希碱系列缓蚀剂

该系列缓蚀剂主要是反应物之间发生曼尼希反应制得的。曼尼希反应也称作氨甲基化反应，是含有活泼氢的酮和甲醛（或多聚甲醛）及胺（或仲胺）缩合，生成 β-氨基（羰基）化合物的有机化学反应。得到的曼尼希碱分子是一种多齿金属螯合配体，分子中的 O、N 具有孤对电子可以进入金属表面原子杂化的空轨道中，形成具有一定强度的配位键，生成具有环状结构的金属配合物吸附在金属表面上，平衡了金属表面电荷，降低了金属表面能；同时曼尼希碱分子中的非极性基团在分子间作用力下，紧密靠拢，形成一层较为完整致密的疏水膜，抑制金属腐蚀物质的转移，从而达到缓蚀的效果。曼尼希碱缓蚀剂目前已经广泛应用在高温油井酸化缓蚀工艺技术中，在 $105\sim180℃$ 下的酸性溶液中对碳钢有良好的缓蚀效果，并且在全国各大油田的深井酸化缓蚀施工中均取得了较好的效果。针对高温下的酸性缓蚀剂和缓蚀增效剂还可进行更深的研究，利用多种金属缓蚀剂的协同作用使酸化液缓蚀效果进一步提高。

　　5）聚天冬氨酸及其衍生物类缓蚀剂

　　聚天冬氨酸是一种从原料制备过程中到最终产物均对人体和环境无害的可以生物降解的绿色水处理药品，在正常的环境中可以被微生物和真菌类高效稳定地降解成为水分子和 CO_2。聚天冬氨酸是一种水溶性的大分子多肽链，其中的羰基中的 O 原子和氨基中的 N 原子均具有孤对电子，能和金属表面产生配位化学反应，形成配位化合物，是一种典型的化学反应保护膜，可阻碍腐蚀产生的金属离子的转移和氧气向金属表面的扩散，达到减慢阳极金属腐蚀反应的效果。

　　在环境保护呼声日益增强的条件下，聚天冬氨酸类缓蚀剂凭借着其优良的生物降解性、生物可利用性以及高效的缓蚀性能，受到了众多学者的重视。聚天冬氨酸缓蚀机理十分复杂，其中主要包括络合机理、晶格机理、脱膜机理、分散机理等，人们对这些机理的复合作用还了解不深，这方面还需要做大量的工作。

8.4　海洋工程材料

　　海洋环境中，海水本身就是强腐蚀介质，同时又受到波、浪、潮、流产生的低频往复应力和冲击力，再加上海洋微生物、附着生物及它们的代谢产物等都对腐蚀过程产生直接或间接的加速作用（图 8-12）。目前我国每年因海洋环境腐蚀所造成的经济损失可达到 8000 多亿元。因此，海洋重大工程材料在设计和使用过程中都必须考虑环境的腐蚀问题，海洋防腐新技术、新材料的开发尤为重要。

8.4.1　海工混凝土

　　海工混凝土是指在海滨、海水中或受海风影响的环境中服役，受海水或海风侵扰的混凝土，海工混凝土包括海岸工程和近海工程以及虽在岸上，但受到海水或海洋大气的物理化学作用的构筑物所用的混凝土，如海港、入海河口整治、挡潮闸、工业引水、跨海桥梁、海岸防护、潮汐发电站、大型深水码头、海洋平台、临近入海口的内河港、桥梁等（图 8-13）。

　　海工混凝土由于经常地或周期性地与海水接触，受到海水或海洋大气（含有氯离子），或受波浪、流水的冲击、磨损等作用，而遭受损害，缩短耐用年限。

图 8-12　海洋工程腐蚀现象

（a）腐蚀的风力涡轮机基础；（b）桥墩腐蚀；（c）海上导管架上的生物污垢；（d）意大利被海水腐蚀的建筑

（图片来源：（a）http://m.elecfans.com/article/675359.html；

（b）http://slide.news.sina.com.cn/c/slide_1_2841_104272.html♯p=3；

（c）https://mp.weixin.qq.com/s/ABu_mmGM1qUUCnCqmBOCYA；

（d）https://m.sohu.com/a/163118396_769509?_f=m-article_29_feeds_7)

1. 海洋环境中混凝土的腐蚀机理

海洋环境对混凝土结构具有很强的腐蚀破坏作用。化学腐蚀（如碳化作用、镁盐侵蚀、硫酸盐侵蚀及碱-骨料反应等）、冻融作用、微生物腐蚀、海浪冲刷磨损以及应力腐蚀等是导致海洋混凝土腐蚀破坏的主要原因。处于海洋大气环境、浪溅区、潮差区及水下等不同部位的混凝土结构腐蚀破坏机理不同。水下混凝土长期与海水接触，即使氯离子能渗透混凝土保护层到达钢筋表面，也因缺氧难以腐蚀钢筋。潮差区和浪溅区是混凝土构筑物腐蚀最严重的部位。一方面，硫酸盐侵蚀、冻融循环、磨耗等因素造成混凝土腐蚀；另一方面，由于干湿循环作用使毛细管吸附作用更加强烈，导致混凝土表层孔隙液中盐分浓度增高，在混凝土表层与内部之间形成氯离子浓度梯度，驱使混凝土孔隙液中的盐分靠扩散向混凝土内部迁移，造成内部钢筋腐蚀。

海工混凝土不同区域腐蚀破坏原因分析如下：

1）沿海混凝土建筑物处于氯盐、镁盐、硫酸盐等强侵蚀环境，它与临海接触面处于

图 8-13　海工混凝土应用示例

（a）英国布里斯托尔港的阿文茅斯码头；（b）匈牙利梅杰里大桥；

（c）中国上海洋山港码头；（d）中国南海的海上石油平台

（图片来源：（c）https://m.sohu.com/a/350935292_120044982；（d）https://xueqiu.com/6847723845/68589126）

化学作用环境。

2）水位变化区以上结构受大气腐蚀，如碳化。

3）水位变化区（包括浪溅区、潮汐区）主要存在盐类结晶膨胀，高碱性物质溶析，海水中 Mg^{2+}、Cl^-、SO_4^{2-} 对混凝土侵蚀，冻融循环，干湿交替，钢筋锈蚀等，这一区域的腐蚀破坏最为严重。

4）处于水位线以下区域受海水化学侵蚀。

以暴露于海水中的混凝土墩柱为例，处于水下区域、潮汐区域及空气部位的海工混凝土，受到不同类型的侵蚀，包括由于浮冰、海浪、砂、碎石等冲刷导致的物理破坏；由于碱集料反应，水泥水化产物的分解、碳化，Mg^{2+} 及 SO_4^{2-} 的侵蚀及氯离子导致的钢筋腐蚀等化学破坏，如图 8-14 所示。

2. 暴露等级（部位）划分

各国不同的混凝土设计标准为混凝土结构（包括海洋混凝土结构）的暴露等级提供了指导。这些暴露等级"定义"的环境，考虑了暴露的严重性，主要涉及氯离子引起的腐蚀。国外常用的暴露等级标准见表 8-7。

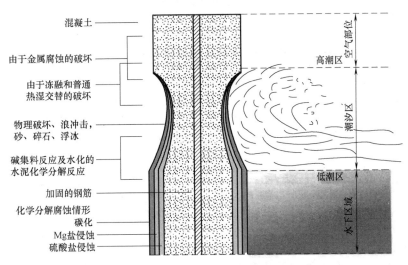

混凝土

由于金属腐蚀的破坏

由于冻融和普通
热湿交替的破坏

物理破坏、浪冲击,
砂、碎石、浮冰

碱集料反应及水化的
水泥化学分解反应

加固的钢筋
化学分解腐蚀情形
碳化
Mg盐侵蚀
硫酸盐侵蚀

空气部位
高潮区
潮汐区
低潮区
水下区域

图8-14　暴露于海水中的混凝土墩柱受损示意

国外标准中关于海洋结构物暴露等级的规定　　　　　　表8-7

国家	标准/规范设计	暴露等级	备注
美国	ACI 318 (2008)	C0:轻微	混凝土干燥并防潮
		C1:中度	暴露在潮湿环境中的混凝土,无外部氯化物来源
		C2:严重	暴露在潮湿环境中的混凝土,以及氯化物的外部来源
印度	IS 456(2000)	Ⅲ:严重	完全浸没在海水中的混凝土
		Ⅳ:非常严重	暴露于沿海环境的混凝土 暴露在海水喷雾中的混凝土
		Ⅴ:最严重	潮区表面
加拿大	CSA A23.1/ 23.2(2009)	C-XL	极端氯化物
		接触氯化物:C-1 C-2 C-3	部分不结冻 完全冻结 暴露在氯化物中但不冻结 的连续浸没混凝土
欧洲	EN 206-1(2013)	XS1:暴露在空气中的盐中, 但不与海水直接接触	海岸附近或海岸上的表面
		XS2:永久淹没	部分海洋结构物
		XS3:潮汐、飞溅和喷射区	部分海洋结构物
澳大利亚	AS 3600(2009)	B-1:近岸	距海岸线 1-50km
		B-2:沿海	距海岸线 1km,不包括潮汐和飞溅区
		B-2:海水	永久淹没
		C:海水	潮汐和飞溅区

　　我国《水运工程结构耐久性设计标准》JTS 153—2015 将海水环境混凝土结构部位按设计水位或天文潮位划分为大气区、浪溅区、水位变动区和水下区,各部位划分应符合表 8-8 的规定。

海水环境混凝土部位   表 8-8

掩护条件	划分类别	大气区	浪溅区	水位变动区	水下区
有掩护条件	按港工设计水位	设计高水位加 1.5m 以上	大气区下界至设计高水位减 1.0m 之间	浪溅区下界至设计低水位减 1.0m 之间	水位变动区以下
无掩护条件	按港工设计水位	设计高水位加 (η_0+1.0m) 以上	大气区下界至设计高水位减 η_0 之间	浪溅区下界至设计低水位减 1.0m 之间	水位变动区以下
	按天文潮位	最高天文潮位加 0.7 倍百年一遇有效波高 $H_{1/3}$ 以上	大气区下界至最高天文潮位减百年一遇有效波高 $H_{1/3}$ 以上	浪溅区下界至最低天文潮位减 0.2 倍百年一遇有效波高 $H_{1/3}$ 以上	水位变动区以下

注：1. η_0 为设计高水位时的重现期 50 年 $H_{1\%}$（波列累积频率为 1% 的波高）波峰面高度（m）；
　　2. 当浪溅区上界计算值低于码头底面高程时，应取码头底面高程为浪溅区上界；
　　3. 当无掩护条件的海港工程混凝土结构无法按港工有关规定计算设计水位时，可按天文潮潮位确定混凝土结构的部位划分。

3. 国内外海工混凝土结构设计规范

国外在海工混凝土领域尤其是离岸混凝土结构方面已建立完备的标准和规范。挪威船级社（DNV）、挪威石油指导委员会（NPD）、欧洲国际预应力混凝土协会（FIP）、英国能源部（EDDNG）、英国标准委员会（DSISS55）以及美国石油学会（API）、美国混凝土学会等团体相继制定了海工混凝土平台（结构）的设计与施工规范、规程和指导书，涵盖了设计、材料选择、生产制造、安全等级和使用等各个领域，其中挪威在该领域的标准和规范最为完整。此外，日韩等国也在海工混凝土领域制定了相关规范，其中日本涉及的海工混凝土规范包括日本混凝土协会（JCI）、日本土木学会（JSCE）和日本工业标准（JIS）三个体系。国外相关标注及规范见表 8-9。

国外在海工混凝土及离岸混凝土结构领域相关标准及规范   表 8-9

标准编号	标准名称	制定机构	年份
DNV-OS-J103	Design of Floating Wind Turbine Structures	挪威 DNV 船级社	2013
DNV-OS-C502	Offshore Concrete Structures	挪威 DNV 船级社	2012
DNV-OS-C503	Concrete LNG Terminal Structures and Containment systems	挪威 DNV 船级社	2010
N-001	Norsok Structures(Integrity of offshore structures)	挪威石油工业技术法规	2008
NS 3473	Concrete Structures. Design Rules. 4th edition	挪威标准化协会	1998
NS 3420	Specification texts for building and construction	挪威标准化协会	1986
CSA S474-94	Concrete Structures. Part Ⅳ Design, Construction, and In-stallation of Fixed Offshore Structures	加拿大标准协会	1994
ACI 357R-84	Guide for the Design and Construction of Fixed Offshore Concrete Structures	美国混凝土协会	1996
BS 6349-1	Maritime structures. Code of practice for general criteria	英国标准协会	2000
EM 1110-2	Engineering and Design-Standard Practice for Concrete for Civil Works Structures	美国陆军工程兵团	2000

目前，国外从事海洋工程平台及构建物认证的机构主要是挪威船级社（DNV），其认

证内容包含海上混凝土构建物（如油气平台、海上风电场混凝土基础等）的设计、选材、生产和制造过程、品质检测等。

我国对海洋混凝土工程如港口码头、跨海桥梁、隧道等的建设也制定了相关国家及行业标准规范（表 8-10）。

我国与海工混凝土相关的部分标准和规范

表 8-10

序号	标准名称	标准号	制定机构
1	海工硅酸盐水泥	GB/T 31289—2014	国家质检总局
2	港口工程高性能混凝土质量控制标准	JTS 257-2—2012	交通运输部
3	海港工程混凝土结构防腐蚀技术规范	JTJ 275—2000	交通运输部
4	海港工程钢筋混凝土结构电化学防腐蚀技术规范	JTS 153-2—2012	交通运输部
5	混凝土抗硫酸盐类侵蚀防腐剂	JC/T 1011—2006	国家发展和改革委员会
6	混凝土结构耐久性设计规范	GB/T 50476—2008	住房和城乡建设部、国家质检总局
7	普通混凝土长期性能和耐久性能试验方法标准	GB/T 50082—2009	住房和城乡建设部、国家质检总局
8	混凝土结构耐久性设计与施工指南	CCES 01—2004	中国土木工程学会
9	用于耐腐蚀水泥制品的碱矿渣粉煤灰混凝土	GB/T 29423—2012	住房和城乡建设部、国家质检总局
10	混凝土结构耐久性评定标准	CECS 220—2007	中国工程建筑标准化协会
11	混凝土桥梁结构表面用防腐涂料	JT/T821.1-821.1—2011	交通运输部

4. 材料选择

1）抗硫酸盐水泥

抗硫酸盐水泥指以特定矿物组成的硅酸盐水泥熟料，加入适量石膏，磨细制成的具有抵抗中等或较高硫酸根离子侵蚀的水硬性胶凝材料。国内外均有相关标准，主要针对熟料中 C_3A 含量做了限制（表 8-11）。

抗硫酸盐水泥标准

表 8-11

标准	分类	$C_3A(\%)$	$C_3S(\%)$
EN197-1—2011	CEM I-SR 0	$=0$	—
	CEM I-SR 3	$\leqslant3$	—
	CEM I-SR 5	$\leqslant5$	—
ASTM C150/150 M—15	II	$\leqslant8$	—
	V	$\leqslant5$	—
GB 748—2005	中等抗硫酸盐硅酸盐水泥	$\leqslant5$	$\leqslant55$
	高抗硫酸盐硅酸盐水泥	$\leqslant3$	$\leqslant50$

抗硫酸盐水泥中 C_3S 及 C_3A 含量较普通硅酸盐水泥低很多，C_3S 及 C_3A 早期水化较快，生成大量凝胶，对水泥早期强度影响较大，因此抗硫酸盐水泥通常早期强度比普通硅酸盐水泥低。研究证明 C_3A 的存在有利于碳硫硅钙石的形成，通过减少 C_3A 含量的方式，可以提高混凝土在较高硫酸盐离子浓度环境下的抗侵蚀性能。然而大量实验证明，与普通硅酸盐水泥相比，采用抗硫酸盐水泥的海工结构物的耐久性并没有提高。这是因为海水环境中同时存在大量氯离子，其含量是硫酸根离子的 7 倍，氯离子的大量存在抑制了

硫酸盐侵蚀作用，氯离子侵蚀作用占据主导作用，C_3A 含量过低会加剧钢筋锈蚀。

海洋环境下硫酸盐侵蚀破坏会由于高氯离子含量存在而削弱，氯离子侵蚀成为主要侵蚀，抗硫酸盐水泥标准中对于 C_3A 含量的限制，若应用于海洋工程中，对于钢筋混凝土耐久性不利，可应用于素混凝土。研究表明，C_3A 含量 12%～17% 的硅酸盐水泥（低水灰比）结构物在海洋环境下有较好的耐久性。

2) 低热硅酸盐水泥

低热硅酸盐水泥又称高贝利特水泥，最早源于美国 20 世纪 30 年代建造胡佛大坝采用的 Ⅳ 型水泥（低热水泥），其具有水化热低、抗裂性能好等优点，可有效避免大坝混凝土因降温收缩引起开裂，但由于低热水泥早期强度较低，工程大多采用低热水泥和普通水泥掺合的方式使用。日本是研究低热硅酸盐水泥最活跃的国家之一，太平洋水泥公司研制和生产的低热硅酸盐水泥具有水化热低、抗硫酸盐侵蚀性能强、干缩小等特点，已用于大体积混凝土工程。近年来，为了实现固体和工业废弃物在水泥工业的综合利用，太平洋水泥公司开发了一种贝利特-黄长石熟料，黄长石主要为成分钙铝黄长石（C_2AS），是一种低水化活性矿物，该种熟料必须与普通硅酸盐水泥进行复合使用，最大掺加比例可以达到 30%。

自 20 世纪 90 年代以来，中国建筑材料科学研究总院一直致力于低热硅酸盐水泥的研究，并已经将低热硅酸盐水泥投入规模化生产和应用，如在三峡、溪洛渡和向家坝等水电工程建设规模应用。低热硅酸盐水泥的主要矿物为硅酸二钙，其矿物组成为：C_2S：40%～70%，C_3S：10%～40%，C_3A：1%～8%，C_4AF：10%～25%。近年来，针对水工大体积混凝土特点及工程需求，中国建筑材料科学研究总院研制了一种高镁微膨胀低热水泥，矿物组成为（重量百分比）：C_3S：10%～35%，C_2S：40%～65%，C_3A：1%～5%，C_4AF：10%～20%，MgO：3%～8%，利用 MgO 的延迟膨胀来补偿混凝土的收缩，减少大坝混凝土裂缝。

与传统硅酸盐水泥和中热硅酸盐水泥相比，低热硅酸盐水泥具有水化热低、干缩小和抗硫酸性能好的特点。低热水泥制作的混凝土具有优异的抗裂性能。研究表明：已有研究表明水泥中 C_3S 含量的增加有利于二次钙矾石和石膏生成，对于抗硫酸盐侵蚀不利，而低热硅酸盐水泥高 C_2S、低 C_3S 的组成特点，对提高混凝土抗硫酸盐侵蚀性能是有利的。

3) 硫（铁）铝酸盐水泥

硫（铁）铝酸盐水泥是由中国建筑材料科学研究总院于 20 世纪 70 年代研制的以无水硫铝酸钙和硅酸二钙为主要矿物的水泥，具有烧成温度较低、CO_2 排放少等特点。

该体系水泥具有较高的抗氯离子性能和抗硫酸盐性能，水泥完全水化的化学水需求量比同等质量的普通硅酸盐水泥要高，在 0.3～0.5 正常水灰比的情况下，还存在许多未水化的熟料，造成自收缩现象。与普通硅酸盐水泥混凝土相比，使用硫铝酸盐水泥可以明显降低氯离子扩散系数，且硫铝酸盐水泥混凝土中生成的钙矾石、Fridel 盐（FS，其分子式为 $3CaO \cdot Al_2O_3 \cdot CaCl_2 \cdot 10H_2O$）等水化产物可以细化孔径结构。

虽然该水泥在抗侵蚀性能较好，且熟料煅烧温度较传统硅酸盐水泥低 100℃ 左右，但是其早强快硬的特点使其更适用于修补工程，并不适用于大体积混凝土工程，目前硫铝酸盐水泥还未在海洋工程建设中广泛使用。

4) 海工硅酸盐水泥

海工硅酸盐水泥是以硅酸盐水泥熟料和适量天然石膏、矿渣粉、粉煤灰、硅灰粉磨制成的具有较强抗海水侵蚀性能的水硬性胶凝材料。依据粉煤灰、高炉矿渣等混合材料具有提高混凝土抗氯离子、抗硫酸根离子的性能以及降低早期水化放热的特点，国外采用高辅助胶凝材料掺量，获得抗侵蚀性能提高的海工水泥；国内采用多元复合辅助胶凝材料技术，开发海工硅酸盐水泥，并制定了相应的国家标准《海工硅酸盐水泥》GBT 31289—2014，对海工硅酸盐水泥的组成要求见表8-12。

海工硅酸盐水泥组成   表 8-12

硅酸盐水泥熟料及天然石膏(%)	矿渣粉、粉煤灰和硅灰(%)
30~50	50~70,且硅灰不大于 5%

根据《水运工程混凝土质量控制标准》JTS 202-2—2011 规定，水运工程混凝土宜采用硅酸盐水泥、普通硅酸盐水泥、矿渣硅酸盐水泥、火山灰质硅酸盐水泥、粉煤灰硅酸盐水泥或复合硅酸盐水泥，质量应符合现行国家标准《通用硅酸盐水泥》GB 175—2007 的有关规定。普通硅酸盐水泥和硅酸盐水泥熟料中铝酸三钙含量宜在 6%~12%。有抗冻要求的混凝土宜采用普通硅酸盐水泥或硅酸盐水泥，不宜采用火山灰质硅酸盐水泥。不受冻地区海水环境的浪溅区混凝土宜采用矿渣硅酸盐水泥。

5）集料选择

混凝土的破坏一般是由于胶凝材料的破坏而导致的，但是也有因集料原因而导致的混凝土破坏。

针对海洋环境的严酷性，结合集料对混凝土性能和耐久性的影响，海工混凝土所用集料需满足：

（1）集料质地均匀、紧密、坚固，粒形和级配良好，严格控制好针状、片状颗粒的含量，吸水率低，孔隙率低。

（2）处于冻融环境下的海工混凝土，要选用孔结构适中，致密坚硬的集料，减小集料的粒径，严格控制黏土矿物含量。集料使用前要进行抗冻性实验和坚固性实验，必须达到相关标准才能使用。

（3）集料使用前，要对其矿物成分进行细致的分析，观察有无大量硫铁矿、碱活性组分等。

（4）海工混凝土最严重的破坏就是氯离子侵蚀，所以不宜采用抗渗性较差的岩质作为集料，例如某些花岗岩、砂岩等。

（5）海砂的使用有严格的要求，必须符合《海砂混凝土应用技术规范》JGJ 206—2010 的规范。

（6）集料使用前应了解当地供应的集料有无潜在活性，对集料应该进行完整的碱活性检测。

5. 工程应用

东海大桥设计基准期为 100 年，在不同环境条件下均采用高性能混凝土，并采用氯离子扩散系数与电通量双指标来控制混凝土的抗氯离子渗透性，同时采用合适的保护层厚度来保证结构的耐久性。连接深圳市和中山市的深中通道，同样采用高性能混凝土，并根据港珠澳大桥的设计指标，按规定的方法对设计使用年限进行校核，得到满足 100 年设计使用寿命的不同环境条件下相应的混凝土保护层厚度和氯离子扩散系数。加纳特码新集装箱码头和天然气码头采用英国设计标准，设计使用年限分别为 25 和 50 年，混凝土结构部位根据暴露等级，相应地制定保护层厚度及混凝土强度和组成的限值。上述工程混凝土耐久性设计参数详见表 8-13。

典型工程耐久性设计　　　　　　　表 8-13

工程案例	设计使用年限(a)	部位	环境条件/暴露等级	保护层厚度(mm)	混凝土强度和组成	抗氯离子渗透性	
						Cl⁻扩散系数 $(10^{-12}\text{m}^2/\text{s})$	电通量(C)
东海大桥	100	箱梁	大气区		C50 高性能混凝土	1.5	≤1000
		现浇墩柱	浪溅区、水变区		C40 高性能混凝土	1.5	—
		承台预制套箱	浪溅区、水变区		C40 高性能混凝土	1.5	≤1000
		钻孔灌注桩	水下区		C30 高性能混凝土	3.0	≤2000
深中通道	100	—	大气区	50	高性能混凝土	7.0	—
			浪溅区	80		6.0	
			水变区	70		6.0	
			水下区	65		6.5	
深圳高栏港	50	主体结构	浪溅区	—	C40 高性能混凝土	—	≤1000
			大气区、水变区	—		—	≤2000
加纳特码新集装箱码头	50	护面块	XS1，XS2，XS3 XC4	—	C25/30 350，0.45	—	—
		沉箱、胸墙	XS1，XS2，XS3 XC4	≥60	C35/45 360，0.45	—	—
加纳特码液化天然气码头	25	现浇混凝土	XC4，XS3	75+15.0	C35/C45 380，0.45	—	—
		预制混凝土	XC4，XS3		C40/50 400，0.40	—	—

注：由于加纳当地仅生产 CEM Ⅰ 水泥，在设计混凝土配合比时采用 CEM Ⅰ 水泥与 21%～30%粉煤灰内掺得到等效的 CEM Ⅱ/B-V 水泥。

8.4.2　深潜浮力材料

近年来，我国正在实施远洋深海战略，鼓励对深海的探索与研究。通常，科学家将水深 6000～11000m 的海域称为"海斗深渊"（Hadal Trench）。深海探测与开发离不开深潜装备的支撑，而深潜器则是最主要的深潜设备。为了更好地解决深潜器的耐压和结构稳定性等问题，并提供足够的浮力，人们研制出了固体浮力材料（SBM，solid buoyancy material），其实质是一种低密度、高强度的多孔结构材料，属于复合材料范畴（图 8-15）。

1. 传统浮力材料

常用的传统浮力材料包括用橡胶、轻金属合金材料封装后的低密度液体、泡沫塑料、泡沫玻璃、泡沫铝、橡胶浮球等。这些材料的制备工艺相对简单、成本低廉，在湖、河、近海等浅水区域有着广泛的应用，但同时存在一些缺陷，如封装的低密度液体，一旦泄漏将造成严重的污染，泡沫塑料、泡沫玻璃、泡沫铝等材料的弹性模量小、强度低，不能满足深海（深度超过 6000m）的需求。

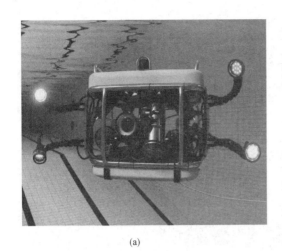

(a)   (b)

图 8-15　海洋工程中固体浮力材料的应用

(a) 海底作业支柱；(b) 顶部安装浮力材料的"海马号"

(图片来源：(a) https://baike.baidu.com/item/%E6%B0%B4%E4%B8%8B%E6%
9C%BA%E5%99%A8%E4%BA%BA/312339；(b) https://www.acfun.cn/a/ac2786431)

2. 固体浮力材料

固体浮力材料是由无机轻质填充材料，填充到有机高分子材料中，经物理化学反应得到的固态化合物。从宏观上看，该材料是一种低密度、高强度、少吸水的聚合物基固体材料，具有密度低（$0.20 \sim 0.7 g/cm$）、吸水率低（不大于 3%）、机械强度高（压缩强度 $1 \sim 100 MPa$）、耐腐蚀、可进行二次机械加工等特点，满足水下不同的应用要求。化学泡沫复合材料采用化学发泡法制成，抗压强度较小，易发生破裂渗水而失去浮力，因此常用于水面及浅海等区域。为了使浮力材料的密度进一步降低，在复合泡沫浮力材料中加入了一些大直径、由高强纤维合成的空心球，由空心球、空心玻璃微珠和环氧树脂组成的复合泡沫材料称为轻质合成复合泡沫材料。微珠复合泡沫材料是目前固体浮力材料研究的重点与热点，抗压强度远优于其传统浮力材料，可应用于各个深度水域，是理想的全海深浮力材料之一（图 8-16）。

微珠复合泡沫材料是通过在树脂基体中填充空心微球而形成的复合材料。微珠复合泡沫材料的成型工艺包括振动浇筑、抽真空浇筑、模压成型等。空心微球通常可以分为有机质和无机质微球两大类。无机质空心微球包含玻璃、陶瓷、碳、粉煤灰、漂珠等，有机质空心微球包含环氧、酚醛、可发性聚苯乙烯球等。深潜浮力材料所用树脂要求同时具备密度小、强度高、耐压、耐海水腐蚀等多种性能，常用的树脂基体有环氧树脂、酚醛树脂、聚氨酯等。

在微珠复合泡沫材料的研制进程中，可通过提高空心微球强度、改进微球与树脂基体复合工艺等方法使其抗压强度不断提高，从而可满足深潜服役的需求。美、日、俄等国家均已研制出可以应用于 $6000 \sim 7000 m$ 深度的高强固体浮力材料。美国伍兹霍尔海洋研究所（WHOI）研制的"海神"号 11000m 级无人深潜器所使用的高强微珠复合泡沫材料的密度为 $0.62 g/cm^3$。美国 Emerson & Cuming 公司研制的 7000m 级浮力材料的密度为 $0.56 g/cm^3$，我国"蛟龙号"载人潜水器用的就是这种材料，该公司所研制的 DS 型浮力

图 8-16　海洋开发中环氧基固体浮力材料的多元化应用

材料的密度为 $0.5\sim0.56g/cm^3$，最大下潜深度可达到 11000m。俄罗斯海洋技术研究所也研制出密度 $0.7g/cm^3$、耐压强度 70MPa 的深潜用微珠复合泡沫材料。

　　与深潜技术发展多年并处于领先水平的发达国家相比，国内相关领域工作开展较晚，直到 20 世纪 80 年代后期才开始对浮力材料进行探索性研究。近年来，深潜探测研究事业得到国家的大力支持，国产浮力材料的研制不断取得突破性成果，与发达国家的差距逐渐缩小。

　　我国学者研究硅烷偶联剂改性空心玻璃微珠对微珠复合泡沫材料性能的影响，发现端基为巯基的硅烷偶联剂对空心玻璃微珠的改性效果最好，所制备固体浮力材料的吸水率仅有 0.35%，低于纯环氧树脂的平衡吸水率，抗压强度可达到 62.15MPa；通过模压工艺制备的短切碳纤维/空心玻璃微珠（K46）/环氧树脂复合材料，当碳纤维质量分数为 4% 时，复合材料的密度为 $0.59\sim0.67g/cm^3$、抗压强度为 $57.2\sim68.9MPa$、饱和吸水率小于 1.15%；以偏高岭土、矿渣与硅酸钠水溶液（钠水玻璃）反应生成的地聚物为基体材料，填充空心玻璃微珠制备无机非金属固体浮力材料，浮力材料的密度和抗压强度分别为 $0.78g/cm^3$ 和 17.0MPa，具有较低的吸水率同时可耐 550℃ 的高温。我国对于深潜浮力材料的研制和国产化工作有着十分迫切的需求，目前海洋化工研究院和中科院理化技术研究所均已在此领域取得成果。海洋化工研究院已研制出适用于 11000m 深度的 $300mm\times400mm\times100mm$ 的标准浮力块，并通过了 140MPa 的压力试验，随后跟随"彩虹鱼"号载人深潜器研制团队进行了深海试验。中科院理化技术研究所制备了密度分别为 $0.64g/cm^3$ 和 $0.68g/cm^3$ 的适用于 11000m 深度的微珠复合泡沫材料试样，其中密度 $0.64g/cm^3$ 浮力块试样在 140MPa 保压 24h 后的吸水率为 1.6%，密度 $0.68g/cm^3$ 浮力块试样在 155MPa 保压 24h 后的吸水率为 0.6%。

　　3. 玻璃与陶瓷浮球

　　球体是一种理想的承压结构物体，这是因为球壳表面所受压力均匀分布，内部压力最小。早期，人们也进行了球体浮力材料的研发，如橡胶浮球、轻金属及其合金（如铝、钛等）空心浮球等，但由于制备的工艺水平较低、材料的抗压强度不高，通常只能应用于

0～500m 的水域。玻璃和陶瓷虽然属于脆性无机材料，但比抗压强度和比弹性模量高，且密度小，因此可以成为一种优异的耐压浮力材料。玻璃浮球因其良好的光学特性、非磁、非导电性等特点而在水下照明、摄影成像设备封装上得到广泛的应用。如外径 432mm 玻璃浮球的质量排水比约为 $0.6g/cm^3$，单个玻璃浮球提供的净浮力为 178N。陶瓷浮球的质量排水比更低，为 $0.34g/cm^3$，比微珠复合泡沫材料和玻璃浮球的均低得多，是一种理想的浮力材料。此外，陶瓷半球壳、陶瓷筒形件等也可作为仪器封装用耐压容器，为深潜器释放更多的有效载荷空间。但是，一旦玻璃和陶瓷浮球在水下发生内爆失效，将会释放出巨大的能量，可能造成连锁反应以及难以估量的后果。

玻璃空心浮球通常选用硼硅酸盐玻璃为原材料，先铸造成型半球壳，之后对半球赤道密封平面进行精密磨削加工，在真空下将两个半球壳进行密闭结合，再用丁基胶和密封带处理接缝，即可长效保持球内的真空状态。陶瓷空心浮球通常选用氧化铝、氮化硅、碳化硅等为原材料。半球壳成形既可采用粉末压制、注浆、凝胶注模等传统工艺，也可采用 3D 打印技术，经烧结后对赤道平面进行精加工，之后通过树脂进行粘接。此外，还可以通过旋转注浆法制备无缝陶瓷空心球。

除微珠复合泡沫浮力材料外，玻璃、陶瓷浮球及耐压罐体的研制对于深潜设备的发展也具有重大意义。德国 Nautilus 公司研制的 VITROVEX© 系列玻璃浮球已在深海探测平台上得到广泛的应用，如海底着陆器、各类潜水器等，既可作为浮力材料，也可作为各类深海探测所需携带仪器的封装容器。该玻璃浮球是以硼硅玻璃 3.3（SCHOTT DU-RAN©）为原材料，按照使用深度来设计壁厚，从而形成一套适应全海深的浮力球系列产品，其中适用于深度 12000m 浮球的密度为 $0.6g/cm^3$。

WHOI 研制的"海神"号 11000m 级无人深潜器中首次使用了陶瓷浮球及陶瓷耐压罐（仪器封装容器，密度不大于 $0.9g/cm^3$），并成功地下潜至马里亚纳海沟底部，这是结构陶瓷在深海浮力材料及耐压外壳上的实际应用中迈出的第一步，将极大地推进结构陶瓷在深潜设备上的大量应用。

目前，具备无缝陶瓷浮球生产能力的有美国的 Deep Sea Power&Light（DSPL）公司和 Arvada 陶瓷定制技术（CTC，Custom Technical Ceramics）有限公司。"海神"号采用的是来自 DSPL 公司的外径 92mm 无缝陶瓷浮球。两家公司生产的无缝陶瓷浮球均采用旋转注浆成型技术进行制备。

上海材料研究所检测中心于 2014 年开始进行陶瓷浮球的研制，通过成型和烧结得到氮化硅陶瓷半球壳，对半球壳赤道平面进行精密磨削加工后，将两半球壳在真空下合封，得到空心整球。目前，所制得的陶瓷浮球的密度不大于 $0.4g/cm^3$，并完成了 210MPa 的地面压力筒试验，实现了陶瓷浮球的小规模产业化生产，可提供外径 $\phi100mm$ 和 $\phi135mm$ 两种规格的产品，现已为"彩虹鱼"号深潜器提供产品。经 140MPa 压力测试后陶瓷浮球仍然完好，并于 2016 年 12 月在马里亚纳海沟进行了 11000m 全海深试验。

相对于美国"海神"号中所使用的陶瓷浮球，上海材料研究所研制的陶瓷浮球具有以下优势：①采用氮化硅陶瓷（Si_3N_4）制备，比"海神"号中所采用氧化铝陶瓷的综合性能更优，稳定性更高；②采用了热等静压（HIP）技术，可消除陶瓷材料中的缺陷，进一步提高其可靠性，而"海神"号所使用的无缝陶瓷浮球没有使用热等静压技术。

我国虽然已制备出性能良好的陶瓷浮球，但在产品性能可靠性方面还有待深入研究。

深潜探测发展的目标是更深的海域，而在各类无人、载人深潜器的研制中制备高强轻质浮力材料是其中至关重要的一环，因此实现高性能浮力材料的国产化对推动我国深海探测研究事业的发展具有重要的意义。

8.4.3 船舰防污材料

航海业和海洋产业已成为推动世界经济高速发展的重要力量，然而海洋污损物不仅会增大船舶航行的阻力，提高船舶的耗油量，而且会加速船只和设备的腐蚀（图 8-17）。在海洋防污方面，可以通过改进海洋设备的制造材料让其具有更好的防污和耐蚀性能，也可以在材料表面涂覆一层防污涂层，既达到防污功效，同时也能降低成本（图 8-18）。

图 8-17 附着生物的船舰

（图片来源：http://www.cnshipnet.com/sell/156/sell_info_776624.html）

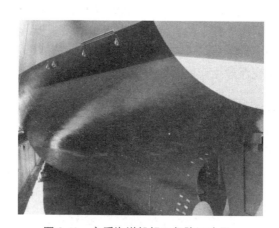

图 8-18 安盾海洋船舰环保防污涂层

（图片来源：https://mp.weixin.qq.com/s/jMxM017iYFWNZKcV-SvcBg）

1. 防污涂料的特点和类型

在船舰表面覆盖涂层是对海洋蚀损最主要的控制方法。根据涂料的防污特性，防污涂料可分为自抛光型、毒剂型、低表面能和仿生型等类型。防污涂料的种类及海洋污损生物的种类都很多，每种涂料的防治对象及效用各有不同，不同类型的涂料防护效力和周期有所差别。理想的防污涂料应该对海洋动植物均能有效防治并且防治期限足够长，目前防污涂料的有效期基本为 1～5 年。

决定防污涂料效果的因素主要有：

1）防污剂的含量，一般来说防污漆的含量越高防污周期越长；

2）防污剂表面能量，涂层表面能越低防污效果越好；

3）涂层表面的疏水性，表面具有疏水性的涂层具有明显的防污效果；

4）涂层的光滑程度，表面越光滑涂层的防污效果越好，防污寿命越长。

2. 防污技术的研究进展

1）自抛光型防污涂料

自抛光防污涂料是通过共聚物在海水中不断地缓慢水解，使涂层的最外层表面形成一个剥离层从而达到防止海洋生物附着的效果。最开始的自抛光防污涂料中含有机锡三丁基锡（TBT），由于 TBT 具有广谱高毒性，在带来高效防污效果的同时也会对环境造成严重的污染。2001 年国际海事组织（IMO）禁止使用 TBT，并且在一项全球范围内有关防污涂料对水生环境影响的调查中发现，有机锡已经对海洋生态系统造成了严重的污染，其中亚洲地区是污染最为严重的地区。因此，有机锡防污涂料的替代产品不仅要具有高效防污能力还要考虑环境问题。目前，无锡低毒自抛光防污涂料主要包括有机铜、有机锌、有机硅和有机小分子四类。

有机锡的替代物，一般选用氧化铜或氧化亚铜等含铜化合物。氧化亚铜是目前应用最为广泛的一种防污剂，它在海水中分解产生的铜离子能够使海生物赖以生存的主酶失去活性，或使生物细胞蛋白质絮凝产生金属蛋白质沉淀物，导致生物组织发生变化而死亡。结合纳米技术的使用，纳米氧化亚铜在防污涂料上大展光彩。研究者将甲基丙烯酸羟乙酯（HEMA）、聚乙二醇甲基丙烯酸酯（PEGMA）按照 1∶1 的质量比混合制得水凝剂，然后添加纳米氧化铜合成纳米氧化铜防污涂料，将该防污涂料喷涂在渔网中并放置于海水中，防污效果显著。这类水解型的防污涂料的防污效果还与防污剂的渗出速率有关，因此控制涂料中铜离子和锌离子的渗出速率有利于提升防污效果。

为了避免铜离子对海洋环境造成污染，去铜化的防污涂料正在取代含铜产品。例如用双官能丙烯酸锌单体（ZnM）作为新的自抛光单体和三种丙烯酸酯单体（即甲基丙烯酸甲酯、丙烯酸乙酯和丙烯酸 2-甲氧基乙酯）合成锌基丙烯酸酯共聚物（ZnPs），具有优异的防污性能，能够抑制南海 9 个月和黄海至少 15 个月的藤壶沉降。图 8-19 是 ZnPs 自抛光涂层脱落的示意图，概括了自抛光涂料/涂层脱落的工作原理。中国船舶重工集团公司将锌基自抛光防污涂料在黄海、东海、南海三海域浅海中浸泡一年以上，发现涂层表面无任何海生物附着，且涂层无起泡、开裂、脱落等现象，说明自制丙烯酸锌自抛光防污涂料具有较好的多海域防污适应性。

2）低表面能防污涂料

低表面能防污涂料具有非常低的表面能，海洋生物难以在涂膜表面附着，即使在表面上附着，其附着力也十分低，在船航行时就能将其冲刷掉，从而达到防污的效果。一般认为，涂料表面能只有在低于 $25mJ/m^2$ 时，即涂料与液体的接触角大于 $98°$ 时其才具有良好的防污效果。低表面能防污涂料的防污效果除了受表面能的影响之外还与涂层的弹性模量、厚度、光滑性等有关。目前，国内外对低表面能的研究主要集中于有机硅聚合物、有机氟树脂及其改性物。

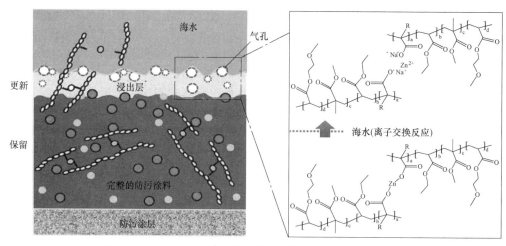

图 8-19　海水中 ZnP 基自抛光防污涂料的侵蚀示意图

研究人员采用改进的 Stöber 方法制备出了 $Ag^@SiO_2$ 核-壳纳米球（2～5nm 厚的 SiO_2），其结构如图 8-20 所示，通过溶液流延技术将 $Ag^@SiO_2$ 核-壳纳米填料插入硅氧烷复合材料表面，经测定复合材料表面的水接触角（WCA）为 156°，表面自由能为 $11.15mJ/m^2$。该复合材料具有优异的超疏水性、自清洁效果和低表面能，并对不同细菌菌株、酵母和真菌有一定的抑制性。利用有机氟单体甲基丙烯酸十二氟庚酯（FMA）和有机硅单体 γ-(甲基丙烯酰氧) 丙基三甲氧基硅烷（KH570）对丙烯酸树脂进行改性，可制备出低表面能氟、硅改性树脂的海洋防污涂料，氟硅协同作用对涂膜疏水性的提高效果显著优于氟、硅单体单独作用的效果，协同作用所得涂膜具有更低的表面能。通过各种带电组分整合到聚乙烯醇聚合物中可制备出接触角大于 150°的半互穿聚乙烯醇聚合物网络（SIPN），使得该聚合物能够有效抑制绿藻、硅藻的附着。

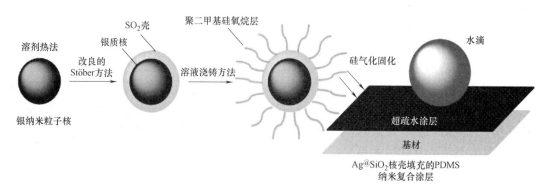

图 8-20　$Ag^@SiO_2$ 核-壳纳米球结构示意图

3）仿生防污涂料

仿生防污涂料可以分为仿生物结构和仿生材料，其中仿生物结构就是利用动植物的表面结构而研发的材料，仿生材料就是从动植物中直接提取有用的物质而制成的材料。大自然中很多动植物具有非常特殊的微观结构，因此它们具有很强的自清洁特性。比如荷叶和鲨鱼，荷叶表面具有大量乳突结构使得荷叶表面呈现超疏水性和自清洁特性，荷叶表面水接触角可达 165°；鲨鱼表面具有流线型的结构能够在减小水的阻力的同时起到防污的自清洁作用。把这些生物的自清洁效应运用在涂料中就可以得到仿生结构的防污涂料。

研究者从海洋黄道蟹的表面微结构中获得灵感（图 8-21），制备了不同纹理表面的聚甲基丙烯酸甲（PMMA）涂层并测试其纹理表面的防污性能，发现该涂层具有低表面能，能够有效防止油污污染并抑制硅藻的沉降；通过边界结构对仿生纹理涂层防污性能的影响研究，发现具有 V 形槽沟槽和叠瓦状边界结构的鲨鱼皮复制品具有最佳的防污性能；研究者还通过溶剂热和自组装功能化合成了花状超疏水性 FOTS-TiO$_2$ 粉末，FOTS-TiO$_2$ 颗粒的表面形态类似于荷叶表面的分级微/纳米结构，其超疏液性能比荷叶更好。

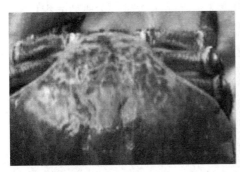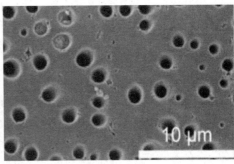

图 8-21　黄道蟹的表面和相关的表面特征

4）其他涂料

（1）导电涂料

20 世纪 90 年代，日本三菱重工株式会社研发了一种导电防污涂料，该涂料中掺有导电剂，在漆膜表面通过微弱的电流，使海水电解产生次氯酸根离子，以达到防污效果。通过向导电表面施加低压方波脉冲来形成氢气泡层，该电化学产生的气泡层在目标表面和周围环境之间形成隔离屏障，可以阻止细菌的黏附，研究表明这种屏障可以有效减少表面 99.5% 的细菌。用碳纳米管-聚偏二氟乙烯（CNT-PVDF）作为多孔非法拉第阴极，通过电容充电的方式在表面主动产生负电荷，这种结构能够减少天然有机物的结垢。导电防污涂料不会对环境造成危害，并且防污效果长久，但是技术难度很大，需要施加额外的电流，因此限制了导电涂料的大规模应用。

（2）光催化防污涂料

将由 Bi$_2$WO$_6$ 封装的功能化甲基改性二氧化硅干凝胶制成防污涂层，可有效防止生物质的积聚。将儿茶酚-q-聚甲基丙烯酸二甲基氨基乙酯（CA-PDMA）进行酸性脱水合成碳化荧光颗粒，并以 TiO$_2$ 为光催化活性剂制成涂层，该涂层增强了光子的吸收并促进了有机污染物在各种基材上的分解。通过离子交换和原位生长过程合成了具有 p-n 结的新型可见光敏感 InVO$_4$/AgVO$_3$ 光催化剂，该光催化剂在 30min 内能杀死约 99.9999% 的铜绿假单胞菌、大肠杆菌和金黄色葡萄球菌。

（3）辣椒素

它是众所周知的具有广谱抗菌作用的辛辣香草酰胺生物碱。辣椒素可通过有机溶剂从辣椒中提取，该技术低成本并且被广泛使用。研究人员以辣椒素为基础开发了用于船舶防污的新型环保型杀菌剂。由于高密度聚乙烯（HDPE）具有轻质、高强、耐腐蚀等特点，包裹辣椒素在聚合物基质中的天然防污剂，通过高密度聚乙烯（HDPE）-辣椒素涂层的微观结构特征、防污性能和典型海洋细菌和硅藻的灭菌率来评估防污性能，发现辣椒素可替代杀生物剂用于海洋防污。

3. 工程应用

2016年12月7日，中科院宁波材料所承担的"万山号"波浪能海洋发电平台石墨烯基重防腐与防污工程在广东省中山市某船厂顺利竣工并交付（图8-22），这是我国石墨烯基海洋重防腐涂料和防污涂料首次在大型海洋多功能平台的工程化应用。中科院宁波材料所开发了系列自主知识产权的石墨烯基长效海洋防腐耐候涂料、石墨烯基耐海水防腐涂料、石墨烯基无溶剂高固含防腐涂料、无锡自抛光海洋防污涂料，主要性能指标经过第三方权威测试均优于进口同类产品，完全满足了"万山号"海洋发电平台不同功能区域的涂装工艺和综合防护要求。中国船舶工业集团公司第十一研究所舟山船舶工程研究中心重点推广的新型防污涂料已用于"金海701"号及"平太荣89"号等远洋渔船。

图8-22　"万山号"波浪能海洋发电平台石墨烯基防腐防污涂料涂装工程

海洋防污技术研究的新动向主要体现在以下方面：

1）随着环保意识的增强，各国对环保的要求越发严格，海洋防污涂料也将朝着环保无毒的方向发展，所以具有毒性、危害性的防污涂料将被淘汰。

2）纳米技术的应用会给海洋防污技术带来巨大的提升，当物质达到纳米量级后其性能会有一个质变，在涂料中加入纳米级的材料或者将防污涂料关键材料制成纳米级会加强其相关性能，如将纳米氧化亚铜制成自抛光防污涂料能够有效地改善铜离子的团聚并控制铜离子的渗出速率。

3）将不同防污功效的官能团通过嵌段共聚的形式能够有效地改善现有防污涂料的防污性能，嵌段共聚物能够将几种不同的官能团集中到一种物质中，从而达到预设的功效，还可将不同种类的材料进行复合处理达到增强涂料综合性能的效果。

4）生物技术在海洋防污技术的发展中大有潜力，运用生物技术有望显著提升防污效

8.5　地下工程材料

地下工程是指深入地面以下为开发利用地下空间资源所建造的地下土木工程。它包括地下房屋和地下构筑物、地下铁道、公路隧道、水下隧道、地下管廊和过街地下通道等。地下空间结构常见的施工方法有钻爆法、明挖法、浅埋暗挖法、盾构施工法、全断面隧道掘进机法等。

下面从开挖机械材料、支护材料、环境保护材料三个方面出发，阐述当前地下空间开发过程中所使用的主要材料和特点、新型材料的研发以及未来的发展方向。

8.5.1　开挖机械材料

由于盾构法具有地质条件适应性强、施工速度快、对周边环境干扰少等优点，已成为隧道及地下工程中最为常用的施工技术。盾构机主要通过刀盘上的刀具对前方岩土进行压裂、刮削来实现掘进功能，针对不同的土体，需要选择合适刀盘和刀具，如果刀盘刀具对前方土体不适应，将使盾构机掘进非常缓慢。而刀具的性能和寿命制约整个盾构机的工作效率，是其最为关键的零部件之一。盾构刀具经常在强挤压、大扭矩、强冲击、高磨损等恶劣条件下工作，容易因磨损、断裂、崩角而失效，是隧道施工中盾构机上消耗最大的零部件，其费用占到整个施工成本的30%左右，更换和维护时间也占整个盾构工期的30%以上。图8-23为南京纬三路过江通道施工所用的盾构刀盘刀具。

应急滚刀
19″双刃滚刀
刮刀
17″单刃滚刀
主切削刀
先行刀

图8-23　南京纬三路过江通道盾构刀盘刀具
（图片来源：http://biz.co188.com/content_info_62835571_1.html）

刀具大体可分为滚刀与切刀两类。刀具的性能和寿命直接影响整个盾构进程的效率。刀具的失效形式主要包括刀具磨损、刀圈崩裂、轴承或密封损坏以及合金脱落。因此高性能的滚刀刀圈、切刀刀头和堆焊材料缺一不可。

1. 刀圈材料

对于坚硬的岩石，盾构机利用滚刀对岩石进行滚压破岩，滚刀刀圈在掘进过程中不仅受到径向的破岩压力，还与岩石发生强烈的摩擦。因此需要刀圈材料具备极高的硬度、强度以及冲击韧性。国内的刀圈材料一般选取H13热作模具钢，但其含碳量稍低，不够理想。针对普通盾构滚刀在开挖全断面硬岩，尤其是地层单轴抗压强度在120MPa以上的全断面硬岩和上软下硬复合地层时滚刀刀圈材料存在磨损严重、掘进距离短等问题。株洲硬质合金集团有限公司生产了一种新型可锻硬质合金刀圈,其表面硬度达到 60HRC 以上,冲击韧性不小于 $15J/cm^2$,性能与国外产品相当。该种硬质合金具有良好的淬透性、淬硬性和红硬性,并且硬度呈梯度分布,入口硬度高且耐磨,内部硬度低韧性好,不易崩坏,兼具耐磨性和抗冲击性。

2. 刀头材料

硬质合金是盾构刀具的常用材料。导致刀具失效的主要原因为冲击、冲击疲劳以及热疲劳裂纹。因此,要求刀具具有高导热性和低热膨胀系数,以限制热裂纹的生长速率,提高刀具的耐冲击疲劳。硬质合金按碳化钨(WC)晶粒度可以分为纳米晶、细晶和粗晶等。根据瑞典 Sandvik 公司的标准,晶度大于 $3.5\mu m$ 则可以归于粗晶硬质合金。目前国际上先进的掘进机械工具刀头都采用特粗晶硬质合金材料。粗晶硬质合金因其晶粒尺寸较大,与传统硬质合金相比,具有更强的硬度、冲击韧性、红硬性以及更高的导热率。有研究认为硬质合金晶度在 $3\sim5\mu m$ 时的性能最佳,耐磨并且不易破碎。

3. 堆焊材料

为保证在盾构施工过程中硬质合金刀头不会与母体分离,通常会在硬质合金的母体周围堆焊耐磨层。普通的铸造碳化钨焊条由于 WC 含量过高导致表面裂纹很多,焊层易脱落,不耐冲击。高温耐磨材料主要有三类:钴基、镍基和铁基高温耐磨堆焊材料。钴基、镍基材料耐磨耐高温,综合性能优异,但价格昂贵,在应用成本上没有优势。研究人员通常在铁基中添加少量的 Cr、W、Mo、V、Ti 等元素以提升材料性能,制备出的耐磨合金硬度可达 70 HRC。目前的铁基堆焊材料耐磨性能都比较好,但高温工作性能较差。因此保证铁基耐磨焊条在 650℃ 高温仍具有相当的可靠性能具有重大意义。

8.5.2　支护材料

1. 隧道衬砌材料

根据《地铁设计规范》GB 50157—2013,混凝土的原材料和配比、最低强度等级、最大水胶比和单方混凝土的胶凝材料最小用量等应符合耐久性要求,并满足抗裂、抗渗、抗冻和抗侵蚀的需要。一般环境条件下的混凝土设计强度等级不得低于表 8-14 的规定。

一般环境条件下混凝土最低设计强度等级　　　　　　表 8-14

明挖法	整体式钢筋混凝土结构	C35
	装配式钢筋混凝土结构	C35
	作为永久结构的地下连续墙和灌注桩	C35
盾构法	整体式钢筋混凝土衬砌	C35
	装配式钢筋混凝土管片	C50
矿山法	喷射混凝土衬砌	C25
	现浇混凝土或钢筋混凝土衬砌	C35
沉管法	钢筋混凝土结构	C35
	预应力混凝土结构	C40
顶进法	钢筋混凝土结构	C35

衬砌结构在施工阶段保护开挖面以防止土体变形、坍塌及泥水渗入,并提供盾构推进

反力，在隧道竣工后作为永久性支撑结构，承载衬砌周围的水、土压力以及使用阶段某些特殊荷载。盾构隧道的管片按材质及形状分类，主要有钢管片、球墨铸铁管片、钢筋混凝土（RC）管片、预应力混凝土管片和复合型管片等（图 8-24）。

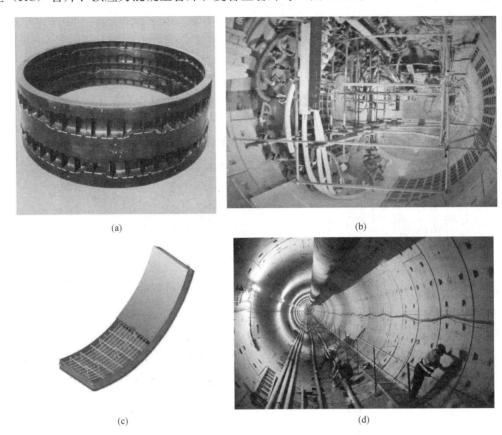

(a)　　　　　　　　　　　　　　(b)

(c)　　　　　　　　　　　　　　(d)

图 8-24　常用管片示意图

(a) 球墨铸铁管片；(b) 钢管片；(c) 复合管片；(d) 钢筋混凝土管片

(图片来源：(a) https://wenku.baidu.com/view/e3c37288844769eae009ed90.html；

(b) https://www.zhihu.com/question/294252308/answer/491012457；

(c) https://mp.weixin.qq.com/s/R7Xc-F3G0yHkB3VocLeGZw；

(d) https://mp.weixin.qq.com/s/uJGeObeLzjjewVCx0YS6hw)

1）钢管片

其主要用型钢或钢板焊接加工而成，强度高，延性好，运输安装方便，精度稍低于球墨铸铁管片，但在施工应力作用下易变形，在地层内也易锈蚀，需进行机械加工以满足防水要求，成本昂贵，金属消耗量大，国外在使用钢管片的同时，再在其内浇筑混凝土或钢筋混凝土内衬。在武汉地铁越长江盾构隧道江中段联络通道中，以钢管片作为主隧道（柔性结构）与联络通道（刚性结构）的连接部位。

2）球墨铸铁管片

强度高、延性好、易铸成薄壁结构，管片重量轻，搬运安装方便，管片精度高，外形准确，防水性能好，但加工设备要求高、造价大，早期盾构应用较多。国外在饱和含水不稳定地层中修建隧道时较多采用铸铁管片。由于铸铁管片具有脆性破坏的特性，不宜用作承受冲击荷重的隧道衬砌结构。

3）钢筋混凝土管片

其是地铁隧道最常用的管片形式，但较笨重，在运输、安装施工过程中易损坏（图8-25）。箱形管片一般用于较大直径的隧道，单块管片重量较轻，管片本身强度不如平板形管片，特别在盾构顶力作用下易开裂。平板形管片用于较小直径的隧道，单块管片重量较重，对盾构千斤顶顶力有较大的抵抗能力，正常运营时对隧道通风阻力较小。

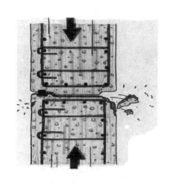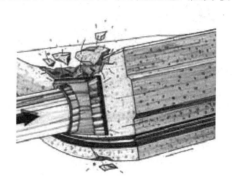

图8-25　钢筋混凝土管片破损示意图

4）预应力混凝土管片

预应力混凝土管片通过在预埋管道中穿入无黏结预应力钢绞线，并进行张拉、锚固，通过预应力使管片紧密地连接在一起，形成整体结构。通过对结构施加预压力，平衡内部压力作用产生的拉力，使管片处于受压状态，有利于发挥混凝土的良好抗压性能，减少结构裂缝，使管片表面光滑，提高抗渗能力；施加预应力可以减小施工中的拼装变形，接头的张角较小；易于快速拼装，张拉对隧道推进影响较小。南京长江隧道采用了钢筋混凝土平板型预制管片。

5）复合管片

外壳采用钢板制成，在钢壳内浇筑钢筋混凝土，组成复合结构，其重量比钢筋混凝土管片轻，刚度比钢管片大，金属消耗量比钢管片小。缺点是钢板耐蚀性差，加工复杂冗繁。

目前，在盾构法施工中，以钢筋混凝土管片为主。管片作为盾构法施工隧道的主要受力结构，承担了来自于外部环境的各方面荷载作用，同时需要抵抗有害离子（如硫酸盐离子、氯离子）的侵蚀作用，是隧道内部的保护屏障，其工作性能的优劣与隧道的服役寿命息息相关。管片作为隧道受力与防水抗渗的主体，各方面性能要求均有较高指标，《预制混凝土衬砌管片》GB/T 22082—2017对管片混凝土的性能指标做了相应的要求，混凝土的强度设计等级不低于C50，抗渗性能、抗氯离子性能等应满足工程设计要求。在管片的生产过程当中，由于设计到脱模吊装的问题，对于混凝土的早期强度要求较高，且应当适用于蒸汽养护。同时，还应满足管片外观颜色、结构尺寸等其他相关要求。然而，较高的混凝土强度等级必然导致水泥用量的增加或水泥强度等级的提高，增加了整个隧道的工程造价。

2. 绿色支护材料

在城市地下空间开发的过程中，为了便于施工，并减小对周边环境的影响，开发了一系列绿色支护技术。例如，采用长螺旋压灌水泥土桩墙止水防渗，水泥土浆原位取土与水泥在地面搅拌，水泥土桩墙内插入型钢与可回收锚索构成围护结构。下面介绍几种常用的支护施工技术。

1) SMW 施工技术

SMW（Soil Mixing Wall）法也称为柱列式土壤水泥墙工法，即利用多轴长螺旋钻机在土壤中钻孔，达到预定深度后，边提钻边从钻头端部注入水泥浆，将其与地基土反复混合搅拌，在原位置上建成一段水泥墙，然后再进行第二段墙施工，使相邻的土壤水泥墙彼此连续重叠搭接即可做成连续的桩墙。SMW 法一般可在含水量不大的黏性土、粉土、砂土、砂砾土等软土地层中应用。该技术在中国经不断完善和发展，在上海地铁 2 号线等基坑工程中实现了 H 型钢的回收，确保了基坑稳定及周围建筑物和管线的安全。杭州庆春路过江隧道北岸基坑主要采用 SMW 工法加钢支撑的围护结构体系，围护桩的最大水平位移与开挖深度及时间密切相关，地下水位的变化能很好反映围护桩的止水效果，可作为判断基坑是否出现漏水的指标。杭州市莲花港地下停车场库施工时采用 SMW 工法围护体系支护，基坑实测发现 SMW 围护基坑中围护桩最大侧向变形与开挖深度的比值在 0.005 左右。

2) 旋喷桩施工技术

旋喷桩是利用钻机将旋喷注浆管及喷头钻置于桩底设计高程，将预先配制好的浆液通过高压发生装置使液流获得巨大能量后，从注浆管边的喷嘴中高速喷射出来，形成一股能量高度集中的液流，直接破坏土体，喷射过程中，钻杆边旋转边提升，使浆液与土体充分搅拌混合，在土中形成一定直径的柱状固结体，可用于地基加固和防渗。一般分为单管旋喷、双管旋喷和三管旋喷。旋喷桩适用于淤泥、砂性土、黏性土、粉质黏土、粉土等软弱地层，在土层标贯值为 0~30 的淤泥、砂性土和黏性土中效果尤其明显。20 世纪 70 年代中国从日本引入高压全喷技术，后经推广应用于基坑工程支护体系中。国内研究者结合深基坑工程支护设计，提出了对旋喷桩的工艺进行改进后可以有效地提高止水帷幕可靠性的结论。例如在深圳地铁竖井施工降水条件下，水泥旋喷桩既有效阻滞了地铁竖井外地下水，又改良了基坑边坡土体，保证了竖井施工的安全。旋喷桩施工技术具有施工简便、施工占地及净空面积小等特点，在施工场地受限情况下广泛采用。但旋喷桩承载能力低，主要起到防渗止水的作用，今后在提高旋喷桩的适用性，探索旋喷桩的作用机理，改善桩体的支护能力等方面开展研究具有重要的工程意义。

3) 板桩支护施工技术

板桩结构是由板桩墙、拉杆、锚碇结构及周围的土构成的混合系统。在这种系统中，墙后土、码头面荷载、剩余水压力和墙前波吸力使板桩墙受到向前移动的力，而墙前被动土压力和拉杆产生阻止板桩墙移动的力，板桩墙则承受弯矩作用，土-结构相互作用是这种系统共同工作的基础。板桩的施工方法主要有捶打法、振动打入法、静力压入法或振动锤击法。按照材质可将板桩分为钢板桩、钢筋混凝土板桩、预应力混凝土板桩和复合材料板桩。其中工程实际中应用最广泛的是钢板桩。钢板桩是由 U 形、Z 形或直腹板式条形钢板经由边缘锁口或钳口咬合而成的连续钢板墙结构，一般适用于含水量较大的填土层、粉土、黏土、砂土等软地层。钢板桩形式的基坑围护结构，由于质量轻、施工速度快和可回收利用等优点，在围堰和非水下基坑支护中均有较多应用。

　　4）地下连续墙施工技术

　　利用挖槽机械沿着基坑的周边，在泥浆护壁的条件下开挖一条狭长的深槽，在槽内放置钢筋笼，然后用导管法在泥浆中浇筑混凝土，如此逐段进行施工，在地下构成一道连续的钢筋混凝土墙壁。基坑工程中地下连续墙适用条件为：①基坑开挖深度大于 10m；②软土地基或砂土地基；③基坑周围有重要的建筑物、地下构筑物；④围护结构与主体结构相结合共同承受上部荷载，且对抗渗有严格要求；⑤采用盖挖逆作法施工，围护结构和内衬形成复合结构的工程。在地下连续墙应用过程中，开发了许多新设备、新技术和新材料，并广泛地用作深基坑工程的围护结构。例如宁波国际金融中心北区工程，基坑开挖面积约 $48000m^2$，支护结构约 $880m$，开挖深度 $17.0 \sim 22.0m$，采用地下连续墙加 $3 \sim 4$ 道钢筋混凝土水平内支撑。通过对井字撑、十字撑、田字撑等支撑方案进行比选，最终采取四周角撑，中间设一椭圆内支撑（长轴直径 $240m$，短轴直径 $180m$）兼做施工栈桥的支撑方案，采用这种支撑体系，基坑净空面积大，极大地方便了施工。

8.5.3　环境保护材料

　　在地下工程的防渗堵漏中，常用的手段包括注浆和采用防水材料（混凝土自防水、防水卷材、防水涂料）。传统的注浆材料存在不少缺陷，例如，水泥类注浆可灌性低；水玻璃类注浆固结强度差；化学类注浆有毒并且耐久性差等。防水材料大体上分为两类，一类是柔性防水材料，一类是刚性防水材料。而柔性防水材料又分为防水卷材、防水涂料以及密封材料。地下工程的防水通常强调"以防为主、刚柔结合、多道防线、综合治理"的原则，各类防水材料都有其独特优势与发展空间。

　　1. 注浆材料

　　1）超细水泥注浆材料

　　超细水泥是采用超细粉磨技术对普通水泥颗粒进行细化，生产方法分为干磨和湿磨两种。超细水泥注浆有如下特点：渗透性更好，可注入细砂，可灌性与化学浆材类似；悬浮液更加稳定，析水时间延长，析水率降低；抗压强度、早强性能高；抗渗性能好、凝结时间短。超细水泥注浆发展时间较早，并在三峡工程中得到大规模应用。但其生产成本较高，储存、运输难度较大等缺点制约其使用范围。除此以外，超细水泥的生产技术与设备亟待提高，有关超细颗粒特性的理论研究有待深入。

　　2）碱激发材料

　　工业废渣能被碱激发，可作为注浆材料的原材料，并且固体颗粒比水泥小，颗粒级配也更为合理。其主要包括粉煤灰、矿渣、钢渣。碱激发的注浆材料具有非常高的早期强度和最终强度，耐久性好、耐酸碱腐蚀、抗渗性高、抗冻性好，不会导致碱集料反应。但在材料干缩性能方面，碱激发的注浆材料一般比水泥注浆材料要敏感。粉煤灰来源广泛，价格低廉，并且其化学组分与水泥类似，因此通常作为水泥材料中的添加材料使用。但粉煤灰中 CaO 含量相对不足，导致其活性较低，凝结性能差，尤其是早强性能差，因此无法单独作为胶凝材料使用。矿渣化学成分主要为 CaO、Al_2O_3、SiO_2，含量一般达 90% 以上，化学活性优异并且可以辅助减水。双掺、三掺工业废渣无水泥熟料双液注浆材料体系较单掺体系具有更合理的颗粒级配效应和更高的固结强度。使用碱激发工业废渣不仅是出于对材料性能的考虑，同时还考虑到环境保护，可以减少二氧化碳的排放。

3）生物注浆材料

微生物诱导碳酸钙沉积（MICP）是一种新兴的岩土工程加固技术。MICP 注浆通过向原位砂土中传输菌液（如产脲酶的微生物）以及尿素和钙源等营养盐，从而使砂土孔隙被沉积的碳酸钙填充，软弱砂土地基得到加固，承载力提高。国内外针对 MICP 的研究还处于试验阶段，初步试验研究表明，MICP 注浆加固技术，可以有效提高地基的刚度、承载力及抗液化能力，相对化学注浆加固的砂土而言，同时又能维持一定的渗透性。这就使MICP 注浆技术相对于传统的水泥或化学注浆技术具有以下优势：①无需过大的注浆压力，即可到达较广的范围，减小了施工对周边环境的影响；②可以对已建成基础设施的地基劣化处进行直接处理；③施工时间短，作用周期长，无需进行养护。

2. 降噪材料

城市地下空间大都属于半封闭空间，尤其是地铁隧道、公路隧道等，交通噪声、风机噪声经过壁面的多次反射叠加，形成混响声场，不仅影响空间内乘客的舒适度，而且对周边范围造成噪声污染。降噪材料通常可分为隔声材料和吸声材料，然而对于地下空间这样的半封闭空间，隔声材料反而会恶化空间内噪声环境。因此在城市地下空间中，往往在道路、立壁以及顶板安装吸声材料，构成一个立体的吸声体系，从而有效降噪（图 8-26）。根据吸声原理，可将吸声材料分为多孔吸声材料和共振吸声材料。

图 8-26　莫斯科地铁站陶粒吸声材料

（图片来源：http://www.budcs.com/cluster/801499.html）

1）多孔吸声材料

当声波接触到材料时，引起材料空隙内空气振动，由于空气与材料间的黏滞力，动能不断转化为热能，致使噪声逐步衰减。近年来，多孔吸声材料的研制与应用不断增长，并且向"环保"型的新兴复合材料方向发展。例如，利用陶粒混凝土制成的新型吸声结构，铺设在轨道的钢轨之间建立降噪系统，降噪效果可达 4～5dB 并且具有较宽的降噪频段；升高抗滑磨耗层（OGFC）型混合料级配作为低噪音沥青路面，利用驻波管法和混响室法测得其降噪系数为 0.45，其降噪效果与普通混凝土路面相比噪声降低了 6.79dB；淤污泥陶砂材料降噪系数低于传统的膨胀珍珠岩材料，但在交通噪声较为集中的 800～1200Hz间，吸声系数可达到 0.85，并且以淤污泥陶砂制备的吸声材料具有比膨胀珍珠岩材料更高的抗压强度和更好的耐久性。

　　2）共振吸声材料

　　利用材料在声波的激发下产生振动，材料自身的内摩擦以及和空气间的摩擦将声能转化成热能，从而降低噪声。常见的共振吸声材料包括波浪吸声板、铝合金穿孔吸声板、铝纤维吸声板、无纺布和铝合金吸声板的组合等。上述吸声板的吸声效果大多在 8～15dB 之间，并大规模应用于城市地铁工程中。共振吸声材料正向着结构优化、复合型的方向发展。

　　以开挖机械材料、衬砌混凝土支护材料以及排水吸声材料为代表，隧道结构新材料及工艺不断涌现，地下隧道工程的开发不仅依赖于设计方法、施工手段，积极开发绿色、环保、高效、经济的新型材料同样会帮助推动地下隧道工程更好更快地发展。

本章小结

　　（1）根据主要组分材料，快速修补材料可分为无机修补材料、有机修补材料和复合型修补材料三种类型。无机修补材料可分为水泥基和地聚物修补材料两大类；有机修补材料主要有环氧树脂、沥青修补剂、丙烯酸类树脂等；复合型修补材料主要有聚合物砂浆和聚合物混凝土。

　　（2）防辐射混凝土用的水泥品种主要有钡水泥、锶水泥、含硼水泥等。常用的防辐射混凝土骨料有褐铁矿、赤铁矿、磁铁矿、重晶石等重质矿石和各种钢锻、钢块、钢砂、铁砂、切割铁屑、钢渣、钢球等铁质集料。防辐射混凝土引入重金属元素可提高混凝土对有害射线的屏蔽效果。混凝土材料中掺入 Mg、Ti、H、C、Fe 和 Co 能提高混凝土防辐射能力。

　　（3）防爆混凝土的胶凝材料要求硬化后不产生火花，硅酸盐系列水泥、铝酸盐系列水泥及树脂、沥青等都可以用作防爆混凝土的胶凝材料；常用的粗集料是以 $CaCO_3$ 为主要成分、Fe_2O_3 含量低的白云石、大理石或石灰石；细集料用上述粗集料材料制成的细颗粒。开发高强和超高强混凝土是实现混凝土结构抗爆炸、冲击最基本的方法。防爆墙可分为刚性防爆墙、柔性防爆墙和惯性防爆墙三种类型。混凝土防腐蚀措施主要有混凝土表面涂层、混凝土表面硅烷浸渍和添加外加剂等。

　　（4）金属按腐蚀原理可分为化学腐蚀和电化学腐蚀；按腐蚀形态可分为全面腐蚀和局部腐蚀，而局部腐蚀又可分为区域腐蚀、点腐蚀、晶间腐蚀、表面下腐蚀等；按腐蚀环境的类型可分为大气腐蚀、海水腐蚀、土壤腐蚀、燃气腐蚀、微生物腐蚀等；按腐蚀环境的温度可分为高温腐蚀和常温腐蚀；按腐蚀环境的湿润程度可分为干腐蚀和湿腐蚀。现有金属防蚀技术主要有基体优化防护、表层防护、电化学保护和缓蚀剂防护四种。

　　（5）海工混凝土常用抗硫酸盐水泥、低热硅酸盐水泥、硫（铁）铝酸盐水泥和海工硅酸盐水泥为胶凝材料，集料质地均匀、紧密、坚固，粒形和级配良好，严格控制好针状、片状颗粒的含量，吸水率低，孔隙率低。深潜浮力材料是一种低密度、高强度的多孔结构材料；传统浮力材料包括用橡胶、轻金属合金材料封装后的低密度液体、泡沫塑料、泡沫玻璃、泡沫铝、橡胶浮球等，近年来研制的微珠复合泡沫和陶瓷浮球均可用作万米以上深度的浮力材料；在船舰表面覆盖涂层是对海洋蚀损最主要的控制方法，根据涂料的防污特性，防污涂料可分为自抛光型、毒剂型、低表面能和仿生型等类型。

（6）盾构机主要通过刀盘上的刀具对前方岩土进行压裂、刮削来实现掘进功能，针对不同的土体，需要选择合适刀盘和刀具。刀具的性能和寿命直接影响整个盾构进程的效率。刀具的失效形式主要包括刀具磨损、刀圈崩裂、轴承或密封损坏以及合金脱落。因此高性能的滚刀刀圈、切刀刀头和堆焊材料缺一不可。盾构隧道的管片按材质及形状分类，主要有钢管片、球墨铸铁管片、钢筋混凝土（RC）管片、预应力混凝土管片和复合型管片等。

（7）在城市地下空间开发的过程中，为了便于施工，并减小对周边环境的影响，开发了一系列绿色支护技术。常用的支护施工技术有：SMW施工技术、旋喷桩施工技术、板桩支护施工技术和地下连续墙施工技术。

（8）地下工程防渗堵漏常用的方法包括注浆和采用防水材料。注浆材料主要有超细水泥注浆材料、碱激发材料和生物注浆材料三类。防水材料主要有防水卷材、丙烯酸盐喷膜、喷涂聚脲防水材料和水泥基渗透结晶防水材料等。城市地下空间的吸声材料按吸声原理可分为多孔吸声材料和共振吸声材料两类。

思考与练习题

8-1　简述快速修补材料的类型和特点。

8-2　简述防辐射混凝土、防爆抗爆混凝土和混凝土腐蚀防护材料的概念。

8-3　简述金属腐蚀机理和腐蚀破坏机理的类型和特点。

8-4　简述金属防蚀技术与材料的分类和形式。

8-5　简述海工混凝土组分材料设计要求。

8-6　简述深潜浮力材料的类型和特点，船舰防污材料的类型和特点。

8-7　简述地下工程开挖刀具的失效形式。

8-8　简述支护材料类型和特点、常见支护施工技术的类型。

8-9　简述环境保护防渗材料类型和特点。

主要参考文献

[1] 余丽武，朱平华，张志军. 土木工程材料 [M]. 北京：中国建筑工业出版社，2017.

[2] 张亚梅，孙道胜，秦鸿根. 土木工程材料（第5版）[M]. 南京：东南大学出版社，2013.

[3] 林宗寿. 胶凝材料学 [M]. 武汉：武汉理工大学出版社，2018.

[4] 袁润章. 胶凝材料学 [M]. 武汉：武汉理工大学出版社，2009.

[5] 王欣，陈梅梅. 建筑材料 [M]. 北京：北京理工大学出版社，2012.

[6] 王立久. 建筑材料学 [M]. 北京：中国水利水电出版社，2013.

[7] 王燕谋，苏慕珍，路永华. 中国特种水泥 [M]. 北京：中国建材工业出版社，2012.

[8] 刘数华，王露，余保英. 超硫酸盐水泥的水化机理及工程应用综述 [J]. 混凝土世界，2018，112 (10)：48-53.

[9] C. Shi，D. Roy，P. Krivenko. Alkali-activated cements and concretes [M]. Taylor and Francis，2006.

[10] J. L. Provis，J. S. J. van Deventer. Alkali Activated Materials [M]. Netherlands. Springer，2014.

[11] 杨南如. 非传统胶凝材料化学 [M]. 武汉：武汉理工大学出版社，2017.

[12] 崔孝炜，倪文，任超. 钢渣矿渣基全固废胶凝材料的水化反应机理 [J]. 材料研究学报，2017，31 (009)：687-694.

[13] 吴成友. 碱式硫酸镁水泥的基本理论及其在土木工程中的应用技术研究 [D]. 西宁：中国科学院研究生院（青海盐湖研究所），2014.

[14] 中国菱镁行业协会. 镁质胶凝材料及制品技术 [M]. 北京：中国建材工业出版社，2016.

[15] Liwu Mo，Min Deng，et al. MgO expansive cement and concrete in China：Past，present and future [J]. Cement and Concrete Research，2014，57 (3)：1-12.

[16] Liwu Mo，Min Deng，Mingshu Tang，et al. Effects of calcination condition on expansion property of MgO-type expansive agent used in cement-based materials [J]. Cement and Concrete Research，2010，40 (3)：437-446.

[17] 徐永模，陈玉. 低碳环保要求下的水泥混凝土创新 [J]. 混凝土世界，2019，117 (03)：34-39.

[18] 王爱国，何懋灿，莫立武，等. 碳化养护钢渣制备建筑材料的研究进展 [J]. 材料导报，2019，17：2939-2948.

[19] Liwu Mo，Yuanyuan Hao，Yunpeng Liu，et al. Preparation of calcium carbonate binders via CO_2 activation of magnesium slag [J]. Cement and Concrete Research，2019，121：81-90.

[20] Liwu Mo，Feng Zhang，Min Deng，et al. Mechanical performance and microstructure of the calcium carbonate binders produced by carbonating steel slag paste under CO_2 curing [J]. Cement and Concrete Research，2016，88：217-226.

[21] K. Scrivener，A. Ouzia，P. Juilland，A. K. Mohamed. Advances in understanding cement hydration mechanisms [J]. Cement and Concrete Research，2019，124：105823.

[22] Liwu Mo，Meng Liu，Abir Al-Tabbaa，et al. Deformation and mechanical properties of quaternary blended cements containing ground granulated blast furnace slag，fly ash and magnesia [J]. Cement and Concrete Research，2015，71：7-13.

[23] Barbara Lothenbach，Maciej Zajac. Application of thermodynamic modelling to hydrated cements [J]，Cement and Concrete Research，2019，123：105779.

[24] ［美］Mehta，P. K.，［美］Monteiro，P. J. M. 混凝土：微观结构、性能和材料 [M]. 覃维祖，王栋民，丁建彤，译. 北京：中国电力出版社，2008.

[25] 冯乃谦. 高性能混凝土与超高性能混凝土技术 [M]. 北京：中国建筑工业出版社，2015.

[26] [美] Eward G. Nawy. 预应力混凝土 [M]. 李英民，缩编. 重庆：重庆大学出版社，2007.

[27] 李秋义，秦原. 再生混凝土性能与应用技术 [M]. 北京：中国建材工业出版社，2010.

[28] 王长青，肖建庄. 再生混凝土框架结构抗震性能 [M]. 北京：科学出版社，2016.

[29] 张大旺，王栋民. 3D打印混凝土材料及混凝土建筑技术进展 [J]. 硅酸盐通报，2015，34（6）：1583-1588.

[30] 马敬畏，蒋正武，苏宇峰. 3D打印混凝土技术的发展与展望 [J]. 混凝土世界，2014，7：41-46.

[31] 王建军，刘红梅，倪红军，等. 3D打印技术在建筑领域的应用现状与展望 [J]. 建筑技术，2019，6：729-732.

[32] 余在斌，王丽，周建. 机敏混凝土的研究现状与应用 [J]. 建材技术与应用，2012，4：14-16.

[33] 张鹏，冯竟竟，陈伟，等. 混凝土损伤自修复技术的研究与进展 [J]. 材料导报，2018，32（19）：98-109.

[34] 申娟，李忠华，焦思雨，等. 透明混凝土性能研究 [J]. 建筑技术，2017，48（1）：6-9.

[35] 王腾飞，何怡畅. 地质聚合物混凝土耐久性研究进展 [J]. 混凝土世界，2019，7：58-62.

[36] 杨杨，钱晓倩. 土木工程材料（第2版）[M]. 武汉：武汉大学出版社，2018.

[37] 牛伯羽，曹明莉. 土木工程材料 [M]. 武汉：中国质检出版社，2019.

[38] 李书进. 土木工程材料 [M]. 重庆：重庆大学出版社，2013.

[39] 孙家瑛. 土木工程材料 [M]. 重庆：重庆大学出版社，2014.

[40] 姜晨光. 土木工程材料学 [M]. 北京：中国建材工业出版社，2017.

[41] 邓德华. 土木工程材料 [M]. 北京：中国铁道出版社，2017.

[42] 刘秋美，刘秀伟. 土木工程材料 [M]. 成都：西南交通大学出版社，2019.

[43] 颜国君. 金属材料学 [M]. 北京：冶金工业出版社，2019.

[44] 刘和平. 高性能热变形 Q&P 钢的组织与性能 [M]. 北京：国防工业出版社，2015.

[45] 曹鹏军. 金属材料 [M]. 北京：冶金工业出版社，2018.

[46] 李安敏. 金属材料学 [M]. 成都：电子科技大学出版社，2017.

[47] 姜越. 新型马氏体时效不锈钢及其强韧性 [M]. 哈尔滨：哈尔滨工业大学出版社，2017.

[48] 中华人民共和国国家标准. 碳素结构钢 GB/T 700—2006 [S]. 北京：中国标准出版社，2006.

[49] 中华人民共和国国家标准. 优质碳素结构钢 GB/T 699—2015 [S]. 北京：中国标准出版社，2015.

[50] 中华人民共和国国家标准. 低合金高强度结构钢 GB/T 1591—2018 [S]. 北京：中国标准出版社，2018.

[51] 中华人民共和国国家标准. 钢筋混凝土用钢第1部分：热轧光圆钢筋规范 GB/T 1499.1—2017 [S]. 北京：中国标准出版社，2017.

[52] 中华人民共和国国家标准. 钢筋混凝土用钢第2部分：热轧带肋钢筋规范 GB/T 1499.2—2018 [S]. 北京：中国标准出版社，2018.

[53] 中华人民共和国国家标准. 冷轧带肋钢筋 GB/T 13788—2017 [S]. 北京：中国标准出版社，2017.

[54] 中华人民共和国建筑工业行业标准. 冷轧扭钢筋 JG 190—2006 [S]. 北京：中国标准出版社，2006.

[55] 中华人民共和国国家标准. 预应力混凝土用钢丝 GB/T 5223—2014 [S]. 北京：中国标准出版社，2014.

[56] 中华人民共和国行业标准. 建筑工程水泥-水玻璃双液注浆技术规程 JGJ/T 211—2010 [S]. 北

京：中国建筑工业出版社，2010.

[57] 祁豆豆，林万明，李双寿. 淬火-分配工艺对高强钢疲劳失效的影响 [J]. 中国冶金，2017，27 (06)：24-29.

[58] E. Mikkola，M. Doré，G. Marquis，et al. Fatigue assessment of high-frequency mechanical impact (HFMI)-treated welded joints subjected to high mean stresses and spectrum loading [J]. Fatigue and Fracture of Engineering Materials and Structures，2015，38 (10)：1167-1180.

[59] 高立军，杨建炜，张旭，等. 耐候钢锈层稳定化处理剂及其耐大气腐蚀性能研究 [J]. 金属材料与冶金工程，2019，47 (5)：21-25.

[60] 张国宏，成林，李钰，等. 海洋耐蚀钢的国内外进展 [J]. 中国材料进展，2014，33 (7)：426-435.

[61] 程炳坤，王琦，曹达华. 不锈钢材料的钝化技术及其研究进展 [J]. 材料保护，2019，52 (9)：171-175.

[62] Standards Australia Committee. BD/1. AS4100：1998 Steel structures [S]. Sydney：Standards Australia，1998.

[63] 申红侠，任豪杰. 高强钢构件稳定性研究最新进展 [J]. 建筑钢结构进展，2017，19 (4)：53-62.

[64] 施刚，朱希. 高强度结构钢材单调荷载作用下的本构模型研究 [J]. 工程力学，2017，34 (02)：50-59.

[65] European Committee for Standardization. EN 1993-1-2 Eurocode 3-Design of Steel Structures-Part 1-2：General Rules—Structural Fire Design [S]. Brussels：CEN，2005.

[66] American Institution of Steel Construction. Specification for Structural Steel Buildings [S]. Chicago：AISC，2005.

[67] M. Xiong，J. Y. R. Liew. Experimental study to differentiate mechanical behaviours of TMCP and QT high strength steel at elevated temperatures [J]. Construction and Building Materials，2020，242：118105.

[68] J. Samei，C. Pelligra，M. Amirmaleki. Microstructural design for damage tolerance in high strength steels [J]. Materials Letters，2020，269：127664.

[69] 郭宏超，毛宽宏，万金怀. 高强度钢材疲劳性能研究进展 [J]. 建筑结构学报，2019，40 (4)：17-28.

[70] 潘景龙，祝恩淳. 木结构设计原理（第二版）[M]. 北京：中国建筑工业出版社，2019.

[71] 祝恩淳，潘景龙. 木结构设计中的问题探讨 [M]. 北京：中国建筑工业出版社，2017.

[72] 何敏娟，Frank LAM，杨军，张盛东. 木结构设计 [M]. 北京：中国建筑工业出版社，2012.

[73] 何敏娟，倪春. 多高层木结构及木混合结构设计原理与工程案例 [M]. 北京：中国建筑工业出版社，2018.

[74] 熊海贝，康加华，何敏娟. 轻型木结构 [M]. 上海：同济大学出版社，2018.

[75] 高承勇，倪春，张家华，郭苏夷. 轻型木结构建筑设计（结构设计分册）[M]. 北京：中国建筑工业出版社，2011.

[76] 张宏键，费本华. 木结构建筑材料学 [M]. 北京：中国林业出版社，2013.

[77] 住房和城乡建设部标准定额研究所. 正交胶合木（CLT）结构技术指南 [M]. 北京：中国建筑工业出版社，2019.

[78] 杨学兵，郭景. 装配式建筑系列标准应用实施指南木结构建筑 [M]. 北京：中国计划出版社，2016.

[79] 中华人民共和国国家标准. 木结构设计标准 GB 50005—2017 [S]. 北京：中国建筑工业出版

社，2018.

[80] 中华人民共和国国家标准. 胶合木结构技术规范 GB/T 50708—2012 [S]. 北京：中国建筑工业出版社，2012.

[81] 中华人民共和国国家标准. 木材物理力学性能试验方法 GB/T 1927—2009～1943—2009 [S]. 北京：中国标准出版社，2009.

[82] 中华人民共和国国家标准. 结构用集成材 GB/T 26899—2011 [S]. 北京：中国标准出版社，2011.

[83] American Wood Council. National design specification for wood construction 2015 Edition [M]. Washington DC，USA，2014.

[84] American Wood Council. ASD/LRFD manual of engineered wood construction [M]. Washington DC，USA：AWC，2015.

[85] CSA O86-14 Engineering Design in Wood [S]. Ottawa，ON，Canada，2014.

[86] EN 408：2010：Timber structures-Structural timber and glued laminated timber-determination of some physical and mechanical properties [S]. Brussels，2010.

[87] Eurocode 5 Design of timber structures：BS EN 1995-1-1 [S]. British：Technical committee CEN，2004.

[88] 中华人民共和国国家标准. 木结构试验方法标准 GB/T 50329—2012 [S]. 北京：中国建筑工业出版社，2012.

[89] 徐明，龚迎春，李霞镇，等. 我国结构用规格材研究现状及开展产品认证初探 [J]. 世界林业研究，2018，31（2）：72-76.

[90] 钟永，武国芳，任海青. 国产结构用规格材的抗弯强度可靠度分析和设计值 [J]. 建筑结构学报，2018，39（12）：123-131.

[91] Yong Zhong，Zehui Jiang，Haiqing Ren. Reliability analysis of compression strength of dimension lumber of Northeast China Larch [J]. Construction and Building Materials，2015，84：12-18.

[92] 赵秀，吕建雄，江京辉，等. 结构用规格材抗弯强度的尺寸效应 [J]. 建筑材料学报，2014，17（4）：734-737.

[93] 周海宾，王学顺. 落叶松锯材抗弯强度尺寸效应 [J]. 土木建筑与环境工程，2013，35（1）：117-120.

[94] 孙小鸾，刘伟庆，陆伟东，等. 单层 K6 型球面胶合木网壳结构受力性能试验研究 [J]. 建筑结构学报，2017，38（9）：121-130.

[95] 周华樟，祝恩淳，周广春. 胶合木曲梁横纹应力及开裂研究 [J]. 建筑材料学报，2013，16（5）：913-918.

[96] Weidong Lu，Zhibin Ling，Qifan Geng，et al. Study on flexural behaviour of glulam beams reinforced by Near Surface Mounted（NSM）CFRP laminates [J]. Construction and Building Materials，2015，91：23-31.

[97] Zhaohua Lu，Haibin Zhou，Yuchao Liao，et al. Effects of surface treatment and adhesives on bond performance and mechanical properties of cross-laminated timber（CLT）made from small diameter Eucalyptus timber [J]. Construction and Building Materials，2018，161：9-15.

[98] Yuchao Liao，Dengyun Tu，Jianhui Zhou，et al. Feasibility of manufacturing cross-laminated timber using fast-grown small diameter eucalyptus lumbers [J]. Construction and Building Materials，2017，1321：508-515.

[99] Minjuan He，Xiaofeng Sun，Zheng Li. Bending and compressive properties of cross-laminated timber（CLT）panels made from Canadian hemlock [J]. Construction and Building Materials，2018，

185：175-183.

[100] 柳红，杨蕾. 竹板增强单板层积材组合梁受弯性能 [J]. 林业工程学报，2019，4 (1)：45-50.

[101] 肖岩，李智，吴越，等. 胶合竹结构的研究与工程应用进展 [J]. 建筑结构，2018，048 (010)：84-88.

[102] Y. Xiao，Y. Wu，J. Li，et al. An experimental study on shear strength of glubam [J]. Construction and Building Materials，2017，150：490-500.

[103] 田黎敏，靳贝贝，郝际平. 现代竹结构的研究与工程应用 [J]. 工程力学，2019，36 (5)：1-18.

[104] 徐斌，任海清，江泽慧，等. 竹类资源标准体系构建 [J]. 竹子研究汇刊，2010，29 (2)：6-10.

[105] 冷予冰，许清风，王明谦. 胶合竹木梁抗弯性能试验研究 [J]. 建筑结构学报，2019，40 (7)：89-99.

[106] H. Li，J. Su，Q. Zhang，et al. Mechanical performance of laminated bamboo column under axial compression [J]. Composites Part B：Engineering，2015，79：374-382.

[107] F. Chen，Z. Jiang，G. Wang，et al. The bending properties of bamboo bundle laminated veneer lumber (BLVL) double beams [J]. Construction and Building Materials，2016，119：145-151.

[108] X. Sun，M. He，Z. Li. Novel engineered wood and bamboo composites for structural applications：State-of-art of manufacturing technology and mechanical performance evaluation [J]. Construction and Building Materials，2020，249：118751.

[109] 于文吉. 我国重组竹产业发展现状与机遇 [J]. 世界竹藤通讯，2019，3：1-4.

[110] 吴文清，宋晓东. 重组竹基本力学性能的试验分析与研究 [J]. 武汉理工大学学报，2017，39 (4)：46-51.

[111] 张秀华，鄂婧，李玉顺，等. 重组竹抗压和抗弯力学性能试验研究 [J]. 工业建筑，2016，46 (1)：7-12.

[112] 肖忠平，张苏俊，束必清. 碳化重组竹在竹结构建筑中的应用 [J]. 林产工业，2013，40 (6)：44-45.

[113] Y. Li，W. Shan，H. Shen，et al. Bending resistance of I-section bamboo-steel composite beams utilizing adhesive bonding [J]. Thin-Walled Structures，2015，89：17-24.

[114] 孙丽惟，卞玉玲，周爱萍，等. 重组竹短期蠕变性能研究 [J]. 林业工程学报，2020，5 (2)：69-75.

[115] Y. Yu，X. Huang，W. Yu. A novel process to improve yield and mechanical performance of bamboo fiber reinforced composite via mechanical treatments [J]. Composites Part B：Engineering，2014，56：48-53.

[116] 肖力光，赵洪凯，等. 复合材料 [M]. 北京：化学工业出版社，2015.

[117] 池家晟，郑威，王振，等. 胶隔热材料的制备及用于建筑行业的研究进展 [J]. 功能材料，2019，50 (01)：1047-1055.

[118] 万小梅，全洪珠. 建筑功能材料 [M]. 北京：化学工业出版社，2017.

[119] 李继业，张峰，胡琳琳. 绿色建筑节能工程材料 [M]. 北京：化学工业出版社，2018.

[120] 马一平，孙振平. 建筑功能材料 [M]. 上海：同济大学出版社，2014.

[121] X. Qiu，Z. Li，X. Li，et al. Flame retardant coatings prepared using layer by layer assembly：A review [J]. Chemical Engineering Journal，2018，334：108-122.

[122] Aditya L，Mahlia T M I，Rismanchi B，et al. A review on insulation materials for energy conservation in buildings [J]. Renewable and Sustainable Energy Reviews，2017，73：1352-1365.

[123] Abu-Jdayil B, Mourad A, Hittini W, et al. Traditional, state-of-the-art and renewable thermal building insulation materials: An overview [J]. Construction and Building Materials, 2019, 214: 709-735.

[124] 杨样，朱真景. 水泥路面快速修补材料综述 [J]. 建筑材料，2017，44（11）：113-114.

[125] 王健，朱玉雪，尹润平，等. 快速修补砂浆的制备及性能研究 [J]. 硅酸盐通报，2019，38（2）：548-552，579.

[126] 秦国新，焦宝祥. 磷酸镁水泥的研究进展 [J]. 硅酸盐通报，2019，38（4）：1075-1079，1085.

[127] 孙佳龙，黄煜镔，范英儒，等. 磷酸镁水泥用作道路的快速修补材料研究 [J]. 功能材料，2018，49（1）：1040-1043.

[128] 徐颖，邓利蓉，杨进超，等. 磷酸镁水泥的制备及其快速修补应用研究进展 [J]. 材料导报，2019，33（z2）：278-282.

[129] Z., J. Da, S. Muner. Study on an Improved Phosphate Cement Binder for the Development of Fiber-Reinforced Inorganic Polymer Composites [J]. Polymers, 2014, 6: 2819-2831.

[130] D. Zheng, T. Ji, C. Wang, Cun-Jing Sun, et al. Effect of the combination of fly ash and silica fume on water resistance of Magnesium-Potassium Phosphate Cement [J]. Construction and Building Materials, 2016, 106 (1): 415-421.

[131] J. Formosa, A. M. Lacasta, A. Navarro, R. del Valle-Zermeño, M. Niubó, J. R. Rosell, J. M. Chimenos. Magnesium Phosphate Cements formulated with a low-grade MgO by-product: Physico-mechanical anddurability aspects [J]. Construction and Building Materials, 2015, 91: 150-157.

[132] A. Maldonado-Alameda, A. M. Lacasta, J. Giro-Paloma, J. M. Chimenos, L. Haurie, J. Formosa. Magnesium phosphate cements formulated with low grade magnesium oxide incorporating phase change materials for thermal energy storage [J]. Construction and Building Materials, 2017, 155: 209-216.

[133] 姜自超，张时豪，房汉鸣，等. 磷酸铵镁水泥修补材料修补性能研究 [J]. 硅酸盐通报，2017，36（1）：391-395.

[134] 孙倩，管学茂，朱建平. 石膏掺量对 CSA 水泥早期水化的影响 [J]. 材料导报，2013，27（z2）：315-318.

[135] 何欢，杨荣俊，文俊强，等. PVA 纤维增强快硬硫铝酸盐水泥基 ECC 材料性能的研究 [J]. 硅酸盐通报，2019，38（5）：1485-1490.

[136] 吴弘宇，董梅，韩同春，等. 城市地下空间开发新型材料的现状与发展趋势 [J]. 中国工程科学，2017，19（6）：116-123.

[137] P. Li, X. Gao, K. Wang, et al. Hydration mechanism and early frost resistance of calcium sulfoaluminate cement concrete [J]. Construction and Building Materials, 2020, 239: 117862.

[138] F. Moodi, A. Kashi, A. A. Ramezanianpour, M. Pourebrahimi. Investigation on mechanical and durability properties of polymer and latex-modified concretes [J]. Construction and Building Materials, 2018, 191: 145-154.

[139] 陈杨杰，张雄飞. 聚氨酯增韧改性环氧树脂作为混凝土裂缝快速修补材料的研究 [J]. 中外公路，2019，39（04）：229-233.

[140] 朱月风，张洪亮，乔亚宁，祁昌旺. EMAA/SBS复合改性沥青及混合料的路用性能和自愈性能 [J]. 建筑材料学报，2019，22（05）：792-799.

[141] K. Jafari, M. Tabatabaeian, A. Joshaghani, T. Ozbakkaloglu. Optimizing the mixture design of polymer concrete: an experimental investigation [J]. Construction & Building Materials,

2018，167：185-196.

[142] 孙蓓，焦楚杰. 防辐射混凝土的研究现状与发展趋势 [J]. 混凝土，2017 (12)：143-146.

[143] N. J. Jin, J. Yeon, I. Seung, K. -S. Yeon, Effects of curing temperature and hardener type on the mechanical properties of bisphenol F-type epoxy resin concrete [J]. Construction and Building Materials，2017，156 (15)：933-943.

[144] B. Han, L. Zhang, J. Ou. Smart and Multifunctional Concrete Toward Sustainable Infrastructures [M]. Springer，Singapore. 2017.

[145] 张应立. 现代混凝土配合比设计手册（第 2 版）[M]. 北京：人民交通出版社，2013.

[146] 陈虎成，刘磊，刘晓东，周山水. 港珠澳大桥东人工岛结合部非通航孔桥总体设计 [J]. 世界桥梁，2016，44 (03)：1-5.

[147] M. Alexan der. Marine Concrete Structures Design, Durability and Performance [M]. Woodhead Publishing，2016.

[148] 沈晓冬. 海洋工程水泥与混凝土材料 [M]. 北京：化学工业出版社，2016.

[149] 王胜年，苏权科，范志宏，李全旺，周新刚，李克非. 港珠澳大桥混凝土结构耐久性设计原则与方法 [J]. 土木工程学报，2014，47 (06)：1-8.

[150] 何成贵，张培志，郭方全，等. 全海深浮力材料发展综述 [J]. 机械工程材料，2017，41 (09)：14-18.

[151] 张治财，齐福刚，赵镍，等. 海洋防污涂料/层技术研究现状及发展趋势 [J]. 材料导报，2019，33 (S2)：116-120.

[152] Y. Liu, X. Shao, J. Huang, H. Li. Flame sprayed environmentally friendly high density polyethylene (HDPE)-capsaicin composite coatings for marine antifouling applications [J]. Materials Letters，2019，238 (1)：46-50.

[153] 明山，柳献. 纤维混凝土盾构管片力学性能试验研究 [J]. 地下空间与工程学报，2019，15 (S1)：55-60.

[154] 许金余，高原，罗鑫. 地聚合物基快速修补材料的性能与应用 [M]. 西北工业大学出版社，2017.

[155] 彭晖，崔潮，蔡春声，等. 激发剂浓度对偏高岭土基地聚物性能的影响机制 [J]. 复合材料学报，2016，33 (12)：2952-2960.

[156] 牛荻涛，孙丛涛. 混凝土碳化与氯离子侵蚀共同作用研究 [J]. 硅酸盐学报，2013，8：1094-1099.

[157] 金伟良，赵羽习. 混凝土结构耐久性 [M]. 北京：科学出版社，2014.

[158] 徐秉政，徐强，郑晓华，等. 金属表层防护材料研究进展 [J]. 材料导报，2017，31 (z2)：296-301.

[159] 马建，孙守增，赵文义，等. 中国隧道工程学术研究综述·2015 [J]. 中国公路学报，2015，28 (05)：1-65.

[160] Mark A. Shand, Abir Al-Tabbaa, Jueshi Qian, et al. Magnesia cements [M]. Amsterdam：Elsevier，2020.

[161] Harold F. W. Taylor. Cement chemistry [M]. London：Academic press，1990.